外教社翻译研究丛书

An Introduction to Translatology of Industrial Engineering Interpretation & Translation

工程技术翻译学导论

刘 川 著

图书在版编目（CIP）数据

工程技术翻译学导论 / 刘川著.
—上海：上海外语教育出版社，2019（2021重印）
（外教社翻译研究丛书）
ISBN 978-7-5446-5772-3

Ⅰ.①工… Ⅱ.①刘… Ⅲ.①工程技术—翻译理论—研究 Ⅳ.①TB②H059

中国版本图书馆CIP数据核字（2019）第031907号

出版发行：上海外语教育出版社
（上海外国语大学内） 邮编：200083
电　　话：021-65425300（总机）
电子邮箱：bookinfo@sflep.com.cn
网　　址：http://www.sflep.com
责任编辑：许进兴

印　　刷：江苏凤凰数码印务有限公司
开　　本：635×965 1/16 印张 40.5 字数 683千字
版　　次：2019 年 10月第 1版 2021 年 3月第 2次印刷

书　　号：ISBN 978-7-5446-5772-3 / H
定　　价：99.00 元

“外教社翻译研究丛书”编委会

谨以本书献给：

——新中国工程技术翻译界的同仁！

——支持我参与工程技术翻译的夫人余兰、儿子刘欲晓！

总序

翻译研究是不是一个学科，翻译有没有"学"，现在不应该再费时论争了。董秋斯1951年就提出要建立翻译学，要写出两部大书，一部是《中国翻译史》，另一部是《中国翻译学》。苏珊·巴斯奈特（Susan Bassnett）和安德列·勒菲弗尔（André Lefevere）在为《翻译研究丛书》写的总序中第一句就宣称："The growth of Translation Studies as a separate discipline is a success story of the 1980s."（1993）我国自1979年就开始招收翻译专业的硕士研究生，1986年国务院学位办公布了首批"翻译理论与实践"（二级学科）的硕士点，现在已有一大批以翻译研究为学术方向的硕士生和博士生。1989年以来，国家社科基金和教育部人文社科基金都陆续设立了一些翻译研究项目，1992年国家技术监督局发布《学科分类与代码》，把翻译学正式定为语言学（一级学科）中应用语言学（二级学科）之下的一个三级学科。虽然这个学科定位还不够科学，但这个学科的存在已被公认。这说明学科的产生和发展不是以个人的意志为转移的，它是随着社会的进步和人类认识水平的提高而产生和发展的。

近20年来，这个领域的国内外学者都在努力加大研究力度，拓展研究领域，深化研究层次，陆续出版了不少翻译学研究的新成果。上海外语教育出版社为满足国内翻译教学的需求并推动这个学科的发展，经过精心选择，引进了一套"国外翻译研究丛书"（现已出版30种），这在我国翻译界还是第一次。这套丛书在翻译教学和研究中已经并将继续发挥它重要的参考和借鉴作用。

但是引进与借鉴不是目的，我们的目的是结合我们自己的翻译研究和教学实践进行新的创造。怎样创造？许多学科的发展史证明，要创造就要中外结合。怎么结合？中国学术史告诉我们，要结合就要以自己的研究为根基，以国外的研究为参照，借鉴其理论与方法，改造和创立基本范畴，建立新的范畴系统。这个以自己为主的中外结合的原则就是学科建设的方针，也是我国翻译研究现代化的必由之路。对一个学科的发展来说，引进国外的理论和方法很重要，但更重要的是要结合我们的翻译实践、翻译教学与研究，写出与我们自己的实际密切结合的论著。国内已经出版了一些这样的著作，对翻译学的建设起到了某种程度的推进作用，功不可没。但从理论的系统性和研究方法的科学性上来说，我们还没有一本多数人认可的《翻译学导论》。此外，在中国传统译论的继承性研究、外国译论的借鉴性研究、翻译实践（包括翻译教学实践）中新问题的探索性研究、相关学科（如文化、心理学、语言学、文学、社会学、哲学等）的吸融性研究以及方法论的多层次研究（包括本学科的和相关学科的）等几个重要领域，也都缺乏高水平的系统研究的论著。

为了进一步推动翻译学的研究与发展，满足这个学科研究生教育的教学与研究的需求，我们特别组织国内专家撰写以翻译学学科本体研究为主的系统的理论性论著——“外教社翻译研究丛书”。在筹划此套丛书时，我们了解到中山大学“985”学科建设项目也正组织编写“中山大学翻译研究丛书”；我们很高兴把他们的这些选题纳入“外教社翻译研究丛书”中来。本丛书是一个开放性的系列，我们撰写、约稿的原则是：(1) 作为翻译研究类的学术专著，应充分反映本领域国内外最新研究成果；(2) 追求理论的系统性和学术观念与研究方法的创新性，目的是对翻译学的发展和翻译人才的培养起重要的推动作用；(3) 用汉语撰写。读者为高等学校翻译以及其他相关专业的教师、研究生，翻译学界、语言学界以及文学、文化、哲学与心理学等学界的翻译工作者和爱好者。

翻译是人类跨语言跨文化的交流活动，是推动人类社会进步的最重要的手段和途径之一。I·A·理查兹(Ivor Armstrong Richards)曾说，翻译很可能是宇宙进化过程中产生的人类最复杂的一类活动。它的复杂性必然对我们的研究构成挑战，要求我们的研究不断拓展，不断创新，不断深化。从古至今，大体说来，人类对翻译的研究已有了直观经验式的、文艺学的、语言学的、文化学的等多种视角和方法。我们相信，我国的学者一定会同世界各国的同行一道，对人类这项重要而复杂的活动不断加以探索，进行多层面、多角度的研究，为这一学科的发展做出我们自己的贡献。

"外教社翻译研究丛书"编委会

世纪更替，岁月峥嵘。2001 年我国加入了世贸组织，对外开放的大门进一步敞开，各类翻译实务逐年激增，翻译研究不断深入。为顺应时代要求，2003 年 9 月我们在上海大学发起召开首届全国应用翻译研讨会，正式提出应用翻译研究(pragmatic translation studies)的概念。会议由中国翻译协会和上海大学外国语学院联合主办。中国外文局前局长、资深翻译家、时任中国译协常务副会长的林戊荪先生在开幕词中称："这次会议是一个里程碑，标志着我国应用翻译开始深入研究"(方梦之，2003)。15 年来，应用翻译研究紧跟国家战略要求、结合社会需要，有了深入发展，印证了林先生的预言。其间，应用翻译各个分支蓬勃发展，法律翻译、商务翻译、政论翻译、旅游翻译、广告翻译、科学翻译、新闻翻译、医学翻译等研究论文和专著如雨后春笋，唯有工程翻译的系统研究如凤毛麟角，而工程翻译的专著竟告阙如。刘川教授的《工程技术翻译学导论》补此空白，正当其时，弥足珍贵。

应用文体的文本庞杂、类型繁多，文类研究是应用翻译研究的领域之一。翻译不同类型的文章，应该运用不同的翻译原则和方法，这是当代翻译理论的核心。应用翻译文本类中有类，同一大类的文本还得细分。如医学翻译，根据不同形式和内容还可分为医学学术翻译(medical academic translation)、大众医学翻译(popular medicine translation)、医—患翻译(doctor-patient translation)、医疗技术翻译(medical technical translation)等(Pilegaard, 1997: 159)。商务翻译涉及法律法规、广告、金融、营销、物流、贸易等不同领域，文类显然不一。工程翻译也分技术合同、项目说明、项目实施(包括(修改)设计、施工、安装、调试/试运营、结算等)、理赔索赔等笔译文本或口笔环节。

工程翻译文本属于应用翻译语类的一个次语类。语类的概念是基于社会的或社团的,话语社团是一个社会修辞网络。在一个话语社团中,人们可能使用不同的语言,有不同的文化习俗,但是言语行为的首要决定因素是功能,即对社团共同目标的追求,这种追求通过社团所拥有的语类把社团成员联系在一起(Swales,1990)。不同的文化、不同的行业、不同的语言必将对语类的生成、传播和接受产生影响。刘川教授是一位理论与实践相结合的翻译研究者,曾专职或兼职于国内外十个工程项目,从事实际翻译工作,在“工程语言社团”中摸爬滚打多年,对工程技术使用的语言娴熟于心,加上他长期在外语及翻译教学领域耕耘,历时八年构思和撰写的学术专著《工程技术翻译学导论》今天终于正式出版,正如瓜熟蒂落,水到渠成。

刘川教授依据大量工程技术翻译实践,结合国内外研究成果,经过较长时间的酝酿和思考,形成了工程技术翻译学独特的概念群和知识范畴,构建了可以自圆其说的学科理论体系,填补了我国系统研究工程翻译的空白,也给应用翻译研究注入了新的活力。

本专著的结构庞大、材料宏富、论题新颖、引证充分、独树一帜,有四编(基础论、客体论、主体论、整体论)十六章:从工程翻译的历史到现实,从翻译客体到翻译主体,从学科理论到方法论构建,从宏观视角到微观技法,无所不包。本书创新点颇多,如对工程技术翻译过程的语境场做了科学的总结,创造性地提出了八个翻译图式(项目考察与预选、项目合同谈判与签约、项目预备动员、项目实施、工地会议、索赔理赔、项目竣工及维护、项目终结与交接)。八个图式的理论贯穿各章节,成为构建学科的方法论(详见第六章)。他还尝试引进了新兴的工程哲学、ISO9000 质量管理体系,以及数学模型和曲线作为方法论。在工程翻译“话语场”的研究中,分析了具有工程行业特色的“业主—监理联盟话语的暴力性”“承包人话语的反暴力性”、工程背景下的“跨文化性”和“可操作性”(详见第七章)。在研究工程技术翻译语句时,他没有泛泛地作语法分析,而是从语句的难度以及分布特点等方面进行选择和阐释(详见第九章)。

在“主体论”的篇章里,作者对翻译者及其认知过程做了全面介绍,尤其在“工程技术翻译者的思维场”的章节中还极富特色地研究了工程技术翻译者思维场的工程效应,将工程哲学运用得恰到好处(见第十二章)。在“总体论”的篇章里,作者从自然哲学、工程哲学的高度,结合实践认识论阐释了"工程技术翻译的精确性",回归到了工程技术翻译的本质及要求(详见第十三章)。第十四章构建了"工程技术翻译的标准体系",提出三级标准:一级标准"核心理念";二级标准"共同原则";三级标准"实施规范"。其中,三级标准细分为"图式适用规范""岗位适用规范""客户期待规范",并提出"三级标准的技术参数",将传统的模糊的印象式等级评价观转变为精确的数值评价理论,为今后其他行业翻译标准的建立提供了样板。

刘川教授的《工程技术翻译学导论》学科理论体系是我国翻译学及应用翻译学研究的一个新领域,充实了 MTI 的教学内容,对未来的 DTI(翻译专业博士)建设也有理论价值。该书也是一部直接服务于"一带一路"倡议并符合"产、学、研"协同创新精神的著作,适应我国国际贸易(特别是我国工程装备和技术的输出与引进)的迫切需要,是目前为数不多的密切联系行业翻译特点的论著。

参考文献

[1] Pilegaard, Morten. Translation of Medical Research Articles [A]. Anna Trosberg (ed.). *Text Typology and Translation* [C]. Amsterdam & Philadelphia: John Benjamins Publishing, 1997: 159.

[2] Swales J M. *Genre Analysis*: *English Academic and Research Settings* [M]. Cambridge: CUP, 1990.

[3] 方梦之.我国的应用翻译:定位与学术研究——2003 全国应用翻译研讨会侧记[J].中国翻译,2003(6).

方梦之

2017 年 4 月 30 日

开路之译(学)

正是基于180年的工程技术引进,中国才逐步跻身于世界主要经济体;正是仰仗六十余年的自力更生和近二十年的工程技术推出,中国才落坐世界GDP第二把交椅。引进与输出过程中,中国积累了独特的经验,而当下的"一带一路"更需翻译开路,催生了中国式外译高潮,工程技术翻译更是一马当先,已蔚然而成国内译界当下最关注的领域之一。

刘川教授的《工程技术翻译学导论》可谓择机而动,应势而出。该书颇具新颖性和独创性,本人乃至业界都期待已久。作者先在高校从教,后来亲临国内外工程技术翻译一线,多年后又回校从事翻译教学与研究。与其他学者不同,他完全是阵地研究者,写作基于其国内外一手资料,更有自己丰富的实战经验,同时拥有广阔的理论视野。这种厚积薄发,赋予该书以实践价值和理论关切度。全书富有专业或行业特色,实乃创举! 全书共十六章,分为基础论、客体论、主体论、整体论四大编,其研究对象独特,研究方法出新,自成体系;内容非常丰富,涉及跨国工程技术翻译的众多领域。我有幸先睹,印象有四:

勇于创新 由于历史原因,我国翻译学科建设较之其他学科显得弱小迟缓——凿壁偷光者多,自行尝试者少。该书作者却能立于国内外实践经验,摆脱了同类文献极度缺乏的困境,历时八年思与作,终成正果,独树一帜,开创了我们应用翻译理论研究的新领域。其创新勇气令人钦佩,其开阔视野令人赞叹。

亮点频闪 该书首次简述了国内外工程技术翻译史,对工程技术翻译本身的学理研究更是亮点频闪,譬如八个翻译图式、九大英语方言翻译区分模式、翻译话语暴力性与反暴力性、话语可操作性、话轮特殊性、工程技术翻译精确性、翻译难度及分布、译者认知过程和思维场、三级翻译标准体系及其技术参数等,都是无人涉足或较少触及的。

著述有道　本书第六章展示了八个翻译图式,以此作为构建工程技术翻译学理论框架的起点及特殊的方法论,驱动式地构建了后面的各章。全书呈焦点—辐射状,内部自洽,自成体系。全书不仅借鉴了功能翻译理论、认知科学、翻译生态学、传播学等,且运用了数学的数据、模型、曲线等研究译者权力、译者伦理、方言语域以及三级翻译标准的技术参数等,更为可喜的是:率先引入新兴的工程哲学和 ISO9000 质量管理体系,丰富了翻译的研究方法。

例丰服人　全书所用事例和实例丰富多彩,或取自作者的亲历亲为,或选自众多学科资料,或援引广泛的翻译实践,都令人信服,言之有物,言之有理,言之有味且有情,彰显了作者丰富的翻译经历、深厚的学术素养和踏实的研究态度。

约四十年前,中国改革且开放,工程技术历经了最直接、最现实的交流;约四年前,“一带一路”倡议提出,工程技术输出再次跃居中国深度开放的最需之一。该书主要立足于海外工程技术翻译实践,因此而更具时代意义,更具借鉴作用。以此洞悉国内乃至全球翻译理论建设、当下热火朝天的 MTI 教育和即将推出的 DTI,都不乏理论反思意义和实践反馈价值。

作者任教于宁波工程学院。宁波地处沿海,自古就是东西方文化交流与碰撞的前沿,古代的航海远行到当代的 21 世纪海上丝绸之路,都为宁波的翻译及其研究创造了契机。宁波书藏古今,港通天下。史上与当下,宁波堪称时代弄潮儿。几年前看过的电视剧《向东是大海》的拍摄地就是宁波,每每忆起,仿佛伫立于此,面向大海,心暖花开,因为除了刘教授,宁波大学还藏着屠国元、贺爱军、辛红娟等诸位教授和学友。真是无巧不成书,摞于案前、开辟应用翻译学新领域的《工程技术翻译学导论》也诞生于此!我不禁突生一种“冥冥”之感。且慢,我本非唯心论者!

黄忠廉

2017 年仲春

于白云山下三语斋

目
录

第三编 主体论

第四编 整体论

构建工程技术翻译学是“一带一路”倡议的呼唤（代本书前言）

一

科学知识的主要运用形式——工程技术及其物化成果（先进的机器设备），虽然远离老百姓的餐桌茶楼，但早已成为实现国家现代化的核心力量，这一点老少皆知，毋庸置疑。中国自19世纪的鸦片战争和洋务运动以来，正是经过一百多年的学习、引进和吸收国际先进工程技术和设备，才逐渐步入世界主要经济体的行列。随着我国2008年以来成为世界第一大出口国和第二大进口国，以及2013年“一带一路”倡议的提出，我国企业引进（输出）工程技术装备、承担跨国工程技术项目已经成为实施“一带一路”倡议的主要形式之一。

工程技术翻译就是直接服务“一带一路”倡议的翻译事业，并且已经成为我国最大的翻译行业之一。但是在实践中，“缺乏合格的国际化交流人才是我国许多企业“走出去”的最大瓶颈和短板”（迟建新，2016）。2007年以来，我国政府已经从倡议的高度提出要加快建设MTI（翻译专业硕士学位）的目标任务。截至2017年，全国已经有215所大学设置了MTI培养点，并正在筹办翻译专业博士学位（DTI）。由于MTI是新建专业，其学科构成还需要不断充实、完善，各学校也在逐渐探索之中。因此，构建工程技术翻译学既是MTI、DTI等翻译学科发展的需要，也是“一带一路”倡议对翻译事业的具体要求，更是广大学生和翻译工作者面对学习、就业和工作需要的热切呼唤。

构建工程技术翻译学也是翻译理论创新的需要。我国的翻译学理论多停留在一般性原理的探讨(以文学翻译为主)上,缺乏针对特殊行业翻译的深入调查、研究、创新和构建。例如,二十多年前就有人呼吁构建企业翻译学,但至今没有形成学科理论框架。同时,相比其他新兴学科理论,翻译学科的理论构建显得滞后。但可喜的是,近年来"应用文体翻译研究已经从泛泛的理论探讨和实践经验总结向建构学科体系和开发系统课程迈进"(方梦之,2013: VII),并且已经有多位学者呼吁要加快中国翻译理论的建设。何刚强认为:"中国的翻译理论应当独树一帜""中国翻译理论的构建也还可走一条与西方不同的路径"(何刚强,2015)。潘文国认为:"一个真正的中国特色的理论一定要……既有传统特色,又有国际视野,而且首先是针对并且要解决当前中国所面临的实际问题的"(潘文国,2017)。国际著名学者蒙娜·贝克也指出:"中国学者完全不必要受西方或其他地域理论的约束"(Baker, 2017;转引自潘文国,2017)。

二

在目前情况下,构建工程技术翻译学已经具备实践和理论两方面的客观条件。

在翻译实践方面,中国工程技术翻译已经拥有将近 180 年的历史经验,尤其是 1949 年至改革开放以来的半个多世纪,广大工程技术翻译者响应时代号召,伴随着引进(输出)工程技术项目转战东西南北、跨越五洲四海,在广阔的工程技术翻译实践中积累了丰富的经验,涌现出一代又一代的工程技术翻译家和翻译能手。随着中国改革开放的深入和"一带一路"倡议的实施,这一发展趋势必将延伸下去。

在翻译产业方面,根据近年统计,进入新世纪以来,非文学类翻译占据我国翻译总量的 99%以上,从业人数占总数的 90%左右(黄忠廉、李亚舒,2004: 5),其中技术性文本翻译材料占 75%(谢天振等,2009: 15),其产值及人员又占 70%(陈九皋,2008)。而传统的文学类翻译实际上在翻译产业中所占比重小于 1%,也有人估计"文学翻译只占人类翻译活动总量的千分之三到四的样子"(侯向群,2002: 410)。从 2011 年起,我国的中译外业务已经超过了外译中业务,与我国对外经济贸易同步增长(方梦之、庄智象,2016)。近年来外语专、本科生和研究生的就业方向,除了少数教师岗位以外,也大多集中在国际经济和贸易领域。

另外,在欧洲工业革命以来的二百多年时间里,世界其他国家和地区大力引进(输出)工程技术项目,也同样积累了相当丰富的翻译实践经验。中国和世界各国的工程技术翻译者留下的实践经验是人类的共同精神财富，也是构建工程技术翻译学的宝贵资源。

在理论条件方面，与构建工程技术翻译学相关的学科——翻译学、语言学、认知及神经科学、工程管理科学、工程哲学以及有关技术学科——正方兴未艾。其中，翻译学理论研究在我国虽然起步较晚，但近年来发展势头迅猛，许多学者对翻译的本质、思维、对象、过程、方法等基本问题都进行了颇有深度的探索，并取得了丰硕成果。更可喜的是，有一批学者已经创建了科学翻译学（黄忠廉、李亚舒，2004）、应用翻译学（黄忠廉、方梦之、李亚舒等，2013）等特殊翻译门类学科。工程技术翻译学与这些学科构成近亲源脉。

在技术手段方面，随着高新科技的迅猛发展，除了传统的人工翻译手段之外，互联网技术、机器翻译技术、翻译软件技术开始得到广泛运用。就理论研究而言，我们能够通过互联网了解国内外同行以及相关学科的研究成果和研究方向，能够通过各种技术手段搜集和借鉴其他人和其他行业的成果。所有这些都为构建工程技术翻译学奠定了基础。

三

在我国各类翻译实践行业中，工程技术翻译的内容或许是最为丰富、最具特色的，其广度和深度是其他许多行业翻译无法比拟的，凡从事过或了解过多种翻译实践的人恐怕都有此体会。工程技术翻译学就是系统性地总结和研究这一重要而广泛的翻译实践的理论结晶。

它的研究对象是与实施“一带一路”倡议的主要形式和国际经济贸易的核心部分——引进（输出）成套工程技术装备、大中型单机设备和高新技术产品，承担跨国工程技术项目建设——密切相关的一条龙翻译活动。作为一门学科的研究对象，其具体表现为工程技术翻译学的定义、语境、方式、话语、语域、词汇、语句、话语者、受众、翻译者，当然也包括工程技术翻译的历史。显然，这些对象与普通翻译学关注的对象具有很大的区别。

构建工程技术翻译学诸多方法论中最突出的是：根据工程技术翻译工作特点，本书提炼并独特设计、贯穿全书大部分章节的“八个翻译图式”的理论方法。作为翻译学的分支，本学科也运用了其他研究方法及部分学者的研究成果，还运用了数学方法（数字、曲线、模型）、工程哲学、ISO 9000 质量管理体系、传播学等理论。

作为一门新学科，工程技术翻译学的研究结论或成果首先集中体现在本书第一编的第一章（定义）、第二章及第三章（中国及世界各国工程技术翻译历史概述），第二编的第六章（语境场）、第七章（话语场）、第八章

（语域）、第九章（词汇和语句），第三编的第十一章（认知过程），第四编的第十四章（标准体系）；同时还分散体现在第一编的第四章（国内外研究），第三编的第十二章（思维场），第三编的第十章（翻译者），第四编的第十三章（性质与特征）、第十五章（方法论）及第十六章（教育论）。

上述研究对象、研究方法以及研究结论（或成果）显示了工程技术翻译学作为一门新兴学科的独特理论价值和运用前景。

四

构建工程技术翻译学是当代中国翻译研究者的历史使命。

由于近现代世界历史的客观格局，欧美等发达国家在科学和工程技术方面取得了领先地位，拥有“皇帝的女儿不愁嫁”的优势，因而在输出工程技术及科学知识方面表现得不乐意或消极。例如，欧美等发达国家对出口到中国的工程技术及大中型成套设备人为设置一些限制，而且其附属的大量技术文件里从来没有中文译文，甚至德国某著名公司推广到全球市场的高压锅使用说明书（2015 年 3 月印制）上列出了 21 种文字的说明，却仍然没有中文译文。

与此相反，中国及其他第三世界国家却非常乐意，或者不得不输入外国的先进工程技术和装备。正是在这种情况下，中国开始了引进工程技术项目及其翻译工作；至于中国工程技术及装备的输出则是更晚的事情（参阅本书第 2.6 节）。在长期的引进（输出）工程技术项目过程中，中国工程技术翻译者形成了自己的工作思维、惯例和方式，本书就是这些工作成果的总结和升华，自然也打上了中国翻译者的烙印。

21 世纪的“一带一路”迫切需要大量合格的工程技术翻译新生力量，这为我国翻译教育和研究事业提供了契机和舞台。外语教师（特别是翻译教师）和研究者幸运地被赋予了这一光荣的历史使命。我们有责任、有理由、有条件深入、系统地研究工程技术翻译，培养出更多合格的工程技术翻译者。

本书也是一部投石问路之作，其中必然存在不足之处。作者恳请工程技术翻译领域的专家和同行提出宝贵意见，共同为构建中国特色的工程技术翻译学而努力。

刘　川

2017 年 5 月

第一编

基 础 论

第一章

工程技术翻译学的定义

工程技术翻译这一行业，一般人不大熟悉，即使在外语翻译教学与研究领域，直接从事过第一线工程技术翻译实践的人也是极少数。但实际上，工程技术翻译在中国至少存在一百七十多年了，并且越来越多地被运用在我们周围和世界各地。要知道什么是工程技术翻译，首先要了解什么是工程技术。

1.1 什么是工程技术？

“工程”一词，据考证最早出现在南北朝时期，主要指土木工程，因《北史》记载“营构三台材瓦工程，皆崇祖所算也”。当今中国进入了繁荣发展的时代，只要我们稍微留心身边发生的事情，就会发现无数个“工程”包围着我们：学校里有“育英工程”“电子工程”“机械工程”“生物工程”“建筑工程”“医药工程”“管理工程”；社会上有“人才工程”“希望工程”“就业工程”“送温暖工程”；工商业的名目就更多了，例如“菜篮子工程”“送水工程”“坝堤加固工程”“装修工程”……可以说是多如牛毛，数不胜数，几乎随便做一件事情，都可以称之为“工程”。但是，“工程”有没有基本的定义呢？

2007年商务印书馆出版的《现代汉语词典》（第五版）对“工程”的定义是：(1) 土木建筑或其他生产、制造部门用比较大而复杂的设备来进行的工作，如土木工程、机械工程、化学工程、采矿工程、水利工程等，也指具体的建设工程项目；(2) 泛指某项需要投入巨大人力和物力的工作，如菜篮子工程(指解决城镇蔬菜、副食供应问题的规划和措施)。

2002年美国出版的《韦氏新百科大辞典》(*Webster's New Encyclopedic Dictionary*)对“工程”(engineering)的定义是：“**1**. the activities or function of an engineer. **2**. **a**: the application of science and mathematics by which the properties of matter and the sources of energy in nature are made useful to people. **b**: the design and manufacture of complex products [software engineering]. **3**. calculated manipulation or direction (as of behavior) [social engineering].”

1995年英国牛津大学出版的《牛津简明英语词典》(第九版)(*Concise Oxford Dictionary*)对“工程”的定义是：“ the application of science to the design, building, and use of machines, constructions, etc.”

对比这三种定义，我们不难发现：《现代汉语词典》定义中的第(1)项与《韦氏新百科大辞典》定义中的第1项和第2项、《牛津简明英语词典》定义中的唯一一项基本一致，而《现代汉语词典》的第(2)项大致相当于《韦氏新百科大辞典》的第3项。

由此，我们可以这样总结：在世界范围内，“工程”(engineering)首先和主要是指在生产、制造等工业技术部门的大型而复杂的工作，第二是指某些需要投入巨大人力、物力的工作。本书所讨论的“工程”正是这里的首个义项所指。

另外还有一个词“项目”，常常容易与“工程”混同。现代汉语词典(第五版)对“项目”的定义是：事物分成的门类，如服务—/体育—/建设—。又根据百度百科：项目是“一系列独特的、复杂的并相互关联的活动，这些活动有着一个明确的目标或目的，必须在特定的时间、预算、资源限定内依据规范完成”。

根据《牛津简明英语词典》，**project** means “**1.** a plan; a scheme. **2.** a planned undertaking. **3.** a usu. long-term task undertaken by a student to be submitted for assessment.”

又根据美国出版的《韦氏新百科大辞典》(2002)，**project** means “**1**. a specific plan or design: scheme. **2**. *obsolete*: idea. **3**. a planned undertaking: as **a**: a definitely formulated piece of research **b**: a large usually government-supported undertaking **c**: a task or problem engaged in usually by a group of students to supplement and apply classroom studies. **4**. a usually public housing development consisting of houses or apartments built and arranged according to a single plan. **synonym** see PLAN".

根据以上三个"项目"(project,另一个同义词是 program)的定义,我国的"项目"与英国定义 2、美国定义 3 及 4 是基本一致的,即从事一项计划性的、需要投入人力和物力的活动。这样,"项目"就与"工程"非常接近了,二者的区别主要在于"工程"强调较大规模的人力物力计划性活动(常指宏观的工程行为),而"项目"泛指任何规模的这类活动(常指具体的工程行为)。因此,本书的"工程"就是特指较大规模的工业建设项目,与前页第五段文字对"工程"的总结一样,而且也符合我国一线工程技术人员的习惯称呼(譬如,中国建筑工程总公司的英文名称是 China State Construction Engineering Corporation,而项目经理的英文是 Project Manager)。

当然,我国工程哲学家对"工程"的定义更加专业和细致:"所谓工程,是指人类创造和构建人工实在的一种有组织的社会实践活动过程及其结果。它主要是指认识自然和改造自然世界的'有形'的人类实践活动,例如建设工厂、修造铁路、开发新产品等"(殷瑞钰、汪应洛、李伯聪等,2007:67)。"工程是集成建构性知识体系使技术资源和非技术资源最佳地为人类服务的专门技术;有时也指具体的科研或建设项目"(同上:175)。这个定义与本书上述认识是也是一致的。

我们再看什么是"技术":

"技术"的种类也是五花八门,我们平常可以见到"通信技术""装配技术""缝纫技术""驾驶技术""烹饪技术""公关技术"……那么"技术"的基本定义是什么呢?

《现代汉语词典》(第五版)中对"技术"是这样定义的:"① 人类在认识自然和利用自然的过程中积累起来并在生产劳动中体现出来的经验和知识,也泛指其他操作方面的技巧:钻研—,先进—。② 指技术装备:—改造。"

2002 年美国出版的《韦氏新百科大辞典》中对"技术"是这样定义的:"1. a: the practical application of knowledge especially in a particular area: engineering (*medical technology*). b: a capability given by the practical application of knowledge (a car's fuel-saving technology). 2. a manner of accomplishing a task especially using technical processes, methods, or knowledge. 3. the specialized aspects of a particular field of endeavor (*educational technology*)."

《牛津简明英语词典》(第九版)对"技术"(technology)是这样定义的:"1. the study or use of the mechanical arts and applied sciences. 2. these subjects collectively."

我们通过对三条"技术"定义分析,可以发现:《现代汉语词典》第①条与《韦氏新百科大辞典》第1条和第2条以及《牛津简明英语词典》中的唯一一条相似,由此我们可以这样总结:在世界范围内,"技术"主要是指人们运用自然科学和知识的能力。本书涉及的"技术"正是这个义项所指。而且在工程哲学意义上,"技术"还包括三个相互联系的方面,即技术的操作形态、实物形态和知识形态(殷瑞钰等,2007:80)。

工程与技术联系密切,从这对概念的内涵来说,技术是工程的基本要素,工程是技术的优化集成。从一般媒体和公众的习惯说法分析,"工程技术"(包括"工程技术人员")实际上是对工业建设工程和应用技术的特殊称呼,而不是其他非工业建设的各行各业的所谓"工程"和"技术"。读者可以参见张常人主编的《汉英古今常用语汇词典》和美国汉学家德范克主编的《ABC汉英大词典》中相应的条目。

综上所述,在本书以后的语境中,"工程技术"这个名词指各国工业企业引进(输出)或承担的工程技术项目的内容,这也是该行业内的习惯称呼。

1.2 工程技术翻译学的定义

虽然"工程"和"技术"在各类词典和经典著作中已经有明确的定义,但是"工程技术翻译"这一表达法在目前还没有明确统一的定义,"工程技术翻译学"就更是一个新术语。那么,如何给这门新学问下个定义呢?

1.2.1 从业者对工程技术翻译的称呼

在引进(输出)工程技术项目翻译的实践中,翻译人员、技术人员、管理人员和普通员工习惯把翻译工作和翻译职位说成"工程翻译""技术翻译""工程技术翻译""企业翻译"或"施工翻译",甚至对翻译者也这么称呼。例如,原上海金山翻译有限公司掌门人陈忠良先生从事引进(输出)工程技术翻译四十年,就把自己从事的职业称为“工程技术类翻译”(陈忠良,2011: 42)。在我国数量众多的15,000家翻译公司中(唐宝莲,2011: 25),大多数承接工程性或技术性翻译工作的公司都冠名为“工程技术翻译公司”,而非“工程翻译公司”。此外,在我国各种报刊媒体的报道中,更多的是采用“工程技术翻译”,类似的还有“工程技术人员”“工程技术质量”等。

如果仅仅说“工程翻译”,行业内的人员当然明白,不过容易让外行人产生误解,以为这门翻译是为诸如本章第一节中所列举的五花八门的所谓“工程”服务的。如果仅仅说“施工翻译”,涵盖的范围又过于狭窄,听起来缺乏学科理论的内涵,毕竟一门学科不仅要面向行业内的人士建立,而且还要面向社会的各个阶层。但如果又仅仅说“技术翻译”,似乎也不能概括这门翻译工作的所有内涵,因为这个行业翻译涉及工业技术和技能、工程现场建设活动、公关及法律活动。

一门学科的术语,首先应该涵盖学科的内涵,同时还要尽可能为学科内外的广大人员理解和接受。所以,本书赞成采取从业者的习惯称呼“工程技术翻译”来命名这个行业的翻译工作以及本书拟研究和构建的新学科“工程技术翻译学”。

1.2.2　从业者对工程技术翻译的认识

我们先看看几位工程技术翻译者对此的认识:

——资深俄语工程技术翻译家陈九皋的解释是:“所谓工程翻译,就是以工程为对象的翻译”(陈九皋,2008)。

本书评价:这个解释很简要,对于行业内部的人员来说是明白的,但是作为一门学科的概念术语显得过于简单笼统,缺乏明晰的内涵。

——上海工程翻译协会的翻译者们的解释是:“工程学、工程技术、工程设计和工程施工领域中的翻译工作可称为工程翻译,亦可以理解为所有关于可应用到具体工农业生产中的自然科学及工程技术的翻译,以及各类与工程相关文件和材料的翻译,具体包括技术规格书、说明书、指南、手册、合同、专利、广告、网页等”(熊智、彭芳,2008)。

本书评价:熊智和彭芳的解释更加具体明确,包括了实际翻译的大部分内容,对“工程技术的翻译”亦有所提及,定义中似乎也涵盖了笔译和口译两部分内容。但是,其中的“工程学”一词,尽管表面上与“工程”仅一字之差,却实际属于科学或学科的范畴,而非“工程”。此外,这个定义对翻译内容的表述过于宽泛，例如"可以理解为所有关于可应用到具体工农业生产中的自然科学与工程技术的翻译"，实际上超出了引进（输出）工程技术翻译人员的工作范围，没有凸显"工程技术翻译"的内涵。

——2010年，全国翻译企业协作网领导小组颁布的《现场口译服务质量标准》（以下简称《标准》，2010）对工程技术翻译涉及的"现场口译"进行了说明："本标准所述的现场口译，仅指工程建设、技术交流、技术和工艺引进、工业设备引进等涉外工程项目建设从立项至结清全过程中的各类口译，属工程技术类口译范畴。"

本书评价：这个《标准》概括了工程技术口译涉及的主要过程，可惜并未提及笔译工作。而且，就2008年以来我国成为全球第一大出口国和第二大进口国的实情看，"技术和工艺引进、工业设备引进"这种单向的工程技术交流已经无法反映出我国外贸领域和工程技术翻译的实际情况了，因此可以改为"技术和工艺引进与输出、工业设备引进与输出"。

——著名翻译家方梦之主编的《中国译学大词典》（方梦之，2011）是部分翻译理论研究者的共同研究成就，其中没有"工程技术翻译""工程翻译"或"技术翻译"的词条，只有相似的词条：企业翻译、经贸翻译、工程谈判的口译。我们看一下与本书研究对象最接近的"工程谈判的口译"："工程谈判整个过程分五个阶段：1. 发标或招标；2. 投标；3. 评标；4. 开谈；5. 成交。内容上包括商务谈判和技术谈判两大部分。体现工程谈判过程的是每次会议的会议纪要或备忘录，体现谈判结果的是一份合同。大多数工程谈判规定以英语为工作语言或合同语言，但对手未必是以英语为母语的，例如，日、法、德等国的出口商占相当比例。他们口音各异，表达方式也有差别：有的善于辞令，有的外松内紧，有的含蓄圆滑。对此，译员要有深刻的领悟力，明白无误地译出深层的意思，将双方的本意拧到一起，从而有助于谈判的进展……"（下划线为本书作者所加）。

本书评价：该定义很长，主要内容体现在下划线部分。但仅仅提及工程技术翻译工作刚开始的部分，即工程合同谈判的部分内容，远远没有反映出引进（输出）工程技术项目所经历的事情，也远远没有表述出工程技术翻译人员所承担的实际工作内容。从第四句话起（"大多数……"），该条目不大像在为一门学科的术语下定义，而似乎在面向学生做讲座。

——本书作者对工程技术翻译的认识：工程技术翻译是指引进或输出工程技术项目（工业工程项目建设、工业技术交流、工业技术和工艺引进与输出、成套工业装备及大中型单机设备引进与输出）从启动立项至结清手续全部过程中的翻译工作,包括各种文件、资料、过程及相关信息的笔译和口译。

本书评价:这个定义吸收了全国翻译企业协作网的定义成果,涵盖了工程技术翻译的全部工作,包括了对象、过程、方式、内容等基本要素,在逻辑上与“工程”和“技术”两个概念保持了一致。关于这个定义,本书拟定的英文术语是 Industrial Engineering Interpretation and Translation (IEIT)。在 Engineering 前面加上定语 Industrial(工业的)主要为了区别于其他行业的“工程”;在口语或实践中也可以说 Industrial (Project) Interpretation and Translation。把 Interpretation 放在前面,Translation 放在后面,是考虑到口译是一个工程技术项目最先开始的翻译方式,而笔译一般随后。本定义涉及的语境、性质、特征、过程等内容将在后续各个章节进行讨论。

1.2.3 工程技术翻译学的定义

工程技术翻译学是:研究引进或输出工程技术项目(包括跨国工程技术项目建设、工业技术交流、技术和工艺引进与输出、成套工业装备及大中型单机设备引进与输出)从启动立项至结清手续全部过程中的“一条龙”翻译工作的学科。

作为一门独立的学科,工程技术翻译学的研究对象首先是它的定义、历史发展、研究现状,它的客观性研究对象主要是工程技术翻译的语境场、话语场、语域、词汇和语句,主观性研究对象主要是翻译者及其认知过程和思维场,整体性研究对象主要是工程技术翻译的性质、特征、标准体系、方法论及教育论。

中外学者曾提出过普通翻译学和特殊翻译学的分类方法(Holms, 2000)。普通翻译学注重研究各类翻译活动的共性及其基本性质,特殊翻译学侧重研究特定领域或行业的翻译活动。本书研究的工程技术翻译学属于特殊翻译学的范畴,具有特定的研究对象及其历史、研究方法和研究结论(成果)。

作为一门新兴的学科,工程技术翻译学有许多基础性的工作需要进行。首先是界定工程技术翻译学的定义和范围,回顾和总结工程技术翻译的历史,梳理本领域的前期理论研究成果,然而这些基础工作目前尚无系统、现成的资料。工程技术翻译学的定义、客观性对象、主观性对象和整体性对象,其内涵与其他行业翻译的同等对象具有显著的差异,需要研究者在工程技术翻译实践的基础上,借鉴普通翻译学和其他学科的研究成果,进行独创性的探索,并努力构建一个合理的、完善的学科理论体系。

1.3 工程技术翻译学与相关翻译研究的区别和联系

随着我国现代化建设和国际交流活动的深入开展,涌现出了越来越多类型的翻译活动。与工程技术翻译相关的翻译实践有科学翻译、科技翻译、应用翻译、企业翻译、商务翻译等。从字面上看,这些翻译活动似乎相差不大或相互容纳,但实际上各自都有其侧重的方面和内涵,往往还建立了自己的一套术语和理论。

1.3.1 与科学翻译学/应用翻译学的区别和联系

由黄忠廉、李亚舒撰著的《科学翻译学》是特殊翻译领域少有的系统性的研究专著,2004 年出版以来在全国影响较大。该书探讨了科学翻译的对象、基本策略、历史简述、本质、分类、规律、原则、标准、过程、翻译的中枢单位等宏观性的命题,还讨论了科学翻译教学、评论、机器翻译、词典编撰、术语规范等微观性的命题,其中对有些命题的探讨具有开拓性的贡献。然而,读者的疑问较为集中在"科学翻译学"的研究对象上。作者在其著作的开篇说明里指出:"本书所取的'科学'涵义是广义的,包括社会科学、自然科学、工程技术,甚至还包括外事、外贸等,总之,包括(本书作者注:原文没有"不"这个字,可能是印刷错误)以感情为主的非文艺领域的一切实用领域"(黄忠廉、李亚舒,2004:1)。由此看来,"科学翻译学"的研究对象并非全部是一般人认为的自然科学和工程技术领域的翻译,而是除了纯文学翻译以外的所有翻译活动。尽管作者声明了这个定义的特指范围,但仍有人对于把除文学翻译以外的所有内容塞入"科学"持不同看法,因为这难以符合一般读者对于科学的认同感。

两位作者在一定程度上总结了"科学翻译"的特点和规律,有高屋建瓴之势。不过,其中不少内容(包括举例)似乎与工程技术翻译"擦肩而过",与我国工程技术翻译人员实际面对或承担的工作还存在很大差距。此外,支撑科学翻译学的另外两本著作是李亚舒、黎难秋合著的《中国科学翻译史》(2000)和黎难秋独著的《中国科学翻译史》(2006)。这两部著作资料丰富,叙述广泛,主要就"科学"文献翻译及出版历史进行了梳理和论述,对鸦片战争至洋务运动时期与工程技术翻译有关的人和事件也有所记载,不过还是显得零散。

应用翻译学的正式创建时间是2013年,以著作《应用翻译学》的出版为标志(黄忠廉、方梦之、李亚舒等,2013)。该书是一部宏观性的、带有全局指导作用的著作,研究对象也很广泛,总共21章。这部著作基本上遵循了普通翻译学研究的思路,着重宏观命题的综述研究,开拓了翻译研究者的学术视野。

不过,该书对于其关键词(核心概念)"应用"所指涉的内容显得薄弱,其"应用"研究的范围实际上仅仅涉及了翻译教学论、文化翻译论、宗教翻译论,就连流行的科技翻译、商务翻译、旅游翻译、会议翻译也没有论及,更没有空间容纳工程技术翻译。与其冠名"应用翻译学",不如直接称呼为"普通翻译学概论"来得实在。

工程技术翻译学是研究发生在具有相当规模的工业企业内部的,并针对引进(输出)工程技术项目的特殊行业翻译,它要总结工程技术翻译的历史实践经验,论及工程技术翻译的对象、性质、过程、原则、标准、方法等一系列特殊命题,为目前和将来的工程技术翻译实践提供较为直接而坚实的理论支撑。对于工程技术翻译学来说,科学翻译学和应用翻译学所论及的基本命题具有积极的启示意义。

1.3.2 与科技翻译研究的区别和联系

就名称来看,科技翻译与工程技术翻译是最接近的。2003年上海外语教育出版社出版的《科技英语翻译理论与技巧》中,作者戴文进对其研究对象是这样界定的:"从广义上说,所谓科技英语,泛指一切论及或谈及科学或技术的书面语和口头语。具体说,其包括:(一)科技著述、科技论文(或科技报告)、实验报告(或实验方案)等;(二)各类科技情报及其他文字资料;(三)科技实用手册(Operative Means),包括仪器、仪表、机械和工具等的结构描述和操作规程的叙述;(四)科技问题的会议、会谈及交谈用语;(五)科技影片或录像等有声资料的解说词等"(戴文进,2003:38)。这也是本书作者见过的对"科技英语翻译"最为具体的描述。由方梦之、范武邱主编的《科技翻译教程》对"科技翻译"没有给出明确的定义,仅仅提及"科技语域泛指一切论及科学和技术的书面语和口语,语域层次多、范围广”(方梦之、范武邱,2008:13)。这两个解释比前面1.3.1节里“科学翻译学”中的“科学”范围要具体细致得多,但与本书研究的“工程技术翻译”相比,范围仍然显得过于宽泛。

其次,在中国的历史、经济和文化背景下,“科技英语翻译”实际上主要针对多学科或多行业进行的零散性的、任意性的、时效性弱的翻译活动,并且主要是一种宽泛的指称,开始流行于改革开放之初的20世纪80年代;而“工程技术翻译”是在特定工业部门进行的系统性的、强制性的、时效性强的、专业技术性较高的翻译活动,既包括笔译,也包括口译,这是一种范围和意义较为确定的指称。

第三,两者在工作范围上还有一个明显的区别。从事一般科技情报或资料翻译的人员通常分布在各个层次的科技情报研究所或一些大中型企业的技术情报室,承担广谱类科学技术资料或专业情报的笔头翻译工作,他们自称(或被人称呼为)“搞科技翻译的”或“搞情报翻译的”;而从事工程技术翻译的人员主要是在大中型企业或大中型工程技术项目工作(无论是专职或兼职),主要承担工业部门(如机械、电力、化工、纺织、钢铁、汽车、建筑、路桥、矿山等)的大中型引进(输出)工程技术项目的翻译工作(包括口译和笔译),并且称呼自己(或被人称呼)为“工程翻译”“工程技术翻译”“技术翻译”“施工翻译”或“企业翻译”。对于这一点,各自行业内部的翻译工作者和翻译客户是非常明确的。

尽管科技翻译主要针对广谱类科学技术书面文献的翻译,但也包括本书涉及的部分内容,在一定程度上有助于本书开展工程技术翻译学的研究。不过有一点必须指出:仅仅从事“科技翻译”的人不一定承担引进(输出)工程技术项目翻译的实际工作,而从事工程技术翻译的人则应该了解广谱类的科学技术知识。

1.3.3 与企业翻译研究的区别和联系

20世纪90年代,有些研究者讨论过企业翻译,还举行过四次全国性的大中型企业翻译研讨会。以“企业翻译”为主题词在中国知网进行检索,仅出现8篇论文信息,其中5篇是刘先刚一人所写,且发表时间均在2006年以前(中国知网,2014-1-5)。刘先刚把企业翻译研究定义为:“在企业范围之内发生的,或为企业服务的,或为企业所利用的,将一种语言信息转换为另外一种语言信息的活动,是促成操不同语言的人们相互沟通了解或合作共事的有声语言或有形语言移植再现的媒介。从语言学角度来看，企业翻译是科技文化交流和外语应用相互交叉实践的产物。以覆盖面为视角分析，企业翻译几乎囊括科技翻译领域和各个有机组成的方方面面，而且横跨社会科学、文学艺术等领域。它具有明显的目的性和功效性……已形成了有着明确目的的企业翻译活动的一条龙特点”（刘先刚，1992）。根据研究者的观点，企业翻译的研究对象包括“企业翻译与国际市场开拓、企业翻译与企业文化建设、企业翻译与外语应用、企业翻译与科技文化交流、追求企业翻译经济效益和社会效益等应用课题”（刘先刚，1993）。

2002年，许建忠在其《工商企业翻译实务》一书里也提出建立“企业翻译学”的思想（许建中，2002），讨论了工商企业翻译的归属和分类、历史发展过程（自20世纪80年代后期全国召开石油企业系统的企业科技翻译研讨会算起），提出了工商企业翻译的原则、方法及特征，甚至还提及国际译联的认同。该作者从所有工商企业的角度出发，概括性较高，但与本书讨论的工程技术翻译仍然具有明显差异。

企业翻译的研究对象与本书的研究对象有重叠之处，它所涉及的范围除了企业的“科技翻译”，还有其他“社会科学、文学艺术等领域”，即企业的非技术部分。刘先刚（1992）、许建忠（2002）和文军（2003）提出企业翻译的突出特点表现在其综合性和技术性，具体说，就是既要负责“科技翻译”，也要承担外宾接待、人员管理、经济效益管理等非技术翻译成分，因而对于企业翻译实践的核心内容“科技翻译”表现出淡化。

此外，“企业”这个词语在汉语中有广泛的内涵。根据《现代汉语词典》（第五版）（2007：1074）的定义，“企业”是“从事生产、运输、贸易等经济活动的部门，如工厂、矿山、铁路、公司等”。不少研究者讨论的“企业”翻译就是一般性经营单位及其一般性的进出口业务翻译，而本书讨论的工程技术翻译（服务于技术交流、引进与输出成套工程技术装备及大中型单机设备，以及承担跨国工程技术项目）主要发生在工业制造和建设领域的大型或中型生产性单位，与一般性的企业翻译还存在明显区别。

从学科构建角度考虑，企业内部的翻译工作固然重要，但企业的任务是生产经营，而非理论研究，因而企业翻译学作为一门学科，想要在企业环境里扎根，可能性不大，实际情况也证明如此。但是，工程技术翻译学以研究对象命名，学术目标十分明确，无论是企业翻译者、自由翻译职业者、教师、学生，还是专业研究人员均可以共同参与，不受局部环境限制，何况引进（输出）工程技术项目翻译也不仅仅只与企业有联系（参阅6.2.5节“工程技术翻译的客户”）。

1.3.4 与商务翻译研究的区别和联系

商务翻译，或称商务英语翻译，或称经贸英语翻译，是一项十分广泛的英语实践活动，其实践者和研究者均不在少数。就人数来看，目前商务英语及翻译的研究者是最多的，这可以通过国内任何一个论文数据库来检索证实。近十多年来，“商务英语研究热点为商务英语专业、商务英语教学、高职商务英语、商务英语函电、商务英语翻译、商务英语人才等”（王立非、李琳，2013）。不过，“笼统研究商务英语（包括ESP）和广告英语的论文多，深入研究国际商务具体领域或专门用途英语的论文少”（唐树华、李晓康，2013）。方梦之主编的《中国译学大词典》对商务英语翻译的定义是：“分口译和笔译。笔译文本主要是商贸信函、合同和规约，以及各国的经济政策、经济状况及相关文件等。其领域涉及贸易、金融、保险、招商引资与海外投资、金属进出口、对外劳务、国际运输等。商贸信函一般具有格式固定、措辞婉约、选词正式、行文严谨等语体特点，翻译时需再现之。1. 格式类同（本书省略）。2. 行文严谨（本书省略）。3. 委婉得体，用词正式……（本书省略）”（方梦之，2011：130）。

从涉及的范围看，商务英语翻译活动集中发生在国际经济贸易活动的商务接洽环节，涉及各种类型、各个层次的商品交易活动。我们发现：许多商务翻译论文或著作常常以商业洽谈为商务翻译活动的起点，以签完合同为商务翻译活动的终点，关注的也是围绕日常普通商品的咨询、合同谈判与签约等“商务性”环节，最多谈及普通货物的发送和接受。至于那是什么性质的合同，那笔合同是否做成，合同执行的过程怎么样，合同条款的标的是否实现，许多研究者是没有兴趣去了解的，因为那已经超出了“商务”的范围。实际上，国际商务的翻译活动与合同签订后的活动密切相关。

工程技术贸易是国际经济贸易或商务的一个特定领域，涉及合同金额巨大的、高新技术的、大中型成套装备或单机装备、大中型工程技术项目施工、合同期限较为漫长的（延续几个月到几年，甚至10年以上）系列性国际经济贸易活动。其活动程序包含引进（输出）工程技术项目的商务环节，也包括工程技术项目的建设、营运、维护环节，以及由此可能产生的仲裁和司法诉讼环节。工程技术翻译活动就是围绕其各个环节展开的。因此，目前进行的商务翻译实践及研究可以丰富工程技术翻译学中某些环节的研究。

第二章

中国工程技术翻译历史概述

近现代东西方交流的主要形式之一就是引进(输出)工程技术项目,工程技术翻译则直接服务于工程技术项目的贸易过程和建设工程(参见第1.2.3节"工程技术翻译学的定义"),这其中涉及大量的工程技术文件和资料的笔译,以及工程技术项目建设的口译。由于引进(输出)工程技术项目具有专利性、专业性、商业性和保密性,这些经过翻译的笔译文件和口译活动信息绝大部分是不可能公开出版的,而具体从事工程技术翻译的人员也不可能成为严复、林纾和傅雷那样的社会名人,一般公众对此更是了解甚少。不同于文学翻译和社会科学翻译能够经常出版刊物或著作,工程技术翻译的历史成就主要体现在工程技术翻译人员所参与的各种引进(输出)工程技术项目的活动中。这是工程技术翻译历史的显著特点之一。

1949年中华人民共和国成立后,外语翻译工作者的社会地位和经济地位都得到了提高,但是由于种种因素,直接参加引进(输出)工程技术项目的人仅占少数(尤其在改革开放之前),而且这些人员主要分布在国家级的专业进出口公司、大中型企业和科技情报所,他们的主要工作是完成翻译实践任务,而不是撰写翻译论文和著作。此外,这些单位极少拥有出版阵地,于是大量的一线翻译工作者也失去了在外语和翻译研究领域发表意见的机会。而且,保留在各级各类档案馆里的有关翻译工作的历史资料极为稀少。即使在保留下来的资料中,绝大部分记载的也只是上层地位的外交官、高级幕僚以及著名翻译家。在目前国内出版的翻译历史著作中,基本上没有提及工程技术翻译的情况。历史忘记了大多数的人和事,这不能不说是一种莫大的遗憾。

所有这些因素增加了工程技术翻译历史的编写难度。例如,黎难秋编写的《中国科学翻译史》(黎难秋,2006)和《中国口译史》(黎难秋,2002)中没有专门讨论工程技术翻译,只是在叙述有人出国考察时顺便提及工程技术翻译的零星史实;在马祖毅主编的《中国翻译简史》和多卷本《中国翻译通史》里几乎没有工程技术翻译活动的记述,更没有专门章节论述(马祖毅,1998,2006);方华文编写的《20世纪中国翻译史》虽然时间跨度从清末民初至1949年后,也叙述了一百多位翻译家,但没有任何与工程技术翻译有关的内容(方华文,2005);谢天振等近年编著的翻译专业硕士教程《中西翻译简史》里同样没有工程技术翻译的席位(谢天振等,2009)。由此可以看出,工程技术翻译的系统研究尚处于空白或边缘化状态。

与其他翻译史著作主要介绍公开出版的翻译作品及知名翻译家不同,本章将依据现有资料介绍中国工程技术翻译人员参与的各种引进(输出)工程技术项目及其翻译活动(这就是工程技术翻译者的主要成果),同时也尽可能介绍有关工程技术翻译人员,以及不同时期中国工程技术翻译的特点。

在具体论述中国工程技术翻译的历史之前,首先应明确一个问题:中国的工程技术翻译产生于什么时候?让我们先看看历史事实。

中国古代的工程技术灿烂辉煌,领先世界多个世纪,其间存在中国工程技术输出国外的大量事实(李约瑟,2003),例如:丝绸技术是公元5—6世纪拜占庭帝国收买船员从中国广州偷运出去的;造纸术是由8世纪(755)在中亚战场被俘的中国士兵传入波斯的;火药是由成吉思汗的蒙古骑兵间接传入西方的;指南针是中国水手在航运中无意间传入波斯的。鉴于当时的技术水平和经济规模,中国输出的还不是现代意义上通过贸易形式输出的工程技术项目。

目前能够查阅到的资料证实,外国工程技术传入中国最早是在明朝初期的永乐年间。"永乐时神机火枪法得之安南;嘉靖时刀法、佛朗机、马嘴炮法得之日本"(何兆武,2001:71)。从日本传入佛朗机火炮,肯定是需要懂得日文和中文的人员从中翻译的。明朝后期的天启元年(1621)至崇祯三年(1630)的十年之间,明朝政府曾委任传教士龙华民和汤若望负责制造火炮。中国人焦勗由此写出了(实则为编译)《火攻挈要》,直到1840年鸦片战争前夕,林则徐还参照该书制造火炮。清朝初期康熙年间,另一个传教士南怀仁自康熙十三年(1674)以后的十五年中,共计监制神威大炮240门、小型炮132门。明末清初的西式火炮技术及其制造成品,是由欧洲传教士翻译成中文并指导中国人制造的,因为当时中国人还没有掌握西方语言文字(主要是葡萄牙语、西班牙语、意大利语),而且欧洲传教士的这些行为不是现代意义上的贸易行为,仅仅是作为其传教活动的一种辅助方式。

由此总结,上述事实——古代中国工程技术的输出和外国工程技术的输入——并不是本书要研究的通过正常贸易行为(即签订合同或协议)引进(输出)工程技术项目翻译的成就;加之这一过程历史悠久(主要是中国古代工程技术的输出),记载庞杂不清,故本章不对此作深入论述。因此,我们不能认为中国工程技术翻译从古代就产生了。

关于起止时间,本书讨论的中国工程技术翻译实际上是从1840年鸦片战争前后开始的,即随着19世纪中期近代西方列强的工程技术(伴随资本和坚船利炮)输入中国应运而生的,本章下面的论述将充分说明这一点。这与其他行业的翻译史有明显不同。《中国科学翻译史》(黎难秋,2006)的讨论起点年限为汉代以前,终止年限是1949年;《中国口译史》(黎难秋,2002)的讨论起点年限为先秦时期,终止年限是1949年;《中国译学史》(陈福康,2010)的讨论起点年限为夏朝,终止年限是20世纪80年代;《中国翻译通史》(马祖毅,2006)的起点年限是公元前841(西周元年),终止年限是2000年;本章讨论的中国工程技术翻译历史概况起点为1840年,截至2017年。关于中国工程技术翻译的历史分期问题,本书没有完全按照一般历史阶段的分期,而是根据引进(输出)工程技术翻译实际发生的过程和特点来划分,这也是本章的特点之一。

2.1　晚清时期(1840—1911)的工程技术翻译

从清朝乾隆年间开始至道光年间,清朝皇帝和达官贵人闭关自守一百余年。等到鸦片开始叩开大清国门的时候,人们突然发现大英帝国已经取代昔日的意大利、葡萄牙、西班牙、荷兰等老牌帝国主义,新的帝国主义分子开始对中国虎视眈眈。外国传教士和鸦片走私分子宣称:“鸦片对中国人是无害的，就像酒对美国人是无害的一样"；"只有基督能够拯救中国，只有战争能把中国开放给基督"（顾长声，1984）。中国开始一步一步沦落为半殖民地半封建社会。1840 年发生了中国历史上第一次抗击西方列强的鸦片战争，西方列强用大炮轰开了五千年东方文明古国的大门，西方的先进工程技术和设备随之进入中国。中国工程技术翻译也从此拉开序幕。

2.1.1 引进工程技术项目翻译的成就

鸦片战争开始之初，尽管清朝上上下下沉溺于鸦片的麻醉，但是仍然出现了以林则徐为代表的一批爱国志士。他们通过翻译科学书籍和报刊了解当时的国际形势，最早认识到，国家要摆脱被动挨打局面，必须"师夷之长技以制夷"。他们的具体行动就是一方面开展禁烟运动，另一方面学习和引进西方的先进技术和装备。鸦片战争以前，中国与西方国家的贸易关系基本上集中在鸦片、生活物品和一般民用技术方面。为了防止英帝国主义的侵略，作为钦差大臣的林则徐于 1839 年到任后，与虎门炮台守将关天培共同加紧备战，修复和新建沿海地区的多处炮台。他们不仅自己制造了 2,500—4,000 公斤的大炮，还从中国澳门、新加坡等地设法秘密购买葡萄牙和英国的大钢炮和生铁大炮 200 门，重量 5,000—9,000 斤不等，用来装备虎门各个炮位。他同时也命人购买西式军舰（庄建平，2008：666）。这是目前有文献记载的我国最早通过贸易行为引进外国工程技术项目的活动。

19 世纪 60 年代，中国在经历第二次鸦片战争并遭受失败以后，出现了以曾国藩、李鸿章、左宗棠、张之洞等为代表的"洋务派"，开始了实业救国的"洋务运动"。从 1862 年起，清政府要求各省必须建立机器制造局（主要制造武器），全国先后出现了 34 个机器制造局。这期间引进外商和外资，建立了中国第一批现代化的工程技术企业。由于中国长期封闭，严重缺乏专业技术人才，尤其缺乏既懂外语又有专业技术的人才，所以在外资合办企业和不少中国人自己建立的现代企业里，具体管理工程技术的人员往往是外国人，绝大部分的中国工人和管理人员需要通过翻译进行沟通，于是在洋务运动期间出现了中国第一批专门从事工程技术翻译的"通事"（翻译人员）。

本章开头已经说明，早年文献记载里极少留下工程技术翻译人员的姓名和具体情况，所以本书节录了晚清时期部分主要的外商和外资企业

(汪敬虞,2000;张海鹏,2006),它们的建立和营运可以视为这一时期引进工程技术项目翻译的成就:

1862 年 3 月 27 日,上海第一家外商轮船公司(旗昌轮船公司)成立。

1863 年,沙俄在汉口开办顺丰砖茶厂。

1864 年,李鸿章命英国人马格里建立苏州西洋炮局。

1865 年 1 月 16 日,法国人在上海法租界建立自来火行。

1865 年 9 月 20 日,曾国藩、李鸿章在上海建立江南机器制造总局,在南京开办金陵机器局。同年,英国商人在上海开办耶松船厂。

1866 年,左宗棠、沈葆桢、胡雪岩在福州开办福州船政局(下属船政学堂),这是当时中国最大的军用船舶制造基地和最早的近代化教育基地,其船坞规格仅次于当时的英国利物浦船坞,位居世界第二。

1872 年,英商在上海建立中国航运公司。

1875—1884 年,清政府先后批准开办 12 个大型煤矿,其中前三位是官办的直隶磁州煤矿、台湾基隆煤矿和直隶开平煤矿,其余为官督商办。

1876 年 6 月 30 日,英国人修建的淞沪铁路通车,但随后慈禧太后命令将其运往台湾海域销毁。

1876 年 12 月,北洋水师大沽船坞竣工。旅顺港口工程项目开工。

1881 年 6 月 22 日,英国人在上海建立自来水公司。

1881 年 12 月 1 日,中国第一条电报线路(上海至天津)建成。

1882 年 7 月 26 日,上海(英、法、美)公共租界电灯公司开始供电,同年李云松在上海建立均昌机器厂。

1887 年 3 月 1 日,川滇电线建成;3 月 16 日,清政府批准修建阎庄至大沽铁路,与唐山开平铁路连接。

1887 年,清政府批准法国矿业商人办理粤桂滇矿务。同年,李鸿章在天津建立保津局,开始机器造币;张之洞在广州建立机器造币局和石井墟枪弹厂。

1887 年 9 月 19 日,福建—台湾海底电缆建成。

1888 年 3 月 13 日,台湾南北电线接通;6 月上海机器布局建立;7 月张之洞建立广州枪炮局,修建天津至唐山铁路通车(称北洋铁路)。

1889 年 8 月 27 日,卢沟桥至汉口铁路开始筹备;10 月 29 日,西安至嘉峪关电线架设;同年,日本人在上海设立内外棉公司分公司。

1890 年 5 月 19 日,广西龙州与越南北忻电线接通;5 月 20 日,福建购买机器开始铸造银元;12 月 4 日,湖广总督张之洞建立汉阳铁厂运河枪炮厂;12 月 16 日,旅顺船厂竣工;同年,张之洞设立武汉织布局。

1893年,刘铭传建立台北至新竹铁路。

1894年9月19日,上海华盛纺织总厂开工;同年,湖南设立聚昌、盛昌火柴公司,广东佛山出现第一家商办巧明火柴厂。

1895年,上海裕晋纱厂、大纯纱厂建立。

1896年,英商开办和丰船厂。

1896年7月28日,法国公使要求法国人办理福州船厂;8月28日,清政府批准华俄道胜银行订立东清铁路合同;10月,北京至天津铁路建成。

1897年,上海美商鸿源纱厂开工;3月22日,上海英商老公茂纱厂开工;4月初,上海德国商人的瑞记纱厂开工;5月,商务大臣盛宣怀批准中国比利时芦汉铁路借款合同;5月,上海英商怡和纱厂开工;6月12日,清政府允许法国人修建滇越铁路并办理滇桂粤矿务。

1897年8月18日,东清铁路开工,苏州苏纶织布局开办;10月,晋丰公司刘鹗与英商北京福公司订立借款开矿合同。

1898年4月19日,开封机器局开工;4月14日,清政府驻美公使伍廷芳与美国合兴公司订立粤汉铁路借款合同;5月13日,中英订立沪宁铁路借款合同;5月21日,英商福公司与山西商务局订立山西采矿铺设铁路合同;6月3日,清政府批准法国人修建北海至西江铁路;6月10日,清政府批准法国修建北海至南宁铁路;6月30日,德国修建胶济铁路;8月7日,淞沪铁路通车;10月10日,清政府与英商汇丰银行订立山海关外铁路借款合同。

1899年6月1日,清政府同意德国人修建天津至济南铁路;6月14日,德国山东铁路公司成立;7月,四川保富公司于法国福安公司订立合同合办犍为、合州煤矿;12月2日,清政府与法国比利时订立河南汴洛铁路合同;12月14日,清政府批准法国人合办广东矿务。

1900年,英商开办瑞造船厂。

1901年10月11日,郑观应奉命与日本商人订立合办安徽宣城煤矿合同;同年12月,英商获得开平煤矿所有权,并将其改名为开平矿务公司。

1902年9月25日,清政府批准四川矿务局与法国商人建立华法和成公司,合办四川煤矿油矿;9月29日,英商英美烟草公司在英国成立,相继在中国汉口、沈阳、哈尔滨设立分厂;11月16日,北洋铸造银元总局开始铸币。

1903年11月22日,中国铁路总公司督办大臣盛宣怀与比利时电车铁路合股公司订立汴洛铁路借款合同及行车合同。

1904 年 4 月 26 日，天津海关道唐绍仪等与比利时世昌洋行订立天津电车电灯公司合同。同年，沙俄商人在哈尔滨设立老巴夺父子烟公司。

1905 年 2 月 22 日，德国人在上海吴淞口安设上海至胶州的海底电缆；3 月 5 日，中英签订港九铁路合同；7 月 3 日，中英道清铁路借款合同订立。同年，英商开办万隆铁工厂。

1906 年 11 月 26 日，日本南满铁道会社在东京成立；12 月，南洋兄弟烟草公司在香港成立（1916 年在上海建厂），既济水电公司在汉口成立。

1907 年，日本在大连建立西森造船所；3 月 25 日，日清轮船公司成立；8 月，汉口扬子机器厂建立；10 月 13 日，正太铁路完工。

1908 年 2 月，清政府建立汉冶萍煤矿有限公司；5 月，滦州煤矿成立；12 月，沪宁铁路竣工。同年，日本在大连建立川崎造船所。

1910 年 5 月 22 日，中日订立合办本溪湖煤矿合同。同年，日商在上海设立上海纺织株式会社。

1911 年，日本在大连建立小金丸造船所，在丹东建立鸭绿江造船所。

此外，1900—1911 年，外国势力在上海水、电、煤气公用行业形成了三大托拉斯系统：上海工部局电气处、上海煤气公司、上海自来水公司。外资在纺织纱厂领域占据全国半壁江山，控制了全国 1/3 的矿业和几乎全部石油工业。外国列强迫使清政府签订并获得各地矿产项目 42 个，同时列强自办合办煤铁金银矿产 37 家。

2.1.2 工程技术翻译的人员

关于晚清时期的工程技术翻译人才，必须首先说明一下：那个时期翻译人才的分工不像 1949 年以后这样明确。由于当时中国人刚开始从国外大批量购买机器设备及军工产品，工程技术贸易的过程、产品使用及维护并不像后来那样完备和正规，加之本土外语人才奇缺，自然也缺乏专职从事工程技术翻译的人员。相反，倒是从事一般商业交易的通事（譬如广州“十三行”的通事）和一些买办承担了工程技术贸易的翻译工作。这一情形与 1949 年后培养和使用专业翻译人员是不同的。因此，这一阶段的工程技术翻译人员中自然就会有不少通事、买办，甚至其他身份者。

在 1840 年之前，中国清朝政府唯一对外通商的港口城市是广州，那里针对国际贸易活动采取的是行商制度（即政府特许了 13 家从事外贸的公司，实际上为官办公司，统称“十三行”）。依附行商，出现了一批通事，也称“岭南通事”和“广州通事”，他们主要活跃在18世纪下半叶和19世纪上半叶。这些通事大多出身卑微，受教育程度很低，英语或葡语水平非常糟糕，只是他们常年活动在洋人和商行之间，学会了一些蹩脚的外文口头语和书面语。1842年鸦片战争之后，随着“五口通商”的实行，又出现了具有经营能力的买办阶层，其中不少人就是从通事转身而来。由于通事及买办在充当中外交往的中介时，加之当时一般国人对洋人抱有敌视态度，故而通事及买办许多时候被视为汉奸或无正当职业者的代名词，其称呼也是带有歧视性的。就工程技术贸易而言，目前还没有史料明确记载鸦片战争前从国外进口过大批量工程技术设备或技术的事实，因此可以说，鸦片战争前也没有专人充当工程技术贸易的翻译人员。

1839—1841年，为了迅速了解外商动向，镇守广州的钦差大臣林则徐聘用了一个翻译班子，其中有梁进德、袁德辉、亚孟、林阿舍、阿东、陈祖耀、温文伯、周文等人(季亚西、陈伟民，2007：315—325)。虽然不清楚由哪一个翻译人员具体履行林则徐购买武器装备的部署，但是可以推断：要完成这批交易，至少其中一人参加了考察、谈判、报价、发货、运输、收货、付款、结清等程序。此前已经叙述，林则徐极有可能是中国历史上第一个从国外大量采购军事设备(工程技术项目)的人，因此他的翻译班子很可能就是中国最早的一批工程技术翻译者。

有一位名叫林鍼(1824—?)的厦门人，很早学会了英文，并依靠为外商担任翻译谋生。1847年，这位22岁的年轻人因英语水平较高，受聘远赴美国“委奉经理通商事务”。林鍼主要是受聘美国花旗银行，从事口译，兼顾商贸事务。这是有文字记载的我国早期受聘于国外的第一位翻译人员。他回国后，写了一本书叫《西海纪游草》，但其中对他在美国的实际工作情况未曾具体谈及。不过，当时清政府与美国保持着友好关系，林鍼又是唯一派驻美国的中国翻译者，他极有可能参与过中国政府和有关公司购买大宗货物(包括技术装备)的活动。

有历史学家(安作璋，2009)指出，晚清时期官办的34家军工机器厂中，除了山东巡抚丁宝桢要求山东机器厂不得聘用洋人之外，其余的军工厂基本上都聘请洋人工程师或技师担任技术指导。也就是说，除了山东机器厂没有工程技术口译人员外，其余33家军工厂全部存在工程技术口译人员。另外，虽然山东机器厂没有聘用外籍工程技术人员，但未必没有中国人担任书面文件的翻译(因为进口的机器设备附属技术资料肯定是用外文书写，必须翻译为中文后才可能供中国技术人员使用)。

李鸿章在1863—1864年间建立了三个洋炮局，聘请英国和法国官兵教练他的淮军，同时还雇佣英法官兵中通习兵器者帮助制造武器，并命令参将韩殿甲率领华人官兵悉心学习。在第二个洋炮局里，李鸿章聘请英国人马格里主持实际事务。该局雇佣外国技术人员 5 名、中国人 60 名。按照翻译行业的习惯，每名外国技术人员配备一名翻译，那么至少在开工的初期很可能有 5 名中国工程技术翻译者在场。

1865 年，李鸿章开办江南制造总局时，把美国商家旗记铁厂(Thos. Hunt & Co.，包括 8 名外国技术人员和 600 名工人)买入合并到江南制造局。他聘请美国人为江南制造总局首席工程师。在首席工程师下面有多名外国技术人员监督机器的操作和生产过程。1865—1906 年，至少有 12 名外籍工程师和 10 名外籍技术工人在制造局下属的船舶修造厂、枪支制造厂和火药制造厂里工作。由此推断，至少也有相同数量的翻译者在场。

1866 年，闽浙总督左宗棠奏准办理福建船政局，沈葆桢主持，胡雪岩提供资金担保及采购欧洲机器设备，聘用法国人日意格、德克碑为正副监督，又招募洋人管理技术人员 42 人，这些人员先后工作至 1911 年。福州船政局下辖 14 个制造工厂、8 个管理机构，总监督为洋人；另外附属求是堂艺局(船政学堂)，聘用 42 名外籍技术人员，其中有英国教师 25 人、法国教师 15 人、新加坡教师 2 人。该学堂聘用包括詹天佑和刘步蟾在内的中国教师 30 人。外籍教师除了担任教学任务，也同时兼任船舶制造厂的技术顾问。在当时 3,000 人的大型工厂里，仅有极少数技术人员、教师和船政学生懂得英文和法文，故中国教师及船政毕业生(技术人员)都可能充当过工程技术翻译人员。

根据《中国近代通史》(第三卷)记载(虞和平、谢放，2007：157—161)，19 世纪 70 年代，先后做过买办的中国人至少有两三千人，加上那些虽然没有买办名义但实际为洋行对华贸易服务的买办商人，其总数在四五千人，其中以宁波人为最多，在洋行担任买办("康白渡")、大写、小写、通事、跑街等职位。这些职位全部与外文翻译有关。

又根据《近代史资料文库》(第九卷)记载(庄建平，2008：666)，目前有名可查的晚清洋务运动时期(1860—1895)在华的外国科技人员、教师、技术工人、海军教官共计 472 人，其中在工矿企业者 248 人、在学堂者 119 人、在军队者 105 人。另外，其中各类建筑师 96 人，在上海就有大约 50 人。最早来华的是法国人勒日尼和英国人马格里。除去在学堂的 119 人中部分人可能懂得中文外，其余大部分都是工程技术和军事专家，他们不懂中文，而且在华时间不太长(多数人为 1—3 年)，不可能很好地习得中文。其他学者也引用来华外国人的书信证明，在华外国人基本上不学中国话和中国文字（季亚西、陈伟民，2007：376—402）。因此，没有数量大体相等的翻译人员的帮助，那些外国技术人员难以开展工作。

1904年，德国占领山东之后修建了第一条台柳铁路，随后修建了十条公路和胶济铁路（395公里）。这些工程涉及的规划、勘探、物资采购及运输、施工、维护、经营管理等事务全部由德国人把持。1908—1912年，德国又与英国共同修建津浦铁路。名义上该筑路权归中国所有，实际上由德国人扬德尔总负责。这种大型工程技术项目需要调动成千上万的人力进行技术性工作，肯定有不少工程技术翻译人员为之服务。

1907年，上海公共租界（英美法租界）工部局负责管理租界内的市政工程事务，欧洲职员里包括各类工程师和技术人员，共计45人。这些洋人并非语言人才，要管理2,827人的工程队伍和其他日常杂事，还需要许多懂英语的中国人帮助才行，包括专职的翻译者和洋泾浜英语者。

洋泾浜英语是19世纪末和20世纪上半叶在上海、宁波、汉口等港口城市流行的汉语和英语混杂使用的简单话语。关于洋泾浜英语的词汇量，现在中外学者比较普遍认同的是750个单词，也有说1,500个单词的（张振江，2006）。但无论以哪一个为准，这点词汇量不足以承担复杂的工程技术专业交流。洋泾浜英语只能用来进行简单的沟通，主要是在下级职员和普通工人之间使用。洋务派首领（当时的国务总理）李鸿章对此持鄙视态度，他自己工作需要时全部聘请专业翻译人员，出国访问时由他的留洋儿子担任翻译。

经多方查找，发现有些历史资料（许涤新、吴承明，1992；黎难秋，2006；季压西、陈伟民，2007；上海档案馆，2010；夏伯铭，2011；钱茂伟，2012；孙修福，2014）明确记载了下面一批人物担任过与工程技术翻译相关的工作：

容闳（1828—1912），广东香山（现为中山市）人，晚清早期最负盛名的翻译者，是目前史料里明确记载的第一个承担工程技术翻译的人。容闳7岁时进入澳门洋人办的学校，1841年转入马礼逊学校。1847年初，在美籍老师布朗的帮助下，容闳与黄胜、黄宽远赴美国留学，成为清末早期首批留学欧美的学生。1854年，毕业于美国耶鲁大学。他回国之初，为了谋生也曾经担任过一系列的翻译工作。1856年，他在上海海关翻译处谋得一职，后来发现内部人员和外界商人串通一气，中饱私囊，加之掌握海关总税务司大权的英国人歧视中国翻译，于是愤而辞职。1863年11月30日，曾国藩委派容闳赴美为清政府购买江南制造局所需要的机器和设备。他历经艰辛，在美国考察了多家制造公司，最后选定扑特南机器公司为供货商，购买了一百多套机器设备，出色地完成了采购使命。他回国后，曾国藩专门递上奏折为容闳请奖，拟请特授以候补同知（相当于现在的正处级干部），是当时清政府对翻译人员的极为难得的最高待遇。后来一段时间，容闳仍以候补同知的身份在江苏省行署担任翻译。

张德彝，北京同文馆早期毕业生，1868—1870 年随清政府二品大员志刚出访欧美 11 个国家，同行的还有前任美国驻华公使蒲安臣和同文馆六名毕业生。张德彝和其他六名毕业生的任务是担任翻译。他们此行最重要的活动是于 1869 年 8 月 22 日至 9 月 5 日参观考察了瑞典南方的兵器制造厂。他在自己的著作《初使泰西记》里描述了所见所闻："造枪子铜管各种，则以铜页轧出铜片若干，又以铜片入上卯下隼之机，轧成铜筒。而机下又有托机向上而撞之，成铜筒底外出之棱与外通之孔。然后装白药帽，筑火药铅顶，以成枪子箭焉。据云此系其国新法"（转引自蔡宏生，2007：331）。如果没有现场考察和翻译人员的帮助，一个不懂技术也不懂外语的官员不可能写出这么详细的记录。

徐建寅（1845—1901），江苏无锡人，其父亲是著名化学家和翻译家徐寿。徐建寅本人曾进入江南制造总局担任翻译。1879 年，他奉命赴欧洲考察和订货，历经三年。这次欧洲之行是中国人首次对欧洲近代工业进行的系统考察，算得上一次重大历史性事件。徐建寅本来就是外文翻译出身，但是鉴于他的口语交流能力不强，李鸿章特地为他配备了一名助理翻译金楷理（Carl T. Kreyer，美国人）。1879 年 9 月 11 日，徐建寅和金楷理在上海吴淞口乘船赴欧洲，二人先后在法国、英国和德国参观了 80 家工厂企业和 12 家科研机构，考察了近 200 项工艺、设备和管理技术，重点考察了军工制造商。1880 年 6—7 月，徐建寅和金楷理还赶赴德国西门子参观鱼雷制造厂，并验收先期采购的设备。8 月，徐和金又赶赴英国伦敦和格拉斯哥，参观当地的军舰制造厂。经过在德国、法国和英国数家造船厂的考察、研究和对比，徐建寅终于决定选择德国伏尔铿船厂（现为波兰切什青）为北洋水师订制钢面铁甲军舰。他亲自翻译了德国和英国海军部的造船章程及验收章程。10 月 1 日，徐建寅与船厂方按照德国海军部造船章程签订了合同。10 月中旬，徐建寅在伏尔铿船厂检查鱼雷艇蒸汽机图纸，并出席新船下水典礼。

黄维煊，宁波人，同治五年（1866）协助筹建福建船政局厂，著有《福建创建船政局厂告成记》和《沿海图说》，精通洋务。

沈敦和，宁波人，1857 年生，年轻时赴英国留学，1880 年回国后曾担任上海会审公廨(即上海国际混合法庭)翻译。

张德坤,1908 年之前担任中国驻日本东京使馆参赞衔翻译,后担任张之洞在武汉创办的《时务报》翻译。

邬挺生,宁波人,1876 年生,曾就读上海市西书院,22 岁时以翻译身份加入美华烟公司(后为英美烟公司)。

尤葛民(1869 年生于苏州),20 多岁到上海,在织布厂担任四年翻译,后任上海城厢内外总工程局董事。

胡二梅(1859 年生于安徽池州),27 岁时以翻译身份为清政府南洋舰队购买军舰,左宗棠为此保举他为道台。

黄开甲(1860—1905),首批留美幼童之一,回国后担任过上海道台处翻译,曾为商务大臣盛宣怀的英文秘书,后担任招商局经理、电报局总办。1904 年,大清政府首次参加世界博览会(美国圣路易斯世博会)时,他担任代表团副监督。

关炯之(1879—1942),汉口人,1903 年 10 月授同知衔,聘为上海道台洋务翻译,后担任四届上海公共租界会审公廨法官。

李春生(1838—1924),同安县厦门人,台湾淡水宝顺洋行买办,和记洋行总经理,台湾巨富,参加台北铁路建设。

杨坊,19 世纪 40—60 年代上海最出名的买办商人。

虞洽卿,浙江宁波人,19 世纪末上海商界巨子,中国航运业首富,曾任鲁麟洋行买办。

另外,除了上述由中国人担任的翻译者外,还有另外一些具有特殊身份的外国人(多数拥有中国政府任命的官职)在中国担任工程技术项目及贸易的翻译,其中较为著名的如下:

马礼逊(Robert Morrison),英国人,1807 年来华,是中国最早的新教传教士;1809 年起担任英国东印度公司驻广州的译员;1834 年被英国国王任命为英国首任驻华商务监督的译员兼秘书(官衔为副领事级别)。他还在业余时间传教,翻译了《圣经》及大量文化典籍,成为中西方交流史上有名的人物。他去世后,他的两个儿子也先后担任英国驻华商务监督的译员和秘书。

李泰国(Horatia Nelson Lay),英国人,幼时在中国学习汉语,1849 年后在英国驻宁波领事馆、上海领事馆、广州领事馆和中国香港担任翻译,后任江海关外籍税务监督委员,归中国江苏巡抚管辖。其间他曾主管港口工程项目,1855 年他在上海建成了第一批港口助航设施,后担任第一任中国海关总税务司(Inspector General)。

赫德(Robert Hart),英国人,1854 年担任英国驻宁波领事馆实习翻译,1858 年任广州领事馆二等副翻译,1861 年代理中国海关总税务司,1863 年正式担任中国海关总税务司,在位长达三十多年。他的后继者安格联、易执士、梅乐和、李度等外国人均有类似背景。

傅兰雅(John Fryer, 1839—1928)和伟烈亚力(Alexander Wylie, 1815—1887)是江南制造局前期贡献最大的翻译人员,此外还有十几位外国口译人员。实际上,这些人主要是翻译科学技术书籍,对于近代科学技术知识在中国的传播发挥了巨大作用,但是没有证据表明他们参与了具体工程技术项目的考察、建设、营运等诸多过程的翻译。

霍必澜(Pelham Laird Warren),英国人,1867 年作为驻华机构实习翻译进入领事馆服务,1875 年在福州府担任翻译一年,1899 年后担任英国驻上海总领事。

伟晋颂(Frederick Edgar Wilkinson),英国人,1893 年担任英国驻华使馆见习翻译,1900 年后担任驻上海副领事,后任驻南京总领事。

夏礼士,英国人,1889 年来华,担任北洋水师翻译。

爱思德(或艾思德,G. Hext),英国人,1882 年来华,担任北洋水师翻译。

毛吉士,德国人,担任北洋水师翻译。

威理德(Wilode),美国人,担任北洋水师翻译。

毕德格(W. Npethick),英国人,任北洋水师提督(舰队司令员)丁汝昌的翻译和秘书。

2.1.3 工程技术翻译的特点

(1) 这一时期工程技术翻译涉及的领域或行业主要集中在枪炮和军舰等军事工业,以及关系基本国力的煤矿、铁路和航运业。

(2) 由于工程技术及机器设备全部从英国、德国、法国、美国、俄国引进,中国缺乏相关技术人员,所以工程技术项目的引进、建设、安装、生产和经营等过程几乎全部由外国人操控,甚至部分翻译工作也直接由外国人担任(例如北洋水师)。

(3) 工程技术翻译人员的主要来源:一是洋泾浜英语通事和买办首先在广东,而后在宁波、上海、福州、厦门等东南沿海港口城市流动,他们在鸦片战争前后主要服务于低级的技术岗位;二是留学归国人员(如容闳、黄开甲),尤其是在外国留学的技术专业毕业生;三是少数在国内学习了英文和法文技术知识课程的毕业生(如福建马尾船政学堂的学生);四是广方言馆、北京同文馆等各类语言学校培养的学生;五是懂得中文的,并获得了中国政府官职的外国人(如马礼逊父子、李泰国、赫德)。

(4) 洋务运动后期,随着留学归国的工程技术人员及国内学习英文及法文技术课程的学生增多,由他们充任的兼职翻译者开始出现。

(5) 翻译方式方面,因中国翻译者的英文及技术水准有限,当时的书面技术资料和文献翻译主要由外国翻译者直译转述为中文口语后,再由中国翻译者记录和整理(如傅兰雅等人在江南制造局译书馆所为)。

2.2　民国时期(1912—1949)的工程技术翻译

1911 年 10 月,辛亥革命推翻了清政府的统治,中国历史进入民国时期。这一时期的时间跨度为 37 年,但是情况与前一时期相比更为复杂,其中包括:北洋国民政府统治时期、南京国民政府统治时期、沙俄及苏联控制东北北满时期、日本占领南满及全面侵略东北时期、日本全面侵占中国时期、中国共产党领导的新民主主义革命时期。这些时期,有的是历时连续关系,有的是共时交叉关系,因而这一时期的工程技术翻译活动发生在不同政治势力的统治范围,既有北洋及南京国民政府统治的国统区,也有中国共产党领导的解放区,还有沙俄、苏联及日本侵略势力先后控制的区域。以下将分别论述。因缺乏历史资料,日本全面侵略中国时期的工程技术翻译不在此讨论。

2.2.1　引进工程技术项目翻译的成就

2.2.1.1　北洋政府及南京国民政府统治区时期

辛亥革命以后,民国前期的北洋政府和后来的南京政府接管了晚清政府官办的工程技术项目和部分商办项目,同时也以外方直接投资和借款的形式扩大了引进工程技术项目的规模。根据 1936 年的统计资料,外商投资的结构中,涉及工程技术项目的份额有:交通运输业 12.37%,电力和自来水等公用事业 9.66%,制造业 20.57%,煤矿业 5.10%(许涤新、吴承明,1992:38—43),这些数据尚不包括日本和苏联在东北的投资。这些投资基本上体现在引进工程技术项目上,可以视为工程技术项目翻译的部分成就。此外,1932 年南京国民政府成立了国防设计委员会(后更名为资源委员会),从事重工业建设,主要从德国、英国、美国及苏联引进资金、技术和设备。例如,1936 年南京国民政府从德国获得大额贷款,用于购置军事工业及民用机器设备(薛毅,2010：310—313)。下面节录部分为主要的引进工程技术项目(许涤新、吴承明,1992：38—43)：

1914 年 11 月 9 日,华商中原公司与英商福公司合并成立福中总公司,总事务所设在河南焦作。

1915 年 1 月 1 日,吴淞和广州设立无线电台。

1916 年 2 月 19 日,驻美公使施肇基与比利时电车铁路公司订立陇海铁路借款合同,准备开建陇海铁路。

1918 年,交通总长曹汝霖与美日电气公司签订合资电气公司合同;9 月 28 日,中日订立满蒙四铁路借款合同;12 月 7 日,京绥铁路局与日本东亚兴业会社签订借款合同。

1918 年,中日合资建立东北振兴铁矿无限公司及鞍山制铁所(实际上为日本垄断)。

1919 年,英、美、法、日四国组成统一机构向中国铁路统一贷款("铁路统一案")。

1920 年 6 月 1 日,山东武定—东昌公路由美国红十字会出资建成。

1921 年,在中国的日商纱厂有 14 家、英商纱厂有 5 家。

1922 年,民国政府批准成立鲁大公司(日本人操纵),承办山东铁路沿线各矿。

1925 年,中国最大的工业企业汉冶萍公司因日本贷款压力,实际上全部转由日本人管理。

1927 年,江南制造局归入南京政府管理,但是总工程师仍然是英国人 A.C.毛根。

1927 年,日本投资的上海义昌橡胶厂成立。

1927—1937 年,南京政府从欧美借款修建浙赣铁路 1,004 公里、株洲—韶关铁路 450 公里、陇海路灵宝—西安—宝鸡 400 公里、湘桂铁路 600 公里。

1928 年,日本投资的上海大中华橡胶厂成立。

1929 年,南京政府与美国航空发展公司签订合同,成立中美合资的中国航空公司。

1929 年,上海美商电力公司成立(该厂的发电量曾经相当于全国所有华商电厂的总和)。

1930年,日本投资的上海正泰橡胶厂成立。

1931年2月,南京政府与德国汉莎航空公司签订合同,成立欧亚航空公司。

1933年,广东广西组建西南航空公司,与法国航空公司合作开辟越南和欧洲航线。

1936年11月,南京政府与日本合办惠通航空公司,实际上全部由日本人经营。

1930—1936年,南京政府实业部建成三个工厂,其中中央机器制造厂和中国酒精厂完全从英国引进设备。

1931年"九一八"事变后,在中国东北南满的企业全部落入日本人之手。

1936年,在中国的日商纱厂有47家,英商纱厂有4家。

1934年,建立陕北延长油厂。

1942年,引进美国设备建立中国第一个石油基地——玉门油田。

从地区分布看,作为当时中国最大的工商业城市,上海到1931年有日商企业866家、英商企业614家、美商企业256家、法商企业70家、德商企业100家(许金生,2009:312)。其中,与工程技术有关的行业大约占50%。天津、厦门、汉口和广州也集中了数百家外商和外资企业。

1915年5月31日成立的上海英商公会,同年成立的天津商会模仿上海商会的建制。上海的这家商会具体业务包括港口改建、苏州河交通、长江及浦江管理、货物装卸和航运、铁路标准化、造币、庚子赔款等。

美国人亚当斯(Henry Carter Adams)于1913—1917年任中国政府铁路财务标准化顾问。

自晚清至1928年,全国邮电行业的大权基本在欧美人手里,除了贵州、云南、广西等三个偏远省份之外,各省邮政局的负责人都是外国人。可以推断,这些外国人身边应该配备中国翻译人员。

1912—1927年,当时中国最大的企业汉冶萍煤铁矿有限公司的实际负责人是日本人,其名义职位是最高顾问工程师及会计顾问,但实际上"公司一切营作、改良、修理及购办机器等应与最高顾问工程师协作而议"。

英国人控制了京奉铁路600公里、沪宁铁路204公里,英国总工程师等人还参加了津浦铁路237英里、沪杭甬铁路179英里以及道口至清化95英里铁路的实际管理。法国总工程师代表山西正太铁路151英里的法国投资方利益,比利时和法国的工程师参与监督365英里的陇海铁路。

洋务运动时期创办的最大煤矿——开滦煤矿,1900 年被八国联军占领后就一直由英商经营,1941 年由日本人占领,1945 年之后又交还英商。

晚清和民国时期在陕西开办的延长油矿,先是由美国人主持,后来由日本人主持,1912 年再次由美国人主持。

1920 年初,上海有橡胶厂 28 家,其中 1/3 工厂的技术人员完全来自日本。大型日本企业上海制造绢丝株式会社 1905 年成立,至 1934 年时拥有日本籍员工 70 人,中国籍员工 2,334 人。1918 年成立的日中合资东华造船铁工株式会社几年之后就有员工达 500 人,其中日本籍员工 15 人。1936 年日本人村川善美兴办的上海亚细亚钢业厂,一次性从日本请来十多位技术专家进行生产和管理。中国橡皮版印刷公司是 1930 年上海的大企业,该公司有员工 376 人,其中日本籍员工 86 人,中国籍员工 290 人(许金生,2009)。

由国民政府领导的资源委员会在 1936 年时仅有 31 人,下辖一家企业。截至 1946 年抗日战争胜利,已经拥有 115 家成规模的现代工业企业及二十多万名技术工人,其技术设备主要来自美国(薛毅,2010:310—313)。

在军事设备方面,抗日战争初期国民政府从德国获得超过 1 亿马克的军事装备。在抗日战争期间,美国向国民政府提供了 6.9 亿美元贷款,又依据《租借法案》提供了 8.25 亿美元军事援助(主要部分为飞机及驻印度远征军装备)。1937—1941 年间,苏联提供给国民政府 1.73 亿美元贷款,物资形式为飞机 924 架、坦克 82 辆、牵引车 602 辆、汽车 1,515 辆、大炮 1,140 门、各类机枪 9,720 挺、步枪 50,000 支等补给(张海鹏,2006:189—194)。

2.2.1.2 中国共产党领导的解放区时期

从 1927 年开始,中国共产党独立领导新民主主义革命斗争,中间历经抗日战争,直到 1949 年取得全国解放战争胜利的 22 年间,与工程技术项目有关的事情几乎唯一就是来源于苏联的少量武器装备援助。黎难秋专著的《中国科学翻译史》提及:1949 年 3 月,中国共产党中央进驻北平后,苏联铁道部副部长柯瓦廖夫前来拜会毛泽东和周恩来时,师哲担任翻译,讨论苏联援助 1949 年建设的事宜(黎难秋,2006:199)。国防大学教授徐焰少将 2009 年 10 月 19 日在《军事天地》发表的文章《解放战争中苏联给了中共多少武器援助?》一文中,简要披露了中国共产党及其军队从苏联方面获得的军工装备等情况(徐焰,2009):苏联方面 1967 年最早公布了苏联红军在进占东北后援助中共武器的数字。他们声称:“苏联远东军缴获了日本关东军的武器有步枪 70 万支,机枪 12,000 挺,各种炮约 4,000 门,坦克 600 辆,飞机 800 架。应中国人民解放军的要求,这些武器大部分向其移交,成为中国人民革命战争取得胜利的重要保证。”负责指挥远东战役的华西列夫斯基元帅在回忆录中叙述对中国革命的援助,也引用了这一数字。但据日本方面的资料,关东军在苏联出兵前能够使用的作战飞机仅 100 多架,坦克约 160 辆。

综合上述几项统计,徐焰少将估算,东北解放战争中,苏联移交的武器有枪 40 万至 50 万支,各种炮约 2,000 门。此外,解放战争期间,面对东北解放区十分艰苦的环境,苏联除武器之外提供的多数物资是通过以货易货的方式。苏联的历史资料也证实,1946—1949 年间,东北解放区向苏联出口额为 2.22 亿卢布,进口额为 2.27 亿卢布。东北解放区所需的汽油、布匹、铁路器材和机器等都要通过物物交易方式,我方输出的物资主要是苏方在战后饥荒中急需的粮食和大豆。

2.2.1.3　沙俄、苏联和日本占领东北时期

民国时期,中国东北的工程技术项目建设及翻译情况非常复杂。辛亥革命之前及以后,沙俄及苏联在东北均有工程技术项目建设活动,最大的项目是中东铁路。中东铁路是沙俄为了掠夺和侵略中国、控制远东而在我国领土上修建的一条铁路,称“中国东清铁路”或“东清铁路”“东省铁路”。1896—1903 年,该铁路由沙俄帝国修筑,以哈尔滨为中心,西至满洲里,东至绥芬河,南至大连。日俄战争后(1904),该铁路南段(长春至大连)为日本所占,称“南满铁路”。民国后该铁路改称“中国东省铁路”,简称“中东铁路”。

沙俄及苏联控制的部分铁路由中东路管理局管理,日本控制的部分由“满铁”管理。日本侵略势力很早就渗入东北(1904 年起),后来分别控制了东北的南满(1931—1945)和北满(1937—1945)。

东北地区的工程技术项目建设由沙俄、苏联、日本先后实际掌控。尤其是日伪占领时期,为了加强日本侵略全中国及亚洲太平洋地区的势力,日本及伪满洲国在那里进行了大规模的基本建设,例如长春市当时的主要大街以及众多大型建筑物就是 1932 年伪满洲国成立后进行的,牵头部门是臭名昭著的“满铁”。“满铁”是日本南满铁道株式会社的简称,是日本在华最大的垄断组织和殖民机构,1906 年在东京成立,其中国总部设在大连。在 40 年的时间里,它建设的大型工程技术项目包括在鞍山、抚

顺、阜新、本溪等地的矿山、钢铁厂、机器厂、发电厂以及这些城市的土木基础设施。

2.2.2 工程技术翻译的人员

2.2.2.1 北洋及南京国民政府统治区的工程技术翻译人员

该地区的工程技术翻译人员的背景和来源与晚清时期的情况已出现显著不同。在企业内部，许多高级管理人员是外国人，他们聘请了外语水平较高的专职翻译。此外，高级管理人员中也有不少兼职翻译者。显而易见，这些外方高级管理人员以及更多的普通技术人员不可能像傅兰雅和伟烈亚力(江南制造局翻译馆的资深翻译家)那样既有专业知识又是语言专家。从外方专业技术人员来看，除了在中国海关担任总税务司的英国人赫德对内部的外籍员工要求掌握好中文之外(费正清，1994)，绝大多数人不屑于，也没有精力来系统学习中文(季亚西、陈伟民，2007：376—402)。他们必须依靠大量的工程技术翻译人员或兼职翻译人员，才能够与普通中国员工进行合作。在南京国民政府领导下的资源委员会里，大部分中层以上干部都具有留学英美的经历，在出国考察或接待来访外商时能够充当兼职翻译者。

关于兼职翻译者，下面一个例子是较为典型的：根据上海档案馆出版的资料(上海档案馆，2010)，上海近代建筑行业中较为突出的是川沙籍人士开办的21家营造厂，其中杨斯盛、顾兰州是最大的杨瑞泰营造厂的老板，工作中学会了洋泾浜英语，但同时也常去"青年会"夜校补习。他们承担了外国租界内的许多工程，包括江海关大楼、英国领事馆、先施公司大楼、苏联大使馆、国际饭店(基础)、法国总会、哈同花园、上海工部局、怡和洋行、国泰大戏院，浦东光华火油厂、杨树浦煤气厂、永安公司新楼、龙华飞机场、蒋介石等人的住宅、上海特别市政府大楼、大世界游乐场、新世界大楼、美琪电影院等。洋务运动以后，上海建筑业出现了大型项目的招投标形式，而标书是以英文和法文写成的，一般的洋泾浜英语者(其掌握的外语词汇量仅700—1,500个)不可能完全读懂或翻译这样大型的工程技术项目文件，因此那时应该存在水平较高的翻译人员。

由于历史的原因，民国时期的资料很难找到，在许多"正史"里不会提及工程技术翻译人员，但在一些回忆录和"杂史"中尚可以发现翻译人员的蛛丝马迹。由刘凤翰和彤新春(中国台湾)主编的《民国经济》(刘凤翰、彤新春，2010)是台湾地区近年来出版的口述历史著作，本书作者摘录了部分与工程技术翻译有关的资料：

曾任北洋民国政府铁道部路政司司长的刘景山回忆，民国八年(1919)，他代表民国政府赴东北处理中东铁路问题，参加者有中国人、俄国人、法国人、波兰人，经过谈判各方签订了《管理东省铁路续订合同》，翻译人员将谈判结果和合同翻译为英文作为最终文件的文本。在那个合同里有对人员的规定："在管理东省铁路俄籍局长之外，另设华籍副局长一人；所有工务、机务、车务、会计四处除俄籍处长外，各另设华籍到处长一人，以资襄助。此外，如董事会认为他处应添设副处长时，当以华人充之"(本书注："华籍到处长"疑似笔误，应为副处长)。由此可以判断，在各个工程技术管理岗位有兼职翻译者或专职翻译者。

刘景山还回忆，民国九年(1920)，他出任民国政府中东铁路会办(相当于政府代表)期间，发现许多派去当火车站站长的中国人不会俄文，他随即决定为每个站长加派一名俄文翻译人员。刘景山本人也有一个叫刘泽荣的广东人担任俄文翻译。另外，刘景山还开办了补习学校，培养俄文翻译人员。

民国十一年3月，刘景山任民国政府交通部路政司司长，以交通部鲁案善后交通委员会委员的身份到山东接收德国胶济铁路。这期间的部分大会或谈判是由车务技术人员钱仲汝担任德文翻译。

凌鸿勋是民国交通部京汉铁路大桥工程师，抗日战争前曾参加英、美、日、法和中国五国会审郑州黄河大桥新桥的图纸方案，其间陪同美国顾问华德尔及京绥铁路工务处长邝孙谋巡视京绥铁路和京奉铁路。1938年他去云南规划南镇铁路建设，与法国银行签订合同，由法国银行提供机车、轨道、桥梁及工程款，整个工程由中法建筑公司承办，法国人担任总工程师及总会计师，中国人担任工程监理。谈判和施工过程中都有翻译人员，实际上他本人也充当了兼职翻译者。

刘景山、毛邦初和刘瑞恒于1940年受国民政府委派赴美国采购战时物资，其中刘景山负责采购交通器材，毛邦初负责空军器材，刘瑞恒负责医药器材。这是一起典型的工程技术项目贸易行为，他们既充当贸易人员，也担任翻译(笔译方面，他们要把国内政府和军队的要求以书面文件形式转达给美方)。刘景山说服美方赠送中国汽车若干辆，另有汽油若干吨，这些物资经由缅甸运至中国。为此还在仰光设立办事处。在刘景山的说服下，美国政府派员任援华总署署长。

刘承汉曾任国民政府邮政总局联邮处长，负责民国邮政与万国邮政联盟的联系工作。1947年刘承汉赴法国巴黎参加万国邮政联盟第十二届大会。为了准备这次大会，他事先要求本处的法文翻译人员译出800多份法文会议提案。在巴黎出席大会期间，除了重大事务请中国驻法国大使钱泰出面外，大部分的技术讨论均由刘承汉主持，他的法文翻译人员是吴之远和徐传贤。大会发言时，刘承汉写好中文或英文书面意见，由徐传贤翻译为法文并代为宣读。

除此之外，民国时期还出现了不少兼职翻译者，他们通常是留学英美归国的技术精英(谢清果，2011：280—295)，其中包括以下人员：

穆籍初，1909年留学美国学习植棉、纺织及企业管理，1914年归国后创办德大纱厂、厚生纱厂。

范旭东，1912年毕业于日本京都帝国大学应用化学专业，归国后创办了久大盐业公司和永利制碱公司，这些公司成为中国近代企业技术兴厂的典范。

孙越琦，1929—1933年留学美国哥伦比亚大学研究院，后任河南中福煤矿总工程师、陕北延长油矿及甘肃玉门油矿董事长、天府煤矿集团总经理。

孙颖川，美国哈佛大学化学专业博士，归国后任开滦矿务局总化学师，后任黄海化学工业研究社社长。

蔡声白，毕业于美国麻省理工学院，归国后接手亚美丝绸厂。

薛涛萱，留学美国学习铁路管理，归国后接手丝绸厂。

邹景润，留学于日本高等蚕桑学校，归国后研制成功中国第一台多绪立式缫丝机。

项松茂，留学日本，归国后接手固本皂药厂。

2.2.2.2 中国共产党领导的解放区的工程技术翻译人员

由于中国共产党领导的解放区遭受国民党政府的封锁，解放区所有的工程技术项目(实际上仅有少量的武器装备和医药物品)几乎全部源自苏联，所以相关的翻译人员都是俄语翻译。鉴于中国共产党与苏联为总部的共产国际早在1920年就建立了政治关系，中国共产党先后派出不少人员赴苏联学习和工作，所以后来负责苏联军事装备移交翻译工作的就是这些早期的留苏学生。从事过翻译武器装备及军事工程工作的人员主要有伍修权、师哲等。

伍修权(1908—1997)，军事外交家，他与工程技术翻译相关的工作表现在：1937年，任八路军驻兰州办事处处长期间(该办事处作为延安与苏联联系的主要通道)负责接收和转运了苏联援助的及西北地区支援的大量抗战物资;解放战争时期,他开展对苏军事外交,争取驻东北苏军的援助;1947 年后,他担任东北军区军政学校校长,通过争取苏联支持筹建了我军第一所航空学校和第一所海军学校。从翻译角度看,伍修权实际上充当了兼职翻译。

师哲(1905—1998),俄语翻译家,从 1940 年起他在抗日战争、解放战争和社会主义建设时期,长期为毛泽东、朱德、刘少奇、周恩来等担任翻译。师哲与工程技术翻译相关的工作表现在: 1949 年 1 月,苏共中央政治局委员米高扬及苏联铁道部副部长柯瓦廖夫来西柏坡访问,会见了毛泽东、任弼时、周恩来等领导人。谈话内容涉及当时的战场形势、中国革命胜利后建立新政权并恢复生产建设等事宜,师哲为他们担任俄语翻译。1949 年 3 月,中共中央和毛泽东进入和平解放后的北京,苏联铁道部副部长柯瓦廖夫作为苏联政府代表再次来访,并多次拜会毛泽东、刘少奇、周恩来等,具体商谈国家建设事宜,均是由师哲担任俄语翻译。

2.2.2.3 日本、沙俄及苏联占领区的工程技术翻译人员

东北的情况较为复杂,既有日本占领区,又有沙俄及苏联占领区。在日本全面占领东北的"九一八事变"之前,东北的企业中已经有工程技术翻译人员,例如沙俄修建的中东铁路项目(后来苏联继续使用)就聘用了大量的俄语翻译。中东路管理局的局长和各处处长基本由俄方担任,中方人员仅担任副职,同时所有内部文件均出自俄文,因此其中必然涉及相当数量的俄文翻译人员。此外,在苏联控制中东路时期,训练了大批中国的俄文技术干部充任铁路站站长。日本在此之前曾派人在东北到处寻找铁矿和煤矿,雇用过许多翻译人员。但是在"九一八事变"之后,东北逐渐沦为殖民地,日本统治者强行推行日语教育,出现了所谓的"洋泾浜协和语",或称"协和语",日语成为官方语言,或第二语言。其间的翻译情况现在无从了解,但可以肯定,由于陷入殖民地,东北本地翻译人员的作用会明显减少。1945 年以后东北解放,工程技术翻译转而以俄语翻译人员为主。

另外,根据日本档案的统计(吴景平,2006: 94),1938 年日本军国主义分子为了进一步实施侵华战略,在东京成立了兴亚院专门负责中国占领区(不包括东北)的工程技术事务。在兴亚院的职员定额中,大部分是工程技术人员,包括"技师类"76 人及"技手类"94 人,这些人里大约1/3(55 人)是通译官和翻译生(即工程技术翻译人员),分布在北京、上海、张家口、厦门和青岛五个城市从事工程技术翻译工作。

2.2.3 工程技术翻译的特点

(1) 关于话语者,这一时期工程技术设备仍然从欧美及日本进口,在工程建设和安装期间仍然以外国人为主要话语者,而在工程技术项目运营和管理期间华人成为主要话语者。

(2) 关于翻译语种,由于第一次世界大战结束,原先的六个列强英、德、法、俄、美、日里的德国退出,而英、美、法、日、俄势力仍在,中国工程技术翻译人员的外语翻译语种因此以英语、法语、日语和俄语为主。中国共产党领导的解放区只能从苏联获得军事武器装备,翻译语种为俄语。

(3) 随着民国时期学校数量的增加和中西方交流的增加,晚清时期那种富家子弟不愿意学外语的情况已经逐渐消失,懂得外语的本土翻译人才大幅增加。

(4) 晚清时期由外国人担任中国政府官员或技术官员,并可能充任兼职翻译者的现象基本消失。

(5) 在不少外资企业或中资企业(但使用外国工程设备和技术)中,更多的中国工程技术人员成为兼职翻译者。

(6) 中国共产党领导的解放区工程技术项目(军事武器装备)中的俄语翻译人员基本都是党组织早期选派去苏联留学的革命者。

2.3 "中苏友好"时期(1950—1960)的工程技术翻译

1949年,中华人民共和国成立,国家百废待兴,社会主义建设日新月异。伴随着工程技术项目的大量引进(也有少量输出),社会主义建设事业为工程技术翻译工作者创造了巨大的机遇,我国的工程技术翻译事业呈现了崭新局面。

2.3.1 引进工程技术项目翻译的成就

1950年10月,毛泽东访问社会主义邻国苏联,签订了《中苏友好互助同盟条约》,同时还签订了《中苏关于贷款给中华人民共和国的协定》,

开始了中苏关系历史上的"兄弟时期"。从1950年到1955年期间，苏联承诺帮助我国建设一批工业项目，或者说，我国从苏联引进一批工程技术项目。这批项目一般称为"156项工业建设工程"，后来将其归纳为"一五"计划时期(1953—1957)的建设项目，实际上它是整个20世纪50年代中国工业化进程的标志，发生于国民经济恢复时期，贯穿于第一个五年计划和第二个五年计划时期。这批项目中有150个开工实施，覆盖国防工业、机械、电子、化工、能源等方面的先进技术，大部分填补了中国工业的空白或提高了技术水平，堪称我国社会主义工业化的奠基礼。

数以千计的工程技术翻译人员以饱满的热情投入到这场巨大的历时十年的工业会战中。为了铭记那一代工程技术翻译工作者的心血和历史贡献，本书把"156项工业建设工程"的名称(刘国光，2006：76—78)部分呈现于下：

(1) 国防工业44项。航空工业有12项：南昌飞机厂、株洲航空发动机厂、沈阳飞机厂、沈阳航空发动机厂、西安飞机附件厂、西安发动机附件厂、陕西兴平航空电器厂、陕西兴平机轮刹车附件厂、宝鸡航空仪表厂、哈尔滨飞机厂、哈尔滨航空发动机厂、南京航空液压附件厂、成都飞机厂(成都航空发动机厂)。电子工业有10项：北京电子管厂、西安电力机械制造公司等。兵器工业16项。航天工业2项。船舶工业4项。

(2) 冶金工业20项。钢铁工业有7项：鞍山钢铁公司、本溪钢铁公司、吉林铁合金厂、富拉尔基特钢厂、武汉钢铁公司、热河(承德)钒钛厂、包头钢铁公司。有色金属工业13项(也有说其中三项未能实现)：抚顺铝厂、哈尔滨铝加工厂、吉林碳素厂(电极厂)、洛阳铜加工厂、白银有色金属公司、株洲硬质合金厂、杨家杖子钼矿、江西大吉山钨矿、江西西华山钨矿、江西岿美山钨矿、云南锡业公司(没建?)、云南东川铜矿(没建?)、云南会泽铅锌矿(没建?)。

(3) 能源工业52项。煤炭工业有25项：峰峰中央洗煤厂、峰峰通顺三号立井、大同鹅毛口立井、潞安洗煤厂、辽源中央立井、阜新海州露天煤矿、阜新平安立井、阜新新丘一号立井、抚顺西露天矿、抚顺东露天矿、抚顺龙凤矿、抚顺老虎台矿、抚顺胜利矿、通化湾沟立井、兴安台二号立井、鹤岗东山一号立井、鹤岗兴安台十号立井、兴安台洗煤厂、双鸭山洗煤厂、城子河洗煤厂、城子河九号立井、淮南谢家集中央洗煤厂、平顶山二号立井、焦作中马村立井、铜川王石凹立井。电力工业有25项：北京热电厂、石家庄热电厂、太原第一热电厂、太原第二热电厂、包头四道沙河热电厂、包头宋家壕热电厂、阜新热电厂、抚顺电厂、大连热电厂、丰满水电站、吉林热电厂、富拉尔基热电厂、佳木斯纸厂热电厂、郑州第二热电厂、洛阳热电厂、三门峡水利枢纽、武汉青山热电厂、株洲热电厂、重庆电厂、成都热电厂、云南个旧电厂、西安热电厂、陕西户县热电厂、兰州热电厂、乌鲁木齐热电厂。石油工业 2 项：兰州炼油厂、抚顺第二制油厂。

(4) 机械工业 24 项：沈阳风动工具厂、沈阳第一机床厂、沈阳电缆厂、沈阳第二机床厂、长春第一汽车制造厂、哈尔滨量具刃具厂、哈尔滨电表仪器厂、哈尔滨锅炉厂、哈尔滨汽轮机厂、哈尔滨电机厂、第一重型机械厂、哈尔滨电碳厂、哈尔滨轴承总厂、洛阳滚珠轴承厂、洛阳矿山机械厂、洛阳第一拖拉机厂、武汉重型机床厂、湘潭船用电机厂、西安高压电瓷厂、西安开关整流器厂、西安绝缘材料厂、西安电力电容器厂、兰州石油机械厂、兰州炼油化工机械厂。

(5) 化学工业和轻工业共计 10 项。化学工业有 7 项：太原化工厂、太原氮肥厂、吉林氮肥厂、吉林电石厂、吉林染料厂、兰州氮肥厂、兰州合成橡胶厂。轻工业(包括医药)3 项：华北制药厂、太原制药厂、佳木斯造纸厂。

中苏两国后来还补充签订了其他项目，总计 304 个成套工程设备项目和 64 个单项车间装置项目，大多涉及工业和国防技术，包括根据《关于苏联帮助中国和平利用原子能的协议》建立的第一个原子能反应堆和回旋加速器、中苏石油股份公司(新疆)、中苏有色金属及稀有金属公司(新疆)、中国民用航空股份公司、中苏合营造船修船股份公司(大连)、中波轮船股份公司、哈尔滨亚麻厂、新疆乌鲁木齐汽车修理厂、辽宁本溪火电站、武汉肉类联合加工厂、南京肉类联合加工厂、北京自动电话交换机厂、北京广播大楼(通讯设备)。到 1960 年夏天，总共完成 157 项(张静如，2009：450)；也有人说已经建成和基本建成的有 149 项，有 66 项中途停下，但后来由中国人自己建成(曹令军、余蓝，2011)。

除此之外，中国还从波兰、民主德国、捷克斯洛伐克、匈牙利、保加利亚、罗马尼亚等国家引进了成套工程技术设备 116 项，完成或基本完成 108 项；引进单项设备 88 项，完成或基本完成 81 项。

据国家外贸部门统计，1950—1959 年，我国共签订大型成套设备合同约 450 个(王章豹，2000)。1952 年，我国政府成立了专门执行引进工程技术项目的中国技术进出口公司，隶属贸易部，具体承担工程技术项目的引进工作，包括翻译事宜。20 世纪 50 年代中期的 450 个成套工程设备项目，意味着当时有大约 450 个大型工厂几乎同时在全国各地开工建设。例如，吉林化工区的三个引进工程技术项目工地上集中了三万多人同时工作，武汉钢铁公司的引进项目得到全国一千多家工厂的支持。翻译人员首先要陪同外国专家在工地进行现场作业，此外还要翻译大量的、以重量计算的纸质资料。有人统计过1949—1957年中苏交换的技术文件，其中基本建设项目文件7,511套；机器设备制造图纸220,728套；工艺过程说明书（即技术规范）68,855套。总计为364,684套（张柏春，2007）。

凡是搞过引进（输出）工程技术项目的人都知道，每一套大型成套设备的书面资料或文件少则重几吨，多则几十吨乃至上百吨。譬如仅在1954年，苏联提交给中国方面的技术资料就有56吨重，1955年提交的资料是112吨重（沈志华，2009：142）。其他年份的资料数量现在已经无法统计。这些资料全部需要经由翻译人员笔译或口译成中文。假如印刷成书籍出版，这些数以吨计的工程技术资料，足有数亿字之多，这还不包括口译工作量。这些巨大的翻译工作成果是同时期的其他行业翻译无法企及的。

2.3.2 工程技术翻译的人员

苏联及东欧社会主义国家来华专家前后一共多少人？目前说法不一。有人说（强国网强国论坛，2008），"据中国的档案文献，1949—1960年来华工作的苏联专家总计至少应超过20,000人。"该文还披露，"据铁道部1953年的工作报告，仅1950年5月长春铁路公司正式成立以来，就先后聘请苏联专家1,500人。"黎难秋也说，长春铁路公司有苏联专家1,500人，在50年代初期创立的6所空军航校里就有专家878名（黎难秋，2009）。仅仅这两个项目就有将近2,400名专家。1960年7月苏联专家最后撤离中国前，在中国44个城市的34个部委系统中尚有1,292名苏联专家。据2006年仍在哈尔滨汽轮机厂的任飞和哈尔滨电机厂的胡圭钰等老翻译回忆，当时在哈尔滨的13个苏联援华项目中就有850名苏联专家。1958年11月27—29日，苏联提供的四套萨姆导弹运送到中国，同时派来95名专家。为了保证导弹部队464人的培训，分管部队的领导一次就向空军机关要了53名俄语翻译。据原二机部副部长袁成隆回忆，1957年中苏签订《国防新技术协定》之后，先后派来二机部工作的苏联专家有上千人之多。根据李德彬估计，"20世纪50年代聘请苏联专家10,800多人，聘请其他社会主义国家专家1,500人"

(李德彬,1987: 252)。又据《苏联专家在中国》(沈志华,2009)的估计,先后来华的苏联专家达18,000人次,如果加上1,500名东欧专家,总数接近20,000人。

那么,协助来华苏联专家和东欧专家工作的中国工程技术翻译人员有多少?目前也没有统一的口径。上海工程翻译协会的资深俄语翻译家董金道说(董金道,2008),参与翻译的人员不少于3,000人。在中华人民共和国成立伊始外语人才极其匮乏的时候,那是一个多么庞大的数字!时过境迁,当时的许多老翻译已经离职、退休,绝大多数人在普通岗位上默默奉献,现在确实无法统计具体数字。不过,我们感到可喜的是,中国翻译协会于2001—2011年期间表彰了数百名从事翻译工作30年以上的资深翻译家,其中73位可能参与了50年代苏联及东欧援华专家的工程技术翻译工作(参阅中国翻译协会网)。

此外,科学翻译史家黎难秋在2009年中国翻译协会举行的庆祝中华人民共和国成立后翻译事业60周年的会议上,还列出了部分70岁以上、具有高级翻译职称、曾为苏联专家担任翻译的老翻译家:

蔡樟桥、蔡中琨、陈必清、陈焕章、丁亚梅、丁昌第、高志坚、顾丽兰、韩玉珊、郝永昭、黄纪明、蒋慧明、金常政、李次公、李占松、林春梅、刘秉仁、刘德馨、刘国良、刘品廉、栾治平、马国基、牟焕坤、倪明谦、沈剑渊、沈正芳、石志忠、程蔚梅、孙克昌、孙文俊、孙振洲、王征尘、夏培厚、谢振中、邢麟、杨振荫、于胜军、周兆龙。

除此之外,还有许多不为一般人知道的工程技术翻译人员,其中包括:

柴树藩,1952年起担任国家计划委员会副主任,具体负责“156”项目国家层面的实施。他在百忙之中,抽空学习俄语,利用原来的英语基础,参考了大量英文资料,编译出《苏联基本建设的计划》《预算与计划》等著作,并成为20世纪50年代经济干部的参考书。

陈祖涛,被称为第一汽车制造厂的第一名职工,曾担任长春第一汽车制造厂生产准备处副处长、工艺处副处长,以及长春汽车工厂设计处处长兼总工程师。在第一汽车制造厂建设初期,他就担任国家层面谈判的俄语翻译,参加了从苏联引进专家、设备,选址、建厂等重要工作,是中国汽车工业发展的见证者、参与者和一些重大项目的主要决策者。后来陈祖涛任中国汽车工业公司总经理,第八届、第九届全国政协委员,国家科技部专职委员。

江泽民,50年代中期曾赴苏联学习,后在长春第一汽车制造厂动力分厂任技术科长及厂长，是国内指定的动力系统技术负责人之一，较长时间充当兼职翻译者，能够用英语、俄语、罗马尼亚语与外宾交流并阅读有关文献，还在1958年翻译出版了《机械制造厂电能的合理使用》一书(1990年由上海翻译出版公司再版发行)；70年代他任第一机械工业部外事局局长，兼任过中国援助罗马尼亚考察组总组长，再次从事工程技术翻译。

李岚清，50年代也曾在第一汽车制造厂担任技术工作，并协助苏联专家工作。他作为技术人员能够用俄语交流，担任兼职翻译。

孙家栋，2009年荣获国家最高科学技术奖，中国绕月探测工程总设计师，中国科学院院士；50年代初期在哈工大学习了两年俄语后，被派到新建的空军部队担任俄语翻译；与此同时，哈工大200余名学生也被派出到各个项目组担任俄语翻译。孙家栋后来被选派赴苏联茹科夫斯基空军学院学习。

许中明，1952—1956年任中央广播事业局基建处俄语翻译、专家(翻译)室主任，后来去苏联列宁格勒电信学院彩色电视专业学习，获得硕士或博士学位，曾担任广播电影电视部广播科学研究所所长、中国广播卫星公司总经理、广播电影电视部副总工程师兼科学技术委员会副主任。

2.3.3 工程技术翻译的特点

(1) 与晚清时期和民国时期不同的是，本时期工程技术项目的引进国家已经从欧美和日本变为苏联和东欧社会主义国家，因而工程技术翻译的语言也是以俄语为主，兼有波兰语、德语、捷克语、乌克兰语、匈牙利语、罗马尼亚语、保加利亚语。

(2) 在工作安排方面与前面两个时期各个公司自行聘请不同，工程技术翻译人员由政府职能部门统一调配。这体现了社会主义计划经济集中管理的特殊性。

(3) 工程技术项目的建设、安装、试运行期间仍然以外国专家为主，但是工程建成以后专家回国，设备主要由中国人自行管理和运营，翻译人员无需再陪同。这与晚晴时期和民国时期相比是一种很大的进步。

(4) 不少俄语翻译者的俄语基础并不好，其中许多人是在校学生，他们一边翻译一边加班学习俄语以适应工作需要。

(5) 由于来华专家是苏联和东欧派出的，而中国原有的工程技术人员绝大多数之前接受的是英美或日本的教育,故而他们无法像民国时期的翻译人员那样直接与来华专家交流(或称兼职翻译),转而必须依靠数千名专职翻译来传递信息和开展工作。

(6) 在"一五"计划、"二五"计划和"大跃进"的形势下,这一时期的翻译工作与工程技术本身一样,具有很强的实效性,在短时间内需要完成巨大的工作量。

(7) 由于工程技术项目覆盖国防军工、飞机、机械、电力、化工、纺织、煤炭、钢铁、造船等国民经济的支柱领域,工程技术翻译的内容也变得十分宽泛,这增加了翻译工作的难度,对于绝大多数文科毕业的翻译人员提出了更新知识的挑战。

(8) 因为引进工程技术项目全部是国家行为,故出面考察和签订合同或协议的基本上是贸易部(后来是外贸部)下属中国技术进出口公司的人员,他们中许多人兼任技术专家和翻译;而承担工程技术项目实施的是各个部门和厂方的一线翻译人员。

2.4 "自力更生"时期(1961—1978)的工程技术翻译

这一时期虽然较长,跨越不同的发展阶段,但是在引进工程技术项目方面具有相同的时代背景。1959 年在中共中央庐山会议期间,针对苏联政府可能撤销经济技术合同的情况,周恩来总理提出了"独立自主,自力更生,立足国内"的发展方针。1962 年 1 月在北京召开的"七千人大会"上,国家主席刘少奇代表中央政府正式提出了建设社会主义的十六条经验,其中一条是"建设社会主义既要吸取外国的经验,更要自力更生"。在 60—70 年代的国际冷战时期,"自力更生"成为中国人民进行社会主义建设最流行的口号和时代特征,故本节以此为标题。

2.4.1 引进工程技术项目翻译的成就

1960 年夏季,苏联完全终止了之前承诺的援助合同,中国只能转向其他国家寻求合作。1960 年 8 月 27 日,周恩来总理会见日本贸易代表团,并提出了"政府协定,民间合同,个别照顾"的中日贸易三原则。为了确定从西方资本主义国家引进成套设备,周恩来总理召开了十几次会议,并咨询了许多专家。1962年12月，中国技术考察团赴日本考察维尼龙生产线设备；1963年6月29日，中国技术进出口公司与日本仓敷公司签订了引进维尼龙生产线的合同（后来又签订了三年化肥合同），这是“自力更生”时期我国引进的第一个大型工程技术项目。

1963—1964年，周恩来总理出访亚非欧14个国家。他在埃及和摩洛哥参观了由意大利和英国投资的石油炼油厂，发现每个厂只有三百多员工，而国内同等规模的企业却有五千多人，这使得他深感震动。周总理回国后立即指示有关部门组织考察研究。这直接开启了60年代中期从日本、英国、法国、联邦德国等西方国家大批引进先进工程技术项目的工作。

据当任国务院“新技术领导小组”组长、负责引进（输出）工程技术项目工作的领导人柴树藩回忆，通过一年多的谈判，“1963年6月我国和日本签订了第一个采取延期付款方式进口维尼龙设备的合同，又相继同英国、荷兰、法国、意大利等国签订了类似的合同。我国从西方国家进口成套设备的局面初步打开。当时也有的国家（如西德）不敢违抗美国政府的旨意，不接受延期付款。鉴于我国急需这些项目（石油裂解和烯烃分离设备），周恩来总理同意灵活处理，采取现汇支付，但是价格要压低”（http：//www.sina.com.cn，2006年01月05日10:46人民网）。

1961—1966年，我国先后从日本、联邦德国、美国、英国、法国、瑞典、瑞士、荷兰、意大利、奥地利、比利时等11个西方国家引进了84个成套设备项目和单项设备及技术，集中在石油化工、矿山、冶金、电子、精密机械行业，其中成套设备52项，主要有：从日本引进的30万吨维尼龙生产设备；从奥地利引进的纯氧顶吹转炉炼钢设备；从联邦德国引进的原油裂解装置；从英国引进的腈纶设备和10万吨合成氨设备；从瑞典引进西波列克斯加气混凝土成套设备和技术；从日本引进十多个品种的气动电动测量仪制造技术和成套设备；从日本引进液压元件等制造技术；从法国引进4种重型汽车产品设计和制造技术；从法国引进玻璃电极、微电机等7项技术和设备。

由于受国内宏观经济调整的限制，这一时期引进工程技术项目大多属于中小型规模。

1972年，中国与美国、日本外交关系出现新局面，国家计划委员会于1973年向国务院提交《关于增加设备进口、扩大经济交流的请示报告》。经批准，该报告被命名为“四三方案”，重点是引进26个大型成套装备项目，包括13套大化肥、4套大化纤、3套石油化工、10套烷基苯、43套综合采煤机械、3套大电站、武钢1.7米轧机及其透平压缩机、燃气轮机和工业汽轮机。“四三方案”在1982年基本完成，国家很快取消了实行多年的定量供应制度，基本解决了全国人民吃饭穿衣的问题，为我国80年代改革开放时期的经济起飞提供了充实的物质基础（武力，2010：581）。下面是“四三方案”中26个大型成套装备项目的统计：

引进成套项目名称	建设地址	引进国别	开始建设时间	建成投产时间
1 北大港电厂	天津	意大利	1974年12月	1979年10月
2 唐山陡河电厂	河北唐山	日本	1973年12月	1978年3月
3 元宝山电厂	内蒙古赤峰	法国、瑞士	1974年9月	1978年12月
4 南京钢铁公司氯化球团工程	江苏南京	日本	1978年1月	1980年12月
5 武汉钢铁公司1.7米轧机工程	湖北武汉	日本、联邦德国	1972年3月	1980年3月
6 燕山石油化工总厂	北京房山	日本、联邦德国	1969年3月	1976年12月
7 北京化工二厂	北京	联邦德国	1974年10月	1977年12月
8 沧州化肥厂	河北沧州	美国、荷兰	1973年7月	1977年4月
9 辽河化肥厂	辽宁盘山	美国、荷兰	1973年6月	1977年12月
10 吉林化学工业公司	吉林省吉林	联邦德国、日本	1976年12月	1983年12月
11 黑龙江石油化工厂	黑龙江大庆	美国、荷兰	1974年5月	1977年6月
12 南京栖霞山化肥厂	江苏南京	法国	1974年9月	1981年2月
13 安庆石油化工厂	安徽安庆	法国	1974年3月	1982年6月
14 胜利石油化工总厂	山东淄博	日本	1974年4月	1976年7月
15 宜昌化肥厂	湖北枝江	美国、荷兰	1974年10月	1979年8月
16 洞庭化肥厂	湖南岳阳	美国、荷兰	1974年4月	1979年11月
17 广州石油化工总厂	广东广州	法国	1974年12月	1982年10月
18 四川化工厂	四川成都	日本	1974年5月	1976年12月
19 泸州天然气化工厂	四川泸州	美国、荷兰	1974年4月	1977年3月

（续表）

引进成套项目名称	建设地址	引进国别	开始建设时间	建成投产时间
20 赤水天然气化工厂	贵州赤水	美国、荷兰	1976 年 1 月	1978 年 12 月
21 云南天然气化工厂	云南水富	美国、荷兰	1975 年 1 月	1977 年 12 月
22 南京烷基苯厂	江苏南京	意大利	1976 年 10 月	1981 年 12 月
23 天津石油化纤厂	天津	日本、联邦德国	1977 年 6 月	1983 年 11 月
24 辽阳石油化纤厂	辽宁辽阳	法国、意大利、联邦德国	1973 年 9 月	1981 年 12 月
25 上海石油化工总厂	上海	日本、联邦德国	1974 年 1 月	1978 年 12 月
26 四川维尼纶厂	四川长寿	法国、日本	1972 年 2 月	1981 年 12 月

1977—1978 年，中国政府领导人首次出访欧洲国家，我国对外引进工程技术项目工作掀起了新的高潮。1978 年 3 月 2 日，国家计划委员会和建设委员会下达了《1978 年引进新技术和成套设备计划》，因该计划共签订项目 1,230 个，实际协议金额为 78 亿美元，故一般称为“78 亿计划”。整个 1978 年，引进项目签约 58 亿美元，相当于 1950—1977 年 28 年里中国累计引进工程项目完成金额 65 亿美元的 89.2%。

“78 亿计划”的重点是引进 22 个大型工程技术项目（武力，2010：634）：

第一个是钢产量 670 万吨、铁产量 650 万吨的上海宝山钢铁厂。

9 套大化工设备：大庆石油化工厂、山东石油化工厂、北京东方红化工厂各一套 30 万吨乙烯设备，南京石油化工厂两套 30 万吨乙烯设备，吉林化学工业公司一套 11 万吨乙烯关键设备，浙江化肥厂、新疆化肥厂、宁夏化肥厂各一套 30 万吨合成氨设备，山西化肥厂一套 30 万吨合成氨设备。

100 套综合采煤设备、德兴铜基地、贵州铝厂、上海化纤二期工程、仪征化纤厂、平顶山帘子线厂、山东合成革厂、兰州合成革厂、霍林河煤矿、开滦煤矿、咸阳彩色电视机生产线。

除此以外，仅机械工业部系统 1973—1982 年间就引进单项技术项目 204 个。

2.4.2 工程技术翻译的人员

这一时期的工程技术翻译人员中,有不少就是参与过“中苏友好时期”引进工程技术项目的成员。特别是1973年开始,随着“四三方案”的实施,一时全国各地又重新聚集了大量的工程技术翻译人员。政府职能部门依靠行政指令,直接分配大学毕业的青年翻译者去某项目或单位工作;此外,1973—1978年,全国各地还大规模从各所大学和中学的外语教师队伍里抽调人才去引进工程项目担任短期的翻译工作。可惜的是,因各种条件限制,目前尚无法从历史资料(包括经济史著作)中发现当时翻译人员的具体情况。这里只能提供一些零星的介绍。

柴树藩,从50年代初期起担任国家计委副主任,负责引进苏联“156项目”工程;60年代任国务院“新技术领导小组”组长,具体实施引进西方和日本的石油、机械、化纤等项目;70年代,他任外贸部副部长,又直接负责“四三方案”和“78亿计划”的引进。柴树藩见证了1949年以来我国引进工程技术项目的历史,他本人也是一位优秀的翻译者。

曹经纶,中国技术进出口公司英语翻译。他曾在60年代就参加谈判引进西方的工程技术项目。“四三方案”开始之际,他由吉林省舒兰县的“五七干校”紧急调回。据他回忆,他参与谈判的四个引进化纤项目从1972年6月开始,直至1973年9月才结束,历时一年多。

方梦之,1960—1979年曾长期担任江苏省冶金工业局科技情报室翻译,主要从事矿山、冶金、机械工业情报的翻译;1980年调入上海工业大学(后为上海大学)外语系,长期从事科技翻译的教育和研究;1985年参与创办《上海科技翻译》杂志,后长期担任主编,并撰写了大量科技翻译论文。2013年,他与黄忠廉、李亚舒共同创立应用翻译学,后独立撰著《应用翻译研究:原理、策略与技巧》,是当代著名科技翻译及工程技术翻译家。

李亚舒,1959—1989年长期担任中国科学院科学文献中心及国际合作局专职翻译,1989年参与创办《中国科技翻译》杂志,后担任译审、主编;他还担任了中国翻译协会副会长。2013年,他与黄忠廉、方梦之共同创立应用翻译学,是当代著名科技翻译家。

陈忠良,参与1974—1978年上海金山石油化工总厂从日本和联邦德国的引进工程项目(“四三方案”项目之一)翻译,后长期担任上海金山翻译有限公司总经理、上海译谷翻译有限公司董事长。2001年后被中国翻译协会授予“资深翻译家”称号。

沈德汉，70年代后从事上海石化和宝山钢铁公司项目工程技术翻译，以及其他科技翻译，2005年荣获中国翻译协会资深翻译家称号。

吴基泰，70年代曾经参加“四三方案”工程中的两个项目（泸州天然气化工厂和云南天然气化工厂）的翻译工作，后担任四川自贡市翻译协会会长。

在1973年确定的26个“四三方案”工程项目和1978年的22个“78亿计划”工程项目中，每个项目工地都先后有数名至数十名工程技术翻译人员。譬如，上海石油化工总厂的数十位翻译人员于1973年参加上海金山石油化工引进项目建设。该项目的设备共计有9套乙烯装置，分别从日本和联邦德国引进，中国方面均派出包括翻译人员在内的技术小组赴国外厂商谈判和验货。上海金山石油化工总厂还长期保留了70人左右的上海石化金译工程技术翻译公司。

值得一提的是，这一时期的工程技术翻译人员里，有一部分人后来还参加了改革开放时期的引进（输出）工程技术项目翻译，其中有一部分常年坚持在工程技术翻译岗位的老翻译工作者后来（2001年起）陆续被中国翻译协会授予“资深翻译家”称号。

2.4.3 工程技术翻译的特点

（1）本时期工程技术项目的引进来源从苏联及东欧社会主义国家变为欧美和日本等资本主义国家，工程技术翻译的语言也随之由俄语转向英语、日语、法语、德语。

（2）工程技术翻译人员仍然主要由政府职能部门依靠行政指令统一调配。除了要求翻译人员有一定的业务能力外，组织部门非常注重考察翻译人员的政治面貌和家庭出身背景（同等情况下，工农家庭出身的翻译人员更受欢迎）。翻译人员被认为是紧缺人才，普遍受到一线技术干部和工人的尊重。

（3）工程技术的建设、安装、试运行仍然以外国专家为主，但是工程建成以后专家就回国了，设备运营和管理完全由中国人自己进行，翻译人员在工程结束后大多返回原单位。

（4）这一时期的工程技术项目主要涉及化肥、纺织、机械、煤炭、钢铁等国民经济的基本支柱领域，重点解决“吃穿问题”，特别是高级单项技术装备（如武钢1.7米轧机工程）的引进，增加了工程技术翻译的难度，许多文科出身的翻译人员因毫无技术背景，不得不从零开始学习专业知识。

(5) 在翻译及谈判过程中，上级对翻译人员的政治性要求很高；对某些敏感话题，翻译人员必须首先记录原语，经过该话语者或上级签字认可后才能翻译。

(6) 由于50年代只抓俄语教育，以及六七十年代国内的外语教育水平有限，绝大多数工程技术人员的外语水平很低，必须依靠专职翻译来进行沟通。

(7) 在“自力更生”和“多快好省建设社会主义”的口号影响下，这一时期的翻译工作与引进工程项目工作一样要求具有很高的时效性，翻译者在短时间内需要完成巨大的工作量。

(8) 这一时期，负责出国考察、谈判和签订合同的仍主要是国家外贸部下属的中国技术进出口公司和成套设备进出口公司以及其他国家部委(主要是机械、化工等部委)的专业公司，而承担工程技术项目实施翻译工作的是各个地方和工厂的一线翻译人员。

2.5 “改革开放”时期(1979—2015)的工程技术翻译

1978年召开的第十一届三中全会开启了中国改革开放的新时代。随后，1981年召开的“十二大”提出“1981—2000年，力争使工农业总产值翻两番、国民收入总额和主要工农业产品位居世界前列”的目标。2000年以后，我国进入了改革开放的深入时期，中国共产党带领全国人民为实现两个“一百年”的目标而继续努力。由此，我国工程技术引进及翻译工作也随之发生了巨大的历史性变化。

2.5.1 引进工程技术项目翻译的成就

上一节提到的“78亿计划”中的22个重点引进工程项目，除了兰州合成革厂项目取消、另外一项改由中国人自己设计建设以外，其他20个项目仍然继续引进并实施。这一批项目中的开滦范各庄洗煤厂、内蒙古霍林河煤矿、贵州电解铝厂、吉林化学工业公司乙烯工程、浙江化肥厂、平顶山帘子布厂、烟台合成革厂、昆明三聚磷酸钠厂、咸阳彩色显像管厂、上海宝山钢铁厂都在1985年建成投产。这些引进的大型工程技术项目的建成，为改革开放初期中国经济的腾飞提供了强有力的物质支持(武力，2010：650)。

80年代以国家计划为主体的引进工程技术项目还包括以下中国汽车工业的大部分新建汽车制造厂：

1983年4月11日，第一辆中德合资的桑塔纳轿车在上海汽车厂组装成功。

1984年1月15日，北京汽车厂与美国AWC公司合资的北京吉普车有限公司开业。

1984年5月，重庆长安机器厂与日本铃木自动车工业株式会社达成生产ST90微型汽车技贸结合引进技术协议。

1984年10月5日，湖北二汽襄樊基地举行奠基仪式。

1984年11月16日，上海拖拉机汽车公司与泰国正大集团香港易初投资有限公司合资成立上海易初摩托车有限公司。

1985年3月，中国与德国合营的上海大众汽车有限公司正式成立。

1986年3月，天津汽车工业公司引进日本大发公司夏利轿车许可证转让合同签订。

1987年7月，第一汽车制造厂与美国克莱斯勒汽车公司引进轻型发动机协议签订。

1988年9月27日，中国北方工业集团总公司和德国戴姆勒奔驰公司关于引进重型汽车生产许可证转让合同签订。

1989年6月，第一辆国产斯达斯太尔重型汽车在济南汽车总厂下线。

1989年8月，第一汽车制造厂新建轿车装配线首批奥迪轿车下线。

另外，80年代中国首次引进的国外大型发电设备和技术——山东石横发电厂三十万千瓦机组——于1984年开始建设，1988年两台三十万千瓦机组投产。

1982—1986年，我国政府利用外国政府贷款修建基础工程和进口成套设备，包括秦皇岛港、石臼港、京秦铁路、臼石铁路；石油工业部先后与多家外国石油公司签订了37个联合开发海上油气田协议、引进单项先进技术16,000项。

1985—1987年，全国各地引进115条彩色电视机生产线、73条冰箱生产线、15条复印件生产线、35条铝型材生产线、22条集成电路生产线、6条浮法玻璃生产线。仅广东一省，便引进21条西服生产线、18条饮料灌装生产线、22条面包生产线、12条家具生产线。其中最典型的引进案例是,9个省市一起向意大利梅洛尼公司引进了9条同一型号的“阿里斯顿”冰箱生产线,年生产能力30万台(吴晓波,2008: 230)。

1990年以来,在化工纤维原料方面,我国引进了数十套国外先进的化工聚酯生产成套设备,分布在各省,每一个项目就是一个大型工厂。进入21世纪以来,中央各主管部门和各省还陆续引进大型成套设备和技术,如2010年投产的中石化浙江镇海炼化公司百万吨乙烯项目关键技术、2010年建设的广东石化年产2,000万吨炼油项目。

除了引进国外工程技术和设备,国家从80年代中期开始批准开放沿海14个港口城市,开放政策包括两项主要内容:一是扩大这些城市的权限,放宽利用外资建设项目的审批权;二是对投资的外商给予优惠,享有特区政策。1985年,国务院批准长江三角洲、珠江三角洲和闽南三角洲开辟为沿海开放区;1988年,国务院批准实施沿海经济发展倡议,开放234个县,把整个海南岛划为经济特区。由此,外商投资企业的数量急速增长。

1992年春天,邓小平南巡讲话将改革开放向纵深发展。大量欧美大型企业和跨国公司开始来中国投资,促进了技术密集型产业的发展,改变了80年代以港、澳、台地区华侨投资劳动密集型企业和加工型企业为主的格局。至2006年底,世界500强中已经有480家在中国投资,引进项目至少3,000个。中国连续多年列为仅次于美国的外商直接投资输入国。

1998年,国家实施“引进来,走出去”战略,改革开放进入深入发展时期。引进方面,我国工业企业以引进高精尖的大型工业技术项目为主。例如,2006年天津引进了欧洲空中客车飞机制造公司A320飞机总装厂项目,2014年又引进空客公司的A330客舱整装厂项目。2014年仅浙江省余姚市就一次性引进中国—意大利产业园,引进项目中包括智能型高低压电气成套设备、太阳能制冷技术开放应用、悍霸新能源汽车制造。其中,悍霸新能源汽车制造项目转引自美国科尔电机生产技术,投产后年产5万台SUV新能源汽车。2016年10月,美国波音飞机公司首个海外工厂项目落户浙江省舟山市。

截至2007年7月底,中国已经累计批准设立外商投资企业61万多家。至2014年底,实际运行中的外商投资企业达26万家,分别来自25个国家和地区。

本书从研究工程技术翻译角度出发,节录出2012年世界500强在中国前120位经营排行榜(http: //wenda.so.com/q/1359988092061537,

2014-9-27)。这些公司可以视为26万家在华外商投资企业的代表,其项目覆盖石油、化工、电子电气、机械仪表、计算机与通讯设备、家用电器、运输工具、医药、食品饮料、轻工等制造业领域,且绝大部分属于工程技术项目,也是曾经或正在接受工程技术翻译服务的企业。

1 摩托罗拉(中国)电子有限公司	25 上海西门子移动通信有限公司
2 诺基亚首信通信有限公司	26 天津三星电子显示器有限公司
3 上海通用汽车有限公司	27 富士施乐高科技(深圳)有限公司
4 诺基亚(中国)投资有限公司	28 杭州摩托罗拉移动通信设备有限公司
5 戴尔(中国)有限公司	29 柯达(中国)股份有限公司
6 广州本田汽车有限公司	30 南京LG同创彩色显示系统有限责任公司
7 北京索爱普天移动通信有限公司	
8 乐金飞利浦液晶显示(南京)有限公司	31 佳能(中山)办公设备有限公司
9 广州宝洁有限公司	32 西门子(中国)有限公司
10 天津三星通信技术有限公司	33 苏州爱普生有限公司
11 惠普科技(上海)有限公司	34 日立显示器件(苏州)有限公司
12 北京现代汽车有限公司	35 神龙汽车有限公司
13 日产(中国)投资有限公司	36 ABB(中国)有限公司
14 乐金电子(惠州)有限公司	37 索尼爱立信移动通信(中国)有限公司
15 上海惠普有限公司	38 施耐德电气(中国)投资有限公司
16 上海大众汽车有限公司	39 索尼(中国)有限公司
17 无锡夏普电子元器件有限公司	40 东莞华强三洋马达有限公司
18 天津一汽丰田汽车有限公司	41 索尼电子(无锡)有限公司
19 苏州三星电子液晶显示器有限公司	42 柯达电子(上海)有限公司
20 东芝信息机器(杭州)有限公司	43 理光(深圳)工业发展有限公司
21 乐金电子(天津)电器有限公司	44 长安福特汽车有限公司
22 苏州飞利浦消费电子有限公司	45 夏普办公设备(常熟)有限公司
23 佳能珠海有限公司	46 上海通用东岳汽车有限公司
24 爱普生技术(深圳)有限公司	47 佳能大连办公设备有限公司

（续表）

48 乐金飞利浦曙光电子有限公司	76 日立建机(上海)有限公司
49 飞利浦电子元件(上海)有限公司	77 杜邦中国集团有限公司
50 三星(中国)投资有限公司	78 广东惠而浦家电制品有限公司
51 扬子石化—巴斯夫有限责任公司	79 东莞华强三洋电子有限公司
52 深圳三洋华强激光电子有限公司	80 埃克森美孚(中国)投资有限公司
53 飞利浦电子贸易服务(上海)有限公司	81 中美天津史克制药有限公司
54 艾默生网络能源有限公司	82 双城雀巢有限公司
55 上海索广电子有限公司	83 欧莱雅(中国)有限公司
56 上海雀巢产品服务有限公司	84 普利司通(中国)投资有限公司
57 沃尔玛深国投百货有限公司	85 3M 中国有限公司
58 广州日立电梯有限公司	86 航卫通用电气医疗系统有限公司
59 东芝复印机(深圳)有限公司	87 柯达(上海)国际贸易有限公司
60 厦门 ABB 开关有限公司	88 大连东芝电视有限公司
61 松下电器(中国)有限公司	89 通用电气(中国)有限公司
62 北京·松下彩色显像管有限公司	90 苏州富士胶片映像机器有限公司
63 富士通将军(上海)有限公司	91 微软(中国)有限公司
64 上海夏普电器有限公司	92 阿斯利康制药有限公司
65 四川一汽丰田汽车有限公司	93 天津爱普生有限公司
66 松下电器机电(深圳)有限公司	94 扬子巴斯夫苯乙烯系列有限公司
67 爱普生(上海)信息产品有限公司	95 珠海碧辟液化石油气有限公司
68 武汉 NEC 移动通信有限公司	96 泰科电子(上海)有限公司
69 上海富士施乐有限公司	97 上海达能饼干食品有限公司
70 南京夏普电子有限公司	98 辉瑞制药有限公司
71 南京爱立信熊猫通信有限公司	99 英特尔贸易(上海)有限公司
72 国际商业机器中国有限公司	100 北京诺华制药有限公司
73 德尔福派克电气系统有限公司	101 霍尼韦尔(中国)有限公司
74 欧尚(中国)投资有限公司	102 思科系统(中国)网络技术有限公司
75 中国天津奥的斯电梯有限公司	103 住友电工(苏州)电子线制品有限公司

（续表）

104 北京奔驰—戴姆勒·克莱斯勒汽车有限公司	112 上海惠而浦家用电器有限公司
	113 北京恩布拉科雪花压缩机有限公司
105 华晨宝马汽车有限公司	114 博世(中国)投资有限公司
106 联合利华食品(中国)有限公司	115 霍尼韦尔特殊材料(中国)有限公司
107 苏州紫兴纸业有限公司	116 强生(中国)医疗器材有限公司
108 三菱重工金羚空调器有限公司	117 上海联合利华有限公司
109 罗氏诊断产品(上海)有限公司	118 联合利华服务(合肥)有限公司
110 丰田汽车(中国)投资有限公司	119 伊莱克斯电器(杭州)有限公司
111 上海强生制药有限公司	120 美铝(中国)投资有限公司

此外，全国3,000多家翻译服务公司还承担了其他引进(输出)工程技术项目的翻译。譬如，仅国内大型翻译企业江苏省工程技术翻译院(1978年成立)就承担了下列大中型工程技术项目的翻译工作(江苏省工程技术翻译院官网，2012)：

2007年承担的翻译项目：金陵石化公司、南汽车集团以及下属合资公司、江淮汽车，长安福特马自达汽车，扬子巴斯夫公司、中石油独山子石化公司、亨斯迈聚氨酯(上海)公司、大亚洲木业、上海联恒异氰酸酯有限公司、华陆化学工程公司、天辰化学工程公司、扬子伊士曼公司、广东省电力设计研究院、江苏省电力设计院、江苏核电公司、广东核电合营有限公司、中广核工程公司、珠江燃气电厂、江苏电建一公司、东方电气集团、苏源环保公司、龙源环保公司、中冶华天工程技术公司、江苏大亚铝业、南京长江三桥建设指挥部等。

2008年承担的翻译项目：中石油独山子石化公司、扬子巴斯夫公司、南京汽车集团及其下属合资公司、安徽华凌汽车，长安福特马自达汽车，大亚洲木业、金陵石化公司、亨斯迈聚氨酯(上海)公司、华陆化学工程公司、天辰化学工程公司、扬子伊士曼公司、广东省电力设计研究院、广东核电合营有限公司、中广核工程公司、江苏核电公司、江苏省电力设计院、山东省电力咨询院、江苏电建一公司、东方电气集团、黄河水电公司格尔木燃气电厂、苏源环保公司、龙源环保公司、中冶华天工程技术公司、Alston车辆公司、Atlas-copco公司等。

2009年承担的翻译项目：中石油独山子石化公司、塔里木石化公司、扬子巴斯夫公司、扬子伊士曼公司、扬子BP公司、南京汽车集团及其下属合资公司、安徽华凌汽车，罗孚汽车，中石化金陵分公司、镇海分公司、嘉兴三江化工公司、华陆化学工程公司、天辰化学工程公司、上海惠生化工工程公司、广东省电力设计研究院、上海协鑫电力工程公司、江苏省电力设计院、山东省电力咨询院、中冶华天工程技术公司、中南勘测设计院、苏源环保公司、龙源环保公司、广东核电合营有限公司、中广核工程公司、江苏核电公司、秦山第三核电公司、江苏电建一公司、东方电气集团、浦镇车辆厂、Alston 车辆公司、Atlas-copco 公司、国电南瑞、国电南自、上海梅山钢铁公司、上海梅山化工公司、中国电力投资公司、中国技术进出口公司等。

2.5.2 工程技术翻译的人员

“改革开放”时期的工程技术翻译人员数量非常巨大，按照中国翻译协会副会长黄友义 2008 年在上海召开的第 18 届世界翻译大会上的估计，我国目前专职翻译的总数至少有 3.5 万，兼职的达到 40 多万人，其中大约 70%的人从事与工程技术翻译有关的工作。又据中国翻译协会翻译服务委员会副主任张南军 2011 年的估计，我国现有在岗聘任的翻译专业技术人员约 6 万人，翻译从业人员保守估计达 50 万人，而有关抽样调查显示数字可能达到 100 万人(张南军，2011：35)。

2.5.2.1 改革开放前期(1978—1998)的翻译人员主要依靠行政调配

譬如，大型引进工程上海宝钢在 20 世纪 80 年代一期和二期建设时，建设工地上曾由上海市革命委员会(政府)和冶金部调集了大约 500 名专、兼职的口译人员和 270 名笔译人员，承担的翻译任务超过 10 亿汉字，纸质外文资料重达 563 吨。又如，江苏省工程技术翻译院有限公司成立于 1978 年，是国内创建最早的大型专业工程翻译机构，原为隶属于江苏省建设厅的直属事业单位，2005 年改制成为有限责任公司。下面几位翻译者就是依靠行政调配从事翻译的：

胡庚申，1976 年毕业于郑州大学外语系英语专业，在冶金工业部武汉第一冶金建设工程公司工作，参与 1976—1981 年武汉钢铁厂引进 1.7 米轧钢机工程翻译，1995 年后分别任清华大学外文系教授及澳门理工学院教授，翻译理论家、我国生态翻译学的创始人。

张南军，1970 年代通过组织调动从事石油化工工程技术翻译，曾担任江苏钟山翻译有限公司董事长、总经理，中国翻译协会理事，中国翻译协会翻译服务委员会副主任兼常务副秘书长，江苏省科技翻译工作者协会常务副理事长。

谭克新，1984年湘潭大学俄语系毕业，分配进入原国家大一型企业湖南省湘潭电缆厂，担任该厂德语翻译16年、副译审，出版专著《英汉、德汉、俄汉电缆工程词典》，后任教于湖南科技大学和宁波工程学院。

黄强，1989年上海外语学院英语系毕业，1992年进入四川聚酯厂，担任四川省引进聚酯工程项目英语翻译12年；后任教于四川轻化工大学，出版教材《国际工程贸易英语》。

2.5.2.2 改革开放前期(1998年之前)还存在数量巨大的短期翻译者

这批翻译者主要是国营企事业单位（主要是大专院校和部分中学）的外语人才（英语或俄语教师居多），一般由上级单位统一调配，1985年后开始采取与用人单位签订短期聘任合同或临时借用协议。这批翻译者曾经是我国引进（输出）工程技术翻译事业的主力军，数量巨大。他们的借调工作时间不是太长（一年至几年不等），完成工程技术翻译任务后绝大多数人又返回原单位。这类情况与“中苏友好时期”（1950—1960）和“自力更生”时期（1961—1978）的翻译人员用人机制相似，因为在改革开放的前期（1998年之前），我国大中型国营企业的用人制度还承袭了计划经济体制的某些特点。目前还无法统计改革开放前期这批翻译人员的情况。譬如1990年代中期建设的我国西部的最大水电站工程——四川省雅砻江二滩水电站——由意大利公司担任主承包人，该公司先后采取协议借调或招聘了数十名短期英语翻译者。

2.5.2.3 一些大型企业自行设立翻译公司(部门)招聘人才

90年代前期大亚湾核电站工程指挥部翻译公司就有许多名翻译，承担笔译任务2.7亿汉字，纸质资料重达100多吨，同时也负责口译任务。又如，武汉神龙汽车公司（源自第二汽车制造厂）长时间保留80多人的法语翻译团队，中海油集团中外合作开发的海上油气田工程（海上平台）也长期聘用英语、西班牙语、波斯语等语种的专职翻译人员。此外，大庆油田、胜利油田、扬子乙烯、秦山核电站等工程建设期间均有各自工程建设指挥部组织的几十人至上百人的工程技术翻译队伍，即便是中等规模的国家“八五”计划引进项目四川聚酯厂（年产10万吨聚酯切片），从1992年开工建设到1996年完工投产，也先后使用了十几名工程技术翻译人员。例如下面的翻译者就是通过招聘进行工作的：

宋立军，四川外语学院法语系毕业，1990年代初期曾赴非洲乍得共和国任法语翻译，1995 年以后应聘进入中法合资湖北武汉神农汽车公司，任法语翻译兼翻译组组长。该公司曾长期聘用 80 多人的翻译团队。

符荣波，杭州电子科技大学外语学院本科毕业，厦门大学翻译硕士及博士，曾任浙江省浙大网新机电工程有限公司翻译，参与引进机电工程项目翻译工作三年；2012 年任教于宁波工程学院，2016 年任教于宁波大学。

2.5.2.4 改革开放深入时期，工程技术翻译人员呈现商业集约化

这一时期，全国先后出现了 3,000 多家独立的商业化翻译公司，少的只有几人，多的则达上千人。翻译公司把以前分散的翻译人员集约化，并可以分门别类（包括几乎所有工业技术部门）提供几十种语言的翻译服务。这是前一时期工程翻译领域未曾达到的新水平，由此翻译公司能够承揽比较大型的项目翻译，对翻译工作的质量提供更充分的保证。例如，目前国内最大的石油化工企业——中石化浙江镇海炼化公司——2006 年启动的 100 万吨乙烯工程，其国外引进技术资料是委托上海旭晟科技咨询公司完成的。该企业本身并没有长期聘用大量翻译人员，而是以招投标方式联络了上百名翻译者共同完成翻译任务。目前规模较大的工程技术翻译公司有：中央编译局翻译服务部、江苏省工程技术翻译院、江苏钟山翻译有限公司、上海石化金译工程技术翻译有限公司、上海旭晟科技咨询有限公司、天津市和平科技咨询翻译服务公司、天津和平翻译公司、成都语言桥翻译社、佛山市翻译服务中心、重庆语言桥翻译有限公司、重庆信达雅翻译咨询有限责任公司、南京舜禹翻译有限公司、河南郑州大邦翻译公司、天津市天外翻译有限公司、广州译协暨广州科技译协、西安安诚翻译有限公司、中国译协翻译服务委员会、中国船舶信息中心、江苏省工程技术翻译院、重庆市小舟翻译事务所、长沙青铜翻译咨询有限公司、上海东方翻译中心有限公司、北京金桥译港网络技术有限责任公司、西安翻译服务中心、交大铭泰软件有限公司、黑龙江省信达雅翻译公司、上海市工程翻译协会、福建外事翻译中心、海南翻译公司。

2.5.2.5 改革开放以后涌现出的兼职翻译者

这一时期兼职翻译者的数量远远超过晚清时期和民国时期。部分大中型引进工程技术项目指挥部（或经理部）通过职工培训、出国进修等手段，提高在职工程技术人员的外语水平，使他们达到能够阅读技术文献和口语交流的程度，这些人可以称作兼职翻译者。譬如我国第一个核电站

工程项目——广东大亚湾核电站项目，在90年代中期就是采取内部培养的方式增加了许多兼职翻译者。在90年代以后的引进项目工程中，不少中青年工程师通过自己的努力成为兼职翻译者，基本能够阅读外语技术资料并能少量翻译文献。其中包括：

吴正德，上海氯碱化工股份有限公司总工程师，在工作中能够用英语与外国人交流。

任国强，上海石油化工总厂副总工程师，能够把大量外文技术文件翻译为中文，供自己和他人查阅。

张经明，上海石化董事会秘书、倡议研究室主任，曾参加上海石油化工总厂二期和三期建设，担任过工程技术翻译和化工一厂厂长，也是复合式的翻译者。

杨顺兴，上海金桥出口加工区联合发展有限公司总经理、经济师，英语运用自如。

曾旭光，1987年西安交通大学热力工程专业本科毕业，曾任四川东方锅炉厂(国营大一型企业)锅炉设计师，后任国际知名企业美国富尔顿锅炉制造有限公司亚太区营运总监，能熟练运用英语进行交流和翻译。

2.5.2.6 中国翻译协会2001—2011年间表彰的从事翻译工作30年以上的资深翻译家

这些老翻译人是“改革开放”时期(也包括“自力更生”时期)我国翻译工作者的代表，其中可能涉及工程技术翻译的资深翻译家大约250人(参阅中国翻译协会官网)。

2.5.3 工程技术翻译的特点

(1) 在20世纪80年代及90年代前期国家计划引进的大中型工程项目里，工程技术翻译人员仍然主要依靠行政指令统一调配，有从学校毕业直接分配到企业的，也有从科技情报所、中学和高等院校调配的。翻译人员的专业技能开始成为选拔的主要指标，政治面貌和家庭出身成分逐渐淡出。除了本单位的专业翻译者外，有的项目用人单位已经开始自主从大学、中学和科技翻译机构选拔或借用工程技术翻译人员。90年代中期以后，由于大学毕业生分配制度改革，翻译人员绝大部分是通过合同聘用的，依靠国家指令性分配的模式逐渐消失。用人单位可以择优录用，翻译人员呈现年轻化、跨地域化。

(2) 这一时期的翻译人员不仅有专职的,也有许多业余的或称兼职翻译者(即本人身份是技术人员,但兼职翻译),这是在国家对外开放政策的影响下,我国外语翻译教育水平普遍提高和引进(输出)工程技术项目逐渐增加的结果。

(3) 引进工程项目翻译的工作量相比前一时期更加巨大,但是随着办公条件改善,手动打字机、电控打字机、办公电脑、复印机、传真机等设备陆续开始使用,到 2000 年已经基本实现使用电脑翻译书面文件,翻译人员的工作负担得到一定程度缓解。此外,自 2000 年以来,机器翻译及电脑翻译软件的开发运用大大提高了翻译书面文件(尤其是技术规范、技术标准)的效率。

(4) 随着 80 年代后期国家下放外贸权力(从中央级和省级政府机构下放到各地的大中型企业),此时的翻译者通常协助项目建设单位直接承担从项目立项、签约至项目终结的所有工作,涉及经济、法律、技术、工程、公关等一系列业务流程,工程技术翻译者成为"万金油"。

(5) 90 年代以后进入中国的欧美外商投资企业,大部分是高新技术的大中型公司,在利用语言翻译才人方面大致有三种情况: 一是聘用专职翻译人员担任翻译并兼任相关工作,例如许多外资公司经理聘用的翻译人员常常兼任秘书或助理;二是尽量聘用懂得外语的中国技术员工,让他们担任技术和管理骨干,这些员工实际上充任了兼职翻译;三是聘用翻译团队,完成专职翻译工作,如武汉神农汽车制造厂的 80 人法语翻译团队。

(6) 2000 年以后,翻译服务方式的另一个显著变化是开始出现大量商务性翻译公司,在很大程度上取代了之前"单兵作战"(由各自单位短期借调、短期招聘)的方式,这也是改革开放政策在工程技术翻译领域用人制度的体现。

2.6 援外及输出工程技术项目时期(1950—2015)的翻译

由于各种原因,普通人不了解我国援外工程项目、输出工程项目及境外中资机构的工程技术翻译情况。另外,这些工作与同时期国内的翻译工作有着很大的差别。由此,不少人对此感到陌生,甚至忽略。但是在构建工程技术翻译学的过程中,我们必须回顾这方面的历史,这不仅是中国工程技术发展的重要组成部分,也是工程技术翻译发展的组成部分。

1950 年开始,中国在国际经济舞台上逐渐出彩。1950—1980 年,我国以援助方式在广大的第三世界实施输出工程技术项目;从 1980 年以后,我国以商业招投标为主要方式在世界各国承担各类工程技术项目;2013 年以来,在"引进来,走出去"方针和"一带一路"倡议指引下,中国企业更是以集团式地走向世界,开展大规模的工程技术项目输出和对外投资活动。这些境外工程技术项目的实施同样凝聚着中国工程技术翻译者的心血,是构建工程技术翻译学的特殊而重要的资源库。

另外,虽然我国军事工程援外翻译自 1950 年就开始了,但限于篇幅和资料,本书不展开这方面的研究。

2.6.1 援外及输出工程技术项目翻译的成就

2.6.1.1 中华人民共和国成立初期(1950—1978)的援外工程项目

1950—1978 年是中国援外工程的第一阶段,工程技术人员和翻译人员出国工作被称为"出国援外"。1949 年中华人民共和国成立后,我国自身经济尚处于恢复阶段,但是出于对国际政治和国家安全的考虑,从 1950 年就开始了对外援助工程。

50 年代初期,中国对外援助的国家主要是朝鲜、越南、蒙古,具体任务是帮助这些国家修复铁路、公路、水利设施、邮政等民生工程(军事援助工程不计于此)。1958—1965 年,中国政府与越南政府签订了多个工业项目,包括钢铁、造船、化肥、电站、纺织和味精等企业。1956 年开始援助尼泊尔、埃及、也门、柬埔寨等国,援助项目主要是公路建设(本书作者 1990 年在也门担任工程技术翻译时,就曾与 1950 年代的老援外工程师一同共事)。1959 年我国开始援助阿尔巴尼亚(第一个项目是玻璃厂);1958—1963 年援助朝鲜若干个工业成套装备项目;援助蒙古时,我国政府采用"交钥匙"工程,完成多个工业成套项目。

1964 年 1 月 14 日,周恩来总理访问亚非 14 个国家。在访问加纳共和国并会见恩格玛鲁总统时,周恩来总理向中外记者宣布了著名的中国对外经济技术援助"八项原则"。随后中国开始援助更多的非洲国家。在"八项原则"之后的三年内,中国开始进行纺织技术成套设备的援外,涉及纺织工业若干大中型项目,受援国有朝鲜、阿尔巴尼亚、越南、柬埔寨、缅甸、印度尼西亚、斯里兰卡、尼泊尔、刚果(布)、加纳、坦桑尼亚、古巴等。由于这批援助项目是在"八项原则"之后开展的,有国际友人称之为"周恩来工程”。

1966—1976年，虽然国内经济建设在这一时期受到影响，但中国对外援助急剧增加，越南、阿尔巴尼亚、坦桑尼亚和赞比亚成为主要受援国。1971—1978年，中国援助了37个国家，建成项目470个，超过前面16年的总和。这一时期，中国援助越南的项目为检修公路、桥梁、电话、油库等设施，援助阿尔巴尼亚（1954—1978）成套项目142个。1971年，我国援助朝鲜的13号工程是当时中国援外的第二大项目。1968—1976年中国援助建设的非洲坦桑尼亚—赞比亚铁路是当时中国最大的援外工程，铁路全长1,860.5公里，直接建设时间八年，此后二十多年中国仍然参与管理和指导，该工程堪称这一时期中国援外工程项目的典范。

2.6.1.2 改革开放时期(1978—2010)的援外工程项目

1978年12月第十一届三中全会召开以后，中国援外工作进入新阶段。1982年12月，中国政府正式提出“平等互利，讲求实效，形式多样，共同发展”的面向第三世界的经济技术援助原则，从单纯的无偿援助转变为互利共赢模式。这期间的援外工作一般称为“劳务输出”，因为当时中国主要的输出工程项目是跨国土木类工程项目。例如，1988年中国政府经过国家交通部实施的援助也门社会主义民主共和国修建的“阿拉公路”项目就是采取二十年低息贷款方式进行的。

至1982年，以中央各主管工业部委的下属业务部门为主体成立了一批国家级的对外劳务承包公司，包括中国铁建、中国土木、中国路桥、中国建工、中国港湾、中国电力、中国水电、中国地勘等大型国际性劳务公司。与此同时，各个省、市、自治区先后成立国际经济技术合作公司承担跨国劳务工程。八九十年代的援外工作或输出工程项目主要由这些国家级和省级的大型公司承担。

这一时期，中国对外援助的重点仍在非洲。至2006年，在中非合作论坛《北京宣言》框架下，中国援助非洲59个大型成套技术项目、65项技术合同、122个物资项目。同时，中国政府通过海外中资公司承担的援助非洲项目还包括医院和学校。2011年，中国在新世纪援助非洲的最大土木工程项目——非盟国际会议中心——在埃塞俄比亚首都亚的斯亚贝巴落成。

根据国务院新闻办公室2011年4月21日发布的《中国的对外援助》白皮书（http：//www.gov.cn/gzdt/2011-04/21/content_1849712.htm，2014-9-28），在中国60年的援外历史中（1950—2010），中国共向

161个国家、30多个国际和地区组织提供过援助，其中亚洲30个、非洲51个、拉丁美洲和加勒比18个、大洋洲12个、东欧12个。中国对外援助的成套工程技术项目总计2,000多个，涉及工业、农业、交通、通讯、能源、电力、文教、卫生、公共基础设施等方面，其中农业项目221个、工业生产项目688个、经济基础设施项目442个、社会公共设施项目687个、学校130所、医院130所。

此外，1981年以来，中国还与联合国、世界银行、亚洲开发银行等国际组织合作，累计向非洲、加勒比地区和亚太地区22个国家派出数以百计的工程技术专家。

表2.1是我国政府截至2009年按照行业划分的部分援助项目（参阅《中国的对外援助》白皮书），从中可以发现：在总数2,025个项目中，除了“农牧渔业”和“科教卫生”两类项目以外（168+236=404），其余援助项目（1,621）均属于工程技术类项目，占全部援外项目的80%。

表2.1：中国已建成援外成套项目分布（截至2009年底）

行　业	项目数	行　业	项目数
农业类	**215**	**工业类**	**635**
农牧渔业	168	轻工业	320
水　利	47	纺　织	74
公共设施类	**670**	无线电电子	15
会议大厦	85	机械工业	66
体育设施	85	化　工	48
剧场影院	12	木材加工	10
民用建筑	143	建材加工	42
市政设施	37	冶金工业	22
打井供水	72	煤炭工业	7
科教卫生	236	石油工业	19
经济基础设施类	**390**	地质矿产勘探	12
交通运输	201	**其　他**	**115**
电　力	97		
广播电信	92	**总　计**	**2,025**

（注：本表数据不包括优惠贷款项目）

2.6.1.3 改革开放深入时期(1998—2017)的对外输出工程项目

1998年,我国政府提出“引进来”和“走出去”并举的方针,鼓励有实力的公司到国外投资办企业。2013年,我国提出“一带一路”倡议,具体实施从我国东西两个方向对外进一步开放建设的宏伟规划。由此从1998年起,中国企业开始成规模地向境外进行投资建设。1999年底,经国家商务部批准或备案的境外中资企业有5,976家,分布在:我国港澳地区2,117家,亚洲1,133家,欧洲1,041家,北美716家,非洲442家,拉美276家,大洋洲251家。国有大型企业率先“走出去”,如中石油、中海油、中国铁建、中国建工、中国铝业、中国化工等成为领军企业。仅在2007—2008年间,海外中资公司签订的1亿美元以上的大型工程项目就有333个;至2008年,境外中资企业对分布在112个国家和地区中的1,500个企业直接投资;至2014年,我国对外投资和引进投资金额双双突破一千亿美元;至2015年,我国对外投资金额首次超过引进投资,成为资本(含技术)的净输出国。

2000年以来,随着改革开放的深入,除了大型国有企业继续进行经济活动(承包工程项目、开展项目投资)之外,也出现了一大批民营企业承担跨国工程技术项目。例如,中国吉利汽车集团2010年收购瑞典沃尔沃汽车公司,中国的华为、中兴、三一重工、中国电力、中国石油等大型集团公司进入美国、印度、巴西等国家的工程技术项目市场,涉及电信、能源等领域的工程投资项目。

对外输出工程项目的种类,除了传统的土木建筑工程外,石油工程技术项目输出已经成为输出重点之一。中国三大国有石油公司(中石油、石化、中海油)除了进军中东地区的伊拉克、伊朗,沙特、阿联酋等十余国家,还在拉丁美洲的委内瑞拉、哥斯达黎加、厄瓜多尔、巴西、阿根廷等国投资开发项目,也在非洲的利比亚、苏丹、南苏丹、尼日利亚、安哥拉、塞内加尔等国投资石油项目,同时还在亚洲中部的哈萨克斯坦、土库曼斯坦开采石油天然气。2009年,中石油参股新加坡石油公司。2013年,中国—缅甸石油输送管道建设成功。2014年5月中石油与俄罗斯天然气寡头Gazprom最终签署供气协议,为期30年。

铁路及高速铁路工程项目方面,中国铁建公司在安哥拉、阿根廷、埃塞俄比亚、肯尼亚、摩洛哥、委内瑞拉、苏丹、沙特阿拉伯、土耳其、俄罗斯、老挝、泰国、缅甸参与或筹备大型铁路或轻轨项目建设。原中国铁道部下属援外办公室曾在非洲建成最大工程项目——坦桑尼亚—赞比亚铁路

(1966—1976),1979年后该单位更名为中国土木工程公司(简称中土公司),几十年来一直在阿联酋、博茨瓦纳、卢旺达、科威特、吉布提、缅甸、尼日利亚等国家从事公路、铁路工程建设。2006年,中国铁建承担阿根廷铁路和地铁系统的工程建设和设备供应。2009—2011年,中国中铁二局在埃塞俄比亚及厄立特里亚修建高速铁路及轻轨。2014年7月,中国在土耳其(也是在欧盟)建成第一条高速铁路。2014年8月,中国在安哥拉建成本格拉铁路(长1,344公里,是继70年代中国援建坦桑尼亚—赞比亚铁路之后又一个在非洲的特大型工程)。2014年6月,李克强总理访问英国期间,与英国企业签订了中国输出工程项目合同,其中主要内容之一就是中国在英国建设高速铁路工程。2014年,中国政府与巴西和秘鲁达成共识,将由中国公司参与修建南美洲的横跨大西洋—太平洋铁路("两洋铁路")。中国与巴基斯坦共建的"中巴走廊"工程,包括连接我国新疆和该国瓜达尔港的中巴铁路和公路,同时还有配套的核电及电力设备工程。2014年,中国铁建集团在尼日利亚建成阿布贾—卡杜纳铁路,是该国首条中国标准的现代化铁路;2017年,又建设阿布贾城际铁路32.3公里。2017年5月,中国铁建在肯尼亚建设的内罗毕—蒙巴萨铁路通车,也是肯尼亚首条中国标准的现代化铁路。

矿山项目方面,中国首都钢铁公司在秘鲁、澳大利亚、厄瓜多尔投资大型铁矿山,2009年,汉龙矿业参股了澳大利亚钼矿有限公司,中国铝业集团在秘鲁参股其国内最大的特莫罗克铜矿(2013年底投产),中国铝业集团和五矿集团也在智利参与铜矿勘探及生产的投资。目前已经有170多家中国企业在秘鲁投资兴业,中国五矿集团在秘鲁投资的拉斯邦巴斯项目是迄今中国在秘鲁的最大工程。

电子通讯工程方面,中国电子信息产业的巨头——联想、华为、中兴、苏州国新集团等公司——在美国、英国、萨尔瓦多、哥斯达黎加、危地马拉、巴西、墨西哥、阿根廷等国进行投资兴建(或并购)合资企业。

港口运河建设项目方面,2010年中国公司在南亚斯里兰卡修建港口,2013年中国港湾建设公司取得了巴基斯坦西部瓜达尔港的建设和使用权;同年6月中南美洲的尼加拉瓜国民议会批准政府与"中国香港—尼加拉瓜运河开发投资公司"(以下简称HKND集团)签订排他性商业协议,同意由中国公司设计、建造和管理被称为"拉丁美洲历史上最大工程"——连接大西洋和太平洋的运河,工期10—15年,2014年开工。2016年中国企业在马来西亚的马六甲市皇京港投资兴建深水码头。至2017年,中国企业在海外的十多个"一带一路"沿线国家(希腊、缅甸、以色列、吉布提、摩洛哥、西班牙、意大利、比利时、科特迪瓦、埃及、斯里兰卡、孟加拉国、巴新、印尼)的多个港口参加经营或投资。

核电能源项目方面,2015 年 10 月,中国核电企业与在英国控股的法国电力公司(EDF)签署协议,将在英国欣克利角核电站项目中投资,还将参与在英国新建另外两座核电站,并采取我国自主的"华龙技术"(中国广播网,2015 年 10 月 22 日,07:48)。2016 年 9 月 15 日,英国首相特雷莎·梅批准了该合资项目。这是我国核电技术走向世界的里程碑。

2000 年,进入中国的外商直接投资和中国企业对外投资之比为 74∶1。而到了 2008 年,这一比例已经下降到 1.8∶1(赵进军,2010:172)。截至 2014 年,中国对外投资规模已经等同引进的外商投资,我国对外投资和引进投资双双突破一千亿美元。根据新华社报道(2016-9-22),截至 2015 年底,我国对外投资规模达到 1,450 亿美元,位居世界第二,而且超过了引进投资金额,首次成为净投资国。仅中央企业在境外的投资企业就达到 2,700 多家,中国国内的 2.02 万家投资商在境外设立直接投资企业近 3.08 万家,这些企业分布在全球 188 个国家和地区,其中亚洲地区的境外企业覆盖率高达 95.7%,欧洲为 85.7%,非洲为 85%。中国对外直接投资覆盖了国民经济所有行业类别,超过 100 亿美元的行业有制造业、租赁和商务服务业、金融业、采矿业、批发零售业、交通运输仓储业、邮政业和建筑业,其中装备制造业投资额最高(这与工程技术翻译关系最为密切)。

2.6.2 援外及输出工程技术项目翻译的人员

为与援外工作进行的两个阶段相适应,我国在选拔和派遣国际工程技术项目的翻译人员(及技术人员)方面,也表现出鲜明的时代特征。从 50 年代至 70 年代末期(即援外工作的第一阶段),选拔援外翻译人员的标准,除了有基本业务能力之外,还有严格的政治条件,包括家庭出身好(通过"查三代"),政治面貌可靠(是共产党员或共青团员),无海外复杂背景等,甚至宁可降低业务标准,也要保证政治标准。

在 70 年代末期之前,援外翻译人员的选拔一律由各个单位党委和行政组织负责。无论是翻译人员还是技术人员,都把出国援外视为崇高的政治使命,也是个人、家庭及单位的荣誉,往往一人出国,全家几代人和单位共同欢送。在一些援外机构的显眼位置都挂有"欢迎援外出国/回国同志"的大幅标语。翻译人员在国外进行工作时,严格奉行周恩来总理制定的“涉外无小事”工作原则，单位领导也以严格的政治标准要求翻译者，而翻译工作者自己也非常注意翻译的政治性原则，甚至有的翻译工作者进行口译之前还要求中方领导提供书面说明，以免口译失误而造成不良影响。80年代至90年代，援外单位开始自主选派工程技术翻译人员，更加重视业务能力，但是政治面貌仍是重要的条件之一。

自2000年以来，随着中国对外经济贸易活动的广泛深入进行，以及高等院校外语专业毕业生大量就业，援外翻译人员的选拔工作已经变得常态化、大众化。承担跨国工程项目的业主单位采取公开招聘的形式录用翻译人员，一线翻译人员呈现年轻化、跨地域化、专业化。有的部门还在社会上刊登广告招聘社会零散翻译者进行援外翻译培训，以便定时派出国门。有的大学外国语学院还召开动员大会，号召青年教师和毕业生支持国家的援外事业并积极投身援外翻译工作。20世纪90年代开始的那种政治气氛已经明显淡化。

有多少工程技术翻译人员参与了本节所述的援外工程项目？现在还无法详细统计。在商务部2010年面向全国表彰的“援外奉献奖”人员名单中，没有列出哪些人是工程技术干部、哪些人是工程技术翻译者，但是有一点可以肯定：在本章第三、第四、第五节提及的翻译人员中，至少有一部分同志参与了援外工程技术项目的翻译工作。

除了部分国家级和省级大型涉外单位的专职翻译人员外，还有数量更多的翻译人员是通过各级单位和组织借调的，借调时间一般在2—4年；此外，也有不少专业翻译人员先后调出涉外单位（参阅2.5.2节）。所以，商务部表彰的“援外奉献奖”获得者（金奖获得者援外30年以上，银奖获得者援外20年以上）和中国翻译协会表彰的资深翻译家（翻译工作30年以上者）基本上是长期担任专职的援外翻译或国内翻译的老一辈翻译工作者，而大量通过组织关系借调参与援外的一线翻译人员和已经调动的翻译人员的名字基本上没有出现在这些名单上。

例如，60至70年代我国最大的援外工程——非洲坦桑尼亚—赞比亚铁路项目，实际工期7年。如果按照行业的最低要求，每50公里合同标段至少配备2名翻译，并两年轮换一次，则该项目总共至少派出了260名翻译（还不包括前期勘探工作4年的翻译工作者，以及驻于两国首都的该项目总部的翻译工作者）。

又如，2014年竣工的我国继1970年代援建坦赞铁路项目之后在非洲的最大承建项目——安哥拉共和国本格拉铁路，全长1,344公里，施工期9年（2005—2014）。按照一个合同标段50公里配备两位翻译者，并两年轮换一次的理想情况计算，该项目施工期间至少同时有 54 名翻译者参与工作，且中国公司至少派出过总共 243 名(或人次)翻译。

本书作者通过各种方式，了解到下列人员参与过援外或对外输出工程技术项目的翻译：

毛洪元、钱栋梁，商务部干部，1961 年参与中国首次援助尼泊尔建设造纸厂和水泥厂工程的前期考察工作，担任英语翻译，与工程技术人员历经艰辛取得第一手数据，为两个援外工程项目的最终实施提供了充分的论证。

杜坚，北京外贸学院毕业，1969 年赴坦桑尼亚进行援外工作，先后在勘察测量总队和坦赞铁路中国工作组指挥部担任英语翻译，具体负责物资部门翻译工作。1976 年坦赞铁路完工交付使用后，他又担任驻赞比亚专家组翻译组长，将大量铁路规章制度翻译为英文，其翻译作品被坦赞铁路管理局选为样本。1983—1985 年，杜坚担任驻坦赞铁路项目中国专家组总部翻译组组长；为了节省会议时间，他首次提出使用同声传译。2000—2006 年，他担任该项目第 10、11、12 期中国专家组组长，2010 年荣获中国援外奉献奖金奖。

徐世群，1963 年毕业于西南师范学院外文系英语专业，1972—1978 年赴中国援助的坦赞铁路项目和索马里公路项目担任工程技术翻译，后任四川文理学院副院长、党委书记、四川省外事办主任、四川省委秘书长、四川省副省长、四川省人大副主任。

王志浩，上海市南汇县人，复旦大学外文系英语专业 1969 年毕业，1972—1978 年赴中国援助的坦赞铁路项目和索马里公路项目担任工程技术翻译，1978—1994 年先后担任四川省交通厅援外办公室翻译、主任，中国公路桥梁总公司四川分公司经理，长期工作在援外及输出工程技术项目第一线，后英年病逝在工作岗位上。

杨金凯，商务部驻拉美和西班牙贸易中心董事长兼总经理。2006 年荣获中国翻译协会表彰的“资深翻译家”称号。

房志民，1967—1974 年担任坦赞铁路项目翻译，后任中国驻汤加王国、新巴布亚几内亚、卢旺达使馆商务经济参赞。

王兆俊，1971 年赴斯里兰卡建设班达拉奈克国际会议大厦项目，担任技术组翻译，1976 年赴赞比亚担任翻译，1980 年后先后赴伊朗、科威特、苏丹、日本等国家担任承包工程翻译，2007 年回国。著有《国际建筑工程项目索赔案例译解》。

李显靖，鞍山冶金设计院副译审，参与 60 年代援外翻译，后长期从事矿山科技情报翻译,审校750万字,出版译著25万字。

李趾川(1907—1995),辽宁大连化学工业公司化工机械专家兼高级翻译,1972年起先后参与援助越南化肥厂、阿尔巴尼亚纯碱厂输出工程项目,以及东北辽阳化工厂引进工程项目的翻译及译审工作。

刘鹏心,1968—1975年在我国驻坦桑尼亚大使馆及工业、农业、地质勘探等多个专家组工作(担任英语及斯瓦希里语翻译)。在此期间,参加过很多我国援外项目的野外考察、项目施工、项目评估、项目移交等活动,曾去过亚洲、欧洲、美洲和非洲的二十几个国家访问、考察、短期工作。至2009年在联合国驻华代表处机构中任高级项目官员,出版有长篇小说《缱绻非洲》30万字。

刘明树,成都飞机厂英语翻译,1979年3月陪同中国军用飞机贸易代表团赴埃及参与谈判军用飞机贸易事宜,当年5月与埃及政府和空军签订了第一笔军用飞机销售合同,开始了中国飞机输出国门的先例。

钟华森,1983—1987年担任中国公路桥梁总公司驻也门亚丁办事处英语翻译,是我国及四川省最早承担跨国招投标合同工程的翻译之一,后任四川大学教授。

朱华,1988—2000年先后担任中国路桥总公司南也门亚丁办事处翻译、中国建工集团也门亚丁项目组副经理、四川省国际经济技术合作公司驻乌干达共和国办事处主任,后任四川师范大学教授。

还有许多无法统计的工程技术翻译人员,他们或已经调出原单位,或曾借调参加援外翻译后返回原单位,这类翻译人员的数量可能远远超过专职翻译人员(本书作者就属于借调援外)。此外,所有国家级和省级的援外(涉外)工程技术公司都配备了专职的工程技术翻译人员;全国各地越来越多的涉外工程技术公司也配备了专职或兼职的翻译人员。例如,我国知名电讯运营商——华为信息技术公司——长期聘用专职翻译达300人之多。

2.6.3 援外及输出工程技术项目翻译的特点

(1) 1950—1978年的援外工程技术项目全部是由国家主管部门决定,以中国技术进出口公司为龙头的国家级公司负责签订合同,具体考察和援建过程中的翻译工作则由各个部门或省市下属企业的翻译人员执行,而考察和工程实施过程的翻译是每一项工程翻译的绝对大部分任务。1979年以后,国家层面的援外项目仍然由国家主管部门负责,但是越来越多的省(市)级公司以及民营公司(尤其是2000年以后)也自主地在国际工程市场主动投标招标,承揽工程项目,因而这些公司能够自主选派工程技术翻译人员。

(2) 1950—1978年期间选派出国的翻译人员必须通过极为严格的政治审查,而1979年以后选派的出国翻译人员更重视业务素质。在1950—1990年的40年间,出国翻译人员主要是政治条件合格的业务骨干,许多人年龄在30—50岁。此后,出国翻译人员逐渐转变为一般业务人员,尤其是进入新世纪以来,出国翻译人员有许多是刚从学校毕业的新生力量。

(3) 相比国内工程技术翻译,1950—2010年的60年里,参与援外或输出工程技术项目翻译的人员数量可能不少于国内翻译者的人数,而且随着中国对外经济、贸易和技术交往的扩大和深入,中国援外(输出)工程技术项目翻译的人员将在今后继续增加。

(4) 援外或境外工程技术翻译人员要面对陌生的环境和比国内更严峻的工作挑战,通过自身努力也比在国内更有机会成为各类项目的经营者和管理者。同时,援外专业技术人员也比国内更容易学会和应用外语,这类人员中出现了比国内同行更多的兼职翻译者。在上述援外工程技术翻译人员中不乏这样的典型。

(5) 由于中国援外项目的绝大多数受援国属于第三世界(前欧美殖民地),故援外工程技术翻译人员使用的语种绝大部分是英语和法语,较少使用受援国当地母语(例如中东的阿拉伯语、非洲的斯瓦西里语)。但是在2000年以后我国企业大规模"走出去"的背景下,在拉丁美洲的中资企业则更多使用当地的西班牙语和葡萄牙语。

(6) 受援国(或输入国)当地人使用的英语、法语大多与标准英语或法语存在明显偏差。在国内翻译工作中,中国翻译者遇到的外国人通常是来自欧美等发达国家的中高级技术人员,其英语表达一般较为标准;而在第三世界国家,中国翻译者会遇到各种层次的当地人,其语言表达方式因文化背景等因素与标准英语母语存在明显差异,这对中国工程技术翻译人员带来了比在国内工作时更大的挑战(参阅8.3节"工程技术翻译的方言语域")。

(7) 进入2000年后,以石油、矿山、铁路、建筑、电讯为主的中国企业集团进入独联体、东南亚、中东、欧洲、非洲和拉丁美洲,除了英语及法语之外,当地人还使用俄语、波兰语、阿拉伯语、库尔德语、西班牙语、葡萄牙语,因此这些语种的翻译人才在国外的中资企业及项目工地变得紧缺。

第三章

世界各国工程技术翻译历史概述

本章这个题目的内涵，实际比中国的工程技术翻译历史要复杂得多，主要原因是世界各国经济发展和引进（输出）工程技术项目的历史过程极度不平衡，涉及第一世界、第二世界和第三世界等不同社会发展阶段的国家，还涉及东西方各国不同的翻译目的、翻译内容、语言习惯和文化传统。此外，搜集国外工程技术翻译的资料和情况相比搜集国内的资料和情况也要困难得多。本章根据目前所能搜集的材料，对不同发展水平的国家或地区的工程技术翻译情况作一个大致的叙述。很遗憾，目前尚无这个主题下系统的文献及资料，本章论述的主要来源是互联网、同行翻译者经历以及本书作者个人的所见所闻。尽管如此，这种对世界各国工程技术翻译历史的初步概述对于构建工程技术翻译学仍然是有价值的。

3.1 欧美国家的工程技术翻译

欧美国家属于第一世界和第二世界，基本上都是在第一次世界大战或第二次世界大战之前就实现了工业化。自1945年第二次世界大战结束以来，这些国家在经济方面的突出表现就是：以各种名目向第三世界国家输出它们的先进工程技术，包括出口工程技术和设备，直接投资建厂、参与股份形式间接投资、以跨国工程技术项目作为有偿或无偿援助等。

同时，它们从第三世界国家进口大量的矿石、石油等原料，尤其是头号经济强国美国，二战以后开始大规模工程技术的转让，90%的投资和项目输入西欧、日本和加拿大，只有不足10%输入给发展中国家。欧美国家的工程技术翻译正是在这样的经济和历史背景下产生的。另外，由于这些国家工程技术水平普遍较高，它们对于工程技术翻译总体上持消极态度。

3.1.1 工程技术翻译的组织

欧美国家的翻译组织成立较早，大多数是民间性质的非营利性的翻译协会，成员加入翻译协会需要通过一定的认可程序，并获得翻译资格证书，且基本上是行业性或商业性运作，很少出现依靠政府行政命令派遣翻译人员的情形。

加拿大目前有翻译组织190家，其中加拿大安大略省的ATIO(安大略省翻译协会)成立于1920年，是世界上最早成立的翻译协会，这与该国存在魁北克等法语地区有密切关系。与其他欧美国家不同，加拿大的许多公司或机构(88%)内部设立了翻译机构，但主要是服务于国内“正式语言”(英语与法语之间)的翻译。

美国虽然是移民众多的国家和世界上吸收外国投资最多的国家，但是美国的翻译组织出现较晚。美国现有翻译组织1,038家，其中较大的美国翻译协会(ATA)成立于1959年，直至1979年才吸收会员2,000余人，2006年达到9,000余人。该协会办有期刊《美国译协通讯》(*The ATA Chronicle*)，分支机构多。另外美国还有一些翻译组织：口笔译协会(TTIG)，该协会1995年后并入美国电信工会(CWA)；全美司法翻译工作者协会(NAJIT)，1978年成立；美国文学翻译协会(ALTA)，办有期刊 *Translation Review*；国际笔会美国中心(PEN AMERICAN CENTER)，成员以诗人、小说家、剧作家为主；美洲机器翻译协会(AMTA)，办有期刊 *MT News International*。除此以外，多数美国的翻译协会实际上也从事工程技术翻译，虽然名义上不一定是工程技术翻译公司。例如，一家名为Language Scientific(科学语言)的翻译公司，成立于1999年，自称是唯一一家由具备科技背景的翻译人员组成的大型翻译公司，为美国政府高层机构及公用事业部门提供翻译服务。

俄罗斯的翻译协会出现于20世纪20年代，最早是由著名作家高尔基倡导成立，目前拥有翻译组织224家，但是大多数属于文学类翻译组织，而从事经济技术翻译的组织出现很晚，例如俄罗斯翻译者联盟

2004年才成立，其官网上除了联盟宗旨等原则性内容外，没有任何具体信息，更谈不上讨论研究。莫斯科州立大学的翻译学院2004年才成立。

以欧洲国家为主体的国际译联于1954年成立，算是比较早的，而欧洲翻译公司联盟于1994年才成立。法国有数量较多的翻译组织（182家），在其中最主要的14家翻译协会中，只有大约1/3的翻译协会可能进行了与工程技术翻译有关的业务，其他多数翻译协会是文学、艺术和法律翻译组织（达尼尔·葛岱克著，刘和平等译，2011）；英国有翻译组织600多家，其中英国翻译协会于1986年成立；德国有280家翻译公司，主要是20世纪80年代到21世纪初才陆续成立的，大多只有30年时间；奥地利有翻译协会8家，其中最早的一家Österreichischer Verband der Gerichtsdolmetscher (ÖVGD)建立于1920年；澳大利亚是移民大国，其译协于1987年成立，目前拥有下属翻译协会50家。

其他欧洲国家也存在翻译协会组织。譬如北欧国家丹麦有2家翻译协会，其中一家Association of Danish Authorized Translators成立于1910年，历史悠久；另一家成立于1970年。仅有32万人口的冰岛共和国也成立了翻译协会，其成员以冰岛大学的翻译课教师为主。

3.1.2 工程技术翻译的人员

3.1.2.1 欧美国家工程技术翻译人员的来源

欧美国家人士（尤其是受过良好教育者）相互交流时基本不需要翻译，一是大家都会用英语、法语或德语，二是法国、德国、荷兰、比利时、俄罗斯等欧洲国家的公民使用对方语言交流非常普遍，这其中存在悠久的历史、地理和文化渊源。这种情况与中国、日本等亚洲国家明显不同。当欧美企业需要从事跨地域的工程技术项目翻译时，大量聘用的翻译人员并不是操母语的本国人，而是操译出语母语的、居住在欧美国家的非欧美原籍人员。这样不仅翻译效果好，而且成本较低。

虽然欧洲国家较早就在大学开设翻译专业，但操母语的本国人从事工程技术翻译的并不多，这一方面与他们要掌握的外语难度有关系，另一方面欧美国家从政府到一般厂商或公司并不急于把自己母语的工程技术资料翻译成外语，其中有语言因素，恐怕更有深层的政治、经济和文化因素。另外的原因之一就是世界各国（或各地区）涌入欧美的各类人才实在太多，这使本国人对从事翻译行业并不积极。从目前各国翻译网站的调查结果看，欧美国家的翻译公司倾向于聘用母语为译出语（即母语为非英语、非法语、非德语的语言)的工程技术翻译人员,也就是其他国家(多数是第三世界国家)到欧美学习、就业的人员。本书作者就认识一些曾在欧美国家留学期间兼职从事翻译的人。有一家名为 NTIS 的新西兰翻译公司,近年招聘韩语、日语、老挝语、马来语、高棉语翻译人员,并在其官网上明确公告:"本次招聘仅限于翻译工作本身,不能把翻译工作视为申请新西兰居留证的证明。"再如英国一家名为 Syntacta 的翻译公司声称,该公司全部翻译人员的工作用语都是其母语(非英语语言),以证明其翻译质量可靠。其他众多的工程技术类翻译公司情况大体如此。俄罗斯和独联体国家的外语翻译人员(尤其是中文翻译者)中,也有很大部分是在该国学习的外国留学生。

但是,欧美国家中也有的不是发达国家(譬如波兰),外国涌入的人数较少,这些国家翻译公司的人才就主要依靠本国的母语者。例如,波兰有一家名叫 Y-Link 的翻译公司,1999 年成立,主要从事波兰语与日本语的翻译,其翻译人员主要是波兰母语者,他们在波兰本土的大学毕业,均有硕士学位。

3.1.2.2 欧美国家工程技术翻译人员的性别

这个问题看起来似乎没有什么意义,但是可以由此判断一些性别以外的情况。例如,在法国翻译行业,女性翻译者占绝大多数,凸显出女性优势的倾向,只是男性翻译者的年龄普遍大于女性翻译者(达尼尔·葛岱克著,刘和平等译,2011: vi)。无独有偶,这一倾向在加拿大的翻译者中也同样存在:在大学期间学习翻译的学生中,女生人数多于男生;与此实际情况相对应的是,职业翻译者 81%是女性。在其他欧美国家也普遍存在这样的情况。我们还可以发现这样的事实:欧美国家的男性在过去二三十年里担任翻译者的机会更多,一方面可能是因为过去的薪酬较高(Pochhacher, 2004: 166),另一方面也可能是因为随着欧美工程技术的强势扩张,翻译行业平均报酬降低,男性翻译者出场的意愿或机会相对减少,从而为女性翻译者提供了更多的从业机会。

3.1.2.3 欧美国家工程技术翻译人员的素质

由于欧美国家经济发达,其文化教育事业也相应发达。工程技术翻译人员普遍具有两个大学学位或专业证书,或者一个学位中包括两个专业门类的知识(即一个是语言类学位,另一个是工程技术类学位)。前面提及的一家美国翻译公司 Language Scientific,即科学语言翻译公司,要求其翻译人员全部具有科学、医学、工程等学科背景。英国的 Syntacta 翻译公司也要求其员工具备工程技术学位。加拿大安大略翻译协会的专职翻译中,50%的人具有两个大学学位,其中一个是翻译学,另一个是其他学科的专业。因此,在翻译公司内部几乎可以找到掌握任何专业知识的翻译者。德国大学的毕业生,虽然有些人只有一个学位,但是这个学位常常包含了两个跨学科门类的专业(例如某位女翻译者的第一专业是医学,第二专业则是翻译)。

为了对欧美国家的翻译人员背景及素质有一个大概了解,我们不妨参阅加拿大的情况。下面两个样本的原始资料来自谷歌网(谷歌网,2012),本书作者进行了编辑。

第一个样本是加拿大安大略省翻译协会 2005 年对加拿大独立翻译从业者的调查。

该调查发放问卷 860 份,回收 193 份。其中 112 人来自使用正式语言(即英语和法语)的翻译人员,81 人来自使用外语的翻译人员。问卷回收率 22.4%,比之前 1996 年和 2000 年的回收率更高,样本数量远远超过 30 个,统计学上应该是完全有效的。

从业经历:26%的人员工作 17—21 年,20%工作 5—10 年,16%工作 22—26 年,20%工作 25 年以上;使用外语从事翻译工作(译出)的情况增加最快,28%的人员具有 5—10 年译出工作经历,37%具有 11—21 年译出经历,30%具有 21 年以上译出经历。

年龄:37.5%的人员是 41—50 岁,35%是 51—60 岁,51 岁以上翻译人员占 35%(2005),比过去增加了;但是年轻的翻译人员逐渐减少,1996 年 35 岁以下翻译人员占 22%,2000 年占 17%,2005 年 40 岁以下者仅占 12.5%;36%的译出翻译人员年龄在 41—50 岁,20%的译出人员年龄在 50—51 岁,26%的人员是 40 岁以下。看来译出能力的难度更大,年长者承担更多。

工作范围:分为政府、公司、翻译公司、个人。25%的人员从事三个部分工作,37.5%的人从事其中两个部分工作。按照服务对象统计,为公司服务最高,其次为政府服务,第三是个人业务,第四是为翻译公司。

工作量:虽然 67%的正式语言翻译者每天翻译 1,000—2,000 单词,但是外语翻译者里只有 42%能达到这个水平,可见外语翻译(译出语是非英语和非法语的语言)更难。

语言:正式语言翻译里,法语译为英语仅仅占正式语言翻译市场的 20%,其余 80%为英语译为法语。

工具：93%的人员使用参考书、Termium 术语表和网上词典，还利用翻译网上论坛；至少 27%的翻译人员使用翻译记忆软件，其中 50%使用 Trados 和 LogiTerm。

第二个样本是加拿大安大略省翻译协会薪酬翻译者委员会 2007 年对薪酬翻译者（专职翻译者）的调查。

对所有薪酬翻译者 443 人进行了网上调查，收到 119 份答卷，回复率 27%。

学历：76%回答在大学期间学习翻译，女性超过男性，这与实际情况符合。薪酬翻译者中 81%是女性；88%的人使用正式语言，76%具有翻译专业文凭，64%为注册翻译者；有一半的人具有另一个专业的大学文凭，有翻译专业的，也有其他专业的；第二学位最通常是语言学方面的学位，例如法语 13 人、英语 5 人、西班牙语 6 人、文学 10 人，共计 34 人；可见，其他 85 人具有非语言学科的第二个文凭。

地点：多伦多占 45%，首都占 41%，国外翻译人员占 2%，外地 11%，伦敦 1%。

工作：88%的人为翻译部门工作，自动翻译者（熟练翻译者）占 63%，即他们的翻译作品不需要被修改；88%使用正式语言工作（英语与法语互译），8%的人使用外语工作，4%的人使用外语和正式语言工作；29%的人每天翻译 1,000—1,500 单词，28%的人每天翻译 1,500—2,000 单词，24%的人每天翻译 2,000 单词以上。

工具：44%的人使用翻译记忆软件，最流行的是 MultiTrans、Trados、Logiterm。

薪酬：超过一半的公司主顾付给翻译人员“翻译公司管理费”，资深翻译人员年薪 7—8 万，只有 12%的翻译人员还在另一个公司注册翻译，年薪 7 万以上者占 29%，6 万以上者占 22%，5.5 万以下者占 19%，5 万以上者占 19%；15%的人领取奖金。

年龄：30 岁以下者占 14%，31—40 岁者占 23%，41—50 岁者占 35%，51—60 岁者占 22.5，60 岁以上者 6%。

从业经验：5 年以下者占 9%，6—10 年者占 24%，11—20 年者占 29%，21—30 年者占 28%。

从业范围：保险财务占 23%，政府翻译 35%，翻译公司业务 12%，汽车 2%，电脑 3%，药品 4%，非营利翻译 6%，其他 15%。

组织：88%的公司设有翻译部门，36%的翻译作品被进行系统（整体）修改，8%的翻译部门配备修改人员，6%的公司配备术语名词修改人员,35%的人还另外兼职翻译。

3.1.3 工程技术翻译的语言

欧美国家涌入的大量外国人才增加了它们的翻译人才优势,因此它们提供的翻译服务语言种类也显示出多样化的优势。欧美国家的工程技术翻译公司所提供的语言服务种类(组合)要比发展中国家的一般性翻译公司更多。例如,美国翻译协会(ATA)提供外语译入英语至少有13个组合,从英语译出外语(包括汉语)至少有15个组合。澳大利亚翻译学会(AUSIT)网站提供的翻译服务语言多达96种,包括许多小国家和少数民族的语言,其中仅中文就细分为普通话、上海话、广东话、客家话、闽南话。英国的Syntacta翻译公司网站也提供数十种语言文学服务,中文又细分为简体字翻译和繁体字翻译,该公司甚至还提供伊拉克和土耳其边境地区库尔德语(Kurdish)的翻译服务。不仅如此,该公司还将库尔德语细分为Soranic和Kurmanji两种方言。新西兰的翻译公司NTIS,除了提供韩语、日语外,还提供老挝语、马来语、高棉语的服务。美国的不少翻译公司网站提供中文普通话、广东话、客家话、闽南话服务,但都是雇佣华裔译者。

加拿大是使用两种正式语言——英语和法语——的唯一欧美国家,其人口中法语居民大约占20%,主要集中在魁北克地区。加拿大的翻译业务主要是在本国内部进行的。加拿大的翻译(包括工程技术翻译)分为"正式语言"翻译和"外语"翻译。"正式语言"翻译就是加拿大内部英语和法语之间相互转换,主要是在本国内部公民之间进行;他们说的"外语"翻译才是通常意义上的跨国翻译。

俄罗斯是一个特殊案例。在1990年之前,以苏联为首的东欧社会主义阵营和以美国为首的北大西洋公约组织长期冷战,苏联以及东欧社会主义国家不能从西欧和美国得到技术援助和信息交流,很少开展与西欧和美国的工程技术翻译交往。即使到近期,俄罗斯与英语世界的工程技术翻译交流也很有限,譬如在俄罗斯的主要城市莫斯科和圣彼得堡大街上基本上看不到英文广告和指示牌,而且在商店里也少见英文商品说明,当然更没有法语、德语、西班牙语的广告。俄罗斯使用的翻译语言组合主要是俄—英、俄—德、俄—法、俄—西、俄—汉等少数几种。俄罗斯等独联体国家,由于近二十几年的社会变革,工程技术翻译(及科技翻译)的人员和语种都很少,许多商务公司找不到翻译公司,常常大量聘用外国留学生担任俄语与其母语的翻译。

在冷战期间，俄罗斯积极援助东欧卫星国家，如波兰、捷克斯洛伐克、东德、罗马尼亚、保加利亚等，俄语几乎成了他们之间工程技术翻译的唯一语言。显然，在当时苏联强大的政治、军事和经济实力下，那些东欧卫星国家只能把俄语工程技术资料译入为本国语，而不可能是相反。这个情况如同20世纪50年代的中国。1991年以后，苏联和东欧发生政治局势巨变，苏联和卫星国的关系终止，许多原来的卫星国转向西欧和美国，其中东德并入西德，波兰、捷克斯洛伐克、罗马尼亚加入了北大西洋公约组织，英语成为这些国家通用的经济和技术语言。譬如在近年的跨国工程项目中，罗马尼亚工程师就能够熟练使用英语，完全不需要翻译。

3.1.4 工程技术翻译的活动

3.1.4.1 翻译的内容

从翻译实践和网站上观察，欧美国家的翻译公司提供了几乎所有与工程技术项目有关的翻译服务。一家总部位于英国的翻译公司Professional Engineering Translators就声称提供以下服务：Technical specifications，Equipment layout，Design change requests，Drawings，Modification，Request reports，Product leaflets and brochures，Manuals and user guide，Reports and surveys，Data sheets，Software and scientific fields such as Bio-engineering Materials。由此可见，这些工程技术翻译公司提供的翻译服务范围确实很宽泛，适应性很强。

但是，从全球工程技术贸易（引进与输出）的实际情况考虑，欧美国家出口到外国的大中型成套工程技术和装备极少由英美国家本土的翻译人员将英语（德语、法语、西班牙语、意大利语等）转译成进口国的语言，这一点可以从中国和其他许多第三世界国家引进的欧美工程技术项目文件得到证明。这是由欧美国家的政治、经济和技术优势所决定的。难怪有些欧美翻译学者声称：从效果分析，翻译活动最好是从外语译入母语，而不提倡从母语译出为外语。这种理论是否在为不肯译出自己的工程技术文件辩护？我们不得而知。

另外，非英语国家的欧洲厂商一般仅仅是把德语、法语、西班牙语、意大利语等主要欧洲语种的工程技术文献翻译转译为英语，这些厂商也极少（或无力）把技术文献直接翻译为第三世界工程技术项目输入国的文字。例如，2016年夏天本书作者获得的一份某德国厂商印制的高压锅使用说明书，翻译或列出的 21 种文字几乎都是欧美文字，仍然没有中文，更不用说其他第三世界国家的本土文字。即使是地处东亚的发达国家日本，在对外输出技术和设备时，也仅仅把一些小玩意（诸如手机、传真机、电视、音响等小型技术设备）的使用说明书（最简易的技术文件）翻译为输入国语言（如华语和韩语），而在输出成套工程技术装备时照样使用日语原文。

再者，欧美国家的工程技术翻译人员承担的翻译工作基本上局限于书面文件翻译，极少承担工程技术现场口译服务。即便有少数口译服务，也限于外国人到该国考察工程技术项目时提供的短时陪同口译。例如，在美国、法国和德国的中国公司项目工地，其翻译人员也大多是从中国派去的，极少有当地的翻译人员参与。从整体上看，比起中国同行，欧美国家的工程技术翻译者实际承担的工作范围要小得多。另外一个原因是，由于欧美国家往往自身就是工程技术项目的原创者，所以其翻译人员极少像中国等第三世界国家的翻译人员那样较多地参与引进（输出）工程技术项目的现场翻译工作。在翻译组织众多的加拿大，工程技术翻译也仅占其总工作量的很小部分，因此翻译人员还常常跨国（通过电子邮件）承揽国外的翻译业务。

3.1.4.2　翻译的方式

1945 年第二次世界大战结束后，计算机技术首先在美国迅速发展，随后传播到欧美各国，开始影响人民的生活和工作。由于工程技术翻译任务繁重，特别是笔译技术资料往往数量巨大，利用计算机软件进行翻译较早进入欧美工程技术翻译人员的办公室。1975 年，欧洲原子能机构首先安装了 SYSTRAN 机器翻译系统，欧洲共同体总部也引进了这套机器系统，但主要目的是供内部人员浏览情报和信息。不过，进入普通翻译人员电脑的还是 90 年代以来开发的翻译记忆软件，如 MultiTrans、Trados、Logiterm。目前，大约 50%的欧美翻译人员依靠翻译记忆软件。但机器翻译理论和机器翻译实践都证明，机器翻译不可能完全代替人工翻译。即使在使用翻译记忆软件的情况下，欧美许多工程技术翻译人员每天也只能翻译 2,000 字左右（参见加拿大调查样本）。

随着电脑的广泛运用，欧美国家的工程技术翻译人员自 80 年代以来较早开始 house-in work，即在家上班。根据翻译网站显示的情况，这种在家上班的人员数量很大。他们不仅接受本公司和本国的业务，而且也接受跨国业务，其原文资料和译文均通过互联网传递，无纸化办公方便快捷。但是,如果翻译业务涉及口译或会议翻译,则翻译人员必须到场。

欧美国家工程技术翻译公司的另外一种运作方式是利用翻译人员来源广泛的优势,在公司所在国以外的国家建立本公司的分支机构或办事处,积极扩大翻译业务领域。例如,加拿大口译公司(Interpreters of Canada)除了在本国设立服务机构外,还在洛杉矶、伦敦、巴黎、香港、法兰克福、迪拜、墨西哥城、孟买、约翰内斯堡等世界各个大城市设立分支机构。在波兰的一家名叫 Y-Link 的翻译公司,1999 年成立,主要从事波兰语与日本语的翻译,其翻译人员也主要是波兰母语者,但在波兰境外也设有分支机构。

欧美国家的工程技术翻译者大多是在办公室或家中从事书面翻译,很少如中国翻译者那样经常要到工地现场或商业场合。有翻译经历者都应知道,待在办公室里做翻译要比去野外工地翻译轻松很多。在欧美企业进行的跨大洲工程技术项目里(大多数是在发展中国家),几乎没有见到母语翻译者的身影。其主要原因仍然是:欧美国家大多数是工程技术的输出国而非引进国,工程技术项目的翻译工作大多是在亚非拉第三世界国家进行,故欧美本国人极少乐意去充任引进(输出)工程技术项目的现场翻译。

3.2 东(南)亚国家的工程技术翻译

3.2.1 工程技术翻译的组织

绝大多数亚洲国家,包括韩国、菲律宾、泰国、缅甸、越南、老挝、柬埔寨、印度、印度尼西亚、巴基斯坦等,过去长期是美国、英国、日本、法国、荷兰等国家的殖民地或占领地,所以在语言交际方面,他们对二战以后主要引进的西方工程技术项目不存在太大的语言障碍,这其中许多国家都把英语或法语作为官方语言或第二语言,在对外贸易(包括工程技术贸易)中普遍使用英语或法语。这些国家培养的多语种外语人才数量很少,例如,迄今为止,老挝、柬埔寨、缅甸、文莱、孟加拉国等亚洲国家还极少有专门的翻译协会组织,这表明翻译从业人员也很少。在亚洲的发展中国家里,越南有翻译组织 50 家,巴基斯坦有 50 家,泰国有 37 家。

印度是世界第二人口大国,共有翻译组织 455 家,其中印度翻译协会

(ITAINDIA)于2005年筹建,2008年在上海举行的第18届世界翻译大会上才成为国际翻译联盟成员。2009年,该协会召开第一届全国大会,会员仅有一百多人,且多是名流专家(如印度驻古巴大使、尼赫鲁大学外语学院院长),主要从事文学翻译。印度也有从事科技文献翻译的人员,他们需要获得翻译证书、高级文凭、文科学位(M.A.)等资质,不过许多翻译资格的培训是由图书馆举办。

印度尼西亚是亚洲区域性大国,1994年成立翻译协会(HPI),有翻译组织47家。因该国通用英语(官方语言),汉语也较为普遍,许多人都能够使用英语和汉语交流,故而工程技术翻译人员也不多。相邻的区域大国马来西亚拥有30家翻译公司,普遍使用英语、马来语和汉语,与印度尼西亚存在类似情形。

中国香港的翻译协会于1971年建立,目前有36家翻译组织。其中部分组织是1991年被批准为从事教育促进的民间机构,极少参与工程技术翻译活动,这与香港过去长期(1842—1997)属于英国殖民地有关。

中国台湾有台北市翻译商业同业公会,1988年成立,下属43个公司会员。因曾经是日本殖民地,且1949年以后美国对其在政治、军事和经济上的扶持,台湾翻译协会中从事日语—汉语组合、英语—汉语组合翻译的组织较为普遍。

韩国也曾经长期是日本殖民地,第二次世界大战以后被美国占领且1953年以后长期被美方驻军,美国对韩国影响巨大,英语在社会中较为普及,加之留美归国的学生众多,因此许多公民都能够自由使用英语。也许正是由于这一点,韩国虽然有翻译机构43家和5,000多名专职及兼职翻译人员,但翻译协会成立时间较晚,许多公司迟至2008年才成立,比其他许多工业发达国家晚了很长时间。KATI(韩国翻译者协会)是唯一经认可的翻译协会,2008年召开成立大会时仅有一百多人参加。韩国翻译者协会会长在协会成立大会上公开承认,韩国的翻译水平很差(KATI,2008)。

日本非常重视科学技术翻译,曾经大量从美国等西方国家译入工程技术文献,所以翻译公司众多,主要的翻译公司有89家。其中,日本科学技术翻译协会(National Translation Institute of Science & Technology of Japan)成立于1966年,是日本进入世界翻译联盟的两个组织之一,共有会员11,000人左右。该协会规定,在日本国内承接翻译业务的机构,必须拥有三名以上一级科技翻译士才能开展业务,并规定了统一的稿费。该协会强调翻译能力培养,于1967年建立了科技翻译士的考试制度,每年举办两次。该协会成立了20人组成的考试委员会,并将考试内容划分为11个大类,考试结果分为4级,其中一级翻译士的合格率仅有0.6%,二级合格率为7%,三级合格率为12%,四级为候补生。另外还有日本翻译联盟(Japan Translation Federation),该联盟是日本最大的工程技术和商务翻译组织,1981年成立。值得注意的是,这两个大型的工程技术翻译组织的成立时间都早于大众翻译性质的日本翻译者协会(JAT,1985年成立)。有趣的是,日本翻译联盟这个专门从事工程技术和商业翻译的社团并不是由文部省(主管文化和语言的国家部委)批准的,而是由日本经济产业省(部)批准的。显然,工程技术翻译机构归于经济产业省领导,可以更有效地开展工程技术翻译工作。并且,日本的翻译联盟企业会员十分注重与其他企业的公关,吸收了138家各类公司为会员,其中许多是技术性公司和财务性公司,包括IBM(Japan)、Institute for Advanced Technology Co., Ltd.、Japan Convention Services Inc.、Patent Data Center Inc.等,此外还有两家赞助公司。这种营运模式为日本翻译联盟的发展提供了充足资源。

3.2.2 工程技术翻译的人员

在亚洲国家里,除了中国以外,日本是最大的翻译事业国家。随着日本的国际经济技术地位在20世纪六七十年代迅速提升,日本的翻译协会或联盟也迅速扩大,其中不仅有日本人,而且还有许多外国人,这与欧美国家相似。例如,日本翻译协会拥有460名会员分布在世界各地。日本翻译联盟下属的金狮桥翻译公司,总裁是美国人,总部设在美国马萨诸塞州,在26个国家有合作人员。在日本翻译联盟网站上登录的494名后备翻译人员中,大约50%是外国侨民,母语是英、法、意、西等国语言。

日本翻译人员素质较高,参加翻译协会一般需要有三年以上工作经验,熟悉某一技术行业的翻译,实行会员注册制,这实际上也要求申请人具备相应的理工科学历或从业背景。例如,有一个翻译联盟下属公司的董事竟然是IBM(国际机器公司,曾经长期在世界500强里排名前10位)驻日本分公司的经理,另外有一个董事是大学教师。日本翻译者协会大约有注册会员3,355人(2012),其网站对登录的494名后备翻译人员作出专门说明:这些人尚未被协会注册认可。这说明日本翻译联盟非常重视会员资格。日本翻译协会也重视会员的业务水平提高,每年举办业务交流会议或培训,其PROJECT(专业日英翻译会议)每年轮流在东京和大阪举行。其他翻译公司也会每月或每季度举行业务交流。

虽然韩国、印度、中国台湾也培养了本土科技翻译及工程技术翻译人员，但他们派去美国、英国留学的人员数量很大，许多工程技术人员就是留学生，譬如韩国派往美国的留学生人数曾高踞亚洲和全球首位（中国留学网，2013-1-16），因此这些国家的工程师可以独立担任引进（输出）工程技术项目的兼职翻译工作。相比日本及中国大陆，在韩国、印度、中国台湾从事工程技术翻译者的比例很小。

在越南从事工程技术项目翻译的人员开始逐渐增多。越南南方过去长期在美国控制下，能够操英语者比越南北方更多，胡志明市（西贡）是越南引进欧美工程技术项目的主要城市，在那里聚集了更多的翻译人员。

菲律宾的秘书及翻译人员地位很低，譬如在其首都马尼拉的工程项目里，工程师的工资是月 15,000 比索，保安人员工资是月 6,000 比索，而秘书的工资仅仅是月 5,400 比索（左斌，2014：31），这与菲律宾通用英语有关。

3.2.3 工程技术翻译的语言

在 2000 年以前，亚洲国家里日本是主要的工程技术项目输出国；在 2000 年以后，中国也逐渐成为主要的工程技术项目输出国，但中国的情况已经在第二章论述过了，故不在此赘述。因日本过去长期大规模引进欧美的工程技术项目，所以日本工程技术翻译的语言主要是英—日组合，也有少量的法语、意大利语和西班牙语翻译。1980 年以来，随着日本与中国贸易的大规模开展，日—汉组合成为翻译组合的主流之一。因为日本与韩国为近邻，日—韩组合则是非常频繁使用的翻译组合。

韩国曾经是工程技术项目的引进国，自从 20 世纪 70 年代跻身“亚洲四小龙”之一，逐渐成为工程技术项目的输出国。其翻译语言组合主要是韩—英组合、韩—日组合。1992 年 8 月，韩国与中国建交，两国不少企业相互寻求经济技术合作，贸易量大增，于是出现了大量韩—汉翻译组合。由于韩国的经济技术优势以及翻译人员数量不大，韩语和其他语言的组合并不多。

亚洲大国印度国内官方认可的主要语言有 10 种，较多通行的语言也有 22 种，且不同的邦或省之间还有 80 种以上的地方语言。印度曾经长期为英国殖民地，除了使用母语印地语等10种国内主要语言外，还通行英语(官方语言)。因为拥有英语为官方语言，所以印度在引进或输出工程技术项目(工地现场)时极少有英语的专业翻译人员，但印度工程公司仍需要把汉语、德语、法语、德语、意大利语、日语、俄语、西班牙语、塞尔维亚—克罗地亚语的技术文献翻译为英语。外国人对印度感觉奇怪的是，印度几乎从不把外语技术文献翻译为母语印地语，这主要是因为印度工程技术人才的英语水平普遍较高，能够阅读英文技术文件，也能无障碍口头交流。印度与中国自1962年交战后少有经济技术往来。近年来，中国商品及电信、电力企业大规模进入印度市场，但印度翻译者仍然缺乏印—汉组合翻译能力。

印度尼西亚通行南岛语系的700多种语言，因曾经是荷兰的殖民地，1949年之前也广泛通行荷兰语；1949年独立后，除了使用母语印度尼西亚语以外，还通行马来语、爪哇语、巽他语、英语、闽南客家语、巴布亚语。该国的工程技术翻译语言包括本地土语与汉、韩、法、英、意、土耳其、希腊、匈牙利等外语的组合。

越南曾在大半个世纪里沦为法国的殖民地，后来美国势力也侵入该地，故越南曾流行法语和英语(南方)。20世纪50—70年代，由于越南北方政治上亲近中国和苏联，越南的工程技术翻译语言曾局限于越—汉组合、越—俄组合。近年来，越南吸引欧美和日本等外国工程技术项目数量巨大，其翻译语言的范围已经扩大到越—英组合、越—日组合、越—韩组合、越—法组合、越—德组合、越—西组合、越—意组合。

老挝和柬埔寨过去曾沦为英国和法国的殖民地，目前老挝通行老挝语和英语，而柬埔寨通行高棉语、法语和英语。不过，因为这两个国家的文化和经济基础薄弱，基层百姓更多使用老挝语及高棉语。

菲律宾本土大约有170种语言，塔加洛语(即菲律宾语)是唯一的官方语言，但实际上官方通行英语，民间使用汉语(闽南语)也较多。

蒙古国地处亚洲大陆内部，与中国和俄罗斯交界，过去与俄罗斯及苏联长期交往，会俄语者较会汉语者多。近年来，蒙古也开始对外开放，主要引进外资(中资为主)进行矿山开发，蒙语—汉语组合较多。随着西方势力进入该国，蒙语—英语组合出现。

有些亚洲国家从中国获得援助或技术引进时，一般是由中国人把中文(技术文件)翻译为英文或他们的本国文字及口语，有时也直接把中文文件交给对方(因汉语对越南、老挝、缅甸等国家边境地区的影响一直存在)，但日本企业提供给各国的文件主要是以日语和英语为主。

3.2.4 工程技术翻译的活动

3.2.4.1 翻译的内容

我们先讨论日本的情况。日本工程技术翻译的内容与其经济发展密切相关。1945年美国占领日本，由此美国的军事、经济和技术开始全面影响日本。1952年，日本汽车制造业开始出现大量日美合资企业。1955年，日本引进奥地利的转炉炼钢技术，铃木汽车公司和松下电器公司也在这一时期引进美国制造技术。1958年后，日本出现大规模引进美国和西欧技术及设备的高潮，至1975年达到2,400项。1950—1984年的35年间，日本年均引进工程技术项目900多项，总计超过30,000项。70年代以前的引进技术以电气、钢铁、汽车、造船、化工、化纤为主；70年代以后则以引进核能、飞机、计算机和宇航技术为主。60年代期间，日本引进的技术专利达到25,000件，分别来自美国、瑞士、丹麦、英国、法国、意大利、德国、荷兰、澳大利亚。

在这样的经济技术背景下，日本的工程技术翻译也呈现相应的特点。日本翻译联盟旗下的Honyaku Center Inc.公司，号称是日本最大的翻译公司，总裁就是翻译联盟的主席，下属五个分公司，同时也与世界其他翻译公司合伙。该公司主要从事翻译英—日、英—汉技术文件，当然也翻译其他语言资料；翻译领域主要涉及医药、专利、财务、工业(信息产业)。其他工程技术翻译公司也具有相应集中的业务方向，但是各个翻译公司对专利的翻译则比较集中(英—日组合翻译，即译入翻译)，这与日本政府引进欧美项目时注重引进技术专利的宗旨相关。由于日本公司引进的大型成套工业设备数量较少，所以其翻译工作量相对来说比中国同行要少得多，涉及的范围也小得多。

另一方面，当日本公司将自己的工程技术向发展中国家(包括中国)出口时，它们不会把成套设备技术项目的资料翻译成引进国的语言，充其量就是把一些小型消费品(如照相机、手机、家用电器)的使用说明书翻译成进口国的语言，那仅仅是为了满足普通市场的终端消费者(这些人对技术并无兴趣)的需要。对进口日本大型成套装备的进口国厂家(譬如中国企业)来说，大量的工程技术文件还得自己聘请人员翻译。这是日本的经济技术优势所决定的。

印度虽然有多语种翻译人才，但其目的不是翻译工程技术文件或工程建设项目，主要是翻译人文历史作品。印度工程师普遍掌握英语(包括阅读、写作、口语交流)，在吸收西方最新技术和参与国际工程项目时不需要翻译即可进行工作，这方面比中国同行更有优势。近年来，中国的电力、电信、手机、电脑以及普通商品开始大批量进入印度，但印度仍然非常缺乏中文翻译人才。

印度尼西亚和马来西亚的工程技术翻译内容与石油开采生产、橡胶生产、机械工业联系密切，也从事一般商务、信息产业翻译。但遗憾的是，其网站缺乏具体内容、机构及人员介绍。从我们与印度尼西亚客商和马来西亚客商的交往中发现，其国内极少有专职翻译人员从事工程技术翻译的业务。

中国台湾的翻译商业同业公会从事的翻译业务比较广泛，以移民、留学、置业和专业文稿翻译为主，但是专门从事工程技术翻译的任务现在已经不多，原因之一是台湾工程师总体英语水平较高，许多人能够充任兼职翻译。

从翻译内容看，韩国曾经大量译入欧美和日本的工程技术文件，但是近年韩国的国民生产总值跃居全球第 13 位，进入发达国家行列，主要是对外输出工程技术项目。其翻译人员基本上在写字楼里从事工程技术文件翻译，很少再去建设工地现场，因为韩国的工程技术人员普遍具有比较熟练的英语应用能力，在国际工程项目里能独立工作，无需翻译。相比之下，韩国翻译人员不必承担像中国工程技术翻译人员那样繁重的任务。

近年来，越南已成为外商投资东南亚的首选地，目前对越投资的国家和地区已达 76 个，主要是日本、美国、中国、卢森堡、萨摩亚、韩国、新加坡、中国香港和中国台湾。越南引进的工程技术项目内容广泛，既有基础建设项目(如高速公路、铁路、煤炭，以及首都河内郊区的“和乐高科技园区”等大型建设项目)，也有高新技术项目(如：美国英特尔集团 2006 年在越南胡志明市投资的项目总额达 10 亿美元以上；韩国浦项集团在越南南方头顿投资的钢铁生产企业项目注册资金达 11.26 亿美元；日本重量级企业泰尔茂集团投资的现代化医疗设备生产项目)。这些工程项目涉及技术面广泛，引进工作与中国的情形相似，翻译人员承担的任务既包括书面技术文件，也包括工地现场的口译。

3.2.4.2 翻译的方式

第一，越来越多的亚洲国家工程技术翻译人员待在写字楼甚至家中翻译，很少像中国同行那样频繁奔波于工程技术项目的建设工地(往往在野外或新建的车间厂房，那里的交通、食宿、卫生、环境等条件比公司办公室或家里差许多）。在众多翻译公司的网站介绍里，很少发现日本和其他亚洲国家的工程技术翻译人员陪同专业技术人员去项目建设工地或现场的报道。第二，亚洲国家翻译人员的电子化工作程度越来越高，这方面日本和韩国的翻译者走在前列。为了便于了解日本和日语工程技术翻译行业的情况，下面转录日本翻译者协会（JAT）公布的对日本语翻译人员的调查样本（JAT, 2012）（原文经本书作者整理，分析和评价为本书作者观点），总共收回问卷171份。

人员背景：自由翻译者占72.2%，居家翻译者17.6%；以翻译为职业者：以翻译为主要职业者占22.7%，第二职业者11.9%，唯一职业者65.3%；从业人员中，教师、审校者、咨询人员为最多。

翻译方向：从日本语译出者占75.6%，译入者4.5%、混合方向者19.9%。这或许说明日本的全球经济技术影响力在增加。

操作工具：Windows 80.7%，Macintosh 19.3%，Linux/Unix几乎为零。

文档性质：大多数人表示hard copy（即纸质文档）已经大大减少，甚至有人对非电子文档不接受。这表明，许多翻译人员是在写字楼或家里翻译，没有赶赴项目建设工地去担任翻译的任务，与本文前面的分析相吻合。PDF/PPT文件增加，说明会议书面文件增加，会议带稿口译增加。

专业词典：较少使用者占16.6%，经常使用者10.7%，几乎不用者34.3%，使用更多者10.1%，仅用专业词典者28.4%。即：约有一半的翻译者使用专业词典，这部分人员可能翻译的是专业技术较强的工程技术文件，看来工程技术文件的翻译仍然是翻译者的重要任务。

翻译记忆软件：每次使用者占17.9%，从不使用者57.2%，偶尔使用者16.8%，经常使用者8.1%。由此可见，经常使用翻译记忆软件者不到45%。使用翻译记忆软件年限：使用10年者占2.7%，使用0—2年者45.9%，使用3—5年者33.8%，使用6—10年者17.6%。即：大约80%的人员最近五年开始使用翻译软件。翻译软件种类集中在Trados、SDLX、Déjà Vu、TransAssist。

客户提供的翻译记忆软件的性能：认为无帮助者占37.8%，认为有点帮助者27%，认为性能一般者23%，认为有重要作用者12.2%。即：大约65%的翻译人员认为客户的翻译记忆软件对翻译工作帮助不大，这与许多人每天只能翻译1,500—2,000单词的速度相吻合。

机器翻译系统：从没使用过者占 91.7%，偶尔使用者 7.1%，经常使用者 1.2%。由此分析，目前机器翻译在公司的翻译业务中还处于起步阶段，仅仅是有关部门用于查看内部信息而已（前文所述），无法对外提供翻译服务。

使用机器翻译系统编辑软件：从不使用者占 83.4%，偶尔使用者 15.4%，经常使用者 1.2%。机器翻译编辑软件似乎还没有实际上的效果。

对目前机器翻译质量的态度：不知道者占 29%，认为很差者 58%，认为有点作用者 13%，认为很好者 0%。

认为机器翻译对未来人工翻译产生威胁者：认为绝不可能者占 55.6%，认为在某些领域有威胁者 3.6%，认为会完全取代人工翻译者 16%。

认为其他因素威胁翻译者：50% 者认为是行业内部低价竞争，有 18.7% 认为是来自印度和中国翻译者的竞争，有 3 人认为机器翻译也是威胁之一。

3.3 阿拉伯和非洲国家的工程技术翻译

阿拉伯世界包括亚洲西部和非洲北部（撒哈拉沙漠以北），加上非洲撒哈拉沙漠以南国家，这一区域目前共计有 74 个国家和地区，其中非洲有 60 个，不属于非洲的阿拉伯国家及地区有 14 个。在工程技术翻译方面，阿拉伯国家与非洲国家的情况颇有相似之处，故将它们列在本节一同讨论。

在第二次世界大战以前，阿拉伯和非洲国家长期是西方国家的殖民地，政治上完全受西方国家控制，经济和技术发展也完全依赖后者，而且发展缓慢。在语言文化方面，虽然广大的阿拉伯和非洲世界自古就拥有本民族的语言（非洲大约有 950 种语言，其中使用者超过 100 万人口的语言就有 30 种；阿拉伯则通行阿拉伯语，其中也有南方阿拉伯方言、北方阿拉伯方言、马格里布阿拉伯方言等多种分类），但是在欧洲殖民主义的长期统治下，实际通行的官方语言或正式语言则是英语、法语，以及少量的葡萄牙语。这些国家的工程技术翻译就是在这样的背景下发展的。

3.3.1 工程技术翻译的组织

阿拉伯和非洲国家的翻译协会数量少,其原因与上面叙述的历史事实有关。截至2012年,在非洲已经建立翻译协会的只有20个国家(占非洲国家总数的1/3)。阿拉伯国家大多有翻译组织,翻译协会较多的国家有沙特阿拉伯、土耳其、伊朗。

南非是非洲的发达国家,其翻译协会于1956年成立,是非洲国家最早的翻译组织。目前南非共有翻译协会65家,翻译事业广泛,1990年以来实行会员缴费认证制度,至2008年有会员800人。因南非长期通行英语,又与输出工程技术项目的欧洲国家保持着密切关系,工程技术翻译在该国需求不大。

埃及也是非洲大国,其翻译协会不少于209家,其中埃及翻译协会(EGYTA)是规模最大的,2002年成立,目前有会员20,500人。

埃塞俄比亚有10家翻译组织,全国翻译协会本身没有网站与外界沟通,只是在国际译联(FIT)的网站里有简单介绍。其中从事工程技术翻译的公司主要是位于首都亚的斯亚贝巴的一家奥摩专业语言咨询公司(Omo Professional Language Consultants, Ethiopia),其余公司则主要从事一般文化类传译。该国通行英语和阿拉伯语。

西南非洲的安哥拉在近10来年经济发展快速,但仅有两家翻译公司:长青翻译公司(Evergreen Translations, Angola),约卡翻译服务公司(JokaTranslation Services, Angola)。

刚果(金)专业翻译者协会主要从事法语—本地土语组合的翻译。

尼日利亚是非洲人口最多的大国,目前有翻译协会25家,较早的是1978年在首都拉各斯大学成立的翻译协会,曾隶属教育部,初期主要成员还有外交官,但是其主要翻译业务并非工程技术项目,而是电视、广播等媒体的新闻翻译。

横跨欧亚两大洲的土耳其翻译协会(TUCED)下属的翻译公司数量较多,至少有147家,但成员入会条件比较严格,其中必要条件10项、选择条件5项。

沙特阿拉伯拥有10家翻译协会,其中比较大的语言翻译协会(SAOLT)成立于2003年,由该国伊玛目穆罕默德·本·沙特伊斯兰大学在本校的语言翻译学院建立,是一个纯学术性组织,不是翻译从业者协会。

伊拉克翻译协会(ITA)是美国2003年开始侵略伊拉克以后出现的，成立于2007年。成立初期，因美国占领军大量雇佣翻译人员，所以翻译人员在不少民众眼里成了奸细，常常遭到谋杀。他们的翻译活动与军事、政治密切相关。近年来，一些国家进入伊拉克开采石油，也因此开始出现这一类的翻译组织。

伊朗是中东地区大国，拥有44家翻译协会，伊朗翻译协会(AITI)是其中最大的一家。

当然，没有成立翻译协会的国家不一定就没有翻译人员，但至少说明其翻译人员的数量非常少。实际上，工程技术翻译工作仍然在这些国家进行。

总体上看，非洲国家翻译协会数量很少，工程技术翻译人员的数量也很少，谈不上像日本和韩国那样拥有比较专业化的工程技术翻译协会，更远远落后于欧美和拉丁美洲国家。造成这个现象的主要原因是阿拉伯和非洲国家长期处于殖民化状态，当地人只需要英语、法语及母语，在与欧美国家交往时并不需要翻译；而他们与中国和日本交往时，一般使用英语、法语交流。

3.3.2　工程技术翻译的人员

阿拉伯和非洲国家虽然有本国人担任的翻译人员，但是数量很少。在中东大国埃及，短期或长期居住的外国人很多，但埃及也并没有聘用外国人担任翻译，这与他们长期通用阿拉伯语、英语、法语有关。其他各个国家在阿拉伯和非洲诸国留学、定居和长期工作的人员并不多，这也使得本地化的翻译人员数量不大。

而在沙特阿拉伯、阿拉伯联合酋长国、南非、土耳其等少数发达国家，经常出现外国人被聘任为当地项目翻译的情况，这从反面证明阿拉伯及非洲国家还缺乏自己培养的翻译人员。实际上，直至目前为止，这一广大的区域还极少设立专门的翻译人才培养机构，它们似乎仗着英语、法语、葡萄牙语是国际通用语言，而不屑于自己培养翻译人员；另外一方面也是受限于相对狭窄的传统交往范围而没有培养更多的翻译人员。随着20世纪后期这一地区石油资源的迅速开发，除了美国、英国等欧美势力涌入外，日本、俄罗斯、韩国、中国等原来相距遥远的国家也相继进入，这使得本地区对翻译人才的需求也迅速上升，但是满足这种需求的人才仍然主要是从外国进入本地的翻译人员。

土耳其的笔译人员从本国大学毕业者每年有400多，但仍有不少是非土耳其原住民，即居住在该国的外国人或移民；而非洲国家刚果（金）的翻译人员主要是本地人，不少是大学毕业生。

阿拉伯和非洲国家由于特殊的历史文化和经济能力等原因，很少专门培养本国的翻译人员，即使培养出来的翻译人员也不外乎是英语、法语、德语的译员，而汉语、日语、韩语等东方语言的翻译人员稀缺，它们无法培养。例如，已经加入欧盟的土耳其，虽然每年培养400多名翻译人员，但是全部为欧洲语言的翻译者。

此外，由于本地区公民操英语、法语、葡萄牙语、阿拉伯语以及各类当地土语，所以其工程技术人员通常具备外语和专业技术双重背景，于是本土翻译者数量极少。该地区大量引进工程技术项目的翻译工作基本依靠外国翻译者。这种情况在当地的中国公司最为常见。本书作者曾在也门共和国沿海大城市亚丁（原也门民主人民共和国首都）和内陆城市担任工程技术翻译，曾与该国外交部、内政部移民局、劳工部、交通部、外贸部、警察局、宪兵司令部、海关、港务局、机场、船公司、汽车运输公司等众多机构有工作往来，但是从来没有见过甚至也没有听说过有当地人担任翻译者的情况。例如：中国近年在西南非洲安哥拉从事工程技术项目（铁路、水电站和石油开采），葡萄牙语翻译人员几乎都是中国派出的；中国在埃塞俄比亚首都亚的斯亚贝巴修建的非盟组织总部工程项目（2010年竣工）、埃塞—厄立特里亚铁路及亚的斯亚贝巴城市轻轨项目（2015年竣工），其翻译者仍然全是中国派出的。

许多阿拉伯和非洲国家依靠发达或相对发达的国家提供援助或投资。如果是欧美国家提供援助，他们并不需要翻译，英语和法语就是他们的官方语言或第二语言，完全可以省去聘用翻译人员的费用和时间。如果是中国、日本、韩国等提供援助，则援助国的工程技术人员只好自己操英语（例如日本和韩国的不少工程技术人员可以用英语自主交流或翻译），而中国工程技术人员则往往需要专门配备由中国人担任的翻译。

值得提及的是，在本区域相对发达的国家里（例如埃及、土耳其、伊朗），女性也有机会参与翻译工作。

3.3.3 工程技术翻译的语言

由于阿拉伯和非洲的广大国家和地区在历史上（特别是1600年以

后)长期沦为欧洲国家的殖民地,所以欧洲语言在该地区非常普及。无论是在西亚新月形地区、阿拉伯半岛,还是在撒哈拉以北非洲地区,以及撒哈拉以南非洲地区,当地受过中等以上教育的人群中几乎人人都能够运用一两种欧洲语言交流。这一情况在当地的工程技术人员中非常典型。例如,在许多工程项目合同涉及各方的交往信函中,由当地技术人员起草的英文文件常常语法无章、时态单一或混淆、文句不连贯,让中国人很难读懂。若按照欧美教育机构雅思和托福的评分标准,许多人都是不及格,只是当地人已经习惯了那种语言方式。

阿拉伯及非洲国家工程技术翻译的语言组合,从过去到现在最通行的是:阿拉伯语—英语,阿拉伯语—法语、阿拉伯语—德语、斯瓦西里语—英语、斯瓦西里语—法语、斯瓦西里语—葡萄牙语。最近30年来,随着中国、日本、韩国等东亚国家工程技术项目的大量进入,该地区逐渐兴起了阿拉伯语—汉语、阿拉伯语—日语、阿拉伯语—韩语等新的翻译语言组合。2000年之前,美国、日本、德国、法国是非洲及阿拉伯地区最大的工程技术投资国和项目参与国。进入21世纪以后,中国铁建、中国石油、中国建工以及许多中国民营企业纷纷进入该地区援建或承建工程项目,因而阿拉伯语—汉语组合变得非常普遍。

埃及的翻译语言组合以德语—阿拉伯语、英语—阿拉伯语为主。许多翻译人员主要受聘于外国驻埃及使馆,在引进工程技术项目第一线担任翻译的人员极少,埃及本国的工程技术翻译人员基本上仅从事笔译工作。2010年,本书作者曾赴埃及苏伊士省参与一个由15个国家投标兴建的大型玻璃企业项目(SAINT - GOBAIN GLASS EGYPT),整个建设工地有来自15个国家的1,600名员工,相当于国内所说的“工业大会战”,但现场只有本书作者一名中国翻译,随后才有另一位中国翻译陪同中国工程师前来;而其他14个国家(主要是欧洲国家,也有韩国、印度、墨西哥、尼日利亚)的工程技术人员不需要翻译就能开展工作。

沙特翻译协会从事的业务为笔译,翻译语言组合主要是阿拉伯语—英、德、法、西、意、中、日等语言,内容涉及工程技术多方面;土耳其的翻译语言组合主要为土耳其语—英、法、德语;伊朗翻译协会从事的翻译语言组合也是以欧洲语言为主。

位于非洲西南部的安哥拉,2003年后开始与中国进行经济交往,很多中国人在该国从事铁路建设、石油开采工程、建筑工程及经商活动。当地没有人会说汉语,而一般中国工程技术人员又不能说官方的葡萄牙语,更别提当地土著语言,这极大地促成了葡萄牙语—汉语翻译组合的出现。

3.3.4 工程技术翻译的活动

3.3.4.1 翻译的内容

目前阿拉伯和非洲国家最突出的翻译业务是石油勘探、开采和精炼等工程的翻译。在阿拉伯国家(包括北非国家),由于石油资源丰富,许多外国公司纷纷前去参与石油企业的建设、开采、炼制、运输等业务,围绕石油工业的工程技术项目就很多。近年来,在非洲西部的尼日利亚、尼日尔、安哥拉、塞内加尔、乍得、苏丹、南苏丹、利比亚等国家相继发现大量的石油蕴藏。在这一地区传统的石油开采公司主要来自美国、英国、荷兰、法国,自2000年以后,中国及印度等各国石油公司也开始进入那里开展石油合作工程项目,因而石油工程技术项目成为翻译的重要内容。譬如在中非内陆国家乍得,总人口仅1,400万(相当于中国的一个省会城市)就聚集了30多家中国投资企业,其中26家来自国内的石油开采、石油精炼和电力工程行业。

第二类工程是打井、公路、铁路、水电站、港口等基础设施(土木工程)项目。中国路桥总公司、中国地矿勘探公司是50年代最早跨出国门的企业,半个世纪以来在非洲及阿拉伯国家建成了数以千计的项目。中国路桥总公司早在50年代就在埃及和也门建设公路,70年代在坦桑尼亚、赞比亚、索马里建设大型公路项目(仅这三个项目先后派出翻译人员达200多人次)。我国地质矿产部下属的中地海外建设集团自60年代就在非洲及阿拉伯国家开展地质勘探及打井工程,每个打井队都配有一名翻译。1966—1978年,中国铁道部下属援外办公室在非洲建成最大工程项目坦桑尼亚—赞比亚铁路(参阅2.6节),1979年后该单位更名为中国土木工程公司(简称"中土公司"),几十年来一直在尼日利亚、博茨瓦纳、卢旺达、科威特、吉布提等国家从事公路、铁路工程建设。90年代我国四川省国际经济技术合作公司在乌干达建设一座大型水电站,还在其首都坎帕拉设立办事处,先后派出十几名翻译人员。

2005—2017年,中国累计在非洲投资援建293个工程项目,主要是基础设施项目,其创造的就业岗位是美国公司的三倍。其中:2010年中国水电公司在苏丹建设了被称为"苏丹三峡"的尼罗河大型水电站;2013年用EPC模式签约并兴建的乌干达卡鲁玛水电站是中乌两国元首推动的"天字号"工程;2017年11月中国公司落成的科特迪瓦苏布雷水电站被称为"西非的三峡";2017年8月开工建设安哥拉卡库洛卡巴萨水电站。由中国铁建集团(与中信集团)投标承建的阿尔及利亚东西部高速公路项目以及南北高速公路项目,在短短几年工期里就派出了数十名法语翻译。中国铁建集团2010年在沙特阿拉伯承建的沙特轻轨工程项目一次性就派出十多名翻译。中石油集团在非洲苏丹建设大型石油工程的同时,还建设了长达一千多公里的公路工程,先后配备翻译人员数十名。中国铁建集团2006—2014年在非洲安哥拉修复了1,400公里长的本格拉铁路,中国工程技术人员累计达到数万人,其中有多名翻译(参阅2.6节)。2006年中国铁建集团签约承建尼日利亚拉各斯—伊巴丹铁路项目(全长1,315公里);2014年在尼日利亚建成首都阿布贾—卡杜纳铁路项目,是该国首条中国标准的铁路;2017年又建设阿布贾城际铁路32.3公里。2017年5月31日,中国铁建集团在肯尼亚建设的内罗毕—蒙巴萨铁路通车,也是肯尼亚首条中国标准的现代化铁路。由中国交通建设公司投资建设的港口包括:2015年开工的肯尼亚拉姆港;2017年4月完工的吉布提多哈雷港;2017年12月开工的尼日利亚莱基深水港;2016年开工、2020年完工的加纳特码新集装箱码头和喀麦隆克里比深水港。

第三项内容是兴建会议中心、运动场、医院、学校等民生工程。例如,2011年11月中国建工集团建成了中国政府新世纪援助非洲的最大项目——位于埃塞俄比亚首都阿迪斯亚贝巴的非盟会议中心。中国援建的坦桑尼亚达累斯萨拉姆大学中国图书馆工程2016年5月开工、2018年7月完工,是东非地区规模最大、设施最先进的图书馆(参阅2.6节)。日本公司新世纪以来也在非洲大量投资建设了不少医院和校舍。这种项目遍及非洲各国。刚果(金)和乌干达的翻译业务内容以土木建筑工程和水电站工程项目为主。

第四项内容是钢铁、汽车、机械、电子信息、玻璃、矿山等多种技术项目。2012年10月中国中车公司与南非签署电力机车供货及生产协议;2017年中国北京汽车公司投资的北汽津巴布韦工厂建成使用;中广核建设营运的纳米比亚湖山铀矿是迄今中国在非洲最大的实业投资项目,2017年建成,有望使其成为全世界第三大天然铀矿生产及出口基地。日本目前在南非建造了年产30万辆的汽车企业(未来可望发展到年产100万辆)。另外,在埃及、阿联酋、沙特和南非的外国企业也涉及投资钢铁、机械、水泥、玻璃等项目。据埃及翻译协会网站介绍(EGYTA,2012),埃及翻译协会的业务范围集中在汽车、专利、能源、化工、自然科学等行业(非工程技术类不算入)。土耳其翻译人员主要从事笔译工程技术资料，口译方面主要是为到土耳其从事工程技术项目考察的外国代表团服务，翻译的内容集中在汽车工业、通用机械制造、信息产业（参阅中华人民共和国驻有关国家大使馆官网）。

3.3.4.2 翻译的方式

随着阿拉伯和非洲国家互联网技术的普及，工程技术翻译过程里的合同和技术资料翻译越来越多地通过网上传输实现，而且有些建设项目工地也能够把电脑接入互联网。与此同时，移动手机也被频繁使用在工程技术项目现场，这能够提高口译的效率。

但是在非洲和阿拉伯国家的工程技术项目工地，极少看到当地翻译人员陪同技术专家去项目现场的情景。即使由本国人担任的工程技术项目翻译，他们去现场的时间也比原来更少。但是中国公司参与的工程技术项目仍然需要翻译人员前往工地现场。

由于这一区域的工程技术翻译人员和协会数量较少，目前没有见到像日本、韩国、加拿大等国翻译协会组织的翻译人员详细情况调查和分析研究报告。这一区域的工程技术翻译情况还有待进一步研究。

3.4 拉丁美洲国家的工程技术翻译

对于绝大多数中国人来说，拉丁美洲是一片遥远而陌生的大陆。拉丁美洲位于美国以南，包括从墨西哥至智利南端的 34 个国家和地区。除了讲当地母语之外，这些国家一般把西班牙语或葡萄牙语视为官方语言或正式语言。由于欧洲与美国的历史渊源和地理因素，英语、法语也在一定范围内使用。这些国家多数在 19 世纪就获得了民族独立，资源丰富，经济和技术也较为发达。

进入 21 世纪以来，中国企业开始成规模地进入拉丁美洲国家从事矿山、石油、铁路、港口、纺织、木材等资源开采及贸易。2011 年 11 月，第五届中国—拉美企业家峰会在秘鲁首都利马召开，该会议报道：目前中国是巴西和智利的第一大出口市场，也是阿根廷、秘鲁、古巴、哥斯达黎加、委内瑞拉等国的第二大出口市场。2015 年 1 月 9 日，中国—拉美经济合作论坛（CHINA－CELAC FORUM）在北京举行，众多中国公司在拉丁美洲投资，中国企业更是越来越多地参与拉美国家的经济和技术活动，因此有必要了解拉丁美洲的工程技术翻译情况。

3.4.1 工程技术翻译的组织

与前一节讨论的阿拉伯和非洲国家不同，拉丁美洲国家拥有大量的翻译人员，建立的翻译协会众多。在34个国家和地区中，至少有25个国家建立了翻译协会，占总数的70%以上。这是由于拉美普遍使用西班牙语和葡萄牙语，而其他大陆的国家却很少使用这两种语言。为此，拉丁美洲国家普遍比较重视翻译事业。2015年10月，国际译联（FIT）拉丁美洲地区翻译中心分会还在秘鲁首都利马举行大会，通过了《利马宣言》，旨在提升该地区的翻译水平和翻译质量。

阿根廷人口不超过4,200万（相当于中国一个中等省份的人口），但拥有许多全国性的翻译协会（FAT）及各地翻译组织140家，包括各个行业建立的翻译协会，是拉丁美洲拥有翻译组织最多的国家。规模比较大型的有：阿根廷翻译协会（AATI），1982年成立，出版专业期刊和每月简报；阿根廷技术专业翻译者协会（CTPCBA），定期出版每月简报和学术期刊，还办有一个高水平的专业图书馆，在各省设有分会；阿根廷技术与科学翻译者协会（AATST），2000年成立，从事工程技术项目的专业翻译；国际专业翻译者协会（IAPTI），2009年在首都布宜诺斯艾利斯成立，隶属该国司法部；阿根廷布宜诺斯艾利斯省翻译者协会（ATIBA）；大布宜诺斯艾利斯市北部翻译协会（CTZN）；西部公共翻译者协会（CTIZO），1994年成立；卡特马尔卡省公共翻译者协会（CTPCA）；拉普拉塔大学校友翻译协会（CTPLP），由国立拉普拉塔大学毕业生组成，从事技术、科学及文学翻译；圣菲省翻译协会（CTRADOS），1991年成立；阿根廷技术翻译协会（AATI），2000年成立，专门从事工程技术翻译；阿根廷会议翻译者协会（ADICA），1979年成立；阿根廷专业翻译者协会（AIPTI），2009年成立；布宜诺斯艾里斯市公共翻译者协会（CTAPCBA）；高原公共翻译者协会（CPTP）；北方公共翻译者协会（CPTNA），1995年成立。此外，国际翻译协会（FIT）2003年在阿根廷还设有拉美地区中心（CRAL）。

巴西是拉丁美洲人口和领土最大的国家，翻译人员和翻译协会众多（有102家翻译组织），主要有五大系统：巴西翻译协会（BTA），巴西翻译学研究者协会（ABRAPT，以学者为主），巴西翻译工作者协会（ABRATES），全国翻译者联盟（SINTRA，1988年成立），圣保罗专业会议翻译者协会（APIC）。这五大系统还有下属数十家翻译公司。巴西翻译工作者协会是巴西唯一开设英语网站的协会,也是唯一举办翻译人员资格认证的机构,组织形式健全。

秘鲁有翻译组织 18 家,其中专业翻译者协会(ATPP)于 1992 年成立,实行会员制,入会资格严格,申请者必须提供从事翻译工作十年以上的证明方可入会。该会网站是拉丁美洲国家翻译协会中少有的英语网站之一,组织形式健全。

乌拉圭是南美洲大陆西北端的小国,但是跻身于拉美最发达国家的行列,有翻译组织 8 家。乌拉圭在 1950 年就成立了乌拉圭宣誓专业翻译者协会(UPSTA),1990 年开始出版专门期刊。

委内瑞拉有翻译组织 5 家,其中委内瑞拉翻译协会(AC.CONALTI),1980 年成立,由委内瑞拉中央大学现代语言学院首批毕业生建立,是该国最早的翻译协会,出版专业杂志。

墨西哥也有不少翻译协会,其中位于大城市蒙特雷的蒙特雷翻译工作者协会(The Monterrey Translators & Interpreters Association or *Asociación de Traductores e Intérpretes de Monterrey*, *A. C.* or ATIMAC)成立于 1980 年,对会员的入会条件较为苛刻,要求申请者提供两名客户和资深译者的推荐信,经过面试后方可入会,并且每年须缴纳会费。该协会每年还要举办"翻译者节"、庆祝圣诞节,由此可见,翻译者具有较高的社会声誉。

此外,波多黎各、厄瓜多尔、哥伦比亚、哥斯达黎加、古巴、危地马拉、智利等国也成立了翻译协会,但是数量不多。

3.4.2　工程技术翻译的人员

阿根廷从事翻译工作的人以本国原住民为主,据说有数千名自由翻译者。阿根廷的人口仅占巴西人口的 40%,但翻译组织及人员却明显超出这一比例,其中原因值得进一步探究。许多翻译协会及其翻译公司都从事与工程技术相关的翻译工作。这些翻译协会里除了本国原住民,也有外国侨民。

巴西的工程技术翻译人员大多具备专业知识背景,属于复合型人才,但是其中一部分是在巴西留学、工作的外国侨民。

乌拉圭翻译协会成员全部毕业于国立大学,且具备四年制法律专业文凭,翻译业务主要面向法庭事宜。

在拉丁美洲国家的翻译人员中,本国原住民基本从事西班牙语、葡萄牙语与英语、法语、德语的传译工作，也有少量的外国侨民从事此类工作。

但是，极少有本国原住民直接从事西班牙语—汉语、葡萄牙语—汉语的组合翻译工作。由于历史、地理和文化等原因，当地极少有人学习汉语。中国公司在拉美进行经济活动，基本依靠在国内聘用的中国翻译人员担任汉语—西班牙语或汉语—葡萄牙语翻译。例如，2012 年 2 月，雷索普西班牙—中国石油合作开发公司在巴西东部海域的合作开发石油项目，该项目的翻译人员主要来自中国。中国国内学习西班牙语的毕业生中不少人都去拉丁美洲国家从事工程技术翻译工作。

3.4.3 工程技术翻译的语言

拉丁美洲各国翻译人员的语言组合基本局限在西班牙语、葡萄牙语和英语、法语、德语之间。进入 21 世纪以来，随着中国在拉美国家的投资迅速增加，也较多地出现了西班牙语、葡萄牙语与汉语之间的翻译组合。

阿根廷的翻译工作语言组合基本是西班牙语—英语、西班牙语—法语、西班牙语—德语。

秘鲁翻译协会提供 12 种语言组合的翻译服务，东方语言翻译仅有日语。

智利翻译协会主要提供西班牙—英语、西班牙—汉语、西班牙—日语、西班牙—阿拉伯语等组合的翻译服务，还有西班牙语和少数欧洲语言之间的翻译。

委内瑞拉的翻译协会也曾经长期提供西班牙语与英语、法语、德语之间的翻译服务；近年来随着中国与委内瑞拉的经贸关系日益密切，该国已经出现西班牙语—汉语组合翻译。但是在普通生活中，委内瑞拉就连英语也不大普及（譬如在首都加拉加斯机场要找一个说英语的人都不容易），更别说汉语和日语等东方语言了。

巴西翻译协会据称可以提供 18 种语言组合的翻译服务，以巴西葡萄牙语—英语、法语、意大利语、德语为主，其中最主要的翻译组合是巴西葡语—英语、巴西葡语—西班牙语。新世纪以来，汉语、日语、韩语也属于其服务对象，但是本书作者在其官网多次尝试后显示结果都为“0”，看来实际上当地缺乏从事东方语言服务的人才。1996 年，本书作者曾接待过访问中国的巴西—中国商会代表团，得知当地人里除了极少数的华侨，没有人通中文。当时来访的团长是巴西—中国商会会长，也是一位华侨。后来，本书作者还接待过另一个巴西商务代表团，团长是一家石油机械设备公司的老总，他和其他人只能使用巴西葡语，就连英语也无法使用，谈判和交流时只能由代表团中唯一懂英语的副手与本书作者采取双重翻译：汉语—英语—巴西葡语，花去许多时间。可见，2000 年以前拉丁美洲国家与中国的联系极少。巴西绝大多数翻译协会或公司只开设巴西葡语网站。

3.4.4 工程技术翻译的活动

3.4.4.1 翻译的内容

拉丁美洲的工程技术翻译内容集中在石油开采、矿山开发、水电、铁路、运河、木材、纺织等基础性工业部门。在 2000 年以前，拉丁美洲似乎是美国和欧洲少数国家的"后院"，大部分工程技术项目来自美国，其他的来自德国、法国和日本等少数发达国家。譬如西班牙、英国、美国就是在智利进行铜矿业投资的大股东。2004 年以来，中国与秘鲁、智利两国的经贸关系迅速发展，并于 2006 年和 2010 年陆续签订了中国—秘鲁自由贸易区和中国—智利自由贸易区。目前已经有 170 多家中国企业在秘鲁投资兴业，中国首都钢铁公司在秘鲁投资大型铁矿和铜矿，中国铝业集团在秘鲁收购其国内最大的特莫罗克铜矿，中国五矿集团在秘鲁投资的拉斯邦巴斯项目是迄今中国在秘鲁的最大工程。中国铝业集团和五矿资源集团也在智利开展铜矿勘探投资，中国矿山机械大量出口到智利。2006 年以来，中国及其他 20 多个国家也在委内瑞拉投资石油资源。中石油和中海油在阿根廷已经先后收购该国两家大型石油企业，同时还参与矿山开发。2013 年，阿根廷政府决定采购中国铁路设备，中国石油天然气集团在哥斯达黎加也设有合资企业。中国电子信息产业的联想、华为、中兴等公司也先后在巴西、墨西哥、阿根廷投资兴建大型合资企业。2010 年以来，中国公司进入巴西、智利、秘鲁、厄瓜多尔等国的矿山工业领域和公路桥梁等基础设施投资，当地工程技术翻译人员参与的项目很多是外国公司在当地的矿山开采、石油化工、水利工程、能源、公路、民用建筑等行业。迄今为止，外国公司在拉丁美洲最大的工业投资项目当属 2014 年开工建设的尼加拉瓜大运河，该项目横跨太平洋和大西洋，由中国香港尼加拉瓜运河开发公司（HKND）承担。2014 年，巴西、秘鲁政府已经与中国领导人达成协议，原则上同意由中国公司在该地区修建横跨南美洲的大西洋—太平洋铁路工程（"两洋铁路"），并已经开始前期的准备工作（齐中熙等，2014）；同时德国西门子公司也在参与竞争"两洋铁路"

项目。

3.4.4.2 翻译的方式

随着全球互联网普及,拉丁美洲国家的工程技术人员也基本能够与世界科技水平同步,他们进行书面资料翻译也多半通过办公室内书面和信息互联网完成,移动通讯设备开始普及。但由于基础条件有限,某些偏僻区手机信号不佳。当地翻译者因为不通汉语,基本上无法承担中国公司与当地企业和政府机构的翻译工作,更谈不上去工地现场翻译。中国公司聘用的中国西班牙语翻译人员不仅要完成工程招投标文件及前期技术考察的书面资料翻译,而且要负责工程技术项目现场的翻译工作。

第四章

国内外关于工程技术翻译的研究

在第二章与第三章，我们分别概述了中国和世界其他国家工程技术翻译的历史，从中可以领略到：(1) 不论是古老的中国还是世界其他国家，在过去一百多年进程中，工程技术翻译活动一直在进行；(2) 正是工程技术翻译活动才使得先进国家的先进科学技术成就能够广泛传播和运用，世界各国才能与历史同步；(3) 工程技术翻译是现代社会里最主要的翻译活动之一。工程技术翻译是其他任何翻译活动都无法代替的。既然工程技术翻译有如此不同寻常的地位和作用，那让我们看看这个领域的研究状况如何。

4.1 国内关于工程技术翻译的研究

在讨论具体情况之前，有必要再次确认一下本书关于“工程技术翻译学”的定义或基本概念。在 1.2.3 中，本书对工程技术翻译学的定义是：“研究引进或输出工程技术项目(包括跨国工程技术项目建设、工业技术交流、技术和工艺引进与输出、成套工业装备及大中型单机设备引进与输出)从启动立项至结清手续全部过程中的‘一条龙’翻译工作的学科。”

首先，因为至今还没有普遍接受和运用的关于工程技术翻译的定义，所以不论是第一线的翻译从业者，还是翻译教学与研究的学者，在讨论研究这一主题时常常使用多种不同的术语。翻译行业存在三种饶有兴趣的现象：在工程技术翻译岗位或公司从业的第一线翻译人员习惯称呼自己的工作和职务是工程技术翻译、工程翻译、技术翻译、工业翻译或企业翻译；在各级科技情报所从事专职翻译（主要是书面文献翻译）的人员则习惯于称呼自己是搞科技翻译的或搞科技情报翻译的，但是当科技翻译者跨行到第一线担任翻译时也会称呼自己为工程技术翻译、工程翻译、技术翻译或企业翻译；而从事教学与研究的教师、学者和学生往往称这种第一线的翻译活动为商务翻译、应用翻译、实用翻译或科技翻译。

其次，目前一些翻译研究者把文学翻译之外的一切翻译活动全都归纳在科学翻译、科技翻译或应用翻译的名下，李亚舒、黎难秋（2000，2006），以及黄忠廉、李亚舒（2004）等学者也持同样的观点。本书认为，那种宽泛的定义不适应本书所讨论的工程技术翻译，它容易混淆学科界限，影响本学科的概念、对象、特征和方法论的深入研究。

下面我们主要讨论“工程技术翻译”这个题目的研究情况；对于一些论述内容属于本书范围，而题目不是“工程技术翻译”的论文，本书作者将区别对待，将其列入本书讨论的范围。

4.1.1 研究的概况

目前我们能够检索到的最早的有关工程技术翻译的论文是1955年发表的《提高口译能力的几点体会》（石敏，1955；转引自文军，2007：25），这可以视为20世纪50年代“中苏友好时期”引进工程技术项目翻译活动的一种特殊记录。该文讨论了俄语发音、习惯说法、俄语基本知识与专业技术知识水平的关系，其作者可能是当时担任苏联援华专家的技术翻译。下面从多个信息来源讨论国内有关工程技术翻译的研究情况。

4.1.1.1 检索中国知网中国期刊全文数据库

◎ 本书作者以“工程翻译”为检索关键词，发现与本书研究有关的论文（1983—2012）有82篇，其中与本书主旨接近的包括：

任秋生的《谈谈施工现场与口译》发表在《中国翻译》1988年第06期。

李景山的《大型引进工程的原则性与灵活性》发表在《上海科技翻译》1991年第02期。

徐涵初的《怎样当好国外大型承包工程的翻译》发表在《上海科技翻

译》1992年第04期。

邓友生的《土木工程英语翻译技巧》发表在《中国科技翻译》2004年第4期。

张冬梅、占锦海的《土木工程标书的翻译》发表在《中国科技翻译》2006年第03期。

黄映秋的《工程图纸英语缩略表达与翻译》发表在《中国科技翻译》2009年第01期。

◎ 本书作者以"技术翻译"为关键词检索出的论文(1983—2012)有133篇,经过核对,其中30篇与本书主旨接近,包括:

张世广、李建眉的《试论工业口译中思维意向的一致性》发表在《中国翻译》1990年第05期。

陈新的《技术英语口语浅谈》发表在《上海科技翻译》1992年第2期。

吕世生的《技术谈判中口译的特点》发表在《中国翻译》1993年06期。

杨梅的《论技术谈判口译的特点》发表在《中国科技翻译》2003年第1期。

甘成英的《英语工程文献的翻译原则与处理方法》发表在《外国语言文学研究》2008年第02期。

李延林、万金香、张明的《土木工程技术术语翻译技巧》发表在《长沙铁道学院学报》(社会科学版,2009年第2期)。

伍俊文的《技术翻译中"归化"的认知机理研究》发表在《长沙铁道学院学报》2011年第(01)期。该文作者是中铁四局集团有限公司国际部翻译,他以常规关系理论为框架,把归化作为技术翻译中的一个现象进行解释,试图发现其运行规律。这篇论文是对工程技术翻译现象进行深入理论分析的极少数文章之一。

柳门的《技术翻译杂谈》发表在《中国翻译》1985年第11期。

姜国成的《工程谈判常用语翻译琐谈》发表在《中国翻译》1986年第1期。

朱健民的《技术资料翻译与工程实践》发表在《中国翻译》1986年第1期。

程永宁的《劳务、承包工程翻译浅谈》(1987),发表在《阿拉伯世界研究》1987年第3期上。该文作者是参与我国80年代最早的国际工程承包的一线翻译人员。该文首先叙述了70年代中东出现了巨大的劳务市场以及中国80年代开始涉及国际劳务工程,然后探讨对于一个只经短时间培训的阿拉伯语学生怎样才能在劳务、承包工程项目中当好一名翻译。

这是一篇经验型、实战型的总结，也是一个行业或学科在发展初期的必然经历。

李月秀的《如何快速适应突击性工程技术口译任务》发表在《中国翻译》1989年第4期。针对当时大批量引进的大型工程技术项目，作者认为我国的工程技术翻译队伍亟待提高，因为绝大多数翻译人员来源于大学外语专业，他们有的人甚至连工业技术基本知识也不具备。她提出为了解决突击性工程技术翻译口译任务，应采取突击性强化工业基本知识、专业技术基础知识、工程建设实际知识等措施。

万鹏杰的《论施工现场口译》发表在《上海科技翻译》2004年第2期。

朱丹、刘利权在《既是工具，又是桥梁，更是保障——试议我国国际工程承包和劳务合作业务中翻译工作的作用》（朱丹、刘利权，2008）中回顾了中国自80年代以来以中国建筑工程总公司、中国土木工程公司、中国成套设备进出口公司等国家级大型涉外企业开始的中国对外承包工程历程，指出了工程技术翻译工作的特点和作用。该文特别论述了如何解决工程技术翻译中经常遇到的选词问题，并认为外文原版专著、英美标准、国际标准等为正确选词提供了重要参考。

黄静的《在岩土工程中的英语口译》发表在《中国翻译》2011年第2期。

连真然主编的《译苑新谭》（四川出版集团、四川人民出版社，2011）一书里，有几位作者论及工程技术翻译问题。郑天慧在《航空科技翻译工作研究》中论述了航空专业技术资料翻译的语言特点和语法特点。张昕在《土木工程类口译人才的培养模式研究》中强调，土木工程技术翻译口译人才培养应加强理论联系实际、有针对性的训练。

本书作者于2017年12月再次以关键词“工程技术翻译”查阅中国知网，在1,885条信息里发现了由大量在读硕士研究生（MTI）发布的工程技术翻译类实践报告，其发布时间大体是2013—2017年。这些报告的一个共同特点是：首先作者参加了部分或全部的工程技术项目的翻译（输出工程与引进工程平分秋色，翻译字数不少于15,000字），然后结合实践开展针对性较强的分析或研究，及时总结了一些工程技术行业的翻译经验。显然，这个可喜的进步主要来自我国MTI教育的深入进行。

4.1.1.2 检索全国重要会议论文数据库和中国召开的国际学术会议论文数据库

本书作者分别以“工程翻译”和“技术翻译”为关键词（中英文），检索

1999年以来全国召开的重要会议论文数据库和1983年以来在我国召开的国际学术会议论文数据库，仅发现一条结果：韩子满的《论新科技英汉翻译教程的编写》发表在国际译联第四届亚洲翻译家论坛(2005)。这篇论文着重讨论翻译教材的编写问题，谈不上对工程技术翻译涉及的专业议题进行理论研究。

有幸的是，本书作者从图书馆里居然搜集到两部由一线工程技术翻译专家编辑的论文集，都是召开全国翻译产业研讨会的结果，其议题切合书本实际，具有国际视野和时代风格，是非常难得的研究资料。第一部是《翻译产业论文集》，2007年由中央编译出版社出版，是我国第一部工程技术翻译的专业论文集；第二部是《中国翻译产业走出去》，2011年由中央编译出版社出版。

此外，本书作者查阅了2008年在上海举行的《第18届世界翻译大会论文集》600篇(以英、法、汉三种语言出版，外文出版社，2008)，涉及工程技术翻译的有7篇，其中3篇涉及工程技术翻译理论内涵，其余的则涉及软件应用、工程技术翻译历史、工程翻译项目管理。其中：董金道的《工程技术口译特点和翻译质量标准的探讨》讨论了工程技术口译的特点(时间性强、技术性强、精确度高、节奏感强)，归纳了工程技术口译的质量标准。杨超和左连凯的《工程规范的语言特点及翻译原则》从三个方面归纳和总结了工程规范英语语言的特点，即规范性、正式性和专业性，并提出了具体翻译过程中应该遵守的基本原则。王鹏的《航空技术译员应具备的专业化技术化的复合型能力结构》讨论了航空科技合作的形式及译员在技术合作中的信息处理流程，认为航空译员要做到专业化和技术化就必须具备该行业的专业背景知识。

4.1.1.3 检索中国优秀硕士学位论文全文数据库

该数据库(1982—2012)中以“科技翻译”为主题的硕士学位论文总共有273篇，其中有关工程技术翻译的硕士学位论文有5篇：

刘玉红《汽车专业英语汉译时常见的问题》(上海海事大学，2005)；

董萍的《功能理论在航空资料英汉翻译中的应用》(天津理工大学，2007)；

孙丽娜的《文体学视角下的机械工程类文章的汉译英》(长春理工大学，2008)；

张楠《目的论视野下的机械工程英译汉研究》(天津理工大学，2011)；

杨胜《土木工程专业英语术语特点及翻译》(南京农业大学，2011)。

因这五篇硕士学位论文的作者还是在校学生,个人工作经历有限,虽能够对问题进行较为深入的语言学分析,但不能够将语言现象与工程技术项目建设过程联系起来分析。

另外一篇与本书主旨接近的是郭海岩的《国际商务翻译学初探》,该文建议在翻译学的框架内建立一个从属于翻译学而又具有鲜明特色的知识体系——国际商务翻译学,但涉及的只是国际贸易活动中商业交割的过程,还远不能覆盖工程技术贸易的全部过程和内容。

4.1.1.4 检索中国博士学位论文数据库

本书作者以"工程翻译"、"技术翻译"及"商务英语翻译"为关键词检索该数据库,没有发现这方面的论文,但是涉及"科技翻译"的博士论文有7篇,其中与本书主旨接近的两篇是:《和合翻译关照下的服装文字语言翻译》(钱纪芳,上海外国语大学,2008);《认知视阈下科技英语喻义汉译研究》(卜玉坤,东北师范大学,2011)。

4.1.1.5 检索翻译理论著作

由文军和穆雷主编的《中国翻译理论著作概要》(文军、穆雷,2009:965—967)设计了主题索引,其中有"科技翻译"和"应用翻译"的著作索引,总共包括105种著作,但是绝大部分属于教程一类。

◎ 与本书主旨有关的著作包括:

许建忠的专著《工商企业翻译实务》(许建忠,2002)讨论了工商企业翻译的归属、分类,以及该类翻译的历史发展过程(自20世纪80年代后期全国召开石油企业系统企业科技翻译研讨会算起),提出了工商企业翻译的原则方法及特征。

黄忠廉、李亚舒的专著《科学翻译学》(黄忠廉、李亚舒,2004)末尾附有《科学翻译研究论文目录》(1951—2003)。经本书作者查询,其中含"企业翻译"的论文有4篇,而含"工程技术翻译"的论文未有发现。企业翻译的论文讨论了企业承担的工程技术翻译活动,还涉及翻译以外的事物,诸如人事安排、涉外礼仪、经费问题等,与本书讨论的工程技术翻译是有差异的(参阅1.4节)。

◎ 与本书主旨有关的论文(多数发表在《中国翻译》《上海科技翻译》等外语类核心期刊)包括:

《科技口译翻译临场心理学与专业素养浅谈》(夏年生,1986:56);

《忠实于原文的内容是科技翻译的首要原则》(雷道远,1987:64);

《企业翻译学的研究对象和基本内容》(刘先刚,1992：122),该文认为企业翻译学是一门正在我国创建的翻译新学科,并就企业翻译学的创立、该门学科的研究对象、研究内容和研究方法提出了一些初步看法；

《谈翻译与企业联姻问题》(李亚舒、黄忠廉等,1993：132)；

《企业翻译学在中国的发展条件及迫切任务》(刘先刚,1993：138)；

《科技英语口语工作刍议》(杜耀文,1996：168),该文结合作者在矿业英语方面的口译工作经历,讨论了科技口译的一些共性问题：如何成为"百科全书"、及时了解语言背景、掌握"行话"、灵活应变、心理素质、手的作用、深入现场、科技英语口译的根本出路。

另外,2018 年 3 月 18 日,本书作者发现了自己 40 年前学习过的《科技英语阅读手册》。该书作者署名是"天津大学化工/精仪系外语教研组编",署名极富时代特色(不能署名个人,只能署名集体),石油化学工业出版社 1975 年 10 月出版。该书总共 575 页,目录部分就有 27 页之多,其正文部分依据语法要素进行逐个讲解、举例、翻译,同时融合了化工、机械、电子等科技行业的语句材料,内容翔实。该书实际上一边讲语法,一边讲科技翻译。从其超过一百万册的巨大发行量看,该书是"文革"后期及改革开放之初最受欢迎的科技英语学习和翻译的工具书,也是目前查阅到的我国出版的第一部大型科技英语学习及翻译用书。

上海交通大学凌渭民教授出版的著作《科技英语翻译教程》(高等教育出版社,1982)和重庆大学韩其顺教授出版的著作《英汉科技翻译教程》(上海外语教育出版社,1988)也算得上我国改革开放新时期科技翻译及工程技术翻译的先驱。

上海大学方梦之教授的《科技英语实用文体》(上海翻译出版社公司,1989)是一部学术性强的科技英语翻译研究专著,用理论与实践结合的方式讨论了科技英语翻译的一系列问题,是我国科技翻译研究的一个里程碑。

4.1.2 对国内研究的评价

4.1.2.1 研究论文的数量

目前国内工程技术翻译研究的规模总体来说还是很小。最早的一篇论文写于 20 世纪 50 年代,正是当年俄语工程技术翻译热潮的记录。当年数千名俄语翻译人员勤奋工作(参阅 2.3 节："中苏友好"时期的工程技术翻译),可惜还没有来得及从理论上进行系统总结,苏联援助工程项目就停顿了。六七十年代的论文没有发现，这与同期工程技术项目引进和建设总量偏少的情况似乎匹配。八九十年代的论文里，在“工程翻译”关键词下，1982—1989 年发表的论文有 6 篇，第一篇发表于 1986 年；1990—1999 年发表的论文有 15 篇；在“技术翻译”关键词下，第一篇论文是 1985 年发表的，1982—1989 年有论文 6 篇，1990—1999 年有 9 篇；即使在 1982—2012 年的 30 年间，这两个关键词名下的论文也仅有 215 篇。

当然，这还没有包括以其他关键词发表的同类论文。无论如何，比起同期的文学翻译、科技翻译，其规模都要小得多。正如中央编译出版社尹承东所言：“眼下关于翻译理论的论著和论文汗牛充栋，而来自翻译实践第一线的论著却少之又少，这不能不说是一种缺憾”(尹承东，2011：3)。本书作者感到惊讶的是：在同时期的中国，以引进国外先进工程技术项目而带动的工程技术翻译对于中国现代化建设的贡献是非常突出的(参见本书第二章《中国工程技术翻译历史概述》)，而同期翻译理论界对于工程技术翻译的研究却如此滞后，真是莫大的遗憾。

4.1.2.2 研究论文发表的期刊类型

从发表此类论文的期刊类型看，本来就很少的工程技术翻译研究论文的影响力在逐渐降低。在“工程翻译”类论文中，1982—1999 年间的 21 篇论文里有 17 篇发表在《中国翻译》《中国科技翻译》《上海科技翻译》《德语学习》等外语类核心期刊，占总数的 81%；而 2000 年以来这一类论文绝大部分(90%以上)发表在普通期刊，即所谓非核心期刊。在“技术翻译”类论文中，1982—1999 年间的 15 篇论文中有 14 篇发表在外语类核心期刊《中国翻译》《中国科技翻译》《上海科技翻译》《德语学习》，占总数的 93%；而 2000 年以来这类论文极少(10%)发表在外语类核心期刊上。可见，2000 年以来，工程技术翻译研究更加边缘化。2013 年以来发表的大量翻译实践研究报告基本是在读硕士研究生的毕业论文，在一些人眼里似乎档次不高，学术研究性不足，但可以视为本学科的基础性研究。

4.1.2.3 研究论文的作者

在这些作者中，具有实际翻译经验的人员越来越少，研究的内容也似乎越来越远离实践。2000 年之前，尤其是 1995 年之前，相当一部分工程翻译和技术翻译论文的作者是具有实践经验的第一线翻译人员(包括专职的科技情报翻译人员)或参与过第一线翻译的教师或技术人员；而自 2000 年以来，大部分论文的作者则单纯是教师或学生，不少人不仅没有第一线的翻译实际经验，就连业余“练笔”的体验也没有。这正如从事工程技术行业的技术人员、教师和学生不亲自进行科学技术试验和实践却大谈科学技术研究一般，其结果可想而知。2013 年以来，工程技术翻译实践报告的作者绝大部分是在读 MTI 研究生，他们的实践形式丰富多彩，是工程技术翻译研究领域的新鲜血液，他们的背后也有指导教师的影子。

4.1.2.4 研究论文的内容

由于 80 年代至 90 年代中期，这类论文的作者绝大部分是第一线的翻译者或具有翻译实践经验的人员，他们论述的重点是翻译实践中容易出现的问题和困难，显然更重视可操作性。当然，由于工程技术翻译 80 年代在我国才大规模重新起步，其论文的理论概括性还较低。2000 年以来的作者，因大部分人缺乏实际翻译经验，其论文也基本上是围绕大众性的科普文章(几乎没有实际翻译工作的文本)进行语言学分析，很少把工程技术项目实施过程中的翻译工作与涉外谈判、合同实施以及围绕合同可能产生的一系列实际情形联系起来，因而显得单薄，缺乏对工程技术翻译的说服力和指导意义。像《技术翻译中“归化”的认知机理研究》(《长沙铁道学院学报》2011 年第 01 期)的作者伍俊文仅仅是个例而已。这里，我们不禁联想起英国著名的翻译学者苏珊·巴斯内特，尽管其著作影响巨大，但她仍然非常主张翻译理论应联系翻译实践来开展，翻译理论要用于指导翻译实践(Bassnett, 1991)。德国功能主义翻译理论的代表人物亦如此。2013 年以来的研究生实践报告具有非常具体详细的工程技术翻译内容，往往涉及我国许多行业的输出工程项目，其研究对象或素材较之前大有拓展。但是这些报告研究的问题或结论个案性很强，理论覆盖面显得狭窄、零碎，理论研究显得肤浅。

4.1.2.5 工程技术翻译的学科建设

从学科建设上看，尽管李亚舒先生早在 1991 年就连续在《中国科技翻译》杂志撰文，呼吁建立具有中国特色的科学翻译学。但是 20 年过去了，虽然我国的引进(输出)工程技术领域捷报频传，但是在翻译研究界还没有出现能够代表工程技术翻译的研究专著。黄忠廉和李亚舒的著作《科学翻译学》(中国对外翻译出版公司，2004)虽然在宏观理论范围上涵盖除了文学翻译以外的几乎所有翻译工作，但它毕竟不是也不可能代替工程技术翻译这个特殊行业的专门著作。在 1992—1993 年间较为活跃的刘先刚曾多次提出构建企业翻译学，可惜响应者寥寥，以后再也没有听见过这种呼声。其他与此接近的或相关的著作也很少见到。刘川等人的著作《英文合同的阅读与翻译》(刘川、王菲，2010)仅仅是对引进(输出)工程技术翻译范围里某一个侧面的关注，还谈不上对工程技术翻译进行全面系统的学科性研究。

中国工程技术翻译(包括科技翻译)的研究，总体上显得水平低，并且遭受边缘化，这里面原因很多。范武邱发表在《上海翻译》2012 年第 1 期的论文《科技翻译研究近些年相对停滞的原因探析》(范武邱，2012)认为，这种情况是因为新世纪以来许多外语翻译研究专家在文学翻译领域提倡"文化转向"才形成的，而科技翻译以及工程技术翻译因自身特点不适应"文化转向"而遭遇边缘化。"文化转向"从 1949 年以来盛行的文学翻译衍生而来，其参与者与工程技术翻译和科技类翻译基本没有联系，但他们却拥有很大的话语权，影响着整个翻译理论界的发展方向。当然，工程技术翻译研究严重滞后的原因不仅是这些，还有深层次的社会根源。

4.2 国外关于工程技术翻译的研究

在论述国外工程技术翻译研究之前，首先讨论一下"工程技术翻译"的英文术语。在英语研究领域，1981 年国外就出现了 *The ESP Journal* 杂志，有些外国学者把文学以外的英语通称为"专门用途英语"(ESP)(Hutchinson & Waters, 1987)，我国的《中国 ESP 研究》杂志是 2010 年创刊的。也许，这个概念和分类对于英语母语者是适用的，但是对于世界各国的非英语母语者尤其是以英语为外语(绝非第二语言)的中国人来说，就显得过于宽泛。国外著作和论文中经常出现 technical translation 和 engineering translation 等术语，其含义相当于汉语里的"科技翻译"，即单纯从事广谱类自然科学技术文献的书面翻译(参阅 1.3.2 节)。但国外的翻译实践也并非完全如此，例如英国伦敦的一家工程技术翻译公司的名称就是 Industrial Engineering Translation Services，并在其网站中称呼自己的翻译人员为 Our Technical and Specialist Industrial Engineering Translators，这家公司提供的服务项目大体符合本书所讨论的主题。所以，结合中国翻译者在引进(输出)工业领域从事大中型成套设备、工艺或工程的翻译实践以及本书“工程”(engineering)一词的默认意义“工业工程”,本书使用 Industrial Engineering Interpreting and Translation(IEIT)作为“工程技术翻译”的专门术语,这与本书第一章里的定义相符合(参阅 1.2 节“工程技术翻译学的定义”)。

4.2.1 研究的概况

英语已经成为世界语言,目前全球 80%的研究论文使用英语撰写,所以用英语术语检索文献具有较高的普遍性。本书首先利用目前通行的英文数据库 EBSCO(ASP, BSP)、SPRINGER LINK、几家英文翻译期刊以及英文搜索引擎 google.hk 和 baigoogledo.com 进行与本书相关研究的检索;其次,检索外国著名出版社翻译著作目录;再者,分别使用德语、法语、日语、俄语、西班牙语检索不同语种(或国家)内部的相关文献。检索关键词统一为:“工程翻译”(engineering interpreting and translation)、“工业翻译”(industrial interpreting and translation)、工程技术翻译(industrial engineering interpreting and translation)、技术翻译(technical interpreting and translation),因为这几个术语与本书研究有相似之处。

4.2.1.1 以英语术语为关键词检索英语文献数据库

利用目前通行的英语数据库 EBSCO(ASP, BSP)、SPRINGER Link 以及英文搜索引擎 google.hk 和 baigoogledo.com 进行检索与本书研究相关的文献。

◎ 以关键词 engineering interpreting and translation 检索,在全部 2,880 个条目中,发现与本书研究相关的论文仅有一篇:

— “Reengineering Biomedical Translation Research with Engineering Ethics”(Sundarland”, et al., 2014),该文是一篇别具一格的翻译研究论文,主张从事生物医学翻译的人应该了解一些特殊技巧和知识,可以采取工程伦理的观念去预测、分析、处理一系列伦理方面的术语。这与工程技术翻译者利用工程伦理和工程哲学指导翻译行为有异曲同工之妙。

这个关键词下条目极少,可能有两个原因:一是欧美及其他国家尚未开展如同本书一样对工程技术项目翻译的系统研究,于是无人使用这个术语;二是英文 engineering 主要指工业工程项目。因此,他们很可能认为"industrial/technical interpreting and translation"就已经涵盖了本书所指的"工程技术翻译",故不再用 engineering interpreting and translation 重复表示。

◎ 以关键词 industrial interpreting and translation 检索,发现 20,164 个条目,经对比发现,仅有很少条目接近本书研究的主旨,其中包括:

—*Technical Translation*: *Usability Strategies for Translating Technical Documentation* (Byrne, 2006),作者是英国谢菲尔德大学教师,在第一章提到了技术翻译在翻译领域被视为"丑小鸭"和"文学翻译可怜的表弟"的认识误区;第三章"理解用户"讨论了人类认知系统、记忆、认知处理,注意与选择,思考与解决问题,从解决问题到技巧的过渡。虽然这是一本有关应用翻译软件的书,但作者从技术文献的性质和人类认知的角度分析了人类大脑对技术文献的接受过程和能力,阐述了该翻译软件建立的人类学理论依据。

— "Involving Language Professionals in the Evaluation of Machine **Translation**" (Popović et al., 2014)。

— "Conceptualisation and Formalisation of Technical Functions" (Vegte, et al., 2011)。

— "Evaluating the Impact of TRIZ Creativity Training: An Organizational Field Study" (Birdi, et al., 2012),该文作者为翻译公司经理人员,从翻译公司业务出发,研究了员工职业发展的培训和翻译服务项目管理,提出要加强翻译员工对工程项目知识的了解,同时也要注意对一线工程师进行翻译培训,由此促进翻译服务的创造性和技能提升。

— "Problems of Simultaneous Interpreting of Scientific Discussion" (Chachibaia, 2001)。

— "Interlingua-based English: Hindi Machine Translation and Language Divergence" (Shachi, et al., 2010)。

— "Hierarchical Factor Analysis Applied for Interpreting Chemical Elements Deposited with Atmospheric Precipitation in Karelia" (Feoktistov, et al., 2007)。

— "Mobile Speech-to-Speech Translation of Spontaneous Dialogs: An Overview of the Final Verbmobil System" (Wahlster, 2000),作者是德国萨尔布吕克 DFKI 公司的翻译者,介绍了德国翻译者在口译对话现场使用的袖珍移动传译设备 Verbmobil。该设备有 5 种翻译功能,所

翻译的工程项目技术文件可以获得80%的准确率，口译能够获得90%的准确率。作者介绍了该种移动设备能够识别声音输入、分析、转换，最后发出目标语声音的原理。这对于中国工程技术项目现场口译者来说，不啻为一个好消息。

— "Legal Translation in Brazil: An Entextualization Approach" (Frade, 2014)。

— "An Assessment of Machine Translation for Vehicle Assembly Process Planning at Ford Motor Company"(Rychtychyj, 2002)，该文作者是著名的美国福特汽车公司的翻译者，以第一手资料总结了福特汽车公司过去十年中利用人工智能机器系统对汽车生产的工艺流程技术文件进行翻译的实际效果，评估了该系统的性能、作用和发展趋势。

◎ 以关键词 industrial engineering interpreting and translation 检索，获得18,675条，并以相似关键词 industrial project translation 检索，获得13,341个词条。在这两个关键词的检索中，虽然词条数量很大，但是经本书作者核实，其内容与本书所研究的对象还存在明显差距。这个关键词的检索结果与 engineering interpreting and translation 的相同，其原因也一样。本书为"工程技术翻译"采用的英文名称 Industrial Engineering Interpreting and translation (IEIT)是从中国翻译者所处的语境选择的，与英语国家的翻译者所处语境不同，或许这是他们不用该关键词的原因。

◎ 以关键词 technical interpreting and translation 检索，共获得词条70,504项，经核查，部分词条内容基本上是讨论一般技术文献的语言特点及翻译技巧，作者主要为外国学生和部分教师，也有少量工业企业和翻译公司的翻译者，他们讨论的内容与我国改革开放以来大量产生的"科技翻译"相似。其中下列条目与本书具有明显相关性：

— "Managing Complexity: A Technical Communication Translation Case Study in Multilateral International Collaboration" (Maylath, et al., 2013)，该文作者是一批翻译公司的翻译者，讨论了翻译公司面临的最大的和最复杂的国际化问题——培养翻译者"从做中学"的方法、意义和技巧；也讨论了提高翻译服务水平，并依据所在公司业务情况，研究如何将丹麦语、荷兰语翻译为英式英语和美式英语的具体训练。

— "Barriers to Technical Terms in Translation: Borrowings or Neologisms"(Talebinjad et al., 2012)，该文调查了使用新词(新术语)的

频率，这些新词是由伊朗现代波斯语言文学院专门为外来的技术词语创造的。文章把这些伊朗本土创造的新词与外来借用词进行比较研究，重点讨论翻译波斯技术术语及翻译服务，不啻为研究技术术语的新路径。

—"Constraints on Arabic Translation of English Technical Terms"（Al-Quran，2011）。

—"Avoid Distorted Translations of Technical Terms"（Riera.，2004），该文作者是在化工工程项目服务的翻译者，文中讨论了工程师、工程设备及供货商或承包商在翻译服务中的地位和作用，并通过举证化工行业技术规范术语的翻译，着重讨论了误译的文本可能引起误解和潜在的安全风险。本文是欧美翻译期刊中很少数直接涉及一线翻译实践的论文之一。

—"The Translation of Legal agreements and Contracts from Japanese into English：The Case for a Free Approach"（Fujii，2013）。

—"A Framework for the Identification and Strategic Development of Translation Specialisms"（Byme，2014）。

—"Has Globalisation Unburdened the Translator?"（Zethsen，2010），该文暗示，本地化计算机翻译越来越普及，社会似乎进入普世文化时代，但是机器翻译仍然不可能代替人工翻译，也不可能减轻人工翻译者的负担，其中就包括许多现场的翻译。

◎ 在英国 Taylor & Francis Database 数据库，检索到翻译类条目2,617条，其中以"technical translation"为关键词的两条，与本书主旨接近的仅一条（El'S INSIDE LOOK AT TECHNICAL TRANSLATION），作者是 Zoran Nedic & Barbara S. McCoy，论文发表在 *Science & Technology Libraries* 杂志，时间是1983年1月14日。作者主要讨论了技术文献的翻译（笔译）和摘要行为，并以位于纽约的非营利性情报服务中心为例，重点介绍了这个服务中心开展的技术文献翻译的要求和实践活动。这篇论文是目前检索到的国外对工程技术翻译问题最早进行的探讨。在这个数据库里没有发现关键词为 industrial engineering interpreting and translation 的词条。

◎ 英国曼彻斯特大学的梅芙·奥洛汉（Maeve Olohan）于2015年出版了《科技翻译》一书，是针对翻译硕士教育的教科书。全书包括引言、七个章节（作为职业活动的科技翻译、科技翻译的资源、技术说明书、技术数据与技术手册、专利、科学学术论文与摘要、通俗科学）和五个附录，但是未涉及全球背景下的工程技术翻译活动。

4.2.1.2 检索国外出版社网站

本书检索了欧洲著名的外语翻译类出版社 St. Jerome Publishing(包括 Routledge)在过去 15 年间(2000—2014)出版的有关本书主旨的新书，未能发现与本书主旨密切相关的著作。但下列著作与本书有一定相关性：

— *Science in Translation Edited by Maeve Olohan* (Myriam Salama-Carr, 2011),该书叙述了科学翻译的历史事实,并观察到：虽然在科学知识的传播历史上翻译扮演了重要的角色,但科学史家们却很少有兴趣关注引起这种传播的,并极大影响一个国家或民族的知识结构和体系形成的翻译活动本身。类似情况在中国也是存在的。

— "A Nuts and Bolts Guide for Beginners" (Byrne, 2012)讨论从微生物学到核物理学,从化学到计算机软件工程的技术文献翻译,范围甚广,强调要完成此类翻译必须具备专业的语言学知识、写作技巧和广泛的科学知识。

4.2.1.3 以德语术语为关键词检索德语文献数据库

通过德文网站以德语关键词 technische übersetzumg(即工程技术翻译,相当于英文的 industrial engineering interpretation and translation)检索,没有发现相应题目下的论文或著作,也许因为有关网站或数据库收录工程技术翻译研究的论文极少,或因为德国翻译研究者在这方面兴趣不多。但是有一些客观因素是：一、据了解,因德国的科技在世界领先,德国人一般较少翻译(译入)别国的东西,许多翻译工作实际上是译出,即把德国技术文献翻译为其他国家文字,而这往往不是许多本土翻译者的特长;二、德国的科技人员外语水平普遍较高,许多人都懂两门外语(高中开始学第二外语,主要是英语和法语),并且不少人都能够以书面语和口语交流。例如,2000 年以前中国缺乏德语翻译人员时,中国建筑工程公司赴德国投标并进行大型工程建设时还在国内招募英文翻译人员赴德国从事翻译工作。目前,德国的不少工程技术翻译人员实际上是外国留学生,承担了一部分德语和其母语国的翻译工作。

4.2.1.4 以法语术语为关键词检索法语文献数据库

在 SPRINGER LINK 数据库中,以法语术语 traduction technique

(技术翻译)为关键词检索法语文献数据库,共搜索到法语文献 293 篇;又以 traduction génie(工程翻译)为关键词检索,共搜索到法语文献 34 篇;再以 traduction en génie industriel(工业工程翻译,即本书讨论的工程技术翻译)为关键词检索,共搜索到法语文献两篇。由此看来,法语翻译者对于工程技术翻译的研究集中在纯技术文献的翻译方面,与德国翻译者的情况类似,对于作为"一条龙"翻译工作的引进(输出)工程技术项目翻译关注很少,其原因与德国相似(参阅本书 3.1 节)。

4.2.1.5 以西班牙语术语为关键词检索西班牙语文献数据库

西班牙语翻译者现在主要集中在拉丁美洲国家(墨西哥是聚集地),其翻译活动频繁,但是研究对象限于技术文献的具体翻译技巧、机器翻译、计算机辅助翻译。

—"Necesidad de políticas de información y de sus profesionales para la automatización de la producción de documentación técnica en el entorno de la industria GILT" (English: The Need for Information Policies and Information Professionals to Automate the Producton of Technical Documentation in the GILT Industry) (Fuente, Camara, 2005),该文作者是墨西哥的西班牙语翻译者,阐述了随着全球化、国际化和本地化翻译活动(GILT)的普及,翻译数量越来越多是不可避免的事实。作者提醒信息政策制定者和技术人员,如何应对生产和翻译大量技术文献对传统方式翻译者提出的挑战。

—"El valor eufemístico de los términos técnicos: presencia e implicaciones en la traducción y la interpretación en el marco de la salud mental" (English: The Euphemistic Value of Technical Terms: Relevance and Implications in Interpreting and Translation Processes in Mental Health) (Echauri Galván, Bruno, 2013),该文作者是医学及心理服务翻译者,提出了专业术语在某些特殊情况下宜采取委婉方式翻译,以便满足不同客户的心理需要。作者也从多种角度阐述了委婉翻译的理由和具体使用语境。

4.2.1.6 以日语术语为关键词检索日语文献数据库

通过检索日语学术文献数据库(http://ci.nii.ac.jp/ja,2012),以"技术翻译"为关键词的论文只有五篇,而没有发现以"工业工程翻译"(即本书讨论的工程技术翻译)为关键词的论文。这也许与日本科技人员的英语水平较高有关。在已经检索出的“技术翻译”类论文里，有一篇是日立技术交流有限公司翻译人员(Kevin Morrissey)撰写的论文《基于技术翻译错误的分析和分类建立技术翻译评价体系》，发表于2007年《社团法人情报处理学会研究报告》上。该文以日语—英语翻译的书面技术文献为语料，首先指出建立技术翻译评价体系的意义，随后提出了这种评价体系的指标，讨论了这种翻译评价体系的实施方式和实施准则，担任翻译评价人员的素质和要求，以及这个评价体系对于翻译公司和客户的有效作用。该文的研究对象是书面技术文献翻译，与中国翻译者所说的科技翻译相似，但与本书讨论的工程技术翻译仍有明显差异。

4.2.1.7 以俄语术语为关键词检索俄语文献数据库

以俄语术语“技术翻译”和“工程技术翻译”为关键词在俄语网站检索，所得结果与德国、法国相似。俄罗斯等独联体国家也有跟我国类似的地方：学外语的人不懂技术，懂技术的人外语水平不高。但他们的整体外语水平比我们要高得多，例如许多俄罗斯学生的外语课教授德语、法语、英语等，而非英语一种外语，这与俄罗斯在历史上与法国、德国、英国在政治、文化、经济、军事方面交往频繁有直接关系。在科技翻译方面出版了一些著作，包括：

◎ Пьянкова, Т. М. ABC переводчика научно-технической литературы. — М.: «Летопись», 1994. 《科技翻译ABC》。这是一部大众性的普通翻译手册。

◎ *Пумпянский*, *А. Л*. Чтение и перевод английской научно-технической литературы. — М.: АН СССР, 1961. 《英语科技文献阅读与翻译》。本手册分两大部分：第一部分34题简述了英、俄语科技文献中出现的语法现象，以及语法结构和翻译方法，内容翔实，例句丰富；第二部分包含第一部分34题的练习；书末附有部分练习答案、介词表及不规则动词表。

◎ *Чебурашкин Н. Д*. Технический перевод в школе: Учебник техн. пер. для учащихся IX — X кл. школ с преподаванием ряда предметов на англ. яз./Под ред. Б. Е. Белицкого. — 4-е изд. — М.: Просвещение, 1983. 《科技翻译教程》。这套书内容相对简单，为高中学生使用。但是我们可以从中发现：前苏联及俄罗斯比较注意培养中学生的外语翻译和运用能力。

◎ Климзо, Б. Н. Ремесло технического переводчика. Об

английском языке, переводе и переводчиках научно-технической литературы. 2 - е изд., переработанное и дополненное. — М.: «Р. Валент», 2006. — 508 с. ISBN 5 - 93439 - 194 - 1 《科技翻译技巧——论英语、翻译及科技翻译》。作者系专业翻译人员，理论联系实际，描述了英语的整体特征及其在科技文献中的表现，还阐述了翻译的基本模式。同时，本书还就译者本身、译者心理、逻辑推理、接受及翻译技巧进行了论述，附有大量例句和说明。

4.2.1.8 检索中国学者搜集的国外研究资料

由中国学者主编的《西方翻译理论著作概要》(文军、穆雷，2007)设计了主题索引，其中的“科技翻译”主题索引仅包含与本书主旨相关的三部著作：

◎ *Scientific and Technical Translation*，作者是 Pinchuck 和 Isadore，由荷兰 Andre 出版社 1977 年出版。该书首先从翻译理论和翻译实践出发，认为翻译是一种信息传递，论证了相关的翻译观念和程序；第二是举例说明翻译过程中出现的问题的处理原则。该书分为 18 个主题，分别对语言本质、翻译、科技翻译、标准术语、机器翻译、翻译程序、翻译单位、语言障碍诸方面进行了阐述，并从词语、句子成分及句子结构等语法层面进行了剖析(文军、穆雷，2007：37—38)。

◎ *Future and Commnuication: The Role of Scientific and Technical Communication and Translation in Technology Development and Transfer*，由 Rosenhouse & Judith 等人编辑，由 International Scholars Publications 于 1994 年在英国出版。该书是 1994 年“未来与交流”会议论文集，探讨了翻译作为交流形式的社会文化背景、科技写作中的重要问题、科技翻译、计算机翻译、科技交流与翻译中存在的问题，对于科技写作和翻译学习者及专家均有价值。

◎ *Translator Self-Training* (*Chinese*) — *Practical Course in Technical Translation*，作者是 Sofer 和 Morry，由 Schreiber Publishing 公司于 2002 年在德国出版。该书是一本汉英科技翻译实用教程，涉及法律、医药、财经等领域，依据一家翻译公司二十多年的翻译经验和翻译实例编辑而成，是科技翻译者的入门教程(同上：736—737)。

此外，在《西方翻译理论著作概要》的主题索引里还有“口译”的论文著作索引，经查阅，发现该索引中仅涉及医药、法庭、会议、社区服务等方面，没有工程技术口译方面的内容(同上：937)。

4.2.2 对国外研究的评价

正如英国谢菲尔德大学教师乔迪·伯恩在其著作《技术翻译》中所指出:"技术翻译历来被视为翻译领域的'丑小鸭',尤其是在学术圈里"(Byrne, 2006)。相比文学翻译等传统翻译研究领域,技术翻译以及工程技术翻译在国外的遭遇也与在中国的情形相似。从以上国外工程技术翻译的概述中,可以看出下列特点。

4.2.2.1 研究论文的数量

国外与"工程技术翻译"相关的研究规模非常小,或者说还谈不上像样的研究规模,与中国所谓科技翻译相似,处于比较零散的阶段,甚至比中国的研究情况更为糟糕,其根本原因是欧美国家在科学技术和工程技术领域领先于世界,它们在工程技术项目翻译方面不屑于多花力气,自然也就没有多少人进行这方面的翻译实践,而系统从事这方面翻译理论研究的人更是渺若星辰。这在本书第三章《世界各国工程技术翻译历史概述》里有所说明。

4.2.2.2 论文或著作的作者背景

国外欧美作者多半是坐在办公室里或家里从事书面技术文献翻译的人员(SOHO),他们具有翻译书面技术文献的经验,但是很少参与或具有一线的笔译和口译经历,原因与上面相同。目前在欧美国家从事对外工程技术翻译的人员中,许多是留居该国的外国学生和其他技术人员,而不是该国的原住居民(参阅 3.1 节),这限制了那些本土理论研究者的个人经历和讨论视野。譬如《西方翻译简史》(谭载喜,2004)中完全没有工程技术翻译理论的记录,在《西方翻译理论著作概要》(文军、穆雷,2007)里也极少涉及科技翻译或工程技术翻译。

4.2.2.3 研究论文的内容

他们在进行涉及工程技术翻译的研究时,基本上还是仅仅关注较为外围的、零散的、微观的问题(如语言本质、翻译本质、标准术语、翻译技巧、机器翻译、翻译程序、翻译单位、语言障碍等)。与中国的同行相比,他们的研究忽略了三个方面的问题:

第一是工程技术项目引进或输出的系统管理和组织工作的文件及事

务的翻译，这或许是因为他们引进或输出项目的行政及商务流程与中国的情形不同。

第二是他们忽视了学习英语的艰巨困难，或许对于英语母语国家和许多以英语为第二语言或官方语言国家的翻译者来说，这不值得大惊小怪，但是对于远离欧美大陆的中国翻译者和学习者来说，英语却是一门必须长期下苦功去掌握的技能。

第三是他们忽略了世界各国英语方言区的差别，这大概缘于不少国家要么英语是其母语，要么是把英语作为官方语言或第二语言，不像中国仅仅是把英语作为外语使用（束定芳、庄智象，1999：235）。但是这种差别对中国翻译者极具影响，因为他们起初无法适应其他国家的非标准英语的语音、词语和语用功能。

看来，西方翻译者不屑关注引进（输出）工程技术项目中的具体问题和规律，并没有对工程技术翻译进行更为详细的调查研究，也没有从更高的学科理论层面对引进（输出）工程技术项目翻译这一遍及世界各国工业领域的系列工作进行深入研究。

4.2.2.4　工程技术翻译的学科建设

乔迪·伯恩的态度已经说明：关于工程技术翻译的学科建设议题，目前在很多国家的翻译研究界还摆不上台面。这除了翻译研究者的个人背景和学术兴趣限制之外，欧美国家政府、民众及社会对于翻译活动的心态是最主要的障碍。

从宏观角度看，这是因为发达国家拥有高科技和先进设备的优势，自然对于其输出和输入（译出译入）没有多少积极性，正如一般商家那样，抱着“皇帝女儿不愁嫁”的傲慢心理。那些翻译人员和翻译组织较多的国家基本上是发达国家或者是工程技术项目输出国，它们不仅没有多少热情要把本国的先进技术和设备迅速输送给其他第三世界国家，而且欧美国家政府似乎也不鼓励本国翻译人员从事工程技术翻译（译出）及研究。

从微观角度看，这至少说明：虽然一些国家（例如阿根廷、巴西、丹麦、德国、法国、韩国、美国、日本）的翻译协会或组织不少（实际上多半为文学和法律翻译团体），也拥有数量众多的翻译从业人员，但是那些处于工程技术项目翻译第一线的从业人员绝大多数忙于日常翻译事务，无暇回顾或总结自己的翻译经验；而在大学里的教学和研究人员又缺乏这种经历或不愿意从事翻译实务，因而就无从研究这种广泛发生的翻译活动。这一情形与中国目前的状况极为相似。

第五章

工程技术翻译学的理论借鉴

工程技术翻译学是翻译学（或称普通翻译学）的一个分支，但是又不同于普通翻译学，它是对工程技术翻译这一特殊行业翻译行为的系统阐述、概括和理论升华。工程技术翻译又不同于文学翻译和一些比较大众化行为的翻译（诸如日常联络翻译、旅游翻译、公共事务翻译、影视翻译等）。工程技术翻译的对象涉及工业技术和大中型装备，专业性强，科技含量高，贸易金额巨大，经济及社会影响广泛，且其研发、生产或施工流程极为复杂。由此，对于工程技术翻译的研究必然会涉及其他翻译行为不曾涉及的过程、概念、观点、方法和理论。黄忠廉和李亚舒在《科学翻译学》中曾说："一些大的翻译理论专家，其研究对象多数锁定为文学翻译。……他们所总结出的译学观点，或称为翻译思想，或系统化以后称为翻译理论，都不能完全适用于科学翻译……"（黄忠廉，李亚舒，2004：5）。这一观点也适用于构建工程技术翻译学。但无论如何，普通翻译学中已经形成的翻译理论共识和其他学科的某些理论可以为工程技术翻译学提供有益的理论借鉴。

5.1 功能（目的）学派翻译理论

第一个有助于说明工程技术翻译学的理论是起源于德国的功能学派翻译理论或称翻译目的论（Skopos Theory）。

20世纪70年代初期，德国翻译学者面对翻译理论严重脱离翻译实践的情况，先后将翻译研究从纯粹研究原文文本的语言特点转向翻译行为和翻译者的目的。这一"目的"转向使得这一学派的翻译理论成为德国最为流行的翻译学说。

5.1.1 凯瑟琳娜·莱斯是德国翻译功能学派的主要创建人，1971年莱斯出版了专著《翻译批评的可能性与限制》(Reiss, 1971)，把功能概念引进翻译理论，将语言功能、语篇类型和翻译策略互相联系，开始了基于原文文本和译语文本的翻译研究方法或研究模式，提出了翻译功能学派的基本思想。

莱斯认为，最理想化的翻译行为或作品应该是概念性内容、语言形式和交流功能均与原文文本对等，但同时她又认识到这个理想在实际上是不可能实现的，因而她认为翻译者应该首先考虑译语文本的功能特殊性，而不是语言对等性。莱斯把语篇划分为信息型、表达型和操作型三种类型。她认为，目标文本的类型或形态应该决定于目标语语境中所要求的功能和目的，而目的又随着不同类型的接受者而发生改变(Reiss, 2000)。

对于工程技术翻译学而言，尽管莱斯所举的实际例子局限在普通生活翻译和文学翻译领域，但是她所提倡的关注原文文本的目的、关注重构(翻译)译语文本的功能或目的可能发生变化的思想方法，则是非常富有启发性的。

5.1.2 汉斯·弗米尔是德国翻译功能学派的另一位创始人，他对原文文本在翻译中的传统中心地位提出质疑，主张忠实原文并非是翻译行为的唯一准则，译文应该由译入语文化来最终决定。他将翻译行为的目的(Skopos)分解为三个子项：在讨论翻译过程时，它指过程中的目标；讨论翻译结果时，它指译文的功能；讨论翻译形式时，它指形式的意图。如果一个翻译行为的过程、结果、形式都没有目标，那就不能称之为翻译行为。弗米尔对翻译目的论进行了更为细致而准确的描述，尤其是对目的的具体执行形式——委任，或称委托——进行了详尽的举证和分析。弗米尔和莱斯开创的翻译目的论将翻译研究的注意视线从原文转移到译语，这对于超越以往翻译理论界流行的对等观念具有重要意义(Vermeer, 2000)。

5.1.3 德国翻译功能学派还有一位著名人物是克里斯蒂娜·诺德，其代表著作是《翻译的语篇分析：理论、方法及面向翻译的语篇分析模式在教学中的应用》(Nord, 1987)。诺德积极提倡莱斯和弗米尔的目的论，认同霍茨·曼塔里的翻译行为理论。她把“忠诚”(loyalty)这一道德范畴的概念引入功能翻译理论,她的“忠诚”是指翻译者、原文作者、译文接受者以及翻译发起人或委托人之间的人际关系,限制了译本的功能范围,强化了翻译者和发起人之间对翻译任务的协商态度。

诺德还独立提出了文化惯例概念(convention),认为惯例对译本读者的期待关系重大,翻译者应该在违背惯例时向读者申明(Nord, 1991)。诺德区分了惯例、法则(rules)和规范(norms)这三个比邻的概念,指出惯例受规范制约,规范又受到法则制约的等级关系。

5.2 传播学理论

传播学是一门较为年轻的学科,在20世纪20年代开始萌芽,第二次世界大战后基本形成,到了20世纪80年代已经在欧美和日本等发达国家出现方兴未艾之势。这门学科的迅速发展与现代通讯和传媒技术的进步密切相关。从人类文化传播的角度观察,工程技术翻译可以视为一种特殊的文化或信息传播过程,我们可以借鉴传播学的某些理论来解释和构建工程技术翻译理论。

5.2.1 传播学的开放性特点和综合性特点有利于翻译学研究向其他科学门类开放。翻译研究者可以充分利用其他学科的原理、方法和内容,来判断和解释我们自身不能解释或很难解释的现象,可以引导封闭性的翻译研究走向开阔的学术平原,在跨学科的背景下形成更加丰富多彩的理论系统和流派。有些翻译研究者仅仅从翻译行为本身去讨论,理论视野相对狭隘,这好比“不识庐山真面目,只缘身在此山中”。刘宓庆认为,传播学理论可以用来分析翻译效果、推论方法及语言表现等方面的问题(刘宓庆,2004: 3—4)。吕俊认为,将翻译研究纳入传播学的范围,有利于我们开拓学术视野,借鉴更多的研究工具和研究成就,可以为翻译理论研究开辟广阔的道路(吕俊,2007: 31—33)。

5.2.2 传播学以认知心理学的理论为基础,侧重对人的内部心理过程及状态的探讨和研究,吸收了控制论、信息论等当时最新的科学成就,引入人脑的计算机模拟研究,用程序和流程图来解释人类的认知和思维活动的规律及特点。传播学理论把人类大脑的活动分解为四个系统:感知系统、记忆系统、控制系统、反应系统。传播学认为这四个系统是相互配套的。如何运用人类的感知和记忆能力去高效传递翻译信息、如何建立翻译质量控制体系、如何建立翻译受众的反馈机制，传播学在这些方面都具有积极的启发意义。譬如，传播学中的“选择性接触”理论揭示了人们在接触信息时表现出的一种心理趋势。

5.2.3 传播学提出了“作为权力主体的受众”的概念，分析了传播权、知晓权、媒介接近权等概念（同上，158—159）。尤其是对受众群体进行细分，提出了分众理论。分众理论认为，分众（fragmented mass audience）是受众，并不是同质的孤立个人的集合，而是具备了社会多样性的人群，在人口统计学特征上，受众分属于不同的性别、年龄、学历、民族、职业、居住地等范畴；在心理特征上，受众也具有个人差异（同上，2011：161）。分众还有不同的需求，对于信息的“使用与满足”存在不同时间、不同地点的需求。分众理论可以用来解释工程技术翻译中具备不同背景、经历、岗位的翻译者和客户群，以及不同时间、不同地点的翻译需求，也有助于构建多元一体化的工程技术翻译标准。

5.2.4 传播学研究了“有效结果”的概念，狭义上它指行为者的某种行为实现其意图或目标的程度；广义上它指这一行为所引起的客观效果，包括对他人和周围社会实际产生的一切影响和后果。传播效果存在于三个不同的层面：外部信息作用于客户的感觉知觉系统，引起客户知识储量的增加和认知结构的变化，形成认知效果；作用于客户的观念或价值系统引起情绪及情感变化，形成心理效果；这些变化通过客户的言行表现出来，形成行动效果。英国学者戈尔丁还以时间和意图两个要素为坐标，分析了大众传播的四种类型：短期的预期效果、短期的非预期效果、长期的预期效果、长期的非预期效果（同上，172—175）。显然，工程技术翻译如何才能形成有效结果是工程技术翻译学应该研究的问题之一。

5.2.5 此外，近年在我国开始兴起的“专业交际学”或“技术交际学”（technical communication）可以视为传播学的深入发展研究领域。专业交际学是一门融语言知识和技能、专业技术写作技能、计算机技能于一体的新兴交叉型学科。美国的许多大学已经开设专业交际学的课程，甚至还设置了专业交际系，目的是提高学习者的专业工作交际能力。目前我国学者已经发表了一定数量的论文及著作（段平、顾维萍，2004/2010；杨欣欣，2011；段平、汪娟，2013）。鉴于工程技术翻译也是一种特殊的专业交际行为，所以专业交际学对于构建工程技术翻译学具有潜在的影响。

5.3 认知科学

认知科学是20世纪60年代以后发展起来的一门新兴科学，是研究人脑或心智作用机制的前沿性科学。认知科学将哲学、语言学、人类学、计算机科学和神经科学整合在一起，涉及六个分支：心智哲学、认知心理学、认知语言学、认知人类学、人工智能和认知神经科学。与构建工程技术翻译学相关的认知学科主要涉及认知心理学、认知语言学和认知神经语言学。

5.3.1 认知心理学是20世纪50年代中期在西方兴起的一种心理学思潮，20世纪70年代开始成为西方心理学的主要研究方向。与行为主义心理学相反，认知心理学研究人的高级心理过程，主要是认知过程，如注意、知觉、表象、记忆、思维和语言等。以信息加工观点研究认知过程是现代认知心理学的主流。它将人看作是一个信息加工系统，认为认知就是信息加工，包括感觉输入的编码、储存、提取的全部过程。

工程技术翻译研究（包括其他行业翻译研究）面临的基本问题是原文的接受、原文的转换以及目标语的生成，而这些步骤恰恰就是人们（翻译者）需要发挥感觉、知觉、记忆、理解、想象以及语言表达的过程。以往有些翻译研究者单纯从语言表达技巧（如何造句、如何选词）来探讨翻译过程的本质，或者是从实际操作步骤（有人认为翻译过程分为三步，也有人认为翻译基于四个层次）来说明翻译的过程。那显得隔靴搔痒，不能击中要害。如果能够从认知心理学的角度审视，我们可以借鉴其信息加工的理论，能够较为深刻、细致地了解翻译过程的本质——翻译者的心理活动。2007年刘绍龙出版的《翻译心理学》（刘绍龙，2007）运用认知心理学的原理阐述普通翻译的过程，为翻译理论研究运用认知心理学开了一个好头。

5.3.2 认知语言学兴起于20世纪70年代以后，主要代表人物美国认知语言学家莱可夫和约翰逊将原来属于语言修辞范围的隐喻提高到人类认识论的高度进行研究（Lakoff & Johnson, 1980）。他们认为隐喻部分地构成了人类日常生活的概念，是人们赖以生存的基础。

按照莱可夫等人的观点，人类认识事物的过程就是一种概念与另一种概念之间的类比。就部分工程技术知识（词汇和术语）的确定和命名来说，在一定程度上就是工程技术的有关概念与生活常识之间的类比。这一认知过程显示了工程技术词汇和术语的隐喻性，同时也可以说明普通人文社会知识与工程技术知识的联系。

从传统的完形心理学发展起来的图式研究也是认知语言学讨论的内容。图式在心理学里的意思是经验和行为结为整体。因为图式理论可以解决视觉辨别和文本理解的问题,所以 1980 年以来中外学者都开始注意运用图式理论解释外语学习和翻译行为。英国学者库克发展了三个基本模式:信息处理模式(information-processing models)、认知发展模式(cognitive developmental models)、感知经验模式(perception and experiential models)(Cook, 1994: 97)。以翻译中的信息处理模式为例,图式对文本处理起了重要作用。

心理图式的概念有助于建立工程技术翻译的语篇模式或经验图式,帮助翻译者明确翻译任务和目标,也能够增加翻译者的视觉辨别效果。此外,经验和行为组成的心理图式是可以在平时积累和培养的。这启示工程技术翻译者去积极关注、了解工程技术项目及其有关的各种事物,形成自己在某一工程技术行业或阶段的经验和图式,并能及时更新图式,以便大脑召唤时使用。

5.3.3 认知神经语言学是 20 世纪 80 年代在国外兴起的新科学,它运用自然科学的手段来研究语言与大脑的关系。认知神经语言学是以有限的大脑神经科学研究成果为框架,通过分析语言现象来构建语言和大脑的关系。我国的认知神经语言学研究在 2000 年以后才起步,但是这门学科运用自然科学的客观手段(其核心技术包括功能性神经成像技术 PET 及 fMRI、事件相关电位技术 ERP、脑电图 EEG、脑磁描记法 MEG,以及最新的红外线光学成像技术)。该学科对以往思辨性的语言学及心理学问题进行验证和启示,为语言学和翻译理论研究提供了较为可靠的科学技术基础。如 ERP 技术,它可以了解毫秒内发生事件的时间历程和初步的大脑定位问题,为以往一些纠缠不清的语言学及心理学理论思辨提供了令人信服的证据和结论。

5.4 生态翻译学

2004 年,胡庚申出版了专著《翻译适应选择论》(胡庚申,2004),标志着生态翻译学雏形具备,在诸多冠名“生态”的学科中为翻译研究争得一席之地。

5.4.1 生态翻译学依据生态学的基本法则，将生态学视为一种哲学观点，一种世界观和方法论，对翻译行为进行整体性的探讨研究。此前，美国生态学家巴里·康芒纳曾提出过生态学的四个法则：第一法则是任何事物都彼此相连；第二法则是任何事物都有必然结局；第三法则是自然懂得的最好；第四法则是世界上没有免费的午餐（转引自王如松、周鸿，2004：81）。

5.4.2 胡庚申以人类普遍接受的生物进化论观点“适者生存”和中国古代“天人合一”“适中尚和”的哲学观点为依据，表述了生态翻译学的主旨：“‘翻译即适应与选择’是其主题概念，可以回答‘何为译’（What）的问题；‘译者中心’‘译者主导’是其核心理念，可以回答‘谁在译’（Who）的问题；‘汰弱留强’‘求存择优’是其方法论，可以回答‘怎样译’（How）的问题；而‘适者生存’‘强者长存’是其目的论，可以回答‘为何译’（Why）的问题”（胡庚申，2004：177）。

5.4.3 许建忠在2009年出版了专著《生态翻译学》（许建忠，2009），也引入生物学的基本概念，将生物学与翻译学这两类人文学科融会贯通，构建了生态翻译学的精细框架。他在《生态翻译学》中探讨了生态翻译学的定义、翻译的生态环境、翻译的生态结构、翻译的生态功能、生态翻译学的基本原理、翻译生态的基本规律、翻译的行为生态、翻译生态的演替和演化、翻译生态的检测与评估、生态翻译与可持续发展等一系列命题。许建忠在“翻译的社会环境”“翻译的规范环境”“翻译生态的外部功能：社会功能”等章节里专门论述了翻译行为与科学技术活动和经济活动的关系。

5.4.4 对于工程技术翻译学而言，生态翻译学的主题概念“翻译即适应与选择”有着指导性的意义：什么是我们的翻译环境？如何去适应既定的翻译环境？什么是我们的翻译对象？如何选择并适应我们的翻译对象？什么是我们的翻译方法？如何去选择我们的翻译方法？什么是我们的翻译目标？如何去实现我们的翻译目标？这些命题都可以运用生态翻译学的跨学科、综合式的方法论去探索和研究。

5.5 工程哲学

工程哲学是一门新兴的学科。2002年，中国工程哲学家李伯聪出版了《工程哲学引论——我造物故我在》，这是中国工程哲学学科的第一部专著；2003年，美国学者布希莱利出版了《工程哲学》(Bucciarelli, 2003)；2004年，美国工程院工程教育委员会把工程哲学列为当年的六个研究项目之一；2007年，由中国工程院立项并组织多位知名工程技术专家撰写的著作《工程哲学》出版。由此在21世纪初，中国和美国几乎同时开创了工程哲学这一新学科。中国工程院院长徐匡迪指出："我们有理由相信，工程哲学是21世纪应运而生的产物"(徐匡迪，2007；转引自殷瑞钰等，2007：IV)。

5.5.1 李伯聪提出了作为工程哲学基础的科学、技术和工程的"三元论"，并在此基础上提出和分析了包括计划、决策、目的、运筹、制度、四个世界、价值合理性、天地合一在内的五十多个工程哲学概念范畴，标志着中国工程哲学学科的正式形成。他的成就被当时的中国科学院院长路甬祥称赞为"现代哲学体系中具有开创性的崭新著作"。美国学者布希莱利在《工程哲学》中探讨了工程的本质，探讨了哲学如何通过澄清、分析和挖掘另一种观察问题的方式，探讨了在权衡冲突、诊断失败、建构模式，以及如何在工程教育中把哲学与工程思想和实践相结合。

5.5.2 工程哲学对工程的定义、核心、工程活动特征、工程发生过程进行了理论探讨。工程行为(如建设城池)在人类进入文明初期就已经发生，"工程"一词在东方和西方均有1,500年以上的历史，该词在中国最早出现在南北朝《北史》中，在西方最早出现在拉丁语中，但是人类对工程进行系统的理论思辨却是新近的事件。布希莱利认为，工程就是指工程师的工作，包括设计、诊断、产品研发、制造、项目管理、销售等(Bucciarelli, 2003)。中国工程哲学家认为，所谓"工程"，就是指人类创造和构建人工实在的一种有组织的社会实践活动过程及其结果。它主要指认识自然和改造世界的有形的人类实践活动，例如建设工厂、修造铁路、开发产品等(殷瑞钰等，2007：66—67)。中国工程哲学家认为，工程的本质可以理解为工程要素的集成过程、集成方式和集成模式的统一。工程活动的核心是构建出一个新的存在物。工程活动的基本特征包括：工程的建构性和实践性、工程的集成性和创造性、工程的科学性和经验性、工程的复杂性和系统性、工程的社会性及公众性、工程的效益性和风险性(同上，67—74)。工程活动的基本过程包括：工程理念与工程决策、工程规划与设计、工程组织与调控、工程实施、工程运行与评估、工程更新与改造(同上，95—101)。

5.5.3 工程哲学探讨了工程思维、工程方法论与工程理念。工程哲学家认为，工程思维与现实世界的相互关系是“设计性”和“实践性”的关系；工程思维具有科学性、逻辑性、艺术性、运筹性、集成性、可靠性、可错性、容错性；工程思维具有工具理性和价值理性，且后者高于前者（同上，105—114）。工程系统分析原则包括：问题导向、动态平衡、反馈控制、替代转化、协同有序；工程设计中的一般过程包括：需求分析、概念设计、概念设计的逐步具体化、设计问题求解的非唯一性。

5.5.4 工程哲学概括了所有工程技术项目类型的特点和规律，对于服务引进（输出）工程技术项目的翻译活动来说，无疑提供了更加广阔的理论视野和专业知识视野。虽然工程技术翻译研究直接隶属翻译学科，但是工程哲学所论述的工程活动基本过程、工程思维的某些方式（如逻辑性、超协调逻辑性、容错性）、工程系统和设计的某些原则（如创新性和规范性）、工程理念的某些观点（如整体性、动态性、多目标性）对于构建工程技术翻译学具有明显的借鉴意义。

5.6 ISO9000质量管理体系

如果说工程哲学是对工程行为和结果的理性思维，那么 ISO9000 质量管理系统就是对工程哲学的具体解构。这一质量管理体系是欧美发达国家根据两百多年现代工业生产的经验总结出来的集体智慧，指导着当今世界各国的工业和经济部门，对人类文明的进步产生了重要的影响。例如，在美国“阿波罗”登月飞船和“水星五号”运载火箭的设计制造中共涉及 560 万个零件。如果零件的可靠性仅仅达到一般人认为的高精确度(99.9%)，则飞行中就可能有 5,600 个零件发生故障，那将是多么可怕的情况！我们还记得 1986 年美国“挑战者”号飞船发生的事故：飞船起飞后仅仅 73 秒就发生了惨烈爆炸，造成七名宇航员全部殉难，损失数亿美元。事后查明，那次事故仅仅是因为一个 O 形密封圈失效所致。鉴于此类原因，弗根堡姆等人提出了全面质量管理的概念（全员性、全过程、全面性、关注顾客）以及一整套管理制度。

5.6.1 1959 年，美国发布了有关《质量管理大纲要求》，规范其国防工业的质量管理和质量保证工作。1979 年，国际标准化组织（ISO）成立了质量管理和质量保证技术委员会（ISO/TC176），并于 1987 年颁布了 ISO9000 质量管理和质量保证系列标准。中国于 1993 年正式实施等同采用ISO9000系列标准的GB/T19000。对于数以万计的企业来说，要想获得市场的认可，跨出国门，走向世界，就必须获得ISO9000系列标准的认证。国际标准化组织2008版的标准在1987初版的基础上增加了两个技术性标准及技术活动：ISO19011：2002和ISO10012：2003。这样一来，工业及经济领域的企业拥有了更加具体的质量技术指导标准。

5.6.2 ISO9000系列标准的具体内容十分详细，其中核心理念包括八项质量管理原则。原则一：以顾客为关注焦点；原则二：领导作用；原则三：全员参与；原则四：过程方法；原则五：管理的系统方法；原则六：持续改进；原则七：基于事实的决策方法；原则八：互利的供方关系。八项原则之间的关系是："以顾客为关注焦点"和"持续改进"是基本点，"领导作用"是关键，"全员参与"是基础，其他原则是手段和方法。

另外，还有12条质量管理体系基础，是对八项质量管理原则具体应用的说明，也是为了解释一些建立质量管理过程中需要注意的问题，相当于八项原则与实施细则之间的过渡性规定：1. 质量管理体系的理论说明；2. 质量管理体系要求与产品要求；3. 质量管理体系方法；4. 过程方法；5. 质量方针和质量目标；6. 最高管理者在质量管理体系中的作用；7. 文件；8. 质量管理体系评价；9. 持续改进；10. 统计技术的作用；11. 质量管理体系与其他管理体系的关注点；12. 质量管理体系与优秀模式之间的关系。

5.6.3 虽然ISO9000系列标准广泛运用于工业和经济领域，但是其质量管理和质量保证的基本思想值得人文社会科学借鉴。工程技术翻译是引进或输出工程技术项目过程的一部分，因此，从事工程技术翻译实践和研究的人士有必要了解这个与自己的事业密切相关的质量管理和质量保证体系。

首先，ISO9000系列标准是一个完整、高效的体系。这一标准体系能够有效应用的前提是：原产品设计和制造工艺在理论上完全正确。运用在工程技术翻译方面，这启示我们：如果某些翻译话语是有效存在的（含有用信息），则这种有用信息就可能在本套质量管理系统下转换为另一种话语信息，并形成实际效果。这为完成工程技术翻译工作提供了理论支点。

其次，该标准系列的八项质量管理原则中，第一原则（或基本点）是"以顾客为关注焦点"，这不仅是翻译服务的商业目的，而且可以作为工程技术翻译的指导性理念（参阅本书第14章《工程技术翻译的标准体系》）。

第三，该系列标准的原则三"全员参与"、原则四"过程方法"、原则六"持续改进"、原则七"基于事实的决策方法"，实际上是质量保证过程的方法论。在工程技术翻译领域，这些原则可以视为保障翻译质量的指导性理念实现的主要途径或策略，也可以作为构成工程技术翻译方法论的重要参考要素。

第二编

客 体 论

第六章

工程技术翻译的语境场

我们先认识工程技术翻译中最具表象意义的要素——语境。彼得·纽马克指出:“语境在所有翻译中都是最重要的因素,其重要性要大于任何法规、任何理论、任何基本词义”(Newmark, 2001)。所以,了解工程技术翻译的语境是研究和构建工程技术翻译学的首要任务。

语境即使用语言的环境。这个概念最早由德国语言学家威格纳于 1885 年提出,后来经波兰人类语言学家马林诺夫斯基于 20 世纪 20 年代进一步划分为文化语境和情景语境,并认为话语和环境是紧密结合的,语言环境对于理解语言是必不可少的。后来的英国语言学家韩礼德(2010)进一步丰富了语境理论,并将决定语言特征的要素归纳为:语场(field)、语旨(tenor)、语式(mode)。语场指实际上发生的事情,即包括话语、题目、话语者以及其他参与者的全部活动;语旨指话语者与参与者之间的关系,也包括参与者的社会地位及他们之间形成的角色关系;语式指话语交际的媒介和方式。我国学者胡壮麟(1992)在此基础上提出语言语境(上下文或语篇内部环境)、情景语境(语篇产生时的外部环境)和文化语境(话语者所在的语言社会团体的历史文化和风俗人情);裴文(2000)从对语言的影响大小把语境分为大语境和小语境;龚光明(2004)从主体与客体的关系出发,提出了主体语境和客体语境,并把语境分为语境 A、语境 B 和语境 C;许建忠(2009)则从生态翻译学的角度概括了翻译活动的语境,称其为“翻译的社会环境”“翻译的规范环境”“翻译的生理和心理环境”。

6.1 工程技术翻译语境场的定义

“场”本来的意思就是场地，现代物理学率先利用其隐喻意义指代另一知识范畴或物质领域，例如电磁场、引力场。现代人文科学也纷纷采取此种隐喻来建立各自的学科体系，譬如当代法国著名的社会学家布迪厄就将“场域”作为超越主观和客观对立的主要概念（布迪厄，1998：133），我国学者胡庚申（2004）和许建忠（2009）也利用生物学和生态学的概念隐喻来构建各自的生态翻译学理论体系。

语境场这一概念表明在此“场”范围内存在某种特殊的语境，如人们熟悉的语言语境场、情景语境场、文化群语境等；每一类语境场内部又存在若干个语境要素，它们既相互共存，也相互作用，对特定话语或文本意义形成一种预设综合影响。另外，工程技术翻译的语境既包含其他行业翻译通用的要素，也具有自己独特的要素。所以，语境场的概念可以将各种语境要素综合起来，形成相对完整的认知范畴，同时也能够拓宽我们的认知视野。

首先，本书研究的对象——工程技术翻译——是指工业企业在涉外或跨国工程建设、技术交流、技术和工艺引进与输出、大中型工业设备引进与输出等涉外项目从启动立项至结清全过程中的翻译工作，包括相关信息、文件和材料的笔译。这样一整套复杂的翻译工作所涉及的信息内容（语场）并不像一次旅游、一场会议那样单一，工程技术翻译话语的发生地点、时间也与文学翻译、社科著作翻译、会议翻译甚至外交翻译大相径庭。其次，工程技术翻译中的话语者关系（语旨）不可能仅仅是文学及社科著作翻译中的译者与读者关系，也不可能是旅游翻译中导游与游客那种简单的说话者—听话者关系。再者，工程技术翻译的语篇形式（语式）也不可能要么是书面语篇翻译，要么是口头语篇翻译，实际上它拥有书面翻译、口头翻译以及混合形式。

本章拟借助语境场概念，对工程技术翻译的语境场进行讨论和研究。这种语境场不仅是我们了解工程技术翻译的认知前提，而且还有助于形成工程技术翻译学的特殊方法论。鉴于目前许多外语学习者及翻译者对文学翻译、社科翻译、普通会议翻译、旅游翻译等大众热点集中的行业翻译比较熟悉，而对专业技术性程度较高的“冷点”型的工程技术翻译还不了解或了解甚少，本章将在讨论工程技术翻译语境场（情景语境）的同时，适当与其他行业的语境作一些对照,这样或许能够给读者留下较为深刻的印象,便于后续各章利用这个语境场研究工程技术翻译学的其他概念。

6.2 工程技术翻译的情景语境场

工程技术翻译的情景语境场是工程技术翻译的外围性语境,由翻译对象、翻译时机、翻译时间、翻译场所、翻译客户等要素构成。这些要素的概念与其他行业翻译的情景语境场相似,只是构成这些要素的内涵有着自身的特殊性和复杂性。读者很快会发现,工程技术翻译情景语境场的构成要素可能令翻译新手或外行感到诧异,其根本原因就是:与引进(输出)工程技术项目本身一样,工程技术翻译是一系列翻译过程的复合体,而非单一性翻译的过程,涉及多维层面。

6.2.1 工程技术翻译的对象

从本书第一章《工程技术翻译学的定义》(参阅 1.2.3 节)读者可以了解,其翻译对象是与引进(输出)工程技术项目有关的各种公关文件、合同法律文件、技术文件、商务文件、施工及运行文件,同时还有相应的口译话语。

一个引进(输出)工程技术项目的文件是什么样子?其前期文件、合同正文条款、技术规范等主要文件通常从几百页至成千上万页不等,即使在施工过程中发生的来往信函也远远不止人们普通交流的几封信那样简单。例如,一个中型公路桥梁建设项目的合同条款就可能有 200 个标准页(A4),加上技术规范 500 页、工程量计算表 500 页、工程图纸数百份,这份合同文件总共至少有 1,000 页(虽然工程量计算表和工程图纸的翻译量不大);此外至少还有几百封信函、电报、传真要翻译。如果是科技含量较高的机电类和化工类工程项目,其文件数量则大大多于土木工程项目,例如一个中等规模(年产 10—20 万吨)的聚酯纺织工程项目的合同文件(纸质)可以达到 10 吨。据说我国第一艘航空母舰"辽宁号"的设计文件及图纸共有 40 吨之多,还尚不包括舰载武器系统的设计文件。2017 年正式投产的中国—俄罗斯亚马尔液化天然气 LNG 项目是目前全球最大的同类项目,其完工的技术文件多达 700 多万页(口译任务未计)。

一个引进(输出)工程技术项目的口译是什么？就是提供给项目建设的口译服务。口译信息主要源自书面文件,涉及专门而细致的技术信息,包括项目前期的咨询考察口译、合同谈判口译、人员调动及货物接发口译、工地上的施工运行口译、业务会议口译、索赔理赔口译、竣工及维护期口译、项目清算终结口译等。口译服务通常是按小时计算。在一个引进(输出)工程技术项目的工期动辄长达几年的情况下,口译工作的小时累计数也是相当大的(参阅 6.2.3 节)。

工程技术翻译对象的特点是：第一,书面对象(文件及信函)是非出版物,绝大部分情况下仅仅是供内部人员阅读参考的工作文件和资料,不可外传,通常在项目结束后必须存档保留;口译对象是有关工程技术项目的话语交际活动,同样在绝大部分情况下也不能对社会公开披露。这两个特点也致使非工程技术项目人员对此知之甚少。第二,工程技术翻译的对象既涵盖无三维外形的、无声的、静止的书面文字对象,也涵盖有三维外形的、有声的、活动的口译对象(人员、机器、设备、材料及实施过程)。第三,工程技术翻译的对象具有高度的专业性及复杂性,其涉及的内容主要是工业产品的技术知识、生产或建设过程,并非一般读者或听者能够轻松理解的人伦情感、社会道德、公共法律、风景名胜、日用商品等大众化主题。故有的工程技术翻译初学者对此十分陌生(尽管工程技术项目的终端产品可能具有大众性)。

6.2.2 工程技术翻译的时机

工程技术翻译的时机是指翻译者承担翻译工作的时间背景。有些行业的翻译者似乎不在意翻译的时机,例如文学翻译者和社科著作类翻译者对此颇为从容淡定,但对于工程技术翻译人员却不可忽视。由于翻译对象的专业性及合同的强制性,工程技术翻译的时机也具有相应的特点。

从宏观上说,工程技术翻译的时机体现出一定的风险性。凡是参加工程技术翻译的人员事先均以各种形式与雇主或客户签订翻译工作合同或协议;其次,翻译者必须保证翻译质量或达到客户的要求。虽然旅游翻译者、文学翻译者也有合同的约束,但工程技术翻译者不仅要按时完成翻译任务,而且还需承担一定程度的技术风险、经济风险,甚至政治风险(参阅 2.6.3 节"援外及输出工程技术项目翻译的特点")。如果出现明显失误,翻译者要承担责任并受到处罚。在以往的引进(输出)工程技术项目翻译中就发生过类似情况,而旅游翻译者和文学翻译者几乎不会面临这些风险。

从微观上说，工程技术翻译具有随机性。在翻译实践中可以发现：级别越高的会议或事件，主办方提前通知翻译者准备的时间越长（现在往往还提供 PPT 或打印的讲稿）；级别越低的会议或事件，主办方提前通知翻译者准备的时间越短。换言之，越是高级别的翻译活动，其计划性越强而随机性越小；越是低级别的翻译活动，其计划性越弱而随机性越大。由于工程技术翻译在大多数时候服务于中下级的工程技术人员（参阅 6.3 节“工程技术翻译的语篇语境场（图式）”），所以其翻译活动（无论是笔译还是口译）常常表现出很大的随机性。譬如，某工程项目的文件资料由于各种原因延迟到达工地，而项目建设马上需要翻译文件，这时翻译者可能没有充分时间熟悉某一话题，匆匆上阵担任笔译或口译，其临场心理压力就会增大。另外，鉴于中国工程技术翻译者单一的知识背景（通常缺乏工程技术学科背景），他们对新项目的技术内容往往比较陌生，短时间内又无从充分准备，常常只能草草应付。因此，在工程技术翻译中如何降低随机性而增大计划性是项目业主、项目承担者、翻译者以及研究者应着力考虑的问题。

这种时机性体现出的另一种风险是工程技术翻译中大量存在的谈判性口译，即使其笔译也需要互相交流，并面临项目其他各方可能对笔译成果表示质疑或拒绝的风险。这种谈判性交流（口译、笔译）带来的时机性风险不仅在工程技术翻译中出现的频率高（参阅 6.3 节“工程技术翻译的语篇语境场（图式）”），而且其风险性还高于许多非谈判性交流活动的翻译（如商业推介会翻译、联欢会翻译）。

6.2.3 工程技术翻译的时间

工程技术翻译的时间可以从三个方面来描述。

第一个特点是工作周期长。从一个引进或输出工程技术项目的考察过程算起至合同终结，翻译的持续时间最短也有几个月，多则几年。例如，中国葛洲坝集团股份有限公司在中南美洲国家厄瓜多尔承建的索普拉多拉水电站项目，该项目包括索普拉多拉水电站的土木建筑工程和机电设备的设计、制造、供货、施工或安装、实验及试运行，装机容量是 487 兆瓦，从 2011 年 4 月正式动工，2015 年 4 月完工；我国耗时最长的工程是从日本引进的上海宝山钢铁厂项目，从 1978 年启动，1985 年 9 月点火运营（一期），直至 23 年后的 2001 年才陆续终结（三期）。小型项目（例如浙江省宁波风机厂出口埃及共和国圣戈班玻璃工程的风机项目）也前后跨越两年，而同等金额的日用货物贸易仅需一个月就足够了。

第二个特点是翻译工作量大。一个引进(输出)工程技术项目的书面翻译工作量(时间)占该合同项目总工期的50%稍多，而口译工作量也占该项目合同总工期的50%略少。如果是我国的引进工程项目，则笔译时间一般多于口译时间；如果是我国的输出工程项目，则口译时间一般多于笔译时间。假设一个项目从启动咨询考察至合同项目终结为两年，目前我国一个翻译者的标准笔译时间大概是：[730/2－52×2－11]天×4小时＝1,000小时，口译时间也大体相当。在该计算公式中，730/2＝365是两年的50%(天数)，52×2为一年里的52个双休日，11为目前法定假日数，4为每天实际的翻译工作小时数。其实，每当项目文件及口译任务来临之际，翻译者常常不计时间加班加点。在2000年我国实行双休日之前，或出国担任输出工程技术项目的翻译时，我国翻译者的工作时间实际上大大超出上述标准预算时数。

第三个特点是工程技术翻译具有及时性，这在文件翻译中极为明显。翻译者常常会遇到这样的情况：如翻译者不能按时提交翻译文件，就会影响该项目施工的进度或机器设备的安装转运；如合同一方超出合同期限后才完成合同义务，则该方必须承担经济损失(国际工程项目合同里普遍订有"保留金"条款，一般为合同总价的5%)及声誉损失(影响以后的工程合同招投标资格审定)。其他行业翻译虽然也存在及时性，但通常不会面临如此约束和惩罚。

6.2.4 工程技术翻译的场所

翻译场所在其他行业翻译里仍然是一个不大引人注意而实际上又是人人会遇到的问题。本节的定义不用"地点"，而采取"场所"，其中蕴含更丰富的背景所指：项目所在地或施工现场的自然环境、人为环境、物资环境。这是工程技术翻译语境的特色之一。

关于工程技术翻译的场所，除了合同谈判主要发生在宾馆或写字楼里之外，其余绝大部分的翻译活动都发生在工厂车间、临时营地、实验室、野外工地、行驶途中的车辆上等场所。许多工程技术项目的临时营地搭建了活动板房，会议室、实验室、项目经理室和各个子项目责任工程师的办公室也位于板房之中，常常有一线员工走动，声音嘈杂。机电工程和化工工程项目的地点一般需要新建，有时利用原有的厂房或车间，管线纵横、机器轰鸣，甚至有些设备启动后发出刺耳的啸叫，伴随有关产品或原料的特殊气味。土木建筑及公路桥梁工程的工地除了办公室及寝室为活动板房外，场景主要为三类：一类是开动的施工车辆、机械和设备以及活动人员；另一类为旷野地形(包括平原、丘陵、沙漠、戈壁、河流)，施工人员日晒雨淋，物质条件较其他工程项目艰苦；第三类为行进中的车辆上，这时的车辆绝非旅游大巴或舒适的小轿车，而是灰尘满面的越野车或皮卡车，行进途中不关窗户(便于观察工地和与沿途工人交流)，道路常常是崎岖不平的施工便道或根本就没有建成道路的旷野。显然，这些场所的物质工作条件没有个人书房那么舒适。随着计算机互联网的普及，工程技术项目的有些文件翻译工作出现了外包服务，或者采取机器翻译(在室内)，部分发达国家和地区也有在家办公的 SOHO 一族，但是这些情况仅限于一部分书面文件(如技术标准、技术规范、工程合同)的翻译。无论如何，绝大部分工程技术项目的口译活动，以及相当大部分的技术规范和施工文件翻译仍然必须在工地现场进行。

工程技术翻译场所的这一特殊性带来两个问题：

第一是微观方面的，工程技术翻译者，尤其是口译者，常常因机器的噪音、过热或过冷的环境、不断变化的工地景物或者处在众目睽睽之下而产生焦虑、恐慌等心理压力，从而精力不集中，影响传译能力的发挥。例如，本书作者于 2010 年在埃及共和国苏伊士省参加过一个大型玻璃工程项目，建设完工后在其生产流水线的熔炉前举行竣工典礼，埃及国家电视台、广播电台以及数百人聚集在车间各处，车间内外有施工的噪音，给口译工作带来了很大挑战。

第二是宏观方面的问题，谈判或会议(特别是人员层次较高级的会谈)选择在合同项目的哪一方所在地举行也颇有讲究。一般说来，会谈的发起方倾向在自己所在区域举行，这能够占一些“人气”优势，表现在人际关系、物质条件甚至心理状态方面。主办方可以占据会议人员配备、话题引导、谈判加码的优势，翻译者可以占据心理自信、准备充分的优势。对于中国翻译人员来说，在国内担任翻译任务显然心境宽松得多，因为来中国的外商和工程技术人员一般比较礼貌；如果去国外担任翻译，即使其他条件相同，而面对陌生的人员和环境，翻译者在初期很容易感到心理压力较大。

6.2.5 工程技术翻译的客户

6.2.5.1 工程技术翻译客户的定义

工程技术翻译的客户就是接受工程技术翻译服务的个人、公司、政府机构或其他部门。在2000年之前的大部分时间里,我国并没有"翻译客户"一词,因为翻译者常常就是该引进(输出)工程项目所在单位(业主)的正式成员或长期聘用职工,在此情况下不存在谁是主人谁是客人的称呼区别。即使在目前情况下,相当多的单位(各级政府机关、大型机构和公司)仍然拥有正式在编的或长期合同制的翻译人员,从事着翻译这份内部分工的工作。大约自2000年以后,随着大量自由翻译者进入市场,并形成独立法人的翻译公司,这时他们要与购买翻译服务的个人、项目业主、公司或机构签订翻译服务合同,于是从翻译公司内部逐渐兴起"翻译客户"一词。欧美等国家启用"翻译客户"一词较早,这与其用工制度有关。"翻译客户"是翻译者为独立法人一方时才使用的名称,用来称呼使用翻译服务的另一方。

6.2.5.2 工程技术翻译客户的划分

一个引进(输出)工程技术项目涉及上上下下众多的管理部门和技术部门,有的大中型项目仅仅从申报立项到项目开工就要跑上百个部门,盖上百个图章(审批程序数量),这还不包括之前和之后需要联系的部门。按其在合同项目中的法律身份,翻译客户可以分为进口方、出口方、业主方、投资方、政府管理方、工程承包方、咨询方(设计监理方)、翻译方;按其在合同实施过程中的工作岗位划分,翻译客户包括工程管理人员、工程技术人员、商业机构人员、政府管理人员;按与合同项目的关系,翻译客户分为合同项目内部人员、合同项目外部人员(例如海关、港口、船公司和其他多种机构)。也可以按照场地划分,翻译客户包括项目工地内的人员、项目工地外的人员、办公室人员、工地现场人员。不过,从翻译者的角度看,出于对翻译服务需求的区别,如此众多的管理和技术部门及人员可以划分为以下三大类。

(1) 高级技术管理层客户群(包括合同项目业主或法人代表、咨询设计监理公司经理、项目所在国家(城市)政府各主管部门负责人、项目承建方国家驻项目所在国大使馆及领事馆负责人):负责引进(输出)工程技术项目的规划,高层联络,编制及审定项目建议书,编制及审定项目可行性研究报告、项目批准书、项目合同,并决定或处理重大公关事务和重大技术问题。

(2) 中级技术管理层客户群(包括合同项目经理、项目主监(业主代表)、项目副经理、项目总工程师、总会计师、业主下属各部门负责人、咨询(设计监理)公司下属部门负责人、政府主管部门下属科室负责人,以及移民局、警察局、劳动局、海关、机场、银行、船公司、铁路局、保险公司、税务局、工商管理局等项目外涉机构的下属科室负责人,有关使领馆部门负责人): 主要负责引进(输出)工程技术项目的直接设计、实施、监理、维护、营运等事务(涉及合同条款及技术规范),并处理日常公关事务和重点工程技术问题。

(3) 初级技术管理层客户群(包括合同项目内子项目主管工程师、工段长及普通员工、子项目监理工程师、业主下属部门经办人、咨询设计公司下属部门设计师、政府主管部门下属科室经办人、有关使领馆部门经办人,以及移民局、警察局、劳动局、海关、机场、银行、船公司、铁路局、保险公司等项目外机构的下属科室经办人): 负责该项目(子项目)的直接实施、监理、维护、运营(涉及合同条款及技术规范),并处理日常公关事务及解决一般性工程技术问题。

6.2.5.3 工程技术翻译客户的属性

不同于有些行业的客户(譬如,文学与社科翻译的客户一般是单纯的大众阅读者,商业推介翻译的客户常常是大众的潜在客户),工程技术翻译的客户是小众的专业客户,他们不仅是译文的读者和听者,同时也是原文话语的发布者,还是原文话语意义所指向的行为实施者。工程技术翻译客户这种多元属性决定了工程技术翻译的特殊性——从翻译话语、翻译性质、翻译特征、翻译过程,到翻译标准、翻译方法。因此,了解和研究各种类型的翻译客户有助于我们了解工程技术翻译的整个范畴。

原中央电视台著名主持人崔永元在中国传媒大学的媒体说明会上曾感叹:“面对学生比面对镜头压力更大,过去主持节目,我们说错了,就当开个玩笑,观众也笑笑,就过去了。但是面对学生,那是不行的,如果出了错开个玩笑就过去,他们会揪住你不放”(崔永元,2013-12-22)。虽然崔永元谈的具体话语和工程技术翻译不同,但其基本点是相似的: 在大学讲课的听众与工程技术翻译的客户相似,都是小众客户,都要进行认真思索和反馈,绝非能够容忍讲课者(翻译者)开个玩笑就把错误掩饰过去,因为讲课内容(翻译信息)不是可有可无、可听可不听的娱乐笑料,而是受让者必须要领会和掌握的专门知识和技能,乃至合同项目包含的财富和经济利益,所以讲课人(翻译者)必须保证讲课内容(翻译信息)正确、恰当。从这个角度看,工程技术翻译的客户与大学(也包括中小学)课堂的学生以及科学研究和商品生产的终端用户具有相似性质。

6.3 工程技术翻译的语篇语境场(图式)

语篇语境场是研究工程技术翻译的语言出发点,较前面的情景语境场更加接近我们的研究对象。

工程技术翻译是一项复杂的系列工作,其发生的方式及内容与其他行业翻译(参阅 6.2 节)相比存在很大的差异。完成一个引进(输出)工程技术项目,至少也要好几个月,多则几年至十几年不等,相应地为其服务的工程技术翻译也延续较长时间。一个翻译项目持续这么长的时间跨度在其他行业翻译中并不多见。因此,对这种特殊的系列翻译活动的语篇进行划分,有利于理论研究、学校教学和翻译实践。因此,如何甄别和认识它的发生方式、过程及其内容(语篇语境场,即工程技术翻译语言范畴的内部结构或图式)就成为深入研究工程技术翻译的第一道门槛。

在分析和讨论工程技术翻译的语篇语境场时,本书会重复或交叉地使用语篇和图式这两个术语。语篇是从语言学角度提出的概念(Halliday et al., 1976),表示构成意义整体(意群)的一个语言段落,包括口语和书面语(不论其长度如何),也包括语词、语句结构、语气等;而图式是从认知心理学角度提出的概念(Schank & Abelson, 1977),表示在人类交流行为中存在的相对固定的认知程式,譬如在特定场合、特定人群中使用的具有特定形式的语言,类似于影视拍摄或舞台演出的"脚本"。这两个术语在许多情况下实际强调的是相同语言行为的不同侧面。

6.3.1 语篇语境场(图式)划分的依据

在第一章第 1.2.3 节,本书提出了工程技术翻译的定义,它的活动涉及许多环节和内容。但是,无论其具体细节纷繁到什么程度,归根结底它都是一项语言翻译任务,是一个完整的、相对独立的、伴随着引进(输出)工程技术项目的一系列翻译语篇的集合体(参阅 13.1 节"工程技术翻译的多维性质")。

工程哲学家认为,工程活动不仅是技术的系统集成,也是非技术因素的集成;既涉及人与物(自然)的关系,也涉及人与人的关系,一般包括:工程理念与工程决策、工程规划与设计、工程组织与调控、工程实施、工程运行与评估、工程更新与改造(殷瑞钰等,2007: 95—101)。当然,联系到某个具体的工程项目，这个一般程序会存在一定程度的变异，但核心内容是不会改变的，因为“工程”的定义决定了它的内涵。

在引进（输出）工程技术项目领域，合同项目包括了现代工业社会几乎所有方面，大到价值数十亿美元的大型钢铁项目、高速铁路项目、航空航天项目，小到几十万美元的小型机器设备项目，甚至零散的城市给排水及下水管道疏浚项目。不同的引进（输出）工程技术项目又有不同的操作程序，例如新建道路工程的一般程序是：踏勘→初步设计图纸→设计审查及批准→材料设备及人员进场→路堤开挖或破土动工→沉降期180天→建设次基层→建设基层→铺设路面→设置道路标志→一年维护期→交接项目；其间还需多次修改初步设计图纸或设计方案，每一个子项目还要进行现场测试及验收。又如石油工程的一般程序是：规划→组织→物探→钻井→测井→录井→固井→修井→地面附属物建设→管道施工→道路桥梁等配套设施建设→原油开采→输送→精炼→储存。再如机械设备工程项目的一般程序是：市场调研→产品规划→产品设计→备料→模具制作→样机（品）试制→性能测试→成型制造→安装→试车→投产（下游产品），其中也包括多次修改初步设计方案和反复测试。

这些形形色色的工程技术项目虽然具有各自的技术特点和工程特点，但是在引进（输出）的过程中，即从项目启动立项至结清终结的整个实施过程中，我们可以发现：几乎所有引进（输出）工程技术项目仍然具备某些共同点或相似的实施程序，而工程技术翻译就是为这些实施程序服务的系列活动。正是基于工程活动的基本程序、基于引进（输出）工程技术项目的操作流程，并结合工程技术翻译大量的实践经验，我们能够概括出工程技术翻译的工作特点，形成下列工程技术翻译的工作流程：

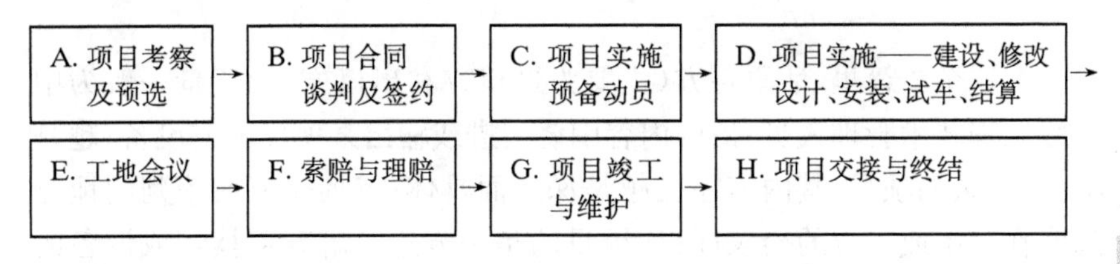

在一个引进（输出）工程技术项目的实施过程中，上述G、H这两个流程一般只出现一次，但是位于前面和中间的A、B、C、D、E、F六个流程可能会交替或重复出现（A重复是指大型设备或技术通常会多次进行考察和预选，B、C重复出现是指一个大型项目里可能中途会增加某些子项目，而D、E、F重复表示在每个子项目中的发生频率较高）。流程D（项目实施—建设、修改设计、安装、试车、结算）中的“试车”是在机械电气化工类

项目中的术语或行话；如果是在土木建筑或交通工程中，该术语就可以改为"试运营"或"试运行"。从研究语言翻译的角度，我们把这里的八个翻译工作流程视为八个特定的语篇(discourse segments)。每一个语篇是在引进(输出)工程技术项目特定语境下发生的，并形成了具有相对独立特点的语言交流方式及翻译行为方式，所以我们也称其为工程技术翻译的八个图式(schemas)。

顺便指出，现在许多冠以"商务英语""商务英语翻译"及"商务英语谈判"的书籍、课程和参考资料，基本上只论及本节提及的前两个或前三个过程(项目考察及预选、项目合同谈判及签约，以及作为项目预备动员一部分的材料设备发运及收货)，而对于这以后的工作流程或语篇就没有论及，因为有人强调的仅仅是"商务"过程，误以为工程技术、工业设备和工程建设的进出口也像毛绒玩具或打火机的外贸业务那么简单，签完合同后收到货物就大功告成了。而在本书的研究结构中，商务过程仅仅是作为这个语言翻译集合体的初期环节，它后面还紧跟了多个生产环节。

还需指出的是，本书提出的八个语篇或图式是对引进(输出)工程技术项目一般操作程序的总结，而实际上每一个跨国工程技术项目的翻译任务并非一定包括八个语篇或图式，譬如某个土木工程项目可能包括七个语篇，而某个精密机械项目或有机化工项目包括了九个语篇。但是总体而言，这八个语篇或图式基本概括了各种类型的引进(输出)工程技术项目的语言翻译工作特点，并分别体现在各个具体的项目之中。下面逐一分析每个语篇或图式涉及的话语信息和发生方式。

6.3.2 语篇(项目考察及预选)及图式 A

在这个语篇里，话语各方(主要为进口方和出口方)的背景一般为中高级工程技术管理人员；话语内容围绕引进或输出某项技术或设备；越是大型、复杂的项目，其内容往往越是深入而具体；咨询交流或谈判的地点通常在宾馆或一方的会议厅；话语目的是一方想了解某项技术或设备的功能，为今后的采购合同奠定基础；话语时机为初次(初期)；话语发生形式包括专业信息交流、信息咨询、实地考察，大型项目通常需要经历多个回合，例如在我国"自力更生"时期，政府(中国技术进出口公司代表)首次向日本采购维尼纶化纤成套设备时，双方考察、咨询交流时间(包括合同谈判)达两年之久。

本语篇在语言形式上表现为大量的口语和少量书面语。考察咨询结束之后，有些大中型项目的谈判者还会签订备忘录、意向性协议等非正式文件，以示双方合作的诚意。进口方单位经过考察咨询之后，一般要研究、分析考察情况，然后提出项目的立项方案（项目建议书）及技术支持方案（项目可行性研究报告），等待上级机关批复后再继续进行项目的具体谈判工作。小型项目一般不需要复杂的程序，往往考察结束后当场进行谈判并签订合同。

为了更加形象地说明翻译语篇，在此我们借鉴认知心理学的图式理论和电影、电视、戏剧界的演出脚本形式（王立弟，2001），描述出语篇（项目考察及预选）的图式 A 或“脚本”。在下列图式中，“道具”表示语篇发生的物质环境，“角色”指话语者，“演出前提”表示双方或各方合作的机会条件，“幕次”表示翻译话语进行的程序，“场次”表示每一幕或场的出现或“演出”次数，“演出主题”表示每一幕或场的主要内容（话语信息），“演出结果”表示该图式目标。另外，该图式或“脚本”的时间以天计算，数学符号（N+1）表示 1 及其以上。

图式 A：项目考察及预选

道　具	主办方的办公室、厂房车间、机器设备、原材料、实验室、半成品、成品				
“演出”前提	双方均有进行工程技术项目合作的愿望				
“演出”结果	双方签订咨询（考察）备忘录或意向性合作协议或单方面准备考察报告				
幕次	场次	地点	时间（天）	角　色	“演出”主题
第一幕	N+1	主办方办公室（会议厅）	N+1	各方高级经理和高级技术人员、译员	1. 主办方经理介绍己方概况，并提供该方（厂商）书面资料 2. 主办方总工程师介绍己方技术、工艺及产品，可能提供样品 3. 客户方询问技术及经营信息
第二幕	N+1	主办方生产车间、工地及实验室	N+1	各方中高级经理或技术人员、主办方普通员工、译员	1. 主办方陪同客户方参观主办方生产车间、工地、实验室 2. 客户方不断咨询或提出生产及技术细节问题，主办方一一解答

（续表）

幕次	场次	地点	时间（天）	角色	“演出”主题
第三幕	1	主办方办公室	N+1	主办方中级经理、译员	主办方准备（起草）咨询（考察）备忘录或意向性协议
第四幕	1	主办方会议厅	1	双方高级经理、高级技术人员、译员	双方签订咨询（考察）备忘录或意向性协议
第五幕	1	客户方返回己方国内办公室	N+1	客户方高级经理和高级技术人员、译员	1. 客户方单独准备考察报告 2. 撰写并提交项目建议书 3. 撰写并提交项目可行性研究报告

6.3.3 语篇（项目合同谈判及签约）及图式 B

成套工业技术和装备的引进与输出合同，一般都需要经过一定时间的谈判或者招投标，不像日常生活用品或小型工业产品进出口那样，靠一个电话、一条短信、一张订单就可以解决问题。合同谈判和招投标是引进（输出）工业技术和成套设备项目的两种情形。

第一种情形是合同谈判，这是引进（输出）工程技术及成套设备采用的普通贸易方式，即双方通过洽谈方式就某一引进（输出）工程项目达成共识并签署合同。这时候，项目各方或双方话语者的身份是公司法人代表和高级工程技术人员；话语内容围绕项目合同的常见条款（涉及合同数量、质量、规格、价格、付款、运输等商务内容）和特殊条款（涉及项目专利、产品规范等技术细节以及技术人员培训等），而对一般合同条款的谈判集中在合同项目的数量、质量、价格、工期、适用法律以及仲裁机构认定；谈判地点在宾馆或一方的会议厅；谈判时机为双方已经初步具备合作意向；谈判时间为前期接触，如遇大中型项目，接触频率较高。

在语言形式上，这一语篇表现为大量的口语和较少的书面语，以口译为主（包括谈判过程及签约仪式），以笔译为辅（需要提供必要的技术资料和商务文件作为合同谈判的基本条件），谈判结果表现为书面合同或协议。

根据以上概述，我们可以描述语篇（项目合同谈判及签约）的第一个图式B-1或“脚本”。

图式B-1：项目合同谈判及签约

道　具	项目合同一方的会议室或宾馆、出口方的产品目录、报价单、有关技术资料、电脑、电话、手机、传真机、打印机等				
“演出”前提	双方已经表明进行工程技术项目合作的愿望，或已经签订咨询（考察）备忘录、会谈纪要或意向性合作协议				
“演出”结果	签订引进（输出）工程技术项目合同				
幕次	场次	地点	时间（天）	角　色	“演出”主题
第一幕	1	合同一方会议室或宾馆	（N+1）：一天至几个月不等	各方高级经理和高级技术人员、译员	1. 出口方介绍某项目的技术、生产、经营概况 2. 引进方提出技术细节询问 3. 出口方提出初步报价
第二幕	N+1	合同一方办公室或宾馆	N+1	各方高级技术人员、译员	1. 出口方提供有关项目工程或设备的技术资料 2. 翻译人员紧急翻译书面技术资料或商业资料
第三幕	N+1	合同一方会议室或宾馆	N+1	各方高级管理技术人员、译员	1. 各方磋商合同条款 2. 各方磋商子项目技术细节及零配件单价 3. 确定合同总价
第四幕	1	合同一方办公室	N+1	承办方中高级管理技术人员、译员	1. 合同一方（通常是出口方）准备（起草）引进（输出）工程技术项目合同文本 2. 合同起草方把合同草案送交对方或其他方审阅
第五幕	1	合同一方会议厅或宾馆	1	各方高级经理和高级技术人员、译员	1. 双方（各方）签订引进（输出）工程技术项目合同 2. 双方（各方）互致祝词 3. 庆祝项目合同签约酒会

第二种情形是合同招投标（contract bidding），起初主要运用于政府及公共事业部门的货物采购及基本建设项目等工程技术项目，以后逐渐

扩展到大中型机器设备项目及土木工程项目。这时的语境与第一种情形大不相同。从理论上说,招投标合同不存在双方高级人员的谈判机会,也就不存在谈判地点和接触频率。但实际上,合同各方高层人员仍然存在较多的磋商接触。招投标合同的订立绝大部分是以书面信息传递方式进行,因而翻译人员的工作方式主要为笔译(协助专业技术人员阅读招标文件,翻译招标文件,协助填写或书写投标文件)。

特别提示:招投标文件(bidding documentation),简称"标书",并不是一般意义上的行政文件(一页至几页),而是一整套招投标合同文件及技术资料的总称,包括合同条款文本、技术规范文本、工程图纸、工程数量计算表,以及其他财务文件及投标资格文件等。这些文件通常有数十页、数百页至上千页不等。因此,在准备招投标期间,翻译人员需要完成大量的阅读、翻译和文字撰写工作。等到投标文件填写完成,翻译人员将这些文件寄送或直接送达招标业主处。在后续的时间里,业主(招标部门)组织评标会,并将宣布决定哪一个投标人中标。这个时候就相当于第一种情形的合同签约仪式。

在语言形式上,这一语篇表现为大量书面语及少量口语。

根据以上概述,我们可以描述语篇(项目合同谈判及签约)的第二个图式 B-2 或"脚本":

图式 B-2:项目合同招投标及签约

道具		业主方或专业招投标公司的会议室、招标文件、有关技术资料、电脑、传真机、打印机等			
"演出"前提		业主方已经发布招标公告,投标人有意参与投标			
"演出"结果		业主方公布招标结果,与中标方签订中标项目合同			
幕次	场次	地点	时间(天)	角色	"演出"主题
第一幕	1	业主方或专业招投标公司办公室	N+1	业主方和专业招投标公司中高级技术人员	编制并发布招投标文件(标书): 1. 编制招标合同 2. 编制招标技术规范 3. 编制招标图纸 4. 编制招标工程数量计算表 5. 编制招标资格预审文件 6. 发布招投标公告

（续表）

幕次	场次	地点	时间（天）	角　色	“演出”主题
第二幕	1	业主方或专业招投标公司的会议厅	1	业主方和投标方的中高级管理技术人员、译员	1. 业主方介绍招标项目概况 2. 投标方提交资格证书及投标费用 3. 业主方发放招标文件 4. 投标方领取投标文件
第三幕	1	投标方办公室或宾馆（当投标方出国参加投标时）	(N+1)：一至三个月	投标方中级管理技术人员、译员	1. 投标方翻译人员加班翻译投标文件(标书) 2. 投标方高级及中级管理技术人员阅读、填写投标文件 3. 投标方翻译人员加班翻译填写完毕的投标文件
第四幕	1	业主方办公室	1	业主方和投标方的初级管理技术人员、译员	1. 投标方递交填写完毕的投标文件 2. 业主方签收投标方的投标文件
第五幕	1	主办方会议厅	1	业主方和投标方高级管理技术人员、译员	1. 业主方宣布招标结果（中标人） 2. 业主方与中标人互致祝词 3. 业主方宣布中标人义务
第六幕	1	中标人关联的银行、保险公司	(N+1)：一周	中标人中下级财务人员、译员	1. 中标人在业主指定银行缴纳履约保证金和违约保证金（通常为合同总价的10%—15%） 2. 中标人获得保证金凭据
第七幕	1	业主方会议厅	1	业主方和中标人高级管理技术人员、译员	1. 双方签订中标项目合同 2. 中标人举行合同签订成功酒会

（说明：上述图式里第四幕之后与第五幕之前，业主方会组织（招标部门）评标会，但因仅在业主内部举行，一般不涉及合同其他各方，也就不存在翻译行为。故本图式里省略了评标会一幕。）

6.3.4 语篇(项目实施预备动员)及图式C

从这个语篇起,工程技术项目的进出口贸易更加显示出与普通货物贸易明显不同的方式。在普通的国际货物贸易中,一家货物贸易公司进口一单服装或微波炉等普通商品,一般只需要在信用证付款后2—4周时间内就可以到达目的港(空运货物则在一周以内),海关部门只进行例行检查,确保数量及规格与合同单证一致。进口方常常一次性就完成接收货物(一天或几天),并在极短时间内就可以把进口货物摆上超市货架,彻底结束这一单货物的进口程序。有些日常用品的收货(发货)在现代跨境电子商务服务的快速通关条件下还会缩短时间。

工程技术项目的引进或输出既涉及货物贸易,也涉及技术贸易或服务贸易,手续繁杂。除了关乎数量、质量和规格繁多的机器、设备、零部件、各种材料物资以外,工程技术项目还包含大量的工程技术文件、电子软件、工程技术人员跨国派遣及培训等诸多因素。例如:20世纪80年代的国家重点工程——上海宝山钢铁厂引进日本钢铁工程技术项目,仅仅第一期就接收了书面技术文献350吨,接待外国技术人员超过千人,其中的一号高炉及其配套的炼钢、轧钢车间等成套设备达数千台套。在中国输出工程技术项目方面,2014年8月完工的位于非洲安哥拉的本格拉铁路,全长1,344公里,连接大西洋港口城市洛比托与刚果民主共和国边境城市卢奥,是非洲南部又一条经济走廊,建设周期跨越七年,从设计、采购到施工全部采用中国铁路建设标准,该项目的钢轨、水泥、通讯设备等材料全部从中国采购,投入运营后的机车车辆等设备也由中国企业提供;本格拉铁路建成后,中国铁建还帮助当地培训了一万名技术人员(韩旭阳,2014)。

项目实施预备动员这一语篇还属于工程技术项目实施的前期。工程技术翻译人员应该熟悉这个阶段涉及的国际货物贸易、技术贸易、服务贸易的基本环节,协助有关业务人员完成进口(出口)货物的手续(实际上,翻译人员往往独立完成这项工作)。更重要的是,工程技术翻译人员还能够辨认工程技术设备及材料的实物形状,正确翻译其名称及大致用途,初步了解外国技术专家,并将已经接收的书面资料尽快翻译成中文或外文,供专业技术员工阅读和准备使用。

本语篇在语言形式上表现为少量书面语和大量口语。

根据以上介绍,我们可以描述语篇(项目实施预备动员)的图式C或“脚本”。

图式 C：项目实施预备动员

道具	合同各方银行、船公司、码头仓库（铁路货场、机场货场）、机器、设备、零配件、材料、纸质技术文件、电脑资料、跨国派遣的技术人员、电脑、手机、传真机、打印机等				
“演出”前提	合同各方同意发货（收货）或派遣（接受）技术人员				
“演出”结果	发出（接受）各类物资（硬件、软件）及技术人员				
幕次	场次	地点	时间（天）	角　色	“演出”主题
第一幕	N+1	项目引进（输出）方的银行、边防局、移民局	7	引进（输出）方的中下级经理、译员	1. 引进方去银行办理付款信用证 2. 输出方去银行办理汇票手续 3. 引进（输出）方去边防局或移民局办理跨国技术人员出（入）境手续
第二幕	N+1	项目引进（输出）方的海关、船公司、公路、铁路、机场	N+1	引进（输出）方下级经理、译员	1. 输出方去船公司、公路、铁路、机场办理发货手续，或派遣跨国技术人员 2. 引进方去船公司、公路、铁路、机场海关办理查验及接收货物手续，或迎接跨国派遣技术人员
第三幕	N+1	野外工地（平原、丘陵、山区、河道、海洋、沙漠、戈壁），或已有仓库、厂房	（N+1）：大中型项目通常为30天	引进方的中下级经理、技术人员、普通员工、译员	1. 项目实施方先遣队建立施工临时营地（办公室、住房、发电、供水、后勤保障等生活设施） 2. 实施方人员、监理方人员抵达工地临时营地 3. 施工机械、设备、材料运抵工地临时营地
第四幕	N+1	已有或新建厂房、临时营地办公室	N+1	引进（输出）方中下级技术人员、普工、译员	1. 输出方技术人员培训引进方人员（讲课） 2. 引进方中下级技术人员听课、接受训练
第五幕	1	施工营地（野外或临时会堂）	1	项目各方高级代表、引进方各级管理技术人员、普工、译员	合同项目开工典礼： 1. 引进方（业主）致辞 2. 引进国政府主管部门致辞 3. 输出方致辞 4. 投资方致辞 5. 咨询监理方致辞 6. 实施方或承建方致辞

6.3.5 语篇(项目实施——建设、修改设计、安装、试车或试运营、结算)及图式 D

这个语篇或图式 D(包括以后的图式 E“工地会议”和图式 F“索赔与理赔”)是工程进度的中期,也是任何一个引进(输出)工程技术项目最繁重的工作环节,话语者涉及合同各方的高、中、初级工程技术人员和管理人员;话语内容涉及合同项目实施的具体环节,通常包括:材料及设备运输到施工现场,开挖项目基础工程,建设项目主体工程,成套设备的安装、调试、试车或试运行或试运营,项目财务结算等程序。每一程序又牵涉初步技术设计方案或图纸,工程技术人员经常需要修改初步设计(图纸),提出新的设计方案或决策。值得注意的是:初步设计修改后,该子项目有时需要重新施工或建造,所以“建设、修改设计”这两个程序是反复进行的。例如 1988—1997 年我国引进世界银行贷款建设的西南地区首条高速公路(成都—重庆高等级公路),起初的设计方案是二级公路,1991 年起四川省政府决定改建为一级公路(双向四车道),于是全程 340 公里线路的 11 个合同段逐一修改初步设计,把原来的二级公路标准统一更改为一级公路标准,期间在翻译工作方面也执行了更多的任务。话语发生地点在工程项目实施现场(车间或野外);时机为双方(各方)实质性合作阶段;时间属于中期接触,交流频率极高,甚至一连几个月或几年各方话语者工作和生活在同一环境里。中下级员工时常会相互磋商,提出问题并要求对方解答及执行。

在本语篇或图式中,“试车”和“试运营”是针对不同类型的工程技术项目的同一个程序。一般来说,机械、电气、化工类的项目在建设、安装、调试等步骤完成后进行试车或试运行程序,而土木建筑(如公路、铁路、桥梁、大型建筑物)项目在建设完成后进行试运营程序。另外,术语“修改设计”的本意应该是“修改初步设计方案”或“修改初步设计图纸”的简称,这在一线员工中广泛使用。

本图式不论对笔译者还是口译者都最具挑战性,因为他们必须在很短的时间里从工程技术项目知识的门外汉转变为对该项目有大致了解的“半个内行”。本图式里,翻译人员除了要继续处理源源不断的工程技术文件(与语篇 C 相似)之外,还要随时陪同技术人员外出去车间、工地或野外,具体执行、指导、督促、检查各个工程子项目的施工过程、施工进度、施工质量等细节。

在语言形式上，本图式表现为大量的口语和书面语。其口语表现为对工程项目现场技术问题的问答，语句一般不会太长，词语或术语的简略形式较多。而其中大量的书面文件翻译涉及两大类：一是该项目的技术规范文件，设备操作指南、工程图纸和工程数量计算表，这是整个项目翻译的重点和难点所在；二是频繁出现的各类子项目的工程进度报告及来往信函、劳动力调配报告、新购材料技术参数的测试报告、新接收（发送）的机器设备材料附加文件等。

根据上述介绍，我们可以描述语篇（项目实施——建设、修改设计、安装、试车或试运营、结算）的图式D或“演出脚本”：

图式D：项目实施——建设、修改设计、安装、试车或试运营、结算

<table>
<tr><td colspan="2">道具</td><td colspan="4">项目引进方的野外工地（地形包括平原、丘陵、山区、河道、海洋、沙漠、戈壁）、厂房、工程材料、运输车辆、施工车辆、施工设备、手机、电脑、临时营地、财务报表</td></tr>
<tr><td colspan="2">“演出”前提</td><td colspan="4">合同各方同意按照合同规定的时间和要求进行项目实施</td></tr>
<tr><td colspan="2">“演出”结果</td><td colspan="4">完成合同各个子项目、并依据施工进度按月或按子项目结算付款</td></tr>
<tr><td>幕次</td><td>场次</td><td>地点</td><td>时间（天）</td><td>角　色</td><td>“演出”主题</td></tr>
<tr><td>第一幕</td><td>N+1</td><td>野外工地、或已有厂房</td><td>N+1</td><td>引进方或承建方中下级管理技术人员、监理工程师、译员</td><td>子项目实施：
1. 施工人员和机器设备材料/外文资料陆续运抵施工现场
2. 承建方提出子项目开工申请，监理方审查批准
3. 启动野外施工踏勘，或子项目破土动工，或启动新机器设备安装</td></tr>
<tr><td>第二幕</td><td>N+1</td><td>野外工地、或已有厂房</td><td>N+1</td><td>引进方或承建方中下级经理、工程师、监理工程师、译员</td><td>子项目工程监理：
1. 监理方巡视工地现场、承建方中下级经理或项目工程师陪同
2. 监理方提出子项目工程整改口头意见或书面施工指令
3. 承建方立即或按期整改</td></tr>
</table>

（续表）

幕次	场次	地点	时间（天）	角　色	“演出”主题
第三幕	N+1	施工营地	N+1	承建方、设计（制造）方中下级技术人员、监理工程师、译员	修改初步设计： 1. 承建方依据踏勘或实地建设情况提出对子项目初步设计方案的更改申请 2. 监理方与承建方举行修改初步设计的技术会议；必要时邀请原设计（制造）方参加 3. 业主方、监理方审查，否决或批准已修改的设计方案或图纸
第四幕	N+1	野外工地、临时营地、或已有厂房	N+1	引进方、承建方中下级经理、译员	新设备材料及人员抵达： 1. 新机器设备材料陆续抵达工地；新的跨国派遣技术人员陆续到达（回国） 2. 新的技术规范、指南、手册等文件（常常以公斤或公吨计算）运抵工地 3. 翻译人员紧急翻译这些文件，并及时传送给有关技术人员
第五幕	N+1	野外工地、或已有厂房	N+1	承建方中下级经理、监理工程师、译员	子项目试车或试运营： 1. 承建方预先确认试车或试运营的辅助条件（人员到位，供电，供水，供料，清除障碍物等） 2. 承建方提出试车或试运营申请，并经监理方批准 3. 启动试车或试运营，各方联合检查并记录数据
第六幕	N+1	野外工地、或已有厂房	N+1	引进方或承建方中下级经理、技术人员、普工、监理方、译员	子项目工程验收： 1. 承建方提出子项目试车或试运营完成报告，提出完工验收申请 2. 监理方审查批准该申请，并进行现场验收 3. 如该子项目不合格，承建方应重新建设（安装、试车或试运营），确保符合技术规范

（续表）

幕次	场次	地点	时间（天）	角　色	“演出”主题
第七幕	N+1	工地办公室	N+1	引进方或承建方中高级经理、监理方、译员	子项目工程结算： 1. 承建方提交月度或子项目施工进度报告及验收报告、结算报表 2. 监理方审查施工报告及结算报表，签字认可后上报业主方 3. 业主方（引进方）核准该报告及结算报表，通知银行给承建方月度付款或按子项目付款

由此可见，对于翻译者而言，上述图式的第二幕、第三幕、第四幕、第七幕是口译工作和笔译工作的重点环节。

6.3.6 语篇（工地会议）及图式 E

工地会议，也称工地例会，因不同项目的实际需要，按日、周、月召开。从发生过程分析，这个语篇实际上是语篇 D“项目实施”中的一项，但是前者的着重点在子项目实施的操作过程，而工地会议语篇 E 的着重点在对子项目如何实施的工程技术认识问题，也可能包括图式 D 中第三幕“修改设计”的内容。

本语篇的话语者是合同项目的中高级工程技术人员；话语内容是总结施工中的情况，涉及已经完成的工程量、施工中取得的技术成就，讨论存在的问题并寻找解决方案，或安排后一阶段的进度任务；地点在项目施工营地的临时会议室；时间属于中期接触，频率最高（一般每周一次或每月一次，也有每天早上以工地例会名义举行的，但这种例会时间很短，一般在半个小时至一个小时）。

与语篇 D 主要针对施工现场的临时情况不同，语篇 E 里的工程技术项目各方有相对充足的时间来讨论工程项目实施中遇到的技术性和理论性的问题，运用各自不同的经历和知识，围绕某些技术问题进行较为详细的讨论，最后形成统一的或妥协的意见；当然各方也可能不欢而散，等待下次再谈。讨论的结果往往还要写成会议纪要或备忘录，以供各方在以后的工作中遵守执行。

在语言形式上，本语篇表现为大量的口语和少量书面语。这个语篇中常常会出现多人次讲话、长篇的理论性或技术性的阐述、热烈讨论或争辩、引经据典、展示实物、演示过程、准备文件等等。对于翻译人员而言，这个阶段主要是从事即席翻译，绝大部分是口译，少部分涉及笔译（例如，记录会谈内容，整理会议纪要或备忘录，会前或会后翻译某些讨论者指定的书面资料或文件）。

根据以上文字说明，我们可以描述语篇（工地会议）的图式 E 或“脚本”：

图式 E：工地会议

道具		合同项目工地（营地）的临时办公室、工程进度报表、纸质技术文件、其他资料、电脑设备、手机、办公用品等			
“演出”前提		合同承建方已经在前一阶段实施了部分工程子项目，取得了进展，也可能存在某些问题			
“演出”结果		听取工程进展汇报，讨论并解决工程技术难题，争取达成一致意见			
幕次	场次	地点	时间	角　色	“演出”主题
第一幕	N+1	引进合同项目工地的临时办公室	5—30分钟（按一个子项目计）	引进方、承建方中高级技术干部、监理方、译员	汇报工程进度： 1. 项目经理介绍前期工程背景 2. 项目经理汇报项目实施总进度 3. 子项目工程师汇报前期各自分管部门的进度或成绩
第二幕	N+1	引进合同项目工地的临时办公室	10—30分钟	引进方、承建方中高级技术人员、项目监理工程师、译员	修改初步设计（图纸及工程量）： 1. 子项目工程师汇报前期各自分管部门面临的施工困难 2. 子项目工程师解释对于初步设计（或技术规范）的理解和修改建议 3. 项目经理或总工程师分析子项目工程师的修改建议，说明其可行性 4. 监理工程师听取工程师的初步设计修改意见，并询问具体问题

（续表）

幕次	场次	地点	时间	角　色	“演出”主题
第三幕	1	引进合同各个子项目施工现场（厂房、野外）	1—4 小时	引进方、承建方中级技术人员、现场工程师、普工、译员	巡视工地现场： 1. 会议人员乘车或步行巡视子项目工地现场 2. 引进方、承建方、监理方高级人员察看或询问施工现场的情况
第四幕	N+1	引进合同项目工地的临时办公室	0.5—1 小时或更长	引进方、承建方中高级技术人员、监理工程师、译员	提出改进措施（或更改初步设计方案或图纸）： 1. 各方发表对巡视现场的意见 2. 各个子项目工程师提出具体解决问题的方案 3. 项目经理汇总解决方案，要求监理方认可初步设计修改方案，并提出下阶段进度新目标 4. 监理方同意或否定初步设计修改方案，或否定或同意新目标
第五幕	1	引进合同项目工地的临时办公室、或翻译办公室	1—3 天	引进方代表、项目经理、监理方、总工程师、子项目工程师、译员	发布工地会议纪要： 1. 译员根据记录起草或翻译工地会议纪要或备忘录 2. 译员将会议纪要或备忘录草案送项目经理和总工程师审阅 3. 译员将会议纪要或备忘录正式文本分别送达参加会议各方

（说明：第一幕、第二幕、第四幕可能“演出”多场（N+1），图式中的时间仅指合同中一个子项目的“演出”时间。实际上，工地会议进行时，可能出现多个子项目的工程师都要分别进行“演出”（汇报），由此该幕（场）的时间会延长。）

6.3.7 语篇（索赔与理赔）及图式 F

在这个语篇里，话语者是合同一方或其他方的高级管理人员，往往还有保险公司业务经理；话语内容涉及合同项目实施过程中遭遇的意外损失，通常指火灾、地震、施工质量不合格、设备及材料损失、设备及材料价格上涨、临时增加工程量、工期延误、人员安全受影响，以及不可抗力因素等；谈判时机为合同一方遭遇上述情况而提出索赔，另一方则理赔；地点为工地临时办公室、合同一方办公室或保险公司业务室；谈判（口译）频率较高，也需要少量笔译。

本书讨论的工程技术项目索赔与理赔，其内涵超出普通商业索赔与理赔的范围。一般来说，跨国工程技术项目都必须为工程项目的人员和财产投保（工程项目保险），现在也出现了对某些工业制成品的投保（如一台机械、一种材料）。如果是这些项目发生意外损失，索赔人自然会依据保险单条款向保险公司提起索赔，这时理赔方就是保险公司。此时，工程技术翻译人员要陪同保险公司人员共同查勘现场，准备书面索赔文件，并花费更多的时间和精力同保险公司进行交涉或谈判，直至索赔获得满意结果。

实际上，工程技术项目的索赔与理赔还常常涉及工程项目的施工质量不达标、原材料价格上涨、临时增加工程、工期延误或增加、结算付款延误等。这些内容一般不可能列入商业保险公司的保险范围。因此，一旦出现这些问题，索赔与理赔通常会发生在合同项目内部的各方之间（例如，承包人向业主索赔工期或应付款项，业主向承包人索赔产品质量、产品数量）。

如遭遇工程技术产品质量及数量、结算付款或工期延误的索赔，工程技术翻译人员则需要花费大量时间和精力配合其他各方对工程项目质量及数量（包括材料、设备、技术、工艺）进行检查，对工期进行审查或核算；同时也要准备大量文件，参与相互间的多次磋商谈判，直至索赔或理赔取得满意结果。例如，20世纪90年代，中国公路桥梁总公司四川省分公司承担的也门共和国洛代尔—木卡拉斯公路项目，就因我实施方与监理方在某些问题上发生意见分歧而影响施工进度，致使该项目无法按时竣工。中方向业主方提起工期索赔并要求撤换主要监理人员。经过一年多的谈判，最终业主方同意向中国承建方理赔（增加）工期一年半，并撤换了原主监，由此该项目得以竣工。

如索赔和理赔不能解决问题，则合同各方可能采取极端形式：一是合同各方提请国际仲裁机构进行仲裁，二是合同一方对另一方提起法律诉讼。遇此情况，翻译者的任务更加繁重。

就工程技术翻译的难度来说，这一图式并不比前面的“项目实施”和“工地会议”图式容易，因为在索赔与理赔的过程中可能牵涉复杂的工程问题和技术细节。工程技术翻译人员不仅要熟悉索赔案件涉及的财产、物品，还应了解技术/设备/材料的性能、工艺流程、施工进度，另外还必须了解仲裁程序、诉讼程序等法律知识。

本语篇在语言形式上表现为大量的口语和少量书面语。

根据以上文字说明，我们可以描述语篇（索赔与理赔）的图式F或"脚本"：

图式F：索赔与理赔

<table>
<tr><td colspan="2">道具</td><td colspan="4">合同项目工地的临时办公室、事故现场、损害物品、保险公司业务室、纸质索赔文件、电脑资料、手机、办公用品等</td></tr>
<tr><td colspan="2">"演出"前提</td><td colspan="4">合同项目工地已经发生事故、损失，或项目施工过程中出现违约行为</td></tr>
<tr><td colspan="2">"演出"结果</td><td colspan="4">保险公司或合同一方承担理赔</td></tr>
<tr><td>幕次</td><td>场次</td><td>地点</td><td>时间（天）</td><td>角　色</td><td>"演出"主题</td></tr>
<tr><td>第一幕</td><td>1</td><td>合同项目损失方办公室、保险公司办公室或业主办公室</td><td>1—3</td><td>索赔方高级经理、高级技术人员、保险公司业务员、译员</td><td>提出索赔：
1. 损失方或索赔方拟定（翻译）索赔文件（包括物证、照片）及索赔物品（或款项或工期）清单
2. 损失方或索赔方经书面或口头（电话）形式向保险公司报损索赔，或经书面形式向合同一方提起索赔</td></tr>
<tr><td>第二幕</td><td>1</td><td>合同项目工地的事故现场、临时办公室</td><td>1—3</td><td>索赔方高级经理、中初级技术人员、保险公司业务员、译员</td><td>现场勘查：
1. 损失方或索赔方举行会议，介绍事故及其损失情况
2. 保险公司代表（或理赔方）在损失方（索赔方）带领下勘察事故现场
3. 或合同另一方（理赔方）在损失（索赔）方带领下巡视施工现场</td></tr>
<tr><td>第三幕</td><td>N+1</td><td>合同项目索赔方办公室、保险公司办公室、业主办公室</td><td>N+1</td><td>索赔方高级经理、保险公司经理、业主代表、译员</td><td>交涉谈判：
1. 索赔方呈现全部索赔证据
2. 索赔方陈述索赔理由
3. 理赔方提出质疑及理赔方案
4. 索赔方答疑及修改理赔方案</td></tr>
</table>

（续表）

幕次	场次	地点	时间（天）	角色	“演出”主题
第四幕	1	保险公司办公室、项目业主办公室	1	索赔方高级经理、保险公司经理、业主代表、译员	同意理赔： 1. 保险公司经理、承建方或业主代表宣布承担理赔 2. 理赔方与索赔方签订理赔协议
第五幕	1	保险公司财务室、项目业主办公室	N+1	保险公司财务经理、索赔方财务经理、或业主代表（驻地工程师）、译员	拨付赔偿金（或工期）： 1. 保险公司出示理赔财务单据 2. 索赔方接受理赔财务单据 3. 或理赔方发布增加或延长工期指令，或理赔方出示理赔财务单据 4. 损失方接收增加或延长工期指令，或接收理赔方的理赔财务单据
第六幕	1	某国际仲裁机构办公室	N+1	合同有关方面的高级管理人员、第三方仲裁员、译员	国际仲裁（在第三国或第三方）： 1. 由索赔理赔各方提交仲裁书 2. 等待仲裁决定 3. 发布及接受仲裁决定
第七幕	N+1	某国某地法院	N+1	合同有关方面的中高级管理人员、法庭法官、译员	法律诉讼（在合同一方国内）： 1. 合同一方通知另一方准备提起诉讼 2. 合同一方向法院提交起诉书 3. 原告方和被告方进行法庭辩论 4. 等待该法庭判决 5. 执行判决书

（说明：如上述第四幕中各方不能达成理赔协议，合同各方将直接跨越到第六幕或第七幕。）

6.3.8 语篇（项目竣工与维护）及图式 G

“竣工”这个词语，对于其他许多行业而言意味着结束，而在引进（输出)工程技术项目的过程中,竣工与维护这个阶段(语篇)并不是该合同项目的最后一个程序。因为在工程技术贸易中,合同标的(即合同交易的对象)一般是投资金额巨大、技术难度较为复杂的大中型(成套)装备或工程技术,所以工程项目建设(或安装、调试)基本完成后,项目合同还规定有一个维护或试运行(试运营)时期,以便保证该项目的技术性能完全达到设计规范,为合同终结奠定基础。

这个语篇涉及的内容具体为:竣工仪式(如房屋建筑工程),或点火仪式(如钢铁工程、玻璃工程),或试运行仪式(如电气、化工、机械工程),或试运营仪式(如道路、桥梁、铁路、公路工程)等不同形式,以及竣工项目的维护或试运行、试运营(或保质期)内的技术活动及财务活动。举行仪式时,话语者主要为各方高级技术管理人员(项目实施方经理及总工程师、项目业主代表、投资方代表、监理方代表、政府代表)和多方宾客。维护期内的话语者主要涉及中下级管理技术人员。本语篇话语的主题是总结项目开工以来的主要事件、突出成就以及将来的功能,还有维护期内发生的技术和财务细节;地点在项目工地(车间或野外);时间属于后期,时机为合同项目各方甚为了解。

在语言形式上,本语篇表现为书面语和口语并行(竣工仪式话语者一般会准备书面讲话稿或正式演讲)。对翻译人员来说,主要工作是全面了解每个子项目的进展状态及主要技术性能,提前翻译好书面竣工文件,参与维护期内的技术和财务翻译工作,准备维护期内的技术和财务文件,特别注意关键设备、高新技术设备、关键零部件及材料的性能及运行情况。

根据以上文字介绍,我们可以描述语篇(竣工与维护)的图式 G 或"脚本":

图式 G: 项目竣工与维护

道具	合同项目营地临时办公室、项目实施工地现场、业主办公室、竣工文件、庆祝用品、电话、手机、办公用品等				
"演出"前提	合同项目的各个子项目工程已经基本完成				
"演出"结果	项目进入试用期,或保质期,或试运行(试运营)期,为项目终结做好准备				
幕次	场次	地点	时间(天)	角　色	"演出"主题
第一幕	1	合同项目承建方营地办公室	N+1	承建方中高级管理人员、译员	准备即将举行的竣工仪式: 1. 收集各个子项目完成的信息 2. 准备(翻译)发言稿或口头讲话腹稿

（续表）

幕次	场次	地点	时间（天）	角　色	“演出”主题
第二幕	1	合同项目承建方营地办公室，或工地现场	1	项目业主、投资方、承建方、监理方中高级管理人员、普通员工、译员	竣工仪式，或点火仪式，或试运行仪式，或试运营仪式： 1. 承建方主持仪式 2. 承建方经理讲话 3. 监理方代表讲话 4. 投资方代表讲话 5. 合同项目所在国政府代表讲话 6. 业主代表启动新建设备、或剪彩新建项目
第三幕	N+1	合同项目工地现场、工地留守办公室	N+1	承建方留守中下级经理及少量技术人员、译员	新建项目的维护，或试运行，或试运营： 1. 承建方完成项目的未完细节 2. 承建方修复不合格或有损害的项目细节 3. 承建方负责或指导业主方试运行或试运营
第四幕	N+1	合同项目工地留守办公室、业主办公室	N+1	承建方留守经理、业主代表或监理方、译员	维护期（或保质期，或试运行期、试运营期）内的技术财务文件处理： 1. 承建方提供维护期内技术文件和财务文件 2. 监理方或业主代表审查该技术文件和财务文件，并提出修改意见 3. 承建方提出申请，要求修改技术规范或更改工程数量或更改财务数据 4. 监理方批准或否定该申请，同意或拒绝支付维护期费用

6.3.9　语篇（项目交接与终结）及图式 H

这是引进（输出）工程技术项目的最后一个阶段或语篇。这个阶段存在两种情况：一是项目正常结束，称为项目终结（termination）；二是项目遇到许多复杂问题而不得不中途停顿或结束，称为项目中止(suspension)。

通常第一种情况(项目终结)占大多数，其工作内容涉及工程技术项目的验收和工程法律性终结事务，包括清点项目工地的材料与设备、整理并封存文件、现场交接项目，还涉及剩余进出口货物的海关清关手续。进行该项目的验收时，话语者主要为留守项目工地的中下级技术人员，但是最后的交接仪式或程序也涉及高级技术管理人员；话语地点在工地现场、工地临时办公室或新建会议厅、业主办公室、有关政府机构及海关。验收过程中，合同各方都格外关注关键设备、高新技术设备、关键材料或零部件的技术运转状况及指标，译员应对该项目的主要设备和技术指标等知识有所了解。

在第二种情况(项目中止)下，合同一方应先提出关于该项目的书面中止文件，并送达合同另一方，经对方同意后方能开始进行项目中止的撤离程序。项目非正常中止是合同各方合作不顺利或不成功的结果，因此在办理中止和撤离手续时，提出中止方可能遭遇比项目正常终结更为复杂的情况，譬如合同各方陷于某些经济利益纠缠或财产分割等。此刻，翻译人员的工作难度将会明显增加。

本语篇的语言形式为口译和笔译并重。对于翻译人员来说，了解和翻译该项目的工程进展情况、技术难点和财务工作细节是主要的工作内容。具体工作包括：第一，翻译人员要继续陪同中外(或各方)工程技术干部讨论(翻译)项目终结的具体事宜；第二，翻译人员要到项目所在国的政府有关部门处理终结事务；第三，翻译人员还要在办公室准备合同终结时工程项目交接的各类书面文件和资料(包括子项目工程图纸、子项目审批报告、项目完工报告、项目交接报告、项目清算报告，以及去海关办理剩余设备和物质的清关手续)。

根据以上文字论述，我们可以描述语篇(项目交接与终结)的图式 H 或“脚本”：

图式 H：项目交接与终结

道具	合同项目工地临时办公室、业主办公室、海关办公室、港口及船公司办公室、机场及铁路及公路公司办公室、其他政府机构办公室、各类竣工文件、办公用品、生活物资等
“演出”前提	合同项目下的所有子项目全面完成，维护期(或保质期，或试运行期、试运营期)顺利结束
“演出”结果	合同承建方与业主方办理项目交接手续，宣告合同项目终结或中止

（续表）

幕次	场次	地点	时间（天）	角　色	“演出”主题
第一幕	1	合同项目承建方办公室，或工地现场	N+1	项目业主、承建方、监理方中高级管理人员、普通员工、译员	合同项目验收： 1. 承建方提出验收申请报告 2. 业主方组织同行专家验收委员会，并进行实地验收承建方完成的各个子项目（机器、设备、建筑物、产品等） 3. 承建方准备验收报告会 4. 业主方主持验收报告会
第二幕	1	合同项目工地现场、工地留守办公室	1	业主方、监理方、承建方留守经理及技术人员、普工、译员	项目交接仪式： 1. 承建方准备合同项目交接仪式 2. 业主方主持合同项目接收仪式 3. 业主方签发合同项目验收证书 4. 合同各方（承建方、业主、投资方、监理方）及政府主管方代表致辞
第三幕	N+1	业主办公室、海关、港口及船公司、其他政府机构	N+1	承建方留守经理、项目所在国有关机构人员、译员	承建方办理项目终结法律手续： 1. 承建方去海关办理物资清关 2. 承建方去业主及有关机构办理项目结清其他手续
第四幕	N+1	合同项目工地留守办公室、业主办公室	N+1	承建方留守经理、业主代表或监理方、译员	承建方移交项目文件和剩余物资： 1. 承建方移交项目实施期间及维护期内的全部技术及财务文件 2. 承建方处理维护期内的剩余物资或折价转让给业主方 3. 业主方审查承建方移交的文件及物资或清单，并同意支付事先承建方缴纳的履约保证金和违约保证金（通常为合同总价的10%—15%），俗称“尾款”

本节的八个工程技术翻译图式(语篇)不仅是我们了解工程技术翻译的知识基础,也是构建工程技术翻译学的特殊方法论。这八个翻译图式或方法论将运用于后续各章,作为构建本学科其他新概念、新知识的基本依据。

第七章

工程技术翻译的话语场

话语是工程技术翻译的直接对象，是翻译行为发生的物质载体或语言载体，也是构建工程技术翻译学的理论主体。在第七章里，我们仍要借用自然科学中电磁场、引力场的隐喻意义来说明工程技术翻译话语的情形，因为各种话语要素构成了一个特定的话语复合体或话语场。话语场内的话语信息既相对独立，又相互作用，还受到“场”外其他因素的影响。

7.1 工程技术翻译的话语者

话语是由话语者发出的，所以话语者是形成话语场的第一要素。尽管话语者不等同于话语，但是不同的话语者会产生不同的话语信息。在这一点上，话语者决定了话语的各种形式和内容。工程技术翻译的话语者这一称呼，表示这些人参与了工程技术翻译的活动，但不是每一个话语者都是翻译者。这好似教育话语场里话语者不一定是教育者(牛海彬，2010：124)，与文学翻译及社科翻译话语场里话语者基本就是翻译者的情况迥然不同。在工程技术翻译话语场里，所有话语者相互合作，共同参与了翻译活动，各自发挥着独特的作用。

7.1.1 话语者的身份

7.1.1.1 划分话语者身份的理据

一个引进(输出)工程技术项目工地可能积聚了数以百计甚至成千上万的人,也就是能够说话的人,但他们各自的作用和影响是不同的。这与大众媒介的分众颇有相似之处。为此,我们借鉴传播学的分众理论(参阅5.2节)按话语者的身份进行细分,便于一线翻译者了解各类话语者出现的时间、时机、地点,从而能够未雨绸缪,早作心理和物质方面的准备,也便于翻译理论研究者分门别类研究不同的话语者。

有些行业翻译的话语者仅有一个角色,且除了话语翻译者之外,话语发布者也是一个人(原著作者),其他成千上万的读者仅仅是话语的单纯受让者,并没有发表话语的机会,他们不可能是话语的发布者。譬如旅游翻译,基本上也是导游一个人兼任翻译者在发表话语,其余游客仅仅是受让者,基本上没有机会成为翻译话语的发布者;又如许多非谈判性会议翻译的语境里也仅有一个话语翻译者和一个话语发布者(即演说者),其余的人仅仅是单纯的受让者。

工程技术翻译语境中存在众多的话语发布者和受让者,且这些人员的身份可能随时变化,这给翻译者带来了更多的挑战。由于话语发布者及受让者来自世界各国各地和各个行业,具有不同的教育背景、文化背景和工作背景,形成了不同的语言习惯和生活习俗,这在客观上给翻译者进行翻译工作增加了(N+1)倍的难度,即翻译者在同一地点、同一场合很可能必须翻译多位话语发布者的话语。因此,区别话语者身份对于翻译者就显得非常必要。

7.1.1.2 话语翻译者、话语发布者、话语受让者

按照出现在翻译话语场的话语者权力,工程技术翻译的话语者可以分为话语翻译者、话语发布者、话语受让者。一个引进(输出)工程技术项目翻译的话语者并非仅有翻译者一个人,还包括在场的其他人,并且在不同的语境或图式里会有多种不同的话语者出现。

话语翻译者,即在某个翻译语境或图式里能够有机会,或者被授予权力从事翻译的语言工作者。严格地说,他/她也是话语发布者之一。即使在某个图式或场合还存在其他翻译者,而那些翻译者没有被授予话语权力,那么他们也不是话语翻译者。

话语发布者，即在翻译话语场有机会发布一种语言的话语而不从事翻译者(例如在工地现场被问及的任何人)，同时往往也是在某个语篇或图式里有权力受让翻译话语的人(如工地的项目工程师)。譬如签订合同的会议以及工地会议中可能出现许多人，但是仅有一部分人才有权力发布话语，并要求翻译者传译，而更多人并没有这种权力。

话语受让者是单纯接受或受让翻译话语的人，譬如大多数普通一线工人，他们绝大部分时间是接受翻译话语，并根据其意义实施工程技术行为。然而在工程技术翻译实践中，这三种身份者常常相互兼容：话语翻译者同时也可能是话语发布者，话语发布者也往往是话语受让者，而话语受让者也常常是话语发布者(项目经理和工程师)。

7.1.1.3 直接话语者和间接话语者

按照出现在翻译话语场的频率，工程技术翻译的话语者分为直接话语者和间接话语者。所谓直接话语者，是指与项目翻译存在直接工作关系和利益关系并经常出现在项目建设现场的话语者，包括项目业主、项目实施的承建方(或出口方)、项目监理工程师；所谓间接话语者，是指并不经常出现在项目建设现场，或在某些方面间接地与该项目有一定联系的话语者，例如与在建工程项目存在间接关系的项目投资方、项目设计方、项目指定的设备制造商或物资供应商，以及其他多种间接管理或服务机构。在工程项目建设实践中，不少项目的业主方就是投资方，不少监理方也是设计方(有时称为设计咨询方 Consultant)。这两类话语者的身份可以用图示表示为：

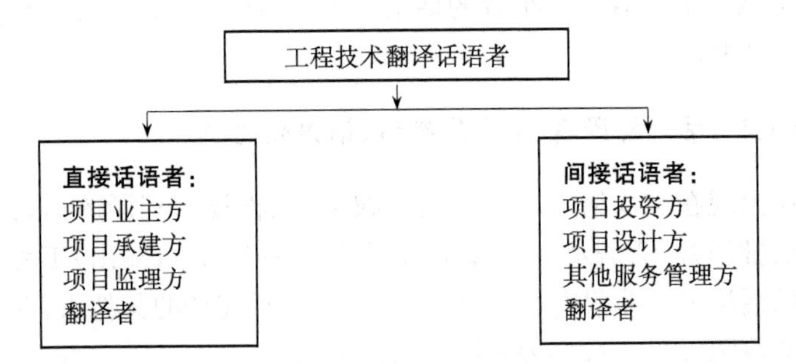

从翻译工作考虑，直接话语者发布话语的机会比间接话语者要多得多，因此他们也是工程技术翻译学研究的重点。实际上，项目现场的翻译者既承担直接话语者的话语传译，也承担间接话语者的话语传译，但承担直接话语者的话语翻译显然更多。

7.1.2 话语者之间的关系

我们在此重点考察直接话语者之间的关系。如上图所示，工程技术翻译话语者分为直接话语者和间接话语者，包括话语翻译者在内一般至少有七个(方)话语者(实际上，“其他服务管理方”常常包括多方部门)，但是从翻译视角观察，最主要的话语者是直接话语者。他们之间的关系，不像文学社科著作翻译者与读者那种关系，不是外交会见中翻译者与宾客那种关系，也不是一般会议翻译者与发言者那种关系。从6.2节中工程技术翻译的八个图式可见，工程技术翻译的时间跨度大(几个月至几年不等)、话语场景多、话语内容繁杂，且直接涉及各方的经济利益，故这些话语者之间的关系是既熟悉又陌生，既有联系又有冲突的矛盾关系。

7.1.2.1 业主方、承包方、监理方之间的三角制约关系

从1957年以来，世界各国在引进(输出)工程技术项目实施过程中，逐渐形成了菲迪克条款(FIDIC)的管理规范。该条款原是由“国际咨询工程师联合会”(FIDIC)在《欧洲土木工程师联合会章程》基础上制定的指导各国土木工程项目的国际惯例，即我们通常所说的菲迪克合同条款(FIDIC)。FIDIC条款第1版发布于1957年，第2版于1963年，第3版于1977年，第4版于1988年。1999年国际咨询工程师联合会根据多年来在实践中取得的经验以及专家、学者的建议，在继承前四版优点的基础上，新编了FIDIC合同条款一套四本，以适应各类工程技术项目的实施：《施工合同条件》《生产设备和设计—施工合同条件》《设计采购施工(EPC)/交钥匙工程合同条件》与《简明合同格式》。此外，FIDIC组织为了便于雇主选择投标人、招标、评标，编制了《招标程序》，由此形成一个完整的工程合同管理体系(百度网，2013-11-29)。

菲迪克条款通过业主和承包人签订的项目承包合同作为基础，以独立、公正的第三方(施工监理者)为核心，从而形成业主、监理、承包人三者之间互相联系、互相制约、互相监督的合同管理模式。菲迪克条款脉络清晰，逻辑性强，承包人和业主之间的风险分担公平合理，使任何一方都无隙可乘，并且对承包人和业主的权利、义务以及工程师(实际是业主雇佣的监理方主监)的职责权限作出了明确规定，使合同双方的义务、权利界限分明，工程师职责权限清楚，避免合同执行中过多的纠纷和索赔事件发

生,并起到相互制约的作用。例如,菲迪克条款(红皮版,适用土木工程)规定,业主支付给承包人的工程预付款最高不超过合同总价的 15%,这对承包人是有利的,同时也减少了业主的投资风险(没有一次性全部或大部分付款)。又如菲迪克条款(黄皮版,适用电气和机械工程)规定,进口方收到出口方的货物并经过验收后应支付 80%的货款,对于出口方具有保护性。总之,菲迪克条款强调的是合同项目各方的经济利益的平等,在理论上形成了工程技术项目实施中业主方、承包方(或出口方)、监理方之间的制约关系。

7.1.2.2 业主方—监理方的利益联盟关系

工程技术翻译者应该认识到,菲迪克条款所强调的经济利益平等,并非实际话语地位的平等,并不等同于教育学研究者积极呼吁构建的教师—学生话语的平等(牛海彬,2010: 124—135)。通俗地说,在菲迪克条款中,业主、承包人、工程师(监理方)三者的关系就是一个老板和两个雇员的关系。监理方在名义上是业主聘用的独立法人,实际上是维护业主利益的代表;监理方的经济收益是由业主方付款,因而监理方一般会遵照业主的旨意开展工作。

在本书的八个翻译语篇中,尤其是 C 图式和 D 图式,业主有权通过其驻地工程师代表(主监理工程师)随时发布工程指令,同意或否定承包方的工程进度计划,同意或否定承包方的工程技术实施成果,同意或否定承包方的月度财务报表及收款可能性,甚至有权批准或开除项目工地的任何员工。另一方面,承包人必须严格按照合同条款及技术规范实施具体工程,保质保量按时完成工程项目,然后经监理工程师认可并将工程财务报表送业主审核后才能获得付款。

不过,业主对工程师或监理方(尤其是新的合作伙伴)也存在一定的戒备心理,担心他们与承包人串通谋利。但是这种情况在总体上还是极少数。

7.1.2.3 业主方—承包方的互争互惠关系

工程技术项目合同的性质决定了业主方与承包方(或进口人与出口人)的经济利益对立关系。业主与承包方的关系,许多时候是通过菲迪克条款里的"工程师"(我国工程领域习惯称"甲方代表",实际上是业主方的代表)或"工程师代表"(即主监理工程师)来体现。在正常情况下,业主与承包方按照菲迪克条款顺利履行合同义务,互相合作,以争取双方的最大利益。但实际上,工程合同项目执行中常常遇到意外的情况。譬如,业主在经济利益优势权力的驱动下(付款权力)可能改动菲迪克条款(业主一般是项目合同的起草者)而提出对承包方(出口方)的过分苛求,也可能多次要求修改图纸或方案而不同意增加付款;承包人也可能为了降低成本来获取最大收益而采取一些必要的措施(例如有的承包公司为了获得"买方"市场的项目,不惜采取"低竞标、高索赔"策略),这时就出现明显的利益纠纷。

7.1.2.4 翻译者—话语发布者(受让者)的顺应关系

工程技术翻译的语境决定了翻译者—话语发布者关系不会像有些行业语境那样单纯。鉴于引进(输出)工程技术的时间跨度较大,翻译者与多方话语发布者(受让者)形成了两种不同的顺应关系。

第一种是自然顺应关系:翻译者与聘用翻译者的一方(一般是业主或承包方)之间建立了一种信任和默契,因此翻译者在翻译过程中会不自觉地,或有意识地顺应或偏向聘用者一方。

第二种是反向顺应关系:翻译者与非聘用翻译者一方处于较为陌生的、利益微妙的关系,即翻译者有意或无意,或被迫地偏离非聘用翻译者一方,与之形成反向顺应关系。

对于翻译者而言,如果他(她)受聘于业主方或监理方,在话语交流中就自然拥有了该方的部分地位和权力,于是自然可能顺应业主或监理方,而反向顺应承包方;如果翻译者受聘于承包方(出口方),也会承袭该方的部分地位和权力,于是可能顺应承包方,而反向顺应业主方。

值得注意的是,这里的"顺应"关系并非就是"忠实"关系,而隐含了"利益驱动"的意思。关于这个话题,我们将在第十章《工程技术项目的翻译者》中进一步讨论(参阅 10.2 节"工程技术翻译者的权力"和 10.3 节"工程技术翻译者的伦理")。

7.2 工程技术翻译话语的分类

我们按话语的语言形态、发生地点和应用功能对工程技术翻译话语进行分类,目的是从多个视角认识工程技术翻译话语,方便工程技术翻译者在从事翻译之前做好心理和物质准备。在以下分类中,有些话语可能属于单独一种类型，而有些话语则同时兼具两种甚至多种话语类型的属性。

7.2.1 按话语形态分类

按照话语的语言形态分类，是一种基本的话语分类方法，尤其对于翻译新手较为直观、简明，也便于毫无翻译经验的新手了解和掌握。参阅第六章讨论的“工程技术翻译的语境场”，工程技术翻译话语可以分为下列三种形式。

7.2.1.1 口语话语

工程技术口译面临的话语实际上是一个口语集合，包含正式口语、通俗口语、标准术语口语、通俗术语（行话）口语（参阅 8.1 节“工程技术翻译的一般语域”）。这种区分既顾及到语言形式，也顾及到该形式所包括的日常话语和专门技术词句。

正式口语使用较为规范的词汇和语句，包含普通信息，句型常常含有复合句，句子较长（参阅 9.6 节“工程技术翻译语句的难度”），语气也颇为严肃，讲话时很少重复，语速均匀，占用时间较长。正式口语具体显示为合同谈判口语、开工竣工仪式口语、工地会议口语（部分），以及部分理赔索赔口语。

通俗口语是指词句简单、语气随意、用词通俗甚至粗俗，包含普通信息或非技术信息的口语，不时有重复，语速时快时慢，所占时间较短，具体包括考察咨询口语、预备动员口语、项目交接清算及终结的部分口语。

标准术语口语是指包含较多标准专业技术词句或信息的口语，常常与正式口语相随，出现在较为正式的或高级的话语中。标准术语口语来源于各个工程技术行业的标准文件术语。许多行业都制定了相应的标准专业术语，例如国际电工学会（IEC）和国际咨询工程师联合会（FIDIC）的标准术语。一个合同项目的标准术语口语还来自该项目的合同条款、技术规范等正式文件。

通俗术语（行话）口语是指包含通俗术语或行话的口语，通常与通俗口语相随，在一线工程师和工人中流行。其特点是使用词句简单实效，但常常缺乏语法规范，甚至杜撰的词语，具体显示在项目预备动员口语、施工现场口语及部分工地会议口语（参阅第九章《工程技术翻译的词汇和语句》）。

鉴于在工程技术翻译实践中，正式口语和标准术语口语常常伴随出现，通俗口语和行话术语口语也常常伴随出现，下面结合实际情况举例说明。

◎ 正式口语及标准术语口语。以下是语篇 B(项目合同谈判及签约)的一个口语语段，具体内容是中国某化工企业访问国外生产商，准备采购聚酯树脂成套设备，谈判结果是签订正式合同。为了凸显话语的英文词句特点，例文中省去了实际口译中的中英文轮番转换步骤。

American Manager（A.M）：Welcome to our DuPont Chemical Factory in California.

Chinese Manager（C.M）：We are pleased to come to this globally famous chemical manufacturer.

A.M：As required by your assistants，we have mailed and emailed all the necessary information and data of industrial plastics available in our factory. Now what decision can you make on the purchase of our production lines?

C.M：Thank you for your delivery of useful references. Over the past year we have paid visits to some companies of the kind，including the Zimmer Company in Germany，Inventa Company in Switzerland，and Konebo in Japan. Today we arrived at DuPont. We are comparing the advantages and disadvantages of those plants，considering a big deal of the advanced polymer line for engineering plastics，particularly for high performance industrial plastics of electrical purpose，automobile，and other mechanic equipments.

A.M：We are informed that your Chinese company is in need of a resource that can carry a project from concept to commercialization. Our factory，DuPont Performance Polymers，can be that partner，giving our technology with extra competitive edge. We have developed 3R or three-autoclave technological process，and now are under the research of 2R process，the most advanced system of the kind. As far as we know，our rivals have only got 5R or five-autoclave technology，far behind ours.

C.M：We prefer to highlight polymer resins，since that product enjoys a wide range of market in China.

A.M：That's our expertise. Our DuPont Performance Polymers is focused upon the manufacture of nylon, polymer resins, and Crastin PBT [1], so I'm sure we are competent to offer you complete lines of these three products. The quotation of a polymer resin line comprises the price breakdown [2] of the serial products in a long catalog. Here it is.

C.M: Now I'd like our chief engineer, Mr. Lu, to inquire into detail about the capacity and performance of each line.

Lu: Can you show us separately the technical performance, chemical properties and operation processes of a single line?

A.M: Yes, but I'd also have my deputy executive officer, Mr. Johnson, continue to reply to your questions.

Johnson: All right. Let's start with our first production line of Crastin in the Quotation List.

...

Lu: And why does Sorona® rocket up so high?

Johnson: We have to pay some high percent of royalties to the patent owner, and it's the latest patent in high-molecule chemicals production.

Lu: What is your average discount of each line if we place all our orders on your products?

Johnson: 5 percent each at most.

Lu: Then, what is the most favorable discount of Sorona®, the most expensive line?

Johnson: It's up to the quantity of your purchase; say, it can be higher than 5 or 8 percent for over five lines in one package, I mean an order.

C.M: We understand and accept that condition. But we will grant 25 percent of advance at most as the first payment, and the rest payment will be effected on the basis of installments in 60 months.

A.M: That is difficult for our financial terms. Say, we are still suffering from the economical crisis and we have to run high risks that

---

① Crastin PBT：热塑性聚酯树脂。

② Price breakdown：商品价格细目表。

way. Can you increase your advance a bit higher?

(C. M turns around discussing with his Chinese negotiators for minutes)

C.M：All right，we respect your advice and make some concessions by granting 35 percent of advance and installments in 72 months.

A.M：Thanks a lot. This is the first major step across our border.

Lu：Shall we turn to the transport and delivery of the equipments，together with personnel training and other miscellaneous matters?

Johnson：All right. We will deliver all the services on the contractual conditions ... .

...

A.M：When shall we hold the signing?

C.M：Next Monday in this hotel，shall we?

A.M：We prefer the next Wednesday because we are going to prepare the contract copy and other supplementary documents，do you agree?

C.M：No problem，thank you，my dear fellow. (They shake hands joyously)

在以上这个语段里，谈判话语内容初次涉及合同项目的生产流水线设备分类、设备的技术性能、化工产品的类型、设备构造的材料及其成本、知识及专利成本、报价数额、付款方式，以及货物运输交割等。从语言形态看，话语者双方使用的词汇和语句较为规范，有些句子比较长。

◎ 通俗口语及行话术语口语。以下是在翻译图式 A(项目考察及预选)发生的语段。为了凸显英文特点，省去了实际口译中的中英文轮番转换步骤，对话正文括号里的词汇是标准术语词汇，便于和前置的通俗或行话术语词汇对照。

Chief Supervisor (CS)：What to see today?

Chinese Engineer (CE)：First let's see the mechanic (*mechanic workshop*)，then the presser (*forging workshop with pressers*)，finally the filling (*filling material of a valve body*).

CS：That's OK. Shall we go now?

CE：Right.

CE (Five minutes later at the entrance of the mechanic shop)：This shop was firstly set up in 1960's. That's the key shop in our province,

CS：What's the capacity?

CM：It's fixed with all the models of lathes，boring（*boring machine*），milling（*milling machine*），planing（*planing machine*），and drilling（*drilling machine*）. So we can do everything(*any type of mechanic processing*)we want.

CS：Sure，you can，I trust you.

CM：Now they're doing the body（*machining valve body*）.

CS：What's the finish?（*machining accuracy of the body surface*）

CM：Class 9 to 10，mostly 9.

CS：How to make the body?（*the valve metal body*）

CM：The out body is made of cast iron，the inner body of cadmium and chromium，well against corrosion and abrasion.

CS：I agree，but we shall be still carrying on the（*examination*）procedure.

CM：Sure. Next is our self-designed presser（*hydraulic presser*）.

CS：Its capacity?

CM：6,000 tons.

CS：That's great! Shall I see the filling?

CM：Turn left ahead.

CS：What's the filling in the body?

CM：Asbestos now，but polyethylene in the past.

CS：How much for each one?

CM：One kilo or a bit more.

通俗口语及行话术语口语的语句简洁，风格随意，在此集中体现。

7.2.1.2 书面话语

书面文件包含的语言，也可细分为正式书面语、通俗书面语、标准术语书面语、行话术语书面语。这种划分基于引进(输出)工程技术项目包括的各类翻译文件(参阅 8.4.2 节“工程技术翻译的技术知识语域”、8.4.3节“工程技术翻译的公关知识语域”、9.4 节“按项目文件进行词汇分类”)。

正式书面语：指项目涉及的正式文件，使用词汇偏大(在英语中多法语词和拉丁语词)，语句规范，语气严谨，复合句和被动语态较多，语篇通常较长(参阅 9.6 节“工程技术翻译语句的难度”)。各类正式的书面文件或话语都具有上述特点。

通俗书面语：词汇偏小(常用词汇),含较少专业技术词汇,语句简便,有亲和力,较少复合句及被动语态,时态随意,语篇多数较为短小。这种文体多出现在简单的公务(或低级别)信函及报告中。

标准术语书面语：含有大量专业技术术语,其英语含有较多拉丁词语的词根。常用复合句,特别是主从复合句(含定语从句和状语从句多)。多被动语态,其语义充满专业技术知识标准术语。最典型体现在部分合同条款、工程技术规范及技术标准中。

行话术语书面语：含有较多专业技术术语,但其语言形式不是标准技术术语,而是通行于某一技术行业的行话或通俗术语。该种语体较多出现在工程实施的临时文件中。

鉴于在工程技术翻译实践中,正式书面语和标准术语书面语常常同时出现,其混合的形式包括意向性协议、项目建议书、项目可行性研究报告、正式合同(协议)条款、货物运输及付款文件、合同实施的技术规范(包含某些技术标准)、操作指南、索赔理赔文件、开工竣工致辞、项目验收及交接文件等,故下面的举例包括了这两种语体。

◎ 这个语篇是某引进化工项目谈判的结果——合同文本(因原文篇幅过长,举例的样本仅涉及定义、合同标的、合同价格三个条款)(刘川、王菲,2010：258—260)。

Contract of Complete Plant and Technology

This Contract is entered into and made in duplicate on March 12, 2010, in San Francisco, between the Dupont Chemical Corporation (hereinafter called Seller), incorporated by the California Corporations Code and having its principal executive office in the city of San Francisco, USA, as PARTY OF THE FIRST PART, and Zhejiang Hongguang Polymer Plant (hereinafter called Purchaser), incorporated by P.R. China's Sino-Foreign Joint Venture Law and having its principal executive office in the city of Ningbo, China, as PARTY OF THE SECOND PART.

WITNESS THAT：

In consideration of the mutual covenants and Contracts herein contained, it is agreed by and between the Seller and the Purchaser as follows：

ARTICLE 1：DEFINITIONS

For the purpose of this Contract, the following terms shall have the meanings defined below：

1.1 "Acceptance Test Manual"

The Acceptance Test Manual shall be the document prepared by Corporation which will be used by the Seller and Purchaser for checking that the Equipment is in accordance with the Specifications and Approved Data.

1.2 "System Parts"

System Parts are those which are necessary to the Seller in the performance of this Contract and derived from Approved Data and shall include but not be limited to those parts which are manufactured by Corporation's suppliers. Notwithstanding the foregoing, mutually agreed simulated and modified equipment used in lieu of the foregoing shall be deemed to be System Parts.

1.3 "Approved Data"

Approved Data shall mean those drawings, data and other technical information which are relevant to the System, and which are necessary to the Seller in the performance of this Contract.

1.4 "Associated Items"

Associated Items shall mean those associated items and services specified in Exhibit "C" which is attached hereto and made a part hereof.

1.5 "Deficiencies or Detects"

Deficiencies or Defects shall mean those areas of the Equipment (configuration and performance) that fail to meet identified sections of the Acceptance Test Manual.

1.6 "Effective Date"

The Effective Date of this Contract shall be the date on which the Seller is authorized to proceed with the work hereunder to Purchaser's account or the date on which the first payment is received by the Seller. The authorization to proceed referred to in the foregoing may be either a telex or letter from a duly authorized officer of Purchaser providing such authorization to proceed, or a copy of this Contract duly signed by both parties. The said Effective Date shall be construed as the date of the commencement of work hereunder.

1.7 "Excusable Delay"

Excusable Delay where the term is used in this Contract shall mean those causes of delay specifically identified in Article 7 hereof (Excusable Delay).

1.8 "Proprietary Software"

Proprietary Software shall mean any program or other information stored on tapes, discs, documents or other materials, in machine readable or other form, which is the property of Corporation.

1.9 "Site Acceptance"

Site Acceptance shall mean the final acceptance of the Equipment carried out by the Purchaser at Purchaser's Facility in accordance with the Acceptance Test Manual.

1.10 "Specification"

Specification shall mean the document identified in Exhibit "B" hereto.

ARTICLE 2: PROJECT OBJECT

2.1 The Purchaser agrees to buy/accept from the Seller and the Seller agrees to sell/supply to the Purchaser the Equipment, Materials, Technical Documentation, Technical Service, Catalyst, Chemicals and Spare Parts for 30 years' normal operation as well as the Process and Know-how for a Dupont

Performance Plastics production line with capacity of 150 tons/day.

2.2 In order that the Contract Plant shall have a normal and safe production, the Seller shall supply, within battery limits of the Contract Plant, Equipment including mechanical, lab, electrical, instrumental ones etc. (hereinafter referred to as Equipment) and all Materials such as piping, automatic device, electrical and instrumental materials, and other materials needed for erection, mechanical test-run, commissioning, performance test as well as catalysts, chemicals and lubricants and so on (hereinafter referred to as Materials). Details are listed in Annex xxx. The battery limits of the Contract Plant are defined in the drawing attached to the Contract.

2.3 In accordance with the design basis and principles stipulated in Technical Annex to the Contract, the Seller shall be responsible for the Basic Design and shall supply complete technical documents and design documents as per Annex xxx to the Contract (hereinafter referred to as Technical Documentation), and the Purchaser shall be responsible for the Detail Engineering Design.

2.4 The Seller shall dispatch his experienced, healthy and competent technical personnel to the Plant site during erection, mechanical test-run, commissioning and performance test of the Contract Plant to provide various technical services (hereinafter referred to as Technical Service). The treatment conditions are shown in Annex xxx to the Contract.

2.5 The Seller shall be responsible for the training of the technical personnel dispatched by the Purchaser in the Seller and Licensor's offices and in a model plant or plants similar to the Contract Plant. The number of personnel, training location, duration and the extent of training and treatment conditions are shown in Annex xxx to the Contract.

2.6 Within 30 years after the Acceptance of the Contract

Plant, in order to have a long-term, normal and steady operation of the contract plant and if so required by the Purchaser, the Seller shall dispatch his competent technical personnel to the Contract Plant to provide consultant service for the technical matters, such as trouble-shooting, operational technique, application of technical improvements to the Contract Plant, and shall reply the various technical questions raised by the Purchaser.

The extent, duration, cost and expenses for the Seller or Licensor's technical personnel shall be agreed upon by both parties in due time.

2.7 Within 30 years after the effective date of the Contract, the Seller is obligated whenever possible to supply to the Purchaser the supplemental equipment and materials required by the Purchaser at the most favorable conditions.

ARTICLE 3: CONTRACT PRICE

3.1 The total Contract Price of Equipment and Materials, Basic Design, Technical Documentation, License and Know-how and Technical Service of the Project shall be supplied by the Seller as stipulated in the Contract amounting to USD 123 million (say: one hundred and twenty three million dollars only).

The breakdown prices of the above-mentioned total Contract Price are as follows:

3.1.1 Price for Equipment and Materials (on CIF basis) : USD xxx (say: xxx US Dollars only), including:

— Spare Parts: USD xxx (say: xxx US Dollars only)

— Chemicals : USD xxx (say: xxx US Dollars only)

3.1.2 License and Technical Know-how royalties: USD xxx (say: xxx US Dollars only)

3.1.3 Price for Basic Design and Technical Documentation: USD xxx (say: xxx US Dollars only).

— Price for Basic Design and Technical Documentation related to License and Know-how: USD xxx (say: xxx US dollars only).

— Price for Basic Design and Technical Documentation related to Equipment and Materials: USD xxx (say: xxx US dollars only).

3.1.4 Price for Technical Service: USD xxx (say: xxx US dollars only).

3.1.5 Price for freight and insurance (in case of CIF): USD xxx (say: xxx US dollars only).

3.2 The total Contract Price is a firm and fixed price. Any change of the Price should be agreed and based on mutual consent upon later negotiation in case of the variation of some items.

3.3 The above-mentioned price for Equipment and Materials as per Article 15 hereof is CIF San Francisco Port (Incoterm 2000) including unloading charges, sturdy packing suitable for ocean and inland transport, frequent loading, unloading and also insurance up to the Contract Project site warehouse as detailed in Article 12 of the Contract.

3.4 The above-mentioned License and Know-how royalties and the price for Basic Design and Technical Documentation as per Article 13 hereof is DDU San Francisco Airport (Incoterm 2000). It includes all the expenses incurred before the arrival of the Technical Documentation at that Airport.

3.5 The above-mentioned License and Know-how royalties and the price of Technical Documentation include the fee for training the Purchaser's designated agents by the Seller's and/or Licensor's technical personnel.

3.6 Unless otherwise specified in the Contract, all the expenses for either party to dispatch personnel and maintain them at the other party in performing the Contract shall be borne by the party that dispatches such personnel.

3.7 After the signature of the Contract, the total Contract Price is a firm and fixed price, and cannot be changed without mutual prior written consents in case of any change in the scope of supplies.

...

Exhibit A: The Technical Specifications.

另外，鉴于在工程技术翻译实践中通俗书面语和通俗术语书面语也常常同时出现，其具体形式包括厂商简介、报价单、会谈纪要、工程数量计算表、工程财务报表、工程指令、子项目申报（批准）文件、实验检验报告，以及高中级技术管理干部的非正式书信等。下面的例子包括了这两种语体。

◎ 本语篇是我国某汽车配件企业的对外宣传简介（斜体表现了通俗特点）。

CHENGDU DIM AUTO PART CO., LTD.

CHENGDU DIM *was set up in April 2010*, *lying at* 1333, Longfa Road (S) in the Automobile Industrial Development Zone of Longfa County, Chengdu (the capital of Sichuan Province), covering a total area of *80,000* m^2 *with a 42,000-*m^2 floor space. The company is affiliated to Changchun FAW HONDIM AUTOMOTIVE CO., LTD., specialized in *the making of punching component parts for truck body*, welding assembly parts and *electro products*. Its *major buyers* are FAW-VW Co. Ltd. and FAW Toyota (Sichuan) Co., Ltd. while *it supports* the *new models of Sagitar (NCS) and Jetta (NF)*.

CHENGDU DIM *boasts* a staff of 480, *with 62 as technical experts and 316 as blue-collar laborers*. *Founded in the company are departments of* sales/marketing, human resources, product R&D, production management, quality control, equipment & materials supply, transit and finance *as well as the workshops of processes such as stamping*, *welding* and electrophoresis.

CHENGDU DIM is equipped with 3 large-scale stamping production lines and 1 small-scale stamping production line (totally 23 stamping machines), together with over 30 welding equipments including a production line of 6 *state-of-the-art arc-welding robots*, a production line of 7 spot-welding robots, the suspension-type welding machine and the convex-type welding machine.

TS16949 Quality Management System and ISO14001 Environmental Management System *are well carried out here*. The company *was granted* the Certification Instrument of TS 16949 *by SGS* in September 2012 and *passed the check* of FAW-Volkswagen A-class Laboratory in November 2013. *Its production mode "One-low and Three-high" is currently promoted* for the *low cost and three good ends* in quality, technology and services.

CHENGDU DIM is updating products with guaranteed quality for the demand in the shortest possible time, well based upon the *market-led management, R & D and production modes, and upon the win-win principle with all the partners*.

7.2.1.3 行为话语

话语者(动作者)通过手势、眼神或身体移动让受众明白其指向意义，而工程技术翻译的行为话语就是这样一种话语。它能够让他人辨认项目工地放置的各类机器、设备、材料及各类物资的存放的地点，能够让他人正确操作各种机器设备和材料，能够让他人完成某些施工程序或工艺流程，能够让他人完成各种技术性能及参数实验，能够让他人辨认工程项目所在的地理方位、出行道路以及施工现场的各类标识等。

行为话语主要发生在翻译图式C、图式D、图式G等与项目实施非常密切的场合，此时的语境是人员、厂房、设备、材料、机器、工地等。这些客观景物有可能使话语者通过行为传递信息，而不完全仅仅通过有声语言和可视文字。在理论上，行为话语的功能与普通生活中的手势语、行为举止、体育竞赛及裁判的各种姿势，以及舞台表演中的肢体语言是相似的。

但是工程技术翻译的行为话语不是通用的肢体语言，不像盲人手势语、体育裁判手势语或者交通警察手势语。与此相反，工程技术翻译的这种行为话语具有特殊性和随意性，由话语者本人的爱好和行业习惯决定。例如，在某建筑工地处理危险岩石时，工程师边说边竖起一个手指。此刻他的意思很可能是指用一只雷管去炸掉岩石，或派一名工人去清理岩石，而不可能是指停止作业。所以，工程技术翻译者需要在特定的语境下，在接触和了解服务对象的条件下，通过感觉（视觉）、知觉、判断、推理才能逐渐熟悉。

7.2.1.4 按形态分类话语的分布

◎ 就这三种形态话语（口语话语、书面话语、行为话语）出现的概率而论，在图式A和图式B，口语和书面语常常是同时出现；在C至H图式中，口语、书面、行为话语则交替或同时出现。这种情形显然在有些行业翻译中不大出现（如文学社科著作翻译仅有书面语，一般会议翻译有口语和少量书面语，导游翻译基本使用口语）。口语话语出现较多的图式是：A图式（项目考察及预选）、C图式（项目实施预备动员）、D图式（项目实施）、E图式（工地会议）、G图式（项目竣工与维护）；书面话语出现较多的图式是：B图式（项目合同谈判与签约）、D图式（项目实施——建设、修改设计、安装、试车或试运营、结算）、F图式（索赔与理赔）、H图式（项目交接与终结）；行为话语出现较集中的是C图式、D图式、G图式等与项目实施密切相关的图式。

◎ 从工程项目中话语的构成比例分析，在一个大型的引进（输出）工程技术项目的翻译话语中，书面话语和口语话语基本上各占一半，行为话语作为补充，比例较小。一般来说，在中小型引进（输出）工程技术项目的翻译话语中，口语话语数量≥55%，书面话语数量≤40%，行为话语数量≤5%左右。在大型引进（输出）工程技术项目翻译中，则书面话语数量≥55%，口语话语数量≤40%，行为话语数量≤5%。但是在高技术含量的工程项目翻译中（譬如石油化工、精密机械、高新电子），无论规模大小，书面话语数量≥60%，其他话语比例相应减少。

◎ 从话语的信息含量分析，机械、电气、化工以及桥梁工程项目的话语较为复杂且数量更多，因为这些领域体现了人类最为复杂、最为精微的思维过程，集中了人类最先进、最精密的科学技术成果，故其书面话语、口语话语的表达相对更加复杂。房屋建筑、公路工程、水利灌溉工程、矿山物流等项目的科学技术信息含量总体上要低于前者，因而其书面话语、口语话语的表达相对更容易为非专业技术人员（包括翻译者）理解。

7.2.2 按发生地点分类

引进（输出）工程技术项目的翻译发生在不同的场合地点，且各处的人员、物资、场景等情形差异很大，所以我们也可以按照发生地点划分话语，这便于工程技术翻译者事先了解各种语境及话语信息的大致范围。

7.2.2.1 宾馆话语

是指发生在宾馆、高级写字楼、学术会议厅等场合的话语，并非一定就发生在宾馆。赏心悦目的自然景观、衣着整洁的参会人员、舒适的办公环境，以及较高层次的话语内容（口语话语和书面话语）——这些要素共同形成了宾馆话语高级而优雅的语言特色。宾馆话语主要出现在部分图式A（项目考察及预选）、图式B（项目合同谈判及签约）及图式F（索赔与理赔）中。在内容方面，宾馆话语和前一节讨论的正式口语及正式书面语相接近，故不再举例（参阅7.2.1.2节）。

7.2.2.2 营地办公室话语

是指发生在项目进驻的营地（工地）临时办公室的口语及书面话语。虽然近二十年来，许多项目经理部的营地临时办公室条件不断改善，话语者也多半是项目经理、监理工程师、总工程师、副总工程师、项目工程师等技术人员，但这时周围的情景语境与宾馆话语大不相同：人员行色匆忙，个个身着工装，机器轰鸣，物资设备随处可见。此时的口语话语变得短促而通俗，书面话语（文件）也变得简洁而流畅。营地办公室话语主要出现在图式D、图式E、图式F、图式H。在语体方面，营地办公室话语融合了前一节讨论的正式口语、正式书面语、通俗（行话）口语和通俗书面语（参阅7.2.1节举例）。

7.2.2.3 工地话语

是指发生在引进（输出）工程技术项目的施工现场或类似施工现场的其他场所的话语。这些场所一般位于野外或新建工厂区，自然环境相对凌乱，随处可见零散的材料、机械和等待安装的设备、运转的机器，人员大多属于下级技术人员及普通工人，身着工装，头戴安全帽。此时的话语内容（口语话语和书面话语）繁琐、具体、面面俱到——这种特殊语境形成了工地话语的口语和书面语（例如子项目开工申请报告、工地指令及子项目验收报告）的简短、快捷甚至粗俗的风格。从文体或语域角度看，工地话语是前一节讨论的通俗（行话）口语和通俗（行话）书面语的极端形式。工地话语主要出现在图式C、图式D、图式G。在实践中，某些图式可能同时存在两种以上的话语。

◎ 工地话语举例：下面是图式 D(项目实施——建设、修改设计、安装、试车或试运营、结算)中一个口语语段：在某中国公司承建的某境外公路路基工程项目现场，技术人员在进行路基主体工程(路堤)施工，监理工程师巡视现场。

Embankment Engineer：Hello，Mr. Supervisor，my fellows are gnawing the hardest bone now. This Nine-turn section wasted us much time and explosives，just due to the steep escarpment and rough boulders.

Supervisor：I see，it's your nut in the Design. But the rock excavation will bring much profit. What is the longitudinal ratio of this section?

Surveyor：10 percent，far above 5 percent，the highest standard for highways.

Supervisor：What is the height between the lower benchmark and the higher one?

Surveyor：Roughly 150 meters. And all those nine turns jam closely on the narrow hillside. It's quite tiresome to push ahead the schedule.

Supervisor：How much did you blast the rocks?

Blasting Technician：15,000 cubic (meters) already. Those boulders look a bit blue，of hardest joints.

Supervisor：What is your interval between blasts?

Blasting Technician：50 milli-seconds. And in some cases 40 milli (seconds).

Supervisor：Well，why not speed it up to 20 or 30 milli (seconds)? That will largely improve your efficiency.

Blasting Engineer：We'll test and try that. Now we're handling the hanging rocks. They endanger my fellows and trucks.

Supervisor：It's too simple. Just put a finer (detonator) into that，and blast all.

Blasting Engineer：No，that's nonsense，and only a few pieces of clay fall. Actually we had to send men onto the hanging rocks embedding explosives inside. That could blast all.

Supervisor：Maybe，you're right. How many days can you do for the Nine-turn (section)?

Embankment Engineer：Not sure，because it is a real nut of road construction，used to scare off British people twenty years ago.

Supervisor：Did you think of any new way (realignment) then?

Surveying Engineer：Certainly，we're considering the new way，or it can't be finished on due time.

Supervisor：I've not seen your submission of application yet. You have to go through some formalities before approval.

Manager Assistant：We'll submit it to the Engineer，Mr. Shukra，and you later.

Supervisor：What points are you gonna say?

Project Manager：I suppose we should mention some points，including how to avoid the perpendicular escarpment，how to handle the quartz boulders and hanging ripraps.

Supervisor：Then what is your new alignment?

Project Manager：Still in our mind. Anyway，a safety road must be longer and costly，of course.

Supervisor：O.K，I'm waiting for that. Now can we go to the suspension bridge?

7.2.3 按话语功能分类

按照话语的功能分类，既与话语交流语境相关，也与该类话语的语言形式相关(方梦之，2011：VIII)，这是从翻译的功能理论角度考量的结果。按语言使用的功能，工程技术翻译话语可以进行如下分类。

7.2.3.1 咨询话语

主要运用于项目考察咨询或类似情景的图式，是话语者在确定引进(输出)项目之前就一些整体性的技术指标、性能以及项目环境保护和社会经济整体效益进行的问答，话语背景并无特定商业利益。因此，这类话语的语言形式比较随意松散，专业技术程度远不如技术话语复杂。语言形式表现为宾馆和工程技术(设备)现场的参观话语、考察或访问纪要、双方签订的意向性协议，以及形式发票和报虚盘等文件。

咨询话语举例：内容为某国外客商来中国考察工业阀门生产。

Chinese Manager（C. M）：Welcome to China，welcome to our valve company.

Foreign Manager（F. M）：Thank you very much. We're honored to pay a visit to your company. You are a leading valve manufacturer in China，and have passed ISO9001 Certification，so we have interest in your Flying Ball brand.

C. M：Is this your first time to visit China?

F. M：No，I've been to your country a couple of times，but today is my first time to visit your city and your factory.

C. M：Nice to meet you. First of all，we'd like you to enjoy PPT show of our factory.

F. M：It's up to your schedule.

C. M（as per the screen）：We used to be one of the major state-run valve producers in China with a time-honored brand Flying Ball as you have known，now become a stock-holding company with a staff of over 1,000，with 200 engineers，technicians and managers for different positions. We are ranked among the best valve providers on Chinese market；and some of our latest products available are superior in quality，and exported to over ten countries in Europe，North America，Australia and Southeast Asia. ... So much for my introduction.

F. M：That's wonderful. Can I have your Brochure or Catalog?

C. M：Certainly. Here you are（He distributed the Brochures to each visitor）.

F. M：All right. This impresses us deeply. How are your workshops going on?

C. M：We boast all necessary workshops for design，material supply，manufacture and package；what's more，we get a quality control office and a marketing division. You can see them.

F. M：You just gave us a big catalog. What is your most prestigious product?

C. M：Of all our products，we are most expert in high-pressure gate valves and ball valves. They are mostly produced for petroleum refinery and natural gas piping lines.

F. M：Can you manufacture the big ball valve with a radius as wide as one meter?

C. M：Yes，we did that. We can manufacture four valves of that size every month，and have supplied them to China Petro ① bases in Xinjiang and Shanxi provinces.

F. M：I'd like to have knowledge of the material utilized in that ball valve.

C. M：Sorry，I cannot tell all，but I can be sure that the material utilized in that ball is a sort of alloy，and it fully complies with any international standard we all accept.

F. M：What do you fill in the hollow body of valves?

C. M：Asbestos，as other top products，of course.

F. M：How much percentage of the body is filled with asbestos?

C. M：Sorry，it's our commercial patent.

F. M：When did you pass ISO9001 Certification?

C. M：In 1994，the very early time for Chinese enterprises.

F. M：How long can you deliver order if we place it now?

C. M：Two months on average，but sometime a bit late for we receive a lot of orders annually.

F. M：How much advance payment do you claim for order?

C. M：40%，at least 30%. See we are quite busy with orders every month. In case of a higher percentage，we can arrange your order ahead of our schedule.

F. M：That's all right. Can I visit your workshops now?

C. M：No problem，this way please.

评价：这个咨询口语语段的内容涉及该阀门厂商的总体介绍、产品门类、特色产品、生产准备、生产材料(部分保密)，生产技术(保密)、管理水平、预付款比例、交货周期等。中国经理介绍本厂的方式，过去一般是口头介绍，从 2000 年以来不少厂家采取播放幻灯片(PPT)的形式，然后再口头补充说明。如果考察咨询重大项目，双方常常还要签订某项目的

① China Petro：中国石油工业集团总公司，简称“中石油”。

采购意向性协议。在语言构成方面，咨询话语多采取字数不多的短句、简明的短语和通俗的技术术语，毕竟“技术咨询”与“技术谈判”具有不同的目的，还存在不同的语境和人员构成等因素。

7.2.3.2 合同话语

常见于合同及法律性质的条件的谈判及文件，是为了某一重大利益（例如为推销项目或获得某一项目合同）进行的商业法律性话语。鉴于在内容方面双方（各方）存在明显的利益纷争，谈判话语在语言层面表现为：双方在口语中针锋相对，语句长短不一，以短句和简单句为主，词汇特点为通俗与专业术语混合；在书面话语中（项目合同、协议、项目议定书），措辞谨慎严密，复合句、长句、难句较多，词汇正式并专业化。

合同谈判话语举例：7.2.1.1.节第一个实例“正式口语及标准术语口语举例”可以视为谈判话语口语的典型情形；7.2.1.2 中“正式书面语”所举例的项目合同条款可以视为合同谈判话语的书面语典型。

7.2.3.3 技术话语

是对某项目涉及的技术知识发布的话语。从数量来说，一个引进（输出）工程技术项目的翻译话语涉及面最广、难度最大的也许就是技术话语。其书面话语范围主要包括部分项目合同文件（合同技术规范、参照技术标准等）、项目可行性研究报告、项目建议书等，也包括项目实施中的技术性能及参数检验报告、工程月进度报表、工程月财务报表等。其口语形式表现为工地会议或工地的讨论（参阅 8.4.2 节“工程技术翻译的技术知识语域”）。

技术话语举例：本段语篇为国际度量衡学会（OIML）于 2006 年发布的技术标准（OIML R 76 - 1：2006（E））中有关衡器的一部分内容及译文。

> T.1.1 Weighing instrument
> 衡器
>
> Measuring instrument that serves to determine the mass of a body by using the action of gravity on this body.
>
> 衡器是通过物体的重力作用来测定其质量的仪器。

Note: In this Recommendation "mass" (or "weight value") is preferably used in the sense of " conventional mass " or "conventional value of the result of weighing in air" according to R 111 and D 28, whereas "weight" is preferably used for an embodiment (i.e. material measure) of mass that is regulated in regard to its physical and metrological characteristics.

备注：本推荐标准中质量(或称量值)更多指的是"常规质量"或"通常在空气中称量结果的值",根据 R111 和 D28,"重量"更多是用于表明(例如材料测量)根据物理和计量学性质规定下的物体。

The instrument may also be used to determine other quantities, magnitudes, parameters or characteristics related to the determined mass.

衡器也可以用来测定其他数量、长短、参数或与被测质量相关联的特征。

According to its method of operation, a weighing instrument is classified as an automatic weighing instrument or a non-automatic weighing instrument.

根据操作方式不同,衡器可以分为非自动衡器和自动衡器两大类。

T.1.2　Non-automatic weighing instrument
　　　非自动衡器

Instrument that requires the intervention of an operator during the weighing process to decide that the weighing result is acceptable.

在称重过程中需要操作者干预(参与)来获取称量结果的衡器。

Note 1: Deciding that the weighing result is acceptable includes any intelligent action by the operator that affects the result, such as taking an action when an indication is stable or adjusting the mass of the weighed load, and to make a decision regarding the acceptance of each weighing result on observing the indication or releasing a print-out. A non-automatic weighing process allows the operator to take an action (i.e. adjust the load, adjust the unit price, determine that the load is acceptable, etc.) which influences the weighing result in the case where the weighing result is not acceptable.

备注 1：由操作人员操作引起的变化后结果都是可接受的(决定称重结果可以接受，包括操作人员执行的任何影响结果的适当行为)，比如，在显示稳定时采取措施影响结果，或调节称重载荷的质量，或根据观察到的显示决定结果或打印出结果来决定是否接受每一次称重结果。非自动称重程序允许操作人员采取措施(例如调整载荷，调整单价，决定该载荷可以接受等)。当称重结果未能被接受时，这种措施将影响称重结果。

Note 2: In case of doubt as to whether an instrument is a non-automatic weighing instrument or an automatic weighing instrument, the definitions for automatic weighing instruments given in OIML Recommendations R 50, R 51, R 61, R 106, R 107 and R 134 have higher priority than the criteria of *Note 1* above.

备注 2：在不知道一个衡器是非自动衡器还是自动衡器时，应优先采用 OIML 推荐标准 R 50，R 51，R 61，R 106，R 107 和 R 134 中关于自动衡器的定义，而不是备注 1 中的准则(标准)进行判断。

A non-automatic weighing instrument may be:

非自动衡器可以是：

① graduated or non-graduated;

带刻度的或不带刻度的；

② self-indicating, semi-self-indicating or non-self-indicating.

自动显示，半自动显示或无自动显示。

Note: In this Recommendation a non-automatic weighing instrument is called an "instrument".

备注：本推荐标准中非自动衡器称为"衡器"。

评价：在这段语篇中，从全文第一个句子直至最后一个句子(短语)的所有原文和译文均采取标准的语法、语句和构成短语，词汇正式，其中长句和较长的短语比较多(相比口语图式)，话语内容高度专业化或技术化，词句间逻辑关系严密，甚至原文与译文的对照形式也是严格按照原文在上、译文在下的格式排列。

7.2.3.4 工程话语

是业主方对其他方(监理方、承包方)的具体指示，或监理方从业主方获得授权后对承建方发布的项目实施命令，或生产厂商对技术或设备制造(安装)的要求，这也是引进(输出)工程技术项目中特有的话语形式。工程话语不同于技术话语对技术细节进行论述或描述，而是注重对技术项目的执行规定。这类话语的口语形式简短，命令语气居多，句法甚至经常不规范；其书面语形式主要表现为子项目施工指令、子项目设计更改指令、技术和设备的运行及操作指南。

工程话语举例：本例是某石油输送管线工程的大型球阀配套驱动器的安装指南。

6 Installation and wiring of actuator

6.1 Installation environment

The actuator shall be installed in the environment with temperature of −25℃—+70℃, relative humidity not above 95% and without corrosive gas and strenuous vibration. According to the on-site condition, the actuator can be installed on base of cement or metallic framework. The installation must be firm. The convenience of manual operation and assembly and disassembly in maintenance work shall be considered.

Output shaft lever and regulating mechanism of base mounted actuator shall be connected with dedicated connector (spherical hinge) and connecting rod. Adjusting bolt of mechanical spacing or limitation stop shall be fastened within the valid range of output shaft, and shall not be loose.

6.2 Installation dimension

See figure 3.1 and table 2.1 for the installation dimension of base mounted actuator. (omitted)

6.3 Change mechanical zero of output shaft of base mounted actuator

When mechanical zero of output shaft needs to be changed,

install lever according to the following method and procedure.

6.4 Wiring of actuator

Connecting terminal shall be used for on-site wiring of actuator. Signal terminal and power supply terminal shall be clearly marked. The method of on-site wiring is screw crimping, welding is not needed. The cross section of the lead to be connected shall be 0.5—2.5 mm^2.

评价：在以上语篇里，多数语句使用了表示命令语气的“shall be”或选择执行的“can be”，祈使句的形式在分标题及部分语句里也有出现。这些形式能够表现工程话语的执行意义，而不采用情态动词的陈述句一般则不能表现工程话语的执行意义。其他的工程话语形式还有：承建方的子项目开工申请报告及批复、项目人员调动报告及批复、项目设备材料车辆进入或运出工地报告及批复等。工程话语也有口语形式，其语言表达方式近似于同类的书面话语。

7.2.3.5 宣读话语

是运用于开工、竣工等项目大型仪式，以及项目预备动员会等场所发生的话语，内容多为宣布该项目的总体任务，总结该项目的进度和完成情况，以及分析可能产生的经济效益和社会影响；其语气通常显得热情、欢快。此时，合同谈判话语和工程话语中那种小心慎重的气氛悄然离去。宣读话语的口语话语和书面话语较为相似，语气较为正式，技术术语不多，可能出现经济词汇和一般社会词汇，也可能出现文学隐喻，长度适中，句法以简单句为主，复合句很少。

宣读话语举例：本例发生在埃及某大型引进玻璃工程生产区，话语者包括项目业主方、承建方、投资方、设计方及监理方，正联合举行该项目竣工及点火（试运行）仪式。

Project Manager (from South Korea):

Good morning, ladies and gentlemen. Today is an exciting day. I am very much honored to declare that our project, Saint-Gobain Glass Egypt, is completed at last. This project is one of the largest joint ventures in Egypt, and is the fruit of all engineers and laborers from 15 different countries. All the equipments and machinery are imported from China, France, Germany, Italy, Spain, United Kingdom and United States. Over the past three years in the contractual period, we have put up four plant workshops or building monsters, each 200-meter long and 50-meter wide, which covers roughly 40,000 square meters in floor space, and a large cluster of other auxiliary buildings. We have received and installed over 500 huge equipments and/or machinery, including the 200-meter-long burning-in kiln and the calcining kiln, much like a colossal yellow dragon in Chinese culture. We have also solved a lot of puzzling problems and technical nuts. Multilateral understanding and ample support could be found on this enormous construction site. To be frank, I simply worked as the coordinator for all the contractors and exporters from 15 friendly countries, and they were fully committed to this first-rate project of industrial construction and installation. Therefore it is a huge profit and a great success of concerted efforts of all the parties involved. Thank you, all my dear fellows.

Chief Supervisor(from Spain):

Good morning again, my colleagues. It is truly a great occasion to us, since I can evidently assure you that all our contractors from Egypt and other 14 countries have completed or created an unprecedented wonder in glass industry; or in other words, the great industrial achievement of concrete buildings, assembled workshops, mass mounting and commissioning of complete equipments and machinery. All the works are kept in superior quality with great precision as per authentic international specifications and FIDIC codes. To mention them, ... We will long keep in mind the glorious names of these companies: ...

Complete Plant Exporter (from France):

How are you, ladies and gentlemen? We're old friends because we, Saint-Gobain Glass Group from France, have been in Egyptian other lines long before. This project, Saint-Gobain Glass Egypt, is the first gigantic undertaking of our group as well as the key item of Egyptian industrial campaign. We're fortunate to have undertaken this contract. As known to all, Saint-Gobain Glass Group is the global leading giant of glass industry with the state-of-the-art technology and complete plant, especially in the manufacture of flouting-method flat glass ①, helio glass ②, and pyroceram ③. We passionately hope our technology and complete equipment will bring much welfare to Egyptian industry. Thank you.

Investment Party (from Germany):

Hello, everyone here. I feel greatly pleased to attend this completion ceremony of Saint-Gobain Glass Egypt at Sohkna, Suez Province. It is over two decades since we, the West Germany Investment Bank, entered Egypt in 1990. We bear witness to 30 industrial and commercial projects in this ancient nation, and have cooperated with many a group before, but I can say today this huge project can surely stand firm among the most profitable industrial manufacturers. I'm not making up stories here, and this is the outcome of accurate calculations from the invested project. ... Good luck is blessed to Saint-Gobain Glass Egypt.

Employer (with Egyptian Industry Ministry):

Now, I declare the heating up of Saint-Gobain Glass Egypt. Let me invite our beloved angel, Miss Helena, to hold a torch and ignite the new kiln. (All cheer up)

评价：在宣读话语中，口语话语和书面话语较为一致，即话语者可能照着事先准备的文字稿宣读，也可能即兴演讲一气呵成。除了叙述工程进展及成就时有少数工程技术术语外，这类话语多少还有些文学作品的风格，如使用一些夸张性的、比喻性的语句或词汇，有时也使用排比句，这与其致辞者需要在最后完工时刻表达愉快心情有关。

7.3 工程技术翻译话语的性质

话语本来是一个语言学的普通概念，近年来对它的研究已经成为语

① flouting-method flat glass：浮法平板玻璃。

② Helio glass：反光玻璃。

③ Pyroceram：耐高温玻璃。

言学领域的热门课题。话语的原始状态就是人们的日常交流(口语交流和书面交流),但法国著名的社会文化学家福柯却把话语从习以为常的行为提升到思想和政治的高度,为我们认识和研究话语开辟了广阔的空间。福柯认为,"在任何社会里,话语的产生都是依据一定数量的程序加以控制、选择、组织和重新传播的,以防范话语的权力和危险及应付偶然事件"(Foucault, 1986: 149)。他所指的"程序"实际上是历史社会和制度以及隐藏在话语背后的社会关系。另一位文化学者布迪厄认为,"语言不仅是沟通的手段,也是权力关系的一种工具和媒介。语言关系总是符号权力关系。通过这种关系,言说者所属的各种集团的利益关系以一种变相方式体现出来"(布迪厄;转引自李猛,2003: 62)。

虽然不同于普通社会话语、文学话语和政治话语,工程技术翻译话语也具有话语信息之外的某些特殊性质。工程技术翻译者应该了解这些性质,才能更好地了解话语,并更有效地传译话语。

7.3.1 整体的同一性

工程技术翻译话语的整体同一性是指:一个合同项目各方[①]的(翻译)话语语义或意图在整个项目框架内趋于同一目标或结果。这种同一性是由项目合同规定的业主—承包方的互利互惠的商业关系所决定(参见7.1.2.3节)。尽管项目实施中存在各种利益矛盾或冲突,但是合同各方为了取得既定的、最终的工程目标或经济效益,许多时候必须采取妥协的、体面的、互惠的方式终结合同。这是工程技术翻译话语整体同一性存在的法律基础或理据。

在一个合同项目内部,话语的同一性从项目各方签署意向性协议时便产生了,至合同签约(图式B)及合同实施的图式D、图式E进入高潮期,等到合同项目竣工和终结(图式G和H),这种话语同一性便减弱或消失。鉴于在每一个引进(输出)工程技术项目中都存在合同项目考察、谈判签约、工程预备动员、工程建设、监理、验收、付款、终结等程序,于是该项目的建设周期就是每一类话语语义的整体同一性的延续时间。

在表现形式上,话语的整体同一性体现在合同各方围绕某个具体的工程技术问题所发表的有利于项目顺利实施的意见和文件,或做出妥协

---

① 国际工程技术项目合同的各方主要指:业主(employer)、工程师(engineer)、承包人(contractor),是三个法人;其中工程师由业主聘任并担任监理工程师,实践中常简称为监理方、监工。

性的、互惠性的决定。在整体同一性的制约下，工地各方（翻译）的话语在总体上表现出礼貌、友好的商讨气氛；当然不排除相互争吵、相互指责，但是最后大多数合同的各方话语者仍是以握手言和的同一性结束项目。

在成套设备合同项目或大中型的综合性项目里（如 BOT 模式项目、EPC 模式项目），因存在若干子项目，建设周期较长，故各方话语的整体同一性呈周期性出现。子项目越多，话语的整体同一性反复出现的频率就越高，且同一性延续的总体时间跨度偏长。

话语的整体同一性启示工程技术翻译者：在现场翻译中应把握话语整体同一性这条主旋律，从语气、眼神、姿态、传译信息等多方面尽可能维持或延长由整体同一性所营造的友好话语气氛和良好结果，将整体同一性的正能量发挥到最大程度，由此实现项目实施及合同各方的利益最大化。根据我国商务部统计，截至 2014 年，我国在海外的数以千计的工程技术项目中，77.2%属于盈利或盈亏持平，完全亏损的为 22.8%。这就是工程技术翻译话语整体同一性的最好注脚（中新网，2015－09－17）。

7.3.2 长期的矛盾性

合同项目的话语各方，因受到巨大的经济利益驱动（引进或输出的工程技术小项目常常以“千美元”（thousand US dollars）为付款或计量单位，大中型工程项目则常以“百万美元”（million US dollars）为付款或计量单位），发表话语时会本能地从本位考虑问题，由此形成合同各方话语的纷争，而这种矛盾会持续地贯穿于整个项目的实施过程。工程技术翻译话语的这种性质，我们称之为长期的矛盾性。

在一个项目里，这种长期的矛盾性从图式 B（项目合同谈判及签约）就开始了，并且在图式 D（项目实施——建设、修改设计、安装、试车或试运营、结算）、图式 E（工地会议）、图式 F（索赔理赔）等几个过程表现得最为突出，一直持续到图式 G（项目竣工与维护）和图式 H（项目交接与终结）。在工程技术项目翻译实践中，我们经常可以见到合同各方因为讨论一些技术细节（涉及付款金额）而产生不同意见，引起争吵不休，甚至破口大骂；或因对某一子项目的完成效果持有不同看法而拒绝（强行）验收、付款。

从大中型项目的翻译话语看，长期的矛盾性和整体的同一性同样围绕合同或各个子项目周期性发生。子项目越多，出现话语矛盾性的频率就越高，且总体时间持续越长。

同时，在每一个项目里，合同各方的话语往往从一开始就充满了冲突，最后通过博弈和谈判而妥协。矛盾性和同一性交织在一起，一直持续到项目完工，呈现出一个周而复始的过程。只有当合同全部终结后，话语的长期矛盾性和整体同一性这对“冤家”才会离开该项目的话语场。

话语的长期矛盾性启示翻译者：在实际翻译之前应事先做好心理准备，充分认识话语矛盾的长期性和复杂性，机智、冷静、巧妙地处理翻译工作中发生的各类事件；同时争取获得各方话语者的理解和支持，努力把话语矛盾性束缚在话语同一性的范畴内，将话语矛盾性的负面影响降低到最小限度。

7.3.3 业主—监理联盟话语的暴力性

目前有关话语暴力或语言暴力的议论主要集中在公共文化领域，诸如家庭话语暴力、网络话语暴力等，通常指使用谩骂、诋毁、蔑视、嘲笑等侮辱性或歧视性的语言，致使他人在心理上遭到侵犯和伤害。文学评论家刘再复(2012)就如此认为。本节讨论的业主—监理联盟(Employer-Engineer League)话语的暴力性是指：在引进(输出)工程技术项目过程中，业主方与监理方通过签订咨询或监理服务合同结成利益联盟，利用己方话语(口语和书面形式)为实现己方利益最大化而对承包人采取的一系列话语压制性行为(包括随意改变合同初步设计，随意增加工程量或否决承包人已完成的工程量，随意压低新增工程子项目或临时设备及材料的单价)，不排除工程师的驻地代表(即驻地工程师 resident engineer，实际上是项目主监)以及助手(supervision staff)在个别情况下使用谩骂、诋毁、蔑视、嘲笑等侮辱性的话语和举动。这种话语暴力的意图就是保证业主—监理联盟在合同项目中获得最大经济利益，而将承包方的利益压至最低限度，甚至丧失应得利益。加之某些国家的管理制度特点，例如一个合同项目的业主往往兼任工程师(总监)，往往加剧了这一联盟的话语暴力。

业主—监理联盟话语的暴力性在不同行业的工程技术项目中凸显的效果并不相同。第一种情形发生在全球的土木建筑工程领域(包括道路、桥梁、房屋场馆、供排水等工程)。由于最早并最广泛地推行了 FIDIC 条款(红皮版)，加之土木建筑工程行业的技术进入门槛相对较低而进入者众多，于是业主—监理联盟话语的暴力性表现得最为显著。业主的话语暴力在 B 图式就开始出现了，此时建筑及其他服务业工程多半采取招投标形式签订合同，承包人无权谈判或修改合同条款，只能接受或不接受。有些承包人为了取得合同所言的经济利益且不了解行情便盲目争取项目，业主就更可以借此实施话语暴力。业主支付给承包人的项目动员预付款最高仅为合同总价的 15%—20%，而承包人必须垫付较多己方资金。在 C、D、E、F、G 等话语图式中，业主聘请监理方之后便与之结成利益联盟，对于技术含量相对较低的土木建筑工程项目，他们时常随意更改或否定承包人的技术建议和行为，这样就增加了话语暴力的概率（参阅 7.1.2.3 节“业主方—承包方的互争互惠关系”）。

而在全球的机械、电气、化工等货物—技术贸易形式的引进（输出）工程技术项目领域，业主—监理联盟的话语暴力程度却明显较低。这固然与该领域较晚推行 FIDIC 条款（黄皮版）有一定联系，但主要还在于这类项目具有较高的工程技术含量。首先，机械、电气、化工领域的引进（输出）工程项目在许多时候并不采取招投标形式，而是进口方和出口方直接进行通常的商务谈判后签订合同。在全球工业生产能力过剩的背景下，进口方（未来的业主）往往拥有更多话语权，但出口方因拥有技术优势仍然能够行使充分的话语权，由此第一轮的交流就降低了话语暴力的能量。第二，在合同签订后，进口方通常必须支付合同总价 30%的预付款，其余 70%则必须准备信用证付款；若为第二次合同，则必须支付 20%预付款，其余 80%准备信用证付款（中国成套设备进出口有限公司，2009）。又如中国进出口银行规定，中国企业出口成套（大件）机器设备到国外进口商，普通设备的买方预付款比例不低于 15%，船舶的买方预付款不低于 20%，其余付款若采取分期付款也要出示权威银行保函（中国进出口银行，2010）。新版菲迪克条款（黄皮版，适应电气和机械工程）甚至规定，进口方收到出口方的货物并经过验收后应支付 80%的货款，这对于出口方提供了极大的保护。第三，这些项目开始实施后的几个图式中，当出口方运输机器设备及技术资料到进口方，并指导进口方建设（安装）项目时，因为机器设备和技术均为出口方提供，该方就非常熟知设备的性能及建设安装的技术细节，而进口方（业主）对此不熟悉或完全无知，于是在图式 C（项目实施预备动员）、D（项目实施）、E（工地会议）、G（项目竣工与维护）中，出口方实际上掌握了话语主动权，而进口方则相对处于从属地位（至少在工程现场）。当工程实施临时出现技术难题，进口方一般依靠出口方技术人员才能及时解决。在此情况下，业主—监理联盟的话语暴力性更是大大降低了。

7.3.4 承包人话语的反暴力性

“承包人”（contractor）是 FIDIC 条款对承担土木工程项目法人的称

谓，在机械、电气、化工等货物—技术贸易型合同中对相应角色的称呼是“出口商”(exporter)、“供货商”(supplier)、“生产商”(manufacturer)等。在工程技术翻译的语境中，承包人话语的反暴力性是指：承包人为了保障己方正当经济利益而利用话语(口语和书面形式)对应或反抗业主—监理联盟话语暴力的一系列行为，包括通过口头交涉和书面函电与业主—监理联盟开展磋商或谈判，如要求“因原材料价格上涨造成工程成本上升时，土木建筑企业有权要求业主提高工程款项”，以及“建筑企业实际施工时有权根据实际工程量的增加要求业主补偿费用”①，也包括将无法通过磋商解决的冲突提交国际仲裁机构仲裁，直至最后诉诸法律。

承包人话语的反暴力性在不同类型的工程项目中表现出不同的程度。在跨国工程技术行业广泛推行菲迪克条款(红皮版)的土木建筑工程行业，承包人依据菲迪克条款和项目合同作出的上述反应较为强烈，这可以视为对业主—监理联盟话语暴力性的反暴力性。话语反暴力性显现的第一时机是图式C(项目实施预备动员)，略晚于业主—监理联盟话语暴力性。本图式对承包人来说，主要是争取业主—监理联盟能够按合同规定时间在正式动工前支付工程动员预付款(通常为合同总价的15%)。在实践中，这一阶段承包人话语的反暴力性总体上还不显著。在以后的图式D(项目实施)、E(工地会议)、F(索赔与理赔)、G(项目竣工与维护)中，承包人话语的反暴力性似乎有随着合同项目进展而表现出同步增长的趋势，其发展顺序是：

一、承包方与监理方在项目实施中发生矛盾或出现话语冲突→举行工地会议磋商，寻求解决方案；

二、若各方话语无法达成一致→提交业主仲裁→或/然后提交国际独立机构仲裁；

三、若仍无满意结果→诉诸项目所在国或国际法庭判决→直至合同一方承担刑事责任。

实际上，大多数的话语暴力冲突持续到业主仲裁为止，这主要是因为存在本章7.3.1节所述的“整体的同一性”效应所致。

此外，如果承包人最后对业主(及监理方)提起法律诉讼(承包人话语反暴力性的最强表现)，应考虑其话语权在项目所在国的影响力以及判决结果的可行性。

在实施菲迪克条款(黄皮版)的机械、电气、化工等货物—技术型贸易

① 引号内话语是菲迪克条款(红皮版)的有关规定。

行业(我国商务部机电产品进出口商会将其划分为27个分支),承包人话语的反暴力性表现相对平静。其原因之一是如前(参阅7.3.3节)所述的业主—监理联盟的话语暴力性相对较低;原因之二是这些高技术产品行业基本依据ISO9000系列认证标准体系进行产品制造,其技术、产品与图纸资料一般是吻合的,产品型号及性能较为稳定可靠;其产品技术在异国应用时,只要不是出口方故意隐瞒纰漏或因自然原因损坏,一般不会出现严重问题;原因之三是进口方(业主)对引进的新技术产品多半是外行,不敢轻易阻挠具体事务,必须主要依靠出口方技术人员解决现场问题。据中国机电商品进出口商会会长张钰晶透露,他们每年处理的对外索赔案件中,涉及数量短缺、品质与合同不符的较多;涉及产品设计缺陷的较少(中国机电产品进出口商会网站,2013-11-13)。这从侧面表明:机电产品进出口工程项目自身的质量问题所占比例较小,因而引发反暴力性话语的机会也较小。

7.3.5 跨文化性

虽然任何翻译活动都涉及跨国际或跨民族或跨文化的交际活动,最普通的莫如外国游客来访,最高级别的莫如联合国的各国首脑聚会,但工程技术翻译话语仍具有自身的跨文化特点。

7.3.5.1 话语者的跨文化性

工程技术翻译话语的跨文化性首先表现在话语者身份的跨文化性。

第一种表现是一个引进(输出)工程技术项目在不同的话语图式或话语阶段有来自不同国籍、不同地区的技术人员,如中国的引进工程项目通常是中国与某一外国公司进行的技术合作,这种情况涉及的人员一般仅有一个或少数几个国家的公民;而有些采取分子项目招标的大型项目则经常涉及多个国家的公民,譬如法国圣戈班集团在埃及的玻璃厂引进项目里,至少有15个国家的工程技术人员直接参与了工地现场的活动,这一情况与国际会议相似,只不过持续的时间比一般会议长得多。

第二种表现是话语者的工作背景及教育背景的跨文化性。与某一国际会议参与者拥有相似的工作背景不同,也与某些国际学校集中了许多教育背景相似的外国教师和学生不同,一个项目的工程技术话语者的工作背景与教育背景差异更大。从翻译者角度观察,一个引进(输出)工程项目涉及自来不同国家的不同话语者——政府官员、技术官员、经理人员、供货商、工程师，监理人员、技术工人、辅助工人以及其他间接话语者(参阅 6.2.5 节“工程技术翻译的客户”和 7.1 节“工程技术翻译的话语者”)。他们在年龄、经历、学历等方面存在很大差异，加之来自不同的地域文化背景，这个话语者群体较其他国际性群体显示出更加丰富的跨文化性。

7.3.5.2 话语信息的跨文化性

首先，工程技术翻译话语信息的跨文化性表现在话语信息源的跨文化性。近代以来，世界科学和技术话语主要产生于欧美等少数发达国家，而更多的第三世界国家和其他国家日益广泛寻求输入最新的科学技术项目，其中材料、机械、电子、化工、冶金、大型建筑、桥梁隧道、环保等工程技术日新月异，是工程技术话语产生和更新的重点领域。由此新技术话语传播便形成了强劲的话语信息流而显示出显著的跨文化性。

其次，工程技术翻译话语的跨文化性还表现在话语接受者的反馈话语及态度。面对引进(输出)的项目设备和技术，不同的接受者会出于自身经历做出不同的价值判断，或针对实施过程的某个技术难题发表自己的意见，或依据自己的经验对原技术设计提出更改方案。个人的这种话语具有本土性质，但是当其传译到另一话语者，就形成技术话语的跨文化性。在一个引进(输出)工程项目里，每天发生着无数的本土性质话语，经过传译，汇成了庞大的跨文化话语流。

7.3.5.3 话语者行为方式的跨文化性

在一个引进(输出)项目工地，来自各个国家各个岗位的话语者较长时间(几个月至两三年不等)并肩工作、共同生活，带来了不同国家的思维方式、工作方式和生活方式。这些方式均要通过行为及话语表达出来，这样就形成了话语者行为方式的跨文化性。例如：一家中日合资化工项目在中国某个城市实施，双方技术人员在共同检测设备时，需要去几十米外的工具房拿千分卡(一种测量零件尺寸的精密工具)，中方工程师叫一名己方的工人去拿，而那名工人动作缓慢，正在旁边的日本工程师见此情形，忍不住就自己快步跑出去，赶在那人前面把千分卡拿过来。日本工程师的工作精神令人钦佩，但并不是所有在场员工都能适应并接受的。再如：阿拉伯员工的工作时间安排必须要服从其宗教祈祷的时间，因为阿拉伯人每天祈祷五次，风雨无阻。当中国工程师与阿拉伯工程师在一起开会或抢修工程时，阿拉伯工程师和工人常常突然停下手头活计，转身面向他们认为的麦加方向就地跪下，双手合十，口中念念有词，虔诚无比。因此，不同的工作方式和生活方式对于整个项目的实施和进度也存在一定影响。

7.3.6 可操作性

政治话语和新闻话语吸引受众眼球并使其潜移默化，文学翻译话语供读者个人诵读欣赏以陶冶情操，教育话语供教师向学生传输知识，而工程技术翻译话语是引进(输出)工程技术项目的各方话语者赖以直接实现该项目的工业价值和经济价值的语言信息和手段。因而，工程技术翻译的话语具有高效及时的可操作性、可实现性、可物化性。

工程技术翻译话语的可操作性指话语受众能够依据话语信息操作或运用话语所指向的机器、设备、材料、物体；可实现性是指话语结果能够转变为的具体行为或目标任务；可物化性是指话语的最终结果表现为具体的可触摸的物品或可视的工艺流程。鉴于行为话语(参见 7.2.1 节“按话语形态分类”)已经表示操作指令或操作行为，且可操作性是可实现性和可物化性的前提，我们在此仅讨论口语话语和书面话语的可操作性。

7.3.6.1 口语话语的可操作性

口语话语在八个图式均有广泛分布，然而其作用和效果并不完全相同。从宏观层面考察，图式 A(项目考察及预选)、图式 B(项目合同谈判与签约)的口语话语可操作性的表现是：话语受让者依据话语信息进行新项目的实地考察和技术及商务咨询，达成意向性协议或备忘录，并可能最终签订引进(输出)工程项目合同(书面结果)这一系列行为及结果。其余六个图式中话语的可操作性体现为：话语受让者把话语(包括语词、语法、语句及其所含的意义)转换为可用于操作(运输、转移)机器、设备、材料等物体，能够调动人员，并能够处理书面文件的指令和行为。

从微观层面考察，口语话语的可操作性表现在如下两个不同的方面：第一，当翻译者在传译图式 A 和图式 B 的口语话语时，应注意把源语的语词、语法、语义等信息转换为便于起草协议及合同的话语形式，也就是把相对松散的口语话语转换为较为紧密的、便于形成书面话语的语言结构，即标准口语和标准术语口语；第二，在传译图式 C 至图式 H 的口语话语时，翻译者应注意把源语的语词、语句、语法和语义(譬如项目经理和主监的话语)转换为便于受众(通常为初级技术员工)直接操作机器和设备的操作指令,即通俗口语和通俗术语口语(参阅 7.2.1 节“按话语形态分类”)。

7.3.6.2 书面话语的可操作性

书面话语中的可操作性最为典型,因为一个项目的书面话语以合同条款和技术规范文件为主,其中的语词、语句、语法、语义、语篇或图式、逻辑、连贯等语言要素的最初目的是供中高级技术管理人员阅读而准备的,但在工程项目实施过程中,又必须将那些高度集中的书面话语转换为便于一线员工理解和操作的指令。尤其是每个项目的技术规范、操作指南等书面文件,翻译出的话语不能过分拘泥原文语言结构,而必须具有很强的可操作性,便于一线员工顺利实施任务(破土新建、安装、试车或试运营、结算)。下例是某工程技术规范对安装的要求:

原文:Mount the control in a vertical position on a flat surface. Be sure to leave enough room below the bottom of the control to allow for the AC line and motor connections and other wiring that may be necessary.

译文 1:将控制器以垂直位置安装在一个平滑的表面。确定在该控制器的底部剩下足够空间以便考虑交流电路、电动机连接线和其他可能必要的电路连线。

译文 2:把控制器垂直安装在平面上,保证在控制器下方有充足空隙,便于通过交流电路、马达连接线和其他电线。

评论:译文 1 拘泥于原文结构和词语,译文文字更多(61 字),文体严谨,似乎更“忠实”,但这不利于初级员工操作;译文 2 采取通俗文字,文字也更少(42 字),显得简便,且接近一线员工口语,这样更利于他们实际操作设备。

相比之下,工程实施的程序性文件(子项目申请报告与批复、设备材料的技术参数试验报告、产品性能检测报告、财务结算文件)的文字结构相对明了,其可操作性应该较强,便于翻译者传译,也便于一线员工操作。

7.4 工程技术翻译的话题

八个语篇或图式是工程技术翻译的话语场,而话题就是工程技术翻译话语的语义赖以发生的信息载体,是这种话语的语义表现形式之一(参阅 7.2 节"工程技术翻译话语的分类")。通过研究话题,翻译者能够具体了解工作对象(话语)的内容,领会话语的范围和特点,并在翻译实战中提前了解其他话语者的意图和范围。

7.4.1 话题的定义

以"话题"为主题词查阅中国知网,可以发现 132,009 条论文信息(中国知网,2014-4-18),但是稍微选择浏览就会发现:凡是非语言学研究的普通人所指的话题就是语义的中心,或"谈话的中心"(《现代汉语词典》第五版定义),也是权威的《简明牛津英语词典》(第九版)对话题(theme)的定义之一("a subject or topic on which a person speaks, writes or thinks");而某些语言学研究者所指的"话题"完全不同于普通人的"话题",它是专指"主语"或"主位",与所谓"述题"或"述位"相对应。本节探讨的"话题"不是语言学分支语篇研究的"主语"或"主位",而是话语意义(语义)里的中心议题。

引进(输出)工程技术项目的实施,工期从几个月至几年不等,各方人员可能表达无数的话语,但是在某一翻译话语图式或者某一交际过程中,合同各方的话语是围绕一些中心话题进行的。一个图式(语篇或语段)的话语中心就相当于文件的主题词,本书称作工程技术翻译的话题。

7.4.2 话题的构成

在构成话题的要素方面,工程技术口译与笔译并没有显著性区别,因为口译和笔译只是利用不同的方式传译相同或相似的内容,但在不同的阶段(翻译图式)各自的重点不同。经过对各类引进(输出)工程技术项目话语的观察,话语的话题分为如下八个话题丛:

(1) 项目启动话题丛(theme cluster of the project starting-up):包括项目规划、考察、目标项目预选、项目建议书、项目可行性研究报告、立项批复。

(2) 商务经济话题丛(theme cluster of trade and economics):包括询盘、报盘、还盘、接受、招标、投标、开标、备货、运输、保险、验货、仓储、国际经济学、产品效益、产品市场、项目回报率。

(3) 合同法律话题丛(theme cluster of contract negotiation, clauses and signing):包括国际经济法、合同或协议谈判、一般条款、常见条款、特殊条款、附件、签约、补充条款或议定书、工程保险、索赔理赔、合同期限、合同仲裁、合同诉讼。

(4) 项目公关话题丛(theme cluster of public relations):包括项目外公关话题(涉及项目所在国领事馆或大使馆经济参赞处、出入境管理局、劳工部、机场、海关、银行、保险公司、船公司、铁路或公路运输公司、项目隶属的政府机构、项目所在地当局、项目所在地民众、其他服务机构),以及项目内公关话题(涉及引进方、输出方、主业方、承建方、咨询方、投资方)。

(5) 工程进度话题(theme cluster of project progress):包括各类人员、设备物资的筹备及进场、破土施工、初步设计、修改设计、子项目开工申请及批复、子项目完工申请及验收、材料或性能实验、工地会议、工程指令、工期、监理、索赔理赔、试车或试运营、维护、总项目完工申请及验收、清算、终结。

(6) 工艺流程话题丛(theme cluster of technological processes):包括技术规范、技术标准、项目总平面图、施工或设备详图、技术参数、测试方法、技术性能、工艺流程、操作技能。

(7) 设备材料话题丛(theme cluster of machinery, equipments and materials):包括设备机器材料的种类、型号、规格、数量、质量、性能、采购、运输、运行和使用状况。

(8) 财务计量话题丛(theme cluster of financial affairs and technical measurements):包括合同投标保证金、合同总价、履约保证金、项目保留金、技术转让费、子项目工程计量、土方工程计量、爆破工程计量、设备材料物资采购费计量、安装工程计量、运输工程计量、设备使用计量(台/班)、人工成本计量、资金流通计量、应收款项、应付款项、资产负债表、资产折旧、项目收益及盈亏等。

7.4.3 话题的分布

这里的分布,是指工程技术翻译话题丛在八大图式中的分布。在话题分布方面,工程技术口译与笔译也呈现一致性,所以下列话题分布模式概括了口译和笔译的情形。

表 7.1：工程技术翻译话题的分布模式

翻译图式	图式A	图式B	图式C	图式D	图式E	图式F	图式G	图式H
话题模式	项目启动话题，项目公关话题，工艺流程话题，商务经济话题	合同法律话题，商务经济话题，工艺流程话题，设备材料话题	项目公关话题，工程进度话题，设备材料话题	工程进度话题，工艺流程话题，设备材料话题，财务计量话题	工艺流程话题，工程进度话题，设备材料话题，财务计量话题	合同法律话题，财务计量话题	工艺流程话题，设备材料话题，财务计量话题	项目公关话题，工程法律话题，财务计量话题

7.4.4 话题的熵

“熵”的概念来源于物理学领域中的热力学，信息论专家香农借用来表示“信息传输中的信息量”，他还设计了一个计算公式。我国学者曾计算出汉字的熵为 9.65 比特，高于欧洲拼音文字（如法文为 3.98、西班牙文 4.01、英语 4.03、俄文 4.35）（冯志伟，1994）。本节借用“熵”的概念，代指翻译某一话题时实际传译的信息数量（比例或程度）。本书的“熵”针对语境需要设置，对评测翻译者个人能力或许有参考作用（参阅 9.6 节“工程技术翻译语句的难度”）。其他行业翻译在谈及翻译者能力时曾提及传译信息的比例或程度，例如同声传译的传译度通常在 50%—70%之间，极少超过 90%；有的人则以客户反映的满意程度（不满意、一般、满意、很满意）来表示传译能力（王恩冕，2006：86—97）；另外有人主张以灵活度（口译）来体现传译度或效率（钱炜，1996；鲍刚，2011）。

话题的“熵”概念以原语图式所包含的信息为基础，设原语图式的信息指数为 100，则在某些语境下，同类话题的口译“熵”可能较弱（－）（譬如小于 50%）；而在某些语境下，同类话题的笔译“熵”可能更强（＋）（例如大于 50%）。在八个翻译图式中，各个话题的“熵”表现不一致，我们在此用符号“－”和“＋”表现话题“熵”的弱势和强势。需要说明的是，这种弱势和强势仅是一种大致的区别，目前仅是一组经验型参数。但是，话题“熵”在口译和笔译两个方面呈现明显的区别，这些区别主要来自语境及话语者的需要。

话题"熵"设立的理据在于：在某些工程技术口译语境下，有些话语内容不需要翻译者全部口译出来，没有口译的话语信息可能通过手势语把施工（话语）现场的设备、材料、人员、地形地貌等客观因素传递给受让者，而受让者不听完口译者传译也足以了解对方的意图。在有些笔译语境下，话语（文件）不需要完全传译，譬如在图式A、图式B、图式C三个开工前的图式里，无论是出于施工目的还是保守商业秘密目的，都不需要详细传译技术规范（包括适应的技术标准）和施工图纸等核心信息；又如同样面临施工进度话题，在图式D（项目实施）里信息的传译度很大，而在图式G（项目竣工与维护）里信息传译度则很小。

表7.2：工程技术翻译口译话题的"熵"模式

翻译图式	话题传译度（熵）
图式A	－项目启动话题，＋项目公关话题，＋工艺流程话题，＋商务经济话题
图式B	＋合同法律话题，＋商务经济话题，－工艺流程话题，－设备材料话题
图式C	＋项目公关话题，－工程进度话题，＋设备材料话题
图式D	＋工程进度话题，＋工艺流程话题，＋设备材料话题，＋财务计量话题
图式E	＋工艺流程话题，＋工程进度话题，－设备材料话题，＋财务计量话题
图式F	＋合同法律话题，＋财务计量话题
图式G	－工程进度话题，＋设备材料话题，＋财务计量话题
图式H	＋项目公关话题，－合同法律话题，＋财务计量话题

表7.3：工程技术翻译笔译话题的"熵"模式

翻译图式	话题传译度（熵）
图式A	＋项目启动话题，－项目公关话题，－工艺流程话题，＋商务经济话题
图式B	＋合同法律话题，＋商务经济话题，＋工艺流程话题，＋设备材料话题
图式C	－项目公关话题，－工程进度话题，＋设备材料话题
图式D	＋工程进度话题，＋工艺流程话题，－设备材料话题，＋财务计量话题
图式E	＋工艺流程话题，－工程进度话题，－设备材料话题，＋财务计量话题
图式F	＋合同法律话题，＋财务计量话题
图式G	－工程进度话题，－设备材料话题
图式H	＋项目公关话题，＋合同法律话题，＋财务计量话题

7.5 工程技术翻译的话轮

话轮是话语的基本语言性质之一，通俗地说，就是你说一席话，我说一席话；或者谁主讲，谁听讲。作为学术研究的术语，话轮是由 Sacks 最先提出的理论概念，后来埃德蒙逊在 1981 年用这个术语来表达两方面的意义：一是指在会话过程中的某一时刻成为说话人的机会，二是指一个人作为讲话人时所说的话（转引自刘虹，1992）。目前话语学术界集中于普通会话及课堂会话的话轮研究，而本书在工程技术翻译语境下讨论话轮，可以视为话轮研究的拓展和深入。

在工程技术翻译话语图式中，话轮是最显著、最敏感的因素之一，因为无论是口语交际还是书面交际，各方话语者都较为关注哪一方先发言，哪一方后发言，哪一方控制话语权，哪一方被动跟进，发言时间长短等问题。因此，话语研究能够帮助翻译者及时了解或预测话语各方的话轮可能性，稳定翻译者的情绪，增强自信心并减轻心理负担。

7.5.1 话轮的定义

工程技术翻译话轮（turn）是工程技术翻译话题展示的时间顺序结构。话轮不仅出现在工程技术翻译（口译）交际中，也出现在其书面交流（笔译）中。由于工程技术翻译的话语不是自然状态下的话语（如日常会话和朋友书信交流），而是受到特定话语者操控的话语（参阅 7.1 节、7.3 节），因此工程技术翻译的话轮在性质上就是在不同时机受到不同话语权力者操控的特定话轮。

7.5.2 话轮的构成

话轮的构成要素一般包括：操控权（者）、转换方式、转换速度、转换模式、话语人，以及控制策略。其中，操控权和转换模式是两个关键要素。

7.5.2.1 在所有话语要素中，操控权是首要的，它是依照话语各方在引进（输出）工程技术合同项目中的特殊地位和其他社会地位而默许产生的。因此，话轮操控权实际上体现为某一个话语操控者。每个话语者的话轮操控权具有阶段性(即转换性),即便合同项目业主,虽然是整个项目话语的首要操控者,但是在某些情形下(图式D项目实施、图式E工地会议)也无法直接操控现场话语,而此时项目建设者和监理者才能直接操控话语。又如,在图式F(索赔与理赔)情形下,保险公司经理常常成为话语操控者(决定工程设备、材料和人员生命的索赔和理赔)。当然,业主也有更多机会成为话语操控者(图式B的工程招投标、图式D的结算付款,及图式F的工期索赔、图式G的项目验收等案例)。

7.5.2.2 话轮的转换模式,除了日常话语的自然转换(A-B-A-B模式),实际上还存在多种模式(陈志国,2005)。工程技术翻译话语的话轮转换包括如下模式:

1) 自然转换模式(A-B-A-B),这也是日常会话中最普通的话轮方式;

2) 空间转换模式(C←B←A←CS(操控话语者)→a→b→c),其意思是话轮在操控者控制下分别在两个以上的话语组流转;

3) 顺序转换模式(CS→A→B→C),操控者按照一定的顺序(职务、责任、声誉等)控制话轮;

4) 帮助转换模式(CS→helper),指当操控者说完后无人回应时,有人可能打破顺序来发表话语;

5) 焦点—平衡转换模式(focus→A's),指话轮仅仅停留在同类者(同意见者、同责任者、同经历者)之间;

6) 控制转换模式(CS→∞),指操控者独揽话轮;

7) 回避转换模式(CS→0→B→C),指话轮跳过或忽略第一顺序话语者,流转到其他人。

7.5.2.3 转换速度。这里的速度实际上与每次话语长度(说话时间或文字篇幅)在数值上是一致的,从工程技术翻译口译实践划分,口译话语(源语)在30秒/轮为短,在30—120秒/轮为中,超过120秒/轮为长;从工程技术笔译的实践划分,笔译话语1,000字/轮为短,1,000—5,000字/轮为中,超过5,000字/轮为长。

7.5.2.4 话语者(翻译者除外)。参阅6.2.5节和7.1.1节,此时的话语者就是客户,分为高级技术管理层、中级技术管理层、初级技术管理层;在各个层次内部还存在具体的话语者,如高级层的项目业主、中级层的承包方项目工程师、初级层的各个相关机构办事人员和普通工人。

7.5.2.5 话语者人数(翻译者除外)。口译话语者2人为少,3—10人为中,超过10人为多;笔译话语者10人为少,10—30人为中,超过

30 人为多(说明：这里的话语者人数主要参考中型引进(输出)工程技术项目的翻译场景)。

7.5.2.6 控制策略。口译话语者的控制策略包括声音、眼神、手势、身体其他动作，甚至事先安排的情景(地点、时间、人员、物资、设备等)；笔译话语者的控制策略有主题词，倾向性的措辞及风格，适量增减的文字，有利于己方的文件、数据和其他资料。

7.5.3 话轮的模式

工程技术口译话轮依据一个项目的实施情景即翻译图式运行，因为话语口译具有紧迫的时间感和显著的情景感。工程技术笔译话轮依据话题变化进行，因为话语笔译主要关注信息本身，很少依赖现场的情景和气氛。话轮的多种要素构成了工程技术口译话轮和笔译话轮的运行模式。

7.5.3.1 **表 7.4：工程技术口译的话轮运行模式**

图式 要素	图式 A	图式 B	图式 C	图式 D	图式 E	图式 F	图式 G	图式 H
操控者	出口商或进口商、投资人	出口商、进口商	项目经理、项目工程师	项目工程师、项目监理	项目经理、项目主监	项目经理、保险经理、项目业主	项目工程师、项目监理	项目业主、项目经理
话语者	高级 中级	高级 中级	中级 初级	中级 初级	中级 高级	中级 高级	中级 初级	高级 中级
话语者数	多，中	中	多	多	中，多	中	中	多，中
转换方式	自然转换	自然转换、顺序转换	完全控制、焦点平衡	顺序转换、回避转换	空间转换、回避转换	自然转换、顺序转换	自然转换、帮助转换	空间转换、顺序转换
转换速度	短，中	中，长	短	短，中	中，长	中，长	短，中	长
控制策略	眼神、情景、身体其他动作	眼神、声音、手势	情景、声音、手势、身体其他动作	情景、声音、手势、身体其他动作	眼神、声音、手势	情景、眼神、手势	情景、声音、手势、身体其他动作	情景、声音

7.5.3.2 **表 7.5：工程技术笔译的话轮运行模式**

要素＼话题	项目启动	商务经济	合同法律	项目公关	工程进度	工艺流程	设备材料	财务计量
操控者	出口商或进口商、投资人	出口商、进口商	出口商、进口商	项目经理	项目经理、总工程师、项目主监	工程师、监理	工程师、监理	项目经理、总会计师、项目主监
话语者	高级	初级 中级	中级 高级	高级 中级	中级 初级	中级 初级	初级 中级	中级 高级
话语者数	中	多	少	多	多	多	多	中
转换方式	顺序转换	自然转换、回避转换	自然转换	顺序转换、焦点平衡	自然转换、焦点平衡	焦点平衡	自然转换	焦点平衡
转换速度	中，长	短，中	中，长	短，中	短	中，长	中，长	中
控制策略	主题词措辞积极，己方文件数量较少	主题词措辞客观，双方文件数量较少	主题词措辞严谨，双方文件数量较多	主题词措辞适宜，各方文件数量较多	主题词措辞严谨，己方文件数量较少	主题词措辞严谨，己方文件数量较多	主题词措辞简短，己方文件数量较多	主题词措辞严谨，各方文件数量较少

7.5.3.3 工程技术翻译话语同其他行业翻译话语的比较。借用前面的各种话轮转换模式和要素进一步分析，我们可以发现：

(1) 日常交流的话轮，即自然话轮(A－B－A－B)也发生在工程技术翻译的某些图式(譬如涉及的公关口译就属于此类)中，呈现双向—均衡型。

(2) 普通会议(非谈判型)翻译、旅游翻译、文学及社会科学著作翻译等其他行业翻译中的话轮呈现单向—直线型，即控制转换模式(CS→∞)，指一个操控者独揽话轮，几乎没有转换机会；工程技术翻译话语极少出现长时间的控制转换模式(CS→∞)。

(3) 工程技术翻译的话轮运行及转换模式采取多样化，总体上呈现为多向—异形回流型，即话语者众多且话轮回流凸显不均衡势态(因受到不同权力话语者操控和其他多种模式及要素的影响)。这种复杂的多向—异形回流型转换模式，在客观上给翻译者设置了更多、更复杂的语境。

7.6 工程技术翻译的话步

话步(通俗地说,是说话的顺序,即先说什么,后说什么)是话题得以展现或发生的逻辑顺序结构。话语分析专家迈克尔·麦卡锡(2002:16)在研究人类话语表达的方式时,从小学课堂里总结出“启动、回应和跟随”的三步模式,并称之为“伯明翰模式”(同上,22),反映了一般话步的特点。但那是一个很抽象的模式,不能充分说明工程技术翻译话步的特点。另外,国内还有人以语步(书面话步)结构为题,研究过1949—2005年间《人民日报》元旦社论的语步(彭如青,2008:132—136),但是社论的语步或话步产生的语境显然不同于工程技术翻译话步的语境。

7.6.1 话步的定义

工程技术翻译的话步(move)是工程技术翻译话题具体展现的特殊逻辑顺序结构。由于话题及话轮分布在各个翻译图式里,因此,特定的翻译图式与话语者的话步之间存在某种关联,并与话轮也有某种关联。工程技术翻译的话步,是各类话题在各个图式的逻辑发展程序,不是一般形式逻辑的概念→判断→推理→新概念的简单程序,也不是每一个具体语句的逻辑程序。

7.6.2 话步的表现

工程技术翻译的话步体现为多种逻辑形式的组合,这些逻辑形式组合包括:归纳(概括)—演绎(分析)、判断—推理、假设—证实、具体—抽象、特殊——一般、原因—后果、叙述—评价、询问—回应、申诉—辩驳、问题—答案。并且,在每个翻译图式(图式)里,也不仅存在唯一的话步逻辑组合,实际上可能存在更多的话步逻辑组合。

工程技术翻译需要引进方、输出方以及合同各方的沟通才能完成,是典型的互动型交流活动(参阅6.1节、6.2节)。这不同于旅游翻译、一般会议(非谈判性)翻译和文学翻译的单方面交流(现场仅一个人发表意见,听者、读者基本上不发表意见)。在这种话语场,除翻译者外,至少存在两个对立的话语者(常常多于两个),因此各方在谈判、谈话等交流中自然要互动,不同的话语需要不同的话步,由此产生了两个或多个话语者之间的话步逻辑组合。

7.6.3 话步的模式

在下面的话步组合中,有些显然违背了原因—结果、具体—抽象的普通逻辑规律,但这些特殊的组合形成了八个翻译图式的话步形式(话语逻辑顺序)。当然,有些图式里的话语仍然遵循一般逻辑思维顺序,例如图式D(项目实施——建设、修改设计、安装、试车或试运营、结算)、图式E(工地会议)、图式G(项目竣工与维护)和图式H(项目交接与终结)的部分话语遵循"询问—回应"和"分析—综合"的普通逻辑思维模式。

7.6.3.1 口译的话步模式

表7.6:工程技术翻译口译的话步运行模式

翻译图式	A	B	C	D	E	F	G	H
逻辑组合	抽象—具体,具体—抽象,一般—特殊	一般—特殊,申诉—辩驳,假设—证实	抽象—具体,一般—特殊	询问—回应,特殊—一般,问题—办法	叙述—评价,结果—原因,分析—综合	叙述—评价,结果—原因,判断—推理	具体—抽象,特殊—一般	具体—抽象,分析—综合,特殊—一般

说明:在图式A(项目考察及预选)的口译中,或许话语者事前毫无目标,只能在考察过程中逐步选择目标项目,于是形成了具体—抽象话步;如果他事前有了一个初步目标,那就可能出现抽象—具体话步。又如,在图式B(项目合同谈判及签约)口译中,谈判双方或各方就某个问题都要竭力阐述各自的观点,争取各自的利益,势必一方要申诉,另一方要辩驳,于是出现了申诉—辩驳的话步组合。同时,对某些未来不明朗的话题,合同一方要提出假设,另一方则提出证实或证伪,于是出现了假设—证实的话步逻辑组合。在图式C(项目实施预备动员)口译中,或许话语者开口之前心里常常已经有了某种想法(譬如准备开工),于是话语者的讲话(文件)从这个想法(抽象)逐渐扩展到细节(具体),由此形成了抽象—具体的话步。在图式D(项目实施)口译中,工程师、工人和监理人员

需要把复杂的工地技术问题按照统一的施工技术规范分析和处理，于是形成了特殊—一般的话步逻辑。在图式E(工地会议)口译中，一方话语者首先叙述施工进展情况，另一方或其他各方进行评价，形成叙述—评价话步。在图式F(索赔与理赔)口译中，因涉及处理事故，一方先谈损失及后果，另一方可能参与分析原因，由此形成结果—原因话步；最后一方综合各方意见，找出共同认可的解决方案，于是形成问题—办法话步。在图式G和图式H中，口译话语涉及各方认可竣工的子项目符合技术规范，以及合同总体经济指标，于是出现具体—抽象、分析—综合、特殊—一般的三种话步。

7.6.3.2 笔译的话步模式

表7.7：工程技术翻译笔译的话步运行模式

翻译图式	A	B	C	D	E	F	G	H
逻辑组合	具体—抽象	特殊—一般	抽象—具体	询问—回应，一般—特殊，抽象—具体	分析—概括，结果—原因，问题—答案	叙述—评价，结果—原因，判断—推理	具体—抽象	具体—抽象，特殊—一般，分析—综合

说明：相比口译模式，笔译的话步模式简单一些，这主要是笔译文件的话步逻辑较口语话步更为稳定(参阅6.3节“工程技术翻译的语篇语境场(图式)”)。

在图式A中，翻译者主要翻译或起草考察报告、合作意向书、项目建议书及项目可行性研究报告，这些文件的总体逻辑思维就表现为，把大量的事实概括为考察意见、合作意向，以及立项决策；在图式B中，往往围绕特殊的情形进行研究，并形成一般性的合同条款，最后才能订立符合各方利益的合同；在图式C中，项目经理或工程师把合同条款细分为或落实为具体的施工准备行为，或配备项目实施的各种人员、设备和材料；在图式D中，笔译文件为子项目开工(完工)申请(批复)，更大量的是翻译技术规范或操作指南，总体思路是把一般性的技术要点展示为特殊或具体的施工行为和成果；在图式E中，笔译文件主要是工地会议纪要，涉及合同各方对施工问题的冲突和对事故的分析处理报告，因此话步模式为分析—概括、结果—原因、问题—答案；在图式F中，笔译文件主要是索赔理赔文件和事故勘察处理报告，因此话步模式是叙述—评价、结果—原因、判断—推理；在图式G中，笔译文件主要是竣工报告和项目维护期报表，总体思路是各个子项目必须符合合同条款或技术规范，故话步模式为具体—抽象；在图式H中，除了继续图式G的话步，合同项目最后还必须进行清算，故其话步模式为具体—抽象、特殊—一般、分析—综合。

第八章

工程技术翻译的语域

语域在广义上属于话语的范畴，鉴于工程技术翻译的语域具有很强的特殊性，所以单独成章论述。

什么是语域？简言之，就是语言在使用过程中产生的变化。语域现象古已有之，例如，印度梵语是印欧语系的祖先，其后的多种印欧语言都是其子孙。当然，语言在实际运用时还要发生许多功能性的变化。1964 年，英国语言学家韩礼德将这一现象取名为语域，意思是语言变化的形态可以按照使用的情况划分为若干部分，或称语域。语域是由多种语境特征——特别是图式语场、图式方式和图式语体等——相联系的语言特征构成。按照语言使用的外部地域和场合划分，语域包括一种语言的大量方言以及使语言行为适应于某一特定活动的类型和语体。按照语言使用的内涵划分，语域是该种语言包含的信息范畴，如广播新闻、演说语言、广告语言、课堂用语、办公用语、技术交流、商务交流、家常谈话、与外国人谈话、口头自述等。

目前有的学者把科技英语或科普读物英语看作一种独立的语域，通过对科技英语文献和科普作品中具体的词语和句子分析来说明科技英语的语域（陈忠华，1993；赵萱，2006；杨占，2012）；还有的学者结合商务英语教学（与科技英语关联）关注语域的研究意义（余陈乙，2005；王盈秋，2011）。科技英语语域及商务英语语域和本章讨论的工程技术翻译语域存在相关性，但前者内涵广泛，后者内涵较为狭窄，这使得本章对工程技术翻译语域的研究具有特殊性。

本书在此讨论的工程技术翻译语域首先是指其话语形式变体。形式变体是语言使用者形成的外部性的、语言形态的变体，如方言、行话、正式体、口语体、俚语等。一个英语专业毕业生初次接触工程技术翻译时也会感到窘迫和不适，因为他们面对的话语者并非是说（写）标准语来谈论社会事物的英语播音员、记者、官员、教师或作家，而是操各种方言和行话，来自五大洲四大洋，具有各种文化背景、商业背景和技术背景的工程技术人员和商务人员。另一方面，工程技术翻译的语域也涉及内部性的、构成话语信息的各类知识范畴，如社会性的、商业性的、学科性的、工程性的、技术性的。

8.1 工程技术翻译的一般语域

工程技术翻译的一般语域是如何形成的？首先，我们考察其话语的发生过程：一个跨国工程技术贸易项目，双方或多方通过语言交流（翻译），首先以比较正式或礼貌的语言书面沟通，陈述各自的主要意图；在初步认识的基础上进一步交流，语境逐渐宽松，书面话语或口头话语变得随意。在初次讨论商务内容和工程技术条款时，双方会使用标准的商务术语或工程技术术语，因为通用的国际商务知识和工程技术知识是各方谈判的基础。在后续的谈判、磋商、项目预备动员、项目实施、工地会议，以及索赔、仲裁、诉讼、项目终结等过程中，双方人员加深了解，熟悉了对方的言谈举止和工作方式，逐渐使用一些富于专业性的行话和个人的习惯语。

8.1.1 口译的一般语域模式

从以上的分析我们发现：在工程技术翻译（口译）过程中，其口译话语的语域类型包含正式口语、通俗口语、标准术语口语、通俗术语（行话）口语这一语域系列。而对于担任工程技术口译的中国译员来说，除了要面对语域间的转换，还要面对语际间的转换，这当然具有更大的挑战性。鉴于目前我国引进（输出）工程技术口译主要涉及中、英两种语言，因此上述语域系列必然还存在对应的英语语域系列，由此这两个系列演化成一个更大的语域系列。这个系列描述了一般性的口译过程（也可以说明其他行业的口译），故本书称之为工程技术口译的一般语域模式。

表 8.1：工程技术口译的一般语域模式

序号	4	3	2	1	0	①	②	③	④
语域项目	D. 中方行话口语	C. 中方标准术语口语	B. 中方通俗口语	A. 中方正式口语	口译（语核）	a. 外方正式口语	b. 外方通俗口语	c. 外方标准术语口语	d. 外方行话口语

说明：表 8.1 依据工程技术口译的实践设置，以"口译（语核）"为两个子语域的起点（中心），由此向不同方向延伸并连接两个子语域。表 8.1 中的正式口语指口头交流及翻译中的一般词语和句型显示出正式语体的风格，通俗口语指话语的一般词语和句型显示出非正式的或通俗性的语体特色，标准术语口语指交际或口译中采用的符合项目合同术语或技术规范文献术语的表达形式，通俗术语（行话）口语指口译者采取工程技术人员常用的习惯性术语的表达形式（参阅 7.2.1.1 口语话语）。为了尊重一线工程技术人员的习惯，我们把通俗术语（行话）口语简称为"行话口语"。

8.1.2 笔译的一般语域模式

在工程技术笔译中，也存在类似情形：笔译话语的语域项目包含正式书面语、通俗书面语、标准术语书面语、通俗术语（行话）书面语，也有中文与英文或外文的转换，由此形成工程技术笔译的一般语域模式（参阅 7.2.1.2"书面话语"）。为了尊重一线工程技术人员的习惯，我们也把通俗术语（行话）书面语简称为"行话书面语"。

表 8.2：工程技术笔译的一般语域模式

序号	4	3	2	1	0	①	②	③	④
语域项目	D. 中方行话书面语	C. 中方标准术语书面语	B. 中方通俗书面语	A. 中方正式书面语	笔译（语核）	a. 外方正式书面语	b. 外方通俗书面语	c. 外方标准术语书面语	d. 外方行话书面语

说明：表 8.2 中的语域项目排列顺序同表 8.1，原理亦同，其中的正式书面语指一般文件的语言词语和句型显示为正式文体风格，通俗书面语指一般文件词语和句型显示出非正式的或通俗的文体特色，标准术语书面语指采用项目合同术语、技术规范术语及技术标准的术语，行话书面语

指采用工程技术人员中常见的、习惯性的,且不完全符合项目合同术语或技术规范术语的书面表达形式。

上述两个工程技术翻译的一般语域模式既包含语言外部形式的变体(正式语体和通俗语体),也包含语言内涵形式的变体(标准术语和行话术语)。从这里也可以发现,工程技术翻译之所以令翻译新手有些胆怯,主要在于其语域里增加了中、英(外)语的四个技术性变体,而这正是我国一般文科背景的翻译人员必须加强的方面。

8.2 工程技术翻译的特殊语域

上述一般语域模式表现的是工程技术翻译中通常的,且符合一般交际或翻译过程的特点,新手翻译者或外行人对此也较为容易理解和预测。但是,工程技术翻译毕竟不是大众化的、普及性的交际活动,而是在特定的跨国工程环境里发生的小众化的、具有较高专业技术性的信息传播或交流活动。鉴于这项活动发生在八个情景图式中(参阅第六章《工程技术翻译的语境场》),我们可以推演出工程技术翻译的特殊语域模式。以八个翻译图式(或语篇)为主项目,将上述一般模式的语域构成要素提取出来,依据工程技术翻译的实际需要,放入各个相应的情景图式,就能够展示各个图式里不同的语域分布信息,我们称之为工程技术翻译的特殊语域模式。下面分别说明工程技术口译与笔译的特殊语域模式。

8.2.1 口译的特殊语域模式

在表8.3里,每个语域格设置的要素反映了该图式的典型语域特征,当然不排除该语域格内还存在其他语域要素。所有语域格里的要素不止一个(注意:表8.1和表8.2里每个语域格仅有一个语域要素),并且在图式C(项目实施预备动员)、图式D(项目实施——建设、修改设计、安装、试车或试运营、结算)、图式H(项目交接与终结)这三个语域格里都有三个项目。例如在图式H中,合同项目竣工并经过维护期(多数情况下为一年)之后,合同业主会同监理方和承建方必须进行项目终结的验收,其间要召开会议听取汇报(涉及书面文件),巡视项目现场,听取有关专家评价,最后业主做出验收结论。这些过程就运用到不同的语域要素：正式口语、通俗口语、标准术语口语,行话口语。

表 8.3：工程技术口译的特殊语域模式

翻译图式	A	B	C	D	E	F	G	H
口译特殊语域	中外通俗口语、标准术语口语	中外正式口语、标准术语口语	中外通俗口语、标准术语口语、行话口语	中外通俗口语、标准术语口语、行话口语	中外正式口语、标准术语口语	中外正式口语、标准术语口语	中外通俗口语、行话口语	中外正式口语、通俗口语、标准术语口语

8.2.2 笔译的特殊语域模式

在表 8.4 里,有些图式存在三种语域项目,因为这些图式常常涉及三种不同语域或文体的文件。例如在图式 C 中,合同项目建设启动之前,合同承建方就要订购或运输大量设备物资(包括随附文件),涉及大量合同条款、技术规范或技术标准,这部分书面文件一般采取标准术语书面语和正式书面语;而同时期内,承建方还要组织有关工程技术人员和工人进入项目工地,调配设备和物资,这些环节使用的书面文件(例如设备物资的进场计划、人员工作的具体安排)相比前者就显得非正式或者通俗化。在图式 D 中,因合同各方交往频繁,来往的书面文件或信函常常显示为非正式文体或行话书面语;在论及执行技术规范时,又要引用标准术语书面语;而在论及施工具体问题时,也可能采取行话书面语。图式 G 涉及项目竣工的正式文件及施工资料,故使用了正式书面语、标准术语书面语、通俗术语(行话)书面语。

表 8.4：工程技术笔译的特殊语域模式

翻译图式	A	B	C	D	E	F	G	H
笔译特殊语域	中外正式书面语、标准术语书面语	中外正式书面语、标准术语书面语	中外正式书面语、标准术语书面语、行话书面语	中外标准术语书面语、行话书面语	中外正式书面语、标准术语书面语	中外正式书面语、标准术语书面语	中外正式书面语、标准术语书面语、行话书面语	中外正式书面语、标准术语书面语

比较表8.3和表8.4，我们发现：图式C、图式D较为集中地显示了工程技术口译和笔译的语域多样化，这也提示翻译者，应加强对这些语域的翻译准备工作。

8.3 工程技术翻译的方言语域

方言是语域的一种形态变体，是在不同区域使用共同语而产生的地域变体，或称地方话。由于世界历史的偶然性，英语成为国际通用语言。关于英语的地域变体，国际上早在20世纪70年代就有人从事专门的研究，80年代时研究工作达到了高潮，先后涌现出一大批有重要影响的专家，其中伦道夫·夸克和H.G.威多森最为著名，他们提出英语可以划分为三种类型(Quirk & Widdowson, 1985)。我国学者秦秀白1983年在《英语简史》中，从英语的历史发展角度也提到了英语的区域性变体(秦秀白，1983)。此后，林福美在《现代英语词汇学》中从词汇学的角度分析了英语各主要地域变体的特点(林福美，1985)，侯维瑞等分别从语体学、社会语言学、社会文化等不同角度探讨了英语的地域变体(侯维瑞，1993，1999；祝畹瑾，1996；朱跃，1999)。

在众多的英语变体研究者中，比较有代表性的是美国伊利诺伊大学的语言学家卡奇鲁。1988年，他在其三个同轴圈理论(three concentric circles)中，分析了世界英语变体的三个同轴圈(或同心圆)：第一个是内圈(the Inner Circle)，包括澳大利亚、加拿大、新西兰、英国和美国，显然这些国家都是以英语为母语；第二个是外圈(the Outer Circle)，包括印度、巴基斯坦、肯尼亚、尼日利亚、菲律宾、新加坡，以及阿拉伯国家和部分非洲国家等前欧美殖民地国家；第三个是扩展圈(the Expanding Circle)，数量广大，这些国家虽然并非英美等国的殖民地，但后来逐渐落入英美的势力范围，英语已经快速成为占绝对地位的第二语言或官方语言，广泛运用在公务、贸易、高等教育、学术、大众传媒、科学和技术等诸多领域(Kachru, 1988: 155—172)，譬如除英美之外的许多欧洲国家、亚洲国家(如日本、韩国、印度尼西亚等)和拉丁美洲国家(如墨西哥、伯利兹、哥伦比亚等)就属于这个拓展圈。似乎中国并不属于卡奇鲁所概括的范围之内，因为英语在中国的运用范围远远没有达到卡奇鲁所描述的情形。不少中国教师和学者认为，中国只是把英语作为外语的国家(束定芳、庄智象，

2004：254；戴炜栋，2007：350）。

8.3.1 九个英语方言区及方言语域基本模式

卡奇鲁等语言学者对世界英语的划分是从英语发展的历史背景出发的，或者是从英语母语者视角观察问题，其重点在探讨英语的影响和使用范围，也谈及一些方言的特点(Kachru，1988：155—172)。不过，从工程技术翻译这一具体行为考量，他们的划分并不能完全说明中国工程技术翻译者面临的处境。

此外，2011年，英语培训机构英孚教育宣布了全球首个《英语熟练度指标报告》(EPI表示英语熟练度)，此报告历时4年完成，广泛采样44个母语为非英语的国家及地区，着重了解英语熟练应用程度。该报告显示：挪威(第1位，EPI 69.09)等北欧国家占领先地位，中国大陆地区仅排名第29位(EPI 47.62)，远落后于马来西亚(第9位，EPI 55.54)、韩国(第13位，EPI 54.19)、日本(第14位，EPI 54.17)等其他亚洲国家。值得注意的是，该报告竟然把中国和印度分别列为第29位和第30位(新浪教育，2011)。这对于中国翻译者并没有什么意义，但是与中国翻译者对印度人说英语的实际感受相去甚远(实际上，印度人使用英语的水平普遍远高于中国人)。

8.3.1.1 世界英语可以划分为九个英语方言区

不同于有些语言学家从纯语言理论研究(例如语言社会学、语言地理学、方言学)所作的分析，本书从中国工程技术翻译者实施翻译任务的角度出发，参照英语的语言形态(语音、词汇、语法)及其语用情形，并结合中国工程技术翻译者的实际体验，将世界范围内的英语划分为九个方言区：

第一个方言区是以爱、澳、加、美、英、新组成的母语国家方言区(这符合卡奇鲁的划分，但他的说法是“circle”，即英语圈)，第二至第九个方言区是非母语国家方言区，既包括原殖民地国家和后来落入英美势力范围的、以英语为第二语言或官方语言的国家，即卡奇鲁所说的第二圈和第三圈)，也包括其他以英语为外语的国家(例如中国)。这九个英语方言区的具体划分是：

(1) 母语国家方言区：爱尔兰、澳大利亚、加拿大、美国、英国、新西兰；

(2) 中国方言区：中国大陆、中国台湾、中国香港、中国澳门。中国方言区的概念在本书之前已经由其他中国学者提出（杜瑞清、姜亚军,2001）；

(3) 东亚方言区：日本、韩国、朝鲜、菲律宾；

(4) 东南亚方言区：以东盟（ASEAN）成员为主的国家（菲律宾除外），包括马来西亚、新加坡、印度尼西亚、文莱、东帝汶、越南、老挝、柬埔寨、泰国、缅甸，以及一些东半球的太平洋岛国；

(5) 印度—巴基斯坦方言区（简称印巴方言区）：印度、巴基斯坦、阿富汗、不丹、孟加拉国、马尔代夫、尼泊尔、斯里兰卡；

(6) 阿拉伯—北非（或中东）方言区：阿拉伯半岛国家、海湾国家、新月地带国家、撒哈拉沙漠以北的非洲国家（包括马格里布国家）；

(7) 欧洲方言区（英国及爱尔兰除外）：大部分欧洲国家、俄罗斯，以及位于欧洲和亚洲的独联体国家；

(8) 撒哈拉以南非洲方言区：撒哈拉以南的非洲国家，包括马达加斯加、毛里求斯、塞舌尔、佛得角等非洲岛屿国家；

(9) 拉丁美洲方言区：从墨西哥往南至麦哲伦海峡的中美洲国家、加勒比国家，以及南美洲国家。

这九个英语方言区组成了中国工程技术翻译者的英语方言语域基本模式，排序是：中国方言区→母语方言区（便于和中国方言区对照研究），其余按距离中国方言区的远近排列。

表 8.5：工程技术翻译的方言语域基本模式

序列号	1	2	3	4	5	6	7	8	9
英语方言区	母语国家方言区	中国方言区	东亚方言区	东南亚方言区	印度—巴基斯坦方言区	阿拉伯—北非（或中东）方言区	欧洲方言区（英国及爱尔兰除外）	撒哈拉以南非洲方言区	拉丁美洲方言区

8.3.1.2 划分九个英语方言区的意义

这需要结合中国引进（输出）工程技术项目的国家和地区以及中国翻译者面临的实际语境来认识。

第一，我国的引进工程技术项目或国际并购项目（2000 年以来）主要发生在英语母语国家或与之密切的欧洲方言区国家。在英语母语国家范围内，虽然也存在各地方言的差别，例如英国至少存在 25 种方言，美国至少也有25种方言(维基百科,2014),但从全球视角看,它们差别细微,母语者相互口头交流不存在明显障碍,书面交流更不是问题。印欧语系中的日耳曼语族成员国的英语水平都比较高,如德国、荷兰、瑞典、丹麦、挪威等,他们的音系和英语的共性相对多一些,比如送气清辅音、ng组合、二合元音等;罗曼语族国家(法国、西班牙、意大利、葡萄牙、罗马尼亚等)的音系和英语差异略大一些,比如基本是不送气清音占多数,ng少见,r多为大舌,l多为明l而非暗l(暗l听着像"儿",明l像"勒"),缺乏ou等二合元音等;斯拉夫语族国家的情况和罗曼语族国家有点相似,只是擦音比较多,导致舌齿音颚化情况多,所以他们的发音特点也体现在所说的英语里。这些情况在英孚教育的《英语熟练度指标报告》中有所体现(新浪教育,2011)。尽管如此,上述这些国家或地区的英语语音、语法及词汇在中国人看来仍是比较标准的(地道的),我国翻译人员比较容易理解和传译。

第二,我国的输出工程技术项目和参与的国际服务类投标项目(包括跨国工程技术建设项目,例如铁路公路桥梁、社会基础设施及房屋建筑工程项目)主要发生在非母语国家和地区的第三世界国家;而该地区的英语发音、词汇及语法相比母语国家而言差异很明显,或者说凸显了非标准化英语倾向,由此形成了各自特色鲜明的方言口音及书面变体。这实际上就增加了我国翻译者的传译难度,也是我国翻译新手面临的一个严峻挑战。

例如,印度英语口音和阿拉伯—北非口音习惯把/t/都读成/d/,把/p/都读成/b/,把/k/都读成/g/,把辅音/r/发成颤音,听起来像l,中国人一开始很难听懂。印度人通常还把/θ/读成/d/,把标准英语中本应该咬舌送气的音th简化为t,而且印度人发的t的音又接近d的音。有些印度人也拿自己这个发音特点开玩笑,说"我30岁了"(I am thirty),听上去就是"我有点脏"(I am dirty)。又如,撒哈拉以南的西南非洲(尼日利亚)口音把ei读为e,把ʤ读为dj,把s、z读为f、v,且通常仅有三个双元音ai、au、oi。

此外,这些方言区的英语词汇、语句以及语用习惯也存在很大差别。譬如,印度人口头表示"同意",更乐意说"Exactly",而非"Yes";许多阿拉伯工程师写作书面英语时,往往一"逗"到底,很少用多种标点符号,而且习惯用一般现在时代替将来时,用一般过去时代替完成时和被动语态。又如,母语英语的" If you don't leave now I'm calling the police"这句话,在尼日利亚与喀麦隆的变体英语里表现为(黄和斌、戴秀华,1998):

If you no comot now I go call police. (尼日利亚)

If you no go now e be lak se I go call po lice o. (尼日利亚)

If yu no leve now A de call polise.（喀麦隆）

If yu no komor na ya A go call poliseman.（喀麦隆）

由此，中国人与有些英语方言区交流时甚至比与英语母语国家交流还容易（例如与日本人、韩国人、菲律宾人用英语交流），而中国人与另外一些方言区交流时则难度明显大于与英语母语国家交流（例如与印度人、巴基斯坦人、阿拉伯人、非洲人交流）。

所以，将世界英语划分出母语方言区和其他八个方言区，便于我国翻译者有的放矢地学习并掌握目标语国家的英语语言情况，从语言技能、翻译心理、文化素养等方面更好地做好翻译工作。

8.3.2 方言语域口译区别模式

鉴于在工程技术翻译实践中，令中国翻译新手最烦恼的问题是如何为来自世界九个英语方言区的工程技术人员和商务人士担任口译。因此，本节将着重讨论工程技术翻译方言语域的口译区别模式。

8.3.2.1 构建口译区别模式的理据

(1) 语言文字的纯洁度。本书的语言文字纯洁度是指一种语言文字经过长期发展和运用后，其原来的基本要素仍然保持了一定（或较高）的比例。同样，这个语言文字纯洁度的理据也适应于笔译区别模式。

一般中国人对语言文字的纯洁度不敏感，因为中国文化在历史上总体还是强势文化，缺乏与其他强势文化的接触和影响，所以缺乏对多种语言的对比和感受。例如中国、日本长期采取较为统一的民族语言，语言纯洁度很高，或语言混杂度很低，当其接受英语时受到的语言性干扰相对较小。

在拉丁美洲，除了残存少数部族土语外，占绝对统治地位的是西班牙语和葡萄牙语，在接受英语时本地的语言纯洁度仍然较高，所遇到的干扰或混杂性也比较小，尽管英孚教育及瑞士的评价机构说拉丁美洲的英语熟练程度最低（王海林，2013）。

但是有些方言区的语言纯洁度的矛盾较为突出。在阿拉伯—北非地区，其历史上除了通行古埃及语和阿拉伯语之外，先后也流行过伊朗语、希腊语、腓尼基语、拉丁语、英语、法语，当地人会同时说几种语言的人较东亚地区明显更多，因此他们在接受英语时所具备的母语纯洁度也相对较低。换言之，这种低纯洁度或高混杂度对接受英语的干扰较大。印度也长期采取多语政策，官方语言（还不包括英语）就有 10 种，地方通行语言有80多种。面对英语输入时,整个国家的语言纯洁度也很低,对英语接受的干扰很大。

非洲的情况更复杂,全非洲的语言现存有将近2,000种,撒哈拉以南较大的非洲国家尼日利亚有415种,较小的国家也有很多种语言,如喀麦隆有234种,加纳有60种,利比里亚有31种,塞拉利昂有20种,冈比亚有13种(Brann, 1988)。在如此多语言共存的环境下,作为整体的一个国家所具备的语言纯洁度最低,或混杂度最高。当本地人再去接受另一种语言(例如英语)时必然会受到明显的干扰。我国翻译者对印度英语、阿拉伯英语、非洲英语的困难感受非常明显,可以印证其较高的混杂度。

对语言文字纯洁度的分析可以这样解释:虽然中国汉语文字与英语文字区别非常大,而中国英语口语变体与母语英语口语的差异并不大。同样,日本文字与英语文字差别也很大,但日本英语口语变体与母语英语口语的差别也很小。印度母语印地语(及梵语)与英语还存在印欧语系的同族渊源关系,但是印度英语口语变体与母语英语口语的区别却非常显著,不少欧美人(Fuchs R., 2016)和中国人均有此体会。又如,虽然阿拉伯地区、撒哈拉以北非洲地区、撒哈拉以南非洲地区历史上长期受到欧洲人的直接影响(战争、殖民、贸易),而阿拉伯—北非方言区的英语口语变体、撒哈拉以南非洲方言区英语的口语变体却仍然与母语英语口语差别明显,至少许多中国翻译者是这么体会的(黄和斌、戴秀华,1998)。

(2) 人类话语交流的规律。通过观察和体验人类的话语交流活动,我们发现,相比文字而言,口语语音的变化与地域距离、人种生理素质、语言历史文化等因素存在更加密切的关联:双方话语者所在的方言区相隔距离越近,则越便于话语交流;反之则越不便于话语交流。同时,双方话语者的生理素质、历史文化、语言纯洁度、经济贸易等综合因素相关程度越小,则双方交流的困难越大;反之则交流困难越小。不同英语方言区之间的交流者最容易受到各地域的土著方言发音习惯的影响(这一情形在中国国内各个汉语方言区之间也非常显著),正是受到上述因素的影响。

人类口语交流的规律可以用数学语言描述为:跨语言口语交流难度与双方话语者所在方言区的距离成正比,与双方的综合因素(人种、历史、文化、语言纯洁度、经济贸易等)的相关程度成反比。我们将以上规律用数学公式表示为:

跨方言区口语交流难度(系数)= 双方方言区距离系数 ÷ 双方方言区综合因素的相关系数。

简言之,跨方言区交流难度(系数)= 距离系数 ÷ 相关系数。

另外,如果把难度系数设置为倒数,则可以理解为跨方言区交流操作的容易程度,我们称之为跨方言区交流可操作度(系数),其数学公式表示为:1÷跨方言区交流难度。

8.3.2.2 方言语域口译区别模式

依据以上讨论结果,我们可以构建工程技术翻译的方言语域口译区别模式。为便于研究,我们先设定两个基本系数:方言区之间的最大距离系数为5,最小为0;方言区之间综合因素的相关系数最大为5,最小为0。我们的第二个设定:中国方言区话语者相互的距离系数为0,相互的综合因素相关系数为5,因而中国人之间讲英语的交流难度系数为0,操作系数为正无穷大(+∞)。我们的第三个假设:中国方言区与英语母语区平均距离为4,中国话语者与之的相关系数也为4,由此中国人与英语国家的交流难度系数为1,操作系数也为1。这样做的目的,一是建立母语方言区与中国方言区英语难度对比的基本参照系,二是因为虽然双方人种和文化差异很大,但中国话语者在学习英语的同时也同步学习英语文化,并越来越多地利用各类方式增加相互接触,弥补了部分因人种及文化因素引起的交流障碍。下表里,中国方言区和母语国家方言区是基本参照系,其他各方言区按照与中国方言区的距离近远排列,由此得到距离系数;表中综合因素的相关系数是本书的经验数据。利用这些数据和上述难度系数和操作系数,构成了下列的口译区别模式。

表 8.6:工程技术翻译的方言语域口译区别模式

英语方言区	中国	母语国家	东亚	东南亚	印度—巴基斯坦	阿拉伯—北非	欧洲	撒哈拉以南非洲	拉丁美洲
距离系数	0	4	1	2	3*	3	4	5*	5
相关系数	5	4	4	3	1	1	3*	1	2*
难度系数	0	1.00	0.25	0.66	3.00	3.00	1.33	5.00	2.50
操作系数	+∞	1.00	4.00	1.50	0.33	0.33	0.75	0.20	0.40

表8.6解读:中国方言区的操作系数+∞,实际上理解为大于等于5,表示中国方言区内部成员之间的英语交流程度最容易。关于注释符号,第一个"3*"是在印巴方言区,虽然印度和巴基斯坦在地理上与中国

相邻，但实际上因喜马拉雅山脉的阻挡，形成了南亚次大陆独特的地理、人种、语言和历史文化，因此呈现出与中国方言区显著的文化、语言和心理距离，故距离系数较大(3)，而人种、语言、文化、历史等相关系数却很小(1)，故交流难度系数较大(3)，操作系数较小(0.33)。第二个"3*"是在欧洲方言区，中国方言区与欧洲方言区虽然距离系数为4，但是欧洲方言区的人种、语言、历史、文化、经济等综合因素与英语母语国家联系十分密切，故相关系数较大(3)，进而其口译交流难度系数比英语母语国家稍高(1.33∶1)，而中国话语者很容易接受。"5*"位于撒哈拉以南的非洲方言区，在地理上与中国相距遥远，在语言、文化、经济交往方面的相关度最小(1)，故难度系数最大(5)，操作系数最小(0.20)。"2*"位于拉丁美洲方言区，尽管其相关因素的许多方面与中国方言区联系甚微，但是在人种学方面，当地土著居民却与中国人同属蒙古人种，当地欧洲移民后裔与欧洲人同属白色人种，因此相关系数不是最小(2)，进而其难度系数在整个难度栏处于中等(2.50)，操作系数是0.40，亦为中等。

通过分析，我们可以明白为什么中国人与东亚或东南亚人的口头交流很容易，甚至比与英语母语者交流还容易，而中国人与印巴人、阿拉伯人、非洲人口头交流又特别困难。

8.3.3 方言语域笔译区别模式

在实践中，笔译方言虽然没有口译方言那样紧急，但是对许多刚去某些国家或地区的中国翻译者仍然非常棘手，例如不少阿拉伯—北非方言区和非洲方言区的笔译文件一开始常常让中国翻译者摸不着头脑。因此，研究笔译方言区和口译方言区具有同样的实践意义。

8.3.3.1 构建笔译区别模式的理据

这里的理据，首先包括上一节所讨论的语言文字纯洁度及混杂度，此外还应考虑下列因素：

(1) 方言文字语域变化的原因。首先，它要受到地域距离远近和地理地貌的影响(例如日本、韩国及朝鲜文字就因地域临近中国而明显受到汉字影响，梵语文字则通过中亚草原对欧亚大陆施加影响)。第二，它还受到人种生理素质(例如拉丁美洲的蒙古人种和高加索人种)、劳动技能及知识储备(例如古埃及人和古苏美尔人在6,000年前就发明了文字，而有些民族很晚才有文字，甚至至今没有文字)等随机性因素的影响。第三，它更主要是受到当地文字的词汇数量及语义、语法形态、书写方式、思维习惯、国家文字制度的影响。例如，日本长期沿用汉字，韩国至今仍在推行汉字，而非洲许多国家则把抗衡英语、保持本土文字语言视为自身存在的标志，巴西也把保持巴西葡语、抗衡英语及西班牙语视为国家使命。

(2) 方言文字语域的变化速度。工程技术笔译的方言语域并不完全对应于前一节讨论的工程技术口译的方言语域。在分析口译方言语域时，我们提出了人类口头话语交流的变化规律，并且口语交流随时随地变化很大。但是，文字（笔译）语域的变化相对于口语语域是较为缓慢的。例如，中国汉族存在许多种方言，但是长期以来文字就只有汉字一种，且变化相当缓慢，这与秦始皇统一中国之后的"书同文"运动和历代的文字政策有关。在其他许多国家里也存在类似情形，如英国国内就有约 25 种口语方言，但文字变体种类要少得多（仅有苏格兰变体、威尔士变体、凯尔特变体等几种）；美国国内也存在 25 种以上的口语方言，其南北方的口语区别也颇为明显，而其书面的英语文字则基本一样，黑人英语口语及文字是极少数变体之一（维基百科，2014），其典型作品是马克・吐温的代表作《哈克贝利・费恩历险记》。

(3) 方言文字语域的变化范围。在工程技术翻译中，英语方言文字语域并不是平均显现于所有类型的图式，主要显现于临时性文件，而非正式性文件。例如：在翻译合同文件、技术规范及技术标准（包括机器设备的性能报告及材料性能检测报告）等正式性文件时，九个英语方言区的差别就很小，一般都遵循以 FIDIC 条款惯例为基础的合同条款术语、技术规范术语及技术参数的表达形式，也遵循以各个国际专业组织制定的技术标准甚至语言结构，而不会采用当地的、行话的或个人的习惯形式代替通行的合同和技术标准术语。

但是在工程技术笔译的临时性文件里，文字地域性差别就相对显著。这些临时性文件包括：补充签订的合同议定书或分包协议、子项目开工（完工）申请报告及批复、工程进度报告、工地会议纪要、索赔理赔报告、工地指令、工地各方交往函电、有关部门的文件等。因为在临时性文件里大量出现个性化的交流信息，于是一些充满地域特点的表达形式并不完全是统一的标准术语书面语，且写作者或翻译者具有不同的水平和个人爱好，或使用者主要是中下级的员工等多方面原因，故笔译文字语域变体出现的可能性较大。

例如，挪威的 PG 海事集团公司与中国某厂商的补充合同条款：

7. Packing:

To be new worthy strong wooden case(s) or in container or in cartons as per international packing standard, suitable for long distance sea/air freight transportation/parcel post and change of climate, *well protected* against dampness, moisture, rust, shocks and rough handling, *protected* for a period of six months from date of shipment.

译文：(第七条　包装)依据国际包装标准，*产品包装应使用*崭新坚固的木箱，或集装箱，或纸板箱，适应长途海上及航空货物运输、包裹邮寄及气候变化，能够有效防湿、防潮、防锈、防震、防野蛮装卸，能够*保护*产品自装运日起六个月。

评价：上述英文条款开头的斜体字(经本书编辑)就是该条款起草者的个人变体，它没有使用句子主语，也没有谓语，仅仅用不定式表述谓语意义，是对标准术语书面语的显著变体；另外，在其英文条款名称"Packing"之后还加上"："，这又是对标准英文合同条款格式的变体。

又如，阿拉伯—北非国家(中东地区)的一些工程技术人员使用的合同及技术术语均为符合英文合同或技术规范的标准术语，如CONTRACT VALUE、CLAUSES、PAYMENT、ARBITRATION等会照用，但在临时性文件里就存在显著的地域变体，表现在语法结构方面有：常常用一般过去时态表示所有的时态形式，基本不用一般将来时，不习惯使用进行时态和完成时态，用主动语态既表示主动也表示被动，多使用简单句和并列复合句，不习惯使用主从复合句，不习惯使用非谓语动词的-ing形式。其表现在词汇方面有：用perusal表示research，用sanction表示approve，用scrutiny表示study，用boulder表示rock，用escarpment表示plateau或high-land，等等。

再如，南非英语从南非公用语借用了baas(boss)、dorp(village)，从祖鲁语吸收了indaba(important and usually protracted political conference)等；即使有些标准英语词，其语义在当地也发生了变化，如像bioscope (cinema)、reference book (identity document)、robot (traffic light)。

尼日利亚及西非的洋泾浜英语变体更为显著(黄和斌，戴秀华，1998)。例如，尼日利亚英文词语deliver的意思并不是合同术语"交货"(deliver goods)，而是"生小孩"(have a baby)；station也不是母语英语里的the place where trains or buses gather(车站)，而是town or city which a person works(就业城市或地点)。

8.3.3.2　方言语域笔译区别模式

我们在前面8.3.2.1节第二段谈及的人类话语交流规律也不同程度

地存在于笔译语域，只是相关要素的具体分布和影响不同于口译语域。

表 8.7：工程技术翻译的方言语域笔译区别模式

英语方言区	中国	母语国家	东亚	东南亚	印度—巴基斯坦	阿拉伯—北非	欧洲	撒哈拉以南非洲	拉丁美洲
距离系数	0	4	1	2	3	3	4	5	5
相关系数	5	4	3	3	2*	1	3	1	3*
难度系数	0	1.00	0.33	0.66	1.50	3.00	1.33	5.00	1.66
操作系数	+∞	1.00	3.00	1.50	0.66	0.33	0.75	0.20	0.60

表 8.7 解读：中国和英语母语国家两栏属于参照标准，其中 +∞ 实际上理解为大于等于 5，表示中国人之间英语书面交流最容易。东亚方言区的相关系数里，日本、朝鲜及韩国的文字及语言纯洁度发挥了重要影响，而人种生理因素的影响很小，东南亚方言区的情况相似，故难度系数很小(0.33)，操作系数较大(3.00)。印巴方言区（主要为印度、巴基斯坦、斯里兰卡、尼泊尔）的相关系数为 2，大于口译语域的相关系数(1)，因为印度最主要的母语印地语（古代为梵语）与英语及欧洲语言存在亲缘关系，故其印度英语笔译难度系数(1.50)较口译难度系数(3.00)更小。欧洲方言区和拉美方言区与英语均存在非常密切的亲缘关系，加之其语言纯净度较高，所以相关系数也较高(3)，难度系数并不太大(1.33、1.66)。阿拉伯—北非方言区和撒哈拉以南非洲方言区因为其语言纯洁度很低或最低，且其文字书写与英语相距甚大（撒哈拉以南一些国家甚至没有自己的文字），所以相关系数最小(1)；又因地域距离与中国方言区很大，故这两个方言区的难度系数还是有所区别，阿拉伯—北非（或中东）方言区为 3，撒哈拉以南非洲方言区为 5。

8.4 工程技术翻译的知识语域

如第八章前言所述，语域除了具有外部性的、语言形态方面的变体，还有内部性的、构成话语语义的各类知识范畴。那么，一个引进（输出）工程技术项目的翻译话语由哪些知识范畴构成呢？首先是学科性知识，因为这是工程技术项目赖以存在的基础。没有现代各类学科知识作为基础，其他知识及行业就不可能得到充分的发展。第二是技术性知识，这个范畴并不是专门研究某些学科或行业的基本概念和原理，而是应用相关学科知识的间接成果(参阅1.1节“什么是工程技术?”)，其形式体现为专利技术、诀窍技术(know-how)、专业技术人员、专业工作知识、专业工作技能，以及这些技术知识的物化成果(技术文件、机器、设备、材料、配件、厂房、工地等)。第三是在项目引进(输出)过程中涉及的公关知识范畴，因为引进(输出)工程技术项目是一系列复杂的工作，不仅是工程技术成果的体现，也是各国技术人员合作成果，包括公关人员、公关规则、公关技能、公关活动，以及公关知识的物化成果(公关机构、公关文件、公关会议等)。

8.4.1 学科知识语域

我们通常说的科学知识是通过各类具体的学科来体现的。国家教育部2011年公布的《学位授予和人才培养学科目录》(教育部，2011)，其中总共有13个学科门类和110个一级学科，例如外国语言文学就属于一级学科，而英语语言文学(或其他语种语言文学)属于二级学科。仅以一级学科考虑，哪个人能够掌握全部110门科学知识？何况对于翻译人员来说，不仅要掌握以母语书写的专业知识，而且还要掌握以外语书写的相应的专业知识，其难度无法想象。中国近代史上，中国人里掌握外语学科知识最多的是辜鸿铭先生，据说他曾获得过13个英国博士学位，那已经是最高的纪录了。现在有些科技翻译教材或著作谈起翻译内容，便上及天文下至地理，面面俱到，实际上弄得翻译学生和翻译新手无所适从。工程技术翻译的学科知识语域涉及一定的专业范围。

8.4.1.1 掌握工程技术翻译话语学科知识的前提

要分析工程技术翻译话语的学科知识范畴，首先应该了解我国引进(输出)工程技术项目的类型。从1949年以来，中国企业引进(输出)的工程技术项目类型(参见本书第二章《中国工程技术翻译历史概述》)涉及机械工程、电气工程、电信工程、矿山工程、冶金工程、石油工程、化工工程、纺织工程、建筑工程、交通工程这十个方面。其中：前三个门类联系更为紧密，实践中通常称为机械电子行业，另外中国机电产品进出口商会把机电类产品细分为27类(参见中国机电产品进出口商会网站)，那是为了便于有关部门统计分析和决策;第四和第五个门类通常称为矿山冶金行业;第六、第七项通称为石油化工行业;纺织工程由于从20世纪60年代以来更多采用从有机化学物品中提取纺织原料的技术,故现在通称为化纤纺织行业;最后两项通常称土木建筑行业,实践中通常细分为“桥隧路港”和“房屋场馆”。另外,我们也应该适当了解其他国家引进(输出)工程技术项目的行业分布(参阅第三章《世界各国工程技术翻译历史概述》)。

从我国引进和输出工程技术项目的时期特点分析,1949—1978年,我国企业引进的工程技术项目集中在冶金、煤炭、普通机电等行业;1979年改革开放以来,我国企业引进的工程技术项目集中在机电(钢铁精炼、精密仪器、航空航天技术)行业、化纤行业、电信行业。自1998年国家大力提倡“引进来”和“走出去”,以及2013年“一带一路”倡议以来,我国企业输出的工程技术项目集中在房屋场馆、桥隧路港、水电站、电信、石油化工、煤矿机械、矿山冶金、铁路及高速铁路等行业。以2015年为例,我国机电产品出口比重已经占到全国出口总值的57.7%,其中在国际上较有竞争力的大型煤矿机械设备和石油化工成套设备出口额占同期机电产品出口额的30%(中国海关网站,2016-3-13),同期我国高速铁路成套技术及设备进口额也迅猛增长。

8.4.1.2　学科知识在工程技术翻译话语中的分布

2011年,国务院学位委员会、教育部公布了新的《学位授予和人才培养学科目录(2011)》(教育部,2012),学科知识共分为12个门类,其中涉及工程技术项目翻译的有经济学、法学、理学、工学、管理学五大门类。但这些门类过于庞杂,不便于外语翻译者了解和学习。下面根据我国引进(输出)工程技术项目的类型并结合该目录中的二级学科(如遇一级学科另外加括号表示),简要说明每一类工程技术项目赖以存在的主要学科知识范畴。但是请注意:中国语言文学(一级)、外国语言文学(一级)、历史学(一级)属于翻译者的本行或基本素质,是任何翻译者必须具备的知识,故不包括在此。

机械电子行业:基础数学、力学、工程力学、机械工程、机械电子工程、车辆工程、材料科学与工程、冶金工程、动力工程及工程热物理、电气工程、电力系统及其自动化、电子科学与技术、信息与通信工程、计算机应用技术、船舶与海洋工程、航空宇航科学与技术、会计学、企业管理、施工组织学、国际经济法。

矿山冶金行业:基础数学、矿物学、岩石学、矿床学、岩土工程、矿业工程、测绘科学与技术、冶金工程、化学(一级)、安全技术及工程,包括机电行业的部分知识、会计学、企业管理、施工组织学、国际经济法。

石油化工行业:基础数学、化学(一级)、固体地球物理学、地质学(构造学)、第四纪地质学、矿物学、石油与天然气工程、测绘科学与技术,包括机电行业的部分知识、会计学、企业管理,施工组织学、国际经济法。

化纤纺织行业:基础数学、化学(一级)、化学工程与技术、纺织科学与工程、轻工技术与工程,包括机电行业的部分知识、会计学、企业管理,施工组织学、国际经济法。

土木建筑行业:基础数学、土木工程、岩土工程、结构工程、市政工程、供热供燃气通风及空调工程、桥梁与隧道工程、测绘科学与技术、交通运输工程、道路与铁道工程、交通信息工程及控制,包括机电行业的部分知识、会计学、施工组织学、企业管理,国际经济法。

从以上各类项目所包含的知识范畴看,共同所有的学科是基础数学、机电行业的部分知识、会计学、企业管理、施工组织学、国际经济法。这些学科可以视为工程技术翻译话语的基础学科知识语域。

需要指出的是,工程技术翻译者并不是工程技术项目的专业技术人员,不可能是某一技术领域的工程师或专家,但要对自己参与或将要参与的项目具有大致的了解(了解的深浅程度依据不同的项目类型、合同期限、施工进度)。工程技术翻译者不可能像工程师那样去掌握一门上述的学科知识,但有可能大体了解该学科涉及的主要概念或术语,它们的中英文表达形式以及主要用途。

8.4.2 技术知识语域

根据本书第一章《工程技术翻译学的定义》,科学与技术既有区别又有联系:科学或各类学科侧重研究有关事物的基本规律和原理,而技术侧重将科学或各类学科的理论知识转化为各种用途的存在物、设备、材料和物品,把各个学科的理论定义和定律转换为实际工程项目中能够操作的指令或技能。因此,翻译者有了学科知识,不等于就获得了技术知识(参阅5.5节“工程哲学”)。

8.4.2.1 项目的合同条款和技术规范文件

合同条款(contract terms and conditions)中有关工程项目的具体内容,通常包括一般性条款、常见条款和特殊条款。一般性条款是一份合同成立的法律基础，对整个合同的法律性质进行定性说明，确定合同签约人、合同标的，以及合同条款的法律地位；常见条款着重于合同的商业常规操作程序，如支付条款、信用证条款、保险条款、交货条款、纳税条款；特殊条款随各类项目合同有所不同，如土木工程项目合同的劳工条款、临时工程及材料条款、工程计量条款，以及机电项目合同的技术转让条款、知识产权条款、设备及工艺条款。大中型项目的合同条款文本通常就相当于一本几百页的书（刘川、王菲，2010）。

技术规范（technical specifications）是一个工程技术项目得以实施及实现的技术性约束文件，规定了该项目各个工艺流程或技术细节的性能、指标、操作程序，是一个合同项目文件最主要的翻译语篇。大中型项目的技术规范（尤其是机电类和化工类技术规范）文本动辄成千上万页。下面是某仪器仪表厂的产品（Model of SYJ2 Series Part-turn Electric Actuator，电动驱动器）技术规范文件（由于原文篇幅太长，仅选取了其中一节）。

3 Standard

This product complies with standard: JB/T8219—1999 *Electric Actuator for Measuring and Control System of Industrial Process*.

4 Major technical parameters

4.1 Input control signal

a) Analogue signal 4 mA ~ 20 mA, dc. Input resistance 250 Ω (automatic regulating operation)

b) Relay type passive switch signal (inching operation)

c) Impulse type passive switch quantity (self-hold two-position operation)

The above three control modes can be set up by user.

4.2 Position feedback signal 4 mA ~ 20 mA, dc. Load resistance≤500 Ω

4.3 State feedback signal

one pair of constantly open contacts,

contact capacity 0.5 A, 220 V, ac./2 A, 30 Vdc.

(Fully closed, fully open, middle, closed over-torque, open over-torque, local, failure)

4.4 Basic margin of error ±1.0%

4.5 Dead space 0.5%~5%, can be set up

4.6 Return difference not larger than 1%

4.7 Rated load see table 1

4.8 Rated part-turn 90° rotation range

4.9 Rated part-turn time 28 s (f = 50 Hz)

4.10 Working system S4, 25%

4.11 Input power supply

a) Voltage three-phase 380 V ±10%

b) Frequency 50 Hz

4.12 Operating environment

a) Temperature −25℃ ~ +70℃

b) Relative humidity <95%

c) No corrosive gas in surrounding air

4.13 Protection level IP65

Table 1

Model		Rated load (N.m)	Power of motor (W)	Quality (kg)
Based Base-mounted	Flange Flange-mounted			
SYJ - 2303	SYJ - 2303/Z	300	60	35
SYJ - 2306	SYJ - 2306/Z	600	100	40
SYJ - 2310	SYJ - 2310/Z	1,000	160	70
SYJ - 2316	SYJ - 2316/Z	1,600	250	75
SYJ - 2325	SYJ - 2325/Z	2,500	400	80

5 Working principle and structure

SYJ - 23 series electric actuator is a position servo mechanism which has a three-phase AC servo motor as its power unit. The entire machine is made up of reducer, three-phase AC servo motor, intelligent controller, hand wheel mechanism, position detection mechanism, and display operation panel and other components. See Figure 1 for the outline.

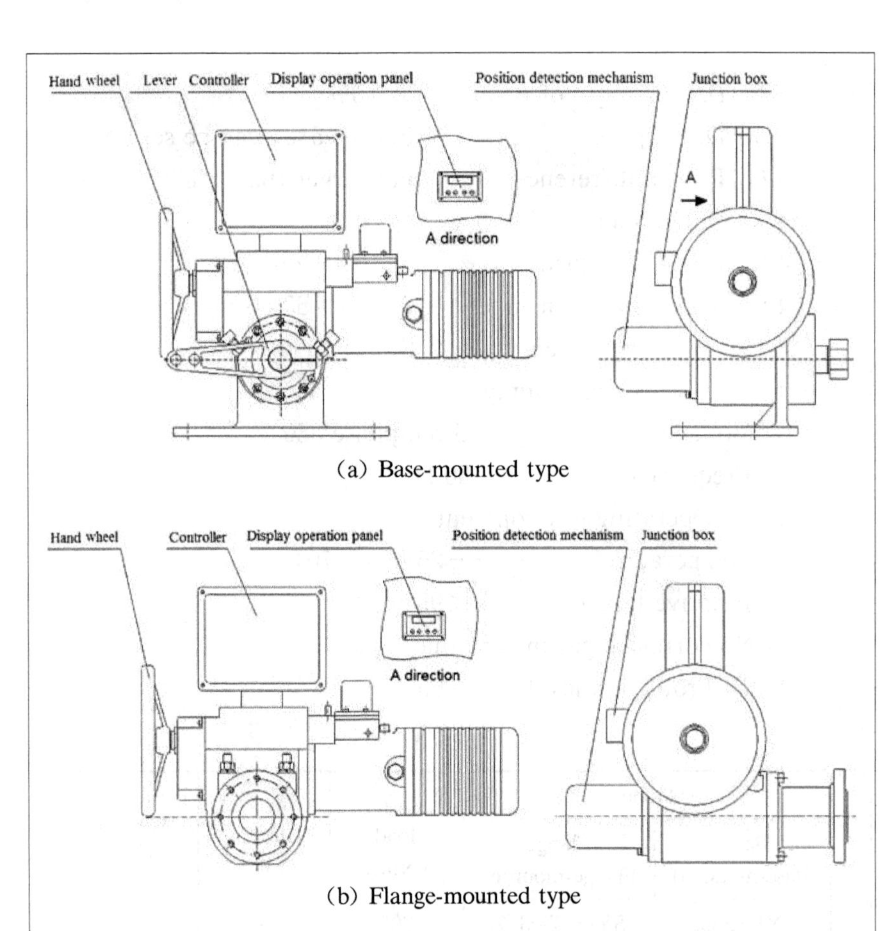

(a) Base-mounted type

(b) Flange-mounted type

Figure 1 Schematic Diagram of Outline of Electric Actuator

5.1 Reducer

The reducer has 2-stage planetary gear reduction and 1-stage self-locking transmission mechanism of worm gear. The worm shaft is used as the output shaft of actuator. Lever or driving part is installed on the shaft. Output shaft can be connected to lever or driving part in tooth shape connection mode which allows adjusting relative position of lever or driving part to output shaft and makes selection of mechanical zero convenient.

5.2 Three-phase AC motor

Three-phase variable frequency power supply is used to drive three-phase AC motor. The startup current is low, which complies with the working characteristic of electric actuator. Due to the self-locking function of reducer, the electric braking function of control circuit which can be set up can overcome the rotary inertia of motor. As a result, the motor does not have additional mechanical braking mechanism. The motor can operate stably and have a long service life.

5.3 Intelligent controller

The intelligent controller is made up of three circuit boards which are main control board, display operation board, and variable frequency driving board.

The basic function of controller is to compare the command signal with position signal of output shaft of actuator, and decide whether the motor shall rotate and the rotation direction based on comparison result and after the power is amplified.

See Figure 2 for the block diagram of controller system.

以上选取的文字说明、操作指示、施工图纸和技术参数,是典型的技术规范文本。

从语言翻译角度考量,一个项目的合同文件和技术规范文件的篇幅(语言数量)及其语言难度与该项目的技术类型或复杂程度存在一定的正比例关系。一般说来,技术含量——学科知识和技术操作程序知识——较低的项目所配备的技术规范就相对简单。例如成都—重庆高等级公路项目(1988—1997),修建了我国西南地区第一条高速公路,也是西南地区首次利用世界银行贷款建设的大型土木工程技术项目,初步预算10亿人民币,最终结算超25亿。但是该项目的技术规范文本(英文版)篇幅不足1,000页(实际为两本书),这在技术规范文本领域内只能算"小兄弟";而同期建设的四川聚酯厂工程项目,是从美国杜邦化学工业公司引进的化纤纺织项目,在当时属于高科技项目,初步预算6亿人民币,结算时超过10亿。虽然投资规模小于前面的高等级公路项目,但是其技术性能和学科知识含量远远高于前者,故四川聚酯厂工程项目的技术规范文件(英文版)有10吨重量以上。

另外,有些项目的技术规范也把行业技术标准视为合同及规范的构成部分。譬如,阿拉伯—北非英语方言区国家,因曾经是英国的殖民地,故喜欢指定BS(英国标准)为技术规范的组成部分;而有些撒哈拉以南非洲国家,因曾是法国殖民地,故习惯指定NF或UTE(法国标准)为其技术规范的组成部分。行业技术标准里的信息也属于工程项目的技术话语,例如有的项目采用菲迪克条款(红皮版,适用土木建筑类项目;黄皮版,适用机电类项目)作为合同一般条款之后,还允许采用AASHTO(美国道路与运输协会标准)、AISC(美国钢结构学会标准)、ASME(美国机械工程师学会标准)或BS(英国标准)作为技术规范的补充条款。

8.4.2.2　项目实施期间产生的临时性文件

这包括工程指令(site instruction)、子项目申请开工(竣工)报告及批准文件(application for sub-project commencement/completion and its approval)、技术性能指标检测报告(testing reports of technical performance)、工程进度月度报告(monthly schedule progress reports)、工程财务月度报告(monthly financial reports)、设备材料采购单据(commercial documents of equipments sourcing)、海关单据(customs documentation)、工地会议纪要(minutes of site meetings)、工作简报(bulletins)、索赔理赔报告(claim or claim settlement for some losses)、合同项目申请竣工验收报告及证书(application for the completion and handover of the Project, Certificate of Completion of the Project)、合同项目终结申请及附属文件(application for termination of the Contract Project and supplements)。

8.4.2.3　项目施工现场情况

这包括:翻译者能够说出项目所在国家和地区的有关合同或工程法律条款;能够说出工艺流程、机器设备、材料的标准术语和行业或习惯术语(行话);能够说出该项目现场的施工环境、进展情况、存在的问题或困难等内容。例如:机械工程项目多数集中在一个工地,有车间厂房,内部排列若干类型的机床及其他设备,陈放密集,若有大型水压机则单独设立厂房,库房和实验室也单独分离,机床类型和加工产品性能也是翻译人员应该注意了解的重点;化工工程项目厂房及车间分布更广,管道密布,犹如阡陌,多各种蒸馏釜和高压釜,充满多种气味,翻译人员应了解主要的化学反应程序、原料及产品(化工产品的名称较其他行业产品要复杂许多);土木工程项目工地分布有点面和线性二类,房屋场馆工程的工地相对集中,通常设立在城市内;桥隧路港项目工地通常分布在山区、河流或海湾附近，机器设备及各类材料随工地搬迁，混凝土拌合厂分离设置，运输及施工车辆较多，翻译人员应着重了解各子项目的平面图、主要施工技术规范及材料性能；冶金工程钢铁（金属）冶炼项目地点相对集中，机器设备排列密集，以冶炼高炉和轧制设备为中心；矿山项目分布很广，运输车辆众多，常常有地下作业坑道，还有选矿和洗矿等工序及加工厂，翻译人员应着重了解原料性能、主要生产过程的技术规范。

8.4.2.4 专业技术话语者

了解专业技术话语者也是翻译者的技术知识储备之一，这包括：了解并能够说出该项目内合同双方（各方）主要人员（管理人员、专业技术人员）的工作范围、工作方式、个人口音甚至个人生活习惯等，还包括一线工人对于工艺流程、机器设备、材料配件的习惯性表达方式（行话）和工作习惯。例如有一种聚四氟乙烯（polytetrafluoroethylene）材料广泛使用在机械和阀门设备中，但是一线技术人员并不直接称呼如此冗长的技术名称，而是喜欢叫特氟隆（teflon），实际上是该英文术语的缩写词读音（通俗术语书面语或行话）；又如爆破工程使用的雷管，英文技术规范的用词是detonator（标准术语书面语），而有的外国工程师却使用形象化的表达方式 finger（行话口语）；再如土木建设工程项目中，为了方便混凝土工程高效施工而在距离施工地点较远处设立临时混凝土生产基地，并使用专用混凝土运输车转运到工地，一线技术人员把这个基地称为 plant（拌合厂）。同时，翻译者还应了解本项目所在国或所在地政府对项目的有关规定，以及当地的风土人情。

8.4.3 公关知识语域

公关知识语域虽然属于非学科性、非技术性知识语域，却是每一个引进（输出）工程技术项目得以顺利建成投产的外部重要条件。各类项目在学科知识方面可能存在差异，但是其公关知识具有相同的语域。公关知识语域包含下列分类：

8.4.3.1 公关机构及人员

这是公关知识赖以存在的物质依托，它决定公关知识的其他要素。这里的公关机构，并非仅仅指一个公司的公关部门（department of public relations），而是泛指该工程项目涉及的所有其他事务机构。一个项目涉及的公关机构及人员在各个国家是不完全相同的，例如我国对一个引进工程技术项目过去曾经需要一百个以上的机构认可(2014年起已经大大缩减)，而在有些国家则少得多。但无论如何，下列公关机构及人员是任何国家在完成任何类型的引进(输出)工程技术项目时必不可少的：

(1) 合同项目内部的人员及机构：业主法人代表及下属各个部门负责人、投资和咨询设计监理公司经理及下属部门负责人、合同项目施工经理部总经理及下属各个技术部门及施工队负责人(包括总工程师、总会计师、项目工程师、班组长)、项目监理部主监(业主的常驻工地代表)及各个项目监理工程师。在项目的施工单位内部，一般设有经理部、总工程师办公室、技术处、财务处、人事处、公关翻译处、驻外办事处、设备材料供应处、后勤保障处、材料实验室、各个子项目处室或工程技术分类处室(按不同的项目类型)。

(2) 合同项目外部的机构及人员：项目所在国家(及城市)政府主管部门及其负责人和下属科室负责人、项目一方国家驻项目所在国使领馆负责人及各部门负责人、项目双方的非主管性政府机构和商业机构(公安部移民局或边防局、警察局、海关、劳动局、工商管理局、银行、税务局、机场、航空公司、船公司、汽车运输公司、保险公司等)的负责人及下属科室负责人和经办人员。

8.4.3.2　公关规则

每个国家或地区的公关(办事)机构对各类引进(输出)工程技术项目的审批规则、办事程序和办事效率不尽相同。这与该国或地区的历史传统及经济发展水平有关。譬如我国境内的大中型引进技术项目，一般事先必须垂直报请各省市，直至中央各有关主管部门、外经贸部、发展改革委员会(2012年以前称计划委员会)批复；在横向公关方面，引进工程项目还需经过当地财政、公安、消防、环保、水利、林业、卫生等诸多部门批准。此外，如遇特殊工程需求(例如使用炸药)，必须经过当地县级以上公安机构批准，并经过政府特许的公司购买或销售。

在其他国家，一个引进技术项目的垂直公关和横向公关两个方面也有相似之处。譬如在也门民主人民共和国的工程项目遇到使用炸药问题时，施工单位必须首先经项目主管部门初审，然后报经该国外贸部审查，再报送英国驻亚丁(首都)大使馆批准，最后报经亚丁宪兵司令部核准之后方能从国外进口。之所以经过宪兵司令部和英国大使馆批准，是因为也门在1969年之前长期为英国殖民地，独立以后其社会安全事务主要由宪兵司令部负责，而进口危险物品一直依靠英国人把关；又如有些前英法殖民地的第三世界国家，在执行海关准则及海外货物运输规定时常常沿袭前殖民统治时期宗主国的规定，这显然是后殖民主义的表现。有的老牌资本主义国家（如英国）则常常沿袭许多年（有的一百多年）以前的规定，这与其经济法律制度较为稳定有关；而尼日利亚的海关税收规则曾在1990年制定，2002重新修订，因为该国经济波动很大，原有制度的适用期很短。

8.4.3.3 公关活动

公关活动也包含公关技能，两者在实践中密不可分。不同级别或不同类型的项目涉及不同的机构业务人员和公关人员（常常是翻译者），也常常采取不同的公关活动：

(1) 正式信函：是项目经理部或项目上级管理机构的正式文件，有序列编号和文件头，名称有：项目文件、备忘录、会谈纪要、通知、外交照会、最后通牒、仲裁通知、法院判决书等。这些文件语言严谨，逻辑清晰，针对项目建设出现的重大工程问题或技术问题，公关对象是高级机构负责人。

(2) 便函：通常也有文件编号时间、接收人等信息，形式包括子项目申请及审批文件、项目各方工作意见交流及陈述、项目情况简报等。这些信函语言较为随和，目的是陈述项目的技术行为、工程进度、存在的一般性问题，以及与对方商讨解决问题的具体措施。其公共对象为项目现场中级和初级技术管理人员。

(3) 电报、电传、传真、电话、电子邮件：前面四种形式曾被长期使用，近年来电子邮件也被普遍使用。除了电话外，其他形式均有序列编号，文字篇幅不长，但内容往往涉及项目重大事务，不可轻视。电话使用虽然非常普及，但其信息不易保留，一般不能视为法律证据。2000年以来，电子邮件作为公关及贸易形式已经非常普遍，我国合同法也将其视为可以采纳的法律证据；不过在涉及国际贸易的纠纷时，各国对此规定不一，而且取证操作复杂，因此大中型项目签约及重要公关事务不宜主要依靠电子邮件，而应以书面文本为主。

(4) 正式会议：参与者是双方（各方）的高级和中级技术管理者，人员较多，针对项目实施发生的重大项目工程或技术问题，常常以协议、会谈纪要或备忘录等书面形式作为结果。

(5) 工地会议：也称工地例会，一般每天（上午）、每周或每月在项目工地临时办公室举行，气氛比较宽松，参会人员互相较为熟悉，人员也较为固定(通常是项目的中层以上干部),偶尔会有初级人员甚至高级技术管理干部人员。其目的是总结前一阶段的成绩和问题,商讨下一阶段的施工措施及进度,结束时不一定有会议纪要(每月工地会议则一般要求整理会议纪要),但要有现场文字记录。

(6) 个别交流:形式包括谈话或宴请,通常发生在项目内外各方高级和中级负责人之间(如项目经理与业主、项目经理与主监理、项目经理与保险公司经理),地点隐秘,内容涉及项目敏感话题,结束后可能以书面信函确认谈话结果。此刻,翻译者可能是唯一的见证者。

(7) 大型集会:主要形式是大型工作会议和大型宴会。举行大型工作会议一般是开工仪式、竣工典礼,地点在项目工地(也不排除罢工集会),出席者为全体项目员工及相关人员。举行大型宴会的原因可能是项目签约、开工、竣工(终结)、项目所在国大型节庆或传统节庆,出席者是高级和中级技术管理人员,可能包括一线初级员工。

(8) 考察或巡视:考察指项目动工之前去某已建项目参观访问并为签订合同或协议做准备;巡视特指去在建合同项目检查、监督的过程。地点包括考察或巡视国内的项目工地现场、考察或巡视国外的项目工地现场。参与考察或巡视者一般为高级或中级技术管理人员,目的是了解项目的新技术成果或督查开工项目的质量。

8.4.3.4 公关目标

(1) 高层公关目标:启动项目考察及预选,联络合同项目各方,审阅并咨询项目建议书、项目可行性研究报告,批准项目立项,谈判及批准项目合同,处理项目实施中涉及的重大公关事务和重大工程技术问题。

(2) 中层公关目标:组织实施及监理项目,活动中心围绕执行项目合同的技术规范和财务结算,并决定项目内外的日常公关事务和关键工程技术问题。

(3) 基层公关目标:直接进行项目的预备动员(车辆、设备及材料供应、人员调配)、实施项目(破土建设、修改原设计或图纸、设备安装、试车或试运营、竣工、验收、结算)、监理、索赔理赔、处理一般性工程技术问题、安排员工生活事务、保障项目工地正常运转。

8.4.4 知识语域的模式

根据以上论述,我们能够建立工程技术翻译话语的知识语域模式。

该模式以我国引进(输出)工程技术项目的五种常见行业为横向细分,以知识语域的三个次级语域(学科知识、技术知识、公关知识)为纵向细分。该模式兼顾同类型项目的口译模式和笔译模式,因为知识语域运用在口译和笔译两种翻译方式时并没有显著区别。该模式便于我们全面而直观地了解工程技术翻译话语的知识语域,也有利于同其他模式进行对比和研究。

表 8.8: 工程技术翻译的知识语域模式

语域 \ 行业	机械电子	矿山冶金	石油化工	化纤纺织	土木建筑
学科知识	力学、工程力学、机械工程、机械电子工程、车辆工程、材料科学与工程、冶金工程、动力工程及工程热物理、电气工程、电力系统及其自动化、电子科学与技术、信息与通信工程、计算机应用技术、船舶与海洋工程、航空宇航科学技术	矿物学、岩石学、矿床学;岩土工程、矿业工程、测绘科学与技术、冶金工程、化学(一级)、安全技术及工程、机电知识	化学(一级)、固体地球物理学、地质学(构造学)、第四纪地质学、矿物学、石油与天然气工程、测绘科学与技术、机电知识	化学(一级)、化学工程与技术、纺织科学与工程、轻工技术与工程、机电知识	土木工程、岩土工程、结构工程、市政工程、供热供燃气通风及空调工程、桥梁与隧道工程、测绘科学与技术、交通运输工程、道路与铁道工程、交通信息工程及控制、机电知识
技术知识	项目合同条款和技术规范文件,项目实施期间产生的临时性文件,项目现场情况,翻译者对专业技术话语者的了解				
公关知识	公关机构及人员,公关规则,公关活动,公关目标				
基础知识	基础数学、机电知识、会计学、施工组织学、国际经济法、中国语文、外国语文				

评价:在五个工程技术项目行业的学科知识语域中,机电行业的基础知识是必不可少的,这启示我们:文科背景出身的翻译者应该学习和充实机电行业的知识,以便适用各类项目的翻译。在最后的“基础知识”一栏包括了“施工组织学”,其中包含建筑工程组织学、路桥工程组织学、钢铁工程组织学细目等。相比“学科知识”栏目,文科背景的翻译者较容易了解这些管理类学科。

第九章

工程技术翻译的词汇和语句

词汇和语句是构成工程技术翻译话语的物质基础。2009年夏天，位于美国城市奥斯汀的全球语言监测机构(GLM)计算出平均每98分钟产生一个英语新词，而第100万个单词的称号正式授予了新一代互联网应用词汇"web 2.0"，但GLM的主席和首席词汇分析师同时也承认，英文单词数量实际上远远超过了100万(百度网，2014－3－30)。如此庞大的词汇量恐怕世界上没有几个人能够全部知道并运用，就连拥有洋洋洒洒20卷的《牛津英语大词典》最多也就收录了60万余条。

在这庞大的100多万英文单词中，有多少工程技术类的词条，或者说工程技术翻译词汇这个集合有多大？这似乎没有确切的数目，但我们可以从一些分类词典进行估计：朱景梓等编订《机械工程技术词典》，科学出版社1987年8月出版，收词约18万条；国防工业出版社1992年出版的《IEEE电气和电子术语标准词典》是一部编译辞典，术语及定义绝大部分引自美国国家标准、IEEE标准及权威性国际学术组织的标准文献，共收录术语词目23万条，缩略词1.4万条；化学工业出版社的《化工辞典》已经达到30万条目；科学出版社的《英汉建筑工程词汇》有10万条目……我们不必再查询其他众多的工程类英汉词典了，仅仅机械、电气电子、化工、建筑这"四大家族"就已经超过80万条，还有其他许多技术行业词汇不计。相比之下，日常生活词汇和文学翻译词汇已经变成了"小菜一碟"，即使《莎士比亚全集》的2.4万个词条和英国前首相丘吉尔的《第二次世界大战回忆录》里的12万个词也仅仅是英语词典家族中的“小不点”。

不过，有趣的事情发生了：“小菜一碟”成为千家万户的宠儿，而“四大家族”则成了“孤家寡人”。以中国引进(输出)工程技术项目为例，直接利用“四大家族”的主要是与项目建设有直接关系的少数中级和初级技术管理人员以及翻译者，其他更多的人仅仅需要知道该项目的终端产品而已。譬如现在许多日用品的原料是化工产品聚酯(polyester)，而生产聚酯的中间产品是乙二醇(ethylene alcohol, glycol)，乙二醇来自环氧乙烷(epoxy ethane)，环氧乙烷又来自乙烯(ethylene)，乙烯则来自石油、天然气或煤。这些术语及其功能恐怕除了从事化工聚酯工程的技术人员和翻译者以外，没有多少人注意。又如，目前时尚的3G和4G手机、数码照相机、汽车等机电产品进入了中国的千家万户，但除了生产者和翻译者，有谁会把这些终端用品与2004年才从英国实验室诞生的新材料石墨烯(graphene)联系起来呢？

此外，工程技术翻译的语句与其他行业话语的语句有什么不同？其自身又有哪些特点？本章不打算对这些语句进行一般性的语法或句法分析(这方面的论文和著作如汗牛充栋)，而是从工程技术翻译的实际需求出发，重点探讨翻译语句的难度和其分布特点。这也许是我们认识语句的一个新视角。

9.1 工程技术翻译词汇的性质

从词汇语义学理论审视工程技术翻译词汇，主要是着眼其质量和数量两个方面。词汇质量的概念有义位和义值。义位是最基本的语义单位，通俗地说，就是一个词的某一个意义。例如，一个单义词只有一个义位，而一个多义词有多个义位。义值是词汇所表示的内容，由基义和陪义构成。词汇数量的概念有义域和集合。义域表示某一个词具有的义位数量总和，是义位的意义范围和使用范围，是人们所认识的具有义位所表征的事物集群；集合则是表示某类词汇的总数，或称为宏观的词义场。

9.1.1 基义多于陪义

基义和陪义这一对概念属于义值的子项目。按其名称，我们就知道基义是一个义位(词语意义)的核心,或称基本语义,或称概念义;而陪义是一个义位的附属意义或附属义值,虽然只有次要交际价值,但是能够提高和加强语言的表达功能。在工程技术翻译词汇这个集合中,基义和陪义是通过若干话题的词汇展现的。

根据7.4节,工程技术翻译话语构成了八个话题丛:(1) 项目启动话题;(2) 商务经济话题;(3) 合同法律话题;(4) 项目公关话题;(5) 工程进度话题;(6) 工艺流程话题;(7) 设备材料话题;(8) 财务计量话题。除了(1)和(4)话题外,其余六个话题均直接涉及项目的技术、商务或财务内容,所使用的词汇意义(义位)主要是基义或概念义,涉及含义多是具体的技术概念、事物或过程,这与该话题所讨论的内容密切相关。例如,商务经济话题中的词汇"询盘(inquiry)、报盘(offer)、还盘(counter offer)、接受(acceptance)、备货(sourcing or arrangement of goods)、运输(shipment)、保险(insurance)、验货(inspection)、仓储(warehouse)",总是让人联想到严谨的措辞、冷冰冰的价格、硬邦邦的货物。又如工艺流程话题的词汇"总平面图(plan)、施工详图(drawing)、技术参数(parameter)、测试方法(testing procedure)、技术性能(technical performance)",让人想到密集的施工任务、繁重的计算和试验、严格的施工步骤和检测措施。当话语者身临其境时,很难联想到这些词汇基义以外的个人情感、社会风尚等话外音。这些词汇也被英美学者称为referential words(信息负载词)(冯翠华,1995:24)。

相比而言,第(1)个"项目启动话题"和第(4)个"项目公关话题"较少直接涉及引进(输出)工程项目的技术细节,所使用的词汇意义(义位)并非全都是基义,也包含了陪义。例如在意向性协议(non-binding letter of intent)和项目建议书(proposal)里常出现"争取"(intend)、"力争"(strive for)两个词,与"取得(get)、获得(obtain)、赢得(win)"在基义(概念义)上是一致或相似的(即"得到"),但其陪义表露出某些人对获得某个项目心存疑虑或信心十足,与后面三个词的表达效果也不尽相同。譬如,"取得"(get)表示得到的过程较为顺利,"获得"(obtain)表示得到的结果可能喜出望外,而"赢得"(win)则透露出历经千辛万苦后才得到的结果。又如公关话题里的语句"向某人致意"(extend greetings to)和"庆祝某项目建成投产"(celebrate the completion of the project),其中的greetings(致意)和celebrate(庆祝)情不自禁让人联想到欢乐的场景和项目建成的喜悦心情,相比"问某人好""项目不错"等措辞,更具有明显的渲染效果。这些词也称为emotional words(情感词)(同上)。

当然，项目启动话题和项目公关话题词汇的义位并非全部就是陪义，还有相当一部分也是基义，即仅表现词汇的技术义位（概念），例如“规划”（planning）、“初步设计”（preliminary design）、“预算”（budgetary estimate）、“批复”（approved document）。

综上所述，构成工程技术翻译词汇的绝大部分就是使用基义或概念义的词汇，陪义则成了“一碟小菜”。虽然语言学家维诺格拉多认为，词汇既是思想符号也是心理感受的标志，许多同义词的差别就表现在陪义上（转引自张志毅，张庆云，2005：34），但他讨论的词汇主要是日常生活、文学及社会科学方面的用语，极少包括本书讨论的工程项目翻译词汇。

9.1.2 学科义位多于普通义位

为了进一步认识工程技术翻译词语的义值，我们把基义分为两种变体：一种是学科义位，另一种是普通义位。学科义位是各门学科的专门义值，具有逻辑因素、科学内涵、范畴及指物特征；普通义位表现经验意义，即普通人凭借经验感知的表意特征和指物特征。需要指出的是，在工程技术翻译话语中，常常还有通过其他非词汇形式表示的信息，如符号、图纸、图表、数字等。从传播学角度看，这些非文字形式的话语也是具有学科义位的信息单位。

参阅八个翻译图式和八个话题，我们可以发现：词汇的学科义位（义项）集中出现在项目合同的法律条款、技术规范、设备材料、施工工艺、施工进度、财务报表等文件和口语中。此外，发生于项目启动阶段的项目可行性研究文件的词汇也充满学科义位。换言之，八个话题的主要词汇构成义位是学科义位，这正是工程技术翻译话语的专业技术性的充分展现。例如在机电类工程的技术规范常常引用的技术标准中，国际电工委员会（IEC）2005 年 3 月颁布的国际电线电缆标准文件 INTERNATIONAL STANDARD（IEC 60502 - 2 Second edition），总共有 157 页英文，其中具有学科义位的词汇、符号、图纸、图表、数字等占大约 80%。其中，有些词汇的义位，表面上貌似普通义位，实际上仍然具有学科义位。例如 finish 这个词的意思，貌似普通义位“完成”，而在电镀加工和机械加工行业就有“抛光、打磨”的学科义位；又如某仪器仪表厂根据国际标准制定的电动机驱动器技术规范，总共 16 页英文，竟然有 13 页基本上采取符号、图表、图纸、数字等非词汇的话语，加上其余文字词汇，其话语信息（语义)的学科义位比率高达90%以上。

工程技术翻译词汇的普通义位集中在项目启动话题(如项目建议书)、合同法律的部分话题(如货物损失评估、社会经济文化综合评估)、公关联络话题(如项目经理部与外部管理机构或非专业技术机构的交流话语、项目竣工庆典),这与前一节讨论的词汇陪义的集中范围基本一致。

9.1.3 具象性多于抽象性

这对性质也属于义值范畴。具象性就是能够从具体事物感知到的意思,而抽象性是指不能从具体事物感知到的,而只能从概念意义联想到的意思。任何行业的词汇集合都存在具象性和抽象性,只是工程技术翻译词汇的具象性和抽象性在其领域内分布呈现某些特点。工程技术项目是应用性的科学成果,它的任务不像基础自然科学(如数学、化学、力学、电学、电子学)那样去探索未知的基本原理,并以建立新的理论知识体系为己任,而是运用已知的理论知识创造出某种实用技术,或者制造某种设备和物品,或者创造某个实物。这一性质决定了工程技术项目翻译的词汇在实际使用过程中呈现较多的具象性、较少的抽象性。

具象性和抽象性并不是均衡地出现在工程技术翻译词汇里。(1) 从词汇集合分布看,表示机器、设备、材料、产品等实物的词汇集合呈现显著的具象性,例如 all-purpose adhesive(万能胶)、crack detector(金属探伤仪)、knock meter(爆震传感器)、hot-in-place recycling train(就地热再生沥青混凝土摊铺机组);(2) 从口译工作流程看,具象性的词汇集合更容易出现在参观考察现场(翻译图式A)、设备材料运输及抵达工地(翻译图式C)、工程建设及安装现场(翻译图式D及G),例如 the ram platen of the hydraulic compressor(水压机压板)、aggregate stockpile(集料场)、grader's blade(平地机刮刀)、lifting jack(千斤顶)、scaffold fittings(脚手架配件);(3) 从笔译文件类型看,具象性词汇集合更容易出现在技术规范、技术图纸、施工报告、操作指南、财务报表、理赔索赔清单等书面文件中,例如各类工具、设备、材料、产品。

抽象性的出现也有相对集中的范围。(1) 合同法律、项目价值、项目功能等词汇集合,例如 effectiveness(合同效力)、contract value(合同价格)、trade terms(贸易条件)、impact of the project(引进/输出项目的影响);(2) 口译流程的翻译图式B、翻译图式E、翻译图式F和最后的图式

H,例如：negotiation(谈判)、consultation(磋商)、discrepancy(争执)、concession(让步)、harmony(和解)、arbitration(仲裁)、termination(终结)、handover(交接)、celebration ceremony(庆典)、liquidation(清算)；(3) 技术规范文件中表示技术参数、工艺流程的部分术语,例如：bench mark(水准点)、blasting interval(爆破间隔)、voltage(电压)、capacity(电容)、inflection(弯沉)、slump consistency(坍塌度)、polish(光洁度)、Doppelduro method(乙炔火焰表面淬火法)、Kaldo process(卡多尔转炉炼钢法)。

9.1.4 上下义结构、总分结构、序列结构、其他结构

这三个特点是存在于词汇集合(或宏观词义场)的结构特点。词汇内部分布着多种结构形式,组成了词汇这一庞大集合。工程技术翻译词汇的结构来自工程技术所涉及的学科门类(参阅 8.4 节)。在这个自然科学的领域,词汇的概念(义位)明确,归属明确,层次明确,顺序明确,而且许多词汇往往具有唯一的所指对象或分散于某些集合,由此形成了词汇间的上下义结构、总分结构、序列结构和其他结构。

9.1.4.1 上下义结构

上下义结构也称为上下层语义关系,或语义包孕,是概念(义位)意义纵向的划分,强调的是词汇义位的等级或包孕关系,是工程技术学科及实践在词义逻辑范畴深度的体现。从语义方面看,两个以上的词汇要构成上下义结构,必须符合一个公式：X(下义词)是 Y(上义词)(张志毅,张庆云,2005：66)。这一结构广泛存在于工程技术项目的各个学科中。例如在工程机械的词汇域就存在下列上下义结构：

1. hydraulic excavator(液压挖掘机)→
2. excavator(挖掘机)→
3. earthmoving machinery(铲土运输机械)→
4. construction machinery(工程机械)→
5. machinery building(机械制造)→
6. engineering mechanics, material mechanics(工程力学、材料力学)→
7. mechanics(力学)→
8. physics(物理学)。

9.1.4.2 总分结构

总分结构表示个体词汇与其内部次级词汇的整体与部分之间的关系,是工程技术学科及实践在词义逻辑范畴广度的体现。这一语域关系典型体现在工程技术项目的设备、材料、部件、施工组织等词汇方面。与上下义结构不同,总分结构内部各个词之间的义位是平行的。

第一个例子是工程机械(engineering machinery)一词,包括9个次级平行义位词汇:1. 铲土运输机械(earthmoving machinery);2. 石方机械(rock machinery);3. 压实机械(compactors);4. 路面机械(pavement machinery);5. 起重机械(hoisting machinery);6. 桩工机械(pile driving machinery);7. 桥梁隧道机械(bridge and tunnel machinery);8. 路面养护机械(pavement maintenance machinery);9. 混凝土机械(concrete machinery)。

第二个例子是车辆发动机的分配式喷油泵(distributor-type injection pump)一词,由17个次级平行义位词构成:1. 滑片式输油泵(vane-type supply pump);2. 调速器驱动装置(governor drive);3. 喷油提前器或正时装置(timing device, timing control, injection advance mechanism);4. 凸轮盘(cam disc, plate cam, disk cam);5. 溢流环(spill ring);6. 分配柱塞(distributor plunger, distributor-pump);7. 出油阀(delivery valve, check valve);8. 电磁断油阀(fuel shutoff solenoid);9. 调速器杠杆机构(governor lever mechanism or drive);10. 溢流节流孔(overflow throttle);11. 机械式断油装置(mechanical shutoff device);12. 调速器弹簧(governor spring);13. 转速控制杆(speed-control lever);14. 控制套筒(control sleeve, timing sleeve);15. 提前器飞锤(flyweight, centrifugal weight);16. 压力调节阀(pressure-control valve);17. 驱动轴(drive shaft)。

9.1.4.3 序列结构

序列结构是工程技术学科及实践在词义逻辑范畴的时间序列和空间序列的体现。这一语域关系典型体现在工艺流程、施工进度的词汇集合方面。

第一个例子是化纤纺织领域的聚酯纺织布工艺流程(词汇):1. 天然气或石油(natural gas or petroleum);2. 甲烷(methane);3. 乙烯(ethylene);4. 环氧乙烷(epoxy ethane);5. 乙二醇(ethanediol);6. 聚酯

(polyester);7. 短丝(切片)(stable fiber);8. 长丝(纺纱)(filament);9. 聚酯纺布(polyester textile)。

第二个例子是石油行业的一种炼油工艺流程(词汇):1. 常减压二段式蒸馏工艺(alco two-stage distillation process);2. 脱前换热(heat exchange before desulphurizing);3. 电脱盐冲洗(electric-desalting washing);4. 脱后换热(heat exchange after desulphurizing);5. 初馏塔炼制(primary fractionator process);6. 常压塔炼制(atmospheric column process);7. 减压塔炼制(decompression column process)。

与前面的总分结构不同,顺序结构内部的义位是不可交换的。另外,与前面的上下义结构强调义位等级不同,顺序结构强调义位的时间顺序和空间顺序。

9.1.4.4 其他结构

与上述三种词汇结构不同的其他结构是同义结构、反义结构、交叉结构或组合结构,这些结构是文学词汇、普通新闻词汇,以及社会科学词汇的典型结构特点。同义结构虽然在工程技术翻译词汇里也存在,尤其在设备、材料词汇方面存在稍微多些,这主要涉及部分具象名词的变体(参阅下节"大量的词汇变体"),如一个词语的标准术语、通俗术语或行话(参阅7.2.1节"按话语形态分类"),但总体上数量不大,因为一个科学技术概念不可能常常采用多个定义(义位)和标识词;反义结构在表示技术科学概念的词汇里也有存在,例如"氧化—还原"(oxidating, edoxidation)、"阴极—阳极"(cathode, anode)、"挖方—填方"(excavation, backfill)、"螺栓—螺帽"(bolt, nut),但是数量不多;而义位交叉或组合结构在同一工程技术领域较为罕见,因为在同一学科内一个词语不能既是甲又是乙,这与自然科学和工程技术的本质——实在性和精确性——背道而驰。

9.1.5 大量的词汇变体

变体也属于词汇集合或词义场的范畴。工程技术翻译词汇出现大量变体的主要原因:一是工作语境的需要;二是中高级技术管理者与初级技术管理者之间的文化差异;三是产品终端使用者的存在。可以想象:中高级人员经常在较为舒适的工作场合阅读或谈论合同条款、技术规范和技术标准文献,其谈吐中自然会流露出标准术语和正式词句;从事实际施工的部分中级人员和绝大部分初级技术工人身着工装、手握工具、奔波于车间或工地，其谈吐自然是通俗简洁的词语和行话；产品终端使用者一般不关心制造过程如何复杂，只讲求如何方便地使用产品。这一现象在其他行业词汇里也存在。

词汇变体属于词汇数量（义域）方面的问题。如果说理想的规范语言符号是标准语，那么本书在和第七章和第八章从话语分类和语域视角（参阅 7.2.1 节和 8.2 节）就提出了词汇（话语）的几种变体：第一个系列是正式书面语、通俗书面语、标准书面术语、行话书面语；第二个系列是正式口语、通俗口语、标准口语术语、行话口语。每个系列的前两种针对普通词语设立，后面两种针对技术词语设立。但是从语义词汇学考量，这两个系列里各自的前半部分"正式书面语、通俗书面语"和"正式口语、通俗口语"在义位（义值）方面是一致的，即所指为同一事物；同时各自系列的后半部分"标准书面术语、行话书面语"和"标准口语术语、行话口语"在义位（义值）方面也是一致的。这两组系列的区别只不过是：口语变体带有语音外壳，而书面变体仅仅保留文字符号形式。工程技术翻译词汇的大量变体表现在以下五个方面。

9.1.5.1 专业词汇的变体多于普通词汇的变体

一线技术人员和工人接触引进（输出）项目（包括施工过程）的时间往往多于高级技术管理人员及部分中级技术管理人员，并且频繁地称呼（或默念）该项目的实物和施工过程，常常需要简便快捷地完成任务，加之该项目来自国外，具有一定的新鲜感，因而在他们的心里很容易形成对该项目技术、实物及施工过程的好奇或依赖，由此会无意中对直接涉及项目的专业技术词汇产生个人习惯语或更为方便的称呼形式（书面语或口语），即词汇变体。例如测量工程的重要仪器 infrared EDM instrument，其标准书面术语为"红外线测距仪"，而其行话口语变为 infra（即"红外"或"亚"），我国一线技术人员称"红外仪"（通俗书面术语、行话口语）；又如机电工程里的 damper，其中文标准书面术语为"风门调节电子装置"，而其行话口语演变为"风门盒"。

另一方面，普通词汇许多是各语言使用国家或民族的本土文化和语言中的常用表达，早已形成固定的用法，一般较为简单，没有必要再简化，加之不易令人产生新鲜感或好奇感，工程技术翻译中多采取沿用的策略。因此，普通词汇在工程技术翻译中出现变体的机会远远低于专业词汇。例如，大中型工程项目前期文件涉及的"项目建议书"（project proposal）、"可行性研究报告"（feasibility study report），我国改革开放以来一直沿用至今，极少有人在书面文件里简化为“项建书”及“可研报告”。

9.1.5.2 复杂的材料术语容易产生变体

材料术语是工程技术翻译词汇中构成数量很大的集合，尤其是化工材料术语，其英文单词通常由多个、十几个甚至几十个字母组成，而且有的词汇仅仅是一连串符号，这在实际施工中极不便于口语交流和书写。一线技术人员及工人有时为了节省时间和口舌方便，就对此采取简单的变体。例如 phosphoric series flame resistant epoxy resin potting compound，其中文标准书面术语为“磷系阻燃环氧树脂灌封料”，工作中常常变体为“磷系灌封料”（通俗术语口语或行话口语）；又如 KM－7R Reactive Brilliant Orange，其中文标准书面术语为“KM－7R 活性艳橙”，这样在实际工作中读起来很麻烦，所以常常变体为“活性艳橙”（通俗术语口语或行话口语）。

9.1.5.3 复杂的设备或物资术语容易产生变体

机械设备及物资词汇不仅数量巨大，而且构成也颇为复杂。例如，汽车发动机系统的部件 injector for common rail injection system，其中文标准书面术语为“共轨燃油喷射系统喷油器”，这个术语让一线工程师和员工说起来并不轻松，故该词译文变体为“共轨系统喷油器”（通俗书面术语）或“喷油器”（行话口语）；又如，电力工程中电线电缆的名称非常复杂，其中有一种电缆的英文标准书面术语为“IEC 60673－40－92 Part 40：Glass-fibre braided resin or varnish impregnated，bare or enameled rectangular copper wire，temperature index 200”，其中文标准书面术语是“国际电工组织编号 60673－40－92 第 40 部分的温度指数为 200 的聚酯或聚酯亚胺漆浸渍玻璃丝包裸或漆包铜扁线”，共有 53 个字符。如此冗长的名称，加之电缆的规格品种繁多（参阅谭克新编著的《英汉德汉法汉电缆工程词典》，中南大学出版社，1994），任何个人也很难全部记住。所以一线技术人员习惯将其变体为“200 度玻璃丝包裸线或漆包铜扁线”（通俗书面术语），甚至进一步变体为“200 度丝包漆包线”（行话口语）。

9.1.5.4 复杂的工艺术语容易产生变体

长期以来许多先进的工艺流程多在欧美等国产生，不少工艺名称显得怪异冗长，中国工程技术人员及翻译者为了方便工作经常对其变体。例如冶金工业中常用的一种工艺流程，其英文标准书面术语是“the process of dislodging the surface oxide sheet iron of the belt steel in neutral sodium supphate solution by electrolysis”，其中文标准书面术语为“在中性硫酸钠水溶液中用电解法去除带钢表面氧化铁皮工艺”。如此冗长的术语确实很难记忆和读写，所以一线技术人员把该英文术语缩短为“dynamisator process”（通俗书面术语），中文对应的通俗书面术语为“电解去除氧化皮法”；而在企业的实践中，中国工人又将其变体（简称）为“中性电解去鳞”这一形象说法（行话口语，以去鱼鳞为隐喻），大大方便了工作交流；又如在化工领域的一种工艺是 synthesis that in the presence of anhydrous hydrogen chloride and zinc chloride, cyanide and polyatomic phenol are to be condensed as phenolic ketone，这项技术的中文标准书面术语是“在无水氯化氢和氯化锌存在条件下氰化物与多元酚缩合为酚酮的技术”，共 30 个字。为了减少如此复杂的词汇在工作时听、说、写、译的难度，技术人员改用该技术两位发明人的姓氏来称呼（Houben-Hoesch synthesis），其中文译为“豪苯—霍施合成法”（通俗书面术语），而中国工人有时还将其进一步变体为“豪霍法”（行话口语）。

9.1.5.5 复杂的终端产品名称容易产生变体

我们较为熟悉的例子是医疗设备（机电产品）术语 nuclear magnetic resonance computerized tomography 的变体，其中文标准书面术语为“核磁共振计算机化断层成像技术仪”（14 个字），该技术仪器可以用于金属探测和医院检测身体（尤其是检测肿瘤）。但如此冗长的名称实在不方便一线制造技术人员使用，于是他们将其变体为 NMRCT（通俗书面术语）。但该术语对于终端使用者（医生和病人）仍然拗口难记，于是他们习惯将其变体为 CT（行话口语或通俗商品名称），这样一来该词变得老少皆宜了；再如有一种化工产品是用于非农业耕地的除草剂，其英文标准书面术语为 $(CH_3)_2NC(O)NHC_6H_4OC(O)NHC(CH_3)_3$，完全是一连串化学符号，其中文标准书面术语因直译而实在冗长，随后有人使用其通俗书面术语（karbutilate），翻译为“卡尔布提雷特”。但这六个汉字组成的外来词在中国基层技术人员及农民使用者看来仍然很拗口，于是中国技术人员结合其译音和用途将其变体为“卡草灵”（行话口语或通俗商品名称）。

9.2 工程技术翻译词汇的民族性

关于英语词汇的民族性，在原版的大型英语词典中有所标明，我国也曾有人研究过英语谚语的民族性（陈琳莉，2008；刘畅，2013）和英语习语的民族性（单文波，2004；廖索清，2006），但是对英语工程技术词汇的民族性开展研究的论文及著作还没有见到。从理论和实践两个方面看，研究工程技术词汇的民族性对构建工程技术翻译学也颇有积极意义。

9.2.1 词汇民族性的产生

得益于英语民族和其他各个民族不断创造的新词陆续进入英语词汇，英语成为目前世界上词汇数量最大的通用语言，这是工程技术英语词汇民族性产生的主要原因。18 世纪后期起，英国最先成为世界工业制造大国和“日不落”帝国，英语就自然成为当时的科学技术用语。在随后的年代，绝大部分的现代工程技术及其产品均产生于英国、德国、美国、法国、意大利、日本、俄国以及新兴的中国等科学技术大国或制造业大国，而使用英语、德语、法语、意大利语、日语、俄语以及汉语等语言表示的技术术语也纷纷加入英语，这无疑使得英语中的技术词汇带有其原产地（国）语言的民族性或地域性。

虽然普通语言学中的语义学（universal semantics）和类型学（typology）认为，许多语言具有大致相当的语义场数目，如时间场、年龄场、空间场、颜色场、关系场、食物场、衣服场等（张志毅等，2005：153—166），但是世界上少数几种主要语言（如英语、法语、德语、日语、俄语、意大利语、汉语）的所在国原创了更多的科学技术知识，因而拥有更多的原创技术词汇及词汇语义场（包括现代工程技术语义场）。工程技术翻译词汇的民族性就较为集中地体现在这几种语言的原创技术词汇场里。当然，其他语言也对世界的科学和工程技术有所贡献，只是比例小得多，它们主要拥有日常生活的词汇语义场，其自身缺乏甚至没有较为专业的某些技术语义场。例如，150 年前的中国就没有“电灯”“军舰”“铁路”“架桥机”“隧道掘进机”“化纤聚酯”等词汇，这类词汇都是那以后从欧美引进的；而现在某些国家或地区可能也没有“高铁”“航母”“微信”“量子卫星”等词汇。

9.2.2 词汇民族性的表现

9.2.2.1 第一种表现是各个英语母语国家的原创技术及产品名称直接以英语新词形式进入英语词汇。英语民族，首先是英国，然后是美国、加拿大、澳大利亚、新西兰、爱尔兰，无疑创造了大量的英语技术词汇，形成了世界英语技术词汇的基本阵容，如下表所示：

表 9.1：英语国家原创性技术词汇举例

英　国	美　国	加拿大	澳大利亚	新西兰
Portland cement（普通水泥），Locomotive（机车），Kerr cell（克尔电池），Graphene（石墨烯）	Three-phase motor（三相电动机），Electric lamp（电灯），Motorcycle（摩托车），Space shuttle（航天飞机），Haynes stellite（海恩斯钴铬钨合金）	Canadian cultivator（大型中耕机），Quantum Stealth（伪装布料），WaterMill（造水机）	Australian crepe（棉经毛纬皱缩呢），Australian kino（澳洲吉纳树胶），Kangaroo（袋鼠运输制（集装箱化））	New Zealand flax（新西兰亚麻），New Zealand greenstone（绿软玉石），New Zealand hemp seed（新西兰黄麻籽）

9.2.2.2 第二种是以欧美国家技术人才为主体的国际工程技术组织（例如：ISO/国际标准化组织，IEC/国际电工组织，FIDIC/欧洲土木工程师学会，OIML 国际法定计量组织）集体制定的英语工程技术术语。这类词汇或术语数量很大，运用面很广，例如：

表 9.2：国际工程技术组织原创技术词汇进入英语举例

IEC	ISO	FIDIC	OIML
IEC60502－2 Median value Fictitious value Approximate value	ISO9000 ISO/TC 176 ISO14000 ISO 14001：2004	Advance payment Euro codes Performance bond Employer & Engineer	Weighing instrument Graduated instrument Price-computing instrument

9.2.2.3 第三种是非英语国家原创技术词汇直接以原创国语言形式进入英语词汇，由此可以直接观察到词汇来源的民族性。直接使用原

创国词语进入英语的情形主要发生在德语、法语、意大利语、西班牙语等与英语一样通用拉丁字母的欧洲语言，其原因可能是这些语言所在国家先后参与了欧洲工业革命，另外德语、法语、意大利语等均使用拉丁字母，与英语有差不多的“外貌”而便于英语读者接受。例如：

表 9.3：非英语国家原创技术词汇进入英语举例

法　国	德　国	意大利	瑞　典	捷　克	丹　麦
Bobierre metal（博毕尔高锌黄铜），Grignard（格里雅反应），Melange（混合物），Pasteurization（低热消毒法）	Claisen condensation（克莱森缩合反应），Gantt chart（进度表），Krupp-Rennprocess（克虏伯-雷恩转炉炼钢法），ũbers pannung（过电压）	Cannizzaro reaction（坎尼扎罗反应），cavetto（削圆角、凹形弧），rapido（快速火车）	Cleve's acid（克列夫酸）	Carlsbad salt（天然卡尔斯巴德盐）	Clemensen reduction（克莱门逊还原法）

9.2.2.4　第四种是非英语国家的原创技术词汇以原产地（国）语言的音译进入英语词汇，这也是工程技术翻译词汇的民族性得以展示的基本形式，因为各个民族语言的发音多少有些自己的特点。例如：

表 9.4：非英语国家原创技术词汇音译进入英语举例

国　家	词　汇　举　例
日　本	Fujiex（富士萃取器），Hishi-metal（菱牌氯乙烯覆层金属薄板），Karaoke（个人演唱机），Shinkansen（新干线）
俄罗斯	Kiski steel（基斯基钢），Pavlov's mixture（巴甫洛夫合剂），Vladmirite（针水砷钙石）
中　国	Canton ware（中国青花瓷），K'ang his（康熙瓷），Shio Liao（烧胶料）
伊　朗	Gombroon（龚布龙陶瓷）
洪都拉斯	Hondurasite（硒碲矿）
安哥拉	Banjo（矿工锹，齿轮箱，凿岩机）
印度尼西亚	Pontianac（节路顿橡胶（树脂））

（续表）

国　家	词　汇　举　例
巴　西	Carnauba wax（精制巴西棕榈蜡），Ceare rubber（西阿拉橡胶），cayaponine（巴西瓜碱）
希　腊	Kappa（硒化卡巴胶），Kappa number（卡帕值）
印　度	Karma（卡马高电阻镍合金）

9.2.2.5　第五种是非英语国家的原创技术词汇意译为英语而进入英语词汇。这类词汇数量巨大，也是英语词汇数量雄踞各种语言词汇榜首的主要原因。不过这些词汇在形式上与普通英语词汇相差无几，一般人很难甄别是哪个国家原创的。例如：

表 9.5：非英语国家原创技术词汇意译进入英语举例

国　家	词　汇　举　例
俄罗斯	periodic table of elements（元素周期表）
日　本	Japanese brass（日本黄铜），Japanic acid（日本醋酸）
瑞　士	Theory of relativity（相对论）
西班牙	Spanish barton（滑轮组），Spanish style（西班牙式建筑），Spanish topaz（褐石英）
意大利	Italian asbestos（透闪石棉），Italian cord（意式棉布），Italian chrysolite（符山石）
印　度	Raman effect（拉曼效应）
中　国	Celadon（中国青瓷、灰绿釉），Deep drilling（深层钻井），Metallurgical blowing engine（炼铁吹炉），sealed cabin（密封舱），Tutenage（生锌）

上述表 9.5 里，以 Italian、Japanese、Spanish 等使用英语表示的国家名称开头的词汇很容易辨认其来源，但其他没有来源国词头的词汇就很难辨认，例如 Celadon（中国青瓷）。正如世界各国医药行业均以拉丁词语命名新的医药术语一样，非英语国家的原创技术术语在很大程度上也是通过这一方式命名技术词汇，这也是现代社会最普遍的技术词汇命名方式。在与工程技术项目密切相关的机械、电子、材料、化工、石油等行业中表现尤为突出。

9.2.3 词汇民族性的意义

9.2.3.1 增加认知工程技术翻译词汇的感性途径

认知一个词汇的意义一般是首先通过理性途径，即该词汇的概念意义进行，或者通过该词汇在语句中的前后逻辑关系确定。与日常生活词汇或文学及社会科学词汇相比，工程技术翻译词汇表现出数量庞大、概念专业、门类繁多的特点，这给许多文科背景的翻译者造成很大困难。因此，仅仅通过概念意义和上下文逻辑关系（理性途径）认知和确定词汇意义还不足以掌握这些词汇。

工程技术词汇的民族性则能够通过感性途径（即带有民族性或地域性的语音特点、字母组合、拼写方式）等来加强翻译者对该词汇的技术意义和文化背景的认知。有些工程技术词汇不仅仅纯粹是由几个字母组合的符号串，而且包含了特定的技术文化信息。例如认知 pasteurization（低热消毒法），读者除了知道那是一种牛奶低温消毒法之外，还可能联想到法国化学家巴斯德为了解决牛奶保鲜除菌问题而做出的一系列成就；认知 Krupp-Renn process（克虏伯—雷恩转炉炼钢法），读者除了知道那是一种先进的炼钢工艺之外，也可能联想到德国的工业巨头克虏伯企业集团；认知陶瓷玻璃工业词汇 Shio Liao（烧胶料），容易让人联想起古代中国发达的陶瓷工艺和汉语的发音。相比仅仅从文字的理性意义了解该词汇，这无疑让翻译者增加了一条感性的认知路径。

9.2.3.2 减轻翻译者记忆负担的知觉途径

知觉是心理学的术语，是在感觉基础上对事物细节进行深入辨别和了解的过程。关于翻译者的记忆负担，国外学者认为，一般人的母语心理词汇与外语心理词汇具有明确的联系或一致性（Channell，1988；转引自韩仲谦，2008：119—120）。此外还有人认为，即使没有充分证据表明外语词汇和母语词汇是按照相同方式组织的，但仍有新的研究显示两种语言的词汇在结构上是相似的（Wolter，2001：41）。换言之，外国语言学者认为翻译者对外语词汇的记忆负担与母语基本一致，差别并不是很大。这个结论或许适应以欧洲语言为母语的翻译者。

实际上，在中国工程技术翻译者的心理词汇储备中，母语词汇远远不能匹配他们所要面对的英语工程技术词汇，这与中国翻译者所接受的从高中起文理分科的教育背景密切相关，也与我国工程技术原创知识不够丰富有关。工程技术翻译词汇数量巨大，不仅给中国翻译者造成理解困难，而且还形成了巨大的记忆障碍。如能了解英语工程技术词汇的民族性或地域性特点，翻译者就能够在一定程度上帮助自己从知觉的角度分辨词汇，认知词汇，从而减轻记忆负担。如下知觉途径可以减轻翻译者的记忆困难：

(1) 分辨使用拉丁字母的非英语词汇。如表9.3所示，这些词汇基本是德语、法语、意大利语来源的技术词汇，其字母拼写组合具有自身特点，例如，法语词汇常以rre/oir/eur等结尾；德语词汇虽与英语相似，但某些技术词汇常常连写形成很长的字符串Claisen-Kondensation(克莱森缩合反应)，还兼有特殊字母ß和Ü(带两点的字母有三个)；意大利语、西班牙语等拉丁语族词汇常以o等元音结尾。

(2) 分辨音译进入英语的非母语技术词汇。译音词汇很容易辨别出来，因为虽然该词汇的拼写字母是拉丁字母，但其音节不能形成英语独特的发音音节，且字母拼写也不能形成母语英语的组合(字符串)。这类词汇数量较多，例如Fujiex(富士萃取器，来源于日语)、Karaoke(个人演唱机，来源于日语)、Salkovski's solution(萨尔科夫斯基溶液，来源于俄语)、Canton ware(中国青花瓷)、Shio Liao(烧胶料，来源于汉语)、Pontianac节路顿橡胶(树脂，来源于印度尼西亚语)、Banjo(矿工锹、齿轮箱、凿岩机，来源于安哥拉语)。

(3) 分辨意译进入英语的非母语技术词汇。因为它在形式上与母语英语单词相差无几，但是也有可能通过某些方法辨认。有些母语英语词汇常包含英语典故、英语人名、英语国家地名等民族性特征，而通过意译进入英语的词汇也可能包含其源语的信息。例如，periodic table of elements(元素周期表)，元素周期表是俄国著名化学家门捷列夫发明的，这一成就在世界科学史上非常著名，故该词肯定是从俄语意译进入英语的；Cretaceous oils(白垩纪石油)来源于希腊，其前一个词是古拉丁语，指希腊克里特地区。有些意译的技术词汇直接标示出来源国信息，如：Japanese brass(日本黄铜)肯定是日本原创技术词汇；Spanish barton(滑轮组)肯定来源于西班牙；Italian chrysolite(符山石)显然来源于意大利。

9.3 按客户群进行词汇分类

关于词汇分类，英文的分类词典非常丰富，主要是按照学科分类，仅仅是机电工程类词典也有几十部之多。翻译家方梦之曾把科技英语(EST)词汇分类为“术语、半技术词、普通词、缩略词”(方梦之,2011:38—58)。本书按照中国工程技术翻译者经常遇见的工作情形进行词汇分类,这样便于有效使用。对于翻译者来说,与本节论述的主题(词汇)联系最直接、最明显的划分方式当属客户群分类,因为翻译者直接面对客户群,而客户群的话语及词汇自然是翻译者最敏感的信息。

9.3.1 客户群分类词汇的理据

认知词汇学的观点认为,每一类词汇甚至每个单词的词义(义位)之所以存在,必然有其相应的理据(陈建生等,2011:49),这也符合物质决定意识的辩证唯物主义观点。下面我们讨论工程技术翻译词汇中各个客户群词汇的分类理据。

(1) 高级技术管理层客户群,包括合同项目业主、咨询设计监理公司经理、合同项目经理、项目所在国家(城市)政府主管部门负责人、项目承建方国家驻项目所在国大使馆及领事馆负责人。他们一般负责某个引进(输出)工程技术项目的计划、联络、申报、审批(签约),以及处理项目重大问题等宏观性事务,所以他们的话语场集中了项目宏观事务的词汇。

在“自力更生”时期和改革开放初期(参阅第二章《中国工程技术翻译历史概述》),我们的进出口项目考察及谈判(图式A和图式B)基本由外贸部下属的中国技术进出口公司承担;在改革开放深入时期,虽然考察与谈判由项目业主单位进行,但是谈判内容与工程技术细节并无许多联系,其主要涉及项目各方的政治、经济、技术、国家安全等问题。这些考察及谈判过程决定了高级管理技术层话语的义值范围。例如1963—1965年,我国政府在尚未与日本建立外交关系的条件下,通过多重关系与日本政府和有关维尼纶厂商连续谈判了两年之久,于1965年签订了我国与资本主义国家的第一个大型成套设备(维尼纶生产线)引进合同,其中耗费话语时间更多的是政治问题与合同价格问题;又如在1973年开始的“四三项目”,谈判也是集中在合同价格上,甚至周恩来总理还亲自与来访的法国总统蓬皮杜确定一个引进项目的价格;又如上海宝钢是改革开放后的第一个特大型引进项目,1977年1月冶金部确定在上海建立宝山钢铁厂,经过一年多的考察和谈判,1978年3月和6月,中国技术进出口公司和新日铁、朝阳贸易株式会社、三一企业株式会社等分别签订了建设宝钢的协议书及设备订购规格书,以及涉及报价、评价、设计评审等文件,1978年12月底才得以开工建设;另外,还有中国香港—尼加拉瓜运河投资建设公司(HKND)投资兴建的连接大西洋和太平洋的第二条运河项目(号称“第二条巴拿马运河”):据新华社报道,2013 年 6 月,经尼加拉瓜总统协调,该国议会投票通过这个巨型项目,并于 2014 年 12 月开工。

(2) 中级技术管理层客户群,包括项目经理和副经理、项目总工程师、总会计师、总经济师、项目主监(业主代表)、业主下属部门负责人、咨询设计监理公司下属部门负责人、政府主管部门下属科室负责人,以及移民局、警察局、海关、机场、银行、船公司、铁路公司、汽车运输公司等项目外联机构的下属科室负责人、项目所在国使领馆部门(如签证处、经济参赞处)负责人等。他们负责引进(输出)项目的预备动员和组织实施,并处理较大的工程技术和项目外公关问题。他们的话语场面向项目的组织、实施、监督、评估等程序的词汇或义位。实践中,这个层次的项目技术管理人员既需要了解部分高级技术管理人员掌握的信息,也需要了解初级技术管理人员运用的信息。可以说,中级技术管理层客户群(尤其是项目经理、总工程师、项目主监)所涉及的项目信息量是最多的。换言之,他们的词汇量和义位也是范围最大的,既有项目宏观事务的词汇,也有中观组织实施过程的词汇,还有微观技术层面的细节。

(3) 初级技术管理层客户群,包括合同项目内子项目主管工程师、工段长及普通员工、子项目监理工程师、业主下属部门经办人、咨询设计公司下属部门设计师、政府主管部门下属科室经办人、有关使领馆部门经办人,以及移民局、警察局、海关、机场、银行、船公司、铁路及公路运输公司等项目外机构的下属科室经办人。他们具体负责引进(输出)工程技术项目的实施(新建或安装、修改初步设计、试车或试运营、结算)。一个项目的新建需要经过八个主要流程(或八个翻译图式),而初级技术管理层客户群是从项目的实质性阶段“项目实施预备动员”(图式 C)开始进入角色,并持续到项目终结(图式 H)。他们长期面临具体而纷繁的工程实施工作,其话语信息涉及该项目的地形地貌、人员调配、设备转运、材料储备、野外踏勘、工程实施、技术参数试验、现场检测、工地例会、索赔理赔、项目试车或试运营、项目维护、项目验收及终结手续等方面的细节。其使用的词汇必然非常具体。

9.3.2 客户群分类词汇的集合

需要特别说明的是,本节里提及的“高级”“中级”“初级”词汇,并不代表语言学考试的难度等级区分，而仅仅表示不同客户群最有可能、最通常使用的词汇集合。

9.3.2.1　高级技术管理层客户群词汇集合（简称"高级词汇"）。高级技术管理人员参与的项目活动主要出现在图式A（项目考察及预选）、图式B（项目合同谈判及签约）、图式F（索赔与理赔）和图式H（项目交接与终结）等四个阶段，其中在前两个图式中，他们能够发挥主导作用。在实践中，他们的话语信息涉及考察报告、项目建议书和可行性研究报告中的宏观判断及经济技术指标，涉及合同正文的一般条款及部分常见条款，也涉及工程项目重大问题的索赔理赔，以及项目交接与终结仪式。其词汇意义（义值）的选择范围（义域或集合）如下：

词汇集合1——政治经济词汇（举例）：developing country，non-aligned country，tariff concession，the most-favored nation，foreign capital，anti-Zionism（部分阿拉伯国家在涉外合同中明确要求对方不与以色列签订同类合同），recipient country，social stability，emerging country，economic resurgence，contract law，tax law，foreign trade law，customs law，technology-intensive，labor-intensive，transport facilities，public utilities，end product，end user，economic return。

词汇集合2——商务指标词汇（举例）：letter of intent，bidding，invitation for bid，investment return rate，local commercial tax rate，revenues，importer's loan，exporter's loan，creditor，debtor，competitive in pricing，subsidiary contract，repayment period，royalties，annual output，market demand，value added tax。

词汇集合3——项目整体技术水准词汇（举例）：complete set of high-tech equipment，major machinery，globally advanced，state-of-the-art，leading technology，ISO9000，ISO14000，ANSI & ASTM（美国标准），British Standard（英国标准），FIDIC（欧洲土木工程师协会标准）terms，IEC Standard（国际电工委员会标准），IEEE Standard（电气和电子工程师协会标准），OIML Recommendation（国际法定计量组织标准）。

词汇集合4——环境保护及当地民众融合词汇（举例）：natural surroundings，environment protection，acid rain，polluted water and sewage，local labor employment，site guard，project security，local support，social welfare，strike，philanthropy。

9.3.2.2 中级技术管理层客户群词汇集合(简称"中级词汇")。中级技术管理人员主要参与八个翻译图式里的中期和后期工作,即图式C(项目实施预备动员)、图式D(项目实施)、图式E(工地会议)、图式F(索赔与理赔)、图式G(项目竣工与维护)和最后的图式H(项目交接与终结)。此外,有些大中型项目的主要技术干部(经理和总工程师)也可能参与前期图式A及图式B的部分工作。这个层次的客户群处理的信息来源包括合同正文常见条款和特殊条款、项目技术规范(及参考技术标准)、材料或设备的技术参数实验、现场检验、施工现场调度及文件、索赔理赔事务及文件、项目完工后的维护工作及文件、组织并主持项目验收及交接、项目清算及终结程序及文件。其中,技术规范文件动辄以重量(公斤或公吨)计算,加之专业技术性强,是翻译人员的重点和难点。下面分别说明他们的词汇选择范围(义域或集合)。

词汇集合1——项目合同一般条款、常见条款、特殊条款词汇(举例):Descriptions of the Commodities, Quality, Quantity, Pricing, Payment, Packing, Shipment, Taxation, Title to the Commodities, Payment on Receipt of Letter of Credit, Currency Rates of Exchange, Technology Transfer, Intellectual Property, Royalties, Labor, Plant, Materials and Workmanship, Temporary Works, Maintenance and Defects, Engineering Quantities, Employer, Contractor, Consultants, Designer, Subcontractor, Force Majeure, Default, Indemnification, Duration and Termination, Supplementary Clauses。

词汇集合2——工程技术规范及图纸词汇(举例):specifications, materials of different kinds, equipments, machines, apparatus, devices, types or modes, technical tests, performances, properties, referenced technical standards (ANSI, BS, FIDIC terms, IEC terms, OIML terms), technological processes, technical indexes or results, design default and rectification, measurements, survey, coefficient, blueprint, general plan, drawing, modified drawing, calculations, coordinates, scale, grid, bench mark, traverse point, signs。

词汇集合3——施工现场运行词汇(举例):reconnaissance survey, reconnoiterer, material supply, ground leveling, workshop, framework, temporary camp, office devices, equipment transit, technical methods, testing, machine mounting, commissioning, trial run, laboratory instruments and material, catalytic agent, supervision, consulting, site meeting, minutes, memorandum, exchange of letters, lodge or settle claims, suspension, completion, maintenance, examination procedure, handover of the Project, ribbon-cutting ceremony。

词汇集合 4——商务、财务及工程数量词汇(举例): a set of commercial invoices, Letter of Credit, bill or draft of exchange, mill certificates of the imported materials or equipments, delivery of equipments, transit by truck or ship or train, insurance policy, project's all risks insurance, stamp duty, import/export credit loan, interest rate, payables and receivables, foreign exchange budget, royalties, personnel training expense, quantities of the contract works, breakdown of accounting statements, liquidation, settlement of debts。

词汇集合 5——公关事务词汇(举例): public relations department, liaison, introduction letter, customs office, immigration department, foreign affairs ministry or office, consulate general, visa formalities, foreign trade ministry, trade license, work permit, bank, insurance company, steamer transport company, highway, airway, railway, waterway, consultants, airport service, hotel service, daily supplies, donations to the local community。

9.3.2.3 初级技术管理层客户群词汇集合(简称"初级词汇")。这个层次的技术管理客户群是工程技术项目的具体实施者,他们的参与范围与中级技术管理层有多处重合,但是他们的工作职责和话语范围更为具体、深入、繁琐,许多工程技术问题实际上是他们首先遇到并主要由他们解决的。故其词汇选择范围(义域)包括:

词汇集合 1——工程技术规范及图纸词汇(举例): measurements (millisecond, milliliter, milligram, millimeter, decimillimeter, micrometer), survey (straight line, curve, bench mark, traverse point, central/side stake), electric (-axis, -blowpipe, -blue, -breakdown, -cell, -charge, -coupling, -density, -desalting, -discharge, -hydrocel, -inductivity, -needle, -porcelain, -pyrometer, -varnish, -well logging), graphite (-electrode, -fiber, -bomb, -grease, -heat exchanger, -moderated reactor, -reflected); drawings (main drawing, cross-section drawing, bird's-eye-view drawing, grid, scale), proportion (slope-, longitude slope-, horizontal slope-, side slope-)。

词汇集合 2——施工现场运行词汇(举例): site instruction, variation order, site (safety netting, supporting pole, scaffolding, ladder, access road, concrete pile, hollow floorslab, handrail, winch, shuttering, worktable, carpenter's workshop, sieve, bricklayer's trowel), application for works execution/check), instruments (lift-off hinge, spring hinge, butterfly hinge), bolt (dormant bolt, pivot-frame bolt, hexagonal-headed bolt, coach bolt, cap-headed bolt, anchor bolt, stud bolt), and screw (-head, -thread, minus-, Philips-, countersunk-, log-, -for corrugated iron)。

词汇集合 3——工程数量计算词汇(举例): breakdown of machinery installation (ground leveling workday, location, transit days of the equipments, number of labor, number of transit means, types of equipments, measurements of equipments, grease of types), road material breakdown (limestone, fine sand, boulder, riprap, Gobi gravel, broken rock, bitumen, portland cement, bar steel, corrugated pipe, galvanized handrail, cat's eyes, reflection sign, paint of colors)。

以上各个客户群词汇集合中,可能出现名目相同的或相似的子集合,但是它们分别属于各自的层级,在词汇构成或内涵上并不完全相同,譬如中级词汇与初级词汇均有"工程技术规范及图纸词汇"和"施工现场运行词汇",但是中级词汇概括性或抽象性稍高,初级词汇则更具体细致。

9.3.3 客户群分类词汇的特点

9.3.3.1 义值方面。高级词汇集合因义域更大,故其许多词汇既包含学科义位,也包含普通义位。换言之,高级词汇集合可以运用于专业技术领域和一般社交领域。对于翻译者而言,这既是优点,也是缺点,毕竟一个词的词义过于丰富就令翻译新手难以掌握。与此相反,初级词汇集合倾向于展现基义中的学科义位,这与其狭窄的义域和应用领域有关。例如,finish 一词是个常见词,通常意义是"完成""终点",但在机械加工(金工)车间里,它表示 the already-machined surface of the steel product（加工工件的抛光表面）。

9.3.3.2　义域方面。高级客户群词汇集合的义域通常包含多元词义，如"电器设备"（electrical apparatus），其内部可以包孕多个"元"，即多个次级义位或词义（电阻器（resistor），电容器（capacitor），电位器（potentiaometer），电绝缘子（insulator）），并且高级客户群词汇的适用域也更大，如前所说的 apparatus 一词，除了在电气行业里的这些次级词义外，还具有"机构、基层组织"等社会学方面的词义。初级客户群词汇通常更倾向于包含单元词义（即专用名词），例如"电位器"和"电绝缘子"之内的次级词义就极少见了，而且其适用域也更狭窄，例如 capacitor 在 *Concise Oxford Dictionary*（the ninth edition）里就仅有"电容器"一个义位（词义）。大体上，中级客户群词汇介于这两者之间。看来高级词汇的义域比中级和初级词汇的义域大，而中级和初级词汇拥有更多的专有意义。

9.3.3.3　词义场。高级词汇集合展现出多种义位结构：同义结构、反义结构、上下义结构、类义结构、总分结构、交叉结构、序列结构、多义结构、构词结构。这些结构属于聚合义场。另外，还有相对独立的线性义场、句法义场，属于组合义场，即通俗说的"词语搭配"，即义位组合。语义场的义位结构增加了翻译者认知该类词汇的可能性。其中上下义结构（或词义包含，inclusion），有人形象化称为"包装"结构（唐青叶，2006：62—65）或类义结构、总分结构、序列结构。对于翻译者来说，了解这个词汇集合是具有明显意义的。

9.3.4　客户群分类词汇的运用模式

本节的词汇分类是按照词汇学的义域概念进行的，我们在此将其与本书的八个翻译图式接龙，形成工程技术翻译分类词汇的运用模式之一。

表 9.6：客户群分类词汇的运用模式

翻译图式	A	B	C	D	E	F	G	H
词汇义域	高级词汇	高级词汇，中级词汇	中级词汇，初级词汇	中级词汇，初级词汇	中级词汇	中级词汇，高级词汇	初级词汇，中级词汇	高级词汇，中级词汇

9.4 按项目文件进行词汇分类

参阅7.2.1节“按话语形态分类”，引进（输出）工程技术项目的文件（正式书面话语、通俗书面话语）是该项目成立、实施、完成、索赔理赔、验收的法律依据和技术依据，也是工程技术翻译者了解并开展工作的直接依据，因此这种分类对他们会产生直接的兴趣和帮助。根据项目的进度和内容，项目的文件由几个部分组成，而体现其信息的文字载体——词汇——也依据这些集合存在。

9.4.1 项目文件分类词汇的理据

9.4.1.1 合同前文件。这个类型的文件对技术过程及细节并不特别关注，而是主要关注该项目在行业内或当地（国家）的整体技术水准、合同价格、产品市场、项目税收等经济及社会效益。合同前文件包括考察或会谈备忘录（inspection/negotiation memorandum）、意向性协议（letter of intent）、产品（技术）目录（catalogue）、报价单（quotations）、项目建议书（proposal of the project）、项目可行性研究报告（feasibility study report）、立项文件（written approval of the project）、公关文件（letters of public relations）。

9.4.1.2 合同条款文件（合同、补充合同、分包合同、协议、议定书）。这部分文件指项目合同及其他类似文件正文中的一般条款、常见条款和特殊条款。大型和中型引进（输出）工程技术项目的合同正文条款通常就是一本几百页厚的书，含有几十条（clauses），甚至更多；“条”之下常常划分出若干“款”（sections），而“款”之下又分为若干“项”（items）（刘川、王菲，2010：208—280）。合同条款文件是法律在工程技术领域的具体呈现，是对项目各方面的大体规定。

9.4.1.3 技术规范文件（包括项目设计方案、施工规范、总平面图、施工图纸、材料及工艺实验细则、操作指南以及某些指定的技术标准）。这部分文件是项目技术性的突出体现，涉及对项目的所有技术及工艺流程、原料、设备、配件、人员的详细规定和说明，是工程技术翻译者的工作难点。按其在工地现场的技术功能，技术规范文件的内容可以分为四个子集合：技术参数、工艺流程、机器设备、零部件及材料。

9.4.1.4 施工运行文件。这部分文件突出体现了项目的工程性，是工程技术翻译者的工作重点之一，包括项目员工派遣文件（manpower replacement schedule）、材料设备机器到场计划（arriving schedule of materials, machines and equipments）、开工竣工致辞（speeches on commencement and completion）、工程指令（site instructions）、子项目施工申报（批准）文件（application and approval of sub-contract works）、修改初步设计文件（moderations of original design）、工地会议纪要（site meeting minutes）、实验检验报告（experiment and test reports）、试车或试运行报告（test-run and/or commissioning applications and reports）、结算文件（statements of Financial Settlement）、索赔理赔文件（documents of claim lodging and settlement）、项目验收及终结文件（acceptance and termination certificates）。

9.4.1.5 商务财务文件。这部分文件涉及项目工地以内和以外的许多单位和个人，虽然技术性不太显著，但是其复杂性和跨行业性也颇为突出，包括货物采购文件（procurement contracts）、货物运输及付款文件（goods delivery and payment documents）、工程量计算表（schedule of quantities）、工程财务报表（financial statements）、公关文件（letters for public relations）等。

9.4.2 项目文件分类词汇的集合

词汇集合1——合同前文件词汇（举例）：inspection, proposal of the project, feasibility study report, contract negotiation, offer, counteroffer, acceptance, memorandum, minutes, signing of the contract, agreement, sub-contract, contracting parties, bidding, bidder, chinabidding. com, invitation for bid, asking for bid, bid bond, bid-opening, performance bond, documents addressed to govt' departments, ministry of foreign trade, economic return, donations to the local community, social welfare。

词汇集合2——合同条款词汇（举例）：general conditions, particular conditions, definition, effectiveness, warranty, confidentiality, assignment and moderation, force majeure, default, indemnification, arbitration, ad hoc arbitration, administered arbitration, term and termination, governing law, notification, description, quantity, quality, pricing, letter of credit, packaging, insurance, delivery of goods, taxation, currency and rates of exchange, financial affairs, auditing, waiver of the right, intellectual property rights, labor, plant, materials, workmanship, temporary works, maintenance and defects, engineering quantities。

词汇集合 3——技术规范词汇(举例):

◎ (技术参数词汇) current (ampere), voltage, potential, tensile strength, welding residual stress, seam width, carbon content, alloy composite percentage, slope of thread, elevation, slump degree, concrete mix, diameter or size of aggregate, grain size, slope of roadside, river depth, Fahrenheit degree; The 2004 AASHTO LRFD Bridge Design Specifications, The AISC Specification for Structural Steel Buildings, Surface Texture, Roughness, Waviness and Lay; General Requirements for Rolled Structural Steel Bars, Plates, Shapes, and Sheet Piling(转引自黄强等,2010: 175－186)。

◎ (工艺流程词汇) survey of traverse point/benchmark, embankment excavation, backfill, settlement, on-the-spot concrete casting (stockpile of aggregate, mix design, reinforcement arrangement, feeding, transit, concrete casting, 7-day maintenance), neutralization reaction, staple fiber spinning, after-treatment of man-made filament, blast blower installation (manufacture, encoding of components, dismounting, transit in cartons by waterway and railway and highway, reassembly of (base/backing/bus/three-phase electric engine/blade /mantle/flange/damper/switchboard/power cable)。

◎ (机器设备词汇) gallery, workbench, Siemenz three-phase motor, switchboard, gasoline engine, diesel engine, track bulldozer, self-propelled scraper, motor grader, track hydraulic excavator, articulated truck, heavy duty dump truck, air-leg rock drill, jaw crusher, pneumatic tire/double drum vibratory compactor, telescopic crawler crane, step-type multi-function hydraulic driller, bridge girder erection equipment, tunnel shield machine, five-axle CNC milling machine, turning lathe, borer, hydraulic presser, steel rolling machine，transformer，autoclave，still kettle。

◎（零部件及材料词汇）crank connecting rod，cylinder liner，delivery valve，common-rail fuel injection system，radiator，oil pump，multi-disc overruming clutch，torque converter，semi-rigid suspension，antilock brake system（ABS），powertrain，hydraulic brakes，smart shifter；piston skirt，oil nozzle，main oil gallery，capacitor，starting jaw，crankshaft pulley，camshaft，washer，retaining ring，asbestos，graphite or blacklead，riprap，macadam，boulder，kaolin clay，chrome molybdenum alloy，lithium iodine battery，cemented carbide，graphene，methylene chloride，caustic soda。

词汇集合 4——施工运行文件词汇（举例）：commencement，the employer，contractor，sub-contractor，and consultants（designer and supervision staff），working drawings，general plan，cross section drawings，top view drawings，mobilization，schedule of staff replacement，transit of machinery，supply of raw material，site instruction，variation order，kick-off meeting，design meeting，minutes，design revision/moderation，application/approval of the sub-contract works，test-run，mounting，commissioning，performance test，testing of coefficient，test report，acceptance report，Gantt chart，correspondence between the contracting parities，lodging claim，settlement of disputes，ad hoc arbitration，litigation，handover，ribbon-cutting ceremony，heating-up ceremony。

词汇集合 5——商务财务文件词汇（举例）：

◎ the most-favored-status treatment，Generalized System of Preferences Certificate of Origin（普惠制原产地证书），documentary letter of credit，a set of commercial invoices，bill or draft of change，consulate invoice，customs invoice，mill certificate，transit by truck or ship or train，insurance policy，all risks insurance，employee's insurance，tariff rate/reduction，commercial operation tax；monthly financial statements，customs drawback，debenture，repayment period，payables and receivables，royalties，travel expense，quantities of the contract works，Liquidation，settlement of debts，sales volume/revenue，CPIP（在建工程），NIBL（无息贷款），accrued payroll，operating funds，Depm and Amorth（折旧和摊销），floating capital，net cash flow, salary and wages, meal allowance, hospitalization insurance, employee benefits, stationery supplies, entertainment fees (交际应酬费),material losses & spoilage, R&M(维护保养) legal-audit-prof. fees, miscellaneous debits (credits), labor union dues。

9.4.3 项目文件分类词汇的特点

9.4.3.1 义值方面

词汇集合1较多涉及普通义位,也涉及学科义位,因合同前文件涉及专业技术不可能很深入具体,例如performance bond,既有普通义位的"个人行为约束",也指工程贸易招投标程序中的"履约保函"或"履约保证金"。

词汇集合2和词汇集合3则直接牵涉到引进(输出)工程技术项目的核心专业内容,词汇基义主要表现在学科义位上,其中不少词汇还是一元义域(参阅上一节),所以专门技术词汇数量很大,对翻译者的考验最大。

词汇集合4、词汇集合5与词汇集合1相似,既包含普通义位,也包含学科义位,义值较大。虽然其运用范围变大了,不过也增加了翻译新手的学习和记忆难度,翻译工作初期容易混淆基义中的普通义位和学科义位,形成某些误译。例如技术文件常见的mounting,翻译新手很容易误读为"go up, raise, ride on a horse",其实在该集合里意思为install(安装);再如commissioning这个词,翻译新手或普通英文学习者很容易误以为是"任命、命令",而实际上它的工程学科义位是"机器设备试运行"(test run)。

9.4.3.2 义域方面

词汇集合1的适用域较为宽泛,除了在工程技术项目文件中使用,也常常出现在其他领域,类似前一节的"高级客户群词汇集合",如performance,在工程合同意义上指"履约",在技术中指"性能",而在普通生活中指"表现"。

词汇集合2包含更多的多元义位(词义),例如general conditions、particular conditions、temporary works等词汇,每个均有多个次级词义,因为合同条款词汇相对于技术规范词汇而言仍处于词义上位。此外,合同条款用词严谨,一般为"大词"或具有古典背景(拉丁语词根),具有明显的法律适用域。

词汇集合3的首要特点是单元义位(专用词汇),典型者如 tensile strength(抗拉强度)、welding residual stress(焊接残余应力)、telescopic crawler crane(伸缩式履带起重机)、step-type multi-function hydraulic driller(液压步履式多功能钻机)等;其二是该集合最为庞大,涉及工程技术项目所有技术领域,集中在技术参数、工艺流程、机器设备、零部件及材料等四个义域;其三是呈现隐性伙伴域(张志毅、张庆云,2005: 59),该义域指有些辞书并未标明但在实际话语中存在的经常性义位(词义),即通俗术语或行话。譬如在一线工程技术人员中常常拥有独特的行话形式,且使用量很大。例如"雷管"一词,技术规范词汇是 detonator,而一线人员有时用 finger 指代它;"挡土墙"(retaining wall)的中文隐性伙伴域有"挡墙""保坎"。对这一点中国翻译者应特别注意,因为引进工程技术项目多来自欧美等发达国家,许多新词汇在现代汉语里没有现成的对应词,或没有来得及收入汉语词典(例如目前尚无一本《现代汉语科技词典》;即便有,恐怕也远远赶不上世界科技发展的速度)。例如21世纪材料工程界的新宠"石墨烯",来自英文 graphene,是2002年才由英国科学家在实验室发现,但2004年出版的《英汉技术科学词典》(张鎏,2004)也没来得及收录该词;至2013年底,中国科学院宁波材料科学与工程研究所在宁波市投产了世界上第一条石墨烯工业规模生产线,材料工程一线技术人员已经普遍采用这个词义了,而现行汉语词典仍然没有纳入。

词汇集合4的义域相对集中,任何种类项目都涉及施工运行(人员调动、开挖地基、运输材料、安装设备等)的基本程序,例如 excavation(开挖)、variation order(施工变更令)、casting concrete(浇筑混凝土)、installation(安装)都限制在施工义域里。但是,该集合也呈现隐性伙伴域,例如"开除"(除名员工)一词,技术规范词汇是 dismiss,而一线人员常常使用 fine out 或 fire。由于有些词典很少收录工程技术行业的词汇(隐性伙伴域义位)或通俗术语或行话,所以工程技术翻译新手面临初期的挑战。

词汇集合5除了部分一元义位词汇或术语外(letter of credit, invoice, draft of exchange),还存在不少多元义位的词汇,例如 credit,在 *Concise Oxford Dictionary*(the ninth edition)中具有十多条义位,其中涉及金融财务的有5条,因此如何决定其正确的义位常常考验翻译新手。对于引进(输出)工程技术项目的各方,credit 常常与贷款联系密切,指"出口买方信贷"或"出口卖方信贷"(buyer's credit or seller's credit)(邹小燕等,2008: 17—24);而对于财务人员,credit 可能意味着"信誉、信用"。

9.4.3.3 词义场

在按项目文件分类词汇的宏观结构中,词汇集合 1(合同前文件词汇)和词汇集合 2(合同条款词汇)呈现平行组合结构,因项目考察报告(备忘录)、项目建议书、项目可行性研究报告、项目合同条款一般按逻辑语义平行组合而成,譬如可行性研究报告通常会列出项目技术性能的一系列指标(coefficients)和项目经济效益的一系列数据(economical return),合同条款也依据一般条款(general conditions)、特殊条款(particular conditions)(王相国,2008)、常见条款(葛亚军,2008: 138)的平行语义组合展开词汇。

词汇集合 3(技术规范词汇)和词汇集合 5(商务财务文件词汇)呈现总分结构。特定的工程技术设备是由某些特定的零部件组成,总体和分部区别明显。例如自动换挡变速箱(automatic transmission)是车辆的核心设备之一,由下列零部件构成: 反转型液力变矩器(counter-rotating torque converter)、泵轮制动器(impeller brake)、闭锁离合器(lock-up clutch)、差速齿轮(differential gear)、输入端离合器(input clutch)、行星排(planetary gear set)、倒挡和减速器行星排(planetary gear set for reverse gear and retarder)、扭振减振器(torsional vibration damper)、散热器(heat exchanger)、第四挡离合器(4th gear clutch)(吴永平等,2010: 107)。

在词汇集合 5 中,总分结构依然很明显,例如商业文件词汇"海运保险"(marine insurance)之下又有平安险(free from particular agerage,简称 F.P.A.)、水渍险(with particular agerage,简称 W.P.A.)和一切险(all risks,简称 A.R.),在附加险(additional risk)之下分为一般附加险(general additional risk)和特殊附加险(special additional risk),而战争险(war insurance)、罢工险(strike insurance)及黄曲霉毒素险(aflatoxin risk)等即属于后者。在财务文件词汇"现金"(cash)之下有: 现金簿(cash journal)、现金超过和不足账户(cash over and short account)、现金出纳备查簿(cash blotter)、现金登记簿(cash register)、现金付出簿(cash paid book)、现金日记簿(cash journal book)、现金日记账(cash journal day book)、现金收入登记簿(cash receipts register)、现金收入凭证(cash-receipt voucher)、现金账目(cash account)、现金支出凭单(cash payment voucher)等次级词汇。

词汇集合4(施工运行文件词汇)则呈现较为明显的序列结构,因为施工运行文件就往往依照时间顺序、地点(空间)顺序、行为顺序等方式发生:预备动员(或计划)、人员调动、机器设备进场、破土动工(不同的地点或空间)、施工进度(不同的地点或空间)、工地会议(多次)、实验测试(多次)、完工验收(不同的地点或空间),这一集合的词汇大体也按既定的时间和空间顺序出现。特定的工艺流程更是由某些行为序列组成,例如沙漠及戈壁地区的公路过水路面(Irish crossing)的施工流程包括:地质勘探(geological reconnaissance)、开挖上游下游的基坑(路基两侧)(excavation of the upstream pit and the downstream pit, on either side of the embankment)、安装模板和钢筋(installation of mould boards and steel bars)、混凝土集料及拌和机进场(arrival on the site of concrete aggregate and the mixer)、设计混凝土理论配合比(design of the concrete mix)、测试混凝土实际配合比(testing the sample of the concrete mix)、场拌混凝土(mixing concrete on the site)、混凝土运送(concrete delivery)、混凝土浇筑(casting concrete)、混凝土七天养护(7-day concrete maintenance)。

9.4.4 项目文件分类词汇的运用模式

根据各类文件在工程实施中的运用情况,我们把按项目文件分类的五个词汇集合套入八大翻译图式,由此形成该类词汇的运用模式。

表9.7:按项目文件分类词汇的运用模式

翻译图式	A	B	C	D	E	F	G	H
词汇集合	合同前文件词汇,商务财务文件词汇	合同条款词汇,商务财务文件词汇	施工运行文件词汇,商务财务文件词汇	施工运行文件词汇,技术规范词汇,商务财务文件词汇	技术规范词汇,合同条款词汇,商务财务文件词汇	合同条款词汇,商务财务文件词汇	施工运行文件词汇,商务财务文件词汇	施工运行文件词汇,合同条款词汇,商务财务文件词汇

(说明:有些图式内存在三个或两个文件词汇集合,第一个是主要运用的词汇集合,第二个是辅助运用的词汇集合)

9.5 按语用范围进行词汇分类

话语的语用范围(广义上也是语域的一部分,参阅8.4节“工程技术翻译的知识语域”)是话语者表达或确定话语信息的界限,譬如日常生活中的衣、食、住、行就是最为常见的语用范围。工程技术翻译话语拥有较为特殊的语用范围,而这些语用范围必然是通过相应的词汇来体现。因此,从工程技术翻译话语的语用范围了解词汇分布是翻译者学习和掌握词汇的第三条认知途径。

9.5.1 语用范围分类词汇的理据

虽然一个引进(输出)工程技术项目的翻译活动周期较长(几个月至几年不等),翻译话语数量庞大(一个项目的书面话语常常以公斤和吨计算,其口译话语按小时计算至少也有数百小时以上),但每个项目的话语大体显现出以下几方面的语用范围:

9.5.1.1 行政语用范围。每个项目从启动至终结都要履行一系列的审批和查验手续,越是投资规模大的项目和越是技术含量高的项目,其引进和输出各方越是慎重,并常常会涉及各种审批程序。目前在中国和许多第三世界国家,政府主导引进和输出工程技术项目的作用十分明显;即便是在所谓市场化程度很高的美国和欧洲,当引进或输出项目涉及国家高科技和军事工业时,其政府的干预(审批)倾向仍然十分严重。最典型的当属美国政府长期限制对华高技术产品的出口,同时也极大限制中国高新企业项目进入美国(如2013年中国三一重工集团遭遇美方干预进入美国市场而状告奥巴马总统案)。如此一来,工程技术翻译话语自然就涉及某些特殊的词汇。

9.5.1.2 公关语用范围。此处的公关话语功能不等同于普通人际交往的招呼和问候,而特指项目各方对每个项目经过层层审批和谈判以后至项目实施(或期间)以及终结的系列活动。譬如一个聚酯工程引进项目,除了项目的主要审批机构(国家计划、化工、纺织、环境保护等部门)之外,经办者还需联络外交、海关、检疫、银行、税务、保险、工商、国土、运输、劳务、安全、咨询以及数量更多的供货商或服务商等诸多机构,包括项目开幕典礼和落成典礼。这其中涉及的话语虽然不如技术项目那样专业化，但牵涉范围广泛，仍需特别关注。

9.5.1.3 合同法律语用范围。话语主要属于国际商法或国际贸易法的范畴，其具体内容有关合同或协议的商务条款（包括保险与索赔）的谈判和执行，其功能常常通过合同谈判、争议磋商、索赔理赔、仲裁、诉讼，并依据合同法律文件来实现。

9.5.1.4 工程实施语用范围。无论何种类型的引进或输出工程项目，都需要有关人员进行组织和实施。一般来说，每个项目要经过规划、设计、建设、修改初步设计、再建设、安装设备、试车或试运营、结算阶段，这些组织活动就存在一整套话语。譬如，几乎所有项目开始时都要涉及土建工程，且机械、电子、化工、玻璃等项目需要事先建成厂房或场地，而发电、石油开采、矿山开采等类项目需要事先建成交通便道和临时营地。完成土建工程后，项目实施才转向较为专业化的设备安装、制造、调试、试车、试运营等程序。其功能通过部分书面话语和大量口语话语来实现。

9.5.1.5 专业技术语用范围。各类工程技术项目的主体话语就是专业技术话语。1949 年以来中国企业引进（输出）的工程技术项目类型主要分布在机械工程、电气电子工程、矿山工程、冶金工程、化工纺织工程、土木交通工程、石油开采及精炼工程、天然气开采及输送工程这八个方面。如果细分的话，1950—1998 年我国企业引进的工程技术项目类型集中在机械、电气、煤炭、纺织化工、石油及天然气行业；而自 1998 年国家大力实施“引进来”和“走出去”政策以来，我国企业输出的工程技术项目类型集中在房屋场馆、路桥港口、电力、电信、石油化工、煤矿机械、矿山冶金、高铁等行业。

9.5.1.6 商务财务语用范围。这是任何工程项目必备的话语功能，在内涵上与前面 9.3 节、9.4 节的同类文件词汇相似，但是本节的计量财务话语还包括口语词汇，因为在实践中，工程计量首先是在工地现场发生，获得原始数据后才并入财务报表和有关文件。

9.5.2 语用范围分类词汇的集合

下列集合中的书面话语采用英文词汇（实际上英译中话语数量显著多于中译英话语），另外考虑到话语功能的口语形式，本节适度增加口语词汇举例，口语词汇采取中文词汇。

词汇集合 1——行政语用范围词汇(举例):(**written**) ministry of commerce and foreign trade, planning department, ministry of geology and mineral resources, department of foreign aid, state commission for the control of import and export affairs, consulate general, proposal of the project, feasibility study, submission, appraisal, evaluation, assessment, scrutiny, revision, auction or approval, stamping; (**spoken**) 报批、主管部门、批复、回执、红头文件、存档。

词汇集合 2——公关语用范围词汇(举例):(**written**) department of public relations, introduction letter, administration of customs, going through the customs, quarantine, banking, tariff, operation and income taxes, coverage of insurance, business license, transport means, labor replacement, public security, police office, consultants, supplier, manufacturer, land transfer, auxiliary aid, welcome or farewell speech, buffet, dinner party, banquet; (**spoken**) 公事公办、联络感情、打通关节、清关、走完程序。

词汇集合 3——合同法律语用范围词汇(举例):(**written**) FIDIC terms, general conditions, particular conditions, definition and interpretation, effectiveness, warranty, confidentiality, assignment and moderation, force majeure, default, indemnification, arbitration, conciliation, litigation, ad hoc arbitration, administered arbitration, termination, governing law, notification, description, quantity, quality, pricing, payment, packaging, insurance, delivery of goods, taxation, title to the ownership, product marketing, currency and rates of exchange, financial affairs, auditing, intellectual property rights, labor, plant, materials, workmanship, temporary works, maintenance and defects, engineering quantities; (**spoken**) 递状子、打官司、钻合同空子、偷鸡不成倒蚀一把米、鹬蚌相争 渔翁得利。

词汇集合 4——工程实施语用范围词汇(举例):(**written**) commencement, the employer, contractor, sub-contractor, and consultants (designer and supervision staff), general plan, detail drawings, cross section drawings, top view drawings, mobilization, schedule of staff replacement, Gantt chart, progress memorandum, transit of machinery, supply of raw material, site instruction, variation order, design meeting, minutes, design moderation, application/approval of the sub-contract works, mounting, testing of coefficient, commissioning, acceptance certificate, lodging claim, settlement of disputes, ad hoc arbitration, litigation, handover, ribbon-cutting ceremony, heating-up ceremony; (**spoken**)老板、小包工头、平面图、施工图、放样、拌灰浆、备料、配送零部件。

词汇集合5——专业技术语用范围词汇(举例):

(机械类)(**written**) specifications, The 2004 AASHTO LRFD Bridge Design; The AISC Specification for Structural Steel Buildings, Surface Texture, Roughness, Waviness, and Lay; General Requirements for Rolled Structural Steel Bars, Plates, Shapes, and Sheet Piling; tensile strength, High-strength steel bolts, welded, seamless, carbon steel, low-alloy structural tubing, nuts, washer, assembly, gantry; (**spoken**)各类机床、标尺、刀具、量具。

(电气类)(**written**) IEC, IEEE, OIML, mounting (circuit), setting motor current, wiring, fusing, logic functions, application wiring diagrams, reversible models, trimpot adjustments, function indicator lamps, electrical ratings, selectable jumper, control layout, logic module, main board, AC line, motor connection diagram, analog voltage, jog, contact switching, solid state switching, internal wiring diagram; (**spoken**)电老虎、搞强电、搞弱电。

(土木类)(**written**) FIDIC, embankment, excavation, base, subgrade, road crown, inflection, settlement, Irish crossing, concrete casting; template, scaffolding, hoist, crane, concrete mix, mixer, building framework, floor slab, beam; bridgeway, staircase, notchboard, spandrel, penthouse, balcony, string board; caisson, cutting shoe, portal, abutment, pier, bridgeway, pylon tower, bridgehead, underclearance; (**spoken**)地基开挖、找平、砌保坎、放哑炮。

(化工类)(**written**) autoclave, limestone ore, chemical installation, piping, pipeline, chemical union, equivalent weight, fixed nitrogen, affinity of chemical reaction, staple fiber, fiber spinning, filament, after-treatment of man-made fiber, methane chloride, trichloromethane, tetrachloro methane, tetrachloride, polyethylene, graphene; (**spoken**)纯碱、烧碱、氨水、乙二醇、四氟带。

词汇集合6——商务财务语用范围词汇(举例): (**written**) financial statements, asset and liability sheets, annual interest rate, repayment, payables and receivables, administrative expense, royalties, raw material cost, machinery cost, quantities of the contract works, breakdown, annual examination dues of the contract trucks and cars, liquidation, settlement of debts, plant property & equipment, current liabilities, letter of credit, a set of commercial invoices, bill or draft of change, consulate invoice, customs invoice, mill certificates, insurance policy, all risks insurance, employee's insurance, tariff rate, commercial operation tax, stamp duty, loan, deferred charges, total working capital, accrued payroll, operating funds, floating capital, net cash flow, salary and wages, meal allowance, hospitalization insurance, stationery supplies, entertainment fees(交际应酬费), material losses & spoilage, rejects and breakages, legal-audit-prof. fees, miscellaneous debits (credits), labor union dues, seminar fees(职工培训费); (**spoken**)借米下锅、借鸡生蛋、开办费分摊、扣得太死、入不敷出、四舍五入、流水账、流水分录。

9.5.3 语用范围分类词汇的特点

9.5.3.1 义值方面

词汇集合1(行政语用范围词汇)和词汇集合2(公关语用范围词汇)的基义较多涉及普通义位,而学科义位较少,原因是这两部分集合不可能较多涉及专业学科,用于普通交往和行政交流。但这两个集合可能包含某些陪义(即基义之外的边缘意义),如"报批"和"批复",其基义都是一样传递文件的程序,但前者包含下级向上级请示的暗示,而后者包含上级给下级下达指令的暗示;词汇集合3(合同法律语用范围词汇)的义值涉及部分法律学科义位(如 force majeure、arbitration);词汇集合4(工程实施语用范围词汇)和词汇集合5(专业技术语用范围词汇)则是引进(输出)工程技术项目翻译话语的核心内容,大量词汇的基义表现在学科义位上,其中不少词汇还是一元义域,翻译新手可能产生记忆困难,并容易混淆基义中的普通义位和学科义位;词汇集合6(商务财务语用范围词汇)既包含普通义位,也包含学科义位,义值较大,例如 legal-audit-prof. fees,财务知识欠缺的翻译新手可能传译为"付给合法听课教授的费用",实际上为"律师、审计及咨询费用"。

9.5.3.2 义域方面

词汇集合 1(行政语用范围词汇)的适用域较为宽泛,类似前面的"高级客户群词汇集合"和"合同前文件词汇集合"。例如 proposal 一词,一般情况下是"建议"(proposal of the project 为"项目建议书"),但是在保险业务里的 proposal form 是"投保单",而 proposal of insurance 为"要保书";在行政业务中,proposal system 为"提案制度"。词汇集合 2(公关语用范围词汇)的用域也很宽泛。

词汇集合 3(合同法律语用范围词汇)的义域用词严谨,具有古典背景(拉丁语词或法语词根),以及明显的法律适用域,但在其口语词汇中仍充满语域宽泛的普通词汇,如"钻合同空子"的口译,既要使用一元词语 contract,也有多元的 take advantage of the default of。

词汇集合 4(工程实施语用范围词汇)的义域集中于合同执行程序,因为任何种类的项目都涉及人员调动、开挖地基、运输材料、安装设备、试车或试运行、结算、项目交付等基本程序,该集合也呈现较多的口语隐性伙伴域(通俗或行话口语词语)。

词汇集合 5(专业技术语用范围词汇)覆盖技术规范文件、技术标准、实施指南,充满大量一元词义(专用词汇),集中在机械、电气、电子、土木、石油、化工、矿山、冶金等义域,另外存在许多隐性伙伴域(行话词语),如"标尺"在机械工程师及工人口语里常指"游标卡尺"或"千分卡"(vernier gauge; micrometer calipers)。

词汇集合 6(商务财务语用范围词汇)与前一节的"商务财务文件词汇"相似,但是本节的话语也包括口语词汇,如"扣得太死""流水账"等英语用词已经超出财务语域。

9.5.3.3 词义场

在按话语功能分类词汇的宏观结构中,词汇集合 1(行政语用范围词汇)呈现纵向的上下级结构,这与大中型引进(输出)工程技术项目的政府行政审批程序相关;词汇集合 2(公关语用范围词汇)则呈现平行语义组合结构,因为项目启动后,项目业主或代表已经成为法人,将与许多相关的组织和机构展开联络交往,其他机构为项目提供方方面面的支持或服务;词汇集合 3(合同法律语用范围词汇)呈现组合式结构,由多种词汇基义构成;词汇集合 4(工程实施语用范围词汇)呈现时间先后顺序及空间顺序结构，大体依据现场施工的工艺流程排列；词汇集合 5（专业技术语用范围词汇）和词汇集合 6（商务财务语用范围词汇）呈现明显的总分结构，一个基义义位之下常常存在许多个次级义位。

9.5.4 语用范围分类词汇的运用模式

根据各类话语在工程实施中的运用情况，我们把按语用范围分类的六个词汇集合套入八个翻译图式，由此形成语用范围分类词汇的运用模式。

表 9.8：语用范围分类词汇的运用模式

翻译图式	A	B	C	D	E	F	G	H
词汇集合	行政语用范围，商务财务语用范围	合同法律语用范围	公关语用范围，工程实施语用范围，商务财务语用范围	工程实施语用范围，专业技术语用范围，公关语用范围，商务财务语用范围	专业技术语用范围，合同法律词汇	合同法律词汇，商务财务语用范围	工程实施语用范围，商务财务语用范围	合同条款词汇，公关语用范围，行政词语用范围

9.6 工程技术翻译语句的难度

英语语句和汉语语句的研究在国内外历史悠久，成果丰硕，无须赘述。因此，本书不打算讨论一般性的语法，而集中讨论事关工程技术翻译的更加深入的问题——语句难度。在这类研究的论文里，外国学者的研究对象主要是针对在校中小学生（弗勒施，1983；爱德华·弗赖等，转引自张宁志，2000），而中国学者的研究对象大多是来华留学的外国学生（汉语水平相当于我国小学五年级）（李燕，张英伟，2010；江少敏，2014），也有少数论文是针对我国大学英语四、六级考试的阅读文章(刘冰,陈建生,2013),当然也有个别国外学者注意到了专业技术文献的语言难度研究(Inger, 2003)。虽然多位学者有多种不同的看法,不过有一点基本上是共同的:研究对象都是在读的小学生(或汉语水平相当于小学生的外国留学生)和非外语专业大学生。

本节研究语句难度的涉及对象是:大学的英语专业毕业生(或同等学历者)或翻译硕士或即将(已经)踏入工程技术翻译行业的专业翻译工作者。本研究的意图是:简洁明了地说明工程技术翻译语句及语篇,并为一线翻译工作者在大中型工程技术项目翻译中提供切实可行的工作参考。因此,本节在搜集语料种类、讨论并确定语句难度时就可能与上述普通话语的研究不一致。

9.6.1 语句难度的参数

如何设计语句难度的参数?在这方面,国内外研究者(张宁志,2000;江少敏,2014)一般都通过让学生填写表格的反馈方式了解某语篇并确定其难度的做法,这种主观性的方法对于学校教学(尤其是低年级教学)当然是有帮助的。另外,有些研究者采取了我国大学英语四、六级考试题语料库,获得了该类考试语言难度的数据(刘冰,陈建生,2013)。鉴于本节关注的对象是已经成年的工程技术翻译工作者(学习者)和引进(输出)工程技术行业,其话语者个人的背景经历千差万别,仅靠个别班级(集体)的抽样填表无法确定这一行业翻译语句的难度(譬如,一位翻译新手认为很难的句子,在资深翻译眼里仅仅是“小菜一碟”),加之工程技术翻译行业的文件和资料太专业、太繁复,以至于短时间内无法建设这类公共语料库,因此本书认为,应该采取客观的方法来设计翻译语句的难度参数。

具体而言,本书拟从工程技术翻译行业的多种语料中随机提取样本,抽象出基本的难度要素,以供下一节分析和讨论语句难度的计算公式。本节拟确定的语句难度参数是按照语句自身构造来衡量的,通过解剖专业语料得出的一般性结论,更能够指导广大的翻译工作者。同时翻译工作者也能够运用这套参数,简便地测量翻译对象的难度。鉴于工程技术翻译实践中英译中要频繁得多,且其难度更富挑战性,故我们先讨论英语语句(为英译中)的难度参数,然后讨论汉语语句(为中译英)的难度参数。

9.6.1.1 英语语句难度的参数系

这里讨论的英语语句特指一个完整的句子，包括简单句和复合句，但简单句是研究的起点。我们把工程技术翻译语境下的英语简单句定义为：包含20个以内的单词，不包含从句，单词等级不超过CET-6，且不涉及工程技术和法律财务语域的简单句，是工程技术翻译英语语句难度计算的起点。

爱德华·弗赖（转引自张宁志，2000）的研究表明，英语语料的难度主要取决于句子的长短和句子中单词音节的多寡，对这一观点赞成者较多。拉森（Lassen，2013）提出的语句难度参数有五个，包括名词短语、被动语态、定冠词省略、非谓语动词、省略句。这些结论是外国研究者从英语母语者那里获得的，对我们有参考价值，但与中国工程技术翻译者对于英语语句的实际体验还有差距。在确定英语语句难度参数时，参阅本研究的意图、翻译者的认知过程（第十一章），以及思维场（第十二章），我们排除某些对中国工程技术翻译者影响不甚明显的成分（例如介词短语、定冠词、省略句以及大多数修辞手段），随后突出对中国翻译者有显著影响的成分（也是为了简便计算）。我们认为工程技术翻译的英语语句难度包括以下参数：

（1）语法参数：各类从句的数量C（指主句以外的从句）、被动语态P、非谓语动词N（包括现在分词、过去分词、动名词、不定式）。

（2）词汇参数：句内总词汇量t、非专业技术大词B、标准技术术语和通俗（行话）技术术语T（参阅8.1节“工程技术翻译的一般语域”和9.4节及9.5节）。

（3）认知参数：或称语域参数，即英语工程技术语篇认知难度参数R，具体为：机械电子电气（机电）3、石油化工3、纺织化纤3、矿山冶金3、桥隧路港2、房屋场馆2、法律财务1、日常生活0。

（4）修辞参数：隐喻、成语或谚语Rh。

（5）句长参数L：$(t-20)/20$。

说明：“非专业技术大词”在本节特指超出CET-6范围的非专业技术词汇，涵盖非专业技术的名词、动词、形容词和副词等实词。该“大词”以CET-6为限，而不以TEM-8为限，主要是考虑到工程技术翻译者队伍里有部分来自工科背景的毕业生（他们通常以CET-6为英语学习目标）。通俗（行话）技术术语是针对口译语段的参数。专业术语参数涵盖了工程技术翻译话语的主要语域：机械电子、矿山冶金、石油化工、纺织化纤、土木建筑、法律经济财务(参阅 8.4 节“工程技术翻译的知识语域”)。本书设立的英语工程技术语篇认知难度参数 R,是基于我国翻译者的一般知识背景(大量外语类及文科背景的毕业生缺乏理工科知识),以及翻译者的实际困难(即使认得每个单词,有些翻译者也常常因狭窄的知识语域限制而无法正确理解和翻译语句)。关于句长参数,根据对我国大学英语四、六级考试语料库的研究(刘冰、陈建生,2013),一般英语语句平均长度为 20 个单词(CET - 4 = 19.18; CET - 6 = 20.31),由此本书设定:20 词/句为工程技术英语句子的基本长度单位(当 t 为 20 单词,则(t - 20)/20 = 0,即句长参数初始值为 0)。以后每增加一个句长单位(20 单词),该句长参数增加 1(增加或减少不足 20 词时会出现小数或负数)。

9.6.1.2 汉语语句难度的参数系

这里讨论的起点是汉语简单句。我们把工程技术翻译语境下的汉语简单句定义为:包含 34 个汉字以下,不包含复句,且不涉及工程技术和法律经济语域的简单句,是工程技术汉语语句难度计算的起点。

在确定汉语语句难度参数时,我国有些研究者(李燕,张英伟,2000)还是沿用欧美语言专家提出的“句子长度 + 每百字非常用词数”,因为他们考察和服务的对象基本是小学生(或相当学历者)及其教材。而本书构建汉语语句难度参数的意图是帮助大学英语专业毕业生(或同等学历者)或翻译硕士或即将(已经)踏入工程技术翻译行业的翻译者进行工程技术项目的中(汉语)译英。他们具备高中毕业的汉语水平和普通公民的一般知识,这是他们中文认知程度的起点,所以我们不能沿用其他语言学者的方法,必须构建新的参数系统。

(1) 语法参数:复句(相当于英语的并列复合句和部分状语从句)中从第二个分句算起的分句数量 C;前置定语短句 Q(相当于英语的定语从句);被动意义 P。

(2) 字词参数:句内总字数量 t、标准技术术语或通俗(行话)技术术语 T。

(3) 认知参数:或称语域参数,此处为汉语工程技术语篇认知难度参数 R,其具体为:机械电子 2、石油化工 2、纺织化纤 2、矿山冶金 2、桥隧路港 1、房屋建筑 1、法律财务 0.5、日常生活 0。

(4) 修辞参数:隐喻、成语或谚语 Rh。

(5) 句长参数 L:(t - 34)/34。

说明：关于被动意义(P)，汉语极少用“被”字，转而采取“以”“把”或根本不用任何字，为此常常引起歧义和翻译者费解，故本节仍把被动意义列入汉语语篇难度参数。关于认知参数，鉴于汉语原创科学技术知识语域较英语少，且汉语是绝大多数中国译者的母语，故其认知难度参数比同类英语语篇的认知参数减少 1(在法律财务语域少 0.5)。关于句子长度，根据汉语学者的研究(张绍麒，李明，1986)：现代汉语平均句子长度为 20 个词左右，即 34 个字(字词比例为 1.7 : 1)。从分类看，正式书面语(政论文、科技文)变体的句长是 40 个词(68 个字)，而口语变体略多于 10 个词(17 个字)。兼顾汉语工程技术语篇的书面语和口语，我们仍以汉语平均长度 34 字/句(且不含复句和专业技术语域)的简单句为汉语工程技术语篇平均句长的计算起点。当 t 为 34 个字时，句长参数 $(t-34)/34=0$，即句长参数初始值为 0；以后 t 每增加一个句长单位(34 个字)，则该句长参数增加 1(增加或减少不足 34 字时会出现小数或负数)。

9.6.2 语句难度的计算

确定语句难度系数的出发点是谈论日常生活话题(参阅上述认知语域)的英语简单句(20 个单词内，长度参数值为 0 或负数)和汉语简单句(34 个字内，长度参数值为 0 或负数)，其他各种系数都是外加于其上的附属值，最后才形成总体难度(难度系数的参数值不封顶)。首先确定计算翻译语句难度系数的公式，就可以计算出某个语句的难度系数。这是对工程技术翻译文本或话语进行甄别的基础，由此还可以推导出语篇的难度系数。

鉴于本节的语句难度(即翻译者付出的脑力与体力劳动的总和)计算是以上述中英文两种“简单句”为起点的，而任何一个语句也很可能包括这个起点难度以下的语句，故翻译一个语句所付出的脑力和体力劳动总和应该包括起点上下的两个部分。本书把难度起点以下的语句翻译(或脑力与体力支出)称为初级翻译劳动，把难度起点以上的语句翻译称为高级翻译劳动。初级翻译劳动的难度很容易得出：主要依据英语句长参数 $L=(t-20)/20$ 和中文句长参数 $L=(t-34)/34$。当一个句子的词汇量 t 分别小于 20 和 34 时，该句长参数 L 就是负数；如果加上其他参数(因其为简单句，实际上很可能没有，参阅 9.6.1.1 节和 9.6.1.2 节关于英文简单句和中文简单句的定义)，其结果即表示初级翻译劳动的难度。虽然初级翻译劳动难度的结果可能是负数，但工作中可以将其绝对值视为实际的难度数值。譬如，某英语简单句的句长 t 为 10，则句长参数 = (10 - 20)/20 = -0.5；如果没有其他参数加入，则该英语语句的难度就为 0.5。

本节研究的语句难度主要针对高级翻译劳动，以下各个部分提及的翻译难度均指这个概念。本书之所以集中研究高级翻译劳动的难度，因为工程技术翻译语句主要集中于高级翻译劳动范畴，并且这对工程技术翻译者具有更加直接和显著的影响。

此外，为了便于深入认识英汉语翻译语句的难度，我们借用世界各国货币单位“元”的概念（例如人民币元、日元、美元、加元，以及英镑、法郎、德国马克、埃及镑、沙特里亚尔、阿联酋迪拉姆、伊拉克第纳尔等货币单位），把翻译语句的难度计算结果（数值）同时命名为翻译元。这将比“难度系数”一词（参阅 8.3 节“工程技术翻译的方言语域”中的难度系数和操作系数）更加形象和有效地显示出翻译者的劳动价值。

今后如需计算翻译者的工作成果，可以利用语句难度（翻译元，相当于商品的单价）乘以实际的翻译工作量（通常以笔译千字为单位，或以口译分钟/小时为单位），就能够获得一个翻译者付出的劳动价值或脑力及体力付出的总和（结果也是以翻译元为单位）。

9.6.2.1 英语语句的难度计算

英语语句难度计算公式：

$$D = [(C + P + N + B + T + R + Rh + L)/t]100\%$$

说明：C = 主句以外的各类从句数；P = 被动语态数；N = 非谓语动词数；B = 非专业术语大词；T = 技术术语数；R = 认知难度参数；Rh = 隐喻及成语数；L = 句长参数(t - 20)/20，其中 t = 句内总词汇数。比值越大，难度越大；反之越小。显然，笔译语句难度大于口译语句难度（此时没有考虑口译语音难度，参阅 8.3.2 节），因为笔译语句中的 C、P、N、B、T 五项数值一般都高于口译语句的相应数值，而且 R 在笔译文献中通常也更高；不过口译语句的 Rh 值可能高于笔译语句。该公式方括号内的结果可能是小数，但为了便于读者了解某语句难度数值在该句所占比例，所有数值乘以 100%，以百分比表示（百分数，或翻译元）。后面一节的汉语语句难度亦然。

例 1：英语语句难度计算。下文是境外中资公司参与工程项目的合同文件（首句）。

THIS AGREEMENT *is made* on the 25th day of October, 2011 in Addis Ababa of Ethiopia by and between

ETHIOPIAN RAILWAYS CORPORATON (ERC), a corporation incorporated under the laws of Federal Democratic Republic of Ethiopia and having its principal place of business at Africa Venue, P.O. Box 27558 - 1000, Addis Ababa, Ethiopia (hereinafter referred to as "the Employer") of the one part

and

China Railway Group Limited (CREC) incorporated under the laws of the People's Republic of China and having its principal place of business at No. 1, Xinghuo Road, Fengtai District, Beijing, P. R. China (hereinafter referred to as "the Contractor", which expression shall be deemed to include his successors or permitted assigns) of the other part.

∵ 该语句中 $t = 116, C = 1, P = 2, N = 6$(V-ed/ing), $B = 3$ (hereinafter, Addis Ababa, Ethiopia), $T = 2$(Agreement, assign), $R = 1$(法律语域), $Rh = 0, L = (116 - 20)/20 = 4.8$。

$$\therefore D = [(1+2+6+3+2+1+0+4.8)/116]100\%$$
$$= 0.1707 \times 100\% = 17.07\%$$

评价：这个难度系数或百分比的意义是：(1) 该语句难度超过本节设定的英语简单句(包含20个单词且不涉及工业技术和法律财务语域的简单句，即工程技术翻译英语语句难度计算起点0)的程度(17.07%)；(2) 翻译者翻译该语句付出的高级翻译劳动(脑力及体力)的价值(17.07翻译元)；(3) 也表明翻译新手可能面临的困难程度(17.07)。

就本例的词汇而论，Addis Ababa 和 Ethiopia 两个词虽然超出了六级英语词汇表，但那是英语专业毕业生的基本知识，加之其认知语域 R 和专业技术词汇 T 的数值很小，故实际认知难度可能更小。这个语句的难度特点是句长 L 大，因此翻译新手不容易控制。

例1参考译文：

本协议于2011年10月25日在埃塞俄比亚亚的斯亚贝巴签订。

签订本协议的一方为埃塞俄比亚铁路公司(ERC，以下简称"业主”)，该公司依据埃塞俄比亚联邦民主共和国法律成立，公司本部营业地址位于埃塞俄比亚亚的斯亚贝巴非洲大道，邮箱号为27558－1000。

签订本协议的另一方为中国中铁股份有限公司(CREC，以下简称“承包人”，本表达方式应视为包括其继任者或经许可的被转让者)，依据中华人民共和国法律成立，该公司本部营业地址位于中华人民共和国北京丰台区星火路1号。

英语语篇难度计算公式：

$$D=\sum_{\substack{t=1,\ C=0,\ P=0,\ N=0,\ B=0,\\ T=0,\ R=0,\ Rh=0,\ S=1}}^{n}\{[(C+P+N+B+T+R+Rh+L)/t]100\%\}/S$$

在这个语篇难度公式里，t是词汇数起点值1(表示可能存在一个词汇数的语句)，n为各参数无限大的终点值，其余八个参数的起点值为“0”(意味着有些语篇里可能不存在该类参数)，终点值均为n，S表示一个语篇里的句子总数，且S至少为1(一个语篇至少存在一个句子)。为了提高计算的便利性，在实际操作中每一次估算时，t也可以百字或千字为单位。

9.6.2.2 汉语语句的难度计算

汉语语句难度计算公式：

$$D=[(C+P+Q+T+R+Rh+L)/t]100\%$$

说明：C＝复句中从第二个分句算起的分句数；P＝被动意义数；Q＝前置定语短句数；T＝技术术语数；R＝认知难度参数；Rh＝隐喻及成语数；L＝句长参数(t－34)/34；t＝句内总字数。比值越大，难度越大；反之越小。显然，笔译语句难度大于口译语句难度(没有考虑语音难度)，因为笔译语句中的C、Q、P、T四项一般都高于口译语句；R在笔译文献中更大；Rh在书面语篇和口语里均较为常见。

例2：汉语语句难度计算。下面是建筑专业技术(重工业厂房设计)语篇：

这两条铁轨靠吊车梁支承，吊车梁纵贯厂房，由主要的柱子支承，通常大约高出地面10米，这样吊车就能够控制整个工作区域。

∵ 该语句中,C = 4(5 - 1),P = 2(“靠”“由”),Q = 0,R = 1(建筑语域),Rh = 0,T = 4(吊车梁、支承、吊车、柱子),L = (56 - 34)/34 = 0.647 1,t = 56,

∴ D = (4 + 2 + 0 + 1 + 0 + 4 + 0.647 1)/56

= 0.208 0 = 20.80%

评价:这个难度系数的意义指:(1) 超过本节设定的汉语简单句(平均句长 34 字且不含专业技术语域,认知难度为 0)的程度(20.80%);(2) 翻译该语句的高级翻译劳动价值(20.80 翻译元);(3) 表明翻译新手可能面临的困难程度(20.80)。就词汇而言,专业技术词汇“吊车”“柱子”两词实际上已经成为普通汉语词汇(即 T 值实际上为 2),所以该语句的实际认知难度或翻译难度小于其理论难度。

例 2 参考译文:

The two rails are supported by two crane beams, whereas the crane beams, which are borne by those main pillars and usually stand up approximately 10 meters above the ground, extend through the long workshop building. In this manner the crane is capable of being applied across the whole workshop.

汉语语篇难度计算公式:

$$D = \sum_{\substack{t=1,\ C=0,\ P=0,\ Q=0,\\ R=0,\ Rh=0,\ T=0,\ L=0,\ S=1}}^{n} \{[(C+P+Q+R+Rh+T+L)/t]100\%\}/S$$

在这个语篇难度公式里,t 的起点值为 1(表示存在至少一个语句的词汇数),n 为各参数无限大的终点值,其他参数的起点值为“0”(意味着有些语篇里可能不存在该类参数),S 为一个语篇里的句子总数。为了提高计算的便利性,在实际操作中,t 的计算也可以百字或千字为单位。

9.6.2.3 额外翻译努力

这个术语本应属于翻译难度的参数系,它指下列情形:当中国建构翻译者(参阅 10.1.1 节)进行口译外译中时,其翻译或处理原语的努力明显高于处理口译中译外原语的努力;而当中国建构翻译者进行笔译中译外时,翻译或处理目标语的努力也明显高于处理笔译外译中目标语的努力。翻译者在这两种翻译过程中付出的高于其他翻译过程的努力,我们称为额外翻译努力(Extra Translation Effort,简称 ETE)。这是因为:当口译外译中时,中国建构翻译者对外语语音及语速的敏感性普遍低于外语母语者;当笔译中译外时,中国建构翻译者的外语知识、造句能力及语感也普遍低于外语母语者(参阅 10.1.2 节"专职翻译者与兼职翻译者")。在此两种情况下,中国建构翻译者都必须比外语母语者付出更多的努力。换言之,额外翻译努力是翻译者的主观性难度参数(参阅 9.6.2.1 和9.6.2.2两小节讨论的英语语句和汉语语句的客观性难度参数)。

其实,额外翻译努力也出现在其他国家的翻译实践中,由此不少欧美翻译者呼吁"母语原则"——"翻译者尽可能将作品译入其母语或同等程度掌握的语言"(Snell & Campton, 1989: 245;转引自马士奎,2012),"职业翻译者应该从事译入母语的工作"(Pavlovic, 2007: 7;同上)。这是因为许多欧美口译者的语言知识和背景体验与中国翻译者存在很大的差异,他们可能非常熟悉某些外语的语音和语句(通常是西方语言,但不包括中文和许多东方语言)而能够轻松进行口译外译母;当他们面对笔译母译外时(实际上很少),欧美翻译机构往往雇佣外国移民或留学生完成,欧美本族人极少从事非欧洲语言的笔译(口译)母译外(Pattberg, 2013: 91—92)。

显然,翻译一件作品或一项任务的难度应该包括客观性参数和主观性参数,而且翻译者的劳动总价值也体现在这两项参数之和。那么额外翻译努力应该如何判断和计算呢?翻译者个人的体验固然是一种参数,而众多的政府外事机构、出版社、翻译公司开列的翻译服务报价单或薪酬表以及一些出版社翻译合同提供的报价则是更为通常的参数。从中不难发现,笔译中译外的报价普遍高于笔译外译中价格 10%—40%,这恰好证明了笔译外译中更容易,而笔译中译外更困难的实践体验。虽然口译服务报价没有区别翻译方向,但这不能否认中国口译者从外语译入母语更困难而从母语译出外语相对容易的事实。实际上,中国口译者普遍认同,口译外译中的额外翻译努力普遍大于口译中译外(房维军,2001),差别大约是 30%。

在本节前面的翻译难度计算公式里没有设置"额外翻译努力"这个主观性参数,因为考虑到:虽然口译时外译中具有超过中译外 30%的额外翻译努力,但是笔译时外译中却大约低于中译外 30%的额外翻译努力。从整个宏观翻译过程看,这两种额外翻译努力一加一减,正好抵消,尽管实际上存在额外翻译努力的变化。

当单独计算担任口译外译中和笔译中译外的中国建构翻译者的翻译努力(或翻译元)时,可以考虑加入客观存在的额外翻译努力。

(1) 口译外译中时，把英语语句难度计算公式“D = [(C + P + N + B + T + R + Rh + L)/t]100%”乘以 130%（即增加 30%）；以下面 9.7.1 节“咨询话语的语句难度”计算为例，该系列语篇的总体实际翻译难度 D 应为客观性难度 21.71 × 130% = 28.22，其翻译劳动总价值为 28.22 翻译元。

(2) 笔译中译外时，把汉语语句难度计算公式“D = [(C + P + Q + T + R + Rh + L)/t]100%”乘以 130%（即增加 30%）。以 9.6.2.2 节“汉语语句的难度计算”例 2 为例，其总体实际翻译难度 D 应为客观性难度 20.80 × 130% = 27.04%，其翻译劳动总价值为 27.04 翻译元。

9.7 工程技术翻译语句难度的分布

关于工程技术翻译语句难度的分布，虽然八个语篇（图式）及许多语句都显示了不同的分布特点，且存在英文语篇与中文语篇，但鉴于在引进（输出）工程技术项目里英文语篇或语段翻译的任务显然更多，所以本节采取英文语篇为分析样本（随机取自本书和其他各处）。选择进行难度分析的语篇类型根据 7.2.3 节“按话语功能分类”（因为这种分类更能显示语句的语言特点），即咨询话语、合同话语、技术话语、工程话语、宣读话语。每种语篇选取词汇数量大体相同的语句，运用 9.6 节的工程技术翻译语句和语篇难度计算公式，分别说明工程技术翻译语句难度的分布情况。

9.7.1 咨询话语的语句难度

咨询话语运用于工程项目考察、咨询或类似情景（图式 A），话语者之间并无既定的商业利益（没有合同约束），因此这类话语的语言形式比较随意、松散，专业信息程度不高，其语言形式表现为宾馆或工程项目（设备）现场的参观话语、考察或访问纪要、双方签订的意向性协议，以及形式发票、虚盘等。在此我们利用 7.2.3.1 节“咨询话语”的实例（口语）为样本，以 9.6.2.1 节“英语语句的难度计算”的公式为工具，来分析咨询语句难度的分布。作为口语话语，咨询话语中自然有问候、寒暄等简单话语，但为了真实可信，本节还是保留了一部分实际发生的寒暄问候语句作样本分析。

表 9.9：咨询话语的语句难度分析表

序号	例　句	语句难度
1	— Welcome to China，welcome to our valve company. — Thank you very much. We're honored to pay a visit to your company. — Is this your first time to visit China? — No，I've been to your country a couple of times，but today is my first time to visit your city and your facilities.	(0+1+3+1+0+0+0+1.7)/54 =0.124 1=12.41%.
2	We are ranked among the best valve providers on Chinese market, and some of our latest products available are superior in quality, and exported to over ten countries in *Europe*, North *America*, *Australia* and Southeast *Asia*.	(1+2+0+4+1+0+0+0.8)/36 =0.244 4=24.44%; or (1+2+0+0+1+0+0+0.8)/36 =0.133 3=13.33%.
3	You are a leading valve manufacturer in China, and have passed *ISO9001* Certification, so we have interest in your Flying Ball brand.	(0+0+2+0+3+3+0+0.1)/22 =0.368 2=36.82%; or (0+0+0+0+2+3+0+0.1)/22 =0.231 8=23.18%.
4	Can I have your Brochure or Catalog?	(0+0+0+1+0+0+0+0)/7 =0.142 9=14.29%.
5	We boast all necessary workshops for design, material supply, manufacture and package; what's more, we get a quality control office and a marketing division.	(1+0+1+0+1+3+0+0.2)/24 =0.258 3=25.83%.
6	In all our products, we are most expert in high-pressure gate valves and ball valves, and they are mostly produced for petroleum refinery and natural gas piping lines.	(1+1+0+0+5+3+0+0.4)/28 =0.371 4=37.14%.
7	Can you manufacture the big ball valve with a radius as wide as one meter?	(0+0+0+0+1+3+0+0)/15 =0.266 6=26.66%.

(续表)

序号	例　　句	语句难度
8	I can be sure that the material utilized in that ball is a sort of alloy, and it fully complies with any international standard we all accept.	(2+0+1+1+1+3+0+0.35)/27 =0.309 3=30.93%.
9	What do you fill in the hollow body of valves?	(0+0+0+0+0+3+0+0)/10 =0.300 0=30.00%.
10	How much percent of the body is filled with asbestos?	(0+1+0+0+1+1+0+0)/10 =0.300 0=30.00%.
11	How much advance do you claim for order?	(0+0+0+0+1+1+0+0)/8 =0.250 0=25.00%.

难度分析：语句1集中了两段咨询话语通常开始交流时必需的寒暄问候，认知难度最低(0)，语言特征也最简(仅有一个大词 facilities)，故难度为12.41%。而且，其中虽然有三个非谓语动词(不定式 to visit)增加了理论难度系数，但是该词几乎三次都是重复使用，故降低了实际难度。语句2的第一个计算结果是纯理论的难度，但鉴于四个斜体大词(地名)实际上已经是普通词，认知语域实际上是销售，属于日常生活语域(0)，而不是机电话语，故实际难度(第二次计算)比第一次计算值小得多。语句3的斜体大词(ISO)实际已变为工程技术领域的普通词，且 leading 和 flying 两词的拼写和读音不影响词根意义，实际上不是难点，只是认知语域为机电技术(3)，故第二次计算更接近真实难度。语句4的难点就是两个大词，属于机电行业或商务用语；句子虽短，如翻译者事前不知道，也会引起交际困难。语句5实际上就一个专业词汇 marketing, manufacturer 在前面话语里已经出现(manufacture)，多一个 r 字母并不影响了解，但是在讨论技术生产行情(R=3)，对不了解工业行情的翻译者有一定难度。语句6总共28词，不是太长，但技术词汇6个(不过 high-pressure 较普通)，加之认知语域属于机械(3)，故对翻译新手难度大(37.14%)。语句7里仅有 radius 是该语篇首次出现的技术词汇，其他的都在前面语句中出现了，故不能算为技术术语。语句8出现了三个技术词汇，这也是咨询话语不可避免的，故难度较大(30.93%)。语句9的 valve 已经在前面话语出现，故不能算为难点。语句10和语句11涉及计算或财务(1)，认知语域较小(1)，其难度来自术语 asbestos(石棉)及 advance(预付款)。

依据上述 11 个语句的结果，我们可以得知该咨询话语语篇（241 单词）的平均难度 D 为：

$$\sum\{12.41\% + 13.33\% + 23.18\% + 14.29\% + 25.83\% + 37.14\% + 26.66\% + 30.93\% + 30\% + 30\% + 25\%\}/11 = 21.71\%$$

这个难度数值表示该语篇超出本书设定的英语语句难度起点值 0 的平均程度，表示该语段的高级翻译劳动单价为 21.71 翻译元，也表明翻译新手在咨询语句方面可能面临的困难程度。鉴于该语篇是从本书咨询话语中难度较大的语篇中抽取，故可以判断这个难度为本书咨询话语（口语）的最高难度。显然，如果我们保留原语语句中更多的寒暄问候语来计算，这个咨询话语语篇的难度肯定会下降。

9.7.2 合同话语的语句难度

参阅 7.2.3.2 节，合同话语主要用于合同条款及法律性质的协议、议定书等文件的谈判或磋商，是项目各方为某一重大利益进行的商业法律性话语。谈判话语在语言层面表现为：双方在口语中针锋相对，有时候甚至语言粗俗，以短句和简单句为主，词汇特点为通俗与专业术语混合；在书面话语中（项目合同、协议、议定书）各方措辞谨慎严密，复合句、长句、难句较多，词汇正式，整个话语法律性强并凸显专业化。本节随机以本书及部分合同条款语句为例，计算和分析合同话语的语句难度及语篇难度。

表 9.10：合同话语的语句难度分析表

序号	例　　句	语句难度
1	The Purchaser agrees to buy/accept from the Seller and the Seller agrees to sell/supply to the Purchaser the Equipment, Materials, Technical *Documentation*, Technical Service, *Catalyst*, Chemicals and *Spare Parts* for 30 years' normal operation as well as the *Process* and *Know-how* for a Dupont Performance Plastics production line with capacity of 150 tons/day.	$(0+0+0+1+5+3+0+1.85)/57 = 0.190\,4 = 19.04\%$.

（续表）

序号	例　　句	语句难度
2	Within 30 years after the Acceptance of the Contract *Plant*, in order to have a long-term, normal and steady *operation* of the contract plant and if so required by the Purchaser, the Seller shall dispatch his competent technical personnel to the Contract Plant to provide consultant service for the technical matters, such as trouble-shooting, operational technique, application of technical improvements to the Contract Plant, and shall reply the various technical questions raised by the Purchaser.	(2+1+2+0+1+3+0+2.75)/75 =0.156 7=15.67%.
3	Upon Client's request, American Bureau of Shipbuilding (ABS) shall review plans and calculations, perform surveys, witness testing and issue reports as required for classification under ABS Rules.	(0+0+1+0+5+3+0+0.35)/27 =0.346 3=34.63%.
4	The above-mentioned price for Equipment and Materials as per Article 15 hereof is CIF San Francisco Port (Incoterm 2000) including unloading charges, sturdy packing suitable for ocean and inland transport, frequent loading, unloading and also insurance up to the Contract Project site warehouse as detailed in Article 12 of the Contract.	(0+0+5+2+2+1+0+1.6)/52 =0.223 1=22.31%.
5	The above-mentioned License and Know-how royalties and the price for Basic Design and Technical Documentation as per Article 13 hereof is DDU San Francisco Airport (Incoterm 2000).	(0+0+1+3+4+1+0+0.45)/29 =0.325 9=32.59%.

难度分析：语句1表面大词不多，其实好几个都是技术词汇，且句子较长，故有一些难度；语句2的难度主要在于75个单词的长度，但operation实际上也是技术词汇，故实际难度更大；语句3里的American Bureau of

Shipbuilding (ABS),实际上是一个非常专业的行业术语(美国船级社),另外 review(审查)、plans(总平面图)、surveys(现场查验)、classification(船舶分级)均为非常专业的术语,许多翻译新手不认识,故难度很大;语句4与前面的相比,主要因其技术词汇(实际上 charges 也是)偏多,所以实际难度增大;语句5里大词多(3),技术词汇多(4),构成了较高难度。

依据上述五个语句的结果,我们可以推导出该合同话语语篇(234单词)的平均难度D为:

$$\sum\{19.04\% + 15.67\% + 34.63\% + 22.31\% + 32.59\%\}/5$$
$$= 0.248\,5 = 24.85\%$$

鉴于本语篇是从本书合同样本中提取的难度较大部分,可以判断这个难度是本书合同语篇的最高难度,超出本书设定的英语简单句的程度24.85,即该翻译语篇的高级翻译劳动单价是24.85翻译元。与前面一节的咨询话语相比,合同谈判话语涉及某些技术问题,而涉及法律商业问题较多,故其总体难度高于咨询话语。

9.7.3 技术话语的语句难度

参阅7.2.3.3节,"技术话语"的书面语言形式主要包括部分项目合同文件(主要是合同的技术规范以及参照技术标准)、项目可行性研究报告、项目建议书等,也包括项目实施中的工艺操作指南、设备说明书、技术性能及参数检验报告、工程月进度报表、工程月财务报表等;其口语形式表现为工地(营地)会议或施工现场讨论。下面我们从本书举例中选出难度可能较大的技术话语语句进行计算和分析。

表9.11:技术话语的语句难度分析表

序号	例 句	语句难度
1	In this Recommendation "mass" (or "weight value") is preferably used in the sense of "*conventional mass*" or "*conventional value* of the result of weighing in air" according to R 111 and D 28, whereas "weight" is preferably used for an embodiment (i.e. material measure) of mass that is regulated in regard to its physical and metrological characteristics.	(2 + 3 + 1 + 2 + 4 + 3 + 0 + 1.9)/58 = 0.291 4 = 29.14%; or (2 + 3 + 1 + 2 + 6 + 3 + 0 + 1.9)/58 = 0.325 9 = 32.59%.

（续表）

序号	例　句	语句难度
2	The actuator shall be installed in the environment with temperature of −25℃—+70℃， relative humidity not above 95% and without corrosive gas and strenuous vibration.	(0+1+0+1+4+3+0+0.4)/28=0.335 7=33.57%.
3	For example，in normal operation，if a cable directly buried in the ground is operated under continuous load (100% load factor) at the maximum conductor temperature shown in the table，the thermal resistivity of the soil surrounding the cable may，in the course of time，increase from its original value as a result of drying-out processes.	(1+1+4+2+3+3+0+1.85)/57=0.278 1=27.81%.
4	Output shaft lever and regulating mechanism of base-mounted actuator shall be connected with dedicated connector (spherical hinge) and connecting rod.	(0+1+4+0+8+3+0+0.05)/21=0.764 3=76.43%.
5	Adjusting bolt of mechanical spacing or limitation stop shall be fastened within the valid range of output shaft，and shall not be loose.	(1+1+2+0+3+3+0+0.15)/23=0.441 3=44.13%.
6	The cover of junction box has PG16 cable glands which can be used to fix cable with outer diameter within the range of ¢10—¢14.	(1+1+0+0+4+3+0+0.3)/26=0.357 7=35.77%.

难度分析：第1语句里的第一个计算为纯理论难度，第二个计算为实际难度，即第二次计算中包括了“conventional mass”及“conventional value”两个实际上的技术词汇；第4语句虽然长度不大，但难度集中于技术词汇方面，加之认知难度高（机电3），其实际上的难度就很大（例如base-mounted实际是actuator的合成定语）。第5语句和第6语句的难度主要来自技术词汇和认知语域（R=3，机电）。

依据上述六个语句的结果，我们推导出该技术话语语篇（213单词）的平均难度D为：

$\sum\{32.59\% + 33.57\% + 27.81\% + 76.43\% + 44.13\% + 35.77\}/6$
$= 41.72\%$

这个语篇的平均难度(或高级翻译劳动单价 41.72 翻译元)高出咨询话语约 20%(21.71%),高出合同话语约 17%(24.85%),因为咨询语篇仅仅是了解一个工程项目的基本情况,合同谈判话语注重商业法律条款,而技术话语则是集中阐释该项目的技术原理和技术诀窍,自然其话语难度高于前面二者。

9.7.4 工程话语的语句难度

参阅 7.1.3.4 节,工程话语(也称指令话语)是业主方对其他方的具体指示,或监理方从业主方获得授权后对承建方发布的项目实施命令,或生产厂商对技术或设备制造(安装)的要求。不同于技术话语对工程技术原理进行论述或描述,工程话语注重对项目的执行规定。因此,这类话语多采取带命令的情态动词或命令语气,其书面语形式主要为子项目施工指令、子项目设计更改指令、设备及材料的技术性能证明文件、设备的运行及操作指南。下面我们选取了本书里不同长度的部分例句进行语句难度分析。

表 9.12:工程话语的语句难度分析表

序号	例 句	语句难度
1	The actuator shall be installed in the environment with temperature of -25℃—+70℃, relative humidity not above 95% and without corrosive gas and strenuous vibration.	(0+1+0+1+3+3+0+0.5)/30 = 0.283 3 = 28.33%.
2	Input signal is remote pulse type independent contact and the actuator is in self-hold two-position operation, which means that actuator will automatically keep operating until fully closed or fully open position is reached no matter if the contact is kept or connected or not after being closed.	(5+2+3+0+1+3+0+1.25)/45 = 0.338 9 = 33.89%.

（续表）

序号	例 句	语句难度
3	When S1 is disconnected, it accepts analogue input operation; when S1 is connected, it receives manual switching value (only inching type) operation.	(3+2+0+3+0+3+0+0.1)/22 =0.504 5=50.45%.
4	See figure 3.1 and table 2.1 for the installation dimension of base-mounted actuator.	(0+0+1+0+1+3+0+0)/14 =0.357 1=35.71%.
5	When mechanical zero of output shaft needs to be changed, install lever according to the following method and procedure.	(1+1+0+0+1+3+0+0)/19 =0.315 8=31.58%.
6	Points for attention in wiring: a) Wiring shall comply with relative electric installation procedure; b) The casing of electric actuator shall be reliably earthed; c) Shielded cable shall be used so as to ensure signal cable and power cable is shielded; d) Outer diameter of cable shall match with the cable glands.	(4+2+2+0+2+3+0+1.65)/53 =0.276 4=27.64%.
7	After wiring is finished, the screws of cover of junction box and cable glands shall be fastened so as to ensure tightness.	(1+2+0+0+0+3+0+0.1)/22 =0.277 2=27.72%.

难度分析：语句1里的“C”应视为超出六级的大词(centigrade)，加上三个技术词汇和机电语域(3)，由此增加了词汇难度；语句2的难度主要体现在五个从句里面，加上另外的三处过去分词，构成了较大的难度33.89%；语句3的难度主要体现在三个从句、三个技术术语(disconnect、analogue和inching是超六级词汇)以及电学认知语域(3)，故实际难度为50.45%；语句4的从句和词汇都很简单，但是dimension、base-mounted actuator等词汇和词组涉及机电技术细节，翻译者的认知难度

大(3),故形成了总体的难度28.57%;语句6的难度主要体现在四个分句上,另外有少数技术术语,认知难度属于电学(3)。

根据上述计算分析,我们推导出该工程话语语篇(205个单词)的平均难度D为:

$$\sum\{28.33\% + 33.89\% + 50.45\% + 35.71\% + 31.58\% + 27.64\% + 27.72\%\}/7 = 33.62\%$$

这个电气工程技术项目的指令语篇的难度为33.62%(即高级翻译劳动单价33.62翻译元),低于前面同专业的技术语篇难度41.72%,但是高于同专业语篇的咨询话语难度21.71%,这与工程技术翻译者在实践中的体会是比较接近的。工程指令语篇难度高于咨询语篇,是很自然的事情,因为咨询阶段一般并不涉及太多技术细节,而工程指令语篇则一定要涉及技术细节,虽然不及技术文献语篇复杂。

9.7.5 宣读话语的语句难度

根据7.2.3.5节,宣读话语是运用于开工、竣工等项目大型仪式以及项目预备动员会议等场所发生的话语,内容多为宣布该项目的总体任务,总结项目进度和完成情况,以及可能产生的经济效益和社会影响。宣读话语语篇的语气较为正式,技术术语较少,会出现经济财务词汇和一般社会词汇,可能出现文学隐喻,长度适中,句法以简单句为主,复合句很少。下面我们选取本书的部分例句进行计算分析。

表9.13:宣读话语的语句难度分析表

序号	例　　句	语句难度
1	I am very much honored to declare our project, Saintco-Bain Glass Egypt, is completed at last.	(1+2+0+1+0+2+0+0)/16=0.375 5=37.50%. (1+2+0+0+0+2+0+0)/16=3,125=31.25%.
2	This project is a large-scale joint venture in Egypt, and is the fruit of all engineers and laborers from 15 different countries.	(1+0+0+2+0+2+1+0.1)/22=0.277 3=27.73%.

（续表）

序号	例　　句	语句难度
3	We have received and installed over 500 huge equipments and/or machinery, including the 200-meter-long burning-in kiln and the calcining kiln, much like a colossal yellow dragon in Chinese culture.	(0+0+1+2+3+2+0+0.45)/29=0.291 4=29.14%.
4	It is truly a great occasion to us, since I can evidently assure you that all our contractors from Egypt and other 14 countries have completed or created an unprecedented wonder in glass industry, in other words, the great industrial achievement of concrete buildings, assembled workshops, mass mounting and commission of complete equipments and machinery.	(2+0+1+1+2+3+0+1.75)/55=0.195 5=19.55%.
5	As known to all, Saintco-Bain Glass Group is the global leading giant of glass industry with the state-of-the-art technology and complete plant, especially in the manufacture of flouting-method flat glass①, helio glass②, and pyroceram③.	(0+0+2+1+3+3+0+0.85)/37=0.266 2=26.62%.
6	We passionately hope our technology and complete plant will bring much welfare to Egyptian industry.	(1+0+0+1+0+1+0+0)/15=0.200 0=20.00%.
7	We bear witness to over 30 industrial and commercial projects in this ancient nation, and have cooperated with many a group before, but I can say today Saintco-Bain Glass Egypt can surely stand among the most profitable industrial manufacturers.	(2+0+0+1+1+1+0+0.95)/39=0.152 6=15.26%.
8	Now, I declare the Heating Up of Saint-Gobain Glass Egypt.	(0+0+0+0+1+0+0+0)/10=0.100 0=10.00%.

① flouting-method flat glass：浮法平板玻璃。
② helio glass：反光玻璃。
③ pyroceram：耐高温玻璃。

难度分析：语句1第一次计算为纯理论难度，该语篇的认知语域算作土木类(2)，有两个被动语态，形成了较大难度；但是单词 Saintco-Bain 实际上已经不是大词(这在该项目工地上已经人人皆知)，故实际难度更低(以第二次计算为准)；语句3的较大难度主要是由两个大词和三个技术术语构成；语句4虽然词汇量大，但是缺乏从句和生僻技术词汇，故难度不大；语句5也有三个技术大词，且认知语域高(R=3)，故难度较大；语句6的难度由一个大词 passionately 和一个从句构成，其认知语域是商业利益(1)；语句8仅有一个技术术语，其认知语域不属于技术行业(0)，故难度很小。

根据上述计算分析，我们可以推导出该宣读话语语篇(223个单词)的平均难度D为：

$$
\begin{aligned}
&\sum\{31.25\% + 27.73\% + 29.14\% + 19.55\% + 26.62\% + \\
&20.00\% + 15.26\% + 10.00\%\}/8 \\
&= 22.44\%
\end{aligned}
$$

这个数值表示该语篇超出本书设定的英语语句难度(0)的程度，也表示高级翻译劳动单价为21.88翻译元，也表示翻译新手可能遇到的困难程度。

9.7.6 五种语句难度的比较

表9.14：五种语句难度分布表

种　　类	难度(翻译元)	备　　注
1. 咨询话语	21.71	寒暄语随机增加
2. 合同话语	24.85	
3. 技术话语	41.72	
4. 工程话语	33.62	
5. 宣读话语	22.44	

表9.15：五种语句难度顺序表

种　　类	难度(翻译元)	备　　注
1. 技术话语	41.72	
2. 工程话语	33.62	

（续表）

种　　类	难度(翻译元)	备　　注
3. 合同话语	24.85	
4. 宣读话语	22.44	
5. 咨询话语	21.71	寒暄语随机增加

参阅以上计算的五种语篇难度，我们可以这样认为：咨询话语难度21.71，相比最接近的宣读话语21.88难度，其发生于首次或工程立项初期考察工程技术项目之际，话语者通常会遇到陌生的信息（尽管寒暄问候也不少）或词语，故而其实际难度应该高于宣读话语。另一方面，宣读话语难度虽然在此例的数值略高于咨询话语难度，但因为宣读话语往往是在工程项目开工以后甚至工程完成阶段才发生的，那时翻译者已经非常熟悉该项目的情况，故对于翻译者而言，宣读话语的实际操作难度往往小于咨询话语难度。

一般说来，合同话语长度更大，结构更复杂，对翻译新手难度更大，但其技术信息含量也有不如工程话语的情况，譬如工程指令口语中常常出现详细的技术术语令翻译新手措手不及。技术话语难度41.72最高，因为它承载了工程技术项目的核心知识和核心信息。工程话语难度32.60，小于技术话语，因为它负责执行技术话语的信息，且不包含技术（科学）理论阐述。宣读话语难度21.88，低于前面三种话语，因为它涉及的技术信息最少，仅对建设过程及合作过程作一般性回顾或展望，且语句不太复杂，也不如合同语句那么长。

虽然上述计算分析样本仅仅是取自本书及部分工程技术项目文献，从统计学意义看，都是随机挑选的例句，在一定程度上代表了该类话语难度的实际情况。鉴于目前翻译学术界无法搜集或看到工程技术项目翻译语料的整体情况（或语料库），本节的计算分析可以视为工程技术翻译语篇或话语难度分布的参考数据。

另外，本节主要是采取机电工程技术项目的语篇进行分析计算，如果采取其他信息类型（语域）的工程项目翻译语篇（石油化工、纺织化工、矿山冶金、桥隧路港、房屋场馆）进行分析，可能数值有所不同，但本书认为：各类工程语篇或话语的实际难度分布顺序（1 技术话语；2 工程话语；3 合同话语；4 宣读话语；5 咨询话语）大体上应该如此。

第三编

主 体 论

第十章 工程技术项目的翻译者

本章的"翻译者",首先是一种人,无论男女老少(一般18岁以上),其次是一种受过高等教育(至少中等教育)的人,还是一种接受过外语专业教育(或具备相应的外语运用能力)并从事工程技术项目翻译工作的人。这些翻译者通常分布在(或服务于)各类工业企业(规模主要为特大型、大一型、大二型,少数为中小型;企业类型有制造型、劳务型以及制造—劳务型)。

10.1 工程技术翻译者的分类

在引进(输出)一个典型的工程技术项目时,为了便于开展工作,其上级领导或项目经理部或指挥部往往会设置临时性的翻译工作机构或岗位,名称一般为外事办公室或者翻译室(组),在项目启动至终结期间可能聚集几名、几十名甚至上百名的翻译人员。可是从翻译者的来源、背景和责任看,这些翻译者具有很多不同之处。工程技术项目的翻译者可以从三个方面划分。

10.1.1 建构翻译者与自然翻译者

按获得语言能力的途径划分,工程技术翻译者可以分为建构翻译者与自然翻译者（trained and automatic interpreters/translators）。“建构翻译者”是指通过一定的教育或培养获得语言翻译能力的翻译者；“自然翻译者”是指其语言和翻译能力无需专门训练，而是从小生长在双语环境里并随着自身双语能力发展而自动获得翻译能力的翻译者（Rod Ellis, 1999: 12）。也有人将这两类翻译者称为“合成性双语者译员”和“并列性双语者译员”（鲍刚，2011: 174—175），但该词来源可能是法文且包含三个词，读起来不顺口，故我国翻译研究者多倾向使用“建构翻译者”（或“复合翻译者”）和“自然翻译者”（王传英，2012）。

在目前中国语境下，国内几乎所有工程技术翻译者都是建构翻译者，这与有些欧美国家的翻译者主要是自然翻译者不同（参阅3.1节“欧美国家的工程技术翻译”），这一情形也和中国特殊的历史背景有关。按照瑞士苏黎世“英语教育公司”的观点（转引自中新网2013年11月7日电），中国属于不说英语（我们理解为把英语作为外语）的60个国家之列，其中，中国台湾的英语能力在全球60个不说英语的地方排名33位；中国大陆则排在34位，属于中等层次。单纯就语言能力而言，建构翻译者肯定比不过自然翻译者，因此欧美翻译专家及公司呼吁翻译者只能从外语译入母语，而不是相反。但由于汉语走向世界的历史很短，世界上的众多西方语言母语者中没有多少人精通汉语（Seidlhofer, 2011），并且中国国内的英语自然翻译者数量极少，因此有一点是肯定的：中国的引进（输出）工程技术项目翻译只能主要依靠中国的建构翻译者。

不过，自然翻译者充任工程技术翻译者的情形在中国境外由中资公司投资或实施的工程项目里是存在的。这种情形在东南亚、欧洲、澳洲、美洲时常可见。譬如，境外中资公司聘用早年移居国外的中国人或其后裔（自然翻译者或双语者）充任翻译者。

10.1.2 专职翻译者与兼职翻译者

按照合同聘任的身份划分，由中国公司为合同一方进行的引进（输出）工程技术项目中，存在专职翻译者和兼职翻译者（professional and spare-time interpreters/translators）。专职翻译者一般毕业于外语院系，在项目里的身份就是翻译者，承担了全部或绝大部分的翻译任务。2000年以前，中国公司承担的项目中专职翻译人员占绝大部分，本书涉及的翻译者也主要指专职翻译者。

随着中国英语教学水平的日益提高，兼职翻译者开始多起来。兼职翻译者在中国公司语境下其正式的员工身份是工程师、项目经理或其他技术职务，而他们也有相当的英语能力，能够独立与外国人交流（有时候也为他人翻译）。因为他们是工程技术专业人员，在翻译某些技术性强的话语时，其效果往往胜过语言专业背景的专职翻译者（陈忠良，2002）。例如，山东省济南第二机床集团在最近几年中出口大型钢材冲压生产线到美国福特汽车集团时，双方举行过多次工地（现场）会议，研究设备的质量改进问题，中方会谈人员从总裁至项目工程师共十多位人员均能够以英语发言讨论（包括有时为己方人员翻译），其效果比专职翻译者更佳。

随着兼职翻译者在中国对外经济贸易中越来越多，就产生了这样一个问题：在语言转换机理上，兼职翻译者能够认同为普通翻译者吗？对此，理论界似乎还没有广泛关注。本书作者使用“兼职翻译者”主题词分别搜索中国知网、中国学术期刊全文数据库、博士论文数据库及硕士学位论文数据库（2013－11－25）以及部分外文数据库，均未能获得有效的研究结果。但兼职翻译者在实践中却早已出现，是不争的事实，本书作者就曾经与兼职翻译者共事过。

本书认为，兼职翻译者虽然表现为双语使用者，在行为上能够独立与其他语种的人交际，并承担部分翻译工作，但是从其对外语或第二语言的认知方式观察，他还不是自然翻译者（即操两种母语者），仍然需要像专职或普通翻译者那样对源语进行感知、记忆、理解，并转换生成目标语（参见第十一章《工程技术翻译者的认知过程》）。在大脑神经机理方面，自然翻译者因从小就掌握了两种或多种语言，其大脑中形成了两套或多套语言生成机制，他们并不需要像非母语翻译者那样进行一系列更为复杂的认知过程。关于这个结论，虽然目前还没有发现以中国英语翻译者与英语母语者对比研究的例证支持，但是已经存在中国籍汉日双语者与日语母语者的对比研究例证。该研究采用先进的 ERP（事件相关电位技术），证明中国籍汉日双语者在认读日语词句时付出的认知努力明显大于日语母语者（刘向阳等，2010）。这可以用来旁证或支持前面的结论。所以，兼职翻译者在语言转换的神经认知机理方面，与普通的或专职的翻译者可能近似。鉴于我国引进（输出）工程技术项目的技术管理人员的英语水平日益提升，兼职翻译者这个问题值得进一步关注和研究。

根据目前我国外语（特别是英语）教育的普遍水平和工程项目的人员构成，在未来较长时间内，中国企业进行的引进（输出）工程技术项目中，专职翻译者仍然是翻译任务的主要承担者，而兼职翻译者只能临时充任部分子项目翻译。

10.1.3 按岗位分类的翻译者

按工作岗位划分，一个大中型引进（输出）项目工程的经理部或指挥部通常设一名首席翻译者、一名终审翻译者、若干名子项目翻译者、一名或多名公关翻译者，每个岗位的翻译人员均有各自的职责。首席翻译者一般直接协助项目负责人（总经理或总指挥），全面负责一个项目所有翻译工作的组织、协调，也承担一定的实际翻译工作（主要是评估、监督），并常常担任该项目重要会议的口译或主持核心文件的笔译。终审翻译者具体负责审核、校阅其他翻译者的文件初稿或承担核心技术文件及公关文件的翻译。子项目翻译者是一个项目的翻译生力军，人数众多，一个中型以上项目至少需要3—5名。这些翻译者一般是25—40岁的骨干人员，承担了项目的主要技术翻译任务。除了完成办公室“内务”翻译（技术文件及公关文件），通常还要去车间、工地、野外等项目实施地点担任口译任务。公关翻译者主要负责项目的对外公关事宜，通常与众多的项目外机构及人员交往，承担项目内引外联的职责（参阅6.2.5节“工程技术翻译的客户”）。大型工程项目设有专任公关翻译者，中小型项目可能由首席翻译者或子项目翻译者兼任。

从业务素质考量，首席翻译者应是具有全面素质的人才，在口译、笔译、技术翻译、公关翻译、外事礼仪、组织协调等各个方面皆有丰富经验和较强能力；终审翻译者应具备缜密、成熟的笔译经验和丰富的项目工作经验，是项目翻译工作的“内当家”或“师爷”；子项目翻译者应努力学习并迅速掌握引进（输出）工程技术项目必需的知识和技能，具备合格的口译能力和笔译能力；公关翻译者应重点了解项目对内和对外涉及的诸多机构或部门的业务范围、业务流程、主办人员、相关规定和法律等综合知识，并具有很强的行动能力和交际能力。

10.2 工程技术翻译者的权力

工程技术翻译者的权力，即该翻译者的翻译话语权，与其身份和在话语场中所处的位置（即与其他话语者的关系或语旨）有关。从话语交流的外部现象看，工程技术翻译者的权力随着委托人而改变，譬如他（她）受聘于业主方或监理方，在话语交流中就自然拥有了该方的部分话语权力；倘若他(她)受聘于承包方，也会承袭该方的部分话语权力。但从话语交流的内部运行看，该翻译者的话语权力尚有其独特之处。下面从话语内部来分析和研究翻译者的话语权力。

10.2.1 翻译者话语权的定义

从法律视角看，工程技术翻译者的话语权是由翻译服务合同委托人(雇主)所赋予翻译者的权限，而不是翻译者个人与生俱来的自然权力(该种权力包括翻译者个人在学习、工作或创作时能够随意施展个人才能，能够运用任何方法)。从话语运行角度看，工程技术翻译者的话语权是指翻译者通过一定的语言手段(口头或书面)和非语言手段(如眼光、手势、面部表情、身体动作、场景设置)操控其他话语者交流及其翻译过程并影响该交流或翻译效果的权力。

值得注意的是，法律赋予的权力和实际操控的权力在工程技术翻译者身上并不是完全吻合的。法律赋予的权力规定了该翻译者的服务原则和服务总体效果，操控的权力则是该翻译者实施翻译行为的具体措施范围，在保证达到总体效果的前提下，翻译者实际上能够选择不同的翻译方法。

鉴于工程技术项目翻译的复合性(参见13.5节“工程技术翻译的复合性特征”)，工程技术翻译者的话语权在语言形式上体现为特定语境下的口译权和笔译权。工程技术翻译者的话语权与普通教师话语权、翻译教师话语权、外交翻译者话语权、文学翻译者话语权、旅游翻译者话语权、普通会议翻译者话语权并不完全相同，其根本原因在于各自所处的语境场与话语场不同。

10.2.2 口译者的话语权

已有学者论述了普通口译者的话语权，分别表现为：(1) 采取中立的态度(“双语幽灵”)；(2) 选择成为交流过程的共同话语者；(3) 对弱势方赋权或支持；(4) 采取不中立(任文，伊恩·梅森，2012：24—25)。譬如，普通会议口译就典型表现出第(1)点，旅游口译典型表现出第(2)点，法庭或医疗口译典型表现出第(3)点，商业谈判口译典型表现出第(4)点。工程技术口译者的权力，因为体现在复杂多变的八个翻译图式中，所以集中了普通口译者权力的所有形式。

按照口译者权力的强度排列：(1)“采取中立的态度(‘双语幽灵’)”的权力强度最小(→0)，也是基本的权力表现形式；(2)“选择成为交流过程的共同话语者”属于第二层次或略高于(1)；(3)“对弱势方赋权或支持”位于第三层次；(4)“采取不中立”是最高强度的口译权力形式(→∞)。

在图式A(项目考察及预选)中，口译者陪同双方或多方人员参观考察某工程项目，此时各方话语者不存在明显的利益纠纷，话语气氛通常比较宽松，口译者一般会秉公办事，此刻他(她)充当了“双语幽灵”；在交流中，不仅各方的技术管理人员甚至普通员工也可以即兴谈话，而且口译者进行传译时也可以加入一些个人的体验(有些资深的工程技术翻译者可能具备工程师的部分技术素养)。即使其他在场的话语者发现口译者加入了自我话语，一般情况下也能够容忍和接受，客户方就权当增加了对该项目的了解。这时的口译者就表现为共同话语者的角色。

在图式B(项目合同谈判及签约)和图式F(索赔与理赔)中，合同话语各方为了磋商将要发生的或已经发生的技术问题和经济利益而共聚一堂。此刻，各方都明白，坐到谈判桌前的目标就是尽最大努力为己方获得最大的利益，没有必要掩饰己方的利益需求。因此，这时的翻译者(合同一方聘用)一般会动用所有可能采取的措施全力为己方服务。此刻的翻译者可能采取不中立的权力，其话语权升至最大(→∞)。在实际工作中，凡是遇到直接涉及合同各方利益的重要翻译图式时，参与公司均较为重视选择己方口译者。他们一般会选择与本公司有长期业务关系或其他社会关系的口译者，俗称“自己的翻译”，非常不情愿看到由对方聘用的翻译者操控现场。在中国境内外的引进(输出)工程技术项目中，大多数情况下都是中国公司聘用翻译者。

在图式C(项目实施预备动员)、图式D(项目实施)、图式E(工地会议)及图式G(项目竣工与维护)等阶段是实现或取得引进(输出)工程技术项目的技术价值和经济利益的具体过程，当然就存在连续不断的纷争和矛盾。这时的翻译者，已经不可能完全充当共同话语者或“双语幽灵”，但也不能公开采取非中立的权力而竭力为己方争取利益，因为毕竟合同各方均受到合同法律条款及技术规范的约束。而此刻的翻译者会本能地、自然而然地同情己方，因此翻译者实际上扮演了赋权者(Plaat，1999：773)或代理人(Angelelli，2004：29)的角色。此类情况在我国扬子石化引进工程项目(1978—1990)和其他引进(输出)工程项目中不乏实例(李景山，1991)。

在工程技术翻译实践中,赋权和非中立这两项话语者权力常常是密不可分的。有趣的是,在上述图式里,当中方翻译者充当的赋权角色或非中立角色过于明显(即偏向一方或积极为己方出谋划策,导致口译时间超过对方预计的合理时间)而被对方识破时,对方话语者就会对该翻译者或中方经理提出抗议。实际上,这种抗议效果不大;只是出于礼节,口译者这时会克制或隐藏自己的行为,可他(她)仍然会继续充当己方赋权者或非中立者,因为对方在谈判现场和工程项目现场无法寻找新的口译者。

在图式 H(项目交接与终结)中,各方话语者已经完成了合同全部的任务,大部分情况下,合同各方会愉快地进行项目交接、清算和终结工作,但合同因故中止的情形例外。在此种图式中,口译者主要扮演"双语幽灵"(Collados-Ais, 2002: 336),即采取不偏不倚的中立态度进行传译,口译者的话语权降至最小(→0)。如果举行酒会、剪彩等庆祝活动,口译者也能够即兴发挥以增强喜庆气氛,这时他(她)又扮演了共同话语者的角色。

上述分析是根据八个翻译图式框架进行的总体趋势分析,实际口译工作中每一个图式内部仍会出现口语者权力轻重不一的情况。

10.2.3 笔译者的话语权

关于笔译者的话语权或权力,现有研究主要集中在宏观层面(意识形态)及文学翻译方面(黄焰结,2007,2011;魏涛,2008;胡安江,2011;汪清、张铁前,2013)。工程技术笔译者的话语权力表现为:(1) 成为工程项目法律性文件两(多)种语言的忠实翻译者;(2) 成为项目施工程序性文件的编译者;(3) 成为某些项目程序性文件(如索赔报告)的共同写作者和独立翻译者;(4) 成为某些项目程序性文件(如会议纪要和工程项目竣工庆祝酒会致辞)的独立写作者和翻译者。关于文件分类,参阅 9.4 节"按项目文件进行词汇分类"。

按照笔译者权力的强度排列:(1)"成为工程项目法律性文件两(多)种语言的忠实翻译者"是笔译者的基本权力,翻译者自主施展权力的空间极小(→0);(2)"成为项目施工程序性文件的编译者"比前者略高,获得了一定的共同参与权;(3)"成为某些项目程序性文件(如索赔报告)的共同写作者和独立翻译者"已经给笔译者赋予了明显的自由施展权力的空间;(4)"成为某些项目程序性文件(如会议纪要和工程项目竣工庆祝酒会致辞)的独立写作者和翻译者"让笔译者几乎有了自由操控文本

(写作和翻译)的机会,其权力达到最大限度(→∞)。

笔译者的话语权力仍然是由翻译合同委托人(雇主)所赋予翻译者的权限,而不是翻译者个人与生俱来的书面写作或创作自由。与口译者权力比较,工程技术笔译者的话语权显得更隐蔽一些,没有口译者那种在公开场面出彩的效应,但笔译者权力的实际效果也颇有特色,隐含"暗箱操作"之嫌,且其最终效果可能超过口译者权力的效果。

笔译者权力(1)在图式 B、图式 D 和图式 F 的部分情景中表现较为突出,对于各方已经签订的合同、协议、议定书、技术规范、索赔理赔裁定书等法律性文件,书面翻译者必须忠实传译。若出现译文偏离原文意义,将会给合同各方造成严重影响。况且对于这类法律性和技术性很强的文件,翻译者也不具备完全操控的能力,故更不能随意变动。若翻译者要为己方争取利益,至少应该在签订合同等文件之前,通过书面和口头暗示己方人员。例如,一个工程事故的索赔或理赔报告由损失方和理赔方在现场调查取证的基础上完成,事实和文字都存在相对的灵活性。在合同各方达成协议之前,笔译者可以利用笔译赋权,给予弱势方或己方支持,即可能对索赔报告原文进行有利于己方的编译。但对于各方已经签订的索赔或理赔协议,翻译者应忠实传译。

笔译者权力(2)在图式 C 和图式 D 中表现较为突出,这里的图式 C 也包括每个子项目施工前的预备动员。施工程序性文件是指每个子项目实施中出现的临时性文件,包括子设备材料交付文件、施工技术人员变动报告、项目开工申请报告及批复、技术性能(参数)与设备的检测或化验报告等。这些临时性文件虽然也是工程合同的一部分,但具体内容通常无法列入合同、协议、议定书等正式法律文件的条款。例如,何时申请某一子项目开工的时间、地点、方式、人员、设备、材料等详细内容事先根本无法具体确定,只能由当事人根据实际情况决定。另外,工地现场的技术人员和普通员工的书面表达能力可能出现不规范、不完备之处,为此现场笔译者有权(实则共同参与)对这些临时性文件进行编译,以便更集中地体现话语者的意图。

笔译者权力(3)在图式 A、图式 E、图式 G 中较为典型。项目总结性文件也是项目实施中的临时性文件,包括新项目商务技术考察报告、开工竣工致辞、工地会议纪要、项目终结总结报告。笔译者之所以能够在这些图式中被赋予一定程度的权力,是他(她)往往参与或见证了这些图式的实际活动,因而具备了该项目专业技术人员的部分角色(熟练的翻译者往往被工程技术管理人员称为"半个工程师"或"半个经理"),加之翻译者还往往充当了项目经理或总工程师的秘书，故他（她）能够对一些项目总结性文件补充或发表个人意见。图式 E 中，笔译者的共同话语权体现在：工地会议期间或以后，一般要求翻译者记录谈判话语，将其整理为会议纪要，并首先交给己方领导审阅，然后才交给其他各方审阅。此时，作为合同一方的聘用者，翻译者自然会有所倾向地选择有利于己方的话语或议题进入会议纪要。

笔译者权力（4）在图式 H 中表现较为突出。由于引进（输出）工程技术项目从启动到终结的时间跨度较大，一般来说，作为参加者之一的翻译者在项目实施的后期已经非常熟悉该项目的情况（包括工程标的、主要技术参数、设备性能、工程进度、物资调配，技术人员、项目现场等主要议题），因此当一些专业技术性不太强的总结性文件和程序性文件（如庆祝酒会致辞、项目终结的某些公关文件）需要发布时，项目经理可能委托翻译者全权代理起草（写作）并翻译。这时，翻译者成为该翻译话语的主要操纵者。

与“口译者权力”一节相似，上述分析描述了在八个翻译图式框架内发生的笔译者权力的总体趋势，但实际的笔译工作中每一个图式内部仍会出现笔语者权力凸显不一的情况。

10.3 工程技术翻译者的伦理

普通意义上的伦理是人与人相处的各种道德准则（《现代汉语词典》，2005：896），即社会成员之间、组织机构之间交往关系的总称。我们这里讨论的翻译伦理，实际上与翻译实践相似，同样具有悠久的历史，只不过近二十年才开始引起研究者的关注。在中国，1998 年起开始有学者关注、译介和研究翻译伦理（许钧，1998），目前的研究者大多进行国外翻译伦理理论的介绍，其应用研究方面集中于文学翻译的伦理，而将翻译伦理的理论与广泛的应用翻译实践相结合还少有人关注（吴慧珍，周伟，2012）。

说起翻译伦理，我们自然联想到意大利谚语“Traduttori traditori”（翻译即反叛）。文学翻译领域的“反叛”（即偏离原文）随处可见，譬如：英译中有清末民初林纾翻译的一百多部欧美小说，其中大量改编了原文故事情节；中译英有美国人埃文·金所译老舍《骆驼祥子》和《离婚》，该译者把《骆驼祥子》原作的悲剧性结尾居然改为大团圆，把《离婚》原作表现的民族软弱性与讽刺性改为哗众取宠的纸醉金迷，以此吸引美国读者。但是，工程技术翻译属于专业技术性强、法律性严谨、经济价值巨大的工作，其内部运行（八个翻译图式）的伦理并非用一句简单的“翻译即反叛”或“创造性叛逆”就能够说清楚的。

10.3.1 翻译者伦理的含义

翻译者伦理是处理翻译过程中翻译者与话语方的关系（口译）、翻译者与原文的关系（笔译），以及调节翻译者自身语言传译行为的恰当方式。纵观历史上的翻译实践活动，翻译者伦理很少存在成文的或法律性质的、明确而又统一的规定，而主要是以某些翻译行业的惯例（如东晋道安的“五不译”）或翻译公司的传统或翻译者个人的习惯而存在。从实践意义上看，翻译者伦理是翻译行业内（且往往是更小的某个翻译圈内）形成的一套翻译者行为惯例。翻译者伦理的目的不是规约翻译对象，而是规约翻译者的行为方式并影响其翻译产品的质量。

芬兰学者切斯特曼在总结以往翻译伦理实践和研究的基础上归纳出普通翻译者伦理的五种模式：表现原文或原作者的忠实伦理，服务于赞助人的伦理，与其他主体间的交际伦理，文化规约性伦理，以及职业承诺性伦理（Chesterman，2001）。也有其他学者在切斯特曼五个伦理模式基础上，从交互主体性理论视角提出了原文作者—译者伦理、译者—委托者伦理、译者—译文读者伦理，以及源语文化/原文作者—译者—目的语文化/译文读者伦理（刘卫东；转引自杨洁、曾利沙，2010）。相比而言，切斯特曼的伦理模式概括性更强，已经获得了广泛的认同。实际上，在各个应用翻译行业甚至翻译者个人，也存在着许多种类的翻译者伦理或翻译者行为惯例。

作为翻译理论范畴的一部分，翻译者伦理与翻译标准和翻译者权力这三者形成了相互作用的一个独立系统：翻译标准（参阅第十四章）强调翻译者应该做什么，翻译者权力（参阅 10.2 节）强调翻译者能够做什么，而翻译者伦理强调翻译者如何做或实际上已经做了什么。翻译者伦理作为指导实际翻译行为的特定方式，又能反过来影响翻译标准的制定，譬如各国翻译标准或规范就是来源于各自的翻译实践伦理（参阅 14.3.1 节“二级标准的参考依据”）。这三者形成理论上的相互补充和实践中的相互制约。

翻译者伦理在这个三角体系中成为调整翻译标准、限制或扩大翻译者权力的主角。翻译者伦理所给出的价值判断，在面对翻译事实或者在指导翻译实践活动时往往会因为受到翻译者权力的影响而与翻译标准发生偏离，并形成翻译标准（理想化翻译行为）预料之外的翻译实践结果。下面我们将通过曲线模式对翻译者伦理开展进一步的讨论。

10.3.2 口译者的伦理

根据上述观点，口译者伦理是口译标准和口译者权力共同作用形成的一个参数，三者构成一个相关系统。因此，我们先看看中国翻译行业对口译的规范或标准。《翻译服务规范　第2部分：口译》（中华人民共和国国家质量监督检验检疫总局，2006）中有关口译者的如下规范：

"4　要求　4.1　口译服务方的资质"。

"4.2.3.1　短期业务　约期不超过一个月的为短期口译业务，双方应签订书面合同或协议书"。

"4.2.3.2　长期业务　约期超过一个月的为长期业务，双方应签订书面合同或协议书"。

"4.3　译员"（资质）。

"4.4　顾客支持"（包括顾客应向口译服务方介绍口译涉及专业、范围和口译对象，顾客应向译员提供的物质条件和资料）。

"4.5.1　译员资质管理"。

"4.6　口译服务过程控制"（包括译前准备、口译过程）。

"4.6.1.2　口译过程　在口译过程中应做到：准确地将源语言译成目标语言；表达清楚；尊重习俗和职业道德"。

"4.6.1.3　在口译服务过程中出现问题，口译服务方应与顾客密切配合及时予以处理"。

"4.7　保密"。

在以上规范中，直接涉及口译者操作过程的内容为第4.6.1.2和4.6.1.3款，可以说高度概括了我国口译者的业务操作规范。但是，可以预料：这样一个抽象简单的规范仅仅是一个宏观的指导性标准，是一种理想化的模式，不可能是控制某个具体翻译行为实施的详细要求。

值得注意的是，在工程技术口译实践中，口译者除了力求遵守国家（或翻译行业）的规范或标准之外，还受到委托人（客户）所授予的话语权力的驱使或限制。换言之，工程技术口译者在实践中的伦理（或恰当使用话语权力的表现)取决于国家或行业的翻译标准(规范)和委托人授予的权力这两个因素。参照 10.2.2 节“口译者的话语权”,我们勾勒出下面的口译者伦理曲线:

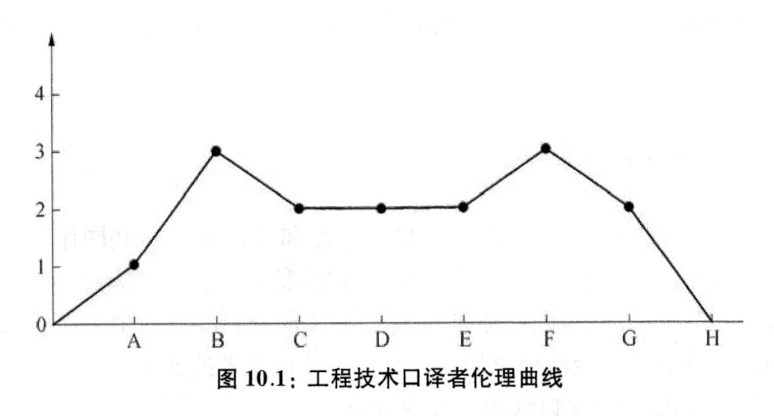

图 10.1: 工程技术口译者伦理曲线

图 10.1 的曲线说明:底部直线(横坐标轴)代表国家(行业)的翻译规范(或理想化标准)及其实施范围(工程技术翻译的八个图式);左边直线(纵坐标轴)代表口译者从委托人(客户)获得的权力及其等级。参阅 10.2.2 节,口译者权力共有四级:坐标系原点 0 表示第一级“双语幽灵”,即保持中立;纵轴 1 表示第二级“选择成为交流过程的共同话语者”;纵轴 2 表示第三级“对弱势方赋权或支持”;纵轴 3 表示第四级“采取不中立态度”。故图示 10.1 中由各点连接的曲线就是口译者伦理的曲线,即工程技术口译者实际行使权力的状况。

口译者伦理的程度和范围:从该曲线至底部横坐标轴八个点之间的(纵坐标)距离,可以视为口译者行为对国家(行业)翻译标准的偏离程度,B 点和 F 点两处为偏离的最大幅度(3,即“不中立”),图式 A 的起点(0)和 H 点为最小偏离程度(0);位于该曲线与底部横坐标之间的区域,可以视为翻译者伦理的变化范围。

结合 10.2.2 节“口译者的话语权”和 10.3.1 节“翻译者伦理的含义”中芬兰学者切斯特曼的伦理模式,图 10.1“工程技术口译者伦理曲线”存在下列口译伦理特征:

在权力 1(坐标系 0):作为隐身者,口译者表现出忠实于各方话语者(包括信息内容、形式、语气)的伦理,即忠实传译各方的话语。

在权力 2(纵轴 1):作为共同话语者,口译者表现出双方文化规约性伦理(图式 A 的末端和 H 前端)。实践中,口译者根据各方的文化习惯在某些图式(如图式 A 后期)可以加入一些自己的体验话语,即使对方发现也容易接受，不至于受到对方抗议。

在权力3(纵轴2)：作为弱势方赋权者或支持者，口译者表现出职业承诺性伦理和与其他主体间的交际伦理(图式C、D、E、G)。实践中，口译者考虑到弱势方需要更多的口译服务(尤其涉及较为复杂的技术细节和支付价格的谈判)，口译者一般会表现出足够的细致和耐心，充分为弱势方沟通传译。

在权力4(纵轴3)：作为非中立者，口译者表现出服务于赞助人或委托方伦理(图式B、F)，即在合同谈判和索赔理赔中竭力为己方争取利益。这也显示了工程技术口译是一项具有倾向性和利益性的活动。

10.3.3 笔译者的伦理

笔译者伦理的形成原理与口译者伦理相同，即笔译者伦理是笔译标准和笔译者权力共同作用形成的参数，三者构成一个系统。我们先看《翻译服务规范　第1部分：笔译》(中华人民共和国国家质量监督检验检疫总局，2003)对笔译者的规范要求：

"4.1　对翻译服务方的条件：4.1.1　对原文和译文的驾驭能力以及完成顾客委托所必需的人力资源。4.1.2　对译文中所涉及的专业语言的翻译经验。4.1.3　技术装备和办公设备。4.1.4　履行合同的能力"。

"4.2.3.2　批量或长期业务是数量较大或时间较长的翻译业务，应签订合同或协议书"，包括"约定的翻译服务内容；约定的交件形式；约定的验收条款；约定的质量内容；约定的保密条款；约定的违约和免责条款；约定的变更方式"。"4.2.4.1　附加服务：如果客户希望获得附加服务，应与翻译服务方协商"。

"4.4.2　翻译"，包括翻译人员应具备的以下条件："译前准备""4.4.2.3　译文的完整性和准确度，即译文应完整，其内容和术语应当基本准确。原件的脚注、附件、表格、清单、报表、图表以及相应的文字都应翻译并完整地反映在译文中。不得误译、缺译、漏译、跳译，对经识别翻译准确度把握不大的个别部分应加以注明。顾客特别约定的除外"。"4.4.2.4　符号、量和单位、公式和等式应按照译文的通常惯例或国家有关规定进行翻译或表达"。"4.4.2.5　名称、自然人的姓名、头衔、职业称谓和官衔""日期""新词""统一词汇"。"4.4.3　审校""4.4.4　编辑""4.4.5　校对""4.4.6　检验""4.4.7　印刷品及复印件"。

"4.5　质量保证"。

"4.6　资料存档及其他"。

"4.7　顾客反馈和质量跟踪"。

"4.8　保密"。

其中直接涉及笔译者伦理的是"4.4.2　翻译"条下属的"4.4.2.3""4.4.2.4""4.4.2.5"三个细则。显然，这个条款也如同口译规范一样，制定者希望以此追求一种理想化的翻译途径和效果。在工程技术笔译实践中，笔译者除了力求遵守国家或翻译行业的规范之外，还受到委托人所授予的话语者权力的限制。换言之，工程技术笔译者在实践中的伦理（恰当使用权力的表现）取决于国家或行业的翻译规范（标准）和委托人授予的权力这两个因素。参照10.2.3节"笔译者的话语权"，可勾勒出下面的笔译者伦理曲线：

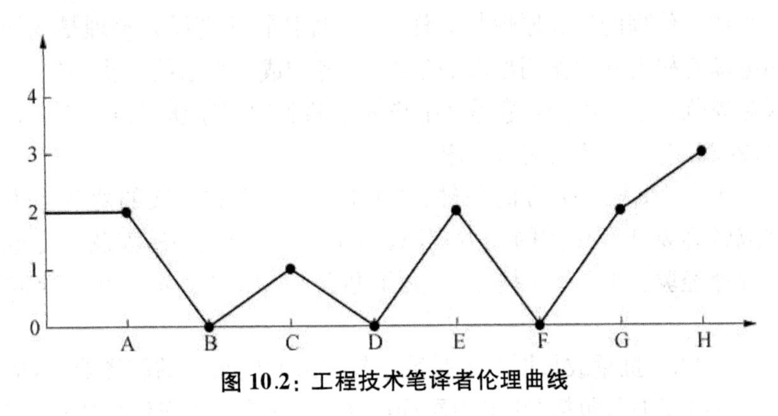

图10.2：工程技术笔译者伦理曲线

图10.2的曲线说明：图示底部直线（横坐标轴）代表国家或行业的翻译规范（理想标准）及其实施范围，范围内的八个点分别代表工程技术翻译的八个图式；左边直线（纵坐标轴）代表笔译者从委托人（客户）获得的权力。参照10.2.3节，工程技术笔译者的话语权力表现为四级：坐标系0表示第一级"成为工程项目法律性文件两（多）种语言的忠实翻译者"；纵轴1表示第二级"成为项目施工程序性文件的编译者"；纵轴2表示第三级"成为某些项目程序性文件（如索赔报告）的共同写作者和独立翻译者"；纵轴3表示第四级"成为某些项目程序性文件（如会议纪要和工程项目竣工庆祝酒会致辞）的独立写作者和翻译者"。图10.2中各点连接的曲线就是工程技术笔译者伦理的曲线，即笔译者实际操控话语权力的状况。

笔译者伦理的程度和范围：从该曲线至底部横坐标轴八个点之间的

(纵坐标)距离,可以视为笔译者行为对国家(行业)翻译标准的偏离程度,H点为偏离的最大程度(3),而B、D、F三个点为偏离的最低程度(0)。位于该曲线与底部横坐标之间的区域,可以视为笔译者伦理的变化范围。

结合10.2.3"笔译者的话语权"和10.3.1节"翻译者伦理的含义"中芬兰学者切斯特曼的伦理模式,该"笔译者伦理曲线"具有下列笔译伦理特征:

在权力1(坐标系0):笔译者表现为忠于原文的伦理,即充当两种(或多种)语言的忠实翻译者或转写者,译文忠实于合同、协议、规范、议定书等工程法律文件的内容和形式(图式B、D、F)。

在权力2(纵轴1):笔译者表现出服务于赞助人或委托人(临时性)意图的伦理,成为项目及施工程序性文件的编译者(如图式C的临时货物文件、图式D的子项目报告)。

在权力3(纵轴2):笔译者表现出职业承诺性伦理(即协助委托方完成自己力所能及的工作),成为项目总结性文件的共同写作者和独立翻译者(如图式A的意向性协议、图示E的工地会议纪要、图式F的索赔报告、图式G的维护工程报告)。

在权力4(纵轴3):笔译者表现出忠于文化规约性伦理及与其他主体间的交际伦理,成为部分程序性文件(如竣工大会和庆功酒会的致辞)的独立写作者和翻译者(图式H)。

10.3.4 口译者伦理与笔译者伦理的比较

根据图10.1"工程技术口译者伦理曲线"和图10.2"工程技术笔译者伦理曲线"及其相关说明,我们对工程技术口译者伦理和笔译者伦理进行比较。

10.3.4.1 翻译者伦理偏离翻译标准的强度

偏离强度的数据:以横轴(翻译规范或理想翻译标准)为标准值(0)为参照系,"工程技术口译者伦理曲线"有两次达到最高值3(第四级),二次达到最低值0(第一级),四次达到2(第三级),一次达到1(第二级);"工程技术笔译者伦理曲线"有一次达到最高值3(第四级),三次达到2(第三级),一次达到1(第二级),三次达到最低值0(第一级)。

比较:在最大偏离标准值方面,口译者伦理曲线有两次,笔译者伦理曲线有一次;在最低偏离标准值方面,口译者伦理曲线有两次(且起点

0至A点区间的后半部没有触底为0)，而笔译者伦理曲线有三次，而且是明确触到底线为0；在中间偏离值方面，口译者伦理曲线四次达到第三级，笔译者伦理曲线三次达到第三级，一次达到第二级。

按照偏离标准值(0)的幅度设定比例(高峰值：中间值：低端值)，则从图10.1和图10.2及"偏离强度的数据"可以发现：口译者伦理曲线的偏离强度比例为2：4：1，笔译者伦理曲线的偏离强度比例为1：3：1。

根据图10.1的口译者伦理曲线和图10.2的笔译者伦理曲线并采取统计学的标准差公式计算，口译伦理曲线的标准差(σ_1)＝0.926 6，笔译伦理曲线的标准差(σ_2)＝1.089 5。

结论：工程技术口译者伦理(行为)偏离翻译标准的强度更大，但其各点与标准值的平均差距相对集中(表明变化幅度较小)；工程技术笔译者伦理(行为)偏离翻译标准的强度更小，但其各点与标准值的平均差距相对离散(表明变化幅度较大)。按高、中、低各项数值对比，口译者伦理偏离峰值频度(2)大于笔译者伦理偏离峰值频度(1)100%，口译者伦理偏离中间值频度(4)大于笔译者伦理偏离中间值频度(3)33.33%，但两者偏离低端值频度相同(1)。结合两条曲线的偏离峰值和中间值，口译者伦理偏离翻译标准强度总体上比笔译者伦理偏离标准强度大133.33%。

10.3.4.2　翻译者伦理偏离翻译标准的范围

偏离范围的分布：工程技术口译者伦理偏离翻译标准的高峰值范围集中分布在图式B(项目合同谈判及签约)和图式F(索赔与理赔)，偏离的中间值范围分布在图式C(项目实施预备动员)、图式D(项目实施)、图式E(工地会议)、图式G(项目竣工与维护)，偏离的低端值范围分布在图式A(项目考察及预选)和图式H(项目交接与终结)。

笔译者伦理偏离翻译标准的高峰值范围仅出现在图式H中，偏离的中间值范围分布在图式0—A、E、G、以及稍次的图式C中，而偏离的低端值范围分布在图式B、D、F中。

比较：参阅图10.1和图10.2，通过连续加法($\sum$)计算口译者伦理曲线和笔译者伦理曲线分别与各自坐标底线(横轴)围成的面积，我们得到结果：口译者伦理偏离翻译标准的范围值为15，笔译者伦理偏离翻译标准的范围值是9.5，即工程技术翻译(口译和笔译)偏离翻译标准范围的总值为24.5(15＋9.5)。由此，口译者伦理的偏离范围值占总偏离范围值的61.22%，笔译者伦理占38.78%。

结论：口译者伦理(行为)偏离翻译标准的范围显著大于笔译者伦理(行为)偏离翻译标准的范围(61.22% - 38.78% = 22.44%)。

综合偏离翻译标准的强度和范围两项参数，我们可以认定：工程技术口译者伦理无论在偏离翻译标准的强度和范围方面，都显著大于工程技术笔译者伦理。借用美国文学翻译家韦努蒂的"隐身者"理论术语，工程技术口译者是一个十足的"显形者"，而工程技术笔译者也是一个相对"隐身"的"显形者"。

10.4 工程技术翻译者的风格

虽然翻译者只能够履行委托人赋予的翻译职责，但在实践中工程技术翻译者也有机会展现自身的风格，成为并不完全"隐身"的翻译者。这种不完全"隐身"的表现，并非是翻译者着意要表现自我价值或显示与众不同，倒常常是因为翻译语境的需要或委托人(客户)的需要。不少委托人(客户)，尤其是初次从事对外经济贸易活动的中国工程技术管理人员，对翻译者和翻译工作的要求只是看得懂译文、听得懂译语就行，而对于如何看得更清楚以及听得更明白，他们一般不太关注。但是，这个问题对于工程技术翻译人员却是必须关注的，因为不同的话语、不同的图式、不同的语境需要不同的翻译风格和翻译技巧，才能保证委托人或受让者读起来更加明白和更加容易。

在一般逻辑意义上，翻译者风格就是翻译者个人的工作作风。口译者的风格通过口译者的词语、语音、语调、语速、重音、停顿、眼神、表情、手势、姿态、衣着等多种因素体现出来。笔译者的风格通过译作的语词、语句、标点、段落、篇章、文字数量以及主题先后、信息选择、排版格式、纸张质量、装帧形式等因素体现出来。

从翻译理论范畴考量，翻译者风格是对翻译理论内涵的充实。鉴于在运用各种风格时，翻译者可能会在不影响传递源语核心意思的前提下对源语做一些形式上的改变，因此翻译者风格是将翻译标准、翻译者权力、翻译者伦理三者融合之后的具体化和形象化。另一方面，对于翻译服务的受让者(客户)来说，我们谈论的翻译标准、翻译者权力和翻译者伦理都显得颇为抽象、含糊；他们只有通过现场感受翻译者的行为及风格，才能直观和明确地体会到翻译标准、翻译者权力和伦理的某种存在，才能甄别翻译服务效果的优劣。

下列讨论中提及的翻译风格参数，请参阅 14.4 节“工程技术翻译三级标准的技术参数”。

10.4.1 口译者的风格

上一节(10.3)分析过，在翻译者伦理范畴内，口译者伦理偏离翻译标准的幅度或强度明显大于笔译者伦理。换言之，口译者在实施翻译过程中相对笔译者而言具有更多的灵活性，或者说，更容易自行选择口译风格。鉴于八个工程技术翻译图式的变化，工程技术口译者一般可以展示下列风格类型。

10.4.1.1 中立型口译风格

这里与“口译者话语权”(10.2)一节讨论的“幽灵式”表现不同：本节的中立型风格指翻译者的整体表现方式，而所谓的“幽灵式”特指口译者操控译语信息的权力。

风格特点：口译者的眼神专注于话语者，译语用词中立、平和，无渲染或贬抑语气，无明显面部表情，身着正装，坐立姿态通常，语音中等(40—50 分贝)，语调平稳，语速均匀(100—120 英语词/分)，话语句型为简单句加较少复合句(5%以下)，基本采取主动语态(被动语态 5%以下)，无个人习惯语，无障碍性停顿，无明显强调重音，无手势语，连续口译时间中等(30—60 秒/分)。

风格评价：中立型口译是基本的或标准的口译风格，在传递译语信息方面接近有些理论家倡导的“隐身”或“双语幽灵”式权力形式。值得注意的是，这种中立型风格不能因为其各个方面保持中立就被认为是最佳的口译风格。最佳风格并不是一成不变的，而是一个相对的概念。最佳风格应该依据不同语境的需要而决定。中立型风格便于稳定传译话语，其最显著的交际功能在于能够将激动或生气的“火药味”话语“降解”为和风细雨般的娓娓而谈，从而将冲突气氛转化为平和气氛。

运用范围：适应性较广，可以适用于许多程序性的工作汇报翻译，尤其适宜于工程技术项目各方(双方)人员在物资交接场合(如图式 C)或话语各方容易发生纠纷、冲突等敏感场合(如图式 D、E、F)。例如：在我国某引进项目工地上，有一位德国籍工程师因与中国经理对从己方进口的一套高性能光纤机组质量持不同意见而大发脾气，一气之下还说了些不友好的话。此时,中方经理也准备予以还击,而口译者巧妙地运用中立型风格,淡淡地口译为"德国工程师说,再用一两种检测手段就能够解决问题,请你们试试看"。中国经理听后马上意识到自己误解了对方,怒气迅速消退,从而避免了双方的矛盾。

10.4.1.2 严肃型口译风格

风格特点:口译者的眼神专注于话语者或手头笔记,译语用词严谨简练,带有强调某些词语或句子的重音,面部表情严肃,身着正装,坐立姿态挺直,语音中等偏高(50—60 分贝),语调抑扬顿挫,语速偏慢(80—100 英语词/分),话语句型为部分简单句加部分复合句(复合句 5%以上),被动语态偏多(5%以上),无个人习惯语,可出现强调性停顿,偶有手势语,连续口译时间中等偏长(60—180 秒/分)。

风格评价:严肃型口译风格给人一种严谨的印象,在有些人看来难免有些呆板,不过面对某些场合(例如图式 B、图式 E,或一些项目工地之外的高层外交场合)仍是需要的。该风格能够将对方有意淡化的技术或财务问题(涉及己方利益)以严肃的态度提出来,开展正面讨论,争取积极的成果。

适用范围:合同各方首次见面,特别是某些相互陌生的高级官员初次会谈,或某些关系到合同己方重大利益的会谈。例如:在某中国公司承担的道路路基开挖子项目议定书谈判中,因岩石开挖单价比土方开挖单价高出两倍,一开始外方监理工程师有意轻描淡写地说:"这五公里的路基开挖主要是土方,土方占总开挖量的 70%,岩石仅占 30%,请你方确认吧。"外方监理工程师表面上若无其事,旨在诱导中国公司签订符合他们意愿的子项目议定书,压低中国公司的工程收益。此时,口译人员较为敏感,运用严肃口译风格,慎重地传递外方信息,借此引起中国经理注意。经过严肃谈判及翻译,最后双方以岩石、土方各占 50%的比例签订子项目议定书,口译者也为中国公司的合理收益发挥了积极作用。

10.4.1.3 幽默型口译风格

风格特点:口译者的眼神自然巡回于各方话语者之间,语气机智幽默,译语用词考究而富有韵味,重音强调某些词语或句子时有风趣感,面带微笑,身着休闲装或正装,坐立姿态随意,语音中等(40—50 分贝),语调抑扬顿挫,语速时快时慢(90—160 英语词/分),话语句型为简单句加少量复合句(复合句 5%以下),被动语态偏少(5%以下),有少量个人习惯语(5%以下),可出现强调性及幽默性停顿,伴有手势语,连续口译时间中等偏短(30—60 秒/分)。

风格评价:幽默是全世界均能够接受的话语方式,其特殊的话语功能在于能够将一方平淡无奇的话语转化对方感兴趣的话语,或者能够将某些苛刻的话语转化为平和的话语,从而避免话语各方交流陷入尴尬的局面。

适用范围:在八个翻译图式的大多数场合,均可以适时选择幽默口译风格。例如,我国某阀门行业制造厂接待一批巴西客商,中方经理带领客商参观该厂车间,并罗列了一连串枯燥的数字,当晚又宴请来宾开展深入交流。中国经理和工程师在接待和宴席之间讲话语调平实(这是许多中国工程技术人员的话语风格),口译者如照实传译则很难形成友好活泼的气氛,进而不易引起巴西客商对这家地处内地的阀门企业的注意。此时,口译者巧妙灵活地运用幽默口译风格,将中国经理和工程师话语中某些词语与拉美文化巧妙联系起来,形成拉美人习惯的幽默话语,使得交流气氛随之活跃,引起客商的热烈反响。

10.4.1.4 豪放型口译风格

风格特点:口译者的眼神快速穿梭于各方话语者之间,语气轻松豪放,译语用词通俗活泼,强调某些词语或句子时有豪爽感,面部表情愉悦,身着休闲装或工装,坐立姿态随意,语音偏高(60—80 分贝),语调抑扬顿挫,语速较快(100—180 英语词/分),话语连续性强,很少停顿,话语句型为简单句,被动语态偏少(5%以下),较多使用个人习惯语(5%以上),伴有手势语,连续口译时间中等(30—60 秒/分)。

风格评价:豪放型口译风格能够将不善言辞者的低音和平淡话语转化为声音响亮、引人注意的豪放之词,以达到交流现场所需要的活泼气氛或热情效果。

适用范围:适宜出现于图式 A(项目考察及预选)、图式 D(工程实施)、图式 G(项目竣工与维护)、图式 H(项目交接与终结)的欢庆会或宴会等语境中。实践中,有些中国工程技术人员,因长期从事专业技术工作或身体健康等原因,不太善于言辞,或表达中无面部表情,这不容易引起对方或其他听众的注意。此时口译者在确认话语者原意的前提下,可以运用豪放型口译风格,提高自己的声音,适当运用手势,将话语者的含蓄意图传译出去。

10.4.2 笔译者的风格

参阅10.3节“工程技术翻译者的伦理”，笔译者伦理偏离翻译标准的范围明显小于口译者伦理；换言之，笔译者在实施翻译过程中相对口译者拥有较少的自由度和灵活性，不太容易自行选择笔译风格。尽管如此，工程技术笔译者在八个图式语境中仍然可以展示下列风格类型，以显示出笔译者的非“隐身”状态或笔译者权力的存在。

10.4.2.1 朴实型笔译风格

风格特点：译文的语词通俗易懂，选词符合普通员工习惯用语，简单句占大部分（大于80%），主动语态占大部分（大于80%），无明显语法错误，标点符号基本正确，段落简短，篇章结构有些松散（尤其是编译时），议题缺乏先后顺序，重视选择信息来源，页面有少量错别字（超过万分之三），排版格式随意，纸张质量中等偏下或粗糙，装帧简陋。

风格评价：朴实型笔译风格并非一定就是运用于翻译原文朴实的文章或文件，而是一种翻译策略或翻译者风格的凸显。该风格能够将较为复杂、冗长、繁琐的书面文件转换为相对简短、平易、通俗的普通文字，也能够将工程技术项目实施中某一方咄咄逼人或苛刻的信函或报告变得平和。

适用范围：适用于翻译项目的技术规范文件或技术标准文件，因为其读者多半是一线的基层技术人员和普通员工，他们注重文件语言的实施功能（参阅7.3.6节“工程技术翻译话语的可操作性”），几乎没有时间和兴趣关心语言是否优美。这种风格也适用于翻译某些工地临时性文件（如合同各方来往信函、申请及报告），因为这些临时性文件中时常出现合同一方过激的言辞或意见，如翻译者一味照本传译，并非是明智之举。

例如，由某公司承建的一个境外项目实施中，中方经理在致外方主监的信函里，曾表达过“如你方不介意，我方将把此文件直接送达贵国交通部部长”。当时的翻译者由于缺乏经验，采取了严谨型笔译风格，把这个意思笔译为“If you don’t care, this letter shall be submitted to His Excellency Mr. Minister of the Communications Ministry”。事后，外方主监对“If you don’t care”的措辞极为愤怒，要求中方改写，因为他将don’t care理解为“如果你方不认真的话”，而这句话还有“如果你方不介意”的意思。那位翻译者的译文看似严谨、实则模棱两可的措辞引起歧义。后来，该翻译者只得改写为“If you agree, this letter will be submitted to Mr. Shukra, the Employer of the Project”。后面的措辞既简单又明了，是典型的朴实型风格。

10.4.2.2 严谨型笔译风格

风格特点：译文选词正式且符合合同条款及技术规范的用语（英文），语句结构严谨，无语法错误，英译中时不使用“被”字句，复合句及长句所占比例高（大于20%），中译英时被动语态的比例较大（大于20%），完整转换原文信息，正确传译标点及各种符号，200字以上的段落多（大于50%），议题顺序按轻重先后排列（编译时），页面无错别字或错字率在万分之一以内，排版格式遵照原文格式或遵照已有文件格式，纸张质量好，页面清晰，装帧考究。

风格评价：除了传译原文的严谨风格外，严谨型笔译风格能够将一般性的、级别较低的普通文件“打造”成貌似严谨的、重要的文件，以实现商业利益最大化。

适用范围：主要运用于翻译项目合同的法律条款、项目可行性报告、（协议）议定书、项目验收报告等重要书面文件。例如，某公司在项目所在国收取承包工程劳务费时，遇到业主方多次拖延并大量欠款，该公司的翻译者与经理人员密切合作，将业主方屡次拖延付款及至今还欠款的事实制成表格，并以合同条款为依据，语气严肃地分析其原因、后果、责任，并将这些意见制成精致文本，经项目高级经理签字后正式递交业主方，同时还将此信息制成外交照会，经中国驻该国领事馆递交给该国外交部和交通部等政府高层机构，使其意识到违反合同法律的严重性，催其按照合同及时付款。

10.4.2.3 渲染型笔译风格

风格特点：译文选词较为考究、语句结构精巧，具有文学渲染性（如排比、明喻、暗喻、夸张、假设），简单句较多（大于80%），主动语态占大部分（大于80%），英译中时多使用中文习惯的排比句型或套用中文谚语（套话），中译英时多使用大词（华丽词语）且巧用英文排比、明喻暗喻，重点选择信息，标点符号正确，段落较短（100—200词），议题顺序轻重灵活，页面整洁，基本无错别字（万分之三以内），排版格式灵活美观，纸张质量好，装帧大方。

风格评价：与严谨风格相反，渲染型笔译风格能够为平淡的文件和话语增加活力，引起更多受让者的注意，还能够将平淡的有关工作、人员、设备、材料、工艺等文件通过文字渲染而获得更广泛的商业声誉，提高技术或产品的认可度。

适用范围：主要运用于项目合同签字仪式的致辞讲话稿、项目竣工或交接仪式的致辞讲话稿，以及项目简报、新闻报道等。除了这些文件或报告，有些文件也可能使用渲染型风格。例如：在工程项目的投标书里，投标方可能通过文字着意渲染本公司的工程技术实力，包括人力技术资源、机器设备功能、施工水准和已经取得的声誉等。

10.5 工程技术翻译者的身份

什么是身份？身份就是个人社会地位的体现。身份是一个很古老的话题，但把身份研究的概念和理论运用到翻译研究则似乎只是近十多年的事情。谭载喜曾把翻译者的身份（准确地说，是“译者比喻身份”）归纳为14类，包括“画家”“演员”“调停者”“奴仆”“商人”“叛逆者”“旅行者”“把关人”等（谭载喜，2011）。2010年，香港岭南大学的李文静博士开始对译者身份进行系统研究（同上）。

其实，任何个人、任何行业（职业）都可以有多个比喻性的身份，但是任何人应该有一个基本的身份，即关于某人这个概念的逻辑内涵。例如，有人把教师说成“人类灵魂的工程师”“太阳底下最崇高的职业”等，还有人将教师的身份阐释为“现有道德价值的捍卫者、统治者意识形态的灌输者、社会阶级的生产和划分者、知识的分配者、知识的传承者”（牛海彬，2010：124—135），但教师的基本身份其实是“担任教学工作的专业人员”（《现代汉语词典》，2007：690）。再具体些，教师就是学校课堂的讲授者及实验的主持者。杨武能曾认为，文学翻译家＝学者＋作家，有人说这定位了文学翻译家的主体地位（谢华，2011），但这并不是文学翻译家的基本概念或地位。文学翻译家的基本概念应该是：从事文学作品翻译的专家。

我们关注并力图确认工程技术翻译者的基本身份，因为这对深入认识和研究工程技术翻译能够起到较为直接的帮助。如果不能确认翻译者的基本身份（概念）这一点，从哲学上说就否认了翻译者的确定性和物质性（即存在性）；从逻辑思维上说，那就是还没有确定翻译者的概念，至少是混淆了不同类型翻译者的概念内涵，那样我们将无法正常地进行学术研究。

10.5.1 翻译者的基本身份

基本身份是具有法律性的、正式性的、实在性的个人地位的体现。工程技术翻译者的基本身份就是该翻译者概念的逻辑内涵，是该翻译者概念具有的一般的、本质的特征(《现代汉语词典》第五版第 438 页)。那么，如何确定工程技术翻译者概念的内涵或基本身份呢？本章 10.1 节“工程技术翻译者的分类”虽然区别了“自然翻译者与建构翻译者”(从语言习得方式)、“专职翻译者与兼职翻译者”(从合同聘任关系)、“首席翻译者、项目翻译者、公关翻译者”(从职责岗位)，但没有涉及工程技术翻译者与其他行业翻译者的区别或其本质不同，因而不能说明工程技术翻译者的基本身份或概念。本节讨论的翻译者基本身份是有关工程技术翻译者的专业工作——在引进(输出)工程技术项目翻译过程中的分工和特殊专业表现，有别于非翻译者和其他行业翻译者。工程技术翻译者的基本身份有下列三种。

10.5.1.1 工程技术文件和口语交流的翻译者

这个身份是企业或单位授予或聘任该翻译者的最主要身份，也是工程技术翻译者概念的核心内涵。中国企业过去和现在引进的工程技术项目主要是工业成套装备(表现为一个完整的大型或中型工厂)以及大型单机设备及技术，其技术较为先进，支付金额巨大，一般附有大量的书面技术文件，并涉及繁杂的人员口语交流，对此我们在第二章、第三章、第六章已经分别进行了详细论述。工程技术翻译者的最主要任务就是在规定的时间内完成引进(输出)项目的工程技术、财务、物资、设备、法律文件及公关文件的翻译，并在项目谈判地点和项目实施现场承担合同各方的口语交流翻译。

从 1949 年至今的半个多世纪里，中国绝大多数工程技术翻译者没有获得稿酬，也没有额外的翻译津贴，因为他们是某一单位的正式职工(或长期聘用职工)，理应承担翻译工作。这与中国的文学翻译者基本上作为兼职或业余翻译者而获得翻译作品稿酬的情况是显然不同的。2000 年以后，随着翻译市场开放，一个引进(输出)工程技术项目的翻译任务(尤其是书面文件翻译)开始以招标方式聘用临时翻译者(freelancer)，这些人能够获得稿费或报酬。大型企业通常会长期聘任专职翻译者，他们一般不领取稿酬，而依靠月工资收入。作为一种专业脑力服务者，该类翻译者渴望获得的不仅有金钱，还有一定的社会（业内）地位和声誉。关于这一点，在长期羞于公开谈论金钱和名利的中国学者中现在也有人开始直言不讳（周红民，2013：72—79）。工程技术翻译者主要依靠公司、行业或政府认可的专业技术职务获得业务声誉，也有人依靠出色的翻译业绩获得声誉。

10.5.1.2 领导的秘书

在引进（输出）工程技术项目的群体中流传这样的说法："一个好翻译顶半个经理。"一些老翻译对新手也传经送宝："翻译要给领导当好参谋。"有些工程技术翻译者的名片上还印有"经理助理"的头衔（当然是经过授权的）。由于中国国情的特点，专业技术人员通常不懂外语或外语水平极低（尽管这一情况正在发生变化）或无法与外国技术人员直接交流或缺乏与外国人打交道的技能，所以工程技术翻译者就充当了项目领导（项目经理、总工程师、项目工程师、项目后勤干部）的秘书或参谋的角色。许多翻译者不仅承担专职翻译工作，同时因长期陪同项目经理或工程师参与工程技术项目的引进（输出）工作，比较了解本行业的情况，因此不少专业技术人员也乐意主动征求翻译者对某些工程技术问题的看法，或翻译者主动为技术人员献言献计。此外，工程技术翻译八个图式的某些语境也给翻译者创造了充当领导秘书的客观条件和机会（参阅 10.2 节"工程技术翻译者的权力"）。工程技术翻译者的秘书身份在其他行业翻译中是不多见的，譬如普通会议翻译者就很难发挥秘书或参谋的作用。

10.5.1.3 工程项目运作的联络者

引进（输出）工程技术项目通常发生在中型和大型企业，涉及人员众多（参阅 6.2.5 节"工程技术翻译的客户"），所需的工作环节复杂（参阅 6.2 和 6.3 节），这一过程本身就是一个系统管理工程。出于对工作效率和人员成本的考虑，许多企业或项目经理部或指挥部没有设置如同政府机构的秘书、专职科员等正式职位，因而翻译者常常承担了引进（输出）工程技术项目的许多内外联络及行政工作。除了承担笔译和口译，工程技术翻译者还穿梭于中方及外方的各个客户群之间，传递书面信息和口头信息，协助项目经理或工程师或普通工人开展项目的运作。在许多引进（输出）工程技术项目中，翻译者是不可或缺的组织联络人员，有些项目领导者还将一些技术性不是太强的任务直接交给翻译者完成，如图式 A（项目考察及预选)、图式C(项目实施预备动员)、图式F(索赔与理赔)中的部分非翻译类工作(参阅10.2节"工程技术翻译者的权力")。

参阅本书2.3、2.4、2.5、2.6节,我们可以发现,由于经过"秘书"和"联络者"的历练,一些工程技术翻译者成长为项目经理、工程公司经理,例如:荣获中国翻译协会"资深翻译家"称号的杜坚同志曾三次担任我国政府援助非洲的第一个大型工程——坦桑尼亚—赞比亚铁路工程项目的中国专家组组长(在该项目结束后的维护期和营运期);原中国公路桥梁总公司四川省分公司的王志浩同志从英语翻译成长为该分公司的总经理。

10.5.2 翻译者的隐喻身份

隐喻身份是非法律性的、非正式性的、非实在性的个人地位的体现,或者可以视为一种象征性的声誉。工程技术翻译者的隐喻身份是该翻译者概念的隐喻意义或象征意义,是对该翻译者概念的逻辑意义的补充,相当于"翻译者"这个词的基义之外的陪义(参阅9.1节)。因此,隐喻身份与翻译者概念的逻辑内涵相联系,是这个概念的外延部分。

10.5.2.1 工程技术项目的尖兵

这个来自军队侦察兵的术语在此表示翻译者是走在引进(输出)工程技术项目前面的人,其隐喻作用突出表现在图式A和图式B中。

任何一个准备引进(输出)工程技术项目的企业,第一项工作就是进行商务技术考察摸底。无论是国内考察还是国外考察,项目领导者都需要"有底气"——最基本的商务技术信息。但目前我国的大中型企业领导者中运用外语游刃有余的人不多,因此他们必须派出"尖兵",通过各种正式或非正式的途径,公开或非公开的方式了解项目对方的基本商务技术信息。譬如,现在公开的信息途径有《康帕斯国际工商指南》,该指南提供了70多个国家170万家公司的名录,另外还有康帕斯工商信息网(www. compass. com);又如世界上最大的联机数据库系统Dialog,提供了更加丰富的商业内容。这些巨大的数据库都是通过企业互联网(Intranet)及国际互联网(Internet)查询,且多半是英文。其次,通过互联网专利系统了解国外对手的商务、工程及专利技术,而这些文件或信息也是用英文写成的。再次,引进(输出)工程技术项目各方一般先要通过国外领事馆、商务机构或老客户联系新的商家,仍然需要英文交流。显然,这些工作在许多中国企业主要依靠翻译者才能完成。

第二项工作是专业技术领导者获得初步信息后开始组织人员外出考察。如果是引进项目,该企业就必然会考察出口商的产品性能及质量、生产能力、经济效益、企业历史、产品信誉和企业文化等多方面;如果是输出项目,中方企业就必须考察国外进口方的资信条件、接受能力、人员素质、生产潜力、预期收益等。这些前期工作都离不开翻译者。在随后的项目合同谈判里,引进方或出口方会遇到许多事先不知道的新名词和新事物,这也是最先通过翻译者或"尖兵"获得,然后传递给其他工程技术人员。对于一个项目来说,翻译者(兼职翻译者)往往是最先获得其他各方商业信息和技术信息的第一人。

此外,"尖兵"的隐喻意思还在于:工程技术翻译者自身也应该尽可能比普通员工提前获得有关项目的新知识。譬如:在引进项目之前(或正式投标之前),往往需要翻译该项目的有关技术信息、国际标准或专利文件,而这些内容可能是国内同行还不知道的陌生信息。这时候翻译者实际上就冒着一定的风险进行翻译。如果翻译者无法履行"尖兵"的责任或领导者没有发挥"尖兵"的作用,都可能会造成一定的负面影响,至少会多耗费项目合同宝贵的时间(按照菲迪克条款,延期交付项目方要按天数受到罚款,最高罚款金额可达合同总价的10%)。

10.5.2.2 工程技术人员的向导

向导就是给不识路的人引路的人。这个名词用在引进(输出)工程技术项目翻译者身上,其隐喻作用表现在从图式C至最后的图式H的翻译工作。此处的"向导"有两重意思:一是工程技术翻译者把最新的工程技术信息或资料传递给不懂外文的工程技术人员和一线员工,作为技术信息传递的向导,这也是本书主要讨论的议题;二是从图式C至最后的图式H中,尤其是在中国企业出国承担工程项目的情形下,几乎每一个工程技术环节都离不开翻译者。图式C进行项目预备动员时,需要组织人员和机器设备进场,主监理工程师(业主代表)对于承包公司的主要管理者一般要进行考察,对机器设备原材料也要现场检验,此时翻译者的超常"引导"或介绍往往给监理方留下良好的第一印象;在图式D项目实施中,监理工程师说到哪里、走到哪里,翻译者就必须"引导"工程师注意哪里;图式E召开工地会议,各方话语常常经由翻译者着意进行强化和弱化"引导";图式F索赔与理赔,翻译者能够首先发现对方话语的理赔砝码,暗示或"引导"己方提出对策;图式G项目竣工与维护,翻译者能够渲染气氛,调节各方情绪;图式H项目交接与终结,熟悉项目的翻译者能够提示或“引导”项目经理或其他人员关注项目内外繁杂冗长的法律、公关、财务、运输、转让等事宜。当外国技术人员来到中国国内的项目工作时，翻译者又成为该技术人员在工作、生活、旅行等多方面的向导。

10.5.2.3　项目的“万金油”

此处的“万金油”并非消暑解热的药品，而是多才多艺的代名词。项目“万金油”的隐喻意义体现在以下三个方面：第一，该翻译者应大致了解该工程项目的技术信息及其名称，这部分是工程技术翻译者的核心知识储备，包括工程合同标的、主要工艺或流程、主要机器设备及原辅料、技术规范、操作指南的主要内容、主要技术参数或指标等；第二，翻译者应该了解项目实施现场或工地的实际情况，包括实施进度计划、项目完成进度、工地临时文件、实施中的主要问题、现场人员的工作习惯和话语习惯；第三，翻译者应该了解该项目以外的主要办事机构、办事流程、人际关系、当地法律、文化风俗，甚至包括兑换外币、看医生、采购生活用品、处理交通事故等事务(参阅 8.4 节“工程技术翻译的知识语域”)。其中第三点在境外中资企业的翻译者身上表现得尤为突出。

10.5.2.4　项目的“润滑油”

润滑油本身的意义是指适用于保护机械设备和金属零配件减少摩擦损害的工业油脂，此处它隐喻促进项目各方人员和谐共处的翻译者及其交际技能。引进(输出)工程技术项目涉及众多人员、部门、机构，令项目组织者颇费力气的问题是：如何把来自不同国家、不同行业、不同文化背景的数百人甚至数千人和谐有效地组织起来从事浩大的工程？

例如，我国河南省中原大化集团生产尿素、合成氨、三聚氰胺、复合肥、甲醇的多项成套设备从多个国家引进，其中合成氨装置从德国 Uhde 公司引进，尿素装置从意大利 Snamprogetti 公司引进，复合肥料装置从法国 KT 公司引进，三聚氰胺装置从意大利的欧洲技术承包工程公司引进，甲醇合成装置从丹麦托普索公司引进，低温甲醇清洗装置从德国鲁奇公司引进；而莅临现场的专家来自十多个国家且先后有上百人之多。再如中国翁福集团有限公司利用其专有的氟化氢生产技术，参与沙特阿拉伯招标(输出)项目，建设世界最大的磷肥生产线，其中 80%的设备出自中国的 35 家企业，加上配套的铁路工程(由中国铁路建设总公司承担)，共有 36 家中国企业在沙特现场；加上沙特当地的各类人员，就有来自 40 个不同企业或国家的人员。显然，如此浩大的工程建设肯定会涉及工程、技术、生活、文化、风俗等多方面的问题。

在这种特殊语境下,项目经理和翻译者往往是矛盾的交汇点。优秀的翻译者能够巧妙地传递各方面的信息,灵活地化解各方出现的矛盾冲突,妥善处理各方人员或各方机构的关系。某翻译者曾担任我国西南地区第一个世界银行贷款的大型项目——成都—重庆高等级公路建设指挥部的技术翻译,有一次世行派驻工地的外籍监理工程师因对中方提供的房屋淋浴设施和排水设施不满,当着中方经理的面出言不逊。中方经理虽然听不懂,但见此情景也心有不悦。面对这样的敏感话语,翻译者灵活地口译为"他对生活安排有意见"。这一句轻描淡写的话却避免了一场可能发生的"唇枪舌战"。

第十一章

工程技术翻译者的认知过程

让我们设身处地为工程技术翻译者想想：他们所处的语境场，除了文字和图片信息以外（这一点与文学翻译、社科翻译及一般会议翻译类似），还包括轰鸣的机器、移动的设备、纷繁的物料、刺耳的噪声、变化莫测的工地场景、来自五洲四海的施工人员，以及混杂的口音。这种环境中的翻译就需要有全面的认知能力和认知过程，而非单一地依靠某一种能力或过程。

翻译者的认知能力（cognitive ability）及认知过程，一般包括感觉、知觉、注意、情绪、记忆、思维、想象（360 百科，2014－6－23），除此以外，还包括转换、信息再现（表达）这两个特殊过程。现代认知学者借助计算机模拟技术，把这些过程隐喻化地表达为人类大脑获取、储存、加工和提取信息。本章将从多维角度研究工程技术翻译者的认知过程。

如何认识翻译的过程？有些学者提出了翻译过程的"三步论"或"四步论"。奈达认为翻译过程可以分为三步：首先把原文分解成结构最简单、语义最清楚的核心成分；其次在深层结构上把原文的意义传译到译文中；第三是在译文语言中生成风格、意义与原文匹配的表层结构（Nida，1964：68）。乔治·斯坦纳则提出了翻译过程四步论，即"信任"（翻译者首先认同原文本的意义）、"侵入"（作者的主观因素深入到原文中）、"吸收"（吸收原文的内容和形式）和"补偿"（翻译者通过努力使译文达到内容和形式与原文平衡）（Steiner，1998）。韩礼德把翻译过程分为三个阶段：逐项对等，根据语境和场景调整，根据目标语的词法和语法特征调整（转引自郭建中，2010：248）。纽马克却认为翻译基于四个层次：图式层次、所指层次、衔接层次和自然层次（同上）。黄忠廉和李亚舒（2004：242—282）认为：翻译过程分为微观过程和宏观过程；微观过程里则分为理解与表达，重点是概念的转换。

类似的理论实在太多，以至于纽马克认为：在翻译理论这一学科里，没有什么绝对性，也很少有什么确定性；与其说具有什么法则或规律的话，还不如说只有可能性和相似性，只有妥协和补偿（转引自郭建中，2010：250—251）。限于每个翻译者和翻译理论家所处的特定时期和特定环境，他们发表各种不同的见解是合乎情理的。不过，有些理论仅限于对翻译操作过程进行表面的感性描述，还未能揭示翻译者的深层认知过程。

工程技术翻译是一系列翻译活动的集合体，包含口译与笔译，还包含不同的八个语境（图式）（参见第六章）。这个翻译过程，既有共性（遵循普通翻译学指出的规律），也有个性（因为这是一个特殊行业的翻译行为）。随着现代科学技术的发展，尤其是认知心理学和认知神经语言学的发展（参阅 5.3 节），我们不仅可以从操作层面描述翻译行为，而且可以从认知科学的角度更加深入地了解工程技术翻译者的认知过程。

11.1 口译与笔译是不同的认知过程

说起翻译（口译与笔译），一般人认为那是一个整体过程，具有同质性。不就是把外语变成母语或者把母语变成外语吗？如果说口译与笔译有什么区别，一般人最容易这样认为：口译涉及原文语音、现场情景、口译者语音，有时也需要纸张笔墨（用于速记）；而笔译涉及原文书面文件、纸张、纸质双语或多语词典、电子词典、笔墨、写字台、译入语文件等物品。除了这些表面上的不同以外，口语翻译和书面语翻译在人类神经语言机理及其认知方式等深层基础上还存在差异吗？

在 20 世纪 70 年代之前，人们还只能从日常行为的习惯方式去发现口译与笔译的不同，对发生在人类大脑内部的活动无法了解。随着当代神经科学和电子技术的发展，新兴的认知神经语言学开始运用神经脑电波探测技术来发现人类大脑内部的活动情况，这给语言学习和研究提供了有益的帮助。其中,ERP(the event-related brain potential,即“事件相关大脑潜力”),行业内通称“事件相关电位技术”,是目前认知神经语言学采用的核心技术,它在描述语言加工的神经过程时具有很好的效果。ERP是大量的神经元产生的突触后电位的累积,反映了与刺激呈现时间同步的大脑电反应信号,是对人类感觉、认知或运动时间的反应中所产生的头皮电位变化的记录。这些反应表现为正电位或者负电位,因此用P和N来命名。

根据认知神经语言学功能模块化的基本原则,人类的认知过程是由一系列相对独立的成分共同完成。这些成分不仅在结构上彼此分离,而且在功能上相对独立,表现在大脑活动中则为认知独立的诸多成分受到隶属于不同神经系统的调解,也就是认知独立,即表现为神经活动的独立或自主(常欣,2009: 32)。因此,就语言学习(当然包括翻译行为)来说,人们只要观测到语义分析和句法分析所诱发的脑电活动的不同现象,就可以证实语义分析和句法分析是两种不同的认知系统或思维过程,继而依据口译与笔译在语义分析和语法分析过程中的显现特点,进一步证明口译和笔译是不同的思维过程。

11.1.1 口译和笔译的神经语言学依据

神经语言学家库塔斯和希利亚德在1980年首次证实了语义上不合适的单词(语义违例)会引发或导致一种大约400毫秒出现的负波(N400)的增加。自他们之后,另外一些研究者探讨了句法违例所引起的各种ERP效应,均没有出现N400现象。反之,句法违例会诱发一种大约600毫秒出现,并且持续几百毫秒高峰值的正波——P600。该现象是由奥斯特豪特和霍尔库姆在1992年发现的。更为重要的是,他们发现:既为语义违例,又是句法违例的靶子词可以同时诱发P600和N400,这说明句法违例和语义违例的大脑反应模式存在差异(转引自常欣,2009: 62—64)。奥斯特豪特等认知神经语言学者曾在1999年通过ERP(相关事件电位技术)记录了包含在句子中的语义违例和句法违例的情况,进一步探讨语义和句法独立性的问题。他们记录了参加被试者在阅读诸如以下三种句子时出现的ERP反应。

① The cat will eat the food I leave on the porch.(正常句子)

② The cat will bake the food I leave on the porch.(语义违例句子)

③ The cat will eating the food I leave on the porch.(句法违例句子)

他们研究发现：语义违例的确引发了 N400；反之，句法违例则引发 P600。这一现象在不同的违例（如短语结构、词的一致性、动词亚类型、成分移动等）、不同的语言（如英语、荷兰语、法语、意大利语）以及不同的实验任务（如模块化输入、单词呈现频率、孤立句子呈现、自然段落呈现等）中均获得了重复验证（同上）。

以上研究证实：语义分析和句法分析是两种不同的认知系统或思维过程。这些实验虽然是欧美语言学家针对欧美学生和学习者设计的，但因为所测试的语言是英语、法语等中国翻译人员常用的语种，所以其实验结果可以视为在相当程度上也适用于中国话语者，尽管目前国外心理学及神经语言学界还缺乏以中国话语者为对象进行的实验结果。

11.1.2 口译和笔译的语言驱动方式

关于口译和笔译的语言发生方式，中国心理学者曾使用认知神经心理学的技术方法对中国大学生学习英语的过程进行观察和测试，其结论是：以英语为外语的中国学习者在句子理解过程中是语义驱动的，语义加工先于句法加工，而不是句法第一或是自动化的句法驱动。也就是说，中国学生理解英语句子时仍然采用母语（汉语）理解的模式，即：强调语义加工优先，而句法加工次之（常欣，2009：142—144）。其实，这仅是一种总体的印象。这些实验结论是以书面语测试材料为依据的。如果以口语材料测试，其结论显然更加倾向于语义加工优先，因为在口译材料测试里，被试人不可能像书面材料测试那样拥有相对充足的时间去判断推理，只能凭借部分关键词的意义以及不甚规范的句法迅速传译出话语意义。

但是，在对中国大学生进行不同英语熟练程度下句法复杂性对句法加工的影响时，中国学者对一般组和专业组被试条件下三种句法复杂性之间的平均波幅进行比较后发现：在一般组被试条件下，if 虚拟语气句的平均波幅最小，其次为 it 形式主语从句、情态简单句；而情态简单句的平均波幅要明显大于 if 虚拟语气句。由于 ERP 的波幅能够反映神经或心理加工的认知负荷，因此可以认为 if 虚拟语气句需要的认知负荷最多，而情态简单句的认知负荷最少。这与卡恩等人的研究结论是一致的。他们认为，随着英语句子句法复杂性程度的增加，句法加工的认知负荷（即句法的调节作用）也会随之增加。弗里施等人也证明，在句子加工歧义区间的时候，会加重对加工的负担（表现为 P600 效应）（同上）。中国学者的实验也支持了这一结论，证明了句法复杂性是影响句法加工的一个重要因素。

上述国内外学者进行的认知神经语言学实验的结果证实了中国人学习和使用(翻译)英语或外语的一般过程。

凡从事过口译的中国翻译人员都有这样的体验：口译的原文(许多也是口语)一般呈现为简短、零星、间断性的语流信息(即上述实验里称的简单句),而翻译者在进行口译时(尤其是同声传译)几乎没有时间去思考句子的句法结构,往往抓住关键词(在同声传译中甚至根据前半部分词语)的意义以及零散的句法关系脱口译出。这个过程符合上述国内外的实验结论,用认知神经心理学的术语解释,就是显示出 N400 型脑电波,表现为语义驱动。

在书面翻译中(尤其在外译中),中国翻译者会面临英语(外语)文件和资料中的大量长句、难句,而以汉语为母语的中国人并不习惯于长句和难句的使用,加之还有更为复杂的专业知识和专业术语,这时笔译者需要花费大量精力对外语的句法进行分析,然后才能理解并翻译原文句子。与此同时,笔译者客观上也有足够的时间可供使用,不用像口译者那样匆匆而就。这一过程完全符合上述中国学者和外国学者通过实验得出的结论,即：随着英语句子句法复杂性程度的增加,句法加工的认知负荷(即句法的调节作用)也会随之增加。换言之,我们处理的英语句子越复杂,就越需要我们花费精力(认知努力)进行句法分析。这个过程,用认知神经心理学的术语解释,就是显示出 P600 型脑电波,表明学习者或翻译者受句法驱动。

工程技术翻译过程是普通翻译过程的表现形式之一,其认知心理过程与普通翻译的认知心理过程在本质上是相同的。由此我们可以推断：中国工程技术翻译者进行口译工作时,由于英语口语句法相对简单,基本上采用“语义加工优先”的认知思维模式;而在进行笔译工作时,由于英语书面文件的语句相对复杂,则主要采用“句法加工优先”的认知思维模式。这就回答了本节最先提出的问题。下面我们分别分析口译者与笔译者的认知过程。

11.2　工程技术口译者的认知过程

在工程技术翻译这个认知综合体内,口译活动涉及八个翻译图式

(A. 项目考察及预选;B. 项目合同谈判及签约;C. 项目实施预备动员;D. 项目实施(建设、修改设计、安装、试车或试运营、结算);E. 工地会议;F. 索赔与理赔;G. 项目竣工与维护;H. 项目交接与终结)。以项目实施的时间量划分,口译大体上与笔译平分秋色;就中小型项目而言,口译的时间一般超过笔译的时间。在所涉及的八个图式里,图式A的少部分时间(如公司负责人介绍某公司概况)、图式B的少部分时间(如签订合同仪式)和图式G的少部分时间(如合同项目剪彩或开工仪式),翻译形式可能涉及同声传译。除此以外,绝大部分情况下的口译表现为连续传译或交替传译。因此,本书在此主要讨论连续传译的认知过程。实际上,连续传译和同声传译具有很多相似之处。

11.2.1 一般性口译过程的研究

11.2.1.1 法国里昂第二大学的口译专家吉尔教授在长期从事口译实践和教学的基础上,于1995年在其专著《口笔译训练的基本概念与模式》中提出了著名的"用功模式",或称"认知负荷模型"(Effort Model)。该模式包括"同声传译的口译模式"(SI = L + M + P + C)和"交替传译的口译模式"(Phase I: CI = L + N + P + C; Phase II: CI = REM + READ + P)(Gile, 1995: 161—169;转引自仲伟合,2001)。吉尔还提出了理解的模式(C = KL + EKL)。他认为口语行为是由一系列复杂操作构成的,这些非自动化的操作要占据大脑的一部分信息处理能力或翻译者(口译者)的部分注意力。这些认知操作表现为口译过程的每一个部分,且各部分都获得大脑的部分处理能力或注意力。他特意选用"Effort"这个词,目的就是强调认知操作的"非自动化"或"非自发性"。

由于工程技术口译主要涉及交替传译(连续传译)而很少使用同声传译,我们着重于吉尔的"交替传译的口译模式"。他的模式分为两个阶段,涉及原语接收和目标语输出,其中,Phase I: CI = Listening and Analysis + Note-taking + Short-term Memory Production + Coordination; Phase II: CI = Remembering + Note-reading + Production。该模式比较细致地分解或解释了交替传译的过程。不过,吉尔的口译模式主要针对一般性会议口译,尤其是国际交流中级别颇高的外交政务会议,所以非常注意"N"(Note-taking)和"READ"(Note-reading)的作用。然而,在工程技术口译实践中,极少有熟练口译者采用笔记(翻译新手除外),一是因为工作地点和物质条件不能满足笔记需求(不像国际会议有正式的场所和完备的物质条件),二是因为在这种场合口语者各方交流相当频繁,不像国际会议发言者都是“一言堂”,且所有话语信息最后仍以书面文件为准。

吉尔还提出了理解的模式(C = KL + EKL),即:Comprehension = Knowledge of the Language + Extralinguistic Knowledge。这说明优秀的口译者并非仅仅具备言语能力就能够胜任工作,而且还必须具备相应的知识水平。

此外,吉尔认为,他的模式同样可以运用于笔译,而他的认知负荷模型要正常运行必须满足下列条件(同上):

(1) TA>TR:认知资源总体水平应大于总体资源的需求;

(2) LA>LR:听力和分析及理解的资源应大于听力、分析与理解的需求;

(3) MA>MR:短期记忆(工作记忆)的资源应大于短期记忆(工作记忆)加工信息的需求;

(4) PA>PR:言语产出的资源应大于言语产出的需求;

(5) CA>CR:协调资源应大于协调的需求。

吉尔表达的“资源应大于需求”的概念完全能够解释和运用于口译和笔译过程。

11.2.1.2 鲍刚1999年在国内首先推出了译员的“初加工理解”模式,着重阐述口译理解和加工过程。该模式的主要功能及操作程序可以用文字概述为:

程序一是原语输入:A语言或B语言的语音声学特征传输;程序二是语义加工:与声学信息对应的A语言的语义信息(接通、搜索)或B语言的语义信息;程序三是非语义加工:与声学信息对应的A/B两种语言及其他相关的语言信息(如语法)获得加工;程序四是非语言加工,与声学信息相对应的各种语言外信息(如主旨、语境)获得加工;程序五为意义单位构建,完成语义加工、非语义加工、非语言加工等过程后,翻译者初步建立“意义单位”。

这个口译者初加工理解模式以信息符号加工理论为支撑,表现为序列加工模型,着重查验译入语的语义加工、非语义加工、非语言加工等环节,由此确定与译入语相接通。这个模式比吉尔的“用功模式”有了更加深入的探讨,把前者的所谓“协调努力”发展为语义的、语言结构的(语法等)、语言之外的三种具体努力目标。此外,在产出程序还加上了"顿悟"。这个程序从另一角度可以解释为努力行为的自动化结果,即经历大量训练之后达到的熟练程度。如果把"顿悟"改为"自动化",其理论术语也许显得更加科学化、更加具有解释力,也便于其他同行以及外行(口译服务的消费者)接受。无论如何,它毕竟还是中国学者在口译过程模式上的首次理论创新。

11.2.1.3 "厦大模式"是厦门大学林郁如和英国西敏斯特大学罗能根带领的"中英英语项目合作小组"在吉尔模式基础上提出的口译训练模式(1999 年版)。随着口译教学和研究的进步,2008 年厦门大学口译教学团队又提出了口译训练模式的拓展版(2008 年版)(陈菁,2011: V—VI)。在 1999 年版模式里,I = Interpreting(口译结果);A(D + CC) = Analysis of Discourse and Cross-Cultural Awareness(对图式和跨文化交流的分析);C(SL + K) = Comprehension in Source Language + Knowledge(对原语及有关知识的理解);S + P = Skills + Professionalism(口译者的口译技巧和应遵守的职业道德);R(TL + K) = Reconstruction in Target Language + Knowledge(口译者对原语理解分析以后,运用口译技巧在目标语重构信息)。在 2008 年版模式里,他们增加了 FB(foundation building,即语言、知识和心理的准备)和 QC(quality control,即测试和质量监控)。由此,"厦大模式"体现了口译的前期、中期和后期的一般性特点。

该模式考虑了中国口译者的知识背景,注意在口译行为发生之前口译者做充分准备(对图式和跨文化交流的分析)这一重要的操作过程,从认知心理学角度看,就是感知图式的预备过程。该模式还注意到口译者应遵守的职业道德,体现了模式编制者丰富的实战经验,考虑到在各个行业口译实践中的语境及口译客户的接受能力和习惯。就工程技术口译来说,因为其口译的职业性或专业性较普通会议口译更高,所以更需要注意这些特点。

11.2.1.4 刘绍龙在其《翻译心理学》中,综合国外学者 Fromkin、Herrman、Anderson 等人研究语言生成模型理论,构建了"口译的神经心理加工过程"模型(刘绍龙,2007: 275)。该模型主要针对连续传译的神经心理加工过程,作者认为还不能完全解释同声传译。鉴于工程技术口译主要涉及连续传译,所以这个模型可以说明工程技术口译的传译过程。该模型图示如下:

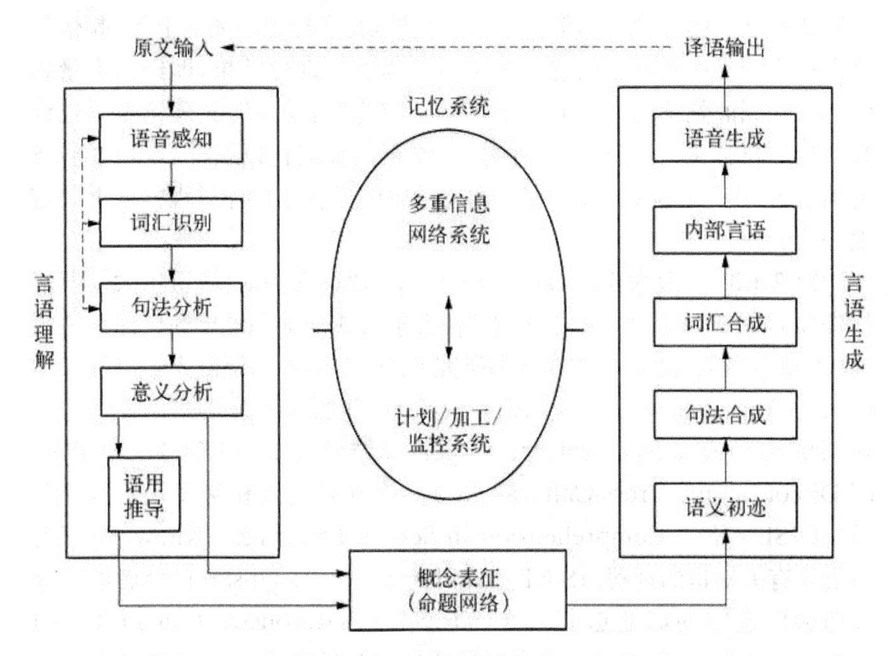

这个模型由于采纳了国内外多家意见,对于口译过程的几个关键点都有说明,体现了理论构建的抽象意义,说明了口译(连续传译)的心理现实性和可操作性,是目前为止较为全面、清晰地表现口译的神经心理加工过程的模型。但是,对于中部的记忆系统内部的子项目"计划/加工/监控系统",尤其是"监控"的运行功能,即记忆过程是如何接受监控的,作者没有明示。

11.2.1.5 张威对口译的研究集中在同声传译与工作记忆的关系方面(张威,2011)。他通过一定范围的实验(被试主要为在校学生,一线口译者很少),比较专业译员与非专业译员的实际表现,总结归纳出同声传译与工作记忆的关系、认知记忆资源在实践口译行为中的表现、同声传译中工作记忆的运作模型等专题。他重点研究了记忆能力在同传中的作用形式、专门记忆训练对口译效果的影响、记忆能力与同传效果的关系、工作记忆资源在口译活动中的阶段性特点、工作记忆能力在不同方向口译活动中的作用,以及不同方向同传中的记忆压力及其差异性等。在此基础上,他提出具有个人特点的同声传译工作记忆运作模型。

张威的研究开启了国内对同传活动与工作记忆关系的深入探讨,他采取的大量样本实证分析的方法也具有先进性。不过,他的研究对象局限于在校学生而不是口译第一线的翻译人员,且口译研究内容也是普通的大众化信息而非具有一定专业范围的实际口译,这在一定程度上削弱了他的理论研究的概括性和对于口译实践的指导性。

11.2.2 工程技术口译者的感知过程

11.2.2.1 感觉信息是口译的第一个认知程序，并且主要表现为听觉。埃利斯和扬曾提出过“听觉认知图式”，把听觉过程分为五个步骤：第一是听觉分析系统，从其他声音处接受音位；第二是听觉输入词库，在说出的词中辨识熟悉的词；第三是语义分析系统，被视为重要的认知发生器；第四是言语输出词库，存储词的语音形式；第五是音位反应的缓冲机制，提供有区别的话语语音，是重要的认知整合调节器（转引自张文，韩常惠，2006：63）。吉尔和鲍刚则把这一程序表述为“倾听和分析”“（接收）原语（A语言或B语言）语音声学特征，检查少量关键词语或部分其他重要信息”，紧接着便是在“路标”引导下搜索与译入语相关的语义、语言结构和语外知识，以便于理解。他们关于感觉（听觉）信息的表述基本是针对会议口译或一般性口译的，这些作者的著作、论文以及个人经历也表明他们主要是在讨论会议口译（如吉尔提出著名的“用功模式”就是通过其论述会议口译的论文“Conference Interpreting as a Cognitive Management Problem”）。会议口译是在一个相对封闭、单一的场景里产生的，那里基本上只有原文发言人的声音和话筒。

与一般会议口译不同的是，工程技术口译的感觉过程在于：不仅要接收主要话语者的语音信息，而且还要接收其他话语者的语音信息；不仅要接收人类语音信息，而且还要接收非人类语音的信息（即机器、设备、材料及自然场景发出的声音）；不仅要接收语音（听觉）传来的语义信息，而且还要接收由视觉输送的空间信息。例如：在图式A（项目考察及预选）中，除了主持人常规性的口头交流和介绍以外，谈判一方往往会邀请客户去工厂、车间、野外等现场进行参观和考察等活动，与其他多种身份者交流。又如在图式D（项目实施）中，话语各方多数时候在合同项目的建设工地，既有话语的声音信息传输，同时也伴随各类技术人员的活动、各种型号机器的运转和声音、各种产品（结构、结果、场景）的出现。这时，口译者不仅接收了多通道的语音（声学）信息，同时可能也要接收和处理视觉信息。这种视觉信息对于之后的短时记忆会有明显的作用。

11.2.2.2 在接受听觉信息和视觉信息的同时，口译者还在运用知觉/注意的认知功能进行选择信息。知觉是人从客观事物迅速获得清晰印象的能力，具有选择性、理解性、整体性和恒常性等特性。知觉的理解性和整体性对于翻译者以后的思维过程是极为重要的，虽然知觉的理解性仅仅是最初级的程度，而其整体性却可能让翻译者及时获得话语对象的全部外在信息（即使很肤浅），也相当于为以后的理解过程作了一次预热练习。

就工程技术口译来说，知觉的选择性似乎更有直接和明显的意义。知觉的选择性在于把一些对象（或对象的一些特性、标志）优先区分出来，即有意识地选择少数具有明显特征的事物作为知觉的对象，而其他不具有明显特征的事物就令其"隐居"。认识这一点对工地现场的口译工作具有直接作用。譬如，当口译者听到现场工程师一连串语音信息时，如何选择更有价值的内容先口译，而对某些次要的或不要的信息后口译，甚至省略口译（参阅 10.3 节）。知觉的选择性依赖于个人的知识、兴趣、态度、需要以及个体经验和当时的情绪，还依赖于刺激物本身的特点（强度、活动性、对比）。

11.2.2.3　情绪是口译感知过程中一个不可回避的现象。情绪是指伴随认知或意识过程产生的对外界事物的态度，是对客观事物和个体需求之间关系的反映，是以个体的愿望和需要为中介的一种心理活动。普通心理学意义上的情绪包含情绪体验、情绪行为、情绪唤醒和对刺激物的认知等复杂成分。康志峰研究了在校学生进行口译练习时遇到的情绪（焦虑）问题，提出口译者在口译现场适当调整注意、合理利用焦虑情绪的"三度焦虑"理论（康志峰，2012）。他的研究基本面向在校学生，缺乏对于口译第一线的实况研究。

在工程技术口译实践中，口译者的情绪具体表现为恐慌、焦虑、激动、愉快、平静、厌烦等诸多形式，无论是新手还是老手，在不同的图式情景下都可能有不同程度的表现。本节从四个不同的角度讨论情绪对口译者的影响。

（1）从口译者个人经历的时间观察，新手一上场容易表现出恐慌（极度的负面焦虑情绪），而老手也可能表现出一定程度的激动（正面的焦虑情绪）和厌烦。

（2）从原语的类型观察，当口译对象是高级管理者或高级官员的正式致辞时，口译者容易出现恐慌、焦虑或激动情绪；当口译参观或考察的介绍性话语、工程项目的现场施工、材料测试、工程进度检查时，口译者可能表现出愉快、平静情绪；当口译合同谈判、索赔理赔话语时，口译者常常表现出激动或厌烦情绪。

（3）从原语的内容观察，当口译日常生活类和行政事务类的话语时，口译者的表现倾向愉快和平静情绪；当口译技术性较高、专门技术特征较强的话语时,口译者的表现倾向恐慌或焦虑情绪。

(4) 从口译的图式观察,在图式 B(项目合同谈判及签约)的开始阶段、图式 E(工地会议)及图式 G(项目竣工与维护)中,口译者很容易产生恐慌或激动等情绪,因为这些图式或语境中往往有高级技术管理人员或政府部门的高级官员参与,口译者与这些人员在其他时候少有交流机会,而且事先不一定了解他们会发表什么观点,加之他们的级别和地位,在口译者心里容易形成无形的威慑。而在图式 A 及图式 B 的部分时间、图式 C、图式 D、图式 F 以及图式 H 里,口译者的情绪主要轮流表现为平静、激动、焦虑、厌烦,因为这五个图式发生的时间相对很长,好处是对于口译者来说就有了较为宽松的时间去适应话语者及语境(例如语音、话语内容、合同及规范要求、现场情景、项目进展甚至个人癖好),不利之处是因需要口译的话语量太大,技术话语极为深入,合同各方矛盾突出,这时口译者容易产生焦虑、厌烦等情绪。如何让口译者保持适度的正面焦虑或冷静情绪,是所有口译者和研究者需要关注的问题。

11.2.2.4　注意是另外一种心理认知机制,是人对某些特定事物的关注,其效果与情绪往往产生相关作用。当今的认知心理学把它与知觉联系在一起,强调注意的选择性,也可以说,注意是知觉的典型特征之一。注意意味着舍弃部分输入信息,有效地加工更为重要的信息(转引自高定国、肖晓云,2004：79)。工程技术口译者的注意(时间长短)常常受到自己或邻近人员的情绪或语境的影响,在不同语境下会对口译者形成正面或负面的影响。通常在安静场合,口译者的注意力较为集中;在噪声喧哗和车辆行进途中,其注意力容易分散或短暂。当然,某些资深口译者面临人员众多、环境复杂的语境也能够保持注意和冷静,那是经过长期工作锻炼形成的良好心理素质。

工程技术口译者在口译中首先应保持注意,也可以有意识地利用注意的选择机制,在稍纵即逝的语流中,特别关注那些对于当前图式有显著影响的敏感词,尤其是部分动词及技术名词,同时还应多注意与本项目有关的人员、机器、设备、材料、情景等。口译者应该有意识地识别这些词语并重点口译。一般来说,名词和动词发音较清晰,这也为口译者进行注意选择(和知觉选择)提供了便利。对于礼貌性言语和非重点词句,则可以从简口译。

11.2.3　工程技术口译者的记忆过程

吉尔的同声传译模式对应记忆的表述是“用功短期记忆”,这个表述较为抽象或笼统。国内学者刘绍龙于 2007 年在借鉴国外学者翻译理论模式的基础上，构建了双语信息转换的记忆加工模型（刘绍龙，2007：198）。刘绍龙的双语信息转换记忆加工系统模式对此的表述相比而言较为清晰，说明了工作记忆或短时记忆的识别、检索、转换盒编码等程序，表明了一般口译记忆过程的特点或程序。

该模型起始处是原料（原语），结尾处是产品（译入语），运行过程包含了感觉记忆（对原语的视觉记忆和听觉记忆）、短时记忆（工作记忆，涉及识别、检索、转换、编码），以及长时记忆（知识、技能、信仰等），保留了一般信息加工模型的主要内容，对一般模型的“控制执行”“控制过程”进行了整合简化，说明或描述了一般口译的记忆过程。

从理论角度看，记忆的最终目的就是帮助实现口译过程的自动化，更确切地说，是记忆的合理储存和高效提取的认知现象。这需要翻译者进行长期琢磨和训练。就口译实践来说，短时记忆发挥的作用较为明显。短时记忆（也称工作记忆）能力的概念，不仅包括信息刺激与保持的具体容量，而且还包括认知资源的存储与加工之间进行有效的转换、分配与协调的能力；换言之，工作记忆在大脑中担负着“来料加工”和“中央处理器”的重要功能（Ericsson & Kintsch, 1995; Just & Carpenter, 1992）。

下面，结合工程技术口译的具体情况来分析短时记忆（工作记忆）在工程技术口译记忆过程中发挥的积极影响。

11.2.3.1　视觉编码和视觉材料听觉编码的记忆功能

听觉记忆是最直接的信息来源之一，而口译中最直接的信息也就是听觉信息，即声音信息。不过心理学实验结果还证实：声音记忆的容量小于图像记忆。例如，在听觉的部分报告法实验中，即时回忆的项目数量为 5 个左右，而在视觉的部分报告法实验中即时项目数量为 8—9 个（转引自刘绍龙，2007：100）。在一般口译过程中，口译者主要按照听觉编码去接收信息；如果没有听清原文声音，就很难抓住信息要点进行传译。从技术操作层面讲，仅仅依靠转瞬即逝的听觉信息去口译，的确难为口译者。

认知心理学认为：人类大脑加工信息在经历感觉以后，还有一个与感觉和知觉密切相关的感觉记忆程序，这一程序和短时记忆、长时记忆共同构成一个记忆链条，对新鲜信息进行储存处理，出现了信息记忆的三级加工模式。而感觉记忆就包含了视觉记忆和听觉记忆，是外界刺激的真实反映与复制。有关英语短时记忆视觉编码的实验结果也证明了视觉编码的存在，而有关汉语短时记忆视觉编码的实验也表明汉字短时记忆的视觉编码是明显存在的(郑涌，1991；莫雷，1986；王甦、汪安圣，1992：49)。工程技术口译者可以充分利用在项目现场接触机器、设备、施工人员、施工场景的有利条件，在获取听觉信息的同时，利用视觉信息及其引起的情景联想进行传译，这为口译者提供了另外一种记忆帮助。另外，因现场口译并非每一次都是传译话语者的声音，所以视觉编码记忆也有助于传译话语者的动作暗示或行为指示或机器设备材料的某种情景。

认知心理学还发现，视觉信号也可能给口译者产生听觉信息。这种视觉编码理论是由康拉德在20世纪60年代提出的。该理论认为：即使所呈现给接受者的是视觉材料，而一旦该视觉材料进入接受者的短时记忆则发生形—音转换，它意味着视觉材料的编码仍然具有听觉性质和声音性质(Conrad，1964；转引自王甦、汪安圣，1992：49)。这一理论发现对阐述工程技术口译的记忆过程有非常重要的作用。

工程技术口译者面临大量和频繁的空间知觉图形、动作、过程和情景，也包括在室内举行会谈时采取PPT(幻灯片演示)形式。这些信息内容在视觉编码的形—音转换效应作用下，无疑会增加声音信息的输送强度和输送容量，当然也有助于口译者提高声音信息的整体输送效率。例如，话语者一方(某机械厂经理和总工程师等)引导另一方(外方订货代表)考察该厂生产车间，当主客走进该厂自制的五万吨水压机时，总工程师还未开口，外方代表也没有问话，大家只是惊讶地仰望体积高大的水压机。此刻，这个庞然大物在各方心理中已经形成视觉记忆(现在的网络语言称为“视觉冲击”)，一瞬间这种视觉记忆可能会在口译者心里唤起相关的语音联想(水压机→hydraulic compresser)。也许几秒钟后，双方才开始对话。这种类似语境的预设，为口译者提供了非常珍贵的反应时间。

虽然现在一些会议口译遇到话语者使用PPT等形式展现图片信息，但是其视觉冲击的时间、强度、效果显然不可能像工程技术口译者在车间、工地、野外等场所感受那么强烈和直观，这就像一个人待在家里从电视上观看春节联欢会和亲身参加现场春节联欢会感觉大不相同一样。因此，工地现场的视觉编码及视觉材料的听觉编码非常利于短时记忆。

11.2.3.2 嗅觉编码的记忆功能

尽管目前认知心理学界对于嗅觉记忆的研究还不多，但已经有研究者认为嗅觉记忆的确存在(郑君芳等，2010)。据2012年英国《神经元》杂志发表的研究报告称，伦敦大学的神经生物学家杰伊·戈特弗里等人进行的一项研究发现，在所有感觉记忆中，气味感觉最不容易忘记。视觉记忆在几天甚至几小时内就可能淡化，而产生嗅觉和味觉的事物却能令人记忆长久（http：//www.douban.com/group/topic/27522298/，2013－6－26）。本书作者也有此类体验：大学毕业12年后返回母校时，住在校园内丽娃河畔的招待所，恰好嗅到从原来住宿的楼房方向吹来的气息，作者立即就感觉到这种气息是当年自己熟悉的，也即刻浮想起当年在此学习的情景，甚是激动。另一次，作者在工作的校园里偶然嗅到一个阿拉伯留学生涂抹的浓烈香水味，几乎立刻就记起自己二十多年前(1990)在也门共和国援外工作时的情景，因为作者曾经熟悉的阿拉伯人就喜爱使用同类香水。

发挥嗅觉的记忆功能也可以运用于多种类型的工程技术项目翻译。从发生的图式看，嗅觉记忆比较明显地出现在图式C(项目实施预备动员)、图式D(项目实施)及图式G(项目竣工与维护)等与现场口译联系密切的实践环节。普通人对臭鸡蛋味的硫化氢气体就有敏感记忆，化工类行业的员工对某些化工产品的气味（例如一氧化碳、甲烷、纯碱、烧碱、二氯甲烷、三氯甲烷、氨水、尿素以及管道锈蚀）具有敏感的嗅觉记忆，土木工程的员工对木材、炸药、水泥、油毡、岩石甚至泥土等物质也具有敏感的嗅觉记忆。譬如，在爆破工程现场嗅到炸药味道时，熟练的翻译者很自然就能够回忆起TNT或硝铵炸药（nitramine explosive）等术语；机械电子行业的员工对各种型号的机油、汽油、柴油、润滑油、钢材锈蚀、电线电缆、电器配件、车辆、设备等物质具有敏感的嗅觉记忆。电线短路时发出的胶皮味能够让翻译者联想到橡胶绝缘层（rubber insulation）可能燃烧，而在金属加工车间嗅到车床及润滑油气味时，很快就能联想并翻译出该类型的机床名称、加工零件及其作用。

由此，工程技术翻译者在实践中，应注意了解和识别引进（输出）项目现场的机器、设备以及各种材料，从感性范围积累该项目翻译素材的“气味”，并形成嗅觉记忆。这对于现场口译有时会产生意外的效果。

11.2.3.3 语义编码的记忆功能

语义编码是实验心理学发现的比听觉记忆和视觉记忆更为高级的编码形式。短时记忆语义编码最为突出的特点是信息容量的有限性和相对固定性。一个正常成人的短时记忆的语义容量大约是7±2个单位，其中语义单位的内涵既可以是音节、字母、单词，也可以是数字、情节等。实际上，短时记忆并没有一个特定的语义单位内涵概念，其内涵是广义的。工程技术口译涉及的内容往往具体、冗长，要求口译者必须迅速强记信息并传译话语。因此，口译者利用 7±2 个语义单位在限定时间内（几秒钟至几分钟等）增加信息记忆量是非常重要的。

认知心理学的知识图式概念（Bartlett，1967；转引自王炎强，2006：451—452）或者称为语言预知模块概念（邹为诚等，2006：437），有助于理解和提高语义编码效率。另外，来自认知语言学词汇研究的概念"包装名词"与"图式信息包装"也表达了类似的意义。该理论认为在图式信息中存在四种"包装"模式：同位包装（appositive packaging）、后位包装（retrospective packaging）、前位包装（prospective packaging）、图式外包装（discourse-external packaging）（唐青叶，2006：78—80），其中前面三种模式对于现场口译的效率能够发挥积极的影响。这组观点表示，翻译者可以利用若干组 7±2"知识图式"或"语言预知模块"或"包装词汇"聚合成更大的信息单位（图式），这无疑为现场口译者提供了又一条记忆的便捷通道。

这组概念对于实现工程技术口译的记忆过程最佳化发挥着显著的作用。虽然工程技术口译涉及八个图式，既有多个话语者的声音信息，还有各类工程技术人员的活动，各种型号及各种功能机器的运转及噪声，显示的数据（情况）、材料、设备、结构、流程、产品，以及野外场景等，但是口译者可以根据上述的"包装名词"或"打包"理论，把这些图式（以及次级图式）识别为若干个组块，而每一组块内部具有相对紧密的逻辑关系，由此形成不同级别的 7±2 个语义单位。这样无疑能够提高记忆容量，进而提高传译速度和效果。特别是在图式 B（项目合同谈判及签约）和图式 E（工地会议）的口译中，这种方法能够显著提高口译效率。下面以道路工程项目施工口译的情景图式说明"打包"在短时记忆（工作记忆）中的作用：

在图式 D（项目实施）中，口译者及项目各方人员在某一天内可能经历一系列活动：1）早上 8:00—9:00，在工地临时会议室参加前一天工地情况通报会及当天工程进展协调会；2）9:00—9:30，口译员随同中方经理和外方驻地工程师（业主授权的主监理工程师）去会见中外双方测量工程师，共同审阅工程图纸，听取他们在最近七天的测量工作安排及重点问题，并发表修改图纸的指导意见；3）9:30—11:00，口译员随同中方经理和外方主监驱车巡视新建道路桥梁工程项目 1 号工地（20 公里长路段），沿途停车（下车）多次，察看路堤开挖、基层铺设、涵洞金属波纹管敷设、5 公里 +200 米处坚硬岩石路段的路堤爆破实施情况、8 公里 +350 米处危险岩石塌方及可能再次塌方处、14 公里 +600 米至 15 公里 +500 米长

900米上行纵坡路堤回填、17公里+300米至20公里处九个回头弯路段的开挖，以及基层辅料准备情况；4) 11:00—12:00，继续前往该项目2号工地(20公里+600米至36公里+600米)，沿途察看路堤边坡质量、路堤排水沟开挖情况，询问现场工程师有关未开工路堤的工程准备事项；5) 12:30—13:00，驱车前往石料生产场询问道路工程集料生产的设备能力、运转及储备数量；6) 13:00—14:00，在2号工地简易餐厅吃饭、小憩；7) 14:00—15:30，乘车沿上午路线返回1号工地，沿途在10公里+250米停车与现场工程师及工人讨论排除前方塌方悬石；7) 15:30—16:00，双方人员去中方项目经理部的道路工程材料实验室，察看混凝土坍塌实验，中方材料工程师说明该实验进展情况，双方对此提出建议；8) 16:00—17:00，在项目营地中方临时办公室举行当天项目进度评价会。

根据短时记忆7±2个单位整合理论，口译者在事前可以把许多可能将要发生的过程和信息碎片按照逻辑语义“打包”(预设编码)为几大记忆模块：(1) 按照道路工程施工技术要素，将其编码为“道路工程图纸及测量”组块、“道路工程机械及车辆”组块、“路堤开挖(破土和爆破)及回填”组块、“基层集料规格、加工及铺设”等四大组块；(2) 按照该工程项目施工地点，可以将其预设整合为“1号工地”组块、“2号工地”组块、“料场”组块、“实验室组块”等四大组块；(3) 按照话语者身份，可以将其整合为“外方主监”组块、“我方经理”组块、“我方道路工程师”组块、“我方材料工程师”等四大组块。复杂纷繁的技术话语经过这样的语义逻辑重新编码后，口译者能够在7±2个组块或单位内充分地储存信息，发挥短时记忆的模块效应，显著提高短时记忆能力和口译效果。

11.2.3.4 线性传递信息模式的记忆功能

现代心理学的研究和实验已经证实：口译过程中短时记忆的信息传递是按照逐项搜索比较方式进行的系列扫描过程，且这一过程必须经历三个阶段：第一阶段为模式识别，即口译者要对相关数据进行检验或识别编码，以方便下一阶段的比较；第二阶段是口译者把已经编码的检验数据和记忆集合中的数据逐个比较，且应注意将原文和译入语两种语言的记忆集合中的相关数据进行对应比较；第三阶段是口译者必须对比较结果的一致性进行判断和裁决，然后作出“有”或“无”决策并组织好反应(转引自刘绍龙，2007：146)。这一信息传递过程表明：口译者的记忆负担是随着记忆时间和项目的增加而增加的，并且呈现一条上升的直线。这启示我们：如何在尽可能短的时间内(通常以秒或毫秒计算)，即记忆负担较轻的时刻，去搜索、识别并传输更多的信息。

无独有偶，台湾辅仁大学的杨承淑教授对于口译话语信息的内部结构进行过实证性的深入研究，概括出话语信息内在传递的三段式模式，即范围（scope）、聚焦（focusing）、彰显（highlighting）（杨承淑，2010：62—63）。这个模式的具体含义是：首先运用具有主题切换标志的时间词语、场所词语、情态词语等引介词句去划定信息的范围，其次进一步以具有逻辑推论、先后顺序、增补说明功能的连贯词句来缩小范围并凝聚焦点，最后则以呼应主题的方式提出话语观点或信息重点。其实，这个三段式模式是从话语逻辑的角度提出的，而逻辑分析的基础便是信息内含的语义，所以杨承淑的三段式信息传递模式与本节所述的信息传递三阶段模式可谓殊途同归。需要指出的是，杨承淑提出的“三段论”模式采用普通会议的语料为理论分析的支撑，而工程技术口译的语料或图式更具专业技术性。下面以图式A（项目考察及预选）为例，说明“三段式”模式在工程技术口译中的情形：

在某阀门厂进行工程项目技术咨询及谈判期间，中外双方谈判（谈话）在开始大约三分钟出现具有主题切换标志的时间词语、场所词语、情态词语或寒暄招呼等引介词句，然后该次谈判（谈话）转向主体内容：该阀门厂商的总体介绍、产品门类、特色产品、生产设备、生产材料（部分保密）、生产技术（部分保密）、管理水平、订货及预付款比例、交货周期、参观车间等。这个“聚焦”阶段很长，内容涉及宽泛，而且实际情形中的信息比这个简要图式详细得多。最后，结论性的话语倒是相对简单（客商只是提议去参观该工厂的车间，尚未决定下订单）。

尽管图式A可能因每次咨询谈判的内容不同而发生差异，但是这个图式里的语义要素对于技术咨询谈判的话语信息具有较高的概括性。工程技术口译者可以事前将这个图式的内容进行“三段式”编码：(1) 谈话的“范围”（寒暄、地点、时间、情态、以往业务）；(2) 谈话的“聚焦”（即上述谈判中提及的十个方面）；(3) 谈话的“彰显”（结果、结论）。不同之处是，工程技术口译的第二段“聚焦”比普通会议口译的图式更详细、更具有专业技术性，但经过口译者事先准备或多次经历后，还是能够掌握的。经过这样分解，一般的口译者在记忆能力方面能够应对内容较为丰富、图式较长的口译任务。

11.2.3.5 信息地盘及重合度的记忆功能

杨承淑及日本学者的信息地盘理论是从语言学的角度来分析信息或

语料，比较注重各种语句的类型特点分析、一般语料的内部结构、传递规律(例如“三段式”模型)以及话语者对语句或语料的直接体验(杨承淑，2010：36—38)。如果从认知心理学角度观察，他们所讨论的信息地盘可以视为短时记忆(工作记忆)与长时记忆的交叉范畴。在工程技术口译中，口译者接受和传递的各类信息既包含此时此地的情况、态度和意见，也包含话语各方在该工程项目建设期间形成的知识及经验，还包括他们各自在长期的工作和生活中积累的专业知识和经验。

信息地盘是一个不断变化的范畴，新信息随时可能进入某个信息地盘，旧信息可能随着新信息的进入而退出这个地盘。而且，对于不同的信息(话题)，每个人都会形成自己的信息地盘。再者，在不同的时间段，各方话语者也具有不同的信息地盘。例如：一个初次采购数控机床的加工制造商占有的数控机床的信息地盘相对较小，而生产该数控机床的厂商则占有较大的信息地盘。同样，一个初次承担数控机床生产及出口口译任务的口译者拥有的信息地盘显然小于多次参与数控机床生产及出口口译任务的同行。就口译者个人而言，初次参与该项目口译任务时的信息地盘可能仅有理想信息地盘的50%，甚至更低；第二次参与该项目口译时他的信息地盘也许增加到70%；第三次参与时他的信息地盘可能扩大到90%。

不同于一般会议口译那种“打一枪换一个地方”的游击战行为，工程技术翻译(口译)具有“攻坚战役”式的性质。譬如：一个口译者本周参与一个会议、下周参与另一个完全不同主题的会议，对参会者语言表述特点及其会议内容非常陌生，其实际信息地盘与理想信息地盘差距很大。在这种无充分准备状态下，口译者就常常处于非常被动的境地(由此才会出现同声传译及某些连续传译行业译入率较低的问题)。而“攻坚战役”的时间较长，规模较大，各方均是有备而来，可控因素较多，胜算把握较大。譬如：一个口译者较长时间参与某一个工程项目，对于其他话语者的语言表达特点及其话语内容较为了解，信息地盘较宽，心理上也处于主动状态，这时译入率就更高。

因此，工程技术口译者应该利用每一个“攻坚战役”的相对较长时间和机会扩大自己的信息地盘，通过增加长时记忆容量来增强短时记忆能力。从心理学角度分析，这是把长时记忆转换为短时记忆(工作记忆)的准备阶段。短时记忆(工作记忆)与长时记忆具有密切的关系，并在相当程度上依赖长时记忆。法国学者吉尔也认为如此(参阅11.2.1.1节的“认知努力模式”)。在实践中，口译者应该事先认真阅读该工程项目的各种文件、合同、技术规范、技术标准、施工报告、试验报告、来往函电等详细内容；另一方面，口译者还应该了解项目施工现场出现的各种情况，包括人员调配、机器运行、材料准备、施工进度、款项支付、突发事故、补救措施等。

口译者还应该主动提高自己的信息地盘与对方话语者信息地盘的重合度。话语各方的信息地盘具有重合性，这种重合性基于这样的事实：一个共同的项目（共同的利益体）让这些具有相似专业背景和兴趣的人能够坐到同一张谈判桌前，来到同一个工地。在口译实践中，这个长时记忆转换为短时记忆的准备阶段对口译者的短时记忆效率发挥着重要作用。在口译正式开始前，口译者应该利用各种可能的机会（譬如寒暄闲聊、一起进餐、同车外出等）接近未来的话语者（尤其是外方话语者），尽可能了解他们的个人信息，包括个人语音特点、专业背景、工作状况、个人癖好甚至家庭情况等等，由此提高自己的信息地盘与话语者信息地盘的重合度。

口译者个人可以制定一个口译行动计划，对个人信息地盘扩大的范围，尤其是个人信息地盘与专业话语者信息地盘的重合度进行一个大致的预测和安排。我们设这个重合度达到 100%是一个理想的参照系，那么一般说来，如果口译者与外方话语者的信息地盘重合度不能达到70%，口译者的工作可能比较困难，容易出现明显失误。如何才能达到70%这条基本线？这需要翻译者依据各个图式和各种方法做出自己的努力。

11.2.3.6　运用笔记的记忆功能

做笔记不是口译认知过程的一部分，它只是有助于提高记忆这个认知过程的效率。在口译时做笔记能够帮助口译者提高记忆能力，这一点是显而易见的。许多人认为，原话语的声音超过一分钟，口译者就适宜利用笔记，尤其是口译重要话语时（张文、韩常慧，2006：75）。但是法国著名学者吉尔曾使用实验的方法证明了自己的假设：交替口译中笔记会把口译者的注意力从倾听中分散开来（转引自刘和平，2005：191）。也就是说，吉尔认为交替口译（或称连续口译）最好不要笔记。实际上，一名熟练的工程技术口译者也很少利用笔记。

但是由于每一个图式存在不同的语境和言语需要，因此为了提高记忆效率，口译者可以适当地在某些图式中采用笔记。在相对正式的语境图式 B（合同谈判及签约）、图式 E（工地会议）中，口译者适宜采用笔记帮助记忆，这时的语境和物质条件（在室内、正式会议、有座椅等）允许口译者利用笔记；而在其他图式的相对非正式语境中，可以少采用或不采用笔记，因为这些图式发生的地点基本上是在车间、仓库、野外现场或工地，只有少数时候是在办公室（但充满讨价还价般的谈话或争执），因此客观物质条件也不利于采用笔记。

口译者还可以根据不同的图式阶段适当利用笔记。一般说来，参加合同谈判的初期阶段，口译者可以利用笔记，因为他对话语各方谈判的主题不甚熟悉，对主题涉及的细节更无把握，这时笔记可以起到详细记忆之效。在初次参加工地会议（图式 E）时，口译者最好也要能够利用笔记，因为工地会议谈论的均是工程项目施工过程中出现的具体困难和问题，而且常常需要话语各方提出详细的解决方案，且口译新手事先不可能了解这些工程技术细节，甚至听到了话语者的语音也不能够完全领会其意思。在参加项目竣工验收仪式时，若在会议室或大厅举行，口译者可以适时利用笔记；若在工厂车间或野外工地现场举行，则不宜利用笔记。

还有一个问题是笔记的形式。我们先要区别一下口译者笔记与速记员笔记的职业性质：口译者的笔记纯粹是为个人口译方便所用，而且是临时性的，不需要保存起来归档备案；速记员一般是秘书，其笔记就是谈判结果的直接依据或是官方文件形成的依据，事后需要归档备案。这一性质决定了口译者笔记具有私密性和任意性。其次，从语言识别角度看，口译者笔记一般采用个人喜爱的、熟悉的、有工程技术项目特征的方式，便于口译者个人识别和回忆。例如，在记录"道路路段"时可以用"＝"符号，在记录"大型风机"时可以用"◎"符号，在记录"生产流水线"时可以用"ww"符号，在记录"发电厂及烟囱"时可以用"↑"符号。速记员笔记是以表音为主的拼写记录方式，而且其形式较为固定，主要是便于记录普通文字，对工程技术口译并非具有特效。赫贝尔也曾提出口译笔记不宜采用速记方法的理由（同上，2006：76）。

11.2.4 工程技术口译者的加工、转换、产出过程

加工本来是机械学的名词，现代计算机技术将其隐喻借来表示人类大脑理解事物的过程，在这里表示口译者对话语信息的理解。转换是翻译行为的特殊过程，通常是把一种语言转换为另一种语言，只不过工程技术口译的转换并非仅有话语者声音的转换，还包括非话语者声音的转换以及视觉的形声转换。同样，口译产出过程也受到室内及室外语境的影响。

11.2.4.1 口译者的加工过程

有学者在借鉴国内外理论的基础上,构建了口笔译信息加工"过程与方式"模型,提出了三种加工方式,即"自下而上/自上而下"方式"串行加工/并行加工""自动加工/控制加工"(刘绍龙,2007: 200)。这对于我们理解口译过程不啻为一种明晰的简便方式。该模型是以记忆系统为主体的信息加工过程,凸显了双语转换过程里的信息接收、信息加工、理解/转换、反应产出的基本流程或方式。本节依据这个模型,结合工程技术口译的语境,着重就加工方式的三种形式进行讨论。

第一种加工方式是"自下而上/自上而下"的转换,这是一组方向相反的程序或方式。自下而上的加工方式,是指口译加工先从接受音素和音节的开始,随后进入高一级的词汇层面,再进入短语层面和句子层面,最后进入图式顶层而获得语义信息的一系列过程。这也是口译的一般性加工过程,类似于逻辑思维的归纳过程。自上而下的加工方式正好是相反的过程,即从已经掌握的语义期望顶层(图式)开始,推测或指引下个层面的语句、词汇、语音及词素的展开,类似于逻辑思维的演绎过程。对于工程技术口译者来说,承担一个工程项目的口译似乎就是一场马拉松式的口译,工作时间短则几个月,长则若干年。在项目开始的初期,话语者各方彼此不了解、不熟悉,对讨论的工程技术内容也并非熟悉。所以在这样的语境下,口译者不得不逐字逐句地接受话语各方的声音信息和其他形式的信息,小心翼翼地使用"自下而上"模式。例如:某位翻译者曾担任一个大型聚酯化工引进工程项目的技术翻译,自参与至结束大约四年。在初期的半年时间,由于频繁出国考察、引进国外资料,加上国内外技术人员频繁调动,他在短时间里不完全了解中外话语者会说什么话语或讨论什么技术细节,因而他的口译加工方式只能是自下而上,将各方话语者的声音信息一字一句地记忆、接收,更不敢随意调整译入语顺序或进行摘要式的口译,生怕遗漏了什么重要的工程技术内容而给项目造成经济损失和声誉影响。经过半年的努力,那位口译者逐渐了解该项目的技术内容以及工程项目的进度情况,在谈判或交涉中大体能够预料话语各方将会讨论什么话题或某个话题大约涉及哪些技术范围,心理已经有所准备。这时,口译者逐渐过渡到自上而下的口译加工方式,即高级层面的信息影响低级层面的信息,口译者的话语语义期望影响自己的话语实践。具体来说,该口译者凭借一定的经验基本可以判断话语者各方在下阶段谈判或交涉中会谈到哪些问题,这种判断使得口译者在时间上、心理上、物质上都可能预先做好准备，临场则能够轻松听完信息（甚至不需要做笔记）；接收信息之后，能够按逻辑关系或重要性先后顺序重新组织译入语。这时的口译者显得有的放矢、应对自如。

第二种方式是“串行加工/并行加工”模式的转换，这对术语来自现代计算机技术的隐喻，包含两个方面的意义。第一个意义是语言学方面的：串行加工指口译连续传译方式，即口译者等待话语者完成一段话语后才接着进行传译，这种话语流形式可以隐喻为虚拟单向单线。而并行加工指口译同声传译，即口译者几乎伴随话语者同时发音传译（其实在严格的实证科学中，不存在“并行”或“同声”传译，这一说法也仅仅是从经验角度总结的），其话语流形式可以隐喻为虚拟单向并行双线。在工程技术口译形式中，语言学意义的“串行加工/并行加工”转换很少出现。翻译者在多数图式中采取“串行加工”（连续传译），而“并行加工”（同声传译）仅可能出现在图式A的结尾期间（如客户考察项目结束之前可能会举行较为正式的意向性谈判）、图式B的结尾部分（如合同签订仪式及庆祝酒会）、图式G或图式H的一部分（如项目竣工、剪彩、点火、启动仪式以及项目交接仪式）。总体上看，这些情景下的并行加工随话语集中在（未来）合同项目的核心技术指标、主要设备或生产线、主要原材料、核心经济效益、合同价格、关税税率、政府政策等几个方面。这就为口译者提供了对信息进行预测、分类、储存，即搭架子（按照习惯表达方式构建译入语）的时机（李枫，2014：184）。实施技巧方面，在口译开工及庆祝正式仪式话语时采取“搭架子”策略，因为此刻官方话语程式（套语）比较突出；在口译意向性谈判及签订合同话语时采取顺译、组合策略，因此刻的话语通常按信息语域排列。

第三种加工方式是“自动加工/控制加工”的转换，这是从耗费心智资源（记忆容量）或熟练程度来考察的口译加工过程。自动化加工是指加工者对其进行的加工任务缺乏意识性的观察，即不受人所控制的加工，其加工过程无须执行者的有意识控制且没有一定的容量限制，不需要使用实际资源（记忆容量）而能够完成的任务。相对而言，控制加工是加工者对其加工任务必须进行有意识性的观察，且具有一定容量限制的，需要耗费大部分有限心智资源（记忆容量）的任务。就工程技术口译者而言，由于参与一个工程技术项目一般时间较长，在初期一段时间内不熟悉工程技术的资料、实施情况、人员话语习惯等，他（她）的口译就很费力，临场表现紧张，译入语听起来断断续续，时常出现错误传译而致使话语人必须重复讲话，甚至听起来前言不搭后语，这就是控制性加工。而当这个口译者在同一个项目工作时间稍长并逐渐了解各方面工程技术情况后,他(她)会变得听觉灵敏、传译迅速、表达准确,甚至还能根据交流的需要营造恰如其分的话语环境(如庄重、轻松、幽默),这就是自动化加工。例如,曾经有一位口译者在参与国外工程技术项目时,起初不仅对项目的技术状况及工程进展情况不了解,而且对外方技术人员还产生了恐惧心理,每当外方监理工程师需要他出场口译时,他甚至吓得躲避,闹得双方经理很尴尬。三个月之后,该口译者开始熟悉项目的各种情况,对常见的技术参数、人员及施工情况有所了解,形成了半自动化及自动化加工方式,逐渐成为该项目的翻译骨干。

11.2.4.2 话语者声音转换,非话语声音转换,视觉编码形声转换

刘绍龙提出的口笔译信息加工"过程与方式"模型还突出了"理解/转换器"的概念和功能,这个功能与工作记忆和反应产生器的关系非常密切,这也是该模型的创新点之一。刘绍龙认为,该转换器可以视为工作记忆的一部分,其主要功能是在理解原文的基础上完成原文语码表层至概念深层的转换,其转换就是基于原文信息的初步语义图式(或称语义表征)才得以形成。工作记忆通过不同的信息加工方式来实现这个语符—概念的转换过程,其转换结果则进入理解/转换器,且处于一种"脱语"的状态,并以概念或命题等为单位储存在理解/转换器(工作记忆)中,由此进入反应产生器。这种脱语状的语义图式或语义表征在工作记忆里,以目标语记忆库为参照系进行重组或顺应的加工,由此在反应产生器中获得译入语的初步语码标示,直至形成基于译入语符号的内部言语,从而完成概念至语符的转换过程(刘绍龙,2007：203)。这种对翻译转换的解释是基于认知心理学的过程作出的分析,具有积极的理论构建意义。

在此之前几年,黄忠廉和李亚舒在其《科学翻译学》一书中,也曾经探讨过翻译(笔译)的转换过程,认为原文在理解之后形成了命题,而命题已失去了语言的形式,尤其是语法关系,它以意象(即表征)存在于翻译者的大脑中,形成内部语言。经过转换的信息(命题)在思维中一般由短语表示,而命题是关于一个或几个概念的论断。转换的内容包括概念、概念或论断形成的形象、概念或论断形成的推理。他们还从实践的角度提出了翻译转换所依据的三个准则：第一,看怎样转换才能获得最贴近原作的本义;第二,看怎样转换才能顺应译语的语言特点和表达习惯;第三,有时还应该照应原文的某些形式因素(黄忠廉、李亚舒：2004：253)。尽管他

们讨论的主要是笔译，但对于口译的实践和研究仍具有意义。

就工程技术口译者而言，译者所面临的口译语境和其他行业口译（旅游口译、一般会议口译、行政外事接待口译等）的明显不同之处在于：不仅有话语者的语音信息，而且还有机器、设备、人员、材料等物质的存在与活动，以及施工现场不断变化的景象——这一切会产生更多的视觉信息和听觉信息，并随时可能要求口译为目标语（参阅 11.2.3.1“视觉编码和视觉材料听觉编码的记忆功能”）。口译者除了直接接受听觉信号（声音）以外，一旦视觉材料进入口译者的短时记忆则可能发生形—音转换，它意味着视觉材料的记忆编码具有听觉性质和声音性质。因此，工程技术口译的转换内容不仅包括一般意义上的人员话语声音所含的概念系统（命题）的转换，也包括来自机器、设备、车间或施工现场发生的非人声的声音信息转换，还常常包括来自视觉记忆编码内（即生产和施工现场的物品和情景）产生的形—声转换效应。例如：某位口译者单独陪同外方工程师巡视某机械厂金属加工车间，外方工程师指着操作工人刚才加工完毕的金属圆套筒，问道：“What’s the finish?”一个熟练的口译者应该知道他是在问“这个金属圆套筒的表面加工精度是多少”。于是口译者转而问车床边的工人并获得答案，然后又将答案口译给外方工程师。在这个情景语段里，口译者接受的听觉信息是“What’s the finish?”，而问话者手指的物品是圆形套筒（“finish”在此只是一个抽象的概念）。这个声—形不一致的矛盾只有依靠口译者的视觉编码来协调解决。因为他看到的物品（金属圆套筒）是问话者的语义指向的物品，故而他首先在“理解/转换器”内将该物品（金属圆套筒）进行形—音转换而获得“金属圆套筒”这个中文词语，并进行对照选择或重组（通过检索大脑内部词汇库）获得与“金属圆套筒”这个中文词语发音匹配的英文单词 the metal casing 的发音，进而再次通过“理解/转换器”运用联结网络思维理解方式将 the metal casing 所具有的加工特征（语义表征）与 finish 这个单词联结起来，最后由此生成译入语“这个金属套筒的表面抛光度是多少?”。

11.2.4.3　工程技术口译译入语的生成

国外较有影响力的翻译心理学家在 20 世纪七八十年代曾提出过语言生成的一些理论模型，例如，弗罗姆金提出过七个阶段及四个过程，安德森也提出过言语产生的三阶段模型（转引自王甦，1996：358）。刘绍龙依据口笔译信息加工“过程与方式”模型中的“并行加工”方式，提出了双语翻译“产出”过程的初步假设：(1) 译者的译入语产出同样开始于其准备表达的思想框架或语义结构；(2) 译者可以一边形成译入语短语及句子结构，一边检索并提取打算填充该短语和句子结构的译入语词项；(3) 一边确定一个词项并正确发出该词项的声音，一边检索下一个词项(刘绍龙，2007：192)。

在工程技术口译实践中，上述三个步骤，尤其是第一和第二个步骤，是在极其迅速的时刻内完成的。下面我们结合实践综合分析这些步骤：

口译者面临两种语境：第一种是以图式 A(项目考察及预选)的一部分、图式 B(项目合同谈判及签约)、图式 E(工地会议)、图式 F(索赔与理赔)为代表的较为正式的谈判语境。这类语境发生的地点一般是在谈判大厅、宾馆或会议室，工作环境较好，参与人员多半是高级和中级工程技术人员，话语内容涉及合同项目的全面规划或某一时期工程技术进度或某一重大技术难题等，其话语属于较为正式的谈判话语。第二种风格的语境是以图式 C(项目实施预备动员)、图式 D(项目实施——建设、修改设计、安装、试车或试运营、结算)、图式 G(项目竣工与维护)、图式 H(项目交接与终结)为代表的非正式谈判语境。这类语境发生的地点多数在码头、仓库、车间、工地，工作环境相对较差，话语内容涉及比较具体化的货物、机器设备、生产流程、施工工序、临时人员、设备及材料、技术难题、事故发生及解决方案等，参与人员多半为中下级工程师和普通员工，其话语显出通俗化、非正式的风格。

当面对第一种较为正式的语境时，工程技术口译者会因这种语境产生条件反射，并在记忆系统中相应地形成较为正式的句子和短语结构，而在检索并提取心理词库词语时也会在反射作用下倾向于选择较为正式的词语来填充这些结构；而他/她发出词汇的语音时，也会顺应反射作用而采取严肃、庄重的语调或语气。我们仍以图式 B(项目合同谈判及签约)的部分内容为例进行分析。下面的语篇是我国某骨干机械企业与奥地利厂商关于建立合资子工厂的首次谈判(本文省略了中文译语转换)：

Chinese Manager (C.M)：Welcome to this leading valve factory in China.

Austrian Manager (A.M)：*We are pleased to be invited to this national famous valve manufacturer.*

C.M: We have mailed and emailed all the necessary information and data of industrial valves available in my plant. What do you think of the potential for establishment of a new subsidiary?

A.M：Thank you for your delivery of useful references. Over the past year we have paid visits to other plants like Zimmer Company in Germany, Inventa Company in Switzerland, and Konebo in Japan. And this week we have scrutinized what we received from you. *We are most impressed by your Flying Ball brand, which has passed ISO9000 examination and won a prestige in the world market. Therefore, in principle we agree to build a joint venture or subsidiary*. But ...

C.M：I see what you are going to speak. *We offer the following conditions for our new joint venture*: the first is 100 acres of land and, the second is our know-how, which is ranked the first rate in the global market, as the technical capital investment. Are you satisfied?

A.M：That is great, but can you supply 150 laborers? Because we are not possible to dispatch labor from Austria, even from Malaysia.

C. M：No problem. That's our advantage. *We can supply experienced 50 laborers at the preliminary stage, and 80 at the production stage*. That is all right?

A.M：Of course, thank you for immediate offer.

C.M：Then it is your turn to offer conditions.

A.M：*We decide to supply an adequate sum of 500 million US dollars for building up three workshops and one office building on the new site*, with a floor space of 5,000 square meters. Additionally we offer half of the working machines. The other half is due to your duty.

C.M：What types of valves can we manufacture?

A. M：*Gate valves, butterfly valves, stop-reverse valves, and high-pressure ball valves for long-distance petroleum pipelines on the new plant*.

C.M：That is a good transaction! Now let us prepare and sign the Agreement later today.

A.M：Shake hands! Congratulations!

我们可以发现：除了必要的客套话语外，谈判工作话语的大部分语句(斜体部分)都是正式的句子结构和词语(包括技术术语)。这种情况表明:在合同及协议谈判中(尤其是金额较大的工程技术项目合同),翻译者及其他话语者倾向于选择符合谈判语境气氛的词语(即“合同语言”或“合同术语”)来表达话语意图。

当工程技术口译者面临第二类语境(非正式语境)时,工程技术口译者会在条件反射作用下,在工作记忆系统中形成相应的口语化句子和短语结构,而在心理词库检索及提取词语时会在映射作用下选择相应的非正式词语来填充这些结构,并在口译者发出词汇的语音时也会倾向选择符合该语境的语调或语气。我们来看图式 C(项目实施预备动员)里某境外中资公司人员去当地海关提取货物的语段:

Liu, Chinese Manager (arriving at Aden Customs Office): We have received the Bill of Lading from the shipping company. *We're gonna take our shipment of explosives from Abu Daby today*.

Customs Officer: *What kind of explosives did you apply for import*?

Liu: *The TNT explosives for road excavation*.

Officer: That is not so easy to get. *Any import of that stuff must get special permission of our Foreign Trade Ministry, the approval of Aden Marshal Police Commander, and even you have to present the consulate invoice by our consulate in Abu Daby*.

Liu: I got idea of that. We have obtained those documents beforehand. Here you are.

Officer: Let me check ... O.K, now you can pass to the Customs Warehouse and *take away that dangerous stuff*.

Liu: Thank you, sir ...

Guard (at the Customs Warehouse): *What are you gonna take out of here*? Show up your Bill of Lading and other Customs documents, please.

Liu: Here you are, we've prepared all of them.

Guard: That's all right. Follow me this way. ... These cases are your shipment.

Liu: Good, but I'll check if it is TNT. Can you help open one case?

Guard: No problem.

Liu (checking the stuff, surprised): No, sir, *this is not our TNT; it's something of road surface sealant*. Maybe, it's for other contractors.

Guard: Let me see carefully. Oh, here is the goods label reading as Road Surface Sealant. Perhaps it's my mistake. Let's go to the cases opposite.

Liu: We have to open this case to check. Where is the goods description? It's some dark here.

Guard: The label is right here, you see. It reads as *TNT for Civil Works, 20 kilo a package, made in Sweden Nobel Explosive Plant. All conform to the L/C terms*.

Liu: All right, that's our goods. Thank you for your help.

该语段具有非正式的语境，口译者选择了通俗易懂、简洁明了的话语风格，力图匹配口译现场的临时性、变化性、活动性的特点。在这个图式里，从句子结构到词语都表现出口语中的非正式倾向。例如：表示“将来”不用 intend、will do 等较为正式的语法，而采用 We're gonna take 的通俗形式；货物来源地不是用正式的 the capital of the United Arab Emirates，而是采用通俗形式 from Abu Daby。“货物”不是用 consignment，而是采用极为随意的 stuff；货物（炸药）也不是正式词语 explosives，而是直接采用其商品品牌 TNT；信用证这个词语不用 credit letter，而是采用 L/C 这种口语缩略方式。

11.2.5　工程技术口译者的监控过程

在讨论这个题目之前，我们先要询问一下口译者：你本人是否完全能够对自己产出的言语进行监控？谁可以证明你已经有效监控自己了？

11.2.5.1　口译者能有效监控自己吗？

参阅 11.2.1 节“一般性口译过程的研究”，国内外部分专家提出的各种口译模式里并没有涉及监控过程或机制，只是刘绍龙在其构建的“口译的神经心理加工过程”模型（刘绍龙，2007：275）中提及了监控（在“记忆系统”子系统之内），但是他并没有用文字具体说明如何监控。我们只能推断：他主张口译者能够监控自己的口译行为，即口译者既是言语行为的执行者，又是言语行为的监督者。

此外，我们通过中国知网输入主题词"口译的监控机制"查询(2012－11－23)，在已经发表的翻译学论文里，有少数人提及或研究过话语的监控过程或监控机制。仇燕(2005)认为："听话人对话语的理解是对一系列的假设进行推理后而实现的，因此，认知语境的生成是一个动态的推理过程，其中元认知的参与在交际过程中发挥了不可忽视的作用。元认知是认知加工系统的高级监控系统，是交际顺畅进行的保障，可见交际的过程也离不开元认知的调节和监控。"徐海铭(2008)认为："元认知监控在话语交际中对交际双方认知语境选定会产生作用。认知语境是听话人在推理过程中提供并组合的一组假设，同时听话人还会根据情况对这组假设进行改变、调整以及选择。"徐海铭还归纳了三种元认知监控理论：基于产出的监控理论认为，人脑中有一个关于语音、词汇和句法、语用等方面的规则和使用的监控器，负责在言语产出时对不同层面的言语错误进行监控。

元认知对言语的监控体现在对认知方式的监控和认知结果的监控，具体来说，就是自我发现思考方式的错误和思考结果的错误。这种功能是基于人的大脑里已经储备的理论知识和实践知识。元认知从一般性的情况出发，着眼于人们大脑内部的功能，在一定条件下是正确的。因此，许多人以为，只要进行了元认知监控，言语产出就必定是正确的。

参阅 11.2.1 节"一般性口译过程的研究"，吉尔认为，他的认知负荷模型要正常运行，必须满足的首要条件便是：认知资源总体水平应大于总体资源的需求(转引自仲伟合，2001)。回答上述问题的关键在于：鉴于我国工程技术翻译者的实际认知资源总体水平常常小于翻译文本或话语包含的知识资源需求(具体表现为文科背景的翻译者不甚了解工程技术学科及实践领域)(参阅 8.4 节"工程技术翻译的知识语域")，在此情况下口译者个人的元认知还能够对口译效果进行有效的监控吗？或者说，口译者能够随时发现并主动改正自己的知识错误吗？显然不能。因而，仅仅以元认知监控来解释工程技术口译的监控过程是不完备的，也是不完全有效的。

11.2.5.2　口译者的四重监控/修补机制

让我们先看一下工程技术口译的整个运行过程。工程技术口译的运行过程的前一阶段与其他行业口译的过程是相同的，可以概括为语义初解、句法合成、词汇合成、内部言语和语音生成。有些翻译研究者从考查一般性口译的情况出发（例如旅游口译、一般会议口译），走完这几个程序也就完成任务了。而工程技术口译运行的后一阶段是：当口译者产出语音信息后（经过自己的元认知监控），口译任务并未结束，口译客户会立即启动与信息储存器（储存了长时记忆信息和各种语境因素，如物品、人员、情景、非口译语音的声音等）相连接的"语音信息过滤器"，同时对外部语境（设备、材料、工艺、产品质量）也进行监测反馈，这些因素迅速地共同做出选择性反应——程序（1）：该语音信息符合语境需求，可以接受；程序（2）：该语音信息偏离语境需求，予以拒绝。这如同马路上亮起绿灯则车辆通行，亮起红灯车辆则停下。如果该语音信息通过了程序（1），即口译客户的过滤器（选择性反应）和现场客观语境的正确反馈，则口译者的这一轮口译任务完成，进入下一轮口译任务及监控；如果该语音信息未能通过程序（1），而遭遇程序（2），口译客户的过滤器和现场语境反馈拒绝了口译者的语音信息，并立即发出"重新口译"的指令（表现形式为客户的口头提示、目光提示、手势提示、表情提示，以及设备、材料、工艺、产品质量的不正常表现）。这时，口译者必须重新口译先前出现的错误信息（不排除口译者自己开始反思或检查自己的口译行为，即启动元认知监控），直到口译者再次（甚至第三次）经过客户的过滤器（选择性反应）和客观语境的监测反馈并通过程序（1），被客户和客观语境完全接受。从理论上假设，任何语音信息都可能会面临这种语境监测和修正错误（重新口译）的指令，只有等语音信息完全（可能经过多次）通过客户的过滤器（选择性反应）和客观语境监测反馈之后，口译者的首轮工作（过程）才真正宣告结束。

我们把口译者个人的元认知监控、口译客户的选择性反应、现场客观语境（设备、材料、工艺、产品、质量）的反馈，以及口译者的言语产出修补行为合称为工程技术口译的四重监控/修补机制。看来，除了利用口译者的元认知外，口译者还必须借助大脑以外的语境及客户反馈才能对话语方式和结果产生监控及调节。

11.2.5.3 口译者四重监控/修补机制的理据

我们从话语分析、语用学两种视角提出理据。

从话语分析理论的角度看，一个话语图式需要经历监控/修补的过程后，才能成为完整而正确的话语，进而产生话语者原本打算表达的话语效果。关于话语分析及修补，自 20 世纪 70 年代以来国外语言学界对自然话语的这种普遍现象进行了广泛的研究，我国也有学者在进行积极研究，其意义、作用和客观性毋庸置疑（施旭，2007）。话语学界一致认为，会话自我修补是说话者在话语交际过程中监测到话语错误后进行的自我纠正错误的行为，这种监测是基于元认知的，而元认知的形成又显然与各种背景知识和经验具有密切的联系。但如果话语者的元认知不充足，就很容易出现认知失误，无法察觉口译错误。而实际情况中，相当部分中国口译者的元认知不能完全满足工程技术口译的需求。

从语用学角度看，工程技术口译的每一轮传译单位是一组对话，而不是单方面的词句，因为只有传译一组完整的对话才能满足交流的需要。人类话语大体符合格赖斯提出的会话合作原则（包括四个次级准则）（转引自何兆熊，2001），尽管有时出现违例而产生歧义或隐含意义，但不可否认，他的会话合作原则依然概括了人类会话的主流性质。格赖斯合作原则中的第三个准则是“关联准则”，即说话者发出的话语必须与接受者的心理意图和语境相关联，否则交流面临失误。这一理论给我们提供了启示：在口译过程中，口译者传译的不仅仅是单纯的声音，而是包含了复杂信息的语音逻辑信息流，其目的是帮助话语各方成功实现交流。因此，当客户拒绝口译者的声音信息或出现不符合客户所处语境的信息时，该次传译就没有完成任务（交流失误）；而口译者必须经过修补话语（在客户要求下），重新进行传译，直至接受者完全接受为止，才算传译任务完成。

11.2.5.4　口译者四重监控/修补机制的特点

与自然话语的本能性（或称不自觉性）监控相比，工程技术口译的监控修补机制具有自觉性、强制性和及时性三个特点。这三个特点都表现于口译者、客户和客观语境三方。本质上，这些性质是由工程技术翻译的强制性及复合性决定的（参阅 13.4 节和 13.5 节）。由于工程技术项目技术含量高，投资金额巨大，所以工程技术人员（即口译客户）和口译者都必须一丝不苟地工作。工程技术人员或客户（甚至包括机器、设备、工艺和产品）对口译者的每一句话以及每一条信息指向的行为，肯定要严肃认真。一旦发现口译者输送的语音信息与语境不匹配，他们会立即提出异议，并要求马上重译，而口译者必须立即执行。不然，由口译者传译的错误信息不仅会引起交际失误，而且可能造成工程损失和更严重的后果。这种情况在其他行业口译中并不常见。监控修补机制的及时性则直接由工程合同期限决定，因为每个 FIDIC 条款下的工程合同都设置了“保留金”条款（占合同总价 5%），专门针对延误工期或质量不达标的项目。

下面，我们通过在某爆破工程中的一段对话来说明以上的特点：

Supervisor：What's your time limit of blastings in the embankment excavation?

Interpreter：路堤工程爆破有时间限制吗？（口译者传译上述问句出现失误，自己不知道）

Chinese Blasting Engineer：每次爆破相隔两个工作日。（语音客户接受错误信息，不能形成有效回答）

Interpreter：Every two days for each blasting.

Supervisor：What are you translating? You misunderstood me. I mean the time interval of each blasting.（话语客户监控口译者，要求修补）

Interpreter：他的意思是每次爆破间隔有多少时间。（口译者因而立即修补/重译）

Chinese Blasting Engineer：每次爆破间隔 50 毫秒。

Interpreter：50 milliseconds for each blasting.（只有口译出这个答案，第一轮交流才算完成；若口译失误，则双方交流半途而废。）

Supervisor：Now I see that, and you'd better reduce it to 30 milliseconds as per the latest blasting technology.（第二轮话语开始）

Interpreter：根据最新爆破技术，他建议你们降到间隔 30 毫秒。

Chinese Blasting Engineer：好的，我们下次试一下。

Interpreter：We'll try that next time.

Supervisor：All right. Let's go and see the hanging rocks.

以上口译过程出现一次交流失误，译入率为 50%。经过第二轮话语修补，交流信息才得以正确传译。由此可见，工程技术口译的四重监控/修补机制在理论和实践上也符合话语分析理论及语用学关联理论。

11.2.5.5 口译者四重监控/修补机制模型

为何之前的口译者和研究者没有把客户和语境的监控机制列入口译过程模式？也许，他们考察的话语案例大多属于单向信息传译（参阅7.5.3.3节中有关普通会议话轮的论述），没有工程技术翻译（口译）的双向语境条件，因而他们讨论的口译过程监控就不具备工程技术口译监控机制那种自觉性、强制性和及时性。目前我们看到的有关口译过程的各种模型里，均是点到“言语产出”为止，没有把“客户的选择性反应/语境反馈/口译者的修补”这一实践中非常重要而特殊的过程列入口译监控模型。应该说，那些模式反映了口译监控的一部分机制，而不是完整的口译监控机制。

鉴于工程技术口译特有的监控过程或监控机制，本书认为，口译客户(及语境)的选择性反应和口译者的修补行为应该纳入口译者的神经心理加工模型。我们利用刘绍龙的“口译的神经心理加工过程”模型，加入新的监控及修补机制，其文字表述为：把原有的“语音生成”改为“初次语音生成”，增加“元认知监控”(自我监控)、“客户过滤器”(客户监控)和“语境监控”的三重监控机制；如“初次语音生成”一次性通过三重监控，便直接连接“最终输出”；如不能通过，就随后接入“二次语音生成”(即话语者修补初次语音)，等待第二次通过(甚至多次通过)四重监控/修补机制，才连接“最终输出”。由此才能形成一个适应工程技术口译的新模型。其简单图示为：

工程技术口译四重监控/修补机制模型

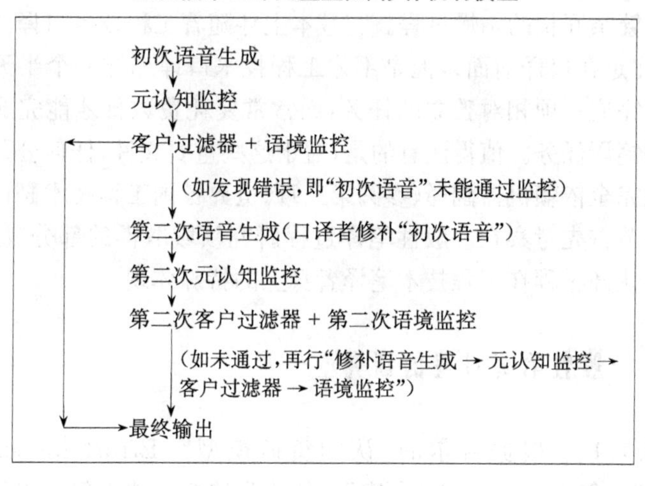

11.3 工程技术笔译者的认知过程

笔译活动通常与口译活动一样，贯穿工程技术翻译的八个图式。除了图式 A(如出口商负责人向客户介绍某公司概况，客户参观出口商生产基地)、图式B(如口语谈判的部分时间)、图式C(如交接货物)等少数情形外,其余大部分图式都伴随着笔译。因此,工程技术笔译与工程技术口译共享某些相似的心理认知过程(即普通翻译的认知过程),但是笔译过程又具有独特之处。

工程技术笔译的产出过程,与其他行业笔译基本相同。换句话说,贝尔的笔译过程模式也反映了其基本规律(转引自刘绍龙,2007: 255)。以工程技术项目实施的平均时间划分,笔译大约与口译平分秋色,但是涉及大中型项目时,笔译的时间往往多于口译的时间,因为工程技术项目的核心技术以及工程实施的具体要求正是通过书面文件来准确展示的,口译仅仅是传译了其中少部分较为具象(而非抽象)的信息。在几乎所有行业的笔译信息负载中,工程技术笔译具有无可比拟的地位:有哪一个行业的笔译负载能够像工程技术项目文件那样涉及大量高技术性的专业知识门类而一般人又无法问津?至于工程技术笔译的工作量(常常以公斤甚至公吨等重量单位计算),更是其他行业翻译望尘莫及的(参阅2.3—2.5节)。

工程技术笔译的过程并非文学翻译那样充满了幻想和激情,相反,往往是一个繁杂冗长的枯燥过程。它基本上伴随着工程技术口译同步进行(并且往往走在口译前面),但是不像工程技术口译那样一个半天或两个整天就算完成一项相对独立的任务,而常常要耗费数日才能完成一项相对独立的笔译任务。值得注意的是,对于这些重要文件,任何公司都不可能也不敢完全依赖机器翻译(参阅第三章《世界各国工程技术翻译历史概述》)。本节首先考察在一般性笔译过程研究领域取得的部分成果,然后讨论各个认知过程在工程技术笔译者身上的特殊体现。

11.3.1　一般性笔译过程的研究

11.3.1.1　根据吉尔的"认知负荷模型"(Effort Model)(参阅11.2.1节"一般性口译过程的研究"),他认为这个模式不仅可以运用于各种类型的口译(具体指向为连续传译、视译、文本同传),而且也可以用于解释笔译。他还提出了这个模型正常运行必须满足的条件:

(1) TA>TR:认知资源总体水平应大于总体资源的需求。

(2) LA>LR:听力和分析及理解的资源应大于听力、分析与理解的需求。

(3) MA>MR:短时记忆(工作记忆)的资源应大于需要加工的信息

的需求。

(4) PA>PR：言语产出的资源应大于言语产出的需求。

(5) CA>CR：协调资源应大于协调的需求。

这些条件在整体上体现了翻译的特点和要求。就笔译过程分析，第(1)条中的“总体资源”应理解为原文包含的学科知识、技术知识和公关知识的总体资源，第(4)条中的“言语产出的资源”可以理解为笔译者必须具备足够好的语言表达能力，在中国背景下可能指笔译者的母语能力也应该高于各级工程技术话语客户群，第(5)条中的“协调资源”应理解为翻译过程中涉及的脑力活动与非脑力活动的心理协调、行为协调、环境协调。其余的(2)(3)项不直接涉及笔译。

11.3.1.2 翻译理论家格姆里奇在其论文“Can Translators Learn Two Representational Perspectives?”(《翻译者能够学得两套表征类型吗?》)中，讨论了文本转换如何影响翻译过程的问题。他认为，翻译者可以通过逐渐获得表征类型推断策略而学会两套不同的表征类型，这样就能够大大方便语言转换。他还认为，表征类型的保持作为一种得体翻译的重要技能是可能出现的，其条件是翻译者B语中的表征类型的获得方式相似于其A语获得的方式。表征类型推断策略发生的先决条件是创造一种能够将B语注入A语语言文化圈的学习过程，而A语至B语的具体表征类型的转换是一种有待成为自动化的技能。如果这样，两种语言的表征类型的使用就会像一种语言共同存在的表征类型的使用一样(Danks et al., 1997：57—76；转引自刘绍龙：2007：39)。

这个理论说明两种不同语言的表征方式具有联结性或相似性，同时也暗示：某位将来要成为翻译者的学生在学习B语时获得的表征方式最好接近其母语(A语)的表征获得方式。譬如，学习汉语拼音字母时就形成了与英语的某种相似表征方式(我国实行汉语拼音化就是朝着汉语—英语共同表征的路上迈出的一大步)。当然，如何深层次地把B语和A语表征结合，恐怕涉及我国大学现在推行的双语课教育以及国家深入改革开放的国策。

11.3.1.3 英国翻译理论家贝尔在1991年推出了一部颇具深远意义的著作《翻译与翻译过程》，其中依据心理语言学、认知心理学和人工智能的最新研究成就，提出了翻译过程的模式化理念，构建了翻译心理过程模式。该模式对人类大脑的翻译信息处理过程(笔译)进行了细致的描述和分析。贝尔的翻译(理解)过程模式如下(转引自刘绍龙，2007：255)：

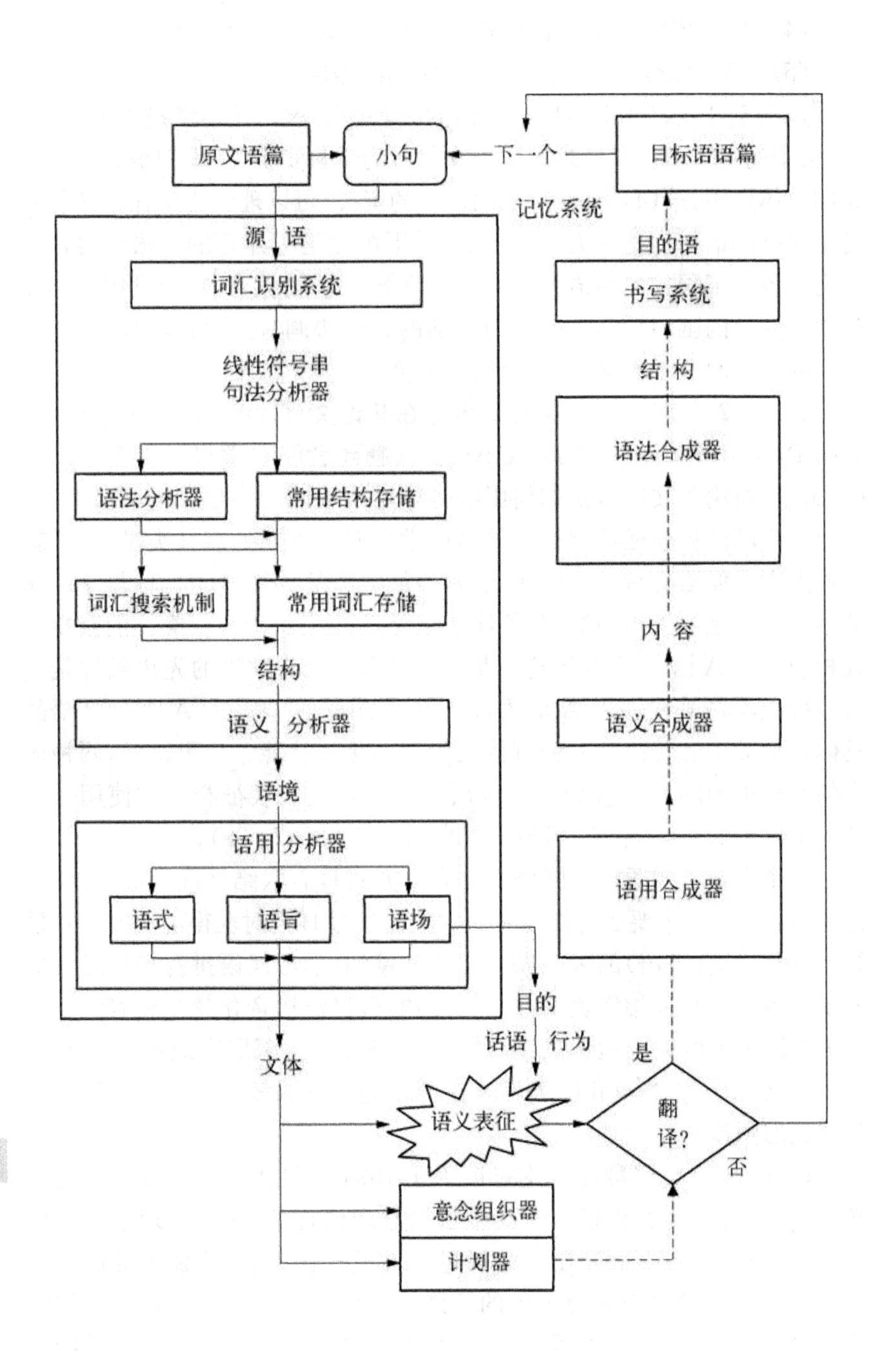
原文语篇
小句
下一个
目标语语篇
记忆系统
源 语
词汇识别系统
目的语
书写系统
线性符号串
句法分析器
结 构
语法合成器
语法分析器
常用结构存储
词汇搜索机制
常用词汇存储
内 容
结构
语义 分析器
语义合成器
语境
语用 分析器
语式
语旨
语场
语用合成器
目的
话语 行为
是
文体
语义表征
翻译?
否
意念组织器
计划器

贝尔模式对原文的分析过程是非常细致的。其中有两个程序特别值得注意:(1)当线性符号串经过句法分析器时,如该符号串不能通过"常用结构存储"的检验而被拒绝后,必须经"语法分析器"才能进入下个程序;(2)当线性符号串进入词汇分析程序时,如不能通过"常用词汇存储",则必须经由"词汇搜索机制"找到恰当词汇后方能进入下个程序。这些程序的分析和设计客观地描绘了笔译的反复而复杂的过程,可接受程度很高。正因为如此,贝尔模式才引起研究者的普遍关注。

但是,这个模式对于记忆过程,尤其是典型展示知识表征的长时记忆过程,表现得似乎较为薄弱。此外,贝尔将自己的模式概括为:既可以自下而上,也可以自上而下,即分析过程与合成过程是随时可以颠倒反复的。这一点似乎不能完全说明一般性翻译活动中,首先着手从具体的原文语句分析上升到抽象的意义表征,再由意义表征转换为目的语词句的"三部曲"。刘绍龙对此也与本书持相同看法。

11.3.1.4 黄忠廉、李亚舒在《科学翻译学》一书中专门论及"科学翻译的过程"。从他们论述"科学翻译"的内容和举例观察,主要限于笔译,没有论及口译。他们从逻辑思维过程的分析出发,重点说明了概念、判断、推理在翻译过程中的转换,认为原文经过理解之后形成了命题。命题是关于一个或几个概念的论断,已失去了语言的形式,尤其是语法关系,它以意象(即表征)存在于翻译者的大脑中,形成内部语言;经过转换的信息(命题)在思维中一般由短语表示。转换的内容包括概念、概念或论断形成的形象、概念或论断形成的推理。他们还进一步讨论了概念与概念的转换、概念与形象的转换、形象与形象的转换、概念与判断的转换、形象与判断的转换、判断与判断的转换、判断与推理的转换等七组转换模式。最后,他们还从实践的角度提出了翻译转换所依据的三个准则:第一,看怎样转换才能获得最切近原作的本义;第二,看怎样转换才能顺应译语的语言特点和表达习惯;第三,有时还应该照应原文的某些形式因素。他们的研究为我们研究工程技术翻译开创了一个新平台(黄忠廉、李亚舒,2004:242—280)。

不过,他们并没有充分而明确地指出"科学翻译"的转换与非科学翻译的转换有什么不同之处,加之他们对"科学"的定义太过宽泛,让人觉得科学翻译与非科学翻译就是一回事,没有必要加以区别。由此,其内涵与其他学科翻译的界限就不明朗。著名翻译家郭建中对此也持有同样的看法(郭建中,2010:193)。

11.3.2 工程技术笔译者的感知过程

工程技术笔译的感知过程包括感觉、知觉和注意,主要涉及由视觉输送的大量原文文字信息。这是工程技术笔译者面临的第一组认知心理程序,本书前面引述的几个笔译模式在原文输入分析阶段中隐含了这些程序,其中贝尔模式相对而言较明显些(即翻译者对词汇和语法的识别),但是它仍然不能完全地说明工程技术笔译者的认知过程。

11.3.2.1 在工程技术笔译过程里,感觉主要表现为视觉形式(其他形式,如记录并翻译口授信件或文件这种听觉形式很少使用),它具有这样的性质:(1) 视觉感觉记忆的容量至少是 9 个字母,而实验表明,视觉感觉记忆的更多容量可以达到 20 个字母,且其最大值还无法确定;(2) 视觉感觉记忆可以保持感觉信息到达几百毫秒,保存形式是原有的直接编码形式,并具有明确的形象性;(3) 视觉感觉记忆能够进行图像信息整合方面的加工,且不受人为控制;(4) 视觉感觉记忆一般认为是感觉记忆的典型形式(王甦,汪安圣,1992: 122)。

视觉形式的第(1) 项性质有利于工程技术笔译者一次性快速识别并记忆单词,尤其是比较专业的多音节技术词汇(例如聚酯生产中涉及的乙二醇 ethylene glycol,又如机械工程设备龙门铣床 planometer milling machine);视觉的第(2)(3)项性质启示工程技术笔译者在阅读和翻译工程技术图纸、图表等资料时,可有意识地利用视觉感觉记忆的保持时间,尽快回忆图纸、图表以及匹配的文字信息,减少回溯次数,并努力在自己头脑里合成该产品或工艺的虚拟图像,由此不仅能够缩短翻译时间,而且能够更加准确地笔译技术文献。

11.3.2.2 知觉和注意这两个心理程序,在现代认知心理学研究中经常联系在一起。莫里(1969)曾界定注意的范畴,提出了注意的六大特征:(1) 选择性,即选择一部分信息;(2) 集中性,指排除来自外部的无关刺激;(3) 搜寻,即从一些对象中寻找其一部分;(4) 激活,指应付一切可能出现的刺激;(5) 定势,指对特定刺激予以接受并作出反应;(6) 警觉,指保持较久的注意(转引自王甦、汪安圣,1992: 79—80)。从上可以看到,现代认知心理学普遍强调注意的选择性,而选择性本身属于知觉的典型特征。另外,与口译者极易受到情绪影响不同,笔译者受情绪干扰很小,因为相对充足的时间通常可以弥补情绪干扰带给笔译者的负面影响。

就工程技术笔译来说,当面对一个大中型项目的合同文件翻译时,笔译者在施展感觉视觉记忆之后(即首先通览全文)调动注意/知觉进行选择信息时,倾向于首先选择内容更为直接和重要的条款翻译;当进入语句层面时,倾向于选择长难句和陌生的技术术语作为笔译的突破口。具体策略上可以采用先易后难的方式,令其在先翻译其他语句的进程中通过语境理解其翻译难点的含义,然后把那些含义存入短时记忆库或工作记忆库。

关于合同文本层面的知觉选择,举例如下:某机械厂总经理次日将接待外商代表进行业务谈判,而翻译新手面对长篇合同正文(占46个标准页)感觉无法下手,即便连夜翻译也完不成任务。此刻厂方聘请了一位翻译老手,他询问了总经理的谈判意图后,挑选出"合同常见条款"与"合同特殊条款"作为优先翻译,因为常见条款涉及该合同的货物名称、质量(或服务范围)、数量、交货条件、付款方式,而特殊条款涉及该合同货物的重要特殊性、技术专利、财务程序等关键内容。至于更多的一般性条款(如合同各方资格、注册资金、生效日期、工期、知识产权、不可抗力、仲裁等)与商业谈判不存在时间上冲突,则可以推后翻译,此举得以帮助总经理及时参加谈判。下面是某工程技术合同文本的目录(刘川、王菲,2010):

TABLE OF CONTENTS

这个合同正文有二十七条及附件五个，可以先翻译出第二条（销售主体事项，即合同标的）、第三条（价格）、第四条（支付）、第五条（交货与接受）等四条常见条款，后翻译第八条（税收与关税）、第十一条（专利侵权）、第十三条（担保）、第十五条（专有技术软件使用特许）等四条特殊条款，以应付合同谈判及签约的需要。至于前言、其余十九个条款和五个附加文件暂时可以不翻译，等合同谈判进行后再行翻译，作为补充资料送交领导审阅。

依据直接知觉理论关于环境对知觉的作用，工程技术笔译者除了尽快熟悉所要翻译的文件外，还应经常抽出时间深入车间和工地查看和了解工程技术项目的实际进展情况，听取一线工程师及工人对该设备或技术（工艺流程）的介绍和评价，增加对笔译过程的外部信息刺激。实际上，凡是能力强、水平高的笔译者一般都经常深入第一线了解情况。

间接知觉理论则提示笔译者，个人的知觉能力与长时记忆和表征加工关系密切。这启示笔译者，平时不仅应加强外语知识及能力的积累和提高，还应有意识地学习相关的专业知识，扩大知识表征的范围，增加长时记忆容量(参阅 8.4 节“工程技术翻译的知识语域”)。以上所举例的合同文本翻译选择中，笔译者凭借什么标准进行选择？选择什么条款才能够充分而及时地满足谈判的要求？这种知觉能力就与长时记忆、知识表征有密切关系。

11.3.3 工程技术笔译者的记忆过程

与口译主要涉及短时记忆不同，工程技术笔译主要涉及长时记忆，但是也涉及短时记忆。在此，我们首先分析工程技术笔译涉及的短时记忆。

11.3.3.1 工程技术笔译者的短时记忆

有些人认为笔译仅仅涉及长时记忆，这个看法不完整、不客观，不符合引进(输出)工程技术项目翻译的实际情况。我们认为，在工程技术笔译者的工作过程中，虽然其大量知识来源于长时记忆，但这类笔译材料里随时也会出现笔译者之前没有遇到过的新知识(包括新设备、新工艺、新材料)，这是中国在现代化进程中吸取外国先进知识和工程技术的客观情况，这种情况要求翻译者及时传译新知识和新术语。

就某个具体工程项目而言，翻译者可能身处某个国家的临时办公室或工地现场，而原文的发布者(通过电子文档或传真)可能在另外一个国家或地区；发布者可能正在当地紧张工作，而翻译者一方可能已经下班或休息。如果此刻发布者发出某些文件(如紧急函电)要求对方立即回复，翻译者就必须即刻传译，此时翻译者就必须发挥短时记忆功能才能完成任务(紧急情况下，翻译者没有过多时间)。例如，某引进工程现场在中午下班后曾突然接到国外客户发来的紧急报价函电，要求中方马上确认。笔译者正巧在现场，接受任务后，在十分钟内就翻译完毕，经业务经理审查后迅速回复了外商，及时促成订货交易。对于局外人来说，也许拖延个把小时无所谓，但对于身处紧急情况的当事人，及时翻译函电却是头等大事。

对短时记忆产生积极影响的是视觉编码、语义编码以及视觉材料的听觉编码。有关英语短时记忆视觉编码的实验结果已经证明了视觉编码的存在，而有关汉语短时记忆视觉编码的实验也表明汉字短时记忆的视觉编码是明显存在的,并且信息的视觉编码至少在部分时间里存在(参阅11.2.2节"工程技术口译者的感知过程")。因此笔译者可以利用英语的视觉编码,暂时记住某个生词的拼写特点,迅速判断其语义或查阅词典或询问有关专业技术人员,尽快翻译出原文的意义。这无疑会降低笔译的时间成本,增加笔译效率。另外一方面,某些工程技术文件(如合同、技术规范和设备操作指南)的行文具有重复某些重点词汇或专有词汇的特点,笔译者在多次阅读及翻译的过程中可以形成自动化状态,并将其输入长时记忆。

视觉材料的听觉编码也适用于工程技术笔译。视觉材料的听觉编码理论认为:即使所呈现给接受者的是视觉材料,而一旦该视觉材料进入接受者的短时记忆则发生形—音转换,它意味着视觉材料的编码仍然具有听觉性质和声音性质(同上)。当笔译者遇到生僻词汇或难句时(尤其是精细化工的术语),这种形—音转换常常会在笔译者大脑内产生语音环绕的效果,令笔译者念念有词,不断重复,从而使笔译者调动工作记忆加深对该词的理解。其实,一般学生早晨大声朗读外语就是利用这种形—声转换效应来记忆单词。

11.3.3.2 工程技术笔译者的长时记忆

关于长时记忆的理论,目前影响最大的是加拿大心理学家塔尔文从信息储存形式及操作特征的角度,把长时记忆区分为情节记忆和语义记忆。情节记忆是"关于个人的特定时间或事件,以及这些事件与时间和空间的联系的信息";而语义记忆是"运用语言所必需的记忆,它是一个心理词库,是一个人所掌握的有关词语和其他语言符号、意义和指代物之间的联系,以及有关规则、公式和操纵这些符号、概念和关系的算法的有组织的知识"(Tulving, 1972;转引自王甦、汪安圣,1992: 171)。我们先关注与工程技术笔译联系最直接的情节记忆。下面是塔尔文从三个方面对情节记忆和语义记忆进行的对比研究:

		情节记忆	语义记忆
处理的信息	来源	感觉	理解
	单位	事件、情节	事实、思想
	组织	时间性	概念性
	指称	自我	世界
	真实性依据	个人的信心	社会的一致

（续表）

		情节记忆	语义记忆
信息的操作	知识 时间编码 语言的作用 时间关系 情感成分 推论能量 稳定性 存取 提取信息形式 提取结果 提取机制 回忆经验 提取报告 发育顺序	直接的、第一手的 直接的 小 经验式、按主体的时间记录 高 有限 更易变、易失 有意识的努力 某时某地做了什么 可变系统 对提取环境中的有用信息和情节记忆存储的信息的协同过程 回想起了过去 记得 晚	间接的、第二手的 间接的 大 抽象的，符号化地表现 低 高 变化、丢失 自动化 X是什么 不变系统 由储存的知识的性质所决定的知识结构的展开过程 实现了知识 知道 早
应用方面	用途 经验证据	少 遗忘	多 语言分析

从这个表格对比，可以发现：情节记忆栏目的内容多半是第一手知识，具有变化性，塔尔文的结论是用途小；而语义记忆则是抽象化的、不变的间接知识，塔尔文的结论是用途大。不过，他的结论应该是针对普通学习者而言的。

就工程技术笔译者而言，情节记忆虽然可变性大、容易忘却，但也是翻译者最急需的知识。对于一个已经接受高等教育、具备较高文化素养的翻译人员来说，面临的急促难题并不是缺乏一般性的陈述性知识，而是缺乏对自己所从事的工程技术建设项目的现场情况的了解（与情节记忆相关）。关于这种难题的实证研究，已经有翻译研究者开始注意到（丁大刚等，2012）。

语义记忆是心理学家广泛关注的研究领域，因为它是人类最普通的记忆形式。安德森于1976年提出以命题为表征单位的语义记忆理论ACT模型，其最突出之处是区别了陈述性知识和程序性知识；换句话说，该模型既可以表征语义记忆，又可以表征情节记忆。表征或知识表征是指知识在大脑记忆中的存储模式。知识表征可以分为两种情况：一是以知觉为基础的知识表征，主要保存空间表象和线性排列，或保存物体的空间位置和事件顺序；二是以意义为基础的知识表征，这种表征的抽象化程度更高（刘爱伦，1992：70）。显然，以知觉为基础的知识表征就是程序性知识，以意义为基础的表征（以命题或概念的形式）就是陈述性知识。陈述性知识处于相对静止的状态，程序性知识处于相对活跃的状态，两者是互为联系、相互作用的。

我们注意到，ACT 模式的程序性知识是通过一个产生式系统来表征的，而不像陈述性知识那样用命题网络来表征。根据 ACT 模式对程序性知识的第一个假定，每个产生式都有特定的强度，并且随着执行次数的增加而变大；它的第二个假定是，所有产生式的条件要与被激活的长时记忆进行比较，以确定其条件是否得到满足（刘绍龙，2007：172—173）。这里的第一个假定启示翻译者：必须对程序性知识进行反复阅读、操练才能形成长时记忆；第二个假定启示翻译者：活跃的程序性知识与静止的陈述性知识是相互联系和相互作用的；没有陈述性知识就无法产生程序性知识，而产生式系统的大量刺激也会激活长时记忆里的陈述性知识，满足程序性知识对原文信息进行加工。

目前，我国外语专业人才整体上非常缺乏自然科学和工程技术的专业知识背景，并且这种趋势在短期内不可能有明显改观。笔译者（及口译者）适应工程技术翻译长时记忆的最好方式就是：既要努力补习专业技术知识，更应该到工程技术项目第一线去，充分发挥情节记忆的特殊功能，在实践中接触和了解程序性知识（只从书本了解，例如仅仅阅读《施工组织学》，往往效果不佳）。大凡有经验的翻译人员均有这样的体验。如果能够同步掌握陈述性专业知识和程序性专业知识，那就表明翻译者进入了理想的长时记忆的知识状态。

11.3.4 工程技术笔译者的加工、转换、产出过程

这一认知过程是翻译行为的特有过程，而其他认知活动（如文学创作、科学研究、技术发明）并不一定有，它实际上包括三个子过程。因其内容丰富，我们逐一讨论。

11.3.4.1 工程技术笔译的加工过程

参阅刘绍龙的口笔译信息加工模式（11.2.4 节），他提出三种加工信息方式（自下而上/自上而下，串行加工/并行加工，自动加工/控制加工）。这里我们结合工程技术笔译的具体情形，集中对其笔译的理解或加工方

式进行说明。

第一组加工方式为"自下而上/自上而下",笔译与口译共享这一规律。不过,翻译语域的"下"具体指原文文本或信息的词汇和语句等基本内容,"上"指储存在原文文本或图式中的语义表征。在工程技术笔译中,正如我们在口译中分析的一样,在一个工程项目的初期,翻译者和阅读者(受让者)都不了解所翻译文本的具体内容和价值,翻译者(笔译者)一般采取自下而上的加工理解策略,只能一字一句地翻译出每句话和每个数据表,生怕遗漏了任何重要的内容;阅读翻译资料的技术人员也只能仔细搜索每一章节的新信息。就能力而言,"自下而上"是初级的翻译方法。

当工程技术项目进行深入阶段,翻译者和阅读翻译资料的技术人员开始熟悉项目的技术要领和实施情况,因此翻译者主要翻译新近的技术资料信息,而对部分已经了解或熟悉的资料(语句)可以采取编译、摘译等变译论的方法(黄忠廉,2009),即依据主要知识点对原文采取自上而下的翻译方法。就能力而言,"自上而下"是翻译者能力发展到高级阶段的表现。

从工程技术项目的语境分析,不同的语境(图式)需要不同的翻译方式,也就需要不同的翻译加工理解策略。具体而言,在图式B(项目合同谈判及签约)、图式D(项目实施)、图式E(工地会议)、图式F(索赔与理赔)涉及的笔译工作中,笔译者一般应采取自下而上的翻译加工方法,即必须一字一句地"死译"原文文本,给阅读者提供尽可能详细的技术文件资料,因为这些图式文本的技术专业性很强,语句难度也最大,翻译者往往自己无法判断其工艺价值,也最好全部翻译出来(哪怕词语拗口、啰嗦)供技术人员阅读,虽然此刻翻译者遇到的认知困难最大(参阅11.1.1节"口译和笔译的神经语言学依据")。而在其余的图式A(项目考察及预选)、图式C(项目实施预备动员)、图式G(项目竣工与维护)、图式H(项目交接与终结)中,笔译文本一般来说专业技术性相对较低或概括性较高,或有关技术内容已经出现在工程技术合同、技术规范等主要工程项目文件里,笔译者可以采取自上而下的方法,按照已经理解的工程技术信息,进行综述式和编译式的翻译。

第二组方式是串行加工/并行加工,这组概念是借用计算机隐喻形成的。在工程技术笔译中,串行加工就是依据语言的词汇、语句结构、时态、语态、修辞等语言要素对原文进行纯语言学意义上的简单加工。而在并行加工方式下,工程技术笔译表现出:在语言学方面,翻译者并行加工的信息是较普通文本更加复杂的长句和难句;而在知识语域方面(参阅8.5节),加工或翻译的文本又是专业性的甚至技术性极强的知识。神经语言学证实，这种超出寻常的认知努力在ERP技术条件下会引起大脑内部显著的N400波（用于加工复杂语义的努力）和P600波（用于加工复杂句子的努力），即翻译者需要付出更多的认知努力（参阅11.1.1节“口译和笔译的神经语言学依据”）。

然而，大脑进行并行加工是有相应条件的。格姆里奇认为，翻译者如果通过逐渐获得表征类型推断策略而学会两套不同的表征类型，这样就能够大大方便语言转换。表征类型的保持作为一种真正得体的翻译重要技能是可能发生的，但保持的条件是：翻译者B语中的表征类型的获得方式相似于其A语获得的方式。如果这样，两种语言的表征类型的使用就会像一种语言共同存在的表征类型的使用一样（转引自刘绍龙，2007：39）。

但是，对于绝大多数中国工程技术笔译者来说，要使自己的母语表征类型获得方式与目标语表征类型获得方式相似，却是不现实的。我国的工程技术翻译者绝大部分是在国内学习英语（或其他外语）后成为翻译者的（留学归来者担任工程技术翻译者极少），他们在学习内容、学习理念、学习方法、学习设施及环境诸方面与英语国家（或其他欧美国家）的学生或同行都存在很大差别，所以中国学生的母语表征类型获得方式与目标语表征类型的获得方式相差极大。另外，就目前我国教育体制及学位课程设置看，我国的本科学位和硕士学位课程基本上仅涉及一个学科门类（思想政治、法律常识、体育等公共课不计入），加之高中阶段过早文理分科，导致学生知识面单一，思维范围局限很大。相比而言，有些欧美国家（例如德国）的一个学位常常跨越两个学科门类，且不存在中学文理分科。这些客观条件限制造成中国翻译者的母语知识表征类型获得方式与目标语（外语）文本的表征类型获得方式有很大差异。

在实践中，中国翻译者的认知方式和知识储备与欧美、日本甚至拉丁美洲的同行都存在明显差距（参阅第三章《世界各国工程技术翻译历史概述》）。面对这种情况，中国工程技术笔译者要对翻译文本并行加工，必须付出比外国同行更多的努力。下面比较五组行业翻译文本，可以体验工程技术笔译“两项并行”的加工难度。

（1）文学翻译实例：

Impression du Matin (part)

The Thames nocturne of blue and gold	泰晤士的夜色蓝中泛金，
Changed to a Harmony in grey;	已变成和谐的灰色一片：
A barge with ochre-colored hey	装载着赭石色干草的船

Dropt from the Wharf; and chill and cold 驶离了码头;挟着凉和冷,

The yellow fog came creeping down 黄雾悄悄漫下一座座桥,
The bridge, till the houses' walls 直到屋宇的墙变成黑影,
Seemed changed to shadows, and St. Paul's 直到圣保罗教堂的圆顶
Loomed like a bubble o'er the town. 隐隐像城市上空的气泡。

(Oscar Wilde 著,黄杲炘译,2007: 172)

(2) 旅游翻译实例:

The Cairo Museum

The Cairo Museum itself is an international treasure. It was opened in November 1902 and was planned from the outset as a place to store and exhibit artifacts. The artifacts at the Cairo Museum represent the best that ancient Egypt has to offer. There are fabulous statues, incredible jewels of glittering gold and precious stones, miles of inscribed and decorated reliefs, the coffins and sarcophagi and mummies of kings, pottery spanning the ages, and countless pieces classified as minor but that are far from unimportant. Exploring the museum properly takes weeks — it is a vast storehouse of aesthetic pleasure and scholarly satisfaction.

埃及开罗博物馆简介

埃及开罗博物馆本身就是一件世界级的珍宝,1902 年 11 月开放,并且一开始就规划为一个储藏和展览艺术品的场所。开罗博物馆收藏的艺术品代表了古代埃及所拥有的精华,有精美绝伦的雕像、令人不可思议的熠熠闪光的黄金和宝石、连绵数英里长的浮雕、精巧的法老石棺和木乃伊、穿越了数千年的陶器,以及无数件其他艺术品。参观开罗博物馆最好有几周时间——因为她是审美享受和学术研究的巨大宝库。(Zahi Hawass, 2004;刘川译)

(3) 社会科学翻译实例:

The Theory of Moral Sentiments (Chapter II)

Even of the passions derived from the imagination, those which take their origin from a peculiar turn or habit it has acquired, though they may be acknowledged to be perfectly natural, are, however, but little sympathized with. The imaginations of mankind, not having acquired that particular turn, cannot enter into them; and such passions, though they may be allowed to be almost unavoidable in some part of life, are always, in some measure, ridiculous. This is the case with that strong attachment which naturally grows up between two persons of different sexes, who have long fixed their thoughts upon one another. Our imagination not having run in the same channel with that of the lover, we cannot enter into the eagerness of his emotions. If our friend has been injured, we readily sympathize with his resentment, and grow angry with the very person with whom he is angry. If he has received a benefit, we readily enter into his gratitude, and have a very high sense of the merit of his benefactor. But if he is in love, though we may think his passion just as reasonable as any of the kind, yet we never think ourselves bound to conceive a passion of the same kind, and for the same person for whom he has conceived it.

亚当·斯密《道德情操论》第二章

有些激情甚至是因为想象而产生的,即那些由于个人的思维习惯和思维定式而产生的激情。这些激情虽然完全自然且合情理,但也几乎得不到人们的同情和理解。其他人的想象,如果不具备相应的思维习惯的话,是不可理解这些激情的。这些激情,虽然在一部分生活情境中几乎不可避免,但总是有几分可笑。男女之间日久生情因而自然产生的那种彼此之间相互依恋无法分割的感情,就属于这种情况。我们的想象没有办法按那位情人的思路发展,所以不能理解他心中的急切。当我们的朋友受到伤害时,我们很容易理解他的愤恨,和他一起对他的对头心生愤怒。当他得到某种恩惠时,我们也很容易理解他的感恩之心,也能充分意识到他恩人的优点。但是,如果他坠入情网,虽然我们会认为这完全正常,没有任何不合理的地方,但绝不会让自己也一定要怀有他心中的激情,也不会因此而爱上他的爱人。(Adam Smith 著,王秀莉等译,2008: 29)

(4) 政务翻译实例:

U.S. Shifts Military Focus to Asia-Pacific Region

On Jan. 5, U.S. President Barack Obama unveiled a strategic

defense guideline that vowed a stronger military presence in the Asia-Pacific region despite defense budget cuts. On June 2, Defense Secretary Leon Panetta announced that, by 2020, the U.S. Navy would re-position its forces from a roughly 50 - 50 percent split between the Pacific and the Atlantic to about a 60 - 40 split. In November, Obama visited Thailand, Myanmar and Cambodia in his first foreign tour after re-election, highlighting Asia's growing importance to the U.S.'s global strategy.

美国将把军事重心转向亚太地区

元月5日，美国总统奥巴马公开了他的国防倡议思路，声称尽管面临削减国防开支但仍将增强美国在亚太地区的军事存在。6月2日，国防部长帕纳特宣布，到2020年美国海军在太平洋和大西洋之间的军事部署将从目前大约五五开调整为六四开。11月，奥巴马再次当选后首次出访便访问了泰国、缅甸和柬埔寨，强调亚洲对于美国的全球倡议具有越来越重要的影响。（2012年十大国际新闻之一，刘川译）

（5）工程技术翻译实例：

Power Plant

Steam plants are fueled primarily by coal, gas, oil, and uranium. Although many of these coal-fueled power plants were converted to oil during the early 1970s, *that trend has been reversed back to coal* since the 1973/74 oil embargo, which caused an oil shortage and created a national desire to reduce dependency on foreign oil. In 1957, *nuclear units with 90 MW steam-turbine capacity*, fueled by uranium, were installed, and today *nuclear units with 1312 MW steam-turbine capacity* are in service. However, the growth of nuclear capacity in the United States has been halted by rising construction costs, *licensing delays*, *and public opinions*.

发 电 厂

蒸汽发电厂主要以煤、油以及铀为燃料。煤成为美国电力最广泛使用的燃料。尽管这些燃煤发电厂在20世纪70年代早期曾改用燃油，但是因1973—1974年发生的石油禁运事件，那些使用燃油的发电厂又改用烧煤。那次禁运引起了石油短缺，招致全国上下要求减少对外国石油的依赖。1957年建成了以铀为燃料的90兆瓦蒸汽涡轮核电机组，而今天发电量为1,312兆瓦的蒸汽涡轮核电机组已经投入运营。不过，由于持续上涨的建设费用，许可证审批手续的延误以及公众舆论的反对，美国核电行业的发展已经停顿下来。（刘川译）

实例分析：

就语言水平说，前面四组例文在选择上算是语言程度比较适中的文本。虽然翻译者或阅读者或许不能深刻领会英国著名作家奥斯卡·王尔德的诗歌韵味，他们可能对古埃及文物的细节不甚了解（例如sarcophagi：古埃及存放木乃伊的石棺），对亚当·斯密关于人类交往的哲学宏论无法苟同，对美国海军的具体部署也所知甚少，但是任何一个接受过高等英语教育的中国翻译者或阅读者基本上还是能够理解其字面意义的，因为这些文本所讨论的内容几乎是一个正常的现代人所能够掌握的常识。从原文语言要素看，翻译者（阅读者）只要查阅词典，就能够顺利地解读这四个文本。从翻译理论讲，解读并翻译这些文本，基本上只运用了语言要素分析，形成了所谓串行加工，并没有大量的并行加工。

可惜，这种顺利解读在第（5）组（工程技术翻译实例）遇到了挑战。这一篇文本实际上还不是十足的工程技术文本，只是工科学生的普及性读物，因此在语言和内容难度上，第（5）组实例已经比工程技术项目中运用的实际文本相对容易。尽管如此，解读这个文本的情况不容忽视。本书作者曾以这个文本为实验教材，在2010—2017年的连续八年中，对宁波工程学院外国语学院英语专业本科高年级800多名学生讲授《科技英语翻译》课程，并要求他们现场解读（或口译、笔译为中文），而结果是：800多名学生里无人能够完整、准确地翻译出第（5）组实例中斜体部分的语句。这里的直接原因是他们无法解读原文斜体部分的重点词汇。事后，本书作者问学生：为什么不能正确理解和翻译这些看似简单的语句？他们回答：其实这个文本还没有超过CET-4（大学英语四级考试）水平的生词，可就是弄不懂文本句子的真实意义，也不知道怎么正确翻译。另一个实例是：同样是这批学生，在教师要求解读和翻译当下的常用汉语词汇“产、学、研”结合时，也是无人能够正确解读其字面意义，更谈不上翻译出正确的英文。

本书认为，造成如此情况的原因在于我们的文科类学生不仅缺乏工业技术生产的知识和实践经历，而且缺乏自然科学的知识。借用前面的讨论，我国不少文科类学生的知识表征类型远离目标语（主要是英语）文本的表征类型。在此我们不打算深入讨论教育方面的问题，只是想借这个实例说明：翻译者在进行工程技术翻译时，需要花费比其他学科或行业的翻译者更多的努力去加工或解读原文，以保证在大脑中进行显著的并行加工。

第三组方式是自动加工/控制加工。工程技术笔译加工的控制性主要表现在笔译者分解长句、难句和陌生工程技术术语及知识（参阅11.1.1节）。工程技术笔译的自动化，不仅表现在加工、理解复杂句子等语言要素的熟练程度，而且还表现在理解专业工程技术知识和技能的熟练程度或自动化。工程技术笔译的最大自动化程度用数学语言表示，即等于翻译者所具有的外语能力与专业技术能力结合的正无穷大值（$+\infty$）。

无论是对外语专业翻译人才还是对工程技术专业人才，这个理想值都是他们在跨国工程技术项目工作中努力达到的最高目标。从翻译学角度看，具备熟练外语翻译能力和高度专业化的这种人才，可以称为“译员+工程师”型翻译者或“工程师+译员”型翻译者（参阅16.3节“工程技术翻译教育的目标”）。在过去的翻译实践中，我们都可能遇见过一些从外语翻译者或从工程技术人员成长起来的工程技术翻译者。这些事实证明：工程技术翻译者和工程技术实施者具备熟练外语翻译能力与高度专业化知识和技能，也是客观需要的。

由此，中国翻译历史上出现了一个有趣的现象：翻译工作者和翻译受让者共同追求同一个目标。在其他行业翻译会发生这种情况吗？我们可以观察到：在文学翻译领域，翻译工作者提供翻译作品，翻译受让者只愿意阅读作品而不会试图也去翻译文学作品（除了极少数翻译同行以外）。在旅游翻译领域，翻译者提供旅游风情介绍，翻译受让者仅仅享受而已，并不会自己去从事翻译。在外交政务翻译领域，翻译工作者提供翻译文件或会议口译，翻译受让者基本上也是直接享用翻译成果；而且越是高级的外交场合，受让者越不会自己翻译。由此可见，具备熟练的外语翻译能力与高度专业化的知识和技能，是中国工程技术翻译的一大特点。

11.3.4.2　工程技术笔译的转换

11.3.1.3节的贝尔模式没有对转换提出明确的说明，只是在原文理解部分之后连接了“是否翻译”这一程序，从中我们还不能获得清晰的“转换”印象。11.2.4.1节刘绍龙的口笔译信息加工“过程与方式”模型列出了“理解/转换器”，这个功能与工作记忆和反应产生器关系非常密切，这也是该模型的创新亮点之一。黄忠廉和李亚舒讨论了概念与概念的转换、概念与形象的转换、形象与形象的转换、概念与判断的转换、形象与判断的转换、判断与判断的转换、判断与推理的转换等七组转换模式（黄忠廉，李亚舒，2004：254—255）。虽然以上理论主要针对普通翻译对象，但是对于说明工程技术笔译转换具有积极的意义。下面结合工程技术笔译的转换作具体说明。

就工程技术笔译而言，概念（命题或表征）转换的形式主要体现在以下四个方面：

第一，概念对等转换较多出现在笔译内容为工程技术项目的招投标通告、合同正文、协议正文、合同项目交接及终结等文件中，因为这类文件所涉及的词语基本是全球通用的概念（命题），或是本领域内通用的概念（命题），包括地名、人名以及该项目涉及的法律范畴命题等。例如：

原文 1：Any bidder shall come within the leading *valve manufacturers* in China that have passed *ISO9001 Certification*.

译文 1：任何投标人应是中国国内的主要阀门生产商之一，且已经通过国际标准组织 9001 系列认证。

评论 1：这句话显然是某招标公告里的，原文中的斜体部分 *valve manufacturers* 及 *ISO9001 Certification* 两个词语虽然也是技术概念，但是实际上已经成为全球工业通用的概念，英文里有这两个概念，中文里同样有这两个概念。所以，这两个概念（命题）的转换属于对等概念转换。

原文 2：2.1 The Purchaser agrees to buy/accept from the Seller and the Seller agrees to sell/supply to the Purchaser the *Equipment*, *Materials*, *Technical Documentation*, *Technical Service*, *Catalyst*, *Chemicals* and *Spare Parts* for 30 years' normal *operation* as well as the *Process* and *Know-how* for a *Dupont production line* with *capacity* of 150 tons/day.

译文 2：第 2.1 条　买方同意购买并接受，卖方同意向买方出售并提供设备、技术文件、技术服务、催化剂、可正常运行 30 年的配件，以及日产 150 吨能力的杜邦公司生产线的工艺和诀窍技术。

评论 2：这是某工程技术合同项目的合同正文条款，原文各处斜体部分是合同及工业生产的常用术语（概念），在中文里均有相应的表达方式，譬如 *Process*、*Know-how* 和 *Dupont* 这三个词语从 1978 年改革开放以来逐渐为我国工业技术人员和翻译人员了解，现在已经成为通用术语（概念）。所以，翻译这些词语也属对等概念转换。

第二，非对等概念转换的机会较多出现在笔译内容为工程项目的技术规范、技术标准、新设备及新材料中，因为这些文件往往涉及国外的新技术、新产品、新工艺，而这些内容在我国常常没有现成的对等概念或命题，翻译者必须另辟蹊径，创造性地进行转换。这些情况最先出现在明末清初的西方传教士汉译的欧洲数学及地理文献中，例如几何学的概念包括点、线、面、角、直角、锐角、钝角、三角函数。那是中国历史上第一次大规模引进西方知识体系。之后最典型的情况出现在1860以后李鸿章创办的上海江南制造总局，那时西方机器设备及工艺技术刚开始进入中国，而中国人对此知之甚少，于是在傅兰雅、伟烈亚力等西方人士及部分中国翻译人员的共同努力下，创造性地翻译出大量的工程技术书籍和文件，包括数学、化学、物理、机械、电力等诸领域（参阅2.1节"清末民初时期的工程技术翻译"）。

在现代条件下，虽然经过改革开放，但仍然有许多西方的新技术、新产品不断引进我国，需要翻译人员创造性地寻找新的表达方式（新的中文概念）。例如：

原文3：Transfer Contract of 600MW－1000MW *Ultra-supercritical* Boiler Technology was signed at Harbin Boiler Works in 2004.

译文3：60万至100万千瓦超超临界锅炉制造技术转让合同于2004年在哈尔滨锅炉厂签订。

评论3：超超临界锅炉技术（Ultra-supercritical Boiler Technology）是2000年进入21世纪以来才在我国引进的高新工程技术项目，其中关键术语Ultra-supercritical既可以翻译为"过度超临界"，也可以翻译为"极端超临界"，还可以翻译为"越过超临界""超超临界"等。至于哪一种更妥当，只有翻译人员（与工程技术人员一起）才能确定。经过酝酿，他们把这个新术语确定翻译为"超超临界"。这是一次典型的非对等概念转换。

第三，多选一概念转换常出现在笔译内容为操作手册和工程施工指令中，因为这些文件常常采用开头给出一个概念，以后使用代词或其他词语指代前一概念的情况（相反，合同正文及协议正文里极少出现此类情况）。例如：

原文4：Front cover：The case is designed with a hinge so that when the front cover is open，all wiring stays intact. To open *the cover*, the four *cover* screws must be loosened, so *they* no longer are engaged in the case bottom. Note that *these screws* are captives and the front cover holes are threaded. After mounting and wiring, close the front cover, making sure all wires are contained within *the enclosure* and th*e gasket* is in place around the cover lip.

译文 4：前罩盖：接线箱设计有一个铰叶，以便前罩盖打开时所有接线保持完好。打开前罩盖时必须松开盖子上的四颗螺丝，以便让螺丝脱离箱底。注意：这些螺丝是受控制的，前罩盖洞里均有螺纹。安装好设备接完线路后，应关上前罩盖，保证所有接线均包裹在接线箱内，而且垫圈位于罩盖面板内正确位置。

评论 4：原文中斜体部分就是重点词语 front cover 和 screws 的指代词，其中 *the cover* 代指 the front cover，*they* 代指 four *cover* screws，*the enclosure* 代指 the case。如果这段原文文本继续下去，会出现更多的指代词语。不过，在笔译这种安装手册时，为了避免误解，译文最好能够统一使用相同的术语，即"多选一"概念转换。

原文 5：

Site Instruction

Ref. No.SPV (2010) 05　　　　Date：April 10，2010

The Contractor shall execute and complete the road works at the Nine-bend section within three months as per the Schedule of the Contract, including *resurvey of the road alignment*, *the embankment excavation*, *the refilling*, *pavement of subgrade and the level grading*. The *project* shall be initiated prior to 15 of April this year. The Contractor's manager shall pay visits to and check up the civil engineering quality every week with the Supervision staff. Meanwhile the Contractor shall make an adequate stock of aggregates in various sizes at its own quarry at 23 km + 500 for the pavement of *the road subbase*.

Khalid Whalid Himmon

Resident Engineer

译文 5:

工地指令

编号:监理(2010)05 号　　　　日期:2010 年 4 月 10 日

根据合同进度计划,承包商应在三个月内开工并完成九道拐路段的道路工程。该工程包括重新测量道路线路、路堤开挖、土方回填、铺筑基层及平整路面。该项目应在今年 4 月 15 日前开工,承包商应与监理人员一同每周巡视并检查工程质量。同时,为了铺筑道路基层,承包商应在 23 公里加 500 米处自己的石料场备好充足的、各种规格的集料。

驻地工程师

哈立德·瓦利德·海蒙

评论 5:这个例子是道路工程项目的常见文本,由主监理工程师(也称驻地工程师)签发的施工指令。原文文本里斜体部分是前面 the road works 的重复词语或指代词语。我们可以发现,the road works(道路工程)实际上有四五种措辞(包括 *resurvey of the road alignment*, *the embankment excavation*, *the refilling*, *pavement of subgrade and the level grading* 以及 The *project*),而 *subgrade*(基层)则有两种措辞(包括 *the road subbase*)。驻地工程师或其他监理工程师在签发文件或指令时,都是随手书写并马上打印,所以出现一些口语现象,用不同措辞指代同一件事情。因此,笔译为中文时,为了避免中国技术人员及工人误解,最后使用同一措辞,也就是"多选一"概念转换。

第四,一选多概念转换常出现在笔译内容为部分产品名称、工程进度报告、工地会议纪要等日常工作文件中,因为国外的一个技术概念在中国工程技术实践及不同层次的人员中常常存在不止一种称呼(参阅7.2 节"工程技术翻译话语的分类",譬如"标准技术术语"和"通俗技术术语"),而这些文件的译文又会交给不同的中国工程技术人员阅读。例如:

原文 6:A batch of alloy covering 20Mn23Alv will be delivered promptly at the request of the Purchaser.

译文 6-1:有一批包括锰 20 铝 23 型号的合金钢应买方要求可以随时发货。

译文 6-2:有一批包括磨具钢的合金钢应买方要求可以随时发货。

译文6-3：有一批包括无磁钢的合金钢应买方要求可以随时发货。

评论6：实际上，20Mn23Alv这种型号的钢材有好多种中文习惯说法或术语名称（无磁钢、合金结构钢、结构钢、铝材、钢材、磨具钢、磨具材料、耐磨板），在非常专业的范围内可以直译其学术名称，但学术名称显得冗长生涩，普通人难于接受和记忆；而在工程项目实践及物流行业中，这些材料可以有多个不同的术语名称便于普通人理解和记忆。在同一篇译文里，为了便于各种层次的人员阅读，当该词20Mn23Alv首次出现时，可以翻译为学术名称，以后再次出现时即可以译为其他通俗名称。

原文7：The retaining wall between 12 km + 100 - 12 km + 300 shall be operated and completed in May before the arrival of raining season.

译文7-1：路段12公里加100米至12公里加300米之间的挡土墙应在5月的雨季来临之前修筑好。

译文7-2：12公里加100米至12公里加300米那段保坎要在5月份雨季之前修好。

评论7：译文7-1里的"挡土墙"是学术名称，中高级技术人员之间通用；而译文7-2里的"保坎"则是初级技术人员的通常说法（行话术语），且译文7-2的整个句子较为通俗。有的时候为了便于各种层次的人员阅读，在同一文件译文里，当retaining wall一词首次出现时，可以翻译为学术名称，以后再次出现时即可以译为其他通俗术语或行话术语。

11.3.4.3　工程技术笔译译入语的生成

在翻译任务视角下，工程技术笔译产出的焦点是：如何在准确地解读原文条件下，完整、迅速地翻译出原文文件，并及时转送给有关工程技术人员。从翻译技巧看，工程技术笔译产出的难点体现在如何同时传译包含大量长句、难句、专业法律条款、技术术语、专业定性描述的文件。这是工程技术笔译与其他行业翻译的显著不同之处。

第一，语用合成是翻译者首先经历的认知过程，也是笔译产出中最基本的过程。笔译产出过程是典型的原语语义表征再现为目标语词汇和语句的过程。这个过程，按照贝尔模式解释，需要经历语用合成、语义合成、语句合成（实际上应该还包括语词合成）直至书面语形成（转引自刘绍龙，2007：255）。由于工程技术文本的专业技术性很强，其文本意义输出具有相对狭窄的信息通道，所以在工程技术笔译实践中，语用合成（即语场、语旨、语式的合成)往往是初出茅庐者容易误入的陷阱。通俗地说,好比一个人去一个陌生地方,走到三岔路口时稍微不留神就走错路了。因此,语用合成(通俗地说,就是选择正确或恰当的语用范围或话语信息范围)决定了工程技术笔译产品的正确方向或正确的语用范畴。贝尔将语用合成放置在笔译产出的第一位置,显示他具有丰富的翻译实践经验和敏锐的学术眼光。

在引进(输出)工程技术项目的笔译实践中,笔译者随机接收的原文文本,常常不像文学翻译、旅游翻译、政务翻译等行业文本那样是一个完整的文本,具有十分清晰且一般人很熟悉的知识领域(对于初出茅庐者尤为如此),特别是担任大型工程技术项目的笔译任务时,笔译者接收的原文文本往往是一个大型系列文本的部分篇章,有人负责翻译该文本的开头部分,有人负责翻译该文本的中间某些篇章,有人负责翻译该文本的结尾部分;加上翻译任务具有一定的时效性,因此该笔译者在解读文字后准备产出(译出)时,首先需要注意的就是该文本的语用合成方向(语场、语旨、语式)。

第二,语用合成方向也决定着语义合成的方向。尽管笔译者解读了原文文本,但对于一个新手来说,他(她)可能仅仅是解读了语言表层的意义,不一定真正解读了文本的真实含义。由于各种语言的词汇都有一词多义现象,中国笔译者开始翻译之际对于原文文本的专业技术内容往往不熟悉。如果错误地识别或误判了语义合成的方向,那将出现文不对题、"牛头不对马嘴"的尴尬局面,而出现的具体错误语句及词汇又是笔译者本人不容易马上察觉的。等到客户或受让者(工程技术人员或一线员工)察觉时,可能已经造成工程项目的某些失误,至少也耽误了宝贵的合同工期。

下面我们以翻译工程技术设备的实例,说明普通笔译者在语用合成背景下语义合成的具体情况。

原文 **CNC MACHINES**

CNC machines can exist in virtually any of the forms of *manual machinery*, like *horizontal mills*. The most advanced CNC *milling machines*, the 5 - *axis machines*, add two more axes in addition to the three normal axes (XYZ). The fifth axis (B axis) controls the tilt of the *tool* itself. When all of these axes are used in conjunction with each other, extremely complicated *geometries*, even *organic geometries such as a human head* can be made with relative ease with these machines. But the skill to *program such geometries* is beyond that of most *operators*. Therefore, 5 - *axis milling machines* are practically always *programmed with CAM*.

译文　　　　　　　　　　**数控机床**

数控机床能够以任何手动机床的形式存在,如像卧式铣床。最先进的数控铣削加工中心,也就是五轴联动铣床,在普通机床的 XYZ 坐标上增加了两根轴。卧式铣床也有 C 轴或 Q 轴,能够对水平安装的工件进行加工,特别是能够对不对称的和不规则的工件进行加工。第五轴(B 轴)控制刀具自身的倾斜。当这些五轴联动使用时,能够轻而易举地加工极为复杂的几何形体,甚至能够加工像人类头颅这样形状复杂的有机几何体工件。但是大部分操作工人无法为这些几何形状工件编制程序。所以,五轴联动铣削加工中心实际上都是采用计算机辅助制造软件系统来进行编程。(周益军编著,2009: 120;刘川译)

本书作者在《科技英语翻译》课程教学中讲授这一文本翻译时,把所教的 2010—2017 年八届共 800 多名学生视为工程技术笔译的新手,从他们的学习过程可以观察工程技术笔译产出过程的特点。这批学生已经在第二学年至第三学年分别学习了基础课《英汉翻译理论与实践》和《汉英翻译理论与实践》,这表明他们已经具有普通笔译者的基本能力,同时他们被允许在课堂查阅词典。他们偶然得到的笔译文本是 CNC MACHINES,当教师提示 CNC 就是 computer numeric control 之后,学生开始笔译练习。一些学生浏览文本后,几乎没有发现任何单词超过 CET - 4 的水平,而且语句也不是太复杂,看来初步的语言解读并不困难。但是在翻译文本的第一句(也就是题目)时,几乎所有人都解读为"数控机器",仅有个别学生当即翻译出"数控机床"这个正确的名称。对于外行来说,"机器"和"机床"也许差不多,不算什么错误,但是在工程技术行业或者机械行业,这却是一个很大的错误,因为机器是工业动力设备的通称或上位概念,可以指代各种类型的动力设备,而机床则是某一类专门加工金属制品的特殊动力设备或下位概念。"机器"和"机床",二者在种类、型号、用途、价格、性能等多方面均有显著差别,这也是工厂里的常识。当教师提示这种机器被誉为工业的母机时,众人竟然哄堂大笑,以为教师上科技英语翻译课,怎么调侃到"公鸡母鸡"了。这种现象说明,普通笔译者非常容易误判语用范畴或产生语用合成失误。接下来进入正文的解读和翻译，理所当然就遇到一连串的麻烦。

由于一开始学生笔译者就误读了语境或者说未能正确进行语用合成，所以在练习中遭遇 *horizontal mills*、CNC *milling machines*、*the 5-axis machines* 等词语时就引起连续的语义合成错误。有人把 *horizontal mills* 翻译为“水平磨坊”，有人翻译为“水平工厂”，也有无法翻译的。他们可能以为，既然是机器，当然就会出现在工厂里，所以“磨坊”和“工厂”（mill）这两个词在逻辑上似乎与整个文本语境相通。课堂上每个学生手里均有电子词典或纸质词典可以查阅，这与真实的笔译工作环境比较接近，但是 800 多人里竟然没有一个人翻译出正确名称“卧式铣床”。而当教师说出这个答案时，没有一个人知道“xi chuang”的第一个汉字怎么写和怎么读；当教师在黑板上写出这两个汉字时，几乎所有人都误读为“xian chuang”（先床）。“卧式”是机械工业的习惯用语，“躺着”是普通词义，由于对关键词语（铣床）的语义合成失误，进而引发“躺着的先床”这个啼笑皆非的误译。

在翻译“*Horizontal milling machines also have a C or Q axis, allowing the horizontally mounted workpiece to be rotated*, essentially *allowing asymmetric and eccentric turning*”时，学生的语用合成失误导致语义合成失误更加严重。由于误判语用范畴，或者说这批普通笔译者尚不具备两套语义的表征系统，有人翻译为“卧式铣床也有 C 轴和 Q 轴，允许卧式安装的工件被旋转，尤其是允许不对称和奇怪的转”；也有人翻译为“水平铣床也有 C 轴和 Q 轴，允许水平放置的物品被转动，特别允许不对称和离心的转”；而有更多的学生因语义合成失误写出的中文译文连语句也不通顺，无法阅读。当教师提示参考译文之后（即：卧式铣床也有 C 轴或 Q 轴，能够对水平安装的工件进行加工，特别是能够对不对称的和不规则的工件进行加工（切削）），许多学生仍然不明白为什么要这样翻译，教师只能停下句子翻译和分析，详细介绍为什么 be rotated 和 turning 可以同样翻译为“加工”或“切削”（这涉及工业技术知识）。

下一句“*The fifth axis*（*B axis*）*controls the tilt of the tool itself*”里的单词 *tool* 是一个再普通不过的简单词语，可是没有一个人正确翻译为“刀具”，他们的答案全是“工具”。这里的一字之差会造成实际工作中很大的麻烦，因为“工具”是任何小型器皿的通称，而“刀具”是工业机床上用于金属切削的专门用具，两者的概念、种类、价格和型号差别很大。

当翻译“*extremely complicated geometries, even organic geometries such as a human head can be made with relative ease with these machines*"时，有许多学生误读为"人的头颅也可以在这些数控机床上轻松加工"，这显然缺乏基本的工程技术常识和生活常识，也是语义合成失误。正确的译文是：如像人类头颅那样复杂形状的工件也能在这些数控机床上轻松地加工。

当翻译"*the skill to program such geometries is beyond that of most operators*"时，所有学生都无法解读 *to program* 和 *operators* 的语义，这两个单词均是非常普通的词语，可是没有一个人确定其正确语义。教师最后提示答案后，学生感到既简单又陌生，因为目前的文科学生觉得"编制程序"和"操作工人"概念还没有进入他们的知识视野；换句话说，他们无法进行语用合成，因而也无法进行语义合成。

第三，语用合成也决定了语句合成，即词语及语句的选择和安排。根据不同的文本意义、不同的体裁、不同的文本目的、不同的文本阅读者，该笔译者应选择恰当的词语和语句。在翻译合同文本和协议文本时，可以适当沿袭原文文本的长句和标准术语风格，因为这些文本主要供文化程度较高的中高级工程技术人员阅读，其语句逻辑很强，限制条件较多，前后文指涉频繁，阐述深入细致，便于阅读者综合考虑各项条款和各项技术性能。而在翻译技术规范、操作手册、施工图纸、施工报告、工地会议纪要等应用型文本时，适宜采用中文短句及通俗语句风格，目标语（中文）可以尽量贴近工地用语或习惯表达方式，因为这些文本的阅读者主要是中低级工程师和普通员工，他们的语言水平总体上比前者要逊色一些。

11.3.5 工程技术笔译的监控过程

参阅 11.2.5 节"工程技术口译的监控过程"，工程技术笔译与其口译具有相似的情况。元认知监控从一般性的情况出发，着眼于翻译者大脑内部的监控功能，在一定条件下（参阅 11.2.1.1 节吉尔模式中"认知资源总体水平应大于总体资源的需求"）是正确的，但是它还不能说明当大脑内部知识存储不足时的情形。在工程技术翻译中，由于专业技术性很强，或遇到高新技术及产品等情况时，翻译者（笔译者）经常会因为大脑内部知识存储不足而引起元认知监控失误。故仅仅以元认知监控来完成工程技术笔译的过程监控在理论上是不完备的，在实践中也是不可行的。

本书 11.2.5 节从工程技术翻译实践过程、话语分析和语用学等角度进行了阐述，并提出了适合工程技术口译的四重监控/修补机制（及其模型），这对于工程技术笔译仍然适用，只是其中的个别词语应作修正：我们把笔译者个人的元认知监控、笔译客户的选择性反应、现场客观语境（设备、材料、工艺、产品）的反馈以及笔译者的译文产出修补行为合称为工程技术笔译的四重监控/修补机制。

下面展示的模型与11.2.5节的"工程技术口译的四重监控/修补机制模型"在实质性内容方面完全一致，仅有对笔译语境的文字表述不同。

工程技术笔译四重监控/修补机制模型

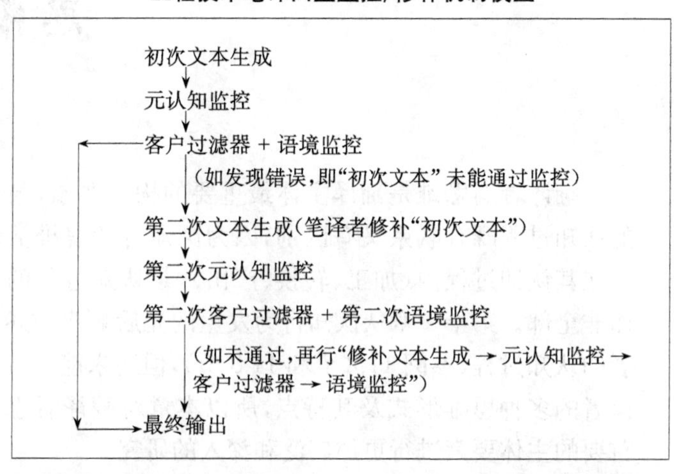

与自然话语的本能性和工程技术口译四重监控/修补机制相比，工程技术笔译过程的四重监控/修补机制显示出自觉性、强制性、延续性三个特点。这里的自觉性和强制性与口译过程的自觉性和强制性是同质的，但其延续性具有特殊性。笔译延续性的特点是这样产生的：第一是工程技术笔译的产出过程很长（一个笔译文本完成需要几个小时、几天甚至几个月），因此其监控及修补过程比工程技术口译更长。而口译中若口译者出现失误，口译客户往往会及时发现，并马上责成口译者修补或重译，这个过程一般就几秒钟，最多几分钟。第二是有些工程技术项目文件的笔译文本篇幅很长，不是笔译客户（工程技术人员）一次性就能够看完的，而是随着工程项目的施工进度需要逐次地分批阅读。如果工程技术笔译文本发生失误，客户常常要等待较长时间（等工程项目运行到该文本指向的阶段）才能发现其失误，然后由笔译者修补或重译，这样一来时间就显得很长了。错误的笔译文本有可能引发比口译失误更严重的后果。因此，工程技术笔译者应充分认识到这种延续性的利害之处，在笔译中应细致谨慎，尽可能避免失误，或尽早发现失误（也可以和同事互相核查），以缩短这种延续性。

第十二章

工程技术翻译者的思维场

翻译者的思维是翻译主体最重要的构成要素，与翻译者的认知过程既有联系又有区别，因为翻译者的思维活动就发生在其认知过程内（加工、转换、产出），是认知过程的一部分而非全部。第十一章从认知行为发生的先后顺序描述了翻译者的认知过程（参阅 11.2 节和 11.3 节），但还未能充分阐述翻译者的多种思维形式及其特点，所以本章对翻译者思维这一首要的主体要素进行更加广泛和深入的研究。

从哲学的宏观角度看，世界各个民族面对相似的自然环境，其思维方式大体相同，尤其在文学及社会科学领域，其信息多半是人类社会共同关心的情感、艺术、道德、法律、秩序等基本问题。这些主题及其话语在世界各国具有相当高的类比性和通融性，因而也获得了普遍的理解和认同（至少在某些概念范畴）。

工程技术翻译的情况则大相径庭。现代科学和工程技术领域的主要成果源自欧美国家，带着欧美国家特有的民族烙印。这些特有的烙印或成分（有技术层面的，也有非技术层面的）对于广大第三世界国家的工程技术专业人员和翻译者（尤其是跨越欧亚大陆的中国人）来说，就显得生僻而又艰涩（至少在初期显得如此），需要耗费相当多的精力和时间方能理解和传译。因此在引进（输出）工程技术项目及其翻译工作中，中国工程技术翻译者的思维就被赋予了特殊的内涵。

翻译是一项创造性的思维活动，这一观点在百度网上有数百次以上出现，说明这一观点已经为社会广泛接受。许多人熟悉文学和文学翻译,说文学翻译是一种"叛逆性"的创造性思维活动。那么,另外一些人从事普通人感觉陌生的,且不敢轻易涉足的引进(输出)工程技术项目翻译,则更是一种创造性的思维活动。在外语人才圈里有一个众所周知的事实能够说明问题:对众多基本掌握外语的人才而言(不仅在中国,也在外国),他(她)们能够随时翻译小说和散文,也能够随时担任联络翻译、旅游翻译甚至一般会议翻译,但是很少有人敢于在没有充分准备的情况下贸然上场担任引进(输出)工程技术项目翻译。这表明,工程技术翻译的确是一项有难度的创造性的思维活动,是一个特殊的思维场,是一个普通人(特别是仅有人文学科背景者)所不大熟悉的思维场。

12.1 工程技术翻译者思维场的定义

12.1.1 思维场的定义

德国社会学家柯特·卢因曾借用物理学里"力场"的概念来描述社会群体中个体行为与群体行为的相互关系,他称之为"群体动力场"。恩格斯(1995: 696)也曾表示过类似观点:"历史是这样创新的:最终的结果总是从许多单个的意志的相互冲突中产生出来的……这样就有无数互相交错的力量,有无数个力的平行四边形,而就此产生出一个总的结果,即历史事实。这个结果又可以看作一个作为整体的不自觉地和不自主地起作用的力量的产物……每个意志都对合力有所贡献,因而是包括在这个合力里面。"在思维科学领域,人们也借用了"场"这个概念来描述思维活动,称之为"思维场"(刘卫平,1999;任恢忠,2011;宜博士,2012)。人们的思维活动总是在特定的环境中进行,该环境中某些人的思维必然发生相互作用,并形成一种特殊的"场",即思维场。这个场具有一定的物质形式,例如语言符号和非语言符号(脑神经活动),具有一定的时间和空间,并形成一定的场力。思维场的存在体现了人类社会里不同思维主体的思维活动经过整合后形成的思维合力,是各个思维主体相互作用而形成的思维系统。

本章采用思维场来描述工程技术翻译的思维活动特点,而不采用"期"概念,主要因为"期"概念仅仅是时间性的,呈现单一的流线型发展方式，不能客观反映工程技术翻译思维的复杂情况；而“场”概念是空间性的，隐含复合型的广泛思维时间和空间，比较符合工程技术翻译思维的实际活动(参阅第六章《工程技术翻译的语境场》)。

本节的思维场是指：工程技术翻译者在从事工程技术翻译任务的整个期间，在其头脑中发生的所有思维过程和活动；其过程指时间维度，其活动指空间维度。

12.1.2 思维场的特征

12.1.2.1 时间性和空间性

这是思维场作为一种存在形式具有的基本特征，与其他物质存在形式相同。但是，工程技术翻译者的思维场，不同于一般研究者的思维场，非常关注翻译活动发生的具体时间阶段和特定的存在形式，而非科学研究和法律研究中一般的时间和地点。引进(输出)工程技术项目翻译者的思维场存在的时间性表现在翻译者面对一系列复杂翻译任务时形成的特殊思维发展阶段(参阅 12.2 节)，并且这些阶段与其他自然事物一样，具有发生、发展、高潮及消亡的过程。这个思维场的空间性表现在具有多种思维形式(抽象思维、形象思维、灵感思维)、多个思维对象，以及多项思维内容(参阅第六章《工程技术翻译的语境场》和第七章《工程技术翻译的话语场》)。

12.1.2.2 集约性和开放性

思维的内容本质上不是一般的物质，而是一种特定思维的信息流场。思维场结构具有的动态开放流动性，是稳定性与非稳定性的统一，是远离平衡态的非平衡态耗散结构。思维场不仅其内部各个思维个体之间进行交流和碰撞，而且作为一个思维系统，还与其他外部环境系统(或场)发生交流和碰撞。当然，交流和碰撞的结果就是新观点信息的产生(刘卫平，1999)。

对于工程技术项目翻译者，其思维场内部结构的集约性表现在某一个项目内集中了工程规模、技术性能、合同条件、建设周期、技术及管理人员调配、项目运行、成本折旧等诸多专门信息。该思维场结构的开放性表现在思维内容上，除了集中在项目的上述方面外，还涉及项目外随时发生变化的有关国家的政治秩序、经济状况、法律法规、人员安全、市场供求、不可抗力等因素。

在表现形式上，该思维场以抽象思维为主，形象思维为辅，适时适度运用灵感思维。其结构开放性的另一个特点——时代性和地域性——表现在任何工程技术项目的引进和输出事件都发生在不同国家或地区的不同时间段。例如，从1998年起，我国政府提出了"引进来"和"走出去"的方针，2013年又提出"一带一路"倡议，大力提倡和支持国内企业走出国门，把自己先进的技术和工程项目输出到国外（参见2.6节）。截至2014年，中国已经在186个国家和地区开展工程项目投资。这一百多年的引进（输出）工程技术项目历史让中国翻译者的思维发生了很大的变化。

12.1.2.3 时机性

时机性指翻译者的各种次级思维场参与思维活动的时机表现。根据11.2.4.3节刘绍龙的口译模式和11.3.1.3节贝尔的理解模式，抽象思维场分别参与加工理解（解构原语）和转换产出（重构译语）两个环节，可以说是翻译者思维场的"全天候飞行员"。换言之，抽象思维场具有"二次效应"：当解构原语时，抽象思维场分别作用于语音识别、景物识别、词汇识别、语法分析、语义分析、语用（语境及文体）分析方面；在重构译语时，抽象思维场又作用于语用合成、语义合成、语法合成、词汇合成以及语音合成等一系列活动，尤其是在语义合成的转换（原语—匹配—译语）过程中，"概念—判断—推理"这一形式逻辑程序表现得极为典型。

目前的翻译模式没有明确提及形象思维的功能，但鉴于工程技术项目工地的客观物质环境，翻译者的形象思维场经常在辅佐抽象思维场参与解构原语和重构译语，也具有"二次效应"。但是，形象思维场不可能如抽象思维场一样成为"全天候飞行员"，因为在解构原语阶段，形象思维场突出表现在语音识别、景物识别、人员识别方面，其中识别基本发生在口译情形中。在笔译时，形象思维场也可能参与景物识别（譬如，为了弄清楚一个术语翻译，笔译者专门去工地现场对陌生的机器、设备、材料、工艺进行识别和了解）；在重构译语时，形象思维场突出表现在语义合成、词汇合成方面，无论在口译或笔译情形下均可能出现。

目前的翻译模式没有提及灵感思维场的功能，而灵感思维场在翻译实践中却是不可回避的。虽然灵感思维场具有"特效"，但它仅有"一次效应"，即无法参与解构原语的系列活动，因为原语的词汇和语义只能被识别而无法由外人（翻译者）任意曲解（放大、缩小），但灵感思维场能够积极参与重构译语活动，突出表现在词汇合成方面。在重构译语中，由于原语和译语存在显著的表达性差异(英语和汉语),灵感思维场可能在词汇合成(即匹配或"配平"原语词汇和译语词汇)中发挥突出作用。

12.1.2.4 转换性

转换性指各种次级思维场相互转换的活动规律。思维转换是思维从一种状态转为另一种状态的复杂过程,抽象思维和形象思维的相互转换是思维的最基本转换之一,灵感思维场也适时参与转换。其转换方式大致有两种(唐才进,1991)。

第一种是逻辑转换。人类思维是以思维材料为载体,抽象思维以抽象材料(概念、文字、文件、观念)为载体,而形象思维则以形象材料(人员、物体、材料、环境)为载体,但抽象材料与形象材料之间存在着各种逻辑联系(包括名称指代、术语指代、关系指代)。当它们通过相互之间的联系转化时,思维形式也随之转换。我们称这种转换为"思维的逻辑转换",转换的逻辑通道是思维载体间的逻辑联系。

第二种是潜逻辑转换。人类思维的潜逻辑转换往往表现为不按通常逻辑程序(联系)进行的直觉判断,转换过程具有跳跃性和间断性,发生转换的逻辑通道是隐蔽的,转换的逻辑过程往往在潜意识中完成。这种跳跃性与间断性,实质是思维过程的简约化。可以说,人类思维的潜逻辑转换以逻辑转换为基础,是思维能力从初级向高级发展的结果,也是灵感思维产生的土壤。

综上所述,各种思维形式的转换决定于不同的思维对象或材料,但具体什么时候可能发生思维形式的转换,则取决于工程技术项目翻译的图式,即现场施工环境和话语。此外,思维场转换的频率也随翻译图式而变化。由此在图式 C(项目实施预备动员)、图式 D(项目实施——建设、修改设计、试车或试运营、结算)和图式 G(项目竣工与维护)的大部分环境下,抽象思维与形象思维及灵感思维转换最为频繁,因为这些图式中含有丰富的,且不断变化的思维材料或对象,涉及人员、机器、设备、材料、施工场物以及自然环境。

12.2 工程技术翻译者思维场的发展期

工程技术翻译者的思维发展期与引进(输出)工程技术项目的规模大

小和实施时间长短有密切关系，因为规模大、实施时间长的项目提供给翻译者的思维内容和空间显然更大；而规模较小、实施时间短的项目所提供的思维内容及空间当然也更小，由此就会直接影响工程技术翻译者的思维发展空间。

一个典型的大中型引进(输出)工程技术项目从启动立项至最后终结交付，需经历多长的时间？首先，我们看看引进(输出)工程技术项目的规模。按照国家出台的《关于印发中小企业标准暂行规定的通知》(国家经贸委等，2003)，在我国工业企业中，销售额三亿元以上、资产额四亿元以上，且人员两千名以上的企业为大型企业；销售额三千万至三亿元、资产额四千万元至四亿元，且人员三百至两千名的企业为中型企业。另外，根据本书第二章《中国工程技术翻译历史概述》，我国从国外引进的工程技术项目中，绝大部分都达到或者超过国家对中型企业规定的标准。其次，再看引进(输出)工程技术项目的时间，从国内经济建设管理部门进行立项、审批、投标或签约、动工实施等实际情况看，一般中型以上工业项目(企业)从启动至交付的时间少则几个月(至少三个月以上)，多则几年甚至十几年以上。另外，我国对外输出的工程技术项目中(包括跨国劳务工程项目)，中小型项目所占比例较大(尤其是 2000 年以前)；2008 年以后以央企为主承担的大中型项目开始增加，但因地处国外陌生环境，遇到的具体问题很多，一个项目实施的时间往往比国内更长。以上分析意味着，这些项目从启动到终结交付一般也要持续几个月甚至几年的时间。

一个普通的外语专业毕业生(或其他专业的外语学习者)要成为一个称职的工程技术翻译者，需经历一定时间的实际翻译工作的锻炼，其思维活动也要经历一定时期的发展。有学者提出创新社会思维活动的纵向历史结构，认为人类的创新思维活动无论作为微观的个体思维运动，还是作为宏观的社会思维运动，都经历了三个基本历史阶段：潜思维期、趋显思维期和显思维期(刘卫平，1999：171)。作为具有创新性的思维活动，工程技术翻译者的思维活动也具有这三个阶段的发展特征。

12.2.1 潜思维期

什么时候是工程技术翻译的潜思维期？我们先观察一个工程技术翻译新手的情况：中国的绝大多数翻译人员都是文科背景出身，在校学习期间几乎毫无工程技术方面的知识，尽管有些人具有良好的外语功底。他们初次参与引进(输出)工程技术项目翻译时可能是这样的情形：临时抱一本词典(也许还不是专业技术词典),背诵几个不知道是否派得上用场的单词,他(她)不认识该项目双方或各方的技术人员、管理人员及普通员工,基本不能够通畅地阅读项目合同、规范、标准甚至部分信函,也无法识别机器、设备、零配件及材料,不了解该合同项目的子项目和工艺流程,不了解合同项目各方进行的专业技术话语交流,更不知道翻译受让者(客户)现在在思考什么,下一步会说什么和做什么。总之,他(她)这时候就是一个门外汉。当然,我们还更关心:这种门外汉的状态会持续多久?在此期间,作为门外汉的翻译新手能够思考什么或如何思考?他(她)又如何进入自己应该进入的思维状态?

从许多涉外或援外工程技术翻译者的经历观察,这种门外汉状态一般会持续一个月左右。简而言之,这段时间就是潜思维期。潜思维期是指特定的创新思维活动过程的孕育阶段。从实践层面观察,在此期间翻译新手急于要做的是学习阅读工程技术项目文件及翻译,适应工程技术项目的物质环境和人文环境,尝试了解该项目的各种信息(尤其是合同各方主要技术人员的个人信息、子项目分布、主要的工艺流程及主要的机器设备材料)。此阶段翻译新手时常出现失误是免不了的。从思维层面观察,绝大多数的翻译新手因出身人文学科,其思维还处于非 IEIT[①] 模式或自然话语交流的模式,因此他们的思维具有探索性(例如表现为猜测),同时思维活动显示出分散性和隐蔽性,其思维成果(翻译业绩)也表现出幼稚或粗糙的形态。

钱学森(1985)说过:"创造性思维是形象思维与抽象思维的综合运用,形象思维侧重于从宏观上进行定性研究,抽象思维侧重于从微观上进行定量研究。只有将两者结合起来才能实现创造性思维。创造性思维是智慧的源泉。"那么,翻译新手在潜思维期如何进行抽象思维和形象思维?(此时高谈灵感思维或许为时过早)一方面,他们的思维尚处于非 IEIT 模式;另一方面,该工程技术项目的客观现实又要求他们提供 IEIT 模式的思维成果(翻译业绩),于是矛盾便凸显了。下面是发生在某引进机械项目工厂金属加工车间的对话:

Korean visiting engineer: What's the finish of the mug outer body?

① IEIT: Industrial Engineering Interpretation and Translation 是本书"工程技术翻译"的英文缩写词。

Interpreter：请问这些钢瓶外壳什么时候做好？

Mechanic engineer：7月底之前可以全部完工。

Interpreter：We could complete them all by the end of July.

Korean visiting engineer：What? What are you talking，you interpreter or your engineer?

Interpreter：Anything wrong with me or our engineer?

Interpreter (to the engineer)：我们说7月份完成钢瓶外壳生产，有什么错吗？

Mechanic engineer：他刚才拿起钢瓶指指点点，也许是问钢瓶的质量吧？

Interpreter：Did you ask for the quality of this steel mug?

Korean visiting engineer：Yea，I hoped to know the quality criterion of the finish，or the surface polish.

Interpreter：他问的是表面的什么质量。

Mechanic engineer：告诉他，我们的表面抛光度是9，很高的。

Interpreter：Our surface polish is as high as Class 9.

Korean visiting engineer：That's right，I guess so.

评论：令外方工程师中途失态的是对话传译中的“牛头不对马嘴”。翻译新手听到finish就立即断定为“完成”，这显示他的思维模式停留在非IEIT模式，即还处于日常生活的思维模式中。他可能没有意识到：自己不是在同普通人谈论日常生活，而是在与专业技术人员讨论金属物品的加工技术。当他发现外方对翻译话语有疑问后，马上紧张起来，连忙询问自己一方的工程师，幸而工程师猜测到对方可能对加工部件的表面质量有疑虑，便迅速回答，转危为安。实际上，该词finish表示“表面加工精度”或“抛光度”，外方第二遍提到的polish也是这个意思，只是加上一个surface（表面）才让翻译新手最后明白。幸而口译可以重新进行并纠正（参阅11.2.5节“工程技术口译者的监控过程”），假如这发生在书面技术文献里，那可能引起更大的麻烦。

这一类的例子不胜枚举，说明翻译新手在此潜思维期内思维活动非常随意、分散，基本上还是套用使用自然语言时的非IEIT模式，翻译效果时有失误。就翻译思维水平而言，由于翻译新手尚未获得该工程技术项目的第一手经验，因而在IEIT模式下的抽象思维（逻辑思维）和形象思维能力均处于低级水平，且由于紧张、焦虑、惊恐等情绪影响认知水平，自己在非 IEIT 模式下的普通思维能力也不能有效发挥。

12.2.2 趋显思维期

许多工程技术翻译人员，尤其是赴国外从事工程技术项目的翻译者，从参与该项目第二个月起，其工作方式、思维模式及翻译业绩会出现明显变化，不少同行都有此体验。翻译新手这时似乎是“僧推月下门”(唐朝诗人贾岛诗句，典故“推敲”一词的来源)，多少可以窥视一番引进(输出)工程技术项目的大概面貌。可惜起初“门缝”很小，不可能窥视得很清晰、很全面。

从实践层面观察，翻译新手由于在潜思维期积极学习、适应和探索，开始初步了解该项目的物质环境和人文环境，初步了解该项目里若干子项目的存在，能够初步阅读或翻译部分项目合同、规范等技术文件，也能够阅读并翻译部分来往信函，能够识别部分机器、设备、零配件及材料，能够略知一些工艺术语，也能够理解和翻译合同项目各方进行的一部分专业技术话语交流。但是，翻译新手仍然不可能详细了解该项目里各个子项目的分布细节，也不可能详细了解其工艺流程、零配件材料细分、施工微观进度等具体细节，因而还不能胜任全部的翻译工作。例如，我国某集团公司在一次国际投标中，因翻译人员将术语 scraper(刮雨器)误译为“抹布”而招致该公司丧失了巨额订单(以“亿美元”为金额单位)。这个实例可以解释为，因该翻译者还处于潜思维期或趋显思维期，仅知道 scraper 具有“擦拭物体的功能”这一普通词义，而未能全面了解该工程技术项目的知识语域，所以面对 scraper 的 12 个词义或义位(包括“抹布”)时，就无法判断其专业对应术语，而最终选择了“抹布”这一普通家庭的用语(外行的做法)，导致重大交际失误。

从思维层面观察，工程技术翻译新手的思维发展期从第二个月开始逐渐从潜思维期过渡到趋显思维期，这一阶段又将持续两三个月。这期间，一方面，翻译新手的思维活动参与该项目群体即其他人员(管理人员、技术人员、普通员工)的思维活动(包括参与现场巡视交流，出席工地例会，参阅各方技术试验及进度报告等)，在这些条件诱导下，他的思维场空间获得了补充、丰富和深化；另一方面，翻译新手的旧有思维模式(即非 IEIT 模式)又与该工程技术项目环境要求的思维模式(即 IEIT 模式)处于交流或冲突的状态，并在后者的强势引导下逐渐接近或进入 IEIT 思维场。如果说前面的潜思维期维持的是一个旧思维模式，那么这个趋显思维期则保持了一个既非旧思维模式也非新思维模式的过渡性思维模式。因此，翻译新手的思维活动表现出活跃性、无序性或混乱性。其创新思维方式在形成之中，翻译思维成果开始呈现数量方面的增长（表现为逐渐胜任书面技术文件翻译，频繁参与个别的和集体的口译活动）。下面的翻译对话发生在境外交通工程项目工地，口译者是刚进入趋显思维期的翻译新手：

Supervisor：How long can you finish your Irish crossing?

Interpreter：你们要多长时间才能穿越爱尔兰？

Chinese site engineer：你说什么？我们在赶工期，请不要开玩笑，这是在也门，不是在爱尔兰。

Interpreter：We're catching up with the schedule, have no time for joking. Remember, we are now in Yemen, not Ireland.

Supervisor：I'm serious, you have to give me the deadline of your work.

Interpreter：我是严肃的，你一定要把你们工程的最后期限通知我。

Chinese site engineer：哦……，你是不是在说我们近期 3 公里 + 400 米的施工项目？

Interpreter：Well, are you talking of the latest execution project at 3 km + 400?

Supervisor：That's right. That is the Irish crossing.

Interpreter：他说你说得对。那里有……爱尔兰穿越工程吗？

Chinese site engineer：哦，我知道他的意思了，不是爱尔兰穿越工程，是过水路面，我们在 5 月份雨季之前一定会完工的。

Interpreter：Oh, I see, we are gonna finish it before the flooding season in May.

Supervisor：That's Ok. I hope so.

Interpreter：那就好了，我希望如此。

评论：本来三言两语的事情，结果绕了一个大圈子，既费时又费神，还容易伤害双方合作感情。症结就在于翻译新手一开始不了解该项目的子项目工程及工期安排,更想不到 Irish crossing 是“过水路面”这一专业性的术语,看来他还是没有进入工程技术项目翻译的思维模式,因此出错。接着,该翻译新手猜测到了话语 Irish crossing 是一个在建子项目工程,他也似乎在判断和推理(类比推理),不过他不可能进行归纳推理,因为他本人还没有足够的感性经验提供给他的归纳推理思维过程。他只得尝试翻译出“爱尔兰穿越工程”这么一个不伦不类的说法,显得与工程技术人员的思维即 IEIT 模式相差明显。虽然“爱尔兰穿越工程”听起来滑稽可笑,在逻辑上也显得混乱模糊,与当时语境不相适应,并遭遇己方工程师的否定(尽管听起来很客气),但这个词毕竟为己方工程师提供了进一步判断并确认对方话语意图的关键信息依据——一个近期的工程。

从以上论述看出,在这个趋显思维期内,翻译新手较潜思维期内的表现还是技高一筹,能够通过初步积累的 IEIT 感性知识(即工程技术知识的概念和经验)进行判断和推理,并能够辨认部分 IEIT 模式的信息,而不是像在潜思维期内那样对源语难点茫然不知。

12.2.3 显思维期

当翻译新手完成第三(或第四、第五)个月的翻译任务时,其工作状态、思维状态和翻译效果会出现显著的改变,具体表现为:已经基本了解该在建项目的物质环境和人文环境,基本能够阅读并翻译大部分的合同文件(有些大中型工程项目除了总体项目合同之外,各方常常还要签订新增子项目合同、新增工程议定书、分包合同等)、技术规范、技术标准、施工进度报告、会议纪要以及工作信函,基本胜任各方话语者进行的个别交流和集体交流的口译任务(如工地例会及专题业务讨论会的口译),能够辨认主要的机器、设备、材料、零部件及其名称和用途,知道各个子项目的大体建设情况及主要生产工艺或流程。总之,翻译新手开始熟悉 IEIT 的语境场,不必像前三四个月那样时刻绷紧思维了。他(她)的翻译业绩和水平得到项目经理、监理工程师、项目工程师及同事们的肯定,同时内心有一种“众里寻他千百度,蓦然回首,那人却在灯火阑珊处”的感觉——这就是显思维期的实践表现。

从思维层面观察,翻译新手的思维活动模式从前一时期的非 IEIT 模式及与 IEIT 模式冲突交锋状态进入到较为完整的、全新的 IEIT 模式。翻译者的思维活动在全新的 IEIT 模式下呈现相对有序和稳定的状态,表现出显态化和自觉化；该翻译者（思维者）能够充分发挥自己的思维潜能和知识潜能，形成一股新颖的、正能量的、强势的思维流。这股思维流能够有效地引导翻译者正确解读和传译各种形式的原语信息（包括难度更大的工地会议翻译、多种合同及协议文件翻译、技术规范内多学科、多行业技术信息的翻译），基本能够避免误读源语话语或文本，并在此基础上走向创造性的翻译思维之路。

从整个思维期发展进度看，潜思维期处于思维场总体量变的初期，趋显思维期处于总体量变的中期和总体质变的初期，而显思维期则处于总体质变的中后期并接近完成阶段。从更高的思维哲学层面看，工程技术翻译者的思维发展期是从旧的有序状态遁入无序混乱状态，然后再重新进入新的有序状态。

12.3 工程技术翻译者的抽象思维场

抽象思维是人脑对客观世界的间接反映，而语言是思维的物质外壳或思想的直接现实。工程技术翻译者的抽象思维场是在翻译者与工程技术翻译的现实环境（语境场）相互作用下产生的思维活动及结果。在这个抽象思维场中，概念、判断、推理或论证是最基本的思维形式。本节将结合图式语境群（参阅第六章《工程技术翻译的语境场》）分别论述这些思维基本形式在工程技术翻译（IEIT）中发挥的作用及特点。

12.3.1 抽象思维场的概念

概念是反映对象本质属性的思维形态，是最小的思维单元。概念的作用在于把不同本质属性的对象分门别类地在思维场中区别开来加以反映。在引进（输出）工程技术项目中，概念——特别是新工程技术的概念——更多地表现为各种不同的定义或术语。引进（输出）工程技术项目涉及的主要概念通常集中出现在项目合同正文的“定义”条款和有关的技术规范中。一些大中型的合同文件常常在正文开始专门设立“定义”这一部分（参阅 7.2.1.2 节“书面话语”举例语篇），而某些技术标准则基本上就是由数以百计的定义组成，例如工程领域通行的 FIDIC 条款（2005 年版新红皮书，包含 20 条 247 款）；又如国际电工学会（IEC）2005 年颁布的国际电线电缆行业标准 INTERNATIONAL STANDARD（60502－2 Second edition 2005－03）其中也有许多定义（规定）。在图式语境场中，这些翻译内容主要分布在图式 B（项目合同谈判及签约）和图式 D（项目实施——建设、修改设计、安装、试车与试运营、结算）及图式 E（工地会议）中。

工程技术的概念或定义类型较为丰富。在通常的“种差加邻近属”型定义中，除了一般读者熟悉的反映对象性质的定义以外，还有反映对象产生及形成特点的发生定义，反映对象功能或作用的功用定义，反映对象所处特定关系的关系定义。而且，除了种差加邻近属这四类定义之外，还有许多描述性定义。对于翻译新手而言，只有首先辨认这些概念，而且熟悉中英文两种语言习惯表达方式，才能正确翻译它们。请看下面几种定义的翻译。

第一种方法：直译式。

原文：Resident Engineer is the site representative of the Engineer.

译文：驻地工程师是工程师派驻工地的代表。

评论：这是一个典型的性质定义，“工程师派驻工地的”表示种差，“代表”是驻地工程师的邻近属，容易了解且短小，故译入汉语时采用含“……是……”这个逻辑常项的句子，基本上直接按照原文结构就可以轻松完成任务。汉语中习惯用“是”表现对意义的肯定判断，用“不是”表示否定判断。不过这种简单的定义在 IEIT 中仅是少数。

第二种方法：倒置式。

原文：**Directorate of Suez Economic Development Zone** shall mean the competent authority conducting uniform planning and management on land belonging to Suez Economic Development Zone on behalf of Suez Administrative Council (hereafter referred to as “DBSEDZ”).

译文：苏伊士经济开发区管理局，指代表苏伊士地方政府对苏伊士经济开发区所属土地进行统一规划、管理的有效行政机关（以下简称“开发区管理局”）。

评论：这是一个表示关系的定义，在合同或协议的“定义”条款中大量存在。翻译者应首先辨认原文内部的逻辑关系：第一个关系是被定义项涉及苏伊士地方政府，第二个关系是被定义项涉及土地，此外还有行为发生。从原文可发现，句子中的关键词语序似乎与汉语的习惯语序刚好倒置，这在英语长句中极为常见，故译入汉语时不可能按照原文语序直接进行，应依照汉语形式，采取倒置式方法。译入汉语中应特别注意关系词语的表达，例如“所属”一词较“的”更明确妥当。

第三种方式：拆分式。

原文：Sample tests：tests made by the manufacturer on samples of completed cable or components taken from a completed cable，at a specified frequency，so as to verify that the finished product meets the specified requirements.

译文：样本测试：指由生产厂商在成品电缆样本上或取自一段成品电缆的构成部分上进行的测试，该测试应在规定频度内进行，以便确认该成品符合规范要求。

评论：原文来自电线电缆行业标准，其英语定义语言结构总体上较为严谨（后半部分显得松散），冒号相当于谓语 be，之后的 tests 为表语，只是后面的 made by 引起的定语部分很长，在译入汉语时不可能一味采用前面译文里简单的“……是……”结构。假如翻译者固执要采取“……是……”结构翻译，那样的结果是很糟糕的，不仅汉语读不通顺，而且项目经理、工程师和普通员工更难以接受，因为中国人习惯阅读短小的语句，不习惯很长的句子。这就是语境分析（作用）的结论。所以，译文采取前部分为“……指（是）……”结构（发生型定义），后半部分用描述的办法（描述型定义），这样合并起来形成一个发生—描述型定义。虽然翻译出来的定义在形式上与原文不同，但其准确表达了原文的核心意义。

12.3.2 抽象思维场的判断

判断是对对象进行断定的思维形式。判断由语句来表达，而语句既有简单句，也有复合句（非因果复合句），但是并非所有的句子都表达了判断。一般来说，陈述句直接表达判断，反诘疑问句和感叹句有时间接表达判断，而一般疑问句和祈使句不表示判断（刘社军，2010：31）。此外，按照内容的复杂程度，判断分为简单判断和复合判断。现代汉语中，简单判断或直言判断的联项为“是”或“不是”。复合判断包含联言判断、选言判断、假言判断、负判断。其中，假言判断还分为充分条件假言判断、必要条件假言判断、充分必要条件假言判断（充要条件假言判断）。复合判断的联项或连接词则是连词组合（例如：既……又……；要么……要么……；一旦……就……；虽然……但是……；如果……那么……；只有……才……）。

12.3.2.1 简单判断句的翻译

简单判断句虽然看起来或听起来简单，语词内容也不复杂，但工程技术翻译新手很容易出现失误，在笔译和口译中皆有发生。例如：

原文：A subfield of material science：electronic and magnetic materials — materials such as semiconductors used to create integrated circuits，storage media，sensors，and other devices.

译文：材料科学的分支之一是电磁材料——如像半导体之类的材料，用于制造集成电路、储存介质、传感器以及其他元件。

评论：这个句子出现在技术文件里，其逻辑主项是“科学的分支”，根据逻辑学同一律的要求，其谓项中心词（即句子末尾的名词）应是与主项关联的邻近属项，而该句实际上是“材料”。材料这个词语并不是科学的分支或邻近属项，而是机器设备的构成成分。翻译新手违反了同一律，误判“科学分支之一”是“电磁材料”，造成定义或概念不准确。实际上，该句子原文有逻辑错误，翻译新手没有察觉，将错就错。原文的实际指向为：“A subfield of material science：*a study of* electronic and magnetic materials ...”（斜体字母为本书补充），故该定义的正确翻译是：材料科学的分支之一是电磁材料学（或电磁材料研究），而电磁材料就是如像半导体之类的材料，用于制造集成电路、储存介质、传感器，以及其他元件。

原文：

Supervisor：When did you install the damper?

Site engineer：Last Friday，three days ago. And today we are applying for your check.

(10 minutes later)

Supervisor：This box is OK as per the Specifications. All right，

Box's checked and finished.

Site engineer：Thank you，sir.

译文：

监理工程师：你们什么时候安装这个风门盒的？

现场工程师：上周五，三天前，所以我们今天申请检查。

（十分钟以后）

监理工程师：根据规范，你们的风门盒合格了，检查完毕。

现场工程师：那谢谢啦。

评论：由于第一轮会话中双方已经有明确的语境，于是在十分钟之后的第二轮话语中，尽管外方工程师用 box 这个通俗术语代替 damper，但该翻译者仍然理解了他的意图，将"This box is OK"中省略的信息补齐并口译为"你们的风门盒合格了"，使得现场工程师立即明白了。这里的 box 显然是标准技术术语 damper 在口语里的省略形式（通俗技术术语或行话术语），在当时语境下双方能够理解，应视为正确。这样，主项和谓项就符合同一律了。

12.3.2.2 复合判断句的翻译

复合判断是包含着成分判断的判断，包含复合判断的语句就是复合判断句。这类判断及语句不仅在引进（输出）工程技术项目的文件翻译中时有出现，而且十分频繁地出现在从图式 A 至图式 H 等各个现场。譬如：图式 C（项目实施预备动员）会话客观上更多地要求话语者及翻译者运用判断思维方法对于该引进（输出）工程技术项目的每一批运抵（运出）货物的质量、数量、规格等指标，按照合同条款及技术规范进行检验或判断，然后才能履行接收（发运）货物的手续；而图式 F（索赔与理赔）会话则同样要求话语者及翻译者采取判断思维，根据事前所签订的保险合同条款来判断该项目当前发生事故的性质、程度、责任、赔偿额度等事宜。

一个中等语言水平的学习者知道，英语中的复合判断是通过某些并列连词、从属连词及介词词组去表示的，而且其表达复合判断的语句形式并非都是主从复合句，也有不少简单句；而汉语里表达复合判断的语句绝大多数都是使用了连词组合的复合句。由此，英语和汉语在表达复合判断的语言形式上就不对称、不匹配，出现了如何转换的问题。

以下是英语译入汉语时复合判断语句转换关系表：

判断类型 \ 语言类别	英语判断词语	汉语判断词语
联言判断	and ... both ... and ... not only ... but also ... though ..., despise ...	并且…… 既……又…… 不但……而且…… 虽然……但是……
选言判断	or ... either ... or ...	或者……或者…… 不是……就是……
充分条件假言判断	If ... in case of ...	如果……那么…… 倘若……则…… 假设……那么…… 一旦……就……
必要条件假言判断	Only if ... Unless ...	只有……才…… 除非……就不…… 没有……就没有…… 必须……才……
充要条件假言判断	Only when ... Only in the event that ...	当且仅当……才…… 有而且只有……才…… 并且只有……才…… 如果……那么…… 并且如果不……那么不……
负判断	It is not true that ... It is not so that ... It is not justified that ...	并非…… 不能认为…… 说……是不对的

阅读这个对照表进行英汉或汉英互译时，要注意以下几点：

（1）在假言判断的语句转换中，英语判断词语很少，而汉语判断词较多；实际翻译文件时多选用汉语连词组合“如果……那么……”和“假设……那么……”表示充分条件假言判断，选用“只有……才……”和“除非……就不……”表示必要条件假言判断，选用“当且仅当……才……”表示充要条件假言判断。

（2）在联言判断的语句转换中，常出现在工程技术文件里的一组英语词是 though ..., despise ...，但中国翻译者的思维场不习惯从英文 though ..., despise ...（让步关系）转换为“虽然……但是……”（汉语联言判断）。虽然熟悉英语的翻译者知道原文是让步状语（从句或介词词组），但不少人并未意识到那在汉语里属于联言判断；而翻译受让者（不懂或很少懂英语者）并不知道原文有让步关系，仅关注其中含有并列转折关系的联言判断。

(3) 在翻译语句过程中，除了英语复合句应译为汉语的复合句形式外，包含复合判断的英语简单句也应译为汉语复合句。例如：

原文：*Flying Ball* Valve Plant, as a time-honored company, deals in both low-pressure valves and high-pressure valves applicable in long-distance petroleum and gas pipelines.

译文：作为一家历史悠久的公司，飞球阀门厂既生产低压阀门，又生产可用于长途油气管线的高压阀门。(联言判断复合句)

原文：Either you start the test-run around 24 hours in order to verify the endurance of this China-made motor, or you replace it with a far expensive Siemens-made one.

译文：贵方要么连续 24 小时进行试车以测试这台中国电机的耐久性能，要么用价钱很高的西门子电机来代替它。(选言判断复合句)

原文：In case of the contingent stoppage of power supply, this cement plant could automatically continue to work for 12 hours with the aid of its own-equipped generator.

译文：如遭遇偶然停电，那么该水泥厂仍可在自备电厂支撑下生产 12 小时。(充分条件假言判断复合句)

12.3.3 抽象思维场的推理

根据逻辑学的分类，推理过程分为演绎推理、归纳推理、类比推理。工程技术翻译是一项兼具这三种推理过程的思维活动，每一类推理对翻译发挥着不同的作用，不仅体现在翻译方法上(语词翻译和语句翻译)，还体现在翻译话语的内容上。

12.3.3.1 演绎推理及翻译

演绎推理具有这样的特征：从关于全部对象的已知判断出发，推导出一个关于部分或个别对象的新判断，也是从前提到结论表现为一个下降的思维过程，即从一般性到特殊性的过程。

首先，演绎推理体现在工程技术词汇的翻译。根据全球语言监测机构(Global Language Monitor,简称 GLM)2011 年 5 月 24 日的评估(谷歌网,2013-6-20),英语词汇总数已达 1,009,753 个,科学(工业)技术词汇所占比例至少 80%(参阅第九章《工程技术翻译的词汇和语句》前言),其中与引进(输出)工程技术翻译较为密切的,涵盖机械、电子、化工、土建四大工业行业。这些词汇主要是通过构词法形成的,即在词根添加前缀或后缀的方法。有人曾做过统计,技术词汇的常见前缀有 37 个,常见后缀有 8 个(凌渭民,1982: 16—21),这些词缀可以组成大量的新技术词汇。其组成新词的演绎推理,即三段论推理过程(在此具体为性质判断间接推理)如下:

例 1: 所有包含前缀 ferro-的词汇有表示"铁、钢"的意思,ferroconcrete、ferroalloy、ferromagnetic、ferronickel 均带有前缀 ferro,所以,这四个词均与"铁、钢"有关;根据词根意义,具体确定 ferroconcrete 为钢筋混凝土、ferroalloy 为铁合金、ferromagnetic 为铁磁的、ferronickel 为镍铁。

例 2: 所有包含后缀 meter-的词汇有表示"仪表"或"计"的意思,barometer、thermometer、pedometer、potentiometer、gasometer、voltmeter、spectrometer 均带有后缀-meter,所以,这些词均与"仪表"或"计"有关。根据词根意义,具体确定 barometer 为气压计、thermometer 为温度计、pedometer 为步程计、potentiometer 为电位计、gasometer 为气量表、voltmeter 为电压表、spectrometer 为分光仪。

第二,演绎推理体现在某些句型的翻译,或其翻译方法显示出一定的程式性或演绎推理过程:

例 3: 句型"It is vt-ed that ..."一般翻译为"据(有人)vt, ...",语句"It is required in the Contract that the first consignment of the complete equipment of polymer manufacture shall be delivered to Shanghai port, and more 21 days later to the construction site 60 days after its initial shipment at New Orleans port of United States."符合句型"It is vt-ed that ..."的结构。所以,该语句可以翻译为"据合同规定,本聚酯生产成套设备的第一批货物应在美国新奥尔良港首批装运日的 60 天后抵达上海港,并于 21 天之后抵达建设工地"。

第三，演绎推理（具体形式为充分条件假言推理、必要条件假言理）经常出现在图式C（项目实施预备动员）、图式D（项目实施——建设、修改设计、安装、试车或试运营、结算）、图式E（工地会议）、图式F（索赔与理赔）、图式G（项目竣工与维护）和图式H（项目交接与终结）的对话信息及有关文件里，因为这些图式的语境要求话语者及翻译者根据项目合同和技术规范的条款，运用演绎推理方法来说明某个子项目的质量是否达到技术规范要求的指标。例如：

Site Engineer（SE）：Mr. Supervisor，we've rightly received the latest consignment of asbestos for filling up the burning stove wall. They are imported from South Africa with the superior quality of the kind，I suppose.

Material Supervisor（MS）：I hope so，but I have to come and check it up.

SE：The total is 5,000 kilograms，here is the Package List and the Mill Test Report. The Report informs us of the brand name，the quantity and value，but not of its heat-resistant factor.

MS：That's all right，but as per the Specifications，you'll have to deliver some samples to our Central Laboratory in the capital city. It is specified that the heat-resistant coefficient shall reach 0.85 and over，and then the asbestos can be rightly accepted. *So long as you can testify or confirm this coefficient again at our Central Laboratory，then this batch of asbestos can be considered conforming to the Specification as the wholes.*

(7 days later)

SE：Mr. Supervisor，we have made a special test in the Central Lab，and the heat-resistant factor of this consignment of asbestos is roughly 0.88. Here is the test report.

MS：I'm glad to hear that. *Since you have testified the coefficient as over 0.85，then your asbestos of this batch is in compliance with the Specifications.*

以上语篇中的第一段斜体（*只要贵方能够再次在我方中心实验室证明或确认这个系数，那么这批石棉就可以认为是全部符合技术规范的*）部分表示必要条件假言，加上最后的斜体（*既然贵方已经测试该系数达到0.85以上，那么这批石棉就符合技术规范*）推理部分，共同形成完整的必要条件假言推理过程。翻译者若能够事先了解判断的构成规律并了解话语者的习惯,那意味着在翻译(口译)工作中占有先机。

12.3.3.2 归纳推理及翻译

归纳推理较为典型地体现在工程技术文件中限制性定语从句的翻译方法。定语从句翻译是这类文件翻译的重点和难点,有必要更加关注。鉴于英语句子的多样化和翻译行为的个性化,这种推理可以视为不完全归纳推理。

例 1 是针对翻译短小的定语从句进行归纳推理:

原文:Much is mentioned about the advantages that *this new process is involved in*.

译文:*此项新工序所具有的优点,已经讲得很多了。*

原文:In the room *where the infrared EDM instrument is stored*, there must be controlled temperature and cleaned surroundings.

译文:*在红外经纬仪存放的房间应控制温度,保持环境清洁。*

原文:Those factories *whose chimneys puff out black poisonous smoke* should assume measures to stop the pollution.

译文:*那些烟囱排放有害烟雾的工厂应采取措施遏制污染。*

上述三个英语句子所带较短的限定性定语从句(斜体部分)均可译为“……的”句型,放在汉语被修饰语前作前置定语,从而把定语从句和主句合并为一个句子,且这类现象十分普遍,所以,凡是较短的限定性定语从句可译为“……的”句型,放在汉语被修饰语前作前置定语,从而把定语从句和主句合并为一个句子,称为合译法(韩其顺,1988:163—165)或包孕法(戴文进,2003:213)。

例 2 是针对较长、较复杂的定语从句翻译进行归纳推理:

原文:Radio signal detecting car moves with a giant dish-shaped antenna *by means of which the operator could detect or collect radio signals coming from within 500 meters*.

译文:无线电信号探测车行进时带有一个巨大的抛物线型天线,

操作者使用这种天线能够探测或收集到来自周围五百米范围的无线电信号。

原文：Thin plates of quartz *which can be manufactured to vibrate millions of times a second by electrical means* are the source of *ultrasonics*.

译文：*石英薄片能够在电流作用下每秒钟振动数百万次，这就是超声波的来源。*

原文：The only effective control system is one *that is capable of informing the operator of the progress of the refining path during the entire course of the steel blowing*.

译文：唯一有效的控制系统是这样一个系统：*它能够把整个钢水吹炼时间内精炼过程的进度情况告诉操作人员。*

以上三个英语定语从句都较长、较复杂，采取合并翻译不恰当，而采取分开翻译的方法更适合中国人阅读短句的习惯，且这种情况在工程技术项目文件翻译中很常见，所以遇到较长、较复杂的英语限定性定语从句，可以采取分开翻译为两个句子的方法，这称为分译法(韩其顺，1988：166)或分切法(戴文进，2003：217)。

12.3.3.3　类比推理及翻译

类比推理是根据两个对象在一系列属性上相同，其中一个对象还具有某种属性，从而推导出另一个对象也具有这种属性。从逻辑学分析，类比推理的结论不具有必然性，而是或然性；也就是说，类比推理的结论所断定的内容超出了前提断定的范围，即使前提真，也不能保证结论一定真(刘社军，2010：217)。只有两个对象的相同属性越多，相关属性越接近，结论的可靠性才能更高。在工程技术翻译中，类比推理的运用不可能如像文学类作品翻译那样随意浪漫地想象或夸张，而是在原文和译文具有较大相似性的条件下运用类比推理进行翻译，这主要体现在词汇的翻译上。

第一种翻译方法是模拟原文词语发音的音译法，例如模拟某些计量单位词汇的发音：ohm 欧姆(电阻单位)、calorie 卡路里(热量单位)、newton 牛顿(力学单位)、joule 焦耳(电能单位)、henry 亨利(电感单位)、

lux 勒克斯(照明单位)、maxwel 麦克斯韦(磁通量单位)、volt 伏特(电压单位)、hertz 赫兹(频率单位);又例如模拟某些工程技术设备或材料名称的发音:radar 雷达、sonar 声呐、laser 莱塞(激光)、maser 脉泽(受激辐射式微波放大器)、fernico 费镍古(铁镍钴合金)、flange 法兰、nylon 尼龙、vaseline 凡士林、teflon 特氟龙(聚四氟乙烯绝缘带)、combine 康拜因(联合收割机)、engine 引擎(发动机)。

第二种翻译方法是形译法,即当英语词汇中的字母表示某些事物的外形时,翻译者可以选用近似这个字母形状的汉语词汇来表达其外形。例如:I-bar 工字钢、I-section 工字型剖面、T-beam 丁字梁、T-square 丁字尺、T-wrench 丁字扳手、T-socket 丁字套管、V-flange tool 三角法兰式刀具、X-type 交叉型、Y-pipe 叉形管、Z-pipe 蛇形管。

第三种翻译方法是借用法或称移植法(黄忠廉,2000:60),即保留原文字母形状,以该字母代表某种概念。例如:AT-cut AT 切片、CT 计算机 X 射线断层扫描、N-region N 区(电子剩余区)、P-region P 区(电子不足区)、Q-band Q 波段、Q-meter Q 表(测量品质因数的仪表)、Q-antenna Q 天线、V-type flange V 型法兰、V-cut V 切割、X-ray X 光、X-unit X 单位(波长单位)。

第四种运用类比推理的翻译方法是对句子结构或意义的反向翻译,这是利用对称性原理从已知的一面推理出相似的另一面(同上:70)。当很难从正面翻译句子意思时,就从反面去翻译;当句子结构顺译不易时,就采取倒译。例如:

原文:The resistance of any length of a conducting wire is easily measured by finding the potential difference in volts between its ends when a known current is flowing.

译文:已知导线中的电流,只要求出导线两端电位差的伏特值,就不难测出任何长度导线的电阻。

评论:在这组原文—译文中,按照中国人理解和说话的习惯,将原文最后的部分"when a known current is flowing"先翻译出来"已知导线中的电流",这是对语序进行倒译。对于原文里"The resistance of any length of a conducting wire is easily measured",因为这一测量工作对文化程度较低者有一定的难度,故采取反向翻译方法:"只要求出导线两端电位差的伏特值,就*不难*测出任何长度导线的电阻"。在此,将原文的

easily 反向翻译为“不难”，便于文化程度较低的员工从心理上接受。

12.4 工程技术翻译者的形象思维场

许多人讨论形象思维时，大多从文学创作或文学翻译的角度去理解。的确，形象思维的作用及效果最常见于文学创作或文学翻译中，也最容易为大众接受。但并非其他领域就不存在形象思维。当讨论工程技术翻译者的形象思维时，这个术语的外延就缩小了，而其内涵可能更加具体、丰富，也可能显得更加专业化。具有不同知识背景的人对于思维形式的选择表现出不同的取向。一般说来，具备更多理论知识的人，其思维结构倾向于抽象思维；具备更多经验型知识的人，其思维结构倾向于形象思维。换言之，理论型知识结构同抽象思维形成对应关系，而经验型知识结构同形象思维构成对应关系（邵兴国等，1996：82）。

有些学者对翻译者的形象思维进行过探讨。黄忠廉曾在其著作《翻译本质论》及《科学翻译学》中讨论过科学翻译者的思维及形象思维问题（黄忠廉，2000，2004），提出了形象思维的形象性、情感性、模糊性、间接性、概括性和创造性；张光明在其著作《英汉互译思维概论》中曾辟专门章节讨论形象思维与科技英语的翻译（张光明，2001），提出了形象思维在科技英语翻译中的表现方式，不过他主要针对宽泛的科技英语材料（包括医药学）的书面翻译，涉及的内容与本书尚有一定差异；龚光明在其著作《翻译思维学》里广泛地讨论了翻译思维的形态及形象思维，探讨了形象思维的言（象）意论、变相论、形神论及创造论，只是他讨论的形象思维内涵仅是文学翻译的形象思维表现（龚光明，2004）。所有这些研究成果对于深入研究工程技术翻译的形象思维均具有启发意义。

12.4.1 形象思维的分类与性质

引进（输出）工程技术项目要求翻译者既要有一定的工程技术理论知识，也应具备相当的实际经验知识（参阅 8.4 节“工程技术翻译的知识语域”）。一个工程技术翻译者的经验型知识结构中的知识存储，主要来自项目翻译实践的直接感受，富有浓郁的直观性和形象性。该翻译者经验型知识结构的另一部分知识存储是思维方法，它往往以综合为主，而分析居于次要地位。经验型感性知识与经验型思维方法的结合，构成工程技术翻译者形象思维场的内容。

要讨论工程技术翻译形象思维的性质，首先需要了解形象思维的分类。不少人以为形象思维就是一个整体概念，而思维学家认为形象思维多种多样。根据所操作的主导心理工具，有表象形象思维与语言形象思维；根据形象思维的目的，有科学形象思维、技术形象思维、艺术形象思维等。譬如，表象形象思维是操作表象来构建新形象的形象思维方法，包含视觉形象思维、听觉形象思维、动作形象思维三个分支；语言形象思维是操作语词、语句来构建新形象的形象思维方法；科学形象思维是人们根据有关实证知识、运用抽象形象逻辑方法操作抽象形象语言，用抽象形象逻辑建构图形或模型，从而正确认识所论对象的形象思维方法；技术形象思维是人们根据特定的设计要求和相应的科技知识，运用抽象形象逻辑方法操作抽象形象语言，用抽象形象逻辑建构起来的创造物的图形、模型以及制造程序的形象思维方法（苏富忠；转引自郭京龙等，2007：183）。工程技术翻译者特别需要注意的是，技术形象思维是以设计创造物的图形（或模型）以及制造程序为目的的形象思维。

根据本书第六章《工程技术翻译的语境场》和第七章《工程技术翻译的话语场》，工程技术翻译的方式涵盖口译和笔译等语言操作行为，其内容涉及某些自然学科和工业工程技术知识，其语境涉及室内和室外多种类型的图式，同时也涉及视觉、听觉和动作。所以，工程技术翻译的形象思维涵盖语言形象思维、表象形象思维、科学形象思维、技术形象思维的综合性质。与有些行业翻译相比，工程技术翻译者的形象思维显得分类多样化，其思维空间更加丰富多彩。

12.4.2 形象思维的规律

正如抽象（逻辑）思维存在概念、判断、推理及论证等过程或规律，工程技术翻译者的形象思维也有自身的一些规律。苏富忠认为形象思维只有唯一的规律——完形律（同上）；刘卫平论述过一般性创新形象思维运动的基本规律（刘卫平，1999：121—130）。本书认为，工程技术翻译者的形象思维不仅具有一般形象思维活动的规律，而且还有自身特有的规律。

12.4.2.1 四维时空感知律

工程技术翻译随着引进（输出）工程技术项目而发生、发展和结束，是该项目的衍生物。引进(输出)工程技术项目的出现与特定时间、特定地点(空间)、特定人员、特定机器设备物资、特定情景等诸多因素密切关联，因而工程技术翻译者的形象思维就必定与该项目的三维空间和一维时间保持着同样密切的关联，并产生于这些因素之间。特别要指出的是，这个四维时空感知律中的“感知”二字并不是文学翻译、社会科学著作翻译以及一般会议翻译中翻译者所经历的抽象的“感知”(仅仅对话语者语音信息及文字符号本身的感知)，而且还包括看得见、摸得着的实物和亲身体验。

这个规律主要体现在工程技术口译中。工程技术口译者在项目现场亲眼所见、亲身经历的景物，除了图纸和文件资料之外，更多的便是轰鸣的机器设备、不断运行的工艺流程、不断增减的物料、不断形成的产品、不断改变的工地场景及工作中的员工——这一切构成了该口译者思维场中的四维时空。正是在这种特殊语境下，他(她)才进行形象思维活动。

例如，现代玻璃工程项目的主要生产设备是 glass furnace，更专业的名称是 tank furnace。在英译中的形象思维创造中，如果不去亲眼观察这种设备，翻译者就可能直译为“玻璃炉”或“罐子炉”甚至“玻璃高炉”，因为原文里后一个单词 furnace 与“炉子、高炉”在概念上是一致的，理所当然可以套用过来。假如真是那样，玻璃工程技术人员和工人会不知所云，难以接受。可是，当翻译者深入玻璃工程项目工地观察后就会发现：看到的不是传统意义上的炉子，不是一般的砖窑或陶窑，也不是高炉(如炼铁高炉、炼钢高炉，一般为垂直高大的钢结构建筑物)，而是平卧在 400 米长的大型厂房内的玻璃生产流水线——从高耸的烟囱到进料投放设备，从点火门到几百米长的焙烧炉膛。这时候，翻译者就会结合该生产流水线的已有知识和实际印象，将 tank furnace 转译为“玻璃熔窑”或“浮法玻璃熔窑炉”。这个“浮法玻璃熔窑炉”形象兼顾了该类设备的原料投放、原料熔化、原料烧制及成型运送的生产技术过程，隐含了传统生产方式里的窑、炉的形象及功能，这当然就包括了时间和空间的四维。这样翻译出来的中文名称就是工程技术翻译者运用四维时空感知律进行的创新思维。当然，如果翻译为“卧地长龙”就是文学诗歌的夸张形象了，与玻璃制造技术太不搭界。

12.4.2.2 意象同构想象律

这里的“意”指意念，即翻译者的主观想法；这里的“象”指表象，即储存在翻译者头脑中的知识图像。笔译者的形象思维是以想象为基础进行的“意”和“象”的同构(龚光明,2001: 18),这条规律就是指在工程技术笔译者的形象思维活动中,“意”与“象”相互渗透,相互包容,构建具有创新意义形象的内在必然性。

这条规律主要发生在工程技术笔译过程中。工程技术笔译者所处的语境与工程技术口译者所处语境大相径庭,而与文学及社科翻译者的语境有相似之处: 身处办公室或居室,面对大量等待翻译的书面文件,有参考书可以随时查询,但是不能直接感知上一节里提及的运动物体和人员活动(四维空间)。如遇到新的词语,翻译者主要依靠自己运用表象知识进行思考或想象进行翻译,虽然工程技术笔译者可以随时咨询工程技术专业人员,也可以随时去项目工地现场观察。

有的翻译研究者仅注意到文学翻译中的“意”与“象”,实际上在工程技术翻译中可能存在更多、更复杂的“意”与“象”,因为后者是人们根据自己的特殊意志(对某个新产品的需求)创造出来的,而且随着从(向)外国引进(输出)工程技术项目,翻译者会不断遇到新的“意”与“象”。从更广阔的历史背景分析,工程技术及其翻译领域的“意”和“象”出现的时间还要早于文学或社会科学领域的“意”和“象”,且前者的成果数量也远远大于后者,因为在任何社会里,文学及社会科学的观点和成果往往步科学技术文明成果(工程技术项目)的后尘,且仅仅是反映科学技术文明成果的一小部分。

例如,在计算机工程项目中常见“This network of computers was attacked by some exotic virus”,其中的 virus 就是一个新形象,在1990年以前一般人不知晓其除了医学含义之外还有什么其他意义。本书作者至今还记得,1992年遇到刚学习使用计算机的大学生经常讨论:“virus 是医学上的病毒,怎么会入侵计算机呢?”当初创造这个意义(义位)的人和翻译这个词语的人无疑就是进行了“意”与“象”的创新形象思维。当初的翻译者没有把 virus 译为“毒液、毒素、原料、病原体”,也没有译为“坏蛋、坏人、敌人”。显然,那个翻译者对 virus 在计算机中的实际作用进行过了解、思考和想象,他知道 virus 及其影响在计算机上是能够看见的某种“象”,于是借用了医学“病毒”一词的意义,将其进行了隐喻形象转换,产生了一系列的参考译入语,然后通过形象比较后最后才选择了译入语“计算机病毒”。

又如 gantry,这是机械工业的通用设备,其英文定义是“an overhead structure supporting a traveling crane or railway or road signals”(*Illustrated Oxford Dictionary*, 1999)。该词语在翻译者大脑的知识表

象是支撑移动起重机、跨越铁路或支撑道路信号灯的钢结构；而中国翻译者的心理文化积淀中却保留着或联系着中国传统文化里的虚拟结构物——龙门，即传说中庞大的吉祥圣物"龙"游过的巨型门楼（实际上没有任何人看见过"龙门"）。翻译者在此形象思维过程中，把自己的知识表象在主观心理文化积淀的基础上进行了跳跃式的夸张想象或类比，进而翻译出 gantry（龙门）。通过翻译者的想象，"意"和"象"在此获得了完美的同构。于是，我们就有了龙门吊车（gantry crane、traveler gantry、transfer gantry）、龙门镗铣床或龙门加工中心（gantry CNC milling and boring machining center）。当然，gantry crane 也有人直接翻译为行车或移动式吊车的，但那样却没有"龙门吊"那种具有形象思维的艺术感染力。在工厂里，工程技术人员都喜欢称呼 gantry crane 为龙门吊（行话术语）。

再如一些零件名称 U-bolt（马蹄螺栓）、U-steel（槽钢）、Z-iron（蛇型铁）、T-shirt（体恤衫）的翻译，也充满"意"和"象"同构过程。如果把零件 U-bolt 翻译为"U 形螺栓"、U-steel 翻译为"U 型钢"、Z-iron 翻译为"Z 型铁"、T-shirt 翻译为"T 恤衫"就是使用类比推理思维方法。实践中翻译者或技术人员更乐意经过形象思维的意象同构，而将上述名称分别转译（口译和笔译）为"马蹄螺栓""槽钢""蛇型铁""体恤衫"（参阅 12.3.3.3 节）。

12.4.2.3　共殊形象转换律

参与创新形象思维活动的形象材料（包括表象和意象）可以分为两大类：一类是共相形象，即一般性形象；另一类是殊相形象，即个别的单一的形象。这条规律反映了在工程技术翻译的形象思维活动中，指的是在发挥思维想象力的基础上，其共相形象材料与殊相形象材料进行相互作用、相互组合的变化过程以及内在必然性。

将这条规律运用于工程技术口译和笔译中，当翻译者碰到具体的物体形象或操作程序时，可能使用抽象形象逻辑及语言来构建实物的图形、模型以及制造程序。例如，汽车的重要部件 chassis，其原来意义为"the base frame of a motor vehicle or carriage, etc"，其中的 base frame 表示任何物体的基础结构。当翻译者进行翻译形象思维时，不仅在口译中看见了或在笔译中想象到 chassis 这个部件，也可能看见了多种物体的基础结构，也可能通过头脑中的知识表象而想象到多种物体的基础结构，这就是共相形象与殊相形象。于是会利用抽象形象逻辑，把汽车这个特殊物体的基础结构 base frame 联系到或转换为一般性的基础结构，又从多种基础结构中利用抽象形象思维概括出 base frame 最基本的功能，由此翻译为“底盘”或“车架”。其中“底盘”一词运用最广，隐含了一般基础结构和汽车基础结构的两层意义，即共相形象和殊相形象，其形象的核心“盘”或“架”就有支撑其他任何部件的功能。

再如 turning，是机械工业里表示工艺流程的术语，指机床刀具在夹具控制下对转动的金属工件进行切削。有的工程技术翻译者将这个表示金属切削的特殊工艺流程翻译为“加工”这个一般性的术语。“加工”广泛使用于对各种形式的材料（具象或抽象的）的重构，而“金属切削”特指使用刀具对具象金属材料进行的重构。

12.4.2.4 形象表象整合律

这里的形象是指翻译者亲眼看到的项目现场的实物和情景，而表象是指储存于他（她）头脑里的科学技术知识结构。这条规律说明工程技术翻译者的形象思维是科学形象思维、技术形象思维、表象形象思维和语言形象思维的综合体。如上所述，翻译者随时可能出现在工程技术项目现场担任口译，较多地运用抽象形象思维逻辑从事形象思维活动；也可能暂时待在室内进行笔译，由表象、概念、判断、推理伴随。无论如何，他（她）所口译的和笔译的同一个部件或同一个工艺流程在意义上应该是完全一致的。换句话说，译者所目睹的形象或情景与头脑里储存的表象经过翻译之后应该成为一个综合体。

例如，引进（输出）道路工程项目的技术规范文件里关于沥青道路摊铺工艺（bituminous road pavement）部分常常出现 bituminous emulsion、emulsification 等材料和工艺名称。在英语词典里，“emulsion refers to *a fine dispersion of one liquid in another*, esp. paint and medicine etc. or the mixture of silver compound suspended in gelatin etc. for coating photographic plates or films”（*Illustrated Oxford Dictionary*, 1999）。显然，与沥青道路摊铺相关的意义是该词义项的前半部分（斜体）。另外，《韦氏案头词典》对 emulsion 的定义是：“a mixture of mutually insoluble liquids in which one is dispersed in droplets throughout the other (e.g. emulsion of oil in water)”（*Merriam Webster's Desk Dictionary*, 1996）。工程技术笔译者从文字上获得的表象具有想象性，但此刻并不清楚 emulsion 究竟是何样子的物品，原文也没有提及其他物品做参考。工程技术口译者见到的实物则是一种悬浮状

黑色液体,具有直观的形象感知性。因此,工程技术翻译者必须将头脑中的文字表象和现实的感知形象匹配在一起,运用抽象形象思维逻辑去翻译。中文词汇“乳汁”本来呈白色略带黄色悬浮状,而这个英文词语原文里并没有与中文“乳汁”明确相关的颜色含义。在英译中时,译者将他的文字表象知识和他在项目现场亲眼见到的实物相匹配或整合,发现这种铺路沥青材料呈现出黑色悬浮状,将其“悬浮状”与一般乳汁的悬浮状匹配,最后采取夸张性的归纳推理得出译文: bituminous emulsion、emulsification =“乳化沥青”及“乳化工艺”。

再如道路设施 reflecting button,其构成形象如一只纽扣,它的功能是作为一种夜间路面的反光标志,这就是翻译者头脑中的表象。联想到猫科动物的眼睛在夜间发亮的生理特征,工程技术口译者整合该技术产品的形象和表象,把 reflecting button 翻译为“猫眼”(行话俗语),这个说法非常形象生动,通俗易懂,符合一线技术人员的说话习惯,比起直接翻译为标准术语“路面反光钮”要生动得多。

2017 年我国科学家在中国南海深处发现了可燃水合物,该物体晶莹透明,能够燃烧。如何称呼该新物质呢? 他们知道该物质相当于英文里说的 Natural Gas Hydrate,于是把这种天然气水合物命名(翻译)为“可燃冰”(通俗技术术语),因为握在手里的那团水合物(形象)酷似他们之前头脑里的“冰”(表象),这个形象与表象的结合就产生了一个中文新术语。

12.4.2.5 底层形象转换律

这条规律是指在工程技术翻译中(尤其在新词语翻译中)译者频繁地把原语词语形象转换为译入语的另一种形象或新形象的形象思维现象。关于这条规律的形成原因,有人已经进行过专门论述,涉及认知语言学领域(谭业升,2009: 66—71)。底层形象模式(base/profile organization)这个概念是纽马克提出的,他认为这一概念对于新词语的翻译非常有用。他从西方语言之间的翻译实践出发,认为新技术词语的翻译仅仅是一个根据意义的重要性排列语言成分的问题(Newmark, 1988: 122;转引自谭业升,2009: 66)。但在西方语言文字译入中国语言文字的过程中,因为西方文化与中国文化的巨大差异,不可能仅仅是语言成分的重新排列,而且不得不涉及底层形象模式的转换。引进(输出)工程技术项目中恰好存在大量的机器部件、零配件、材料、工艺等具象物品或具象动作的名称需要翻译。

例如 bicycle,是 20 世纪 30 年代从美国引入的一种新式交通工具(机械产品),该词语的底层形象模式为两个轮子的移动机械结构(构成方式),由此 bicycle 理应翻译为"两轮车",而实际上翻译为自行车。"自行"一词已经背离了底层形象模式"两轮"的意义,转换为该机械产品的运动方式(依靠骑行者自己的力量驱动该机械)。又有人把这个 bicycle 翻(口)译为"脚踏车",这是把"两轮"的原语底层形象模式转换为骑行者脚力驱动的形象模式。从翻译角度看,翻译者就把原语底层形象模式转换成了新的形象模式。

又如 grader 及 grading,原语底层形象模式表示将某物体分为若干等级的设备或过程,由此理应翻译为"分级机"及"分级过程"。而在工程机械领域,这两个词语特指把路面标高(高程)降低或提高到图纸设计标高的机械设备及施工过程。因此,根据施工现场的情景,翻译者将原语的底层形象模式"分级设备"转换为调整地面标高的"平地机",同样也把"分级过程"转换为"平地工艺"这一更加具体的操作过程。这两个词语的底层形象模式都发生了转换。

再如数控机床的一种新型刀具 Hollow Shank Tooling,其底层形象是"空心柄"(hollow shank),如果直译为"空心柄刀具",听起来既复杂又不贴切,而且容易引起客户的误解。所以,译者及工程师结合其真实形象和实际功能把这个术语翻译为"挖孔刀"。虽然改变了底层形象,但使用者和潜在客户一听就明白,而且符合该机床刀具的加工特点。

12.5 工程技术翻译者的灵感思维场

工程技术项目翻译者时常会接触世界各国的新技术、新工艺、新设备、新材料。有一次,某美国化工公司的供应商赠送给本书作者一本 5 厘米厚的精细化工产品目录,其中产品名称至少在 5 万条以上,许多都是该公司特有的新产品。此外,本书作者及同事曾参加的引进(输出)工程技术项目中,有不少设备和工艺就是当时国内没有的。所以,引进工程技术项目的不少内容都是国内技术同行不了解或不熟悉的,需要经过翻译者之手或之口传译为汉语术语,而翻译的原语信息来自陌生的、由无数种不可确定的变量所产生的技术成果。相对而言,文学及社会科学翻译的内容却在很大程度上是人类共同拥有的,以人类社会一般需求和感知为出发点的情感、欲望、经验、规则等信息。因此,工程技术翻译的新奇内容决定了灵感思维在翻译过程中有着抽象思维和形象思维不可替代的特殊地位。

12.5.1 灵感思维场的性质

灵感是人们对某些事物突然间的领悟,作为一种人类认识自然的现象早已有之,而作为一种思维方式引入思维理论领域是 20 世纪 80 年代初。灵感思维的大部分论述都是源于文学艺术,因为文学艺术最容易让普通人接近和欣赏,所以不少人就以为灵感思维只能产生在文学艺术领域(本书作者也曾经那样认为),这实在是一种偏见或误解。其实,灵感思维广泛地存在于探索大自然及科学技术活动中,从阿基米德洗澡时发现浮力到牛顿因苹果落地发现万有引力,从瓦特目睹水蒸气冲开水壶盖而发明蒸汽机到伦琴看见高压真空管的荧光而发现 X 射线,无数的科学研究和工程技术活动无不充满了灵感的闪光。

翻译者的灵感思维不同于形象思维,更不同于抽象思维,它没有现成固定的、依照逻辑思维规律而进行的程序;相反,翻译者的灵感思维与直觉思维常常重合,是依靠其自身的知识、天赋、语境等综合因素而瞬时突发奇想的特殊思维形式。

尽管其存在特殊性,我们仍然可以发现灵感思维的闪现一般要经历三个阶段:一是显意识领域中逻辑思维的酝酿阶段,譬如不少人在获得灵感答案之前往往经历苦苦的思索,犹如"昨夜西风凋碧树,独上高楼,望尽天涯路";同时在潜意识领域中思维诸因子进行自由碰撞,即意识与无意识的组合,好比"衣带渐宽终不悔,为伊消得人憔悴"。二是思维者在最后一刻产生突然、新奇、特效的成果,好比"众里寻他千百度,蓦然回首,那人却在灯火阑珊处"。三是思维者在显意识领域对那个"一闪念"进行理论逻辑的描述、验证和完善,正如"桃李依依春暗度,谁在秋千,笑里轻轻语"。另外,还有人通过实践经历总结过灵感思维的七条基本特征(陶伯华、朱亚燕;转引自郭京龙等,2007: 284),但在本书范围内,工程技术翻译的灵感思维场呈现出下列三条规律。

12.5.2 灵感思维场的规律

12.5.2.1 工程环境驱动下的"顿悟"性

所谓"顿悟",本来是宗教术语(佛经《坛经》称为"顿",基督教新教称为"因信称义"),这里指翻译者思维结果的非预期性或突发性,也有人称为"感兴"(转引自毛荣贵、范武邱,2004)。这种"顿悟"或非预期的突发性是从时间范围来考量的,即灵感是在偶然间闪现,是一种不自觉性的心物感应。对于一般人来说,灵感思维似乎毫无规律可循,来去无踪。所谓"工程环境驱动",就是翻译者作为工程技术项目的一个成员,较长时间身处项目现场,受到工地环境的耳濡目染。在从事工程技术翻译的有心人看来,处在这种不自觉性的环境之中可能蕴藏灵光一现。"近朱者赤,近墨者黑"大概说的也是这个道理。

就闪现的概率而言,工程技术翻译者的灵感思维火花最容易发生在图式 B(合同谈判及签约)、图式 D(项目实施——建设、修改设计、安装、试车或试运营、结算)、图式 E(工地会议)中。这三个语境同时出现大量的口译需求和笔译需求:在图式 B 中,翻译者从谈判桌上和书面文件里初步了解到陌生的合同技术和主要设备名称,但是浮于表面,只能是有个大概的印象;在图式 D 中,翻译者每天往返于项目工地一线进行口译和笔译,这时接触了大量极为繁复的专业技术信息,包括工艺流程、机器设备、材料和实验;在图式 E 中,翻译者参与合同各方围绕某些棘手难题进行磋商和争辩。面对如此语境,翻译者在其抽象思维和形象思维功效不力或无效的情况下就可能自然启动灵感思维。

例如:有一位口译者某次陪同中方经理和外籍监理工程师巡视某公路边坡工程工地,现场工程师报告,在该边坡上方存在大块悬石和半松散土石,对施工道路及行车安全构成严重危险,请求处理。中方经理说需要派出多名工人从下而上排除悬石,但需要增加工程量(经费),而那位监理工程师不愿增加额外工程量,则说:"That's very simple, you can send a labor and put a *finger* into that hanging boulder, blast all the risk"。显然,那位监理工程师使用了中国翻译者陌生的用法,他话语中的 *finger* 指什么?口译者当下稍作迟疑后,迅速口译出:"你方派一个工人上去,在悬石边安放一个*雷管*,就可以爆破悬石排除危险。"据了解,事前口译者并不知道 *finger*(手指头)一词与"雷管"相关(他事后才查阅英语词典才得知:"finger: something that resembles a finger"),而是口译者在现场发挥了灵感思维(并经过形象思维、抽象思维的一系列判断和推理)迅速合成了"雷管"一词。口译者是在灵感思维的启迪下口译成功的,这完全得力于当时的道路施工语境和口译者在该项目工地的一段翻译经历。如果没有身临其境,该口译者不知要思索或查阅多久才能弄清那个"finger"的意思。

12.5.2.2 “合同意识”必然性驱动下的偶然性

所谓“合同意识”必然性，是指翻译者为完成翻译服务合同规定的具体任务而进行的各种努力(参阅13.2.5节“工程技术翻译的强制性”)，也有人称为“养兴”(同上)。这种在合同意识必然性驱动下的心物感应是自觉性的，尤其是以大量的针对具体翻译任务的抽象思维和形象思维为依托。诚然，某次个别的翻译灵感的确具有不可重复性，但是如果翻译者经常参与翻译活动，长期进行逻辑思维及形象思维，那么这个翻译者迟早会受到翻译灵感的启发，也会获得预料之外的惊喜。这条规律的核心实际上就是：翻译者心物感应的偶然性或非自觉性，包含于其长期的逻辑思维与形象思维的必然性或自觉性之中。俗语说“日有所思，夜有所寐”正是这个道理。

例如：1978年中国改革开放之初，我国外贸部李强部长率领中国外贸代表团去美国访问和考察，准备签订合同。在与美国工商界人员交流时，李强部长听到joint venture一词，就问随同翻译及外贸部陪同人员是何意，一时也无人知道。后来经过对方多次解释并实地参观，一位翻译者在现场忽然明白joint venture可以译为“合资企业”。这种看似非自觉性的心物感应——翻译者听觉获得的词组joint venture与某种类型企业(其心理表征)的对应——其实基于那位翻译者长时期的对外贸易翻译工作经历。我们知道，我国在20世纪90年代之前的大中型引进工程技术项目合同基本上是由外贸部下属的公司负责谈判运作的，那位翻译者在长期的国际贸易合同谈判及翻译中必定积累了相当的合同意识资源，以及丰富的抽象思维和形象思维的素材。当他遇到偶然出现的陌生内容时，他的这种合同意识资源和思维资源就迅速发挥作用，进而转变为一种灵感迸发出来。

12.5.2.3 专业知识主导的多因素综合性

这条规律是从翻译内容方面考量的。前面已经提及，翻译的灵感思维最显著体现在翻译陌生、新颖、专业性强的工程技术设备和工艺流程等术语。前面两条规律是从外部语境与翻译者心理感应的角度去讨论如何启迪灵感思维，好比是建筑房屋的框架，而这里的第三条规律就好比建筑房屋的砖瓦和家具等。换言之，专业技术知识起主导作用的多功能因素的综合性决定了工程技术翻译灵感思维的指向和内容，发挥着开启某项灵感思维的核心作用。文学翻译、社科翻译、旅游翻译等其他行业翻译都可能发生灵感思维的启迪，但是其他行业翻译者的灵感思维场显然不适宜 IEIT。因此，如何让灵感思维朝着工程技术翻译的思维场和语境场发展，就需要这条规律的作用。

在我国某公司输出的大型电力设备安装施工期间，一位外籍工程师向中方技师和翻译者多次提及“The dampers on your fans cannot work as designed, you have to examine and adjust or repair the dampers, so that the whole project can be put on the test run and completed by the end of June”。那位口译者起初没有看见过哪件物品是 damper，就连随行的中国技师也不清楚 damper 究竟是什么。在办公室交流时，那位翻译者凭借以往经验，猜测 damper 可能是与空气潮湿有关的部件，但外籍工程师摇头否认。在多次交流无效的情况下，外籍工程师叫来一位操作 damper 的工程师帮忙，但各方仍然无法达成共识。最后，中国工程师和翻译者被他们带到安装了 damper 的车间机器旁，外籍技师指着一个充满复杂电路的地方说，“This is the damper, you have to make it running”。这时，那位翻译者几乎瞬间就说出：“damper 就是这个风机电动闸门的控制盒嘛。”随行的中国技师也随即理解了。这次是翻译者具有的机电设备专业知识在一定条件下与灵感思维碰撞而闪现的结果。譬如，有人要笔译某电气工程项目文件里的词语 filter，但是这个词语在日常生活以及化学、电学和机械学领域有不同的名称，那么如何选择最适合该特定工程项目的说法或用语呢？这时就要依靠翻译者建立在以专业技术知识为主导的多因素综合性上的灵感思维。如果翻译者事先储备了电气学科和机械学科方面的常识，并知道现在进行的项目类型和性质，就能快速判断 filter 是指电气工程的滤波器还是榨油机械装置的滤清器。如果他缺乏专业技术知识，就只能翻译为日常生活的过滤嘴（香烟用语）或过滤器。在后一种情况里，虽然仅仅一字之差，但译入语“过滤器”是指普通生活器皿，而“滤波器”是电子学术语。前者显然达不到工程技术项目的要求。又如，在某些电气工程技术项目文件中，同时出现了 pick up、probe、cell、detector、sensor、transducer、transmitter，技术词典上标明可以分别翻译为“捡拾器”“探测头”“传感元件”“探测器”“传感器”“感受器”“变送器”。这些词语其实表明同一种电气元件，但是在不同的语境场，面对不同的翻译受让者，需要有不同的表达方法。这时就需要翻译者启动灵感思维，发挥专业技术知识主导的多功能因素的综合性，并结合抽象思维的判断和推理，迅速确定该词语的准确说法。

12.6 工程技术翻译者思维场的工程效应

根据工程哲学理论(殷瑞钰等,2007),如果以引进(输出)项目工地的工程技术人员的思维场为参照系,那么工程技术翻译者的思维场在总体上还凸显工程效应,因为工程技术翻译者服务于工程技术项目引进或输出,其思维场必然受到工程技术人员和该项目语境场(八个图式)的影响。

12.6.1 工程价值定向效应

作为一个工程项目,其价值就是最大限度地实现该项目的工程技术指标,取得预期的经济和工程收益。从广义上说,工程价值是满足社会及人民的物质生活需要,以创造最大使用价值和社会价值为目标。这不同于科学研究以追求客观真理为目标,更不同于文学艺术作品以抒发个人及群体的各种抽象的感情为目标。受此工程价值影响,工程技术翻译者的思维场也表现出满足当时当地的工程项目实施需要的倾向,本书称之为“工程技术翻译者思维场的工程价值定向效应”。

在工程价值定向效应驱动下,翻译者思维场会利用感觉和知觉的辅助功能倾向性地选择那些有利于工程项目进展的人员、语音、动作、物品、景物以及其他信息,而主动避开或减少非工程项目信息(语音、语词、视觉、主观感受等)的刺激。例如口译情景中,当采购商接洽未来项目的供应商时,主办方会热情介绍本公司的历史沿革、领导层设置、生产发展阶段、生产数量、产品质量、产品销售、产品售后服务等诸多信息,此时为采购商担任口译的翻译者会倾向性地、有意识性地淡化某些信息(如历史沿革、领导层变动以及该公司过去的某些并不突出的业绩),而会集中挑选并传译目前的生产技术水平、管理水平(以ISO9000认证为代表)、产品规格、技术标准、产品质量及数量、交货期限、预付资金比例、售后服务等采购商较为关注的信息。在笔译工作中,笔译者同样倾向于首先挑选并翻译与工程技术项目实施相关的文件和信息,也更倾向为工程师提供某些针对性较强的工程技术文件的概要(编译、摘译),而非笼统的全文。譬如,某次中方企业与外方监理工程师谈判道路基层集料的粒径规格,笔译者得知该问题涉及美国AASHTO标准和英国BS标准,主动提前翻译了该两类标准中有关道路工程集料粒径的规定，而不是盲目地翻译所有来往信函和技术细则；同时准备好与该话题有关的工程图纸以备讨论时使用，由此为中方公司谈判赢得了主动权。

工程价值定向效应或工程性思维也显著影响工程技术人员，其效果往往胜过对翻译者的影响，这与其身份和工作任务密切相关。例如在实施菲迪克条款的全球背景下，一个熟悉国际工程项目的经理不可能过多地阅读一般性合同条款（如各方法定地址、法人代表名称、不可抗力、仲裁诉讼、签字及生效等条款），而更可能特别关注某些常见条款和特殊条款（如付款条款、工期条款、知识产权条款、临时工程款、材料单价增加而引起工程成本临时增加的索赔条款、预付款比例条款、技术诀窍入门费条款等），而不大关注该文件的文字是否优美或口译者的语音语调是否纯正等非技术因素。

12.6.2 逻辑—超协调逻辑效应

逻辑—超协调逻辑是工程哲学中工程思维的一种形式，其效应包含两种次级效应：一是指逻辑效应，二是指超协调逻辑效应。逻辑效应指按照逻辑思维的"（不）矛盾律"和"排中律"进行逻辑思维活动，超协调逻辑（paralogic）指违反逻辑效应、承认矛盾存在、采取权衡协调的态度进行思维。如果我们把工程项目决策者、设计者、项目经理及工程师在从事纯技术性工作时的思维活动看作是一个"工程板块结构"，那么在实际进行这些纯工程技术思维活动时，他们在思考和处理"板块内"的问题时往往坚持普通逻辑思维，即严格按照"（不）矛盾律"和"排中律"等通常的逻辑思维规则，依据科学概念或定义严格进行判断和推理，依据合同和技术规范开展具体工作。可是当他们超越"工程板块结构"范围来思考和处理与其他"非工程板块结构"的关系时（如非技术性的项目外公关活动），在思维中可能对矛盾采取容忍接纳或权衡协调，也就是说，他们此刻在运用"超协调逻辑"（殷瑞钰等，2007：109—110）。

在"工程板块结构"内的逻辑效应下，工程技术翻译者传译的语言对象是工程性或技术性话语，翻译者应采取严格的逻辑思维方式（抽象思维）处理词语和语音信息，表现为语词严谨规范、条理清晰、语义无误。譬如：电流的单位是 ampere，翻译者绝不可将其说成 voltage（电压单位）；爆破时间单位以 millisecond 为单位，不能说成 millimeter（毫米）；tool 是机床的刀具，不能说成一般工具；backfill 不能说成挖方。

但是在"非工程板块结构"的超协调逻辑效应下，翻译者的工作对象往往是非技术话语(例如公关话语)，翻译者此刻可能采取非逻辑思维方式，使用更多的形象思维，在语言形式上表现为省译、编译、夸张、比喻、隐喻等手段。例如某中资公司承建水电站大坝工程项目，采用菲迪克条款的《施工合同条件》，其间驻地工程师(主监理工程师)发出了十多个工程变更指令，其中两个涉及工程量大幅度增加，而且土料和沙砾料的运输距离也明显增加。因此，承包方提出费用索赔和工期索赔，要求延长工期并给予经济补偿。当中方经理当面把那份索赔文件递交外方主监时，不料对方认为该索赔要求远离合同内工程数量计算表的参考单价，于是大发脾气，拒绝签字付款，导致双方陷入话语困境。此刻翻译者在超协调逻辑效应影响下，灵活采取省译和低调(understatement)方式，转而挑选委婉词语和平缓语调传译了该段话语，大大消解了双方的怨气，为继续谈判提供了适宜的氛围。在笔译中类似情形也时有发生(参阅 10.3 节"工程技术翻译者的伦理")。

12.6.3 容错性效应

容错性是工程哲学中工程思维的基本性质之一，也是辩证唯物主义哲学在工程领域的体现。容错性的意思是：在工程技术设计和生产活动中，虽然出现某些或某种程度的失误，但仍然能够继续正常地维持技术性能或设备运转(殷瑞钰等，2007：109—110)。工程思维者(工程师及技术工人)在设计和生产时不可避免存在人类认知局限和行为局限，采取在一定程度上和一定范围内容许失误发生而同时又能够保持机器设备或工程项目正常运转的认知方法。这一认知方法已经转化为设计师、工程师和一线技术工人为提高技术设备及项目的可靠性，防止更大错误发生而经常采取的一种重要的行为策略。譬如标准技术术语里就有 endurance/allowances(允许误差)这两个词，而且几乎所有技术规范和图纸上都注明了允许误差的范围或程度(精度)。

在容错性效应下，当工程技术翻译者思维场(主要是抽象思维场)的认知及概念资源还没有达到十分充足的条件时(但必须满足处于容错性效应提供的"最高容错率"之内)，抽象思维场就能够进行判断和推理，并且可能获得在概念资源十分充足条件下所获得的正常结果。譬如在口译语境中，经常发生这样的情形：某兼职口译者未能完全获得一方话语者的全部语音信息(或许是兼职口译者听力能力稍差，或许是话语者的语音不清晰或有错误),但是当该口译者已经获得了全部话语信息 80%—90%的内容,尤其是获得了该话语中的主要概念资源时,该口译者就能够对话语信息进行判断和推理,进而生成正确的话语或译语。

工程技术翻译者思维场的容错性效应解释了为什么有些结结巴巴的口译者(主要是兼职翻译者)也能够完成口语交流任务,一些英语能力不甚高明的技术人员(但具有相当实践经验)甚至普通工人也能够完成某些交流/传译任务。在笔译情形中,这种容错性效应发挥得更加显著:许多中国公司的工程项目经理、工程师或技术工人(此刻他们或许是兼职翻译者),虽然英语综合能力不高,而仍然能够凭借自己有限的词汇和语句阅读工程技术文件,甚至与外国同行进行书信交往(包括口语交流),并保证双方工作正常开展。

第四编

整 体 论

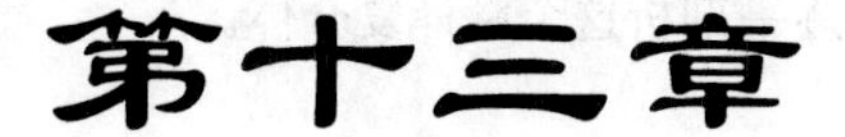

工程技术翻译的性质与特征

事物的性质是区别此物与彼物的根本属性。在性质与特征这一对范畴里,性质是事物的内涵,是主要方面,也是事物的本质和内在主动因素;特征则是事物次要方面,是被动因素和外在表现。工程技术翻译具有的性质决定工程技术翻译可能具备相应的某些特征。从学科构建看,研究并定位工程技术翻译的性质与特征是深入探讨工程技术翻译的关键之一。

本书在第一章已经阐明了工程技术翻译的定义,而定义就是“对于一种事物的本质特征或一个概念的内涵和外延的确切而简要的说明”(中国社会科学院语言研究所词典编辑室,2007: 323)。为了更加详细和清晰地了解工程技术翻译这一特殊对象,本章打算从几个不同侧面来进一步观察和描述工程技术翻译的性质,作为对其定义的补充或拓展(参阅 1.2.3 节“工程技术翻译学的定义”及 9.1.1 节“基义多于陪义”)。

13.1 工程技术翻译的多维性质

工程技术翻译的性质是什么？这个问题貌似简单,虽然有定义所示,但它并不像“笔是写字画图的工具”或“纸是写字、绘画、印刷、包装等所用的东西,多用植物纤维制造”(中国社会科学院语言研究所词典编辑室,2007: 71,1753)这么简单明了。它毕竟动辄涉及成百上千的人员、数以万(亿)计美元的投资、数以月计或年计的大型工业活动，较日常的生活用品或服务活动复杂得多。下面我们逐一剖析这个翻译复合体。

13.1.1 翻译生态的一个因子

从隐喻性的翻译生态宏观环境考虑，工程技术翻译是翻译生态丛的一个因子。新兴的翻译生态学借鉴自然生态学原理，将翻译学诸多领域视为翻译生态的组合因子，于是工程技术翻译就成为其中的因子之一，成为其中一个特殊领域和不可分割的组成部分。本书第二章《中国工程技术翻译历史概述》和第三章《世界各国工程技术翻译历史概述》以客观的历史事实说明全球工程技术翻译活动构成了翻译生态因子的隐喻性质。

在翻译生态环境里，生态因子可能是一种翻译行为，可能是一个翻译研究分支，也可能是影响翻译行为的某些条件(许建忠，2009：71)。工程技术翻译与文学翻译、社科翻译、一般科技翻译以及其他各个行业翻译形成共生态。作为这个生态的一个因子，工程技术翻译也具有自身的性质和特点。

首先，工程技术翻译与翻译生态丛内的其他因子是共存的。在此生态圈内有各种次级族群，譬如翻译应用行业族群、翻译理论族群、翻译者族群、翻译对象或作品族群。工程技术翻译就属于应用翻译行业族群的一个因子，与其他因子形成共生态。缺少这个因子，翻译生态就缺少了一个发展壮大的生长点。就我国来说，在出现了文学翻译占据大半个翻译学术生态圈的情况下(外交翻译当然是最基本的因子)，自1978年改革开放以来又陆续涌现出社会科学翻译、科技情报翻译、商务翻译、旅游翻译、工程技术翻译等新生因子。这是翻译生态兴旺发达的表现。尤其是工程技术翻译，它是我国走向国际化和现代化的“先遣队”，是引进(输出)先进工程装备和技术的支撑点之一，是实现“一带一路”倡议的主要帮手，也是当前和未来中国翻译事业的“主战场”。如果这个重要的翻译生态因子得不到呵护，那么这个翻译生态丛就不能适应时代的需要，就可能在更大的理论生态丛中遭遇边缘化。

第二，工程技术翻译与翻译生态丛内的其他因子是相互联系的(参阅1.3节“工程技术翻译学与相关翻译研究的区别和联系”)。孤立地考察工程技术翻译，它具有一些让外行和翻译新手感到陌生和畏惧的特殊之处；但是从翻译生态的宏观视野看，这些所谓特殊之处其实与普通学科或其他翻译行业存在广泛的联系。譬如，一个工程技术翻译的从业者应是普通外语专业或翻译专业的毕业生或通过其他途径获得了相当于这个专业水平的人才,具有基本的外语及翻译的知识、一定程度的普通科学技术知识和国际贸易或商务知识,当然也具有相当程度的跨文化交流知识和技能,甚至已经从事过一些行业的翻译。假如一个毫无这些基础(联系)的人,突然间想要从事工程技术翻译(例如在某些企业或项目里,在突然情况下,由外行充任临时翻译),显然就不太可能胜任,并很可能给工程项目带来意想不到的损失。

第三,工程技术翻译与翻译生态丛内的其他因子能够产生相互影响。譬如在能力层面,具有扎实的外语基本功、流畅的口语和书面语表达能力以及敏捷的语言(语音)反应能力,从业者就可能胜任本职工作;反之亦然。同时,经过工程技术翻译的历练,从业者的翻译能力及科技知识甚至跨文化交流知识和技能就会有进步,这将提升其整体翻译能力。从学科层面考量,作为翻译生态因子之一,工程技术翻译学的构建和发展将有助于拓宽普通翻译学及应用翻译学的研究领域,细化它的研究对象,发现更加有效的翻译规律;而普通翻译学的研究成果(譬如翻译性质的研究、翻译标准的研究、翻译方法的研究)也会有力地支撑这个新兴学科的发展(参阅第五章《工程技术翻译学的理论借鉴》)。

第四,工程技术翻译这个生态因子在引进(输出)工程技术项目领域的反复作用,会随着中国对外开放的深入(譬如 2013 年我国政府提出的"一带一路"倡议)而产生深刻的影响,使其自身在翻译生态丛甚至以外的社会生态环境产生阶段性的、持续性的效果。就 1949 年以后的情况看,在"中苏友好时期"(1950—1960)的工程技术项目翻译曾在当时翻译领域内外产生广泛的影响,进而造就了一大批俄语工程技术翻译人才;在"自力更生时期"(1961—1978)以"四三工程"为主的引进项目翻译为改革开放以后的翻译领域培养和储备了一大批英(外)语工程技术翻译骨干;而 1970—1998 年,我国的援外工程项目翻译为 21 世纪以后"走出去"的成千上万家中国公司造就了一大批具有国际视野和丰富经验的工程技术翻译人才(参阅第四章和第五章)。

13.1.2 理、工、文科的衍生品

就知识语域而言,工程技术翻译是自然科学、应用科学和人文科学相结合的产物。引进(输出)工程技术项目发生在现代工业领域,按通常的学科分类,这些领域属于应用学科,即通常所说的工科或工程学科。但工

科是建立在自然科学或理科基础之上的，例如机械工程以物理学中的力学、工程力学、材料学、电学等次级学科为支撑；电子工程以微电子学、电工学、机械学、材料学等支撑；化工工程以化学中的无机化学、有机化学、高分子化学以及物理学中的材料学等次级学科构成；土木工程以数学的分支测量学、物理学的分支力学、材料学、爆破学等次级学科构成；数学则是所有自然学科和工程学科的基础。另外，自然学科和工程学科的发展离不开人文社会学科，例如大中型工程技术项目的实施离不开施工组织学、人际交流学、工程伦理学等人文性质的学科，而思维学科和语言学科则是所有学科的基础。现代工程技术项目集自然学科、工程学科和人文学科于一体，是现代社会文明成果的集中体现。

工程技术翻译服务引进（输出）工程技术项目，其话语、信息、方式必然受到理科、工科和文科的影响，在一定程度上也是理、工、文各类学科的衍生产品。每一个工程技术项目因其工程目标和技术性能不同，反映在学科分布和工程技术翻译中可能有所区别（参阅 8.4 节“工程技术翻译的知识语域”），但是其基本性质不会改变。譬如，当翻译者服务于引进的纺织化工项目时，从文件资料、工地临时报告，到现场技术员工的谈话与行为，翻译者听到的全是化工、纺织、施工组织这些学科或行业的词语，看到的全是各类管线、高压釜、化工辅料、纺织丝锭等材料；而当翻译者服务于机械工程项目时，他眼前充满了各种型号的车床、铣床、镗床、钻床、刨床、五轴联动数控加工中心（有些大中型工厂的金属加工车间内集聚了各种门类和型号的数十台机床）、钢锭、钢板、焊接电火花、行车（龙门）、螺丝、千分卡及各种工具，他的耳朵充斥着机器的运转声……无论那些过程多么不同，无论那些景物多么千差万别，但都是与自然科学、工程科学、人文科学紧密地联系在一起，都具有工程技术项目实施所应有的基本流程和条件。

这一性质也要求工程技术翻译人员应该具备相应的学科知识和技能。在一些国家的教育体制中，从基础教育到高等教育一直贯穿着自然科学、应用科学和人文科学（参阅 3.1 节“欧美国家的工程技术翻译”），这对于培养工程技术翻译人员以及全面发展的人才都具有明显的益处。

13.1.3 创造性的思维活动

本节包含两个主题词：一是创造性，二是翻译任务。我们先讨论创造性。

13.1.3.1 中国工程技术翻译者创造性思维的理据

首先，我国翻译者在语言知识储备方面与欧美等发达国家的同行存在明显差距（参阅3.1节“欧美国家的工程技术翻译”）。以词汇为例，我国权威的《现代汉语词典》（2005年版）收词65,000条（其中还包含部分外译中的词语，如“电脑、电话、电缆、电瓶”等），但目前尚无一本《现代汉语技术词典》；即使有，其原创的汉语技术词汇量也很小；而英语词汇在2009年据说已超过一百万个（http：//article.yeeyan.org/view/80966/279564，2014－11－28），且其技术词汇达数十万条（参阅9.1节“工程技术翻译的词汇和语句”）。由此可以看出，进入《现代汉语词典》的原创汉语技术词汇相比英语技术词汇来说就少得多。这在某种程度上也表明，我国工程技术人员及翻译者的自然科学知识及工程技术知识储备与欧美合作伙伴的知识储备存在较大的差距，或者说双方交流的话语基础不平衡。更加形象地说，是双方的技术话语交流平台向欧美等国一方抬升，而位于平台低处的我国同行就明显处于弱势。

第二，我国翻译者过去长期从事的主要是引进工程技术项目翻译，即使走出国门的中国企业输出工程技术装备，在工程技术话语方面仍然基本沿用欧美等国的原创技术知识（标准、规范、术语）。换言之，在引进（输出）工程技术项目的实际工作中，我国翻译者及技术人员主要是学习和借鉴欧美等国的原创技术知识。例如，从2004年起，中国石油公司开始“走出去”，中国石油工程建设公司（CPECC）与中国胜利油田联合投标并中标的中国石油（CNPC）第一个最大的国际石油总承包（EPC）项目——科威特集油站和管道施工项目，在项目实施过程中遇到了前所未有的棘手问题，在总合同承包期内仅仅完成了项目的设计阶段任务，工期被迫延期，给中国石油企业造成了巨大困难。其中的重要原因之一就是语言障碍，该项目的工程技术人员和翻译者缺乏与外国同行对应的专业技术素质（或话语平台），无法正确翻译工程技术话语，无法有效沟通各方技术人员的交流（鞠成涛、郭书仁，2011：66）。又如，中国中铁二院工程建设集团公司曾在菲律宾投标工程项目，该公司请人翻译的英文标书送交对方业主后，对方提出了300个问题，其中270个是由于语言翻译错误造成的，由此给该中国公司造成了很大损失（王国良、朱宪超，2011：94）。

第三，当位于技术话语交流平台弱势一方的中国工程技术翻译者进行工作时，必然就遇到如何理解和传译大量新技术（术语）的尖锐问题，其难点在于这些新技术知识及术语是我国传统文化所缺失的。于是，中国翻译者理所当然就需要花费极大的精力和时间成为第一个理解外国新技术知识、第一个创造母语表达方式的创新者，或第一个工程技术领域的"吃螃蟹者"。

13.1.3.2 中国工程技术翻译者创造性的体现方式

工程技术项目是应用性科学成果，工程技术项目（文件）展现的技术知识或工程项目一线员工及翻译者接受的技术信息与普通科学研究的情形不同。科学研究信息的接收顺序是：基础知识→专业基础知识→专业知识（基本上就是大学教育的过程）；而工程技术项目员工接收信息的顺序是：专业知识→专业基础知识→基础知识，似乎与研究和教育领域刚刚相反。所以，中国工程技术翻译者一般是先接触（翻译）终端产品，必要时再追溯其专业知识甚至基础知识。由此，工程技术翻译者的创造性体现在下列几个方面：

（1）新机器新设备术语的翻译。引进（输出）工程技术项目最直观、顺序最先的常常是各种机器设备，而先进的科学技术含量就物化在这些机器设备之中。例如：autoclave（高压釜）、damper（风门电子调控器）、iconoscope（光电摄像管）、mechanical governor（机械调速器）、plasmatron（等离子电焊机）、anti-lock brake system（防抱死刹车系统）、damposcope（爆炸瓦斯指示器）、ryotron（薄膜超导装置）等大量术语均非我国原创，而是从外国技术文件翻译而来。

（2）新工艺术语的翻译。第一部分是直接涉及工程项目的生产工艺的术语（譬如道路工程的沥青混凝土路面摊铺技术 technology of bitumen concrete road surface pavement、钻孔灌注桩技术 hole-drilling pillar-filling technology、隧道盾构施工技术 shield tunneling method）；第二部分术语包括新的工程组织、规范、标准等术语，数量不是太大，但是涉及的实际工作面很大，例如：BOC Isomax（埃索麦克斯法或渣油加氢裂解脱硫）、Tamping operation（振捣，铁路路基及公路混凝土路面施工术语）、joint venture（合资企业）、hydro-skimming refinery（轻度加氢炼油厂）、AASHTO Specification——the 2004 AASHTO LRFD Bridge Design（美国国家公路与运输协会规范——2004 年版桥梁设计）、AISC Specification——The AISC Specification for Structural Steel Buildings, March 9, 2005（美国钢结构建设学会规范——钢结构建设规范，2005 年 3 月 9 日颁布）。

（3）新材料（产品）术语的翻译。新材料技术被称为"发明之母"和"产业粮食”，表示新材料和新产品（不包括机器）的术语占全部新术语的比例相当大，因为引进（输出）工程技术项目就是由许许多多的产品组成。当你走进一座现代化的厂房时，这种感觉会特别强烈，例如：staple fiber（聚酯短丝、聚酯切片）、filament（聚酯长丝）、Santosite（无水亚硫酸钠）、graphene（石墨烯）、methane chloride（二氯甲烷）、vinyl acetal resin（乙烯醇缩乙醛树脂）、phoglyceric acid（二磷酸基甘油酸光合与发酵中的重要中间体）、Polyvinylchlorid-isolierte Leitungen mit Nennspannungenbis 450/750 V-Teil 1 Allgemeine Anforderungen（额定电压450/750伏及以下聚氯乙烯绝缘电力电缆）。

(4) 有关科学术语的翻译。引进（输出）工程技术项目发生在工业生产部门，不是基础科学研究部门，其中涉及的科学术语主要出现在工程项目的技术规范文件（包括技术标准）、设计方案（图纸）里，与工业生产技术关系密切，例如 circumradius（外接圆半径）、deflection（弯沉，偏移）、insolation（日射率）、lacunule（小空隙）、osmole（渗透压摩尔）、metage（官方检定的称量、容量）、saturnic（铅毒性的）。

(5) 创新方法的体现。在工程技术翻译过程中，如有事先已知的词根或词缀是比较容易的，但最考验翻译者的是翻译新术语或特殊组合的术语，因为这些术语没有通常的词根和前后缀意义的照应，翻译者仅凭文字表述很难翻译出来。这时，他（她）必须去现场亲眼查看设备或亲历工艺流程或询问专业技术人员，了解该术语的所指对象，然后利用自己的综合知识并结合原文意思，运用抽象思维、形象思维以及创造性思维才能创造性地翻译该新词。与此相比，其他一些行业翻译也许不需要这么丰富的语境和实践。例如，2008年中国铁路南车集团下属某货车制造厂参与某国铁路货车项目投标，翻译者在中译英时把重要术语“中央卸货”简单翻译为“卸在铁轨上”（该用词表达是卸在两根轨道上），外方人员理解为卸在轨道两侧；而后来得知，“中央卸货”的技术含义是在货车车厢底部中间开门，把货物直接卸在两根轨道的中央或之间，然后让传输设备运走。由于翻译者的错误，这次竞标失败，该企业蒙受严重损失。后来，另一位资深翻译者重新到工厂实地考察并询问技术人员之后才正确翻译了该术语，但为时已晚（张琳，2011：57）。

(6) 创造性的成果数量。在完成数量方面，工程技术翻译的创造性更是遥遥领先于文学翻译和社科翻译。首先从词典词汇观察，这可以视为工程技术翻译行业的累计成果。有人统计了美国人常用的词汇是14,700个（谷歌网，2014－4－11），这大约可以视为普通文学和社会科学的基本词汇量。英语母语人士中,莎士比亚大约掌握 24,000 个词,弥尔顿大约掌握 16,000 个词,据说丘吉尔能使用 90,000 个词,这算是最高纪录了。其实,这个纪录在现代英语一百万以上的词汇中只能算是"小不点",因为绝大部分是科学技术词汇。例如,化学工业出版社 2012 年版的《英汉化学化工词汇》收录词汇 20 万条,中国电力出版社 2013 年版的《新英汉—汉英电力工程技术词典》收录词汇 11 万条,孙复初主编的《新英汉科学技术词典》(国防工业出版社,2010 年版)收录工程技术类词汇 20 万条,中国科学技术信息研究所编的《英汉科学技术大词典》(人民邮电出版社 1998 年版)收录自然科学和工程技术方面的基本术语和常用词汇 50 万条,杨希武主编的《日汉机电工程词典》(机械工业出版社 2009 年版)收录专业词汇 14 万条,范植礼主编的《法汉工程技术词典》(西南交大出版社 2012 年版)收录词汇 6 万条,商务印书馆 2013 年出版的《西汉现代科学技术词典》收录词汇 5 万条,中国建筑工业出版社 2008 年出版的《新英汉建筑工程词典》(第二版)共收录词汇 5 万条。而大体同期著名的美国文学词典 *Merriam-Webster's Encyclopedia of Literature*(1995)才收录词汇 1 万条。

另外,从引进(输出)工程技术项目翻译人员实际完成的翻译量观察,中小型的引进(输出)土木工程项目的翻译量(仅仅是笔译)一般是以重量单位(公斤)计算,而中型或大型的机电类和化工类引进(输出)项目则动辄以公吨计算翻译(笔译)量,如果加上口译翻译量(虽然目前还没有通用的口译工作量的换算方法),那么一个中型机电类或化工类项目的翻译量(例如 1992—1997 年四川省聚酯项目引进工程,其书面翻译数量约 10 吨重)可能就远远超出我国一些文学社科类出版社许多年的翻译出版量。又例如,深圳欧得宝翻译公司每年仅仅为日本本田技术公司完成的翻译量就在 1,000 万字以上(深圳欧得宝翻译公司,百度网,2014-4-12)。如果按普通文学社科著作每一本书 30 万字计算,欧得宝翻译公司相当于每年仅为这一个项目就出版了 33 本翻译著作。又如,江苏钟山翻译有限公司每年的翻译量(笔译)大约 5,000 万字(钟山翻译有限公司,百度网,2014-4-12),相当于每年出版 166 本普通文学社科翻译著作,况且这还不包括该翻译公司承担的口译工作量。

13.1.3.3　中国工程技术翻译创造性与文学翻译"创造性叛逆"的区别

在翻译创造性的品质方面,因工程技术翻译接触的设备、工艺、材料和产品一般是中国工程技术人员感到陌生的事物,于是从事外译中的中国翻译者不能(或很少)借助或不能寻找到母语的对等物(词语或现成事物)(参阅 13.1.3.1 节“中国工程技术翻译者创造性思维的理据”),因而他们不得不独立地运用专业知识、专业语境和其他综合性知识,并运用多种思维场(参阅第十二章)随机创造出全新的、前所未有的词语或话语。不仅如此,这些新的译入词语还必须经过工程技术人员认可,经工程项目试运行或试运营后方可广泛运用(参阅 11.2.5 节及11.3.5节有关工程技术口译者及笔译者的监控机制)。这是一项多么独立、多么新颖、充满了挑战的创造!

相比之下,文学作品和社会科学作品的翻译者在翻译中很容易找到母语中存在的对等词语或母语国存在的对等事物,因为在人文社会科学领域,中西方交流的语言及文化平台较为平衡,各方都共同关注人类的情感、相似的社会结构、相似的社会矛盾、相似的社会需求等。简言之,文学社科翻译这一过程实际上主要是寻找(匹配)母语与目标语的对等词语或对等事物,而非真正独立地创造新词语或新话语;更何况文学社科翻译的作品完成以后,一般也不需要经过译入语读者认可,更不需要经过原语作者或同行或实际效果的检验。从这个角度看,工程技术翻译创造性的品质(或难度)就显著高于文学社科翻译的所谓“创造性叛逆”(谢天振,1999：130)。

13.1.4 引进(输出)工程技术项目的子项目

一个行业外的人可能觉得这个题目有些不伦不类：翻译就是运用语言文字嘛,怎么能够和工程技术项目扯在一起？就环境和过程而言,工程技术翻译是引进(输出)工程技术项目的不可分割部分,不仅在中国背景下如此,而且在世界其他许多国家(包括欧美)很大程度上也是如此(参阅第三章)。从 1.2.3 节“工程技术翻译学的定义”和 6.3 节“工程技术翻译的语篇语境场(图式)”中,读者可以发现：引进(输出)工程技术项目的实施就是包括八个图式的系列活动,而为其提供语言服务的工程技术翻译也随之形成了“一条龙”的特点(刘先刚,1992)。正是在这种隐喻意义里,工程技术翻译是引进(输出)工程技术项目的子项目。

从价值观念视角看,全世界范围内的工程技术翻译,在行为价值方面都要接受工程哲学的指引(参阅 5.6 节、12.6 节)。虽然工程哲学和国际化标准组织的 ISO9000 系列标准主要是针对工程技术行业,但其中的价值观或重要原则(譬如“工程定向效应”“逻辑—超协调逻辑效应”“容错性效应”)。这对于保证工程技术翻译的质量具有直接的影响,凡是参与工程技术项目翻译的人员必须与工程技术专业人员一样牢记并指导自己的实践。实践中,参与项目的翻译人员一般都要接受一定时间的质量管理培训,并遵守这些基本原则。譬如,本书作者 2010 年去埃及苏伊士省的圣戈班玻璃引进工程项目担任技术翻译,第一次进入工地前就被管理方要求参加该项目规章制度的培训。

从运行机制看,工程技术翻译要接受 ISO9000 质量管理标准体系的约束(参见 5.5 节、13.2 节),尽管它同时还要接受语言翻译行业规范的约束。譬如在项目运行及翻译过程中,工程技术翻译就要接受 ISO9000 系列标准的第四项原则“过程方法”的约束。该原则实际上是以过程为基础的质量管理的方法论,提供了详细的执行方案和措施,例如质量管理体系持续改进模式(“策划—实施—检测—处置”模式),也称之为“P(plan)D(do)C(check)A(action)”模式(张少玲,李威灵,2009：53—54)。这实际上也是一种特殊、有效的质量监控机制。而其他工程技术话语者也受到 ISO9000 诸多要素的影响(譬如“全员性”“全过程性”等,参阅13.2节“工程技术翻译的工程性特征”)。

从管理范围看,ISO9001 明确提出本标准适用于“各种类型组织(如制造业、服务业)、不同规模(大、中、小型)、提供的不同产品(如硬件、软件、材料和服务)”(同上：64),身为服务业的工程技术翻译理所当然名列其中。许多引进(输出)工程技术项目的合同文件都将翻译服务列入了工程项目管理的条款。21 世纪以来,中国不少翻译公司参照 ISO9000 系列陆续建立起自己的翻译工作标准,较为典型的是 2003 年由中国标准化协会、江苏钟山翻译有限公司等几大翻译单位起草,并由国家质量监督检验检疫总局公布的《中华人民共和国国家标准：翻译服务规范》。该规范就是以 ISO9000 质量标准体系为指引,参考德国 DIN2345 标准制定的国内第一个翻译行业标准(中华人民共和国国家质量监督检验检疫总局,2003)。与有些行业翻译提供服务产品后不论质量好坏(甚至翻译者可以置之不理)不同,工程技术翻译的服务产品一般必须经过 ISO9000 标准程序检验合格,并为受让方或客户使用及接受之后才能完清终结手续(参阅 6.3 节的八个图式、11.2.5 节和 11.3.5 节关于工程技术翻译的监控过程)。

13.1.5　多重思维的结果

根据第六章《工程技术翻译的语境场》,工程技术翻译的操作方式包括口译和笔译，其语境涉及室内和室外多种类型的语篇或图式，其话语信息内容涉及某些自然学科和工业技术行业，其话语信息的承载体有文字、语音、动作、表情、图表、计算公式及数据等多种形式，其话语信息的所指对象不仅有厂房、材料、设备，而且还包括项目现场的人员、运转的机器、噪声，以及变化的工地场景，其感知方式有翻译者的视觉、听觉、触觉和嗅觉。所以，工程技术翻译者的思维方式也就不可能是单一的形式。

当一个引进(输出)工程技术项目还没有成形时，翻译者就要进行书面文件及资料翻译(笔译)，包括各种文本(报告、纪要、项目建议书、可行性研究报告、协议、合同)，然而这时翻译者常常看不见语言所指的实物，只能依据原文的语法、词汇以及蕴含在原文里的原作者观点(抽象逻辑思维的结果)进行"解码"，"解码"工具就是自己的抽象逻辑思维。既然原文是抽象逻辑思维的结果，那么译文也仍然是抽象逻辑思维的结果，正所谓"一把钥匙开一把锁"(参阅12.3节"工程技术翻译者的抽象思维场")。

当工程技术项目实施中出现口头话语传译时(如商务技术考察参观、项目实施预备动员、项目实施、项目竣工及维护等图式)，部分话语信息的所指对象不仅仅是由抽象思维产生的论述性文字或话语(例如技术规范、图纸、标准、操作指南)，以及它们所表达的静止物体和场景，而且还有工地现场许多正在施工的员工、运转的机器、各种设备的轰鸣以及不断变化的工地场景。这时口译者眼前可能见不到文本和文字，他(她)"解码"话语信息的工具既有语音、形象，也有人的动作和物体运动，当然也包括记忆中的部分抽象逻辑思维结果(文字)。口译者需要把出现在眼前的一切(静止的、活动的人或事物)转换为抽象思维的结果(语言)。这一过程必然要动用口译者的形象思维(参阅12.4节"工程技术翻译者的形象思维场")。

当翻译者笔译或口译项目工地输入的全新技术或设备时，少不了会遇见这种情景：有些技术、设备、材料和工艺是我国工程技术同行不熟悉或者是该项目参与者和翻译者事先完全不知道的(本书作者就曾经独立去某国海关仓库提取道路填缝剂，因事先完全不知道该物品是什么模样，以至于提取了卡车窗玻璃后也不知道自己搞错了)。面对来自陌生环境的技术成果信息，翻译者一方面应借助工程技术专业人员的知识和经验(他人抽象思维和形象思维的成果)，另一方面应充分利用自己的知识和经验储备，进行抽象思维和形象思维活动，在此基础上力争产生灵感思维的火花(参阅12.5节"工程技术翻译者的灵感思维场")。

13.2 工程技术翻译的工程性特征

根据本书1.1节对工程的定义:"在世界范围内,工程首先是指在生产、制造等工业技术部门的大型而复杂的工作,其次是指某些需要投入巨大人力、物力的工作。"因此,引进(输出)工程技术项目就是一项大型、复杂、系统的特殊工作。因工程技术翻译是引进(输出)工程技术项目的一部分,故两者在抽象特征上存在部分相似之处。本书5.5节和5.6节曾介绍过工程哲学和ISO9000系列质量管理体系,尤其重点介绍了该体系中的主要原则,这些都是对所有工程技术项目的经验总结与理论概述。工程技术翻译也在一定程度上体现出这些理论所涵盖的部分特征。

13.2.1 全员性

全员性在工程技术项目里的含义为:从最高领导者到每一个普通员工都应参与到该项目的具体任务中来。在工程技术翻译过程中,全员性则表现为一个工程技术项目里的全体员工都可能有机会参与翻译话语的交际活动。不论你是项目经理、总工程师、项目工程师,还是一线工人、实验室实验员、会计师、翻译者,你都可能成为工程技术翻译八个图式里的某一个角色:或是问话者,或是翻译者,或是回答者,或是翻译话语指向行为的完成者。

在口译语境下,例如在图式A(项目考察及预选)中,主要的话语者虽然是进口方经理和出口方经理,但是双方的技术人员可能随时问及(回答)有关的技术细节;当进口方要求参观出口方工厂时,问话者可能是进口方技术代表,而回答者却可能是出口方的普通工人。又如在笔译语境下,翻译者把译出来的工程技术文件送交工程师阅读并实施,当技术人员不理解某些句子时就会提问,而回答者可能是翻译者自己,也可能是外方的技术人员。

这种全员性在图式D(项目实施——建设、修改设计、安装、试车或试运营、结算)和图式E(工地会议)里表现得最为典型。在工地会议上,不仅主持人(通常是项目经理和主监)能够发言,其他各位工程师也都可以参与发言或回答问题,主持人绝不会限制工程师发言,此刻翻译者就最繁忙。虽然在全员参与的翻译话语交际活动里,翻译者自然成为话语交际的中枢,但其他人也并非处于被动的话语地位。在一个项目里,人人处于积极的话语地位,人人拥有话语权力和机会。

这种全员性在其他行业的翻译话语交际活动中是少见的。试想一下:一个文学翻译者能够组织翻译作品原作者和潜在读者(成千上万)在该作品尚未完成或正在翻译之际面对面讨论该作品的内容及翻译质量吗?不能。一个国际导游或许可以在旅游景点为众多客人翻译(有时自问自答),但会组织游客和当地人共同讨论旅游话题吗?也不太可能。一个政府外交会谈的翻译者能够听到任何在场人员充分发言吗?显然也不可能。大体上说,只有在工程技术翻译活动中,任何参与者既可以是提问者,也可以是回答者,而且可以充分发表意见,而翻译者当然是最活跃的话语交际者和联络者(参阅 10.5 节"工程技术翻译者的身份")。

13.2.2 全过程性

工程技术翻译的全过程性,指翻译工作涉及一个引进(输出)项目的所有细分过程,因此领导者、技术人员和翻译者应积极参加与自己职责相关的每一个过程,并圆满完成任务。工程技术翻译与引进(输出)工程技术项目常常是同步发生的,包括一个引进(输出)工程技术项目从启动立项到最后结清所涉及的全部翻译活动。这些活动在本书归纳为八个翻译图式(参阅 6.3 节),其中不仅包括了项目引进(输出)前期开始的技术(商务)咨询考察、项目预选、合同谈判、发货及收货等一般商务过程,也包括了项目实施(新建工程或设备安装、试车或试运营、结算)、工地会议等中期发生的工程技术性过程,还包括了合同签约、理赔索赔、竣工验收、项目终结等后期的工程法律性事务。

工程技术翻译的全过程性在不同的项目、不同的国家和地区会产生不同程度的变异。这种变异程度取决于引进(输出)项目所在国家或地区的技术水平、管理水平以及掌握外语(尤其是英语)的翻译人员数量。譬如,当一个项目来自世界 500 强的著名企业或著名品牌,或者当一个项目是与先前合作的老客户续签的合同,引进方可能会减少签约前的咨询或考察,即减少了图式 A;又如,当项目输出方与引进方严格按照合同执行且合作项目进展顺利的情况下,就不会出现图式 F(索赔与理赔)的过程;再如,当项目实施现场人员中已经有外语水平较高的专业技术人员(譬如目前我国境外央企投资项目的部分经理及工程师),该翻译图式就可能较少涉及专职翻译者。

相比而言,以往的联络翻译(关注工程技术人员的日常生活及行程接待)、商务翻译(关注合同谈判及签约)、科技翻译(关注技术标准的书面文献)等翻译分支行业仅仅关注了项目引进(输出)的某一方面,而未涉及其他更多的方面,因而缺乏全过程性。工程技术翻译的全过程性涵盖了一个工程技术项目引进(输出)工作的商务、工程技术、法律等所有方面,与该项目同步进行,表现出更高的理论综合性和更强的实践性。

工程商务性过程、工程技术性过程和工程法律性过程均具有自身的特点,工程技术翻译人员应事先结合这些特点制定或准备相应的、符合该过程(图式)的翻译方法。从学科建设角度看,这启示我们每一个翻译过程(图式)应该具备相应的翻译原则或标准(参阅第十四章《工程技术翻译的标准体系》)。工程技术翻译的全过程性为制定工程技术翻译的标准提供了事实依据和理论基础。

13.2.3 质量监控性

众所周知,ISO9000 标准系列的目的就是进行质量管理和监控,其要求是通用性的,目前已经适用于几乎所有工程技术行业以及部分经济管理领域(张少玲、李威灵:2009:40)。工程技术翻译是引进(输出)工程技术项目的组成部分,理所当然要接受这个质量管理系统的监督,它能够保证翻译有效地服务该工程项目。

工程技术翻译的质量监控性不仅指向翻译者的认知范畴,而且还指向工程语境(参阅 11.2.5 节和 11.3.5 节有关口译及笔译的监控过程)。它不仅要求翻译者对话语进行认知心理的反省,而且要求翻译者和旁人进行共同参与的、可证实的(听得见、做得出、看得到)、迅速的、公正的系列行为。它完全不同于有些行业翻译里可有可无或徒有虚名的监控过程(例如奈达所说的"读者反应")。

这种反面的例子真实存在。2013 年 12 月 10 日,南非共和国政府邀请世界各国的多位政要与数十万群众在比勒陀利亚集会,举行国父曼德拉的国葬仪式。在如此隆重的场合,为现任总统姆贝基发言担任手语翻译的译员杨基竟然胡乱翻译,有些观众(包括许多电视观众)发现了他的胡乱翻译行为,但当时并没有提出抗议或要求撤换他,而是直到整个国葬结束后才有人向大会组织者反映,但是胡乱翻译的结果已经不可挽回。事后,当地翻译协会将该译员的不当行为解释为精神病突发,且没有给予任何处罚。从运行机制看，这个重大翻译失误就是归因于该会议翻译过程缺乏有效的监控。

无独有偶，2015 年 5 月 12 日，美国漫威超级英雄大片《复仇者联盟 2：奥创纪元》在我国大陆上映，八一电影制片厂某翻译者译制的中文字幕遭网友疯狂吐槽，例如他将重要台词"Even if you get killed, just walk it off!"传译为"有人要杀你，赶紧跑！"（正确翻译是：即使你快死了，也必须紧咬牙关撑下去！）；另一句是钢铁侠在生死关头说的话"We may not make it out of this"，被传译为"我们可以全身而退了"（正确翻译是："我们可能过不了这一关了"）（参阅 2015 年 5 月 13 日《宁波晚报》A20 版）。网友一共找出了至少八处"吐槽点"（翻译错误），但是该电影仍然在全国电影院继续上映，翻译者根本不可能也没有在短期内更正错误。这个例子说明，即使有些行业翻译有人监督，也无法迅速阻止并及时改正错误。

工程技术翻译的质量监控行为或机制，由翻译者本人、客户（听者、读者）、引进（输出）工程技术项目的机器、设备、材料、子项目以及工程最终效益（或产品）共同承担（参阅 11.2.5 节和 11.3.5 节）。也就是说，执行工程技术翻译的监控者既有活生生的人，也有项目涉及的物品，还有子项目和总项目的运行效能。如何理解这一监控情形呢？

第一，工程技术翻译者具有强烈的责任感和自觉性，一般能够对自己的工作进行认真的反省或自查（认知监控）（参阅13.4.2节和13.4.3关于翻译行为及效果的强制性）。

第二，由工程技术人员（翻译客户）来执行翻译工作的监控时（项目员工制造或调试机器设备、使用实验材料等物品），一旦发现翻译出来的语音信息或书面信息与实际工作体验不相符，要马上询问、质问翻译者或要求他（她）重新翻译，直到满意为止。这在文学翻译、旅游翻译甚至一般会议翻译领域都是不大可能的。

第三，当工程技术翻译的其他语境因素（机器、设备、材料、工艺）承担监控功能时，如果因使用了翻译者提供的错误的语音信息或错误的书面信息致使该设备或物品未能达到技术规范或设计图纸的技术要求，而出现一系列的非正常现象（譬如发出噪声，响起警报，闪烁灯光，出现劣质产品），这就会引起有关人员的警觉。

第四，由于使用了翻译者提供的错误的语音信息或错误的书面信息，项目员工去进行某个子项目完成后的试车或试运营时，该项目整体技术性能不能达到设计或规范要求（譬如：玻璃工业项目出现过多易碎品，阀门工业项目出现漏气漏水，机床工业项目出现切削加工精度达不到设计要求，化工项目出现产品化学成分含量不足，土木建筑工程项目出现混凝土砂浆配合比不合理而引起抗压强度不足），现场操作人员有权对此进行监督、质疑、阻止，并要求翻译者修正翻译内容。

至于某个因翻译者严重失误而造成工程技术项目重大损失的案例，涉及合同正文条款翻译，其主要原因是客户单位没有聘请合格的翻译者（即客户监控失误）；且翻译者的错误隐患没有在合同项目实施初期（图式B）被发现，而是进行到中期（图式D）才暴露；等到客户察觉，为时已晚。这个案例启示我们：工程技术翻译的监控机制应全过程实施、全员实施，对待合同等重要文件更应该加强监控，并尽可能提早发现和修正错误。

13.2.4 客户需求至上性

ISO9000质量管理标准体系的第一条原则就是“以顾客为关注焦点”（参阅5.6节“ISO9000质量管理体系”）。在工程技术翻译语境下的客户，尽管名义上可能是某个具体公司法人或个人，但本质上是代表该公司承担工程技术项目。公司或个人对翻译的需要就是工程技术项目对翻译的需求——准确及时传译文件和信息，参与（随项目经理、工程师及工人）确保引进（输出）工程技术项目取得预期的成效，故翻译者必须把满足这个特定客户的需求作为自己的工作重心。

诚然，作为特殊的服务者，工程技术翻译者的具体作用和价值不同于工程师和经理，但是在对待产品（或工程技术翻译）或客户的理念上应该与他们是一致的。在此语境下，客户需求至上性要求翻译者做到以下几点：

(1) 按时完成各级客户（参阅6.2.5节“工程技术翻译的客户”）提交的或指定的书面文件的翻译。这些书面翻译文件少则几百页，多则几十吨至几百吨，翻译文字数量几十万字至数亿不等，往往需要几个月至几年不等。有些文件应在项目实施之前完成，有些文件则可以在项目实施期间完成。在计算机网络发达的时代，翻译者可能还需负责该项目传阅文件的网络建设和运营。译入语文字符合该语种的规范，并达到适合该语种普通人员（具有中等教育程度者）或技术员工阅读的水平。翻译文件的质量好坏，表面上是取决于某位工程师或经理或员工是否满意，而实质上是取决于是否符合工程合同技术规范及其产品的最终效果。

(2) 及时完成客户在工程技术项目内各种图式或语境下的口语传译任务，译入语的词句基本符合该语种的习惯并适合不同的客户理解和接受。口译的最终效果应与书面文件翻译的效果一致,以满足工程项目正常实施为目的。

(3) 如发现原文文件或原语话语中有明显疏漏、疑问或错误,翻译者应及时提醒翻译客户或受让方,并作出必要修正。

(4) 在完成口语翻译时,翻译者除了正确传译原文信息之外,还应该营造与当时语境相协调的气氛,促进话语各方的顺利交流;对于口语原语中可能出现的不友好、不协调的话语(这种情况在图式 B、图式 D、图式 E、图式 F、图式 G 中时常出现),翻译者有义务询问情况,或作出必要的灵活传译,以有利于客户各方顺利交流(参阅第十章《工程技术项目的翻译者》)。

13.3 工程技术翻译的精确性特征

工程技术翻译的目标是服务于这样一个任务:将引进(输出)的工程技术项目涉及的工艺技术、机器设备、材料物资以及终端产品以完整、精确、等效的方式在另一个国家的工地重新建设、安装和运行。这一任务是通过具有法律约束性的工程技术项目合同来保证的,因而实现这一目标的过程要求工程技术翻译服务也应具有完整、精确、等效的特征。可以想象,一个拥有高技术含量、投资金额巨大的工程技术项目经过翻译者的传译服务后居然不能完整、精确、等效地复制到引进国的车间或工地,那该是一种什么后果!如果出现这种后果,引进国方面和输出国方面都将会付出巨额的经济损失、声誉损失甚至政治代价,翻译者个人也要承担相应责任。这是合同任何一方都不愿看到的。

13.3.1 工程技术翻译的精确性

“精确”是什么意思?根据《现代汉语词典》(第五版),“精确”就是“非常准确”“非常正确”。工程技术行业(包括工艺流程、机器设备、材料及实验、产品及性能)一般使用“精确度”或“精度”一词来规定各类技术指标。再者,工业技术的精度是一个可分为若干级别的度量衡体系,例如铁路轨道的横向连接误差不得超过 2 毫米,某种轴承内径的误差不得超过 2 丝米,有的航天仪器的制造精度控制在几个微米以内,而有些电子元器件甚至以纳米为单位。我们不妨借鉴“精确度”概念来讨论工程技术翻译的准确程度特征，取代“忠实度”这一带有人文味道的传统措辞，这既可以表明与其服务对象的密切联系，也符合工程技术领域的习惯称呼。

人类能否精确地进行翻译？换言之，翻译是否存在不可译性与可译性（即能否精确翻译）？在这个命题上，工程技术翻译者（包括工程技术员工）与某些语言哲学家和文学社科翻译家之间存在严重分歧。一方面，某些语言哲学家和文学翻译理论家（可以称为“学院派”）都大谈翻译的“相似性”或“近似性”，甚至大谈“叛逆性”（谢天振，1999），但几乎从不提“忠实性”或“准确性”或“精确性”；另一方面，全球范围内数以万计的工程技术翻译者及工程技术人员（可以称为“实践派”）几乎每时每刻在使用“准确性”或“精确性”描述他们的工作。这一观点还可以参阅夏太寿主编、尹承东作序的《中国翻译产业走出去——翻译产业学术论文集》（夏太寿，2011）。该书是目前极少数由工程技术翻译者撰写的论文集，由中央编译出版社 2011 年出版，内含 67 篇文章，几乎每位作者都谈及“准确翻译”的话题。例如，有的工程技术翻译专家提出，“笔译应该做到 ABCF，即‘精确’（Accuracy）、‘简洁’（Brevity）、‘清晰’（Clarity）、‘灵活’（Flexibility）；而口译则应该考虑三大因素——CSS，即‘正确’（Correctness）、‘通顺’（Smoothness）、‘快速’（Speediness）”（鞠成涛、郭书仁，2011：071）。作为翻译研究者，我们应该如何看待这两类翻译者的观点？

13.3.1.1　工程技术翻译精确性的存在性

以美国哲学家蒯因为代表的学院派主张翻译具有不确定性；换言之，原作是不可完全翻译的。他从亚马孙丛林原始土著人与现代人首次进行交流的极端情形出发，分析了两种陌生语言（词汇）首次翻译时出现的猜测性和模糊性，因而得出翻译具有不确定性（Quine, W. V. O, 1960；转引自李德超，2004）。持类似观点的语言哲学家还有海德格尔（1993：76）、本雅明（2005：6）和德里达（2005：147）。他们得出翻译不确定性这种结论与自然世界存在绝对运动的基本哲学原理是相呼应的，在这个自然哲学命题关照下是正确的。

法国语言哲学家梅洛—庞帝等人的观点略微不同：“译者如果绝对忠实于无遗漏地说出一切的愿望，那么，他就完不成任何东西的翻译。只有当他放弃‘无损失翻译’的幻想时才能完成翻译的任务”（冯文坤，2014：

361)。英国翻译家卡特福德也认为"原文不是完全能译,也不是完全不能译,而是或多或少地可译"(转引自黄忠廉、李亚舒,2004：190)。有的中国翻译家也持与此相近的观点,并提出了"类似"和"胜似"的类型和相似律结构(语里意似、语表形似、语用相似)(同上：190—210)。更多的人也认为"在各个层面(从形式到内容)的'百分之百的'忠实并不存在"(谭载喜;转引自龙明慧,2011：VIII)。

或许某些哲学家和翻译理论家仅仅是从一般哲学原理的宏观角度来看待语言及翻译的本质,他们认为世界上任何事物都在绝对运动,还能有什么是绝对静止或绝对可靠的呢？但是理论家们是否考虑过下列情况呢：假如在引进(输出)工程技术项目翻译里"或多或少地"遗漏了某些内容或错译了某些信息而造成巨额投资的工程技术项目无法达到原设计规范要求,因此出现巨大的经济(及政治)损失,谁来承担这种责任并担责赔偿？假如全部或大部分引进(输出)工程技术项目都出现如此陷阱,世界各国还能生存与发展吗？或许理论家们不屑于讨论这种形而下的问题,他们的兴趣仅仅局限于抽象的哲学以及不会造成直接经济损失和人生安全的文学作品及社会科学著作的翻译,而工程技术项目及翻译还远离他们的生活。

不过,那些"翻译不确定论"者无法圆满解释在世界各国工程技术领域发生的事实：一个耗资数百万、数千万乃至数亿美元引进(输出)的成套工程技术项目或大型设备经过翻译者的传译,能够准确(或精确)、等效地运用在另一个国家。例如,自 1949 年以来我国引进了数以千计的大中型工程技术项目,日本在 1980 年之前也曾大规模引进欧美的工程技术项目,其运行效应基本或完全达到了在原产国时的技术指标,均依据经人翻译的合同条款及技术规范(参阅第二章和第三章有关工程技术翻译历史概述)。相反,由于引进(输出)的工程技术及装备未能达到原设计指标而引发的项目纠纷总体上还是很少发生。据我国商务部网站和其他公开刊物提供的信息,即使在引起纠纷的项目里,其纠纷也极少来源于翻译错误。此外,最新出版的《FIDIC 施工合同条件下的工程索赔与案例启示》一书(陈津生,2016)提供了国际工程领域 14 大类、超过 70 个小类的众多索赔案例,其中没有出现任何因翻译失误而索赔的案例。换言之,绝大部分的工程技术翻译已经达到了完整、精确、等效的品质。

13.3.1.2　工程技术翻译精确性的自然哲学依据

站在数以万计工程技术翻译者及工程技术人员("实践派")的立场,

本书认为，就自然世界的哲学本质而言，物质运动具有绝对性，因而翻译也不可能绝对准确，这固然是正确的。但是我们也应该清醒地认识到：与运动的绝对性同时，自然世界还存在运动的相对性，这是另一种客观规律，也是哲学辩证法的基本原理之一。运动相对性表现在自然世界和人类世界的各个领域，已经成为现代人类认识世界、改造世界的基本共识和思想武器。

在自然世界运动相对性的关照下，客观事物在一定的时间和一定的空间内具有一定的存在形式和规律，表现出自然世界的物质性、实在性和确定性。这一点，法国文学社会学家德里达也是赞同的（Derrida，转引自曹明伦，2007：166）。譬如，自然界由基本粒子组成，而基本粒子微小无踪影，我们看不见；但是在某一个宇宙的瞬间（例如我们的生命周期），基本粒子形成了我们人类这种灵长类，同时也形成了特殊的物质形态，于是我们能够看到和感受到自己的形象，能够看到大千世界纷繁多彩（即基本粒子）的集合。这就是自然世界物质运动相对性的结果，也是工程技术翻译精确性的自然哲学理论基础。

正是在这个意义上，工程技术翻译可能产生出在某些意义上与原文或原语精确或准确相符的译文，其精确性体现为：忠实原文内容（语义）、忠实原文形式、忠实原文感情、忠实原文功能、忠实原文效果等。

13.3.1.3 工程技术翻译精确性的工程哲学依据

21 世纪初在中国和美国几乎同时兴起的工程哲学也能够帮助我们认识精确性翻译（参阅 5.5 节、12.6 节）。与工程技术翻译者面临的难题相似，工程师在从事设计和制造设备及其应用时，一方面追求技术和产品的可靠性（这是客户和社会的普遍要求），另一方面也会产生由于人类认知局限而带来的可错性。那么，工程师在实践中如何解决这一对矛盾呢？幸运的是，工程技术界发明了“允许误差”这个概念或参数（allowances、allowable error、tolerance）——用哲学词汇表述就是容错性。这是设计工程师和生产工程师在研究可靠性和容错性的对立统一关系中提出的一个新概念（殷瑞钰等，2007：112—113）。

在容错性关照下，几乎所有的工程项目设计图纸和技术规范文件都专门标出了“允许误差”这一特殊参数，并且每个工程、每项技术、每项工艺、每台设备、每种产品均有不同的允许误差参数。正是依靠这些参数，各类机器、设备、工艺及产品都可以在一定的允许误差范围内存在或运行。

同样，容错性的哲学思维方式也可以运用于精确性翻译（参阅12.6节"工程技术翻译者思维场的工程效应"）：可以设定以完全传递原文技术语义、格式和风格为最高精度（或绝对精度），以大部分（譬如90%）传译为中等精度，以部分（譬如80%）传递原文的语气风格为最低精度；那么如果翻译成果使用中等精度（90%）能够帮助工程师取得该工程技术装备100%的设计效率时，则该翻译成果就100%满足了该项目的需求。换言之，翻译成果的实际精度可以视为100%。

13.3.1.4 工程技术翻译精确性的认识论依据

从人类认识论观察，虽然蒯因从极端案例分析当两种陌生的语言首次交流时会发生模糊不清的猜测性或假设性翻译（参阅13.3.1.1节），但不能以此延伸到所有人类交际场合。蒯因调查的亚马孙丛林里与世隔绝的原始人类部落的对外交流情形绝不能说明当今世界绝大多数国家的交流情景。

那种极端的调查结果，仅仅单纯强调在"真空"（原始的、与世隔绝的）条件下发生的行为主义语言刺激的原始效果，却完全忽视了人类与生俱来的主观能动性，更忽视了人类在历史长河中获得的认识能力和生存能力（包括各种技能、经验和成果）。而且，可以肯定地说：人类的认识能力还是无限发展的。现代科技和人类社会的发展还不足以旁证吗？人类的这种充满无限潜能的认识能力（包括实践能力）就是工程技术翻译精确性的认识论依据。

在引进（输出）工程技术项目语境下，翻译者的经历与上述过程是相同的。例如，公路工程施工的英文技术规范里有一个术语叫Irish Crossing，我国1980年代第一批跨出国门承担国际劳务工程的工程师和翻译者均不知道该怎么称呼（此刻情形正如蒯因所示）；但他们在实践中与外籍工程师的多次合作交往后，认为那个术语不宜直译为"爱尔兰式穿越工程"，那样既含糊又拗口，最好的说法是"过水路面"。经过更多工程技术人员认可后，该术语在1988年收入《英汉道路工程词典》（人民交通出版社）。又如BOT（build-operate-transfer mode）一词，1978年初首次出现在我国天津市中日合资企业实践中。1978年春，本书作者曾听到一位原国家交通部的资深翻译说起这种方式，但大家都不知道怎么称呼那种企业生产方式，那位老师只是告诉我们："日本人出钱在天津办厂，让他们赚20年，然后交给咱们继续挣钱，大家都划得来。"1984年，土耳其政府总理奥扎尔首次把这种工程经营实践总结为BOT模式；1990年后，我国翻译者在多年中外合资实践的基础上将 BOT 一词确定为“基础设施特许权贸易”或“特许权贸易”。

13.3.1.5 工程技术翻译精确性的工程性依据

工程技术翻译服务引进(输出)工程技术项目,后者的终极目标是生产特定的产品或建设特定的实体构建物(如公路桥梁、房屋场馆、工厂流水线)。这些产品和实体构建物都是经过合同项目条款与技术规范的严格约束并由工程师和工人亲手完成的。因此,工程技术翻译的效果是否达到了精确性,除了经过翻译者自身的元认知系统以及参照翻译行业标准体系的认可外(实践中为自查),还要经过合同条款和技术规范的认可(实践中为对比),要经过工程师和工人的认可(实践中为使用),最终更要经由这些产品(涉及品质与数量)和实体构建物(涉及使用性能或运行效果)的确认(实践中为翻译文件或话语支持该工程取得设计预期成效,即小于允许误差)(参阅 11.2.5/11.3.5 节的“监控机制”,13.2 节“工程技术翻译的工程性特征”)。这一系列的过程就是确认工程技术翻译精确性的依据。

如果翻译者的成果未能通过这一系列程序确认,就不存在精确性;只有通过了这一程序,翻译成果的精确性才能实现。例如,某位英语语言学博士,自以为语言水平及翻译水平不低,某企业慕名请他翻译技术文件;当他的翻译文件送给客户时,对方发现其技术术语明显不符合产品内涵,且其行文措辞更是远离该行业要求;幸而那不是高新技术文件,该公司尚能及时察觉其错误,最后只好请人重新翻译。在公司客户眼里,如此“花拳绣腿”式的翻译成果,无论其文字多么流畅优美,都属于次品,因为没有通过上述确认程序。

综上所述,本节前文提及的自然哲学依据和工程哲学依据为工程技术翻译精确性提供了奠基性的理论价值,而后面提及的认识论依据和工程性依据对工程技术翻译精确性的形成具有更加显著的实践意义,并且后者具有最终的决定性意义。

在自然世界运动相对性、工程哲学容错性的作用下,工程技术翻译的精确性随人类认知能力的增强和工程性确认(监控)程序的延长而随机形成。当翻译话语产生的效果符合项目合同、设计规范、机器设备及工程的正常运行时(在允许误差以内),工程技术翻译的精确性就实现了。当认知能力和工程性确认程序的作用频度越强,翻译精确性的形成时间越短。反之亦然。

13.3.2 精确翻译原文语义

在确定工程技术翻译精确性的理论意义之后，我们再从翻译实践层面考察这种精确性。由中华人民共和国国家质量监督检验检疫总局于2003年颁布的《中华人民共和国国家标准，GB/T19363.1—2003，翻译公司服务规范第1部分：笔译》(2003)对译文质量规定如下：

> 4.4.2.3 译文的完整性和精确度
>
> 译文应完整，其内容和术语应当基本准确。原件的脚注、附件、表格、清单、报表和图表以及相应的文字都应翻译并完整地反映在译文中。不得误译、缺译、漏译、跳译，对经识别翻译准确度把握不大的个别部分应加以注明。顾客特别约定的除外。

在这个笔译标准中，译文质量标准采取的是“相似”论(见原文中“基本准确”)，而在其后2006年由中华人民共和国国家质量监督检验检疫总局和中国国家标准化管理委员会共同颁发的《中华人民共和国国家标准，GB/T19363.2—2006，翻译服务规范　第2部分：口译》(2006)中，对译文质量标准则有重新规定：

> 4.6.1.2 口译过程
>
> 在口译过程中应做到：
>
> —准确地将源语言译成目标语言；
>
> —表达清楚；
>
> —尊重习俗和职业道德。

显然，该2006年颁布的翻译标准文件对2003年颁布的标准进行了改进，由原先的“译文应完整，其内容和术语应当基本准确”更改为“准确地将源语言译成目标语言”。第二，2003年标准文件中有“翻译公司服务规范”词语，而2006年标准中改为“翻译服务规范”，去除了原先的“公司”一词，表明该标准适应任何情况的翻译。这两处改进无疑确认了译文质量应该达到准确性的理论意义。

既然在理论上确定了翻译精确性，那么下一个问题是：如何在实践中获得工程技术翻译的精确性？换言之，工程技术翻译的精确性由什么具体措施来实现？本书的回答是：工程技术翻译的精确性由下列五个原则来确定和实现（参阅 9.6 节“工程技术翻译语句的难度”）：

一、正确翻译原文或原话的词汇、语法。

二、正确翻译原文或原话的认知语义或逻辑语义。

三、正确翻译原文或原话的工程技术语义，即译文语义符合该引进（输出）工程技术项目的使用语境。

四、翻译客户（工程技术专业人员）理解并接受译入语。

五、译入语信息运用于工程技术项目时应符合合同条款及技术规范指向的要求，并协同（其他资源）保证新建项目达到原设计的性能或效率。

这五个原则不仅体现了上述翻译行业规范，而且体现了全员性、全过程性、质量监控性、客户需求至上性的工程哲学思想（参阅 13.2 节“工程技术翻译的工程性特征”）。确定工程技术翻译精确性的五个原则将体现在第十四章的工程技术翻译标准体系中（参阅第十四章《工程技术翻译的标准体系》）。

依据工程技术翻译精确性的五个原则和工程哲学的容错性理念，“精确传译原文语义”就是首先保证原文（话语）语义的准确传译，在某些特定情况下可以暂时不考虑其他因素（如文体因素，包括词句冗长繁复、修辞不佳或者语句不通顺）（参阅第十四章《工程技术翻译的标准体系》），适当地翻译非语言信息（如表格、图示、排版格式、姿势、眼神等），最终保证工程项目的顺利运行或运营。请看下面一段 2008 年浙江省某造船厂与美国某公司签订的工程技术项目合同的翻译：

原文：

1. PROVISION OF AMERICAN BUREAU OF SHIPBUILDING (ABS) SERVICES

Upon Client's request, ABS shall review plans and calculations, perform surveys, witness testing and issue reports as required for classification under ABS Rules. Client is familiar with and is referred to the ABS Rules for survey contents. The vessel shall be reviewed for compliance with the ABS Rules in effect on the date of the construction contract between the Client and the prospective vessel owner unless Client requests the application of a later edition of the Rules, or ABS requires earlier implementation of a specific Rule change. All services covered by this Agreement are indicated on pages

9 through 15.

译文 1:

1. 美国船舶局的服务

按客户请求,美国船舶局要审查图纸和计算,开展测量,证实测验,发布根据美国船舶局规定下的分类报告。客户了解和参看美国船舶局的测量内容。船舶应该根据美国船舶局的有效规定开展审查,在客户与将来船东之间的建设合同到期日,如果客户不请求最近的规定版本,或美国船舶局不要求更早执行某一项具体的规则变化。

评论:译文1的语句读起来不是很专业,也不是很通顺(如后面的条件状语从句翻译),这显然是翻译新手之作,并且AMERICAN BUREAU OF SHIPBUILDING (ABS)翻译得不地道,内行的表达方式是"美国船级社"。但是不可否认,译文 1 已经传译了该条款的绝大部分语义(信息),并且是核心信息,最后那句话算作辅助信息没有翻译出来。对于译入语一般水平者或工人(中学毕业生)来说,完全能够领会其中大部分意思,并基本能够用其指导实践工作;但法律条款语气不明显,某些重要概念不清晰,口语化暴露了不严谨的态度,少数辅助信息没有翻译造成一定信息损失,且一线工程师觉得专业性不明显。根据以上精确性确定的五个参数,其精确性(度)可以认定为良好(80%以上)。

译文 2:

第一条　美国船级社服务项目条款

根据客户要求,美国船级社应进行审查图纸及计算结果,实地测量船舶,见证测试,并提交依据美国船级社规定的入级报告。客户应熟知并参照美国船级社的测量工作规定。在客户与未来船东的造船合同到期日,应按照美国船级社目前有效的规定审验船舶,除非客户请求使用最近的规定版本,或美国船级社要求尽早执行某一项具体的规则变更。本协议所涵盖的全部服务项目详见本协议第 9 页至第 15 页。

评论:译文 2 读起来严谨、通顺,概念清晰(如"美国船级社""实地测量船舶"),词语显得专业地道("入级报告""参照"),靠后的条件状语从句("除非……")也翻译得体通顺,而且最后的一个短句也完整地翻译出来;标题格式位于左面,符合一般合同协议条款的书写方式;语言也更显得简练,不仅正确传递了语义,而且其措辞专业地道,体现了合同条款的法律性;该译文在实践中得到工程师的认可,并有效指导了船舶检验工作。参阅上述五个原则,这个翻译语篇的精确性可以视为100%。

本书提出的决定工程技术翻译精确性的五个原则,不仅能够在理论上支持和充实翻译精确性的依据(参阅13.3.1节"工程技术翻译的精确性"),而且在实践中具有可操作性和可甄别性,能够有效指导翻译实践。

13.3.3 完整翻译语篇(语段)

提出这个议题,似乎让人感觉是多此一举,其实是提醒翻译者:在翻译工程技术文件和话语时,其指导原则或方法论不同于其他语体(譬如小说、诗歌、公司简介、庆祝会致辞)的翻译(参阅第十四章"标准"),因为在其他语体翻译中,时常发生随意省略词语、颠倒语序等"五失本"现象(曹明伦,2006)。工程技术翻译的文件及话语,常常包含了严谨的科学性、技术性、时间性和空间性,缺少其中一项就可能引起严重的后果。这不是饭后茶余时品尝小说诗歌所能相比的。

根据本书第六章提出的八个翻译图式,以图式B(项目合同谈判及签约)的笔译语境为例,项目合同谈判及签约的成果就是项目合同文件,而这个语篇的内容和形式与一般文学作品和社会科学著作差别很大,不仅包含具有法律性质的合同正文条款,还包含具有工程技术性质的技术规范(常常附有某些国际技术组织的标准)、工程图纸、工程数量计算表以及其他多种子文件。要把这些文件全部翻译为译入语,工作量就会十分繁重。从微观角度分析,一个合同里最繁杂冗长的部分是工程项目的技术规范,动辄几百页或成千上万页,其中也会出现一定程度的重复,有些内容对于外行人或不懂业务的翻译人员可能无关紧要,或许以为可以随意删减,但对于工程技术专业人员来说可能就是密切相关、不可或缺。譬如大型设备上的一个螺丝钉,拧多少圈,拧到什么程度,对于外行人也许无所谓,而对于专业技术人员和机器设备则并非小事。所以,完整传译语篇或语段在工程技术翻译中是非常重要的。

社会科学及文学类翻译,因为与经济价值、法律责任、人生健康等联系不像工程技术及自然科学那样紧密,所以比较适应"五失本"原则。众所周知,民国初年林纾翻译的许多欧洲小说就存在大量删节。无独有偶,德国汉学家库恩中译德的中国文学名著《红楼梦》仅翻译了原作120回中的40回，而且把很多《红楼梦》里面的事情欧洲化了。美国汉学家亚瑟·威利中英译的《西游记》以及据此翻译的第一个德译本也仅有原作的1/6；即使1962年赫茨菲尔德的德文全译本《西游记》也没有翻译出原作的文言诗词(龙健，2017)。但是"五失本"这个曾经指导古代佛经翻译和文学翻译的原则不能适应现代工程技术翻译的需要。为了更形象了解完整传译图式的特征，试比较下面两个原文文本及译文：

原文1：《圣经·雅歌》(Song of Songs)第一章

1.1　The song of songs, which is Solomon's.

所罗门的歌，是歌中的雅歌。

1.2　Let him kiss me with the kisses of his mouth: for thy love is better than wine.

愿他用口与我亲嘴。因你的爱情比酒更美。

1.3　Because of the savour of thy good ointments thy name is as ointment poured forth, therefore do the virgins love thee.

你的膏油馨香。你的名如同倒出来的香膏，所以众童女都爱你。

1.4　Draw me, we will run after thee: the king hath brought me into his chambers: we will be glad and rejoice in thee, we will remember thy love more than wine: the upright love thee.

愿你吸引我，我们就快跑跟随你。王带我进了内室，我们必因你欢喜快乐。我们要称赞你的爱情，胜似称赞美酒。他们爱你是理所当然的。

1.5　I am black, but comely, O ye daughters of Jerusalem, as the tents of Kedar, as the curtains of Solomon.

耶路撒冷的众女子阿，我虽然黑，却是秀美，如同基达的帐篷，好像所罗门的幔子。

1.6　Look not upon me, because I am black, because the sun hath looked upon me: my mother's children were angry with me; they made me the keeper of the vineyards; but mine own vineyard have I not kept.

不要因日头把我晒黑了，就轻看我。我同母的弟兄向我发怒，他们使我看守葡萄园，我自己的葡萄园却没有看守。

1.7　Tell me, O thou whom my soul loveth, where thou feedest, where thou makest thy flock to rest at noon: for why should I be as one that turneth aside by the flocks of thy companions?

我心所爱的阿，求你告诉我，你在何处牧羊，晌午在何处使羊歇卧。我何必在你同伴的羊群旁边，好像蒙着脸的人呢。

1.8 If thou know not, O thou fairest among women, go thy way forth by the footsteps of the flock, and feed thy kids beside the shepherds' tents.

你这女子中极美丽的，你若不知道，只管跟随羊群的脚踪去，把你的山羊羔牧放在牧人帐篷的旁边。

1.9 I have compared thee, O my love, to a company of horses in Pharaoh's chariots.

我的佳偶，我将你比法老车上套的骏马。

1.10 Thy cheeks are comely with rows of jewels, thy neck with chains of gold.

你的两腮因发辫而秀美，你的颈项因珠串而华丽。

1.11 We will make thee borders of gold with studs of silver.

我们要为你编上金辫，镶上银钉。

1.12 While the king sitteth at his table, my spikenard sendeth forth the smell thereof.

王正坐席的时候，我的哪哒香膏发出香味。

1.13 A bundle of myrrh is my well-beloved unto me; he shall lie all night betwixt my breasts.

我以我的良人为一袋没药，常在我怀中。

1.14 My beloved is unto me as a cluster of camphire in the vineyards of Engedi.

我以我的良人为一棵凤仙花，在隐基底葡萄园中。

1.15 Behold, thou art fair, my love. Behold, thou art fair, my love; behold, thou art fair; thou hast doves' eyes.

我的佳偶，你甚美丽，你甚美丽，你的眼好像鸽子眼。

1.16 Behold, thou art fair, my beloved, yea, pleasant: also our bed is green.

我的良人哪，你甚美丽可爱，我们以青草为床榻。

1.17 The beams of our house are cedar, and our rafters of fir.

以香柏树为房屋的栋梁，以松树为椽子。

评论：《圣经·雅歌》(Song of Songs)第一章共有 17 节，其中第

15节中的“Behold, thou art fair”出现了三次,同节里的“my love”出现了两次,而和合本仅分别翻译出了两次(“你甚美丽,你甚美丽”)和一次(“我的佳偶”)。这一情形在圣经翻译中有许多,类似于中国古代翻译佛经时组织者道安在“五失本”里提及的“裁斥”现象。至于是否保留原文重复,保留多少,全凭翻译者一人做主。另外,原文文本共有17节,可以完全翻译出来;即使有所删节,译入语相比原语少一句或几句,甚至颠倒若干语句,译入语读者也无法知道原文究竟是怎么样,且基本上不会影响阅读效果。总之,翻译文学类和社科类作品,即使文本翻译不完整,但只要译入语没有明显的逻辑衔接错误,一般来说,读者不会产生明显的阅读困难及不良社会影响,也不会投诉或起诉翻译者。这方面有一个特例：郭沫若在20世纪20年代翻译了波斯古代著名诗人奥马尔·哈亚姆的《鲁拜集》,1958年人民文学出版社出版后,同是翻译家的屠岸发现其中某些地方有“硬伤”,属于误译,便给郭去信商榷;之后一次屠岸与郭沫若相遇,又当面提出质疑,最后郭给出版社编辑部写信说:“我承认屠岸同志的英文程度比我高……”(参阅《传记文学》杂志2018(2)期034页)。即便如此,翻译者和编辑部实际上也没有改正错误,一般读者也不知道,也没有明显的不良影响。

原文2：某机电设备电路接线规范(部分)

IV. WIRING

WARNING! Read Safety Warning on page 2 before attempting to use this control. Wire control in accordance with the National Electric Code requirements and other codes that apply. Be sure to fuse each conductor which is not at ground potential. Failure to follow the Safety Warning instructions may result in electric shock, fire or explosion. Do not fuse neutral or grounded conductors. Note: See sec. V, p.10 Fusing. A separate AC line switch, or contactor, must be wired as a disconnect switch, so that the contacts open each ungrounded conductor. (See fig. 4, p. 10 for AC Line and Armature connection) Note: Do not bundle AC or motor leads with logic leads or erratic operation may occur.

1. Twist logic wires (speed adjustment potentiometer or voltage signal input wires) to avoid picking up electrical noise. If wires are longer than 18”, use shielded cable.

2. You may have to earth ground the shielded cable. If noise is coming from devices other than the drive, ground the shield at the drive end (ground screw in enclosure). If noise is generated by a device on the drive, ground the shield at the end away from the drive. Do not ground both ends of the shield.

3. Do not bundle logic wires with power carrying lines or sources of electrical noise. Never run speed adjustment potentiometer or voltage signal input wires in the same conduit as motor or AC line voltage wires.

4. Connect earth ground to the earth ground screw provided in the enclosure. (See fig. 1B for ground screw location) A plug is provided if only one knockout is required. Be sure to use suitable connectors and wiring that are appropriate for the application.

A. AC Line — Connect AC line to terminals L1 and L2. (Be sure the control model and rating matches the AC line input voltage. See table 1, p.3.)

B. Motor Armature — Connect motor armature to terminals A1 (+) and A2 (−). (See table 1, p.3). Warning! Do not wire switches or relays in series with the armature. Armature switching can cause catastrophic failure of motor and/or control. Do not bundle AC line and motor wires with other wires (e.g.: potentiometer, analog input, Run, Jog, Stop, etc.) since erratic operation may occur. Do not use this control on shunt wound motors.

C. Ground — Be sure to ground (earth) the control by connecting a ground wire to the Green Grond Screw located to the right of the terminal block. Do not connect ground wire to any other terminals on control.

D. Main potentiometer — The control is supplied with the main potentiometer prewired. However, the control can also be operated from a remote potentiometer, or from an isolated analog voltage for voltage following. To operate from an external source removes white, orange and violet potentiometer leads from terminals P1, P2 and P3. The lead may be taped and left in the control. The potentiometer itself may be removed, if a seal is used to cover the hole in the front cover. Note: Use shielded cable on all connections to P1, P2 and P3 over 12″ (30 cm) in length. Do not ground shield.

1) Remote Potentiometer. Connect remote potentiometer wires to terminals P1, P2 and P3, so that the "high" side of the potentiometer connects to P3, the "wiper" to P2 and the "low" side to P1. (See fig.5)

2) Analog Input. An isolated 0 - 10VDC analog voltage can also be used to drive the control. Note: If an isolated signal voltage is not available, an optional signal isolator (Camco P/N 99A61455000000) should be used. Connect the isolated input voltage to terminal P2 (positive) and P1 (negative). (See fig. 6.) Adjust the MIN trimpot clockwise to achieve a 0+ output voltage.

评论：原文2的内容逻辑顺序呈现多重化，标题分为三级(第一级为单阿拉伯数字，第二级为大写英文字母，第三级为带括号阿拉伯数字)，另配图示(因篇幅太大，本书没有转录)。其实我们不翻译出这个文本，读者也能够根据科学常识判断：电路安装程序不可缺少，也不能颠倒或错乱；假如缺少或颠倒或弄错了接线安装程序，工作现场就可能出现安全事故或设备无法正常运转。相比而言，在翻译原文1《圣经・雅歌》时，段落之间颠倒或调换，甚至删节部分内容，一般读者也不知不觉就接受了，不会明显影响阅读效果，更不会影响人身安全或产生经济损失。对这两个文本及译文的比较进一步表明，工程技术翻译的语篇或文本不能随意删节，也不能随意颠倒或混淆。

13.3.4 贴切翻译语篇(语段)风格

工程技术翻译者应贴切翻译特定的语篇或话语。此处的贴切，是指结合图式、语境或实践的需要。这一点与文学类翻译有显著的区别。文学翻译以传译情感为主，其原文风格自然也是情感的一种表达形式，如人物对话方式、情景描写方式、诗歌韵律格式等，因而必须尽量传译。工程技术翻译是以传译客观信息为目标的语篇(语段)，其语言信息较少与形式或风格联系在一起，而与感情则几乎没有联系，因而翻译者适宜结合实践需要传译。

不过，工程技术翻译的语境比文学翻译和社会科学著作翻译的语境更多样化，不像后者基本上局限在文本形式里。工程技术翻译既涉及笔译，也涉及口译，而且两种语境的时间比重在总工作量中大体相当。因此，我们要区别使用笔译语境下和口译语境下的语篇（语段）风格传译方式（参阅 10.4 节“工程技术翻译者的风格”）。

在工程技术笔译语境下，译文主要提供给专业技术人员（一般为项目工程师以上者）阅读和使用，这些人员通常接受过高等教育，其技术水平、思维能力和语言水平较高。除了便于专业人员阅读使用外，这种正式的译入语文本还有为各种目的提供指南的功能。所以进行笔译适宜贴近原文风格，传译出正式、庄重、规范的语言特点。

在工程技术口译语境下，译入语主要为中下级专业技术人员和一线普通员工服务。由于口译服务多数时候发生在项目经理部临时会议室、施工车间或野外工地，工作环境不像宾馆和正式的谈判大厅那样舒适、安静、整洁，加之普通员工的语言水平不是太高，所以进行工程技术口译适宜贴近口译客户的接受能力和听说习惯，在精确传译原文语义的前提下，力求使口译信息通顺明白、通俗易懂，并根据口译现场情景需要适当调节气氛（如愉快、诙谐、冷静），有效促成话语各方的信息交流。

下面以 13.3.3 节部分规范文本（IV. WIRING）为例，说明贴切传译语篇（语段）风格。

原文文本：

D. Main potentiometer — The control is supplied with the main potentiometer prewired. However, the control can also be operated from a remote potentiometer, or from an isolated analog voltage for voltage following. To operate from an external source removes white, orange and violet potentiometer leads from terminals P1, P2 and P3. The lead may be taped and left in the control. The potentiometer itself may be removed, if a seal is used to cover the hole in the front cover. Note: Use shielded cable on all connections to P1, P2 and P3 over 12″ (30 cm) in length. Do not ground shield.

1) Remote Potentiometer. Connect remote potentiometer wires to terminals P1, P2 and P3, so that the “high” side of the potentiometer connects to P3, the “wiper” to P2 and the “low” side to P1. (See fig.5)

2) Analog Input. An isolated 0 – 10VDC analog voltage can also be

used to drive the control. Note: If an isolated signal voltage is not available, an optional signal isolator (Camco P/N 99A61455000000) should be used. Connect the isolated input voltage to terminal P2 (positive) and P1 (negative). (See fig. 6) Adjust the MIN trimpot clockwise to achieve a 0+ output voltage.

笔译文本：

四、主电位计：控制器配有已接通的主电位计，但该控制器也可通过遥控电位计操作，或通过隔离的模拟电压测量后续电压。外部操作能够将白色、橘红色和紫色的电位计导线与终端P1、P2和P3分离。导线包裹绝缘布后保留在该控制器内。如用封条盖住前盖上的洞，主电位计也可移开。注意：应在12英寸(30厘米)长度上的P1、P2和P3三个终端使用装入所有接线的屏蔽电缆。不应采取接地屏蔽。

（一）遥控电位计：将遥控电位计电线接入终端P1、P2和P3，便于该电位计的"高端"接入P3，其"游标"接入P2，其"低端"接入P3。(见图5)

（二）模拟输入：可用隔离的0—10VDC模拟电压驱动控制器。注意：如没有隔离信号电压，应使用选择性信号隔离器(Camco P/N 99A61455000000)。将隔离输入电压接入P2(正极)和P1(负极)(见图6)。顺时针调整最小配平电位计以取得0+输出电压。

口译文本：

规范第四条是关于主电位计的。控制器配备了事先接通的主电位计，但这个控制器也可以使用遥控电位计来操作，或者通过隔离的模拟电压来测量后续电压。从外部操作能够把白色、橘红色和紫色的电位计导线和三个端点P1、P2和P3分开。用绝缘布包好导线后，导线就可以保留在控制器里面。如果用封条封死前盖上那个小洞，主电位计本身也可以挪开。不过请注意：在12英寸长、也就是30厘米的长度上那三个端点P1、P2和P3，要用屏蔽电缆装好所有接线。不要采取接地屏蔽的方法。

另外还有两条注意事项：一是把遥控电位计的电线接到三个端口P1、P2和P3，这样电位计的"高端"就接到了P3，"游标"接到P2，"低端"也接到P3。可以参考五号示意图。二是模拟输入，可以用隔离的0到10VDC模拟电压来驱动控制器。请注意：如果不出现隔离信号电压，就使用选择性的信号隔离器，型号是Camco P斜杠N 99A61455，后面六个

0。要把隔离输入电压接到 P2 和 P1,P2 是正极,P1 是负极,可以参考六号示意图。最后要顺时针调整最小配平电位计,这样就可以显示 0+ 输出电压。

评论：对比以上两个译文文本,可以发现：笔译文本从格式、标点、措辞、语气等各方面都与原文文本贴切,语言正式,用词简练,透出技术规范的庄重严谨风格;而口译文本除了保留原文文本三个段落的大致形式外,所用词语明显增加,标点符号(特别是后面二小段)已经改为口语化的"一是……,二是……";为了提醒口译客户注意,口译者还增加了"另外还有两条注意事项"这一原文中没有的措辞;多处的情态词使用"可以、应该、如果"等口语化的措辞,而不是"可、应、如"等书面化措辞。在传译"an optional signal isolator (Camco P/N 99A61455000000)"时,没有采用笔译文本的"选择性信号隔离器(Camco P/N 99A61455000000)",而是采用了非常口语化的"选择性的信号隔离器,型号是 Camco P 斜杠 N 99A61455,后面六个 0",尤其是"斜杠"和"后面六个 0"这一通俗而又明白的表达方法,能够让听者准确及时地领会并记住该设备的型号。

13.4　工程技术翻译的强制性特征

工程技术翻译因其服务对象——工程技术项目——涉及巨额投资,具有广泛的社会和政治影响(如中国中铁集团 2015 年修建完工的埃塞俄比亚首都亚的斯亚贝巴至吉布提共和国的非洲第一条高速铁路,对整个非洲及第三世界都具有很大的政治影响和经济示范效应),所以必须保证翻译服务质量,因而也具有与工程技术项目合同相似的强制性特征。本书讨论的工程技术翻译的强制性涉及三个方面：翻译行为的强制性;翻译岗位的强制性;翻译效果的强制性。

13.4.1　翻译行为的强制性

翻译行为的强制性特征来源于项目合同的法律强制性和翻译者与雇主间聘任合同的法律强制性。其强制性表现为翻译者在合同聘期内或法定工作时间内必须承担一定的翻译任务。这种强制性实际上涉及两个问题：(1) 翻译者应该出工而是否出工了？(2) 翻译者应该出力而是否出力了？这两个问题对于有些行业翻译也许根本就不存在，但工程技术翻译的强制性，对于任何一个引进(输出)工程技术项目具有至关重要的影响。

翻译行为的强制性发生于这样的情形：任何引进(输出)工程技术项目的负责人在项目启动之前必须要考虑的问题是：翻译人员何时到岗？能够在岗位上工作多长时间？如果没有到岗，那会出现什么后果？在口译语境下其后果最直接、最突出。一个翻译者如果没有按时到岗，他(她)可能影响其他许多岗位或人员的工作。在工程技术翻译实践的某些图式中(如合同谈判、工程项目实施建设、工地会议、索赔理赔、竣工验收)，如果翻译者没有到岗，引进(输出)项目合同各方就可能无法推进，这其中的影响是很大的。许多从事过工程技术翻译的同行对此都有深刻的体验。本书作者曾担任国内某企业与一个巴西商务代表团的谈判翻译，当时巴西方面问是否能够找到巴西葡语的翻译，得知不仅这个城市找不到，且中国内地很多省份也难以找到，对方同意双方先使用英语翻译，然后由他们其中一人再第二次将英语翻译为巴西葡语。这样一来，双方问答一个问题要经过四道工序。事后本书作者曾设想：假如那天自己在宴会期间(实则借此场合开展谈判)被鱼刺卡住喉咙，那会出现什么后果？读者可以自己得出答案。相比而言，有些行业翻译若遇到此类情况，可以拖延、暂停甚至取消活动也不会造成明显的损失。

第二个问题是：虽然翻译者到岗了，但他(她)心不在焉，出工不出力，那又会怎样？这种情况的后果在工程技术项目的笔译工作中表现最突出。笔译工作的特点之一是时间较为充裕，翻译者可以一边查阅词典一边品茶赏花，有些自由职业翻译者的生活方式就是这样。但是在引进(输出)工程技术项目工作中，时间是一种极为有限的资源。任何一个引进(输出)项目都有工期进度表，越大的项目进度表越详细。不仅项目合同总体完成有时间限制，而且每一个子项目或子设备的发货、运输、接收、建设、安装、试车或试运营、结算等工序或图式也都有各自的进度表。例如，当工程项目进展到接收货物工序(图式 C)时，翻译者应及时翻译出下一个建设阶段(图式 D)需要的技术资料，以便专业技术人员事先了解下一阶段工作。假如翻译者未能在事先翻译出相关的技术文件，专业技术人员在建设阶段就无法及时准确地开展工作，由此还会影响后续的其他工序。假如一个工序的任务不能按时完成，这一阶段的工程费用就不能结算，包括工资报酬。就合同整体而言，当整个项目完成时间超出了合同规定期限,合同的一方就必须缴纳违约金(这笔钱一般是签订合同之前就由一方预先交付了),且违约金随违约时间的天数递增(最高可达合同金额的 10%)。据此,合同一方会遭受相当大的经济损失及社会声誉损失。这是任何项目管理者及参与者都不愿看到的。

所以,工程技术翻译行为具有鲜明的强制性——在规定的时间内按照规定的效率完成规定的任务。工程技术翻译行业常常有人说:“我忙得不行,连连熬夜”,“忙着翻译资料,回头检查一遍的时间也没有。”这就是工程技术翻译强制性的表现。

13.4.2 翻译岗位的强制性

翻译岗位的强制性直接来源于翻译者与雇主之间的聘任合同,间接来源于项目合同。从过去几十年的情况观察,引进(输出)工程技术项目的工作都有翻译人员参与,只是有些国家的翻译人员参与工程项目的程度(广度和深度)不及中国翻译人员(参见本书第二章和第三章)。对于一个项目来说,只要有翻译人员出现,不论是由哪方派出的,都应视为该项目拥有的翻译人员。

工程技术翻译岗位的强制性首先体现在:任何一个引进(输出)工程技术项目启动时都要设置翻译人员这一岗位。在中国语境下,2000 年以前几乎所有引进(输出)工程技术项目都需聘用笔译和口译人员,例如上海宝山钢铁集团公司在第一期建设时(1978—1985)曾拥有 800 余名翻译人员,包括 500 多名口译人员和 270 名笔译人员(黄忠廉、李亚舒,2004:124)。2000 年以来,随着中国高等教育(大学外语)水平的提升,少数工程技术人员虽然可以兼任部分口译工作,但一个项目实施仍然需要聘用一定数量的口译和笔译人员。目前活跃在各个大中城市的 15,000 多家翻译公司就是最好的例证(唐宝莲,2011:25)。

2000 年以前,项目的业主单位往往自己单独培养或储备翻译人才,那时许多大中型企业都设置了正式编制的翻译岗位(这与各级政府的外事办公室一样),只是岗位称呼不一,有的称为翻译(及副译审、译审),有的称为科技情报人员,有的称为工程师、研究员等;教师借调为兼职翻译则仍然保留教师系列的岗位职称。2000 年以后,因国家人事体制和经济体制改革的深入,越来越多的企业开始取消专职翻译岗位,转而采用商业合同形式聘用翻译人才。实际上,现在不少大中型企业与某些翻译公司或翻译者保持着经常性业务联系。无论是以前正式编入政府预算的“铁饭碗"翻译人员,还是近年来合同制下的聘用翻译人员,在履行翻译职责时都是受到聘任合同(协议)法律条款明确约束的。换句话说,只要翻译者与某公司形成了合同关系,这种关系就具有约束性,一般境况下翻译者都必须完成翻译任务,否则要承担违约责任。

其次,工程技术翻译岗位的强制性体现在翻译者知识或技能背景的强制性。项目业主会聘用具有一定工程技术专业翻译知识和经验的人才,而不是仅仅懂得普通语言学知识和文学知识的一般性外语人才。当然,这种强制性是随着国家经济贸易活动的发展而出现的。在过去相当长的一个时期内,中国的工程技术翻译是以不具备任何工程技术知识的普通外语人才充当的。虽然他们个人可能已经尽了最大的努力,但这种无可奈何的缺陷也给工程技术项目造成了不小的损失。欧美发达国家也经历过这样的过程,但因其文化和科技相对发达,故而在这方面的损失可能较小(参阅第三章)。随着中国改革开放的深入以及更多人走出国门,中国企业的业主对于翻译人才的要求也在提高。2000年以来,国内出现了翻译资格认证考试,体现了工程技术翻译(也包括其他行业翻译)对于岗位强制性的进一步提高。但是,目前社会上的翻译资格认证范围主要涉及一般性的联络翻译、旅游翻译、会议翻译。对于专业技术性更高的工程技术翻译尚无资格认证。

相比而言,文学翻译和社会科学翻译的岗位就没有这么显著的强制性。首先,这类翻译者一般是业余爱好者,不受其他人或机构约束;第二,虽然翻译者与出版社之间也要签订协议,可以视为具有一定程度的强制性,但是这种合同许多时候约束力并不强(例如中国文学翻译界几乎没有因翻译者临时放弃翻译合同而受到法律追究的案例);另外,常常有翻译者个人完成翻译文本后自主投稿,双方没有存在任何事先的预订或协议。这种情况下,翻译者实际上是自由人,不存在岗位的强制性。

13.4.3 翻译效果的强制性

翻译效果的强制性不仅直接来源于翻译者与雇主间的聘任合同,还来源于翻译这一行业本身的职业规范,也间接来源于工程项目合同。但是翻译效果要达到什么精确度或已经达到什么精确度?几乎任何一个翻译聘任合同都不可能做出详尽的规定。有的翻译行业虽然进行了所谓"对等"效果的研究,但几乎都是虚构性、主观性的假设,极少有实证性的、客观性的、令人信服的事实依据。对于一般会议翻译(尤其是会议口译),

自从2000年以来开展了翻译效果的研究(蔡小红,2002;任文,2012;刘和平,许明,2014),但研究者主要是在构建理论模式和教学研究,提出种种理想要求的居多,进行各类行业翻译的实证性调查研究仍然非常缺乏。

相比之下,工程技术翻译的效果较为直观、明确。依据ISO9000质量管理体系的思想,一个项目内部的每一项工作都必须保证质量,以确保总体目标的实现。工程技术翻译活动作为一个引进(输出)工程技术项目的子项目,直接服务于该项目的实施,其效果必须保证该项目达到原产地或原设计的生产效率,其服务效果(翻译效果)也应该与该项目的引进(输出)效果是一致的。从这个角度说,工程技术翻译的效果也具有强制性。

工程技术翻译的效果体现为直接效果和最终效果(参阅13.3节"工程技术翻译的精确性特征")。

直接效果:工程技术项目翻译涉及的各方人员,经过翻译人员传译口头话语和书面技术文件及资料后,已经对每一个议题或提问感到明白,对涉及的意见、建议、条文、规范、标准、进度、困难以及解决方案等具体内容已经明确,并表明接受或反对的态度。在形式上,工程技术翻译的这种效果表现为精确传译口语信息和书面文件的信息。虽然没有正式出版,但是这些效果可以表现为供内部专业技术人员听取的语音信息和供阅读的文件资料。绝大部分项目指挥部规定这些语音信息和内部文件资料不得外传或泄漏,并要求有关人员和部门长期保管备查。这也是局外人长期不了解工程技术翻译的主要原因之一。

最终效果:工程技术翻译的最终效果是通过翻译文件及话语的意义指向(在多种机制辅助下)保证该项目顺利建成并取得预期成效。从全球范围看,大部分的工程技术翻译服务实际上取得了良好的效果,其佐证便是中国和其他国家成功引进(输出)的工程技术项目在异国工地建设、开工取得与原产地及原设计同样的生产效率。例如我国引进的数以千计的工程技术项目已经胜利建成投产(参阅2.3、2.4、2.5节),而我国输出或跨国承担的铁路、公路、桥梁、房屋、场馆、煤炭、机械、石油、化工、矿山、钢铁以及近年迅速崛起的高铁及核电等诸多项目已经在许多国家顺利建成并运行(参阅2.6节)。国家有关机构和亲身参加过这些项目的翻译者和工程技术员工(即翻译者客户)均可以证实这些效果,尽管在翻译理论刊物上极少披露这样的事实。

根据传播学的效度概念(郭庆光,2012:161),我们用V表示效度。这种翻译效果的强制性与其话语内容和话语者的期待程度也有直接关系。在工程技术行业,受让者或客户对翻译效果的期待程度就是达到或接近100%，这是由引进(输出)工程技术项目的性质所决定的。在其他领域并不是如此。譬如在文学翻译领域，对翻译效果的期待程度据说往往超过100%(基于所谓“叛逆性的文学创造”“翻译要超过原作”等理论)；而在普通会议翻译以及旅游翻译行业，翻译客户(受让者)在许多时候不会对翻译效果有明确的要求，即便翻译效果不佳也不明显影响受让者的期待，所以其翻译效果强制性效度或期待程度经常明显低于100%，例如目前公认的一般会议的同声传译效度在50%—70%之间甚至更低，即是佐证。

13.5 工程技术翻译的复合性特征

讨论工程技术翻译的复合性特征前，让我们回顾一下本书第一章1.2.3节关于工程技术翻译学的定义：“研究引进或输出工程技术项目(包括跨国工程技术项目建设、工业技术交流、技术和工艺引进与输出、成套工业装备及大中型单机设备引进与输出)从启动立项至结清手续全部过程中的一条龙翻译工作的学科。”由此可见，工程技术翻译就是一项涉及面广、需要付出大量精力和时间的翻译工程，我们可以视为一个翻译行为的复合体。它的复合性特征表现在以下四个方面。

13.5.1 语场(过程、语域)的复合性

语场概念是英国语言学家韩礼德(2010)提出的，指话语交际中实际上发生的事情，即包括话语题目、话语者以及其他参与者涉及的全部活动。在这一节，我们重点关注翻译活动或翻译过程与翻译语域。为了便于研究，我们以第六章提出的工程技术翻译的八个图式为出发点。当然，相比翻译者的个人行为，此处的“过程”是宏观的过程，即“广义翻译过程”(桂乾元，2004：23)，或者是“宽泛意义的翻译”过程(王宏，2010)。

13.5.1.1 工程技术翻译过程的复合性

从过程的性质分析，工程技术翻译过程表现出复合性或多样性，包括项目引进(输出)前期开始的技术(商务)咨询考察、合同谈判及签约、发货及收货等商务性的过程，也包括项目实施(新建工程或设备安装、试车或

试运行、结算)、工地会议等中期发生的工业技术性过程,还包括了理赔索赔、竣工验收、项目终结等后期发生的工程法律性过程。这三种不同性质的过程构成了引进(输出)工程技术项目翻译的一部分语场。

从翻译人员参与程度分析,工程技术翻译过程既有连续性,也有间断性。工程技术翻译通常是以一个工程技术项目为工作周期进行的,工程技术项目的业主单位在聘用翻译者时,一般都以该项目的起始日期为一个聘用期,这表现出工程技术翻译者参与过程的连续性。也有一些大型引进(输出)工程技术项目,出于各种原因(如费用成本、出访或接待规定等),采用分阶段(图式)聘用翻译者,例如有人参与了出国考察、合同谈判及签订、发货或收货的翻译,有人参与了工程项目施工现场的翻译(包括工地会议翻译),有人仅仅参与了书面技术文件的翻译,有人则参加了理赔索赔、竣工验收、项目终结的翻译,这显示出工程技术翻译者参与过程的间断性。例如,我国 20 世纪 90 年代之前的大部分引进工程技术项目,在商务(技术)考察阶段及合同谈判签约的商务性过程(包括翻译),主要由国家级或省级大型进出口公司承担,而合同实施等工业技术过程以及索赔理赔、竣工验收、项目终结等工程法律性过程则由各个地方政府(少数为直辖市,多数为省辖地级城市)的相关部门和引进项目的企业承担。2000 年以来,随着改革开放深入,越来越多的企业拥有进出口自主经营权,为了减少用工成本,提高经济效益,更多的企业从项目一开始就聘用翻译,直到该项目完成。另外,在市场经济实现更早的欧美国家和广大的第三世界国家,其翻译参与过程也交替呈现为连续性和间断性。

相比而言,文学及社科著作翻译、政务翻译、普通会议翻译等行业翻译,在翻译过程性质方面呈现为单一性,在翻译人员参与方面表现为一贯的持续性。譬如,当一个人说“在搞文学翻译”时,他(她)暗示自己正在书房里翻译(笔译)某一部文学作品,一般而言会翻译完该作品后即结束;同时,这个过程本身是文学语言的表达转换过程,并不含有商务或法律等其他方面的性质。又如担任会议翻译的人说“我在做会”时,通常暗示自己正在担任某次会议的口译及部分笔译工作,一般都“做完会”才离开,而不会半途走人,而且“做会”的人一般也不存在语言使用以外的其他性质的过程。

13.5.1.2　工程技术翻译语域的复合性

首先,从话语的信息门类分析,工程技术翻译知识语域呈现复合性。工程技术翻译的知识语域划分为科学知识语域、技术知识语域、公关知识语域。这是其他不少行业翻译不曾出现的特点。第二,就科学知识语域而言，一个项目内常常集中了一个以上学科或技术门类的知识信息，主要分布在机械工程、电气工程、冶金工程、矿业工程、土木建筑工程、交通运输工程、化工工程、纺织工程等八个领域。例如，我国出口阿根廷、埃塞俄比亚、沙特阿拉伯和土耳其的高铁工程项目就是机电工程和土木工程的综合项目，至少包括了数学、力学、金属材料学、机械制造学、电学（电工学和电子学）等五个一级学科的知识。又如我国化工纺织领域近 20 年多次从欧美引进的聚酯生产线，属于大型化工纺织工程项目，涉及数学、力学、机械制造、电工电子、无机化工、有机化工（高分子化工）、纺织技术等多个一级学科知识。实际上，许多引进（输出）工程技术项目都包含这样的复合性知识语域。第三，就知识语域的形式而言，一个项目不仅包括了书面的科学技术知识，还包含了许多实践性的技术知识，依靠亲自动手才能掌握。第四，就公关知识语域而言，一个项目既包括了技术行业或人才的公关，也包括了非技术行业或人才的公关；既涉及项目内部合同各方，也涉及项目外部非合同各方。

相比而言，其他翻译行业的项目一般不具有如此丰富的语域信息复合性或多样性。例如，一次会议翻译，其话语内容（连同书面文献）基本上局限于一个学科领域，很少超越该学科。虽然有些社会科学著作的翻译也涉及多学科知识，但实际上浅尝辄止，并非真正要研究或运用那些学科知识。例如，列入我国“大中华文库”的对外翻译出版著作《梦溪笔谈》（*Brush Talks from Dream Brook*）（王宏、赵峥译，2008），被誉为“中国古代科学技术的百科全书”（2012 年又在英国出版），但是就其涉及的学科知识而言，其各个专业领域的知识信息含量很低，仅仅可以视为一般科普读物或科学史读本，与引进（输出）工程技术项目所包含或运用的跨学科深度专业知识相比有天壤之别。

另外，工程技术翻译的方言语域也具有显著的复合性。在宏观语域方面（就所有工程技术项目翻译而言），本书在 8.3 节提出并分析了我国翻译者和工程技术人员已经、正在和将要面临的来自世界各国及各民族的多种英语方言（涵盖语音、语词、语句、语篇），即九个英语方言区，以及各个方言区之间的差异程度（尽管那九个方言区对于某些国家的话语者并不显著）；在微观语域方面（涉及某个具体项目），一个引进（输出）工程技术项目也可能涉及多种语域，因为现代世界和现代科学技术越来越趋于全球一体化，一个项目的人员可能来自世界各地，因而在该项目工地上就可能同时出现许多种英语方言。譬如我国引进项目的工地多半会同时聚集来自不同发达国家的技术人员；而我国输出项目（包括在境外承担的项目)的工地多半会同时聚集来自更多发达国家和发展中国家的技术人员，本书作者 2010 年在埃及共和国苏伊士省经济开发区圣戈班—埃及玻璃厂项目担任技术英翻时就巧遇该项目工地上聚集的来自 15 个国家、操 8 种英语方言(即出自 8 个英语方言区)的众多工程师。

13.5.2 语场(翻译环境)的复合性

语境则有"情景语境、语言语境"之说(胡壮麟,1992),也有"大语境、小语境"之说(裴文,2000)。本节讨论的语境是指每一种说法前面的那个概念。对于书斋里的文学及社会科学著作翻译者,这种语境似乎对翻译行为本身没有多大的影响,但是对于从事引进(输出)工程技术项目的翻译者(也包括会议翻译者),这种大语境(或情景语境)对翻译者心理及翻译行为的产生有着显著的影响。

提及语境的情景,我们会想到工程技术翻译者面临的不同的场景(环境)和各类翻译客户。根据 6.3 节构建的八个翻译图式,工程技术翻译者在参与一个工程项目翻译时面临的情景或者其翻译行为发生的环境可能涉及: (1) 引进(输出)方的工厂办公室、生产车间或工地、仓库、实验室、宾馆及宴会厅;(2) 合同一方所在国的宾馆、谈判大厅、会议厅、宴会厅;(3) 引进方的港口码头及仓库、海关;(4) 合同项目施工所在地的会议室、车间、野外、工地、实验室、餐厅;(5) 施工事故现场(人员伤亡、财产损失)、保险公司或保险公司办公室;(6) 竣工项目工地、引进方工地会议室、上级机关会议室、宴会厅。上述情景除了宾馆、谈判大厅、会议厅、宴会厅外,绝大部分场所都可能出现各种变化的施工情景和自然情景。

为了进一步说明工程技术翻译语境(情景)的复合性,下面将几种行业翻译的语境(情景)作一比较。

五类翻译行业工作语境比较

种类 情景	文学社科	一般会议	政务外事	跨国旅游	工程技术
室内	个人书房	宾馆会议厅、公司会议厅	政府会议厅、宾馆会议厅、宴会厅	博物馆、商店	引进(输出)工厂办公室、车间、仓库、实验室,宾馆、谈判大厅、会议厅、海关、船公司、工地临时会议室、宴会厅、餐厅

（续表）

种类 情景	文学社科	一般会议	政务外事	跨国旅游	工程技术
室外	无	出入口（迎宾、合影）	出入口（机场、车站）	自然景点、人文景点、街景	港口、车间、野外、工地
人员（翻译者除外）	无	参会者、记者侍员（3—500人/场）	政府官员、记者（3—30人/团）	游客（10—50人/团）	2—数百不等
移动物体	无	照相机、摄影机、汽车	照相机、摄影机、汽车	旅游车	多台（套）开动的机器和设备、变化的施工场景及自然场景

可以发现，相比其他行业翻译的环境，工程技术翻译的环境要丰富得多。这种丰富性或称复合性，概括起来就是：既有室内的，也有室外的；既有静态的，也有动态的；既有高级场所，也有普通场所；既有人员活动，也有机器设备运转及变化中的景象。以上构成要素表明：文学社科类翻译的语境是最简单的（或基本的），工程技术翻译的环境是最复杂的（或高级的），而其他几种行业翻译的环境介于这两者之间。

复合性语场（翻译环境）在实践中会显著影响翻译者的视觉、听觉、注意、记忆、情绪、理解等认知状况，进而对翻译行为产生干扰。尽管这种干扰可能对翻译者产生正效应，但产生负效应的概率似乎更多（康志峰，2014：85—92），这无疑增加了翻译者的工作难度。譬如，在口译期间，口译者遇见地位尊贵的话语者、数以百计的听众甚至资深的同行，就可能发生某些微妙的心理应激反应（如紧张、胆怯、亢奋）；而在笔译期间，翻译者为弄清一个陌生的术语或遇到陌生的技术行业文件也可能产生类似焦虑。因此，翻译者充分注意和适当把握复合性语场十分重要。

13.5.3 语旨（话语者关系）的复合性

语旨表示一个语场里参与者之间的关系。如上所述，在各类翻译语场中，语旨最简单明了的当属文学社科著作翻译的语场，当翻译行为发生时仅翻译者一个人在场，其翻译者的委托人和客户（未来的读者）实际上是一种虚拟的参与者，与此刻的翻译行为本身并无直接联系，于是文学社科翻译实际上不存在语旨。再从话语者人数看，工程技术翻译的语旨也较为复杂，或者说具有复合性。

13.5.3.1 翻译者之间的关系

在八个翻译图式下，这种语旨虽然表现于口译和笔译，但在口译中表现更为典型。口译任务多数时候由一人单独执行，但在与某些第三世界国家的跨国交流中因话语者各方的语言跨度太大（如汉语同斯瓦希里语、巴西葡语、波兰语、捷克语、库尔德语、塞尔维亚语、泰米尔语等）或因翻译者知识语域限制等条件，翻译任务便由两个翻译者同时承担。例如，一个巴西代表团来中国考察某工厂，团里只有一人能够说英语，其他人均说巴西葡语；而中国方面仅会说英语，无人会巴西葡语，这时翻译任务只能够通过两个口译者（英语、巴西葡语）配合来完成。

另外，因某些翻译任务较复杂或时间较长，需要两个以上口译者同时在场轮流担任翻译，如我国驻外使领馆官员经常视察境外中资公司项目工地，国内官员也经常视察自己辖区内的引进（输出）项目，而使领馆（或外事办）的翻译人员一般负责普通联络翻译，在需要翻译专业技术问题时，通常由该项目的技术翻译者承担。

再者，在一些技术性较高或利益性较强的引进（输出）工程项目中，合同各方负责人一般倾向于带自己的翻译，当讨论重要问题时由己方的翻译承担口译，这时现场也存在两位以上的翻译。

在上述两位及以上口译者同行在场的情况下，口译者的心理会产生细微的变化：年轻、资历较浅的翻译者害怕资深者挑剔，往往心理紧张，要么听错，要么前言不搭后语，甚至难以继续口译；而资深口译者有时候也担心会在年轻同行面前失手而脸面放不下。所以，许多口译者更乐意独自承担口译任务，但在实践中两位及以上口译者一起工作的情况不可避免。因此，如何协调翻译者同行之间的语旨（关系）对于口译工作是有积极意义的。

不少引进（输出）项目的书面文件数量巨大，多位翻译者经常在一个办公室（或在各自家里）同时翻译一个大型文件，翻译完成后有时候汇总到翻译办公室负责人或翻译项目经理处审查，也常常直接交给工程项目技术人员阅读。这种情况下，翻译者之间表面的紧张情绪有所缓和，但是多位翻译（笔译）者如何协同确定某个疑难术语或疑难语句的准确意义？如何协同特定图式的文体风格？一个翻译者如何接受另一个翻译者同行的意见和建议？通常做法是事前由翻译项目经理统一拟定疑难术语表及明确文体风格，然后交给各位翻译者参照执行。至此，翻译者同行都要参与这种语旨关系的协调。

13.5.3.2 翻译者与客户的关系

工程技术翻译者在引进(输出)工程技术项目中是一个身份特殊的角色,拥有一系列的话语客户群(参阅6.2.5节“工程技术翻译的客户”)。他们与客户的语旨,不是文学社科著作翻译中译者与读者那种虚无缥缈的关系,不是一般会议翻译中口译者与听者的被动关系,也不是跨国旅游翻译中导游与游客那种“大家听我说”的引导关系,而是极为密切的、多元化的互动关系(参阅7.3节“工程技术翻译话语的性质”)。这种关系与翻译效果存在一定的对应效应。如果以翻译效果为参照系(参阅13.4.3节“翻译效果的强制性”),工程技术翻译者与客户的关系可以区分为以下四种情况:

(1) 按客户的人数划分。在口译方面,一般说来,口译者同时面对的话语客户越少(最低为两人),口译者的工作效果越好;口译者同时面对的话语客户越多,口译的效果越差。这是因为在场的客户越少,口译者的心理焦虑程度也越低,口译者更容易集中精力于口译工作。这个效应与上面13.5.3.1节里讨论“翻译者之间的关系”相似。例如,初级口译者在承担项目经理与项目主监两人之间的谈话口译时,其效果明显好于他(她)参与工地会议有众多发言者在场时的口译。一些研究者在研究口译效果时通常只是注意到口译者自身的技巧和记忆力问题(刘和平,2005;张文,2006;张威,2011),忽略了现场话语者的存在这一重要语旨要素而孤立地研究口译效果,那是不全面、不客观的。与口译类似,在笔译方面,一般说来,也是客户越少,翻译者的心理焦虑程度越低;客户越多,翻译者的心理焦虑程度越高。例如,翻译一份施工进度报告仅送给项目经理和总工程师两人阅读,翻译者遇到的质疑会相对较少;如果翻译技术规范文件送给多名工程师和工人阅读,翻译者就会遇到更多客户(话语者)的质疑。从这里可以发现一条规律,即翻译的效果与客户人数多少成反比。

(2) 按客户的外语水平划分。在口译方面,当口译者面对完全不懂外语的客户时,会产生一种“居高临下”的优越感,其口译效果会最佳,这是因为口译者知道客户(听者)不懂外语,即使自己出现小失误,听者也不易立刻察觉,于是口译者有时间从容改正而不被客户察觉,而且基本不会影响各方交流。如果口译者面对略懂外语的客户,其口译效果会略低于第一种情况;如果口译者面对外语水平较高的客户,其口译效果可能更低,原因类似于上一节“翻译者之间的关系”所述。在笔译方面,翻译者面对不懂或基本不懂外语的客户时，表现得信手拈来；而当面对外语水平较高的客户时，会有所焦虑，但不会明显影响自己正常的翻译效果。从这里也可以发现一条规律，即翻译效果与客户的外语水平成反比。

（3）按客户的地位划分。第一，当口译者面对项目的高层领导者（项目投资人、业主、省部级及其以上的政府官员）时，表现庄重，多少带有敬畏，这实际上是其内心某种程度焦虑的外露；但是这些人大多并不是技术专家，对工程项目具体情况不是很清楚，他们到项目工地巡视的目的主要是听取项目经理、总工程师及项目工程师汇报，了解项目的大体进展，故而在翻译信息方面不会对口译者形成太大的压力以致显著影响口译效果。第二，当口译者（尤其是新手）面对项目的经理层（项目总经理、外方总监、总工程师及分项目主管工程师）时，表现出格外认真的态度，其心理焦虑程度会加剧，这时口译新手容易在口译中出现纰漏（错译、漏译、不理解技术细节而无法传译），因为经理层是工程技术项目的具体实施者，最清楚每一个技术细节的质量规范和实际进展，富有理论和实践经验，也最善于挑剔合同对方的瑕疵。就口译内容来说，这时口译者遭遇的难度最大。第三，当口译者面对普通员工时（通常不懂或略懂外语），基本上不会出现明显的心理焦虑，可以放开手脚进行自己的口译工作，不必顾及自己的口译效果是否完美；即使出现失误，可以马上重来，既不影响翻译效果，也不伤及脸面。在笔译中，翻译者完成的书面文件主要送给经理层阅读，他（她）必须十分认真进行翻译工作，这对翻译新手也是一项考验。

（4）按翻译图式划分。在商务性的第一阶段，图式 A 通常发生在出国考察和参观工厂，话语客户虽然是级别较高者，但话语内容比较概括，对翻译者不会形成明显的心理焦虑；图式 B（合同谈判及签约）聚集了引进（输出）项目各方的高级领导者和经理，这些人富有理论和实践经验，加之谈判过程中肯定会出现讨价还价、激烈争论等场景，这对翻译新手会形成一定的心理压力；图式 C 发生在港口、码头、仓库及工地，以物资接受（发出）行为为话语内容，客户与翻译者关系比较疏远，故翻译者不会有明显焦虑，翻译效果一般较好。这一阶段的笔译文件量不是太大，且工程技术信息含量不高（可行性研究报告），翻译者有充足时间完成好任务。

在工程技术性的第二阶段，图式 D（项目实施——建设、修改设计、安装、试车或试运营、结算）中翻译者与客户接触最频繁，接触的人员种类最多，完成的传译任务最具体；在图式 E（工地会议）中的话语客户均是经理层的管理者，常常人员较多，讨论的问题较为深入，不仅涉及施工问题，也常常涉及工程技术理论，是对翻译者知识、能力和心理素质的全面考验。

在此期间,翻译者实际上承担了项目的大部分口译任务和绝大部分的工程技术文件笔译任务,其信息含量和认知难度最大(参阅9.6节“工程技术翻译语句的难度”),这对翻译者的知识和能力提出了复合性的要求,同时也是翻译新手成长的最佳机会。

在法律性为主的第三阶段,图式F(索赔与理赔)和图式G(项目竣工与维护)涉及的人员主要是保险公司和业主的代表,翻译者与他们接触时间不长,有些人员不直接影响翻译者的自身利益,所以翻译者可以比较从容地开展工作。在最后的图式H(项目交接与终结)中,翻译者面对项目业主、项目经理层、海关、港口以及政府有关部门,人员种类复杂,这时的翻译工作特点体现在广度方面,要求翻译者格外细致耐心,但此时翻译者已经非常熟悉项目情况,有利于开展工作。

13.5.4 语式的复合性

语式由人类进行交际所采用的方式、图式的符号系统和修辞构成;在现代条件下还包括翻译的设备器材等辅助手段。下面以一个引进(输出)工程技术项目为出发点,来考察它的语式复合性。

在项目翻译涉及的八个图式中,前两个图式(A. 项目考察及预选、B. 项目合同谈判及签约)涉及商业内容较多,呈现明显的商业性,可以视为一个相对独立的图式组合。其翻译方式以口译为先、笔译随后,总体上口译和笔译并重。该阶段的图式符号主要是文字、图表及数字,但不涉及更多的物品、人员和景物,修辞方式随语场发生改变。在宾馆及会议厅等场所可能有辅助器材(PPT、话筒、工程文件文本、产品目录、报价单),也可能配置同声传译设备。

之后的三个图式(C. 项目实施预备动员、D. 项目实施、E. 工地会议)内容涉及该工程的技术细节,在性质上呈现为工业技术性,可以视为第二个相对独立的图式组合。其翻译方式以口译为先、笔译随后。虽然在图式C和图式E里口译工作量很大,但其中的图式D实际上以口译和笔译并重,且数量巨大。一方面翻译者要随时应工程技术人员的要求现场担任口译,另一方面还要笔译数以万计的技术文件并及时送交专业技术人员。该阶段的图式符号包括文字、图表、数字、物品、景物等。在这些图式中,无法配备高级场所那些辅助设备,口译时基本上不可能采取同声传译(据曾三次担任中国援助坦桑尼亚—赞比亚铁路工程项目中国专家组组长的杜坚回忆,他在主持项目后期高级别的工程会议时采取过同声传译,是中国援外工程技术翻译者首次利用同声传译),但是部分文件笔译可能采取计算机辅助翻译和机器翻译。

后面的三个图式(F. 索赔与理赔、G. 项目竣工与维护、H. 项目交接与终结)内容涉及该项目合同的交接和资产财务清算手续,在性质上主要呈现为工程法律性,可以视为第三个图式组合。其翻译方式以口译为先、笔译随后。这时翻译者要参加多种临时会议或工作洽谈,同时还要翻译较多的文件,呈现出口译和笔译并重的特征。其图式符号与第二阶段类似,修辞表达也随不同的语场发生改变(在项目竣工仪式和交接仪式期间,可能出现较多形式的非技术性修辞语言),其辅助器材可能包括 PPT、话筒以及计算机辅助翻译软件。这个组合里的图式 F(索赔与理赔),在实践中可能重复出现,直至项目合同终结。

通过上述考察,工程技术翻译的语式复合性可以归纳为:(1) 口译与笔译交叉进行;(2) 口译与笔译多轮次地进行;(3) 图式符号多样化;(4) 辅助设施多样化。

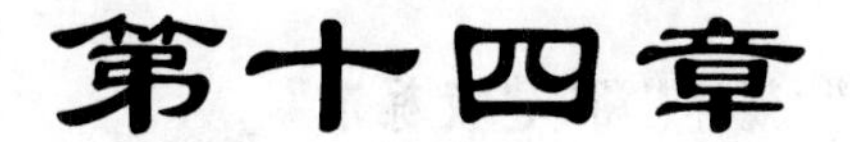

第十四章

工程技术翻译的标准体系

在国内外的翻译历史上，众多翻译理论家提出了各种各样的翻译理论，大多围绕翻译技能展开，目的都是如何使翻译更符合原文意思，于是就引出了如何确定翻译标准的问题。它们都有一个共同的特征：其理论观点主要是依据文学翻译和一般社会科学著作翻译的实践而总结和创立，而从工程技术翻译实践出发创立的翻译理论和标准很少见。但不可否认，工程技术翻译是普通翻译领域的一个分支，因此之前的翻译标准理论对于构建工程技术翻译的标准仍然具有借鉴价值。譬如，辜正坤教授 1989 年提出的关于翻译标准的多元互补论，就是从辩证唯物论的哲学高度提出的指导性翻译标准理论。在此理论指导下，他提出了“绝对标准、最高标准、具体标准”的理念，并倡导从各种行业翻译、各种研究角度制定切合行业要求的翻译标准（辜正坤，1989）。本章将借鉴前人理论成果和我国工程技术翻译的实践经验，对工程技术翻译标准进行具体分析和论述，以期构建适应工程技术翻译的标准理论体系。

14.1 工程技术翻译标准的定义和性质

在翻译理论研究和实践中，时常遇到“标准”“原则”“规范”等词语，不同的人说法也有不同。为了便于深入讨论工程技术翻译的标准理论，首先有必要弄清这些常见词汇的准确含义。

14.1.1 "标准""原则""规范"和"建议标准"

"标准"是什么？根据《现代汉语词典》(第五版)，"标准"是"(名)衡量事物的准则；(形)本身合于准则，可供同类事物比较核对的"(中国社会科学院语言研究所词典编辑室，2007：89)。"原则"又是什么呢？在同一本词典里，原则是"(名)1. 说话或行事所依据的法则或标准。2. 指总的方面；大体上"(同上，1676)。按照《现代汉语词典》的定义，标准和原则在内涵方面应该是一回事，只是原则的意义范围(陪义)更广一些。

《简明牛津英语词典》(*Concise Oxford Dictionary*, 9th edition, 2000：1357)对standard(标准)的定义相对丰富，共有名词性定义12条，形容词性定义4条，有些定义之内还有分项。因英文原文太长，本书不便全部引出，但其中与本书主题相关的四个定义项如下：

"1. an object or quality or measure serving as a basis or example or principle to which others conform or should conform or by which the accuracy or quality of others is judged.

2. the degree of excellence etc. required for a particular purpose (*not up to standard*).

3. the ordinary procedure, or quality or design of a product, without added or novel features.

7. a document specifying nationally or internationally agreed properties for manufactured goods etc. (*British Standard*)."

从《简明牛津英语词典》提供的定义分析，其第1条和第2条与《现代汉语词典》的"标准"定义基本吻合，而第3条和第7条则是《现代汉语词典》中没有的。根据《中国译学史》(陈福康，2010)和《西方翻译简史》(谭载喜，2004)，我国和西方历史上的大多数翻译理论家所讨论的"翻译标准"接近中文"原则"定义所指，即翻译的指导性理念或原则。

什么是"规范"？依据《简明牛津英语词典》提供的第3条和第7条定义所指，中外许多翻译理论家则很少涉及，因为这两条义位用来规定具有通用性质的工业品等事物的文件、设计或程序，也就是工业产品的生产技术规范(specifications)；又根据《现代汉语词典》，规范就是"约定俗成或明文规定的标准"(中国社会科学院语言研究所词典编辑室，2007：513)。如果把工程技术翻译工作当成一件特殊的工业服务产品，那么这两条定义所指就值得注意和研究。推而广之，该种特殊定义的“标准”在工业实践中就是任何产品(包括服务类工作)的实施规范、设计或程序(例如，不少工程技术项目合同就采纳了 FIDIC 组织的标准作为合同的技术规范)。只是“规范”“设计”和“程序”这些词语对于我国文科背景的翻译研究者很陌生，而“标准”较为通俗；何况以人文学者为主导的翻译理论界对后一种“标准”(规范)的讨论研究还很少。所幸的是，由中央编译局、中国对外翻译出版公司、中国标准化协会、江苏钟山翻译有限公司起草并由国家质量监督检验检疫总局于 2003 年公布的《中华人民共和国国家标准 GB/T19363.1—2003 翻译服务规范 第1部分：笔译》中也使用了“规范”一词(中华人民共和国国家质量监督检验检疫总局，2003)，这充分证明：所谓“规范”，就是“标准”的实施细则。

在工业技术领域，“标准”一词已经不仅仅是一个所指(概念)和能指(单词发音)，而实际上是由某一行业权威机构或政府授权机构发布的、具有行业约束性的规范文件。我们经常见到使用以下代号开始的标准或规范：IEC(国际电工组织标准)；ISO(国际标准化组织标准)；ANSI(美国国家标准学会标准)，AASHTO(美国各州公路工作者协会标准)，ASME(美国机械工程师学会标准)；ASTM(美国测试与材料学会标准)；BS，AU，AERO，PD，AWCO(英国国家标准)；DIN，VDE(德国国家标准)；GB(中国国家标准)；rOCT(苏联国家标准)；JIS，JCS，JEC(日本国家标准)；NF，UTE(法国国家标准)；FIDIC 标准(国际咨询工程师协会标准)。

什么又是“建议标准”？有些国际技术行业组织因其影响力有限，称自己提出的标准为“建议标准”，隐含意义是其约束力不太强，可以推荐使用。例如：国际法定计量组织的建议标准(INTERNATIONAL RECOMMENDATION，OIML76 - 1，Edition 2006)。又如，《中华人民共和国国家标准 GB/T19363.1—2003 翻译服务规范 第 1 部分：笔译》及该规范后续部分(GB/T19363.2—2006)《第 2 部分：口译》也是推荐使用的标准或建议标准。同样，翻译理论研究界所谓的“标准”，绝大部分也仅仅是针对“标准”这个术语的概念意义(所指)而进行的学术性自由探讨，其结论、形式、管辖权限都算不上应用意义上的标准；况且在翻译实践中，各种“标准”对翻译者群体也没有形成像上述国际工业系列标准那样的行业或法定约束力，至多也就是建议标准。

14.1.2 工程技术翻译标准的性质

依据上述讨论，本章提出的“标准”也不是被所有翻译者同行公认并接受的标准，仅是一家之言或观点，所以不妨也称为建议标准(recommended standard)。本书讨论时使用的“标准”一词均特指建议标准，只是因目前多数人的习惯，在字面上仍采用“标准”二字。

从以上讨论可以看出，标准的内涵也是可以细分的，因而工程技术翻译标准表现出多元化或多重化的性质。鉴于工程技术翻译是一项规模巨大的系统工程，其主要构成部分是八个图式(参阅 6.3 节)，且翻译行为发生的时间和地点具有复杂性和多样性(参阅 13.5 节)，因此本书认为工程技术翻译的标准体系由三个层次组成：

一级标准，是关照翻译行为总体目标的标准，称为翻译核心理念；

二级标准，是关照翻译行为有关方面的标准，称为共同原则；

三级标准，是关照翻译行为各项具体任务的指南，称为翻译规范或细则。

当工程技术翻译标准关照翻译工作的总体目标时，它的一级形式——核心理念——就凸显出普遍性和强制性，这是从它对翻译者的整体影响来说的，普遍存在于任何类型的工程技术翻译活动中，任何工程技术翻译者都自觉地(譬如接受上级的指示或教育)或不自觉地(受到翻译职业道德的驱使)要受到核心理念的影响。

当工程技术翻译标准关照翻译行为的策略时，其二级形式——共同原则——就凸显出可选择性和参考性。各类工程项目具有各自的特殊性，翻译者应根据不同的工程项目类型和翻译图式(即翻译工作场景和进程)选择共同原则的某些要求进行翻译工作。譬如有的图式应该完整翻译(如项目合同条款)，而有的图式并不需要完整翻译(如笔译项目合同认定的由某些国际组织颁布的技术标准的某一部分，又如口译其他话语者与讨论话题无关紧要的寒暄)。至于选择什么策略更合理，这就由翻译者依据实际情况随机决定。

当工程技术翻译标准关照翻译行为的具体行文任务时，其三级形式——翻译规范——便凸显出灵活性和时效性。本书将要讨论的工程技术翻译规范针对不同的情况设置，一方面工程技术翻译者应根据自己的时间、地点和任务，灵活地运用翻译规范或细则，满足不同翻译客户的需求(参阅 6.2.5 节和 7.1.2 节)，而不是采取一成不变的翻译规范去完成不同的任务；另一方面，这些翻译规范或细则也具有一定的时间局限性，它们仅仅是表述了在某一时期内的翻译工作特点或要求，而这些特点或要求并非能够长期地，甚至永远地符合不同时期、不同类型的引进(输出)工程技术项目翻译。

从人类历史的角度观察，上述工程技术翻译标准体系的三个层面其实都具有时效性，只是在常人眼里，翻译核心理念的变化速度最缓慢，共同原则次之，翻译规范或细则变化速度最快。翻译标准的时效性并非仅仅是这一个行业标准的特点，其他行业标准也存在时效性。例如，国际标准化组织（ISO）颁布的标准每五年复审一次，不合适的部分必须进行替换；我国的《国家标准管理办法》也有明确规定："应当根据科学技术的发展和经济建设的需要，由该国家标准的主管部门组织有关单位适时进行复审，复审周期一般不超过5年"（国家技术监督局，1990）。

对照国际行业标准和我国的标准，仍然可以看到有人"不顾当今社会的政治、经济、技术、文化、教育、国际关系等环境与唐宋元明清和民国时期已迥然不同，……总爱将严复1898年的翻译标准、鲁迅1935年的翻译理论、傅雷1951年的翻译观点、钱钟书1964年的论述挖出来鞭尸，实在令人汗颜"（郑伦金，吴世英，2011：182）。

14.2 工程技术翻译的一级标准——核心理念

翻译是一种艺术、一种技能，而艺术或技能除了具有一定的天赋，更是需要一个长期的、有特定发展方向的、艰苦细致的训练才能获得。换言之，要获得翻译艺术或技能，既需要按一系列具体规则进行训练，也离不开一个总体要求或指导思想。正如歌唱是一门艺术，每首歌既要有具体标准（曲谱），也要有歌唱的总体要求。例如，改革开放初期著名歌曲《在希望的田野上》，振奋了几代中国人，其曲谱左上方就标出"中速、宽广、优美"三个词作为歌唱的总体性原则或指导理念（李月英，2002：385），歌唱演员必须把握这个理念后才能唱出歌曲的精彩。体育竞赛是一种技能，既要有具体的比赛细则，也要有体育比赛的精神操守和行为准则，例如奥林匹克精神就是体育比赛的指导理念，又如篮球和足球鼓励运动员勇猛拼抢，而射击、台球和围棋则鼓励运动员沉着冷静，这些都是比赛的指导理念。

14.2.1 核心理念的一般内涵

通俗地说，核心理念就是从事一项工作的指导思想。工程技术翻译当然应该有自己的核心理念或指导思想(英文表达是 controlling idea),这样才能更好地指导各种翻译行为。例如,严复提出"信、达、雅"作为进行社会科学作品翻译的核心理念,许渊冲提出"音美、形象、意美"作为从事诗歌翻译的核心理念,方梦之提出"达旨、寻规、共喻"作为一般应用翻译的理念,林克难提出"看、译、写"作为科技翻译的理念。

就术语命名而言,这个一级标准的名称不宜采取"最高理念"的措辞,因"最高"一词很容易让人联想到另一个词语 supreme(神圣的,不可一世,不可更改)。我们认为核心理念比"最高"理念更能反映事物的内涵,且"核心"一词比较普通且意义确切,即"主要的、主导的",而没有其他负面意义。此外,"核心理念"的措辞也较为接近普通翻译者和受让者。

辜正坤(1989)从哲学的宏观高度提出翻译标准的多元互补论,其中最高级的标准是"绝对标准",这个说法与本文的翻译核心理念在词义上是接近的。不过,他的"绝对标准"本意是指原作,其内涵和功能与本书的核心理念不一样,其措辞也似乎与唯物辩证法有"唱对台戏"之嫌,听起来远离普通翻译者和受让者。

14.2.2　核心理念的表述和解读

在引进(输出)工程技术项目翻译的语境下,工程技术翻译的核心理念表述为:以顾客为关注焦点的选择性忠实或精确。这一表述吸收了工程哲学理论、ISO9000 质量管理体系理论以及本书对工程技术翻译精确性研究的成果(参阅 5.5 节"工程哲学"、5.6 节"ISO9000 质量管理体系"和 13.3.1 节"工程技术翻译的精确性")。

ISO9000 质量管理系列的八项原则中,第一项原则(或基本点)是"以顾客为关注焦点",这不仅是工程技术项目的商业目的,而且可以视为工程技术翻译的根本理念。翻译者以顾客为焦点,并不是指以顾客个人形象为关注点,而是针对顾客需求的焦点。那么,顾客的需求焦点是什么呢?这个焦点就是翻译服务应协同(其他资源)保证一个引进(输出)工程技术项目建设成功。这或许就写在某些翻译服务合同或协议中,那就是:工程技术翻译者应完成引进或输出工程技术项目(包括跨国工程技术项目建设、工业技术交流、技术和工艺引进与输出、成套工业装备及大中型单机设备引进与输出)从启动立项至结束全部过程中的一条龙翻译工作,其具体内容可能包括正确传译引进(输出)工程技术项目的合同条款、技术规范(设计)以及各类文件资料,还包括工程实施现场话语等。

“选择性”又是什么？它指人们在接触信息时表现出的一种选择性心理定势。这个概念来源于传播学的选择性接触理论：受众在接触大众传播的信息时并不是不加选择的，而是更加愿意选择那些与自己的既有立场和态度一致或接近的内容，而对与此对立或冲突的内容有一种回避的倾向。选择性接触并不仅仅存在于政治信息领域，同时也存在于消费、文化、娱乐等信息领域(转引自郭庆光，2011：157)。在工程技术翻译的语境下，“选择性”是指翻译者面对工程技术文件资料及口头话语时，应根据特殊客户的职业要求，有倾向性地和有意识地选择原语中的工程技术意义及工程现场语境意义，而在一定程度上舍弃其他语域的意义或非工程技术话语。

这种“选择性”的内涵具体表现在两个方面：一是语用范围(具体地说是语义场)的选择或语用合成(参阅 11.3.4.3 节“工程技术笔译译入语的生成”)。譬如，机械工程语境的话语(The finish is well done)要尽量往机械工程术语集合里靠，就翻译为“这个零件的抛光面做得不错”；假如将这句话靠到体育术语话语集合，那意思可能就变成了“终点线已经布置妥当”或者“冲刺真漂亮”，与工程技术话语相去甚远。二是忠实度(精确度)的选择，而“忠实”包括对意义的忠实，对风格的忠实，对语气的忠实，对原文语序的忠实，对格式的忠实，以及完全忠实和部分忠实等(谭载喜，2010；转引自龙明慧，2011：VIII)。工程技术翻译者所需要的或者所选择的是：对工程技术文本及技术话语意义的全部忠实。我国一些资深的工程技术翻译家认为：“‘忠实’就是忠实于原作的内容(即语义或意义)，译员必须把原文的内容完整而准确地表达出来，不得有任何的篡改、歪曲、遗漏。对于原文的任何曲解或偏离都会造成误译或错译，从而使译文质量受到损害。要想做到忠实，理解是关键。要从篇章到词语，从宏观到微观，逐步深入领会原文的主题内容、表达层次，以及作者的意图、译文的目的等”(王国良、朱宪忠，2011：93)。但是，这句话的隐含意义可能还有：对其他话语的部分忠实甚至不忠实。譬如，没有人认为对工程技术话语者的寒暄、聊天，甚至讽刺、挖苦、斥责、争吵等不友好话语也要忠实传译(譬如在图式 D、图式 E 和图式 F)。

作为工程技术翻译的核心理念或一级标准，这种“选择性忠实”是从传播心理学、功能翻译理论和语用学等三个视角提出的，它是微观层面的、具体的翻译思维成果。这个选择性的过程同时也和工程技术翻译的思维场相呼应，是翻译者从潜思维期进入趋显思维期及显思维期的过渡方式之一(参阅 12.2 节“工程技术翻译者的思维场的发展期”)。

“选择性忠实”典型地体现在某些专业技术性较强的书面文件及话语

翻译中。例如：

原文：A concrete armor or erosion prevention module for the protection of river，lake and reservoir banks，shorelines and other structures is characterized by a central elongate concrete member and two outer elongate concrete members connected on opposite sides of the central member. It costs high or little in different countries.

译文1：为了保护河流、湖泊、水库岸边、海岸线以及其他结构，一种特定的装甲或者防护屏障具有这样的特征：一个修长的中心的特殊成员加上两个外肢修长的特殊成员，它们都站在中心成员的正反两面。在不同的国家他们的成本高低不同。

译文2：为了保护河流、湖泊、水库、海岸线以及其他类似的结构物，混凝土防护或防腐构件是用一片长条形混凝土构件与另外两片长条形混凝土构件合并组成，而两片同质构件分别位于中间那片的两边。

评价：如果翻译者把原文当成科学常识读物或一则新闻报道或者缺乏土木工程技术知识，他可能就是译文1的作者。这时翻译者虽然想进行"选择性忠实"原文意义，但是他的知识语域或背景引诱他错误地进行了选择，或语用选择失误，而仅仅根据一般常识把原文翻译为译文1。实际上，译文1完全没有传译出原文的工程技术意义，尤其误读了 concrete 和 member 这两个关键词，他似乎把原文误解为或"选择"为抗洪抢险的新闻报道了。

再看译文2，如果翻译者把原文当成土木工程文件或者具有一定的土木工程知识，他就是译文2的作者。这时翻译者能够依据自己的土木工程知识语域对原文"选择性忠实"，凸显土木工程的意义。例如，他不会把 concrete 判断为普通情形里的"具体、特殊"含义，而选择了土木工程语域的"混凝土"含义；单词 member 也不能是普通话语的"成员、分支"含义，而是"设备构件"。另外，他舍弃了原文最后一句有关价格的话（因为此处主要不是价格谈判）。经过这么一番"选择性忠实"的过程，译者就获得了客户需要的（在容错性关照下的）百分之百的结果。

14.3 工程技术翻译的二级标准——共同原则

共同原则是在一级标准核心理念名下存在的次级概念，我们称为工程技术翻译的二级标准。在这方面，美国翻译家奈达首先提出动态对等的翻译核心理念，随后使用四个语义单位、七个核心句子、五个逆转换步骤，具体规定了翻译的整个程序，被称为规定性的理论（转引自林克难，2001）。奈达的这套"四七五拳路"就相当于本书讨论的共同原则。

14.3.1 二级标准的参考依据

讨论工程技术翻译标准体系的二级标准——共同原则，我们不得不提及某些国家和行业制定的"翻译规范"或"标准"。近二十年来，各国政府或该国行业协会纷纷制定了强制性或参考性的行业规范，或称行业标准、行业要求。

2003年和2006年，由中国标准化协会牵头、中国国家质量监督检验检疫总局颁布了《翻译服务规范 第1部分：笔译》和《翻译服务规范 第2部分：口译》（中华人民共和国国家标准 GB/T19363.1—2003，中华人民共和国国家标准 GB/T19363.2—2006）（中国标准化协会，2006）。

2006年5月1日，美国材料与试验协会批准了 *ASTM F2575－06*（《美国材料与试验协会标准》），其中包括 *Standard Guide for Quality Assurance in Translation*（《翻译质量保证标准指南》）。美国的翻译服务标准是美国翻译服务行业的一项重要规范性文件，明确了翻译项目各个阶段中影响语言翻译服务质量的因素，并对翻译项目的三个阶段：定制阶段（Specifications Phase）、生产阶段（Production Phase）和事后评估阶段（Post-project Review Phase）进行了详细的规定，以确保高质量的服务。

2008年7月31日，加拿大标准总署（Canadian General Standards Board）批准了加拿大标准总署标准（CAN/CGSB－131.10－2008），该标准规定了翻译服务供应商在提供翻译服务过程中应遵循的规范，适用于提供笔译服务的机构和个人，但不适用于口译、术语领域及经由专业翻译协会认证的注册翻译师。

欧洲各国也存在翻译服务标准，譬如意大利最早于1996年制定了 *UNI 10547: 1996: Definizione dei servizi e delle attività delle imprese di traduzione ed interpretariato*（《口笔译服务与业务之定义》），德国于1998年制定了 *DIN 2345: 1998: Übersetzungsaufträge*（《翻译工作》），荷兰和奥地利也制定了相应的标准。

2006年，欧洲标准化委员会正式颁布了统一的翻译服务标准

EN15038: 2006 Translation services — Service requirements（《翻译服务——服务规范》），取代了此前欧洲各国的相关标准。欧洲委员会在其官方网站公布了自己的翻译写作手册，其中涉及翻译标准的一部分内容，李正栓曾经作过如下归纳（李正栓，2010：48—67）：

1）Put the reader first，以读者为本（这条可以视为最高标准或原则）；

2）Use verbs，not nouns，用动词，不用名词（这条及以下各条可以视为具体标准或翻译规范）；

3）Concrete，not abstract，用具体词汇，不用抽象词汇；

4）Active，not passive，用主动语态，不用被动语态；

5）Whodunnit? Name the agent，明确动作执行者；

6）Making sense-managing stress，重点信息后置；

7）Keep it short and simple，控制长度，多用小词。

据说欧洲委员会翻译司的这套翻译标准是针对笔译规定的，既有翻译原则（"最高标准"），也有具体实施标准。换言之，这个标准既有总体质量的核心理念，也有行动策略（相当于"共同原则"）。

欧洲委员会的口译工作由口译司负责，它也没有发布对现任口译人员的要求或标准，不过可以将欧洲委员会口译司的培训课程标准（例如在上外、北外、广外举行的签约高级翻译班）以及公开招聘口译人才的书面要求视为对会议口译的标准。这些内容也较为具体，可以视为其口译"共同原则"的一部分。

国际标准化组织（ISO）也于2006年组建工作组，讨论制定了一个国际翻译服务标准（转引自北京大学外国语学院MTI教育中心，2013-12-8）。

另外，作为最大的国际组织，联合国也有自己的翻译标准。据参与联合国翻译工作二十多年的资深翻译家赵兴民透露，联合国的语文部门不曾正式颁布过什么翻译标准，其对于联合国系统内部翻译人员的标准或要求更多地散见于各种业务通知及招聘职位时的文件说明。赵兴民根据自身经验概括了联合国文件翻译的"六字守则"（赵兴民，2011：4）：

1）完整：完整传译原文的内容；

2）准确：准确传译原文的语言信息；

3）通顺：符合现代汉语的表达习惯；

4）术语：沿用行业内习惯的术语，不随意自造术语；

5）一致：文本内容前后一致，并且还应与其他翻译同行的相关译文内容一致；

6) 风格：与原文保持语言风格上的相似。

赵兴民还将以上守则简化为“完、准、通、术、一、风”六个字，便于记忆。另外，赵兴民还谈及联合国秘书处下属的笔译司对不同翻译工作岗位制定岗位标准(同上)。

此外，联合国的口译工作归口译处负责，赵兴民透露，口译处的标准目前还没有书面文件规定，不过可以将联合国口译司与其他签约大学举办的同声传译培训课程标准(例如在上外、北外、广外举行的签约高级翻译班)以及联合国招聘口译人才的书面要求视为对会议口译标准的一部分。2012年在北京语言大学召开的第九届全国口译大会及国际研讨会第三论坛上，曾在联合国纽约总部担任同声传译多年的资深口译家李枫女士发言时说：“同声传译行业的信息传输率一般在70%—90%，但是根据说话人的语速和内容，也有50%的，甚至还可以扔掉源语，少译，译多少随便。”她的话显然表达了相当一部分联合国口译人员的习惯。这种做派很难说是联合国同声传译的“最高标准”，但可以归入“共同原则”。

综上所述，某些国家、组织或行业制定的翻译规范或标准基本相当于一个新标准体系中的二级标准，即指导本行业的基本原则。这些原则具有独立的价值，既不像一级标准(核心理念)那样抽象、浓缩(例如严复的“信、达、雅”，奈达的“功能对等”)，也不像我们后面要讨论的三级标准(翻译规范)那样详细、琐碎。这些原则的表述方式和地位介于核心理念和翻译规范(细则)之间，有助于将核心理念的抽象意图阐释清楚，又能够对翻译规范(细则)起到明确的指导作用。因此，这些翻译原则发挥了中观策略的功能(方梦之，2013：89—90)，即本节要讨论的共同原则。

14.3.2 共同原则统摄的内容

在工程技术翻译核心理念指导下，共同原则统摄了哪些具体内容？在宏观方面，共同原则覆盖了本书的八个翻译图式，即工程技术翻译的全部内容。虽然八个图式涵盖的口译和笔译均有各自的特殊性，但是两者却呈现某些相同的性质。换言之，这些图式的翻译都遵守某些共同的原则。此外，从三个客户群(高级、中级和初级技术管理客户群)角度看，不同的客户对翻译会有不同的要求。概括起来，能够满足这些共同的翻译要求的标准就是工程技术翻译的共同原则。

在微观层面，共同原则统摄的内容包括：一个引进(输出)工程技术项目从立项到结清的全部过程所涉及的文件翻译和口语翻译；其文件翻译主要涉及项目建议书、可行性研究报告、项目合同条款、施工技术规范、设备操作手册、财务文件、合同各方业务往来函电、会谈纪要、补充合同或协议、索赔或理赔文件、项目交接及终结文件等；其口语翻译主要涉及项目引进（输出）的前期商务技术考察、合同谈判及签约、履行合同前的准备、物资设备技术的接受或运出、外方（己方）技术人员的到达或离开、项目现场施工、工地会议、索赔或理赔活动、合同项目交接及终结的活动等（参阅 6.2.1 节"工程技术翻译的对象"）。

由此，可以概括出上述统摄内容的特点：(1) 内容多样化，以传译技术性和工程实务性信息为主，也包括公关联络等事务性口语交流等可能具有情感色彩的活动；(2) 翻译地点多样化，从政府办公楼、宾馆、会议室到海关、码头、仓库、车间、工地、野外均有；(3) 话语者来源多样化（参阅 6.2.5 节"工程技术翻译的客户"），由此必然带来文化背景、教育素质、工作经历以及接受能力等方面的差别。工程技术翻译的共同原则应该兼顾上述特点和差别，才能有效地指导翻译者开展具体工作。

14.3.3 共同原则的表述和解读

工程技术翻译的共同原则表述如下：

1) 精确翻译原文的普通逻辑语义和工程技术语义；

2) 尽可能保留原文中的图表、公式、格式等非语言信息；

3) 图式完备；

4) 术语相对统一；

5) 可听、可说、可读、可做。

共同原则的解读如下：

第 1)条强调在翻译原文普通逻辑语义的前提下，精确地翻译在引进（输出）工程技术项目语境下的特定语义，即工程技术语义。这一条的关键词"精确翻译"的名称及意义，本书已经在 13.3 节"工程技术翻译的精确性特征"中作了论述。普通逻辑语义，即语法意义，对于工程技术话语而言，其价值是有限的。特别是在口译情况下，话语的普通逻辑意义并不代表工程技术话语的特殊含义（implicature）；而工程技术项目语境下的特殊逻辑语义（即工程技术语义）才是符合该语境和语用范畴的正确意义。因此，精确翻译这种特殊语义对工程技术翻译者是首要的原则（参阅 13.3.1节"工程技术翻译的精确性"）。例如：

原文：A sufficient supply of transit trucks should be prepared between the site and the plant during the casting of concrete works.

译文1：在实施混凝土工程时，工地与工厂之间应准备数量充足的运输车辆。

译文2：在浇筑混凝土工程时，工地与混凝土拌合厂之间的路途上应准备数量充足的混凝土拌合车。

评价：译文1是符合普通逻辑意义即语法意义的，在日常语境下就算正确了。但对于混凝土施工技术人员而言，译文1的意义并不清楚，他们会疑问：那个"工厂"是什么类型的厂？"运输车辆"又是什么类型的车辆？在土木工程技术语境中，原文中的 transit trucks 不是普通的运输车辆，而应是混凝土拌合专用运输车，其价格、类型、载货方式、操作性能等方面与普通运输车辆有显著差别；而 plant 则是特指混凝土工程中存在的混凝土拌合厂，这种拌合厂远离工地数公里，是专门生产混凝土的设备场站。所以，译文2才符合该语境和语用范畴。

第2)条原则要求尽可能保留原文中的图表、公式、格式等非语言信息，这是工程技术专业特色的体现，类似诗歌翻译中必须注意原文的格律、音步等非语言要素。在翻译专业技术性较强的文件时(如技术规范、设备操作指南)，翻译者随时会遇到图表等非文字符号，不能随意改动，最好能够照旧模拟。翻译者并非工程师，如随意转换图表、格式、数据等非语言信息很容易引起误译、漏译和误解。

第3)条要求"图式完备"，而非完整，旨在强调不仅要完整翻译每一个图式涉及的文件、图纸、附件、表格、附录等原文和译文文本(一般视为项目合同的组成部分)，还应完好保留好这些文档资料，以供项目终结时交给业主。

第4)条"术语相对统一"具体指：(1) 在文件翻译中一般应使用统一的标准书面术语和标准技术术语(参阅7.2.1节"按话语形态分类")；(2) 技术术语最好采用更新的术语，旧的技术术语适当保留或说明；(3) 可以在不同的项目参与者(翻译受让者)群体中适当使用该群体所习惯的术语(如通俗书面术语、通俗口语术语)。这条标准还意味着翻译者应具有一定的技术知识以及对该项目所在行业的了解。例如，在发电厂项目里，demineralized water 应翻译为"除盐水"，而不是"去矿物质水"；又如 stud 这个词，20世纪80年代的国家标准称为"双头螺栓"，而90年代的国家标准称为"螺柱"，因而应该统一采取最新的名称"螺柱"。为了让新技术人员了解情况，也可以采取在最新名称后面加括号，再加注释，例如：stud 螺柱（旧称“双头螺栓”）。

第 5)条“可听、可说、可读、可做”是最具工程技术特色的原则，表示了译入话语使用的多样化语境。这条原则的提出基于两点：第一，合同各方的信函、合同文本、技术规范以及操作手册等文件不仅在阅读时使用，还可能在谈判、工地会议和现场施工等图式中口头交流使用；翻译受让者既要眼睛看，又要耳朵听、嘴巴说，最后还要依据翻译信息的指向实施工程行为。第二，翻译文件和话语的受让者有各种教育背景和文化背景，又工作在不同的施工环境（语境），翻译者应该顾及他们不同的接受能力和实际需要。所以这些文件和话语的翻译要满足“可听、可说、可读、可做”的实用要求。工程技术翻译者应根据受让者所处的实际图式或语境选择适当的语言形式和风格进行有效的传译，因为这些传译的效果最终不是由翻译者本人确认，而是由受让者、项目的设备及其生产（营运）过程、终端产品（或服务）确认（参阅 13.3.1 节“工程技术翻译的精确性”）。“四可”原则与有些行业翻译（例如文学翻译、新闻翻译）通行“整个图式一个风格、整个报道一个腔调”是迥然不同的，因为后者的译作基本只用于个人阅读。

14.4 工程技术翻译三级标准的技术参数

这一节应是工程技术翻译第三级标准的组成部分之一，放在三级标准的正文（14.5 节、14.6 节、14.7 节）之前，主要是考虑到后面各节能够方便地运用这套技术参数。

14.4.1 设定技术参数的必要性

翻译行为发生的时间已经超过 3,000 年（马祖毅等，2006），系统的翻译理论在中国出现也已经有 1,800 年（陈福康，2010：5）。以往的翻译理论主要关注翻译现象的本质和整体质量，而对于质量高低往往采取非常宽泛、模糊的印象式评价，由此似乎不易看出翻译 A 与翻译 B 之间的区别。反映在教授翻译课程中，那种模糊印象式的评价也无法让学习者明白究竟如何做才是好翻译。

关于设定特殊行业翻译标准的技术参数似乎很少有人提及，尽管不少人提出了类似"共同原则"的一些规范。这与人们对某些行业翻译的理性认识程度有关，也可能与翻译的话语内容和测量难度有关。

或许有人认为，翻译学属于人文学科，如同作诗，可以天马行空。其实，任何看似随意的事物背后都可能隐藏着一定的规律，正所谓"存在的就是合理的"。那个命题的最佳证明就是人类对大自然的探索和研究的基础上建立的各门自然学科。即使在典型的人文学科领域（如诗歌翻译研究），也出现了探索其规律性的学科性著作《英诗汉译学》（黄杲炘，2007）和《汉诗英译论纲》（卓振英，2011）。这两位作者依据各自丰富的翻译实践经验对浪漫随意的诗歌翻译进行了相对集中的定量及定性研究。

以本书讨论为例，仅有前面的一级标准（核心理念）和二级标准（共同原则），难以精确衡量翻译者为各类工程技术项目进行翻译的质量。譬如，仅仅依据核心理念"以顾客为关注焦点的选择性忠实或精确"，在具体语境下应选择什么？选择多少才是精确？又如，仅仅依据二级标准（共同原则）的满足"可听、可说、可读、可做"，译文的语言表达形式要达到什么程度才能满足工程技术人员的特殊要求？若像文学描写那样海阔天空、虚无缥缈来说明语言转换的具体程度，显然是不奏效的。因此，需要设定相对具体的翻译实施规范才能更好地衡量翻译质量并指导翻译工作。

三级标准（翻译规范）的功能明显不同于一级标准和二级标准，它不是指点风水的"算命先生"，而是脚踏实地的"主劳力"。本节的整套技术参数就是这个三级标准"主劳力"的能力范畴。从目前翻译学科的研究和发展看，本书设定的技术参数也是一次尝试性的探索。即使目前的设定不甚科学合理，也多少能够利用自然科学的方法来解释人文科学的现象，让我们加深对翻译行为和规律的理性认识。

14.4.2 口译技术参数

对于口译而言，技术参数主要涉及语义传译效率、语言细则（词语和语法）、声音响度、话语速度、持续时间、流畅度、表情、姿态、着装等九个主观性参数。另外一个主观性参数是口译者的语音纯正度，虽然是外语学习的目标之一，但基本上不影响口译效果且翻译者无法随时改变，故不列入参数。此外还有六个客观性参数，但是翻译者无法控制且存在很大的随机性，所以为了研究便利，我们在此不打算列入。客观性参数是：口译者与受让者的距离、场地大小、环境噪声、受让者身份及数量、传译信息语域。

(1) 语义传译效率：一是准确（精确、正确或忠实）传译全部原语意义（包括语义、非语言符号意义和语气），二是选择传译部分原语意义（包括语义、非语言符号意义和语气，传译比例依据实际情况选择）。这两种效率参数可以采取简便的数学方式表达：语义传译效率 $E=P\times I$。其中：P（proportion）是传译比例系数，可随图式语境改变；I（information）是全部原语信息。譬如，传译某合同条款或技术规范时 $P\approx100\%$，而传译巡视工地车间的口语时 $P\leqslant90\%$，因为对待有些敏感话语或不礼貌话语，翻译者可以酌情不传译给他人（参阅 10.2 节“工程技术翻译者的权力”和 10.3 节“工程技术翻译者的伦理”）。

(2) 语言细则（五个次则）：a. 选词正式（大词超过 3%）或选词通俗（大词少于 3%）；b. 选词专业性强（技术术语超过 3%）或选词专业性低（技术术语少于 3%）；c. 语句语法（以句子为单位，无语法错误为语句正确，错误 10%为少量错误，大于 10%为明显错误；此处的错误指文字读音或拼读错误）；d. 主动句比例（超过句子总数 95%为高，等于 90%—95%为中，少于 90%为低），被动句比例（超过句子总数 10%为高，5%—10%为中，少于 5%为低）；e. 简单句（参阅 9.6.1 节“语句难度的参数”）比例（超过句子总数 90%为高，80%—90%为中，少于 80%为低），长难句或复合句比例（超过句子总数 20%为高，10%—20%为中，少于 10%为低）。

(3) 声音分贝：根据医学研究（http://wenda.so.com/q/1381729994061641），人的耳朵接受声音响度（分贝）的部分范围如下：a. 1—20 分贝的声音，一般来说是非常安静的，接近于静悄悄；b. 20—40 分贝大约是耳边的口译细语；c. 40—60 分贝属于人们正常的交谈声音，故 50 分贝可以视为口译声音的正常值；d. 60 分贝以上就属于大声；e. 70 分贝及以上则属于大声吵闹，可以视为口译的最高声音。

(4) 传译速度：参考汉语普通话播音语速（转引自周同春，2014-12-6），当今的新闻播音速度在 300 字/分钟左右，而平常中国人的语速是在 200 字/分钟左右。鉴于口译时不可避免会出现停顿或重复，所以，200 字/分钟可以视为英译中的中等语速，而 160 字/分钟属于慢速，240 字/分钟属于快速。关于中译英语速，“每分钟 100—120 单词的速度对于同声传译是个舒适的速度，这在瓦尔格（1969—2002）的一项研究中得到证实。当每分钟高于 95—120 单词的速度时，正确传译的比例就呈现下降趋势”(弗郎兹·波赫哈克,2010: 140)。英语播音员的语速是120单词/分钟,外国人平时正常交流的话都约在180单词/分钟;鉴于口译不可避免会出现停顿或重复,所以120单词/分钟可以视为中译英的中等语速,100单词/分钟是慢速,140单词/分钟为快速。

(5) 持续时间: 30秒—2分钟为中等,30秒以下为短,2分钟以上为长。

(6) 流畅度: 1分钟内无失误性停顿为优秀,1分钟内有1—2个失误性停顿为中等,1分钟内有3个以上失误性停顿为初级(注: 失误性停顿指口译者因词汇、语法、知识等错误而出现的障碍性停顿,不包括口译者主动放慢语速的停顿)。

(7) 表情: 正式,严谨,友好,适中,喜悦或悲愤。

(8) 姿态: 正坐(站)对视,侧坐(站)目视,走动。

(9) 着装: 着正装,着工装,着便装或休闲装。

按实际上的数量计算,口译技术参数总共13个(包括语言细则的五个次则)。

14.4.3 笔译技术参数

笔译的技术参数主要涉及语义传译效率、语言细则、完成时间、文档制作等四个指标,这是翻译者能够操控的参数。为了便于研究,在此不考虑传译信息语域、受让者身份等两个间接指标,这是翻译者不能操控的参数。

(1) 语义传译效率: 一是准确(精确、正确或忠实)传译全部原语意义(包括语义、非语言符号意义和语气),二是选择传译部分原语意义(包括语义、非语言符号意义和语气,传译比例依据实际情况选择)。这两种效率参数可以采取简便的数学方式表达: 语义传译效率 $E = P \times I$,其中P(proportion)是传译比例系数,可随图式语境改变,I(information)是全部原语信息。譬如,传译某合同条款或技术规范时 $P \approx 100\%$,而传译某会议纪要时 $P \leqslant 90\%$,因为对待有些敏感话语或讨论中尚无共识的话题,翻译者可以酌情选择不传译(参阅10.2节“工程技术翻译者的权力”和10.3节“工程技术翻译者的伦理”)。

(2) 语言细则(五个次则): a. 选词正式(大词超过5%)或选词通俗(大词少于5%);b. 选词专业性强(技术术语超过5%)或选词专业性低(技术术语少于5%);c. 语句语法(以句子为单位,无语法错误为语句正确，错误3%以内为少量错误，大于3%为明显错误；此处的错误指文字书写或拼写错误）；d. 主动句比例（超过句子总数90%为高，80%—90%为中，少于80%为低），被动句比例（超过句子总数20%为高，10%—20%为中，少于10%为低）；e. 简单句（参阅9.6.1节“语句难度的参数”）比例（超过句子总数90%为高，70%—90%为中，少于70%为低），长难句或复合句比例（超过句子总数30%为高，10%—30%为中，少于10%为低）。

（3）完成时间：接受任务后即刻进行为紧急任务；当天完成为快速任务；1—6天为中期任务；7天以上为长期任务。

（4）文档制作：精制文档装订；普通文档装订；简易手稿或记录稿整理。

以上技术参数中有些在实际翻译操作中难以全部准确测量或达到，但仍然可以视为翻译行为的“绝对标准”或理想标准。在以下各节讨论翻译规范或细则时，为叙述简便，本书仅采取叙述等级的方式，读者见到不同的技术参数等级时可以查阅本节的具体数据。

按实际数量计算，笔译技术参数总共八个（包括语言细则的五个次则）。

14.5 工程技术翻译的三级标准——实施规范（图式适用）

工程技术翻译三级标准的实施规范（图式适用）是基于八个翻译图式（即翻译客体）提出的，是从翻译客体视角提出的翻译标准。另外，把工程技术翻译的三级标准称为实施规范，也是为了适应工程技术行业对实施标准或细则的通称。参阅本章开始讨论“标准”的定义时提及的“规范”一词（参阅14.1节），实施规范（图式适用）能够更清楚地反映某一翻译标准体系在处理某个阶段的翻译任务时采取的具体措施，而不是仅高呼“信、达、雅”却不知从哪里下手。

14.5.1 图式A（项目考察及预选）的翻译规范

参阅6.3.2节图式A（项目考察及预选），这个图式的翻译要素涉及口译和笔译两种方式，前一阶段主要是口译，后一阶段主要是笔译；翻译客户是考察方和主办方的管理人员、技术人员，也有主办方普通员工；考察

(翻译)地点首先在主办方的厂区办公室、车间现场及后在考察方驻地。本图式的信息范畴包括项目考察和项目预选。

14.5.1.1 图式A的口译规范

项目考察的口译规范：选择传译话语要点，全部传译专业技术新词，语音音量中等，选词通俗，选词专业性中，语句语法错误少，简单句多，主动句多，连续口译时间中等，停顿为中等或初级，流畅度中等，无不良习惯语，表情严谨友好，与话语者随行，正面或侧面目视话语者，着正装(在宾馆、会议厅)或便装、工装(进入车间或工地时)。

项目预选的口译规范：准确传译话语要点，传译全部新专业技术词语，选词通俗，选词专业性中，语音音量稍高，语速稍快，语句语法正确，长难句少，主动句多，语速中等，连续口译时间中等，流畅度中等，允许少量习惯语，表情友好适中，与话语者随行(坐)，正面或侧面目视话语者，着正装(在宾馆、会议厅)。

14.5.1.2 图式A的笔译规范

考察阶段的笔译规范：完整精确翻译文本要点语义，选择翻译新技术词汇和语句，选词通俗，选词专业性中，简单句中，主动句中，语句语法错误少，时间中等，格式不拘。

项目预选的笔译规范：完整精确翻译文本语义，完整精确翻译新技术词语和语句，选词正式，选词专业性强，长难句中，被动句中，语句语法正确，格式讲究且符合有关正式文件格式，文本装订精制。

14.5.1.3 图式A的翻译规范解读

在"口译标准"部分，因初次考察，双方事前不大了解或根本不知道，口译者只能初步传译新技术词语，确切的术语待以后逐渐了解和改进；双方开始交流时比较礼貌，态度友好而谨慎；后续考察或项目预选时各方开始熟悉，话语内容更加深入具体，对新技术名词也逐渐确定，交流及口译信息增加，时间延长，态度友好坦诚。考察阶段的笔译内容是为技术领导人翻译零星书面资料(如对方新产品目录或公司简介)及临时信函，目的在于迅速获得信息，故语言标准较宽松；项目预选阶段，话语各方可能签订考察备忘录或意向性协议或考察方向自己上级机关或国际组织提出《项目建议书》及《项目可行性研究报告》，故笔译语言要求较高。

14.5.2 图式B(项目合同谈判及签约)的翻译规范

根据6.3.3节的图式B(项目合同谈判及签约),这个图式包含两个次要图式(一个是项目合同谈判的图式,另一个是项目合同招投标的图式),因此对翻译的需求有所不同。在合同谈判的图式里,前面大部分时间用于谈判,因而翻译以口译为主,地点通常在宾馆或会议厅,谈判者为各方高级管理技术人员;待到合同谈判大体告成,谈判结果由一方(通常是出口方)准备英文合同文本,交给进口方审阅(这时进口方须紧急要求文本翻译),最后各方签约。在项目招投标图式里,招标方(项目业主)在公开招标以前就准备好了合同文本,投标方领取合同文本后要求迅速翻译为母语,故书面翻译在前阶段。投标方经理及技术管理人员阅读翻译文本后决定是否投标;如决定投标,经理及技术人员填写好有关数据后派人(通常是翻译人员)送到招标人处所。待开标之日到签约时,合同各方才进行较多口译交流,且地点就在招标人办公室。项目合同谈判的口译不可采取同声传译,主要是因为同声传译无法准确传译各方的意见,也无法让各方有充分的时间去分析对方观点并提出己方意见。

14.5.2.1 图式B的口译规范

合同谈判的口译规范:准确传译话语要点,传译全部新专业技术词语,选词正式,选词专业性中,语音音量稍高,语速偏慢(通过调整语音语调及适当变译某些敏感词语而调控话语者的语气或表情),语句语法错误少,简单句多,主动句多,连续口译时间中等偏长,流畅度中等,允许少量习惯语,表情严肃,与话语者随坐,正面目视话语者,着正装(在宾馆、会议厅)。

合同签约仪式及庆祝酒会的口译规范:选择传译话语要点,选词正式,选词专业性低,语音音量稍高,语速稍快,语句语法错误少,简单句多,主动句多,连续口译时间中等,流畅度高,不使用习惯语,表情友好或兴奋,与话语者随行(坐),正面或侧面目视话语者,着正装(在宾馆、会议厅)。

14.5.2.2 图式B的笔译规范

合同谈判的笔译规范:选择翻译文本要点,精确完整翻译新技术词汇和语句,选词通俗,选词专业性强,简单句中,主动句比例中语句语法错误少,格式不拘,紧急完成。

合同正文及招投标文件的笔译规范：完整精确翻译原文，选词正式，专业性强，语句语法正确，长难句多，被动语态多，格式讲究，装订精制，中期或长期完成。

14.5.2.3 图式B的翻译规范解读

在“口译规范”部分，因合同谈判涉及各方具体权力和利益，且谈判内容深入到合同的主要技术成果或细节，故语速较慢；而庆祝酒会气氛愉快轻松，话语速度较快，声音爽朗，同时对口译者的表情和着装有要求。在“笔译规范”部分，合同谈判期间笔译内容主要是临时性的技术文件及商务信息，抓住要点即可；而投标合同文件和谈判达成的合同文件将作为正式法律文件出现，关系重大，故笔译要求严谨且耗时较长。

14.5.3 图式C(项目实施预备动员)的翻译规范

根据6.3.4节的图式C(项目实施预备动员)，其第一个特点是，就图式要素或“演出程序”而言相对简单，但是这些要素或“演出程序”会反复出现，在一些大型引进(输出)工程技术项目里，其“演出”时间会延续数月至数年不等；图式C的第二个特点是有形物资的数量很大，翻译人员不仅要协助工程技术人员辨认及收发文件、机器、设备和材料，而且还要翻译大量技术文件；第三个特点是此处的“预备动员”不仅仅指安排有形物品到达指定工地，还包括动员和接送参与项目实施的工程技术人员。在大型项目的开工仪式上，根据来宾多少和设备条件，可以考虑使用同声传译。

14.5.3.1 图式C的口译规范

选择传译话语要点，传译全部新专业技术词语(尤其准确完整地传译商业文件、机器、设备、材料、物资等术语)，选词通俗，选词专业性强，语音音量稍高，语速稍快，语句语法错误多，长难句少，主动句多，连续口译时间短，流畅度中等偏低，允许习惯语，表情友好自然，与话语者随行(坐)，正面或侧面目视话语者，在开工仪式口译时语气欢快并正面目视听众，着工装。

14.5.3.2 图式C的笔译规范

完整、准确翻译商务文件和工程项目文件(主要为贸易单证、机器、设备、材料等货物清单及质量检测证书),选词通俗,专业性强,简单句多,主动句中,语句语法错误中,格式讲究,文档装订一般,快速或中期完成任务。

14.5.3.3　图式C的翻译规范解读

图式C的口译主要发生在各类机构的办事窗口、海关、机场、仓库等临时人员来往较多的地方,故语速与声音偏高,对语言要求较为宽松。其笔译规范主要针对:1) 项目预备动员阶段中发货和收货的贸易文件;2) 伴随引进(输出)项目名下的机器、设备、材料而来的大量技术文件(技术规范、操作指南等),这部分也是专业技术难度最大的书面翻译资料;3) 工程技术人员派遣或达到的外交及行政文件。这些文件均有时间限定且事关该项目的直接费用和效益,故要求较高。

14.5.4　图式D(项目实施——建设、修改设计、安装、试车或试运营、结算)的翻译规范

根据6.3.5节的图式D(项目实施——建设、修改设计、安装、试车或试运营、结算),翻译工作均发生在合同项目的施工现场或临时办公地点,技术性客户最多,翻译工作量最大,口译和笔译难度最集中。其中的"修改设计"是简称,准确的术语应是"修改初步设计"(modification of the preliminary design),因项目实施期间根据实际情况须对初步(原始)设计进行修改,这一图式标志着项目实施的关键期,故技术人员、管理人员、普通员工以及翻译者的才能和知识都会在此期间充分发挥。

14.5.4.1　图式D的口译规范

选择传译施工话语要点,准确传译全部新专业技术词语(尤其是图纸、工艺流程、机器、设备、材料等范围的标准术语或通俗术语),选词通俗,选词专业性强,语音音量稍高,语速快,语句语法错误多,简单句多,主动句多,连续口译时间中等偏短,流畅度低,与话语者随行(坐),正面或侧面目视话语者,允许个人习惯语,允许手势语,表情友好,着工装。

14.5.4.2　图式D的笔译规范

完整、准确翻译项目施工各方的工程来往信函或文件,完整、准确翻译后续或新增的技术规范或子项目议定书,选词正式,专业性强(尤其是

图纸、工艺流程、机器、设备、材料、财务等范围的术语),语句语法正确,长难句多,被动句多,格式讲究,印刷清晰,文档装订一般,快速或中长期完成。

14.5.4.3 图式D的翻译规范解读

在工程项目现场,客户的目的是获得有用信息,故需要选择传译话语要点;在子项目开工仪式上话语略为正式,故口译也随从;口译绝大部分在中下级话语者之间进行,话语者交往时间很长且互相熟悉,话语就显得较"粗"(通俗话语),口译者有责任调控话语气氛;现场技术情况复杂多变,故口译者出现障碍性停顿不可避免。在笔译部分,"完整、准确翻译"(即精确翻译)的隐含意义在于:技术规范文件里常出现句型相同而内容不同的语句,新手容易省略不译,这是很忌讳的。技术规范及临时工程议定书专业性很强,工程各方来往信函虽然短小但"字字千金",故笔译标准从严。

14.5.5 图式E(工地会议)的翻译规范

根据6.3.6节的图式E(工地会议),这种会议的特别之处在于:不是主持人一个人唱独角戏,不是讲完就了事,也不是听完就了事,而是参会者人人要发言,最后形成统一意见,作为下一施工阶段的决定。此图式的翻译工作主要采取口译形式,笔译仅在会议之前准备有关会议文件或会后形成会议纪要。这种工地会议必须采用交替传译,不可能以同声传译方式进行,因为那无法准确地传译各方的复杂话语,也不能让各方人员有充分时间去思考和发表意见。

14.5.5.1 图式E的口译规范

准确、全面传译项目施工的疑难问题,准确传译全部新专业技术词语(尤其是关键的技术术语、财务术语以及疑难技术问题),选词通俗,选词专业性强,语音音量中,语速中等偏慢,语句语法错误少,简单句多,主动句多,连续口译时间中等偏长,流畅度中,表情较为严肃,与话语者随坐,正面目视话语者,允许少量个人习惯语,允许少量手势语,着工装或便装。

14.5.5.2 图式E的笔译规范

完整、准确翻译项目施工疑难问题涉及的技术文件、信函以及达成的会议纪要,选词正式,专业性强,长难句比例中,被动句中,语句语法正确,格式适宜，装订一般或简易，中期完成任务。

14.5.5.3 图式 E 的翻译规范解读

工地会议上时常发生各方讨论、争辩等情绪变动场面，故口译者在准确翻译的同时还应注意调控现场各方情绪；对于疑难问题讨论的口译是关键。在笔译规范部分，应着重表达各方达成的一致意见。

14.5.6 图式 F(索赔与理赔)的翻译规范

根据 6.3.7 节的图式 F(索赔与理赔)，口译进行的地点在工地事故现场、临时办公室、保险公司办公室，笔译则在翻译者办公室；翻译内容为项目事故(包括火灾、偷盗、抢劫、工期延误)引起的财产损失、工期损失及人员伤害；参与索赔的人员为引进(输出)工程技术项目的中高级管理人员，理赔方为保险公司下属项目经理。实际上，索赔理赔发生的时间与图式 E 或图式 G 同步。

14.5.6.1 图式 F 的口译规范

准确传译索赔和理赔的话语要点，准确传译索赔词语(尤其准确传译项目保险合同的有关条款、受损财物、人员伤害及索赔金额等关键词语)，选词正式，选词专业性中，语音音量中等偏低，语速中等偏慢，语句语法错误中，简单句多，主动句多，连续口译时间中，流畅度中，表情友好(通过控制语音语调及适当变译某些敏感词语而调控话语者的语气或表情)，与话语者随行(坐)，正面或侧面目视话语者，允许个人习惯语，允许手势语，着工装或便装。

14.5.6.2 图式 F 的笔译规范

完整、准确翻译项目索赔方与理赔方的来往信函及话语各方达成的会议纪要，选择翻译工程项目合同及项目保险合同中涉及索赔理赔的条款、索赔财产清单以及理赔财务文件，选词正式且专业性强(避免设备材料的通俗术语)，简单句中，被动句中，语句语法正确，格式适宜，文档装订一般，快速或中速完成。

14.5.6.3 图式 F 的翻译规范解读

在保险公司、业主、索赔方(通常是项目承建人)的三角关系中，前两者是强者，后者是弱者，故后者的话语及口译声音均偏低，语气随和，以争取最佳索赔结果；口译词语及语气宜中性且友善，笔译的词语、语气、格式正式严谨。

14.5.7 图式G(项目竣工与维护)的翻译规范

根据6.3.8节的图式G(项目竣工与维护)，口译工作地点在合同项目的临时工地办公室或施工现场，人员比较集中的活动是合同项目竣工仪式(或点火仪式或试车仪式或试运营仪式)，现场口译工作量较前期图式E减少；笔译工作内容主要是整个项目施工期间的结算、总结，维护期内的工程量计算文件及付款文件，少量新增物资或工程文件，竣工报告及竣工仪式官员致辞。

14.5.7.1 图式G的口译规范

选择传译施工各方话语要点，尤其准确传译整个施工期及维护期的技术要点及财务细节，选词通俗，选词专业性中，语音音量稍高，语速中等略快，语句语法错误多，简单句多，主动句多，连续口译时间中等，流畅度中，表情友好(在竣工仪式应保持喜悦)，与话语者随行(坐)，正面或侧面目视话语者，允许个人习惯语及允许手势语(竣工仪式除外)，着工装或便装(仅在竣工仪式)。

14.5.7.2 图式G的笔译规范

选择翻译维护期内余留项目及新增项目中各方的来往信函、会议纪要及工程议定书等，准确翻译整个项目的技术文件和财务文件，选词通俗且专业性中(兼有物资设备材料的通俗术语)，简单句中，被动句中，语句语法错误中，格式适宜，装订简易，快速或中期完成。

14.5.7.3 图式G的翻译规范解读

经过长时间施工，合同各方已经相当熟悉，口译部分除了在竣工仪式较为正式外，其余场合相对随意，但口译者仍应注意调节话语各方的情绪(避免因技术和财务细节“翻脸”)。笔译部分除了项目负责人(业主、项目经理、投资人)在竣工仪式致辞外，其他工程技术文件及财务文件的词语应与前期文件保持一致，数据应准确翻译。

14.5.8 图式H(项目交接与终结)的翻译规范

根据6.3.9节的图式H(项目交接与终结),本图式的口译重点:第一是合同项目业主最后将组织同行业专家验收委员会对该项目进行实地验收并举行验收报告会,第二是项目终结手续会涉及众多机构(包括业主办公机构、海关、港口、船公司等诸多方面);笔译的重点:第一是项目验收报告,第二是承建方移交名目繁多的各类文件给业主方。

14.5.8.1 图式H的口译规范

完整、准确传译合同各方的话语要点,选择传译合同项目的主要工程指标、主要技术参数及财务数据,选词正式,选词专业性强,语音清晰、音量稍高,语速中,语句语法错误少,简单句中,主动句多,连续口译时间中等偏长,流畅度中,表情严谨适中,与话语者随行(坐),正面目视话语者,少量个人习惯语,少量手势语,着工装或便装或正装。

14.5.8.2 图式H的笔译规范

完整、准确翻译合同项目验收报告及项目内外各类终结或结清手续文件,尤其准确翻译合同项目的主要工程指标、主要技术参数及财务数据等词语,选词正式(避免物质、机器、设备的通俗术语)并专业性强,复合句比例中,被动语态句比例高,语句语法正确,格式规范,书面印刷清晰,文档装订普通或精制。

14.5.8.3 图式H的翻译规范解读

在大型工程项目的验收仪式及报告会的口译现场,可以考虑使用同声传译;但实际上多数中小型项目验收仪式参加人员不是很多,主要使用交替传译。笔译方面,尤其注意选词及语句内容与前期文件保持一致,数据也与前期数据一致。

14.6 工程技术翻译的三级标准——实施规范(岗位适用)

本节讨论的实施规范(岗位适用)是一套针对翻译主体(翻译者)的行

为标准。各类大中型引进(输出)工程技术项目实施期间一般存在不同的翻译岗位或翻译者(参阅 10.1.3 节"按岗位分类的翻译者")。有关翻译者的标准或规范,目前翻译理论界(包括 2003 年及 2006 年颁布的国家翻译规范,参阅 13.3.2 节"精确翻译原文语义")关注的仅是个体翻译者,而对翻译岗位的研究还极少,国内已经公开出版的著作中曾有人论述过联合国的翻译岗位(曹菡艾、赵兴民,2006;赵兴民,2011)。

14.6.1 工程技术翻译的岗位

一个引进(输出)工程技术项目需要设有多少个翻译岗位,不能一概而论。本书以大型引进(输出)项目为例,分析其翻译岗位的职责及其标准或规范。大型引进(输出)工程技术项目对翻译岗位设置较为合理完备,在一定程度上囊括了其他中小型项目的情况,因而具有研究样本的性质。

哪些项目(企业)属于大型工程技术项目?2004 年之前的很长一段时期,我国的企业划分为特大型、大一型、大二型、中一型、中二型及小型企业。根据国家统计局 2011 年的最新规定,大型工业企业的标准是:人员 1,000 人以上,营业收入 4 亿元以上;大型建筑企业的标准是:营业收入 8 亿元以上,资产总额 8 亿元以上(国统字(2011)75 号,2011)。自从 1949 年以来,实际上引进(输出)工程技术项目的企业(公司)基本上为中一型及以上的工业企业和建筑企业。需要说明的是,工业企业引进(输出)的项目一般是工业成套设备、成套技术和大型机器设备,而建筑及服务性企业的引进(输出)项目一般为土木建筑承包工程及城市基础设施服务项目。

为了便于进行引进(输出)工程技术项目,项目的上级领导或项目经理部(或指挥部)往往临时或长期以外事办公室或翻译室(组)的名义设置翻译工作岗位,通常包括首席翻译一名、终审翻译一名、项目翻译两人以上(这是最低数,多的可达数十人至上百人)、公关翻译一名以上。项目翻译岗位的标准自然涉及该岗位的职责。只有了解翻译岗位的职责,才能制定和达到该岗位的标准。这两项内容,无论从理论研究角度还是实践角度看,都是不可分割的(参阅 10.1.3 节"按岗位分类的翻译者")。

14.6.2 首席翻译的职责及翻译规范

14.6.2.1 首席翻译的职责

引进(输出)工程技术项目的首席翻译(chief interpreter)通常是翻

译室(组)的负责人,主要进行项目经理部与业主、监理方(或称驻地工程师、业主代表、甲方代表)以及项目所在国政府高层机构的沟通翻译工作,具体活动包括参加高层联席会议协商项目进行的重大问题(如决定修改初步设计、决定新增工程议定书),参加工地会议讨论项目阶段性的工程技术难点,陪同项目各方高层人员巡视工地,翻译高层文件及来往函电,参加项目开工仪式及完工交接仪式,以及指导其他翻译人员。

14.6.2.2　首席翻译的翻译规范

口译规范:完整、准确传译各方话语,注意选择传译合同项目的主要工程指标、主要技术性能及财务数据,选词正式,专业性强(涉及项目的术语应符合合同标准技术用语及技术规范),简单句比例高,主动句多;会议口译时语音中等,语速中等或偏慢,流畅度中或高(极少障碍性停顿),连续时间中等或偏长;巡视工地时语速略快,语句语法正确或错误少,无个人习惯语,无明显手势;在庆祝酒会、开工仪式及完工仪式上语音清晰,音量较高,语速中等或略快,身着正装,正面目视话语者,连续口译时间中等偏长,同声传译语速略快于交替传译,表情友好、自然。

笔译规范:完整、准确翻译或审核合同正文及技术规范,完整翻译项目各方的文件和往来信件函电,选词正式且专业性强,长难句比例高,被动语态句比例高,语句语法正确、严谨,格式符合特定要求,中期或长期任务,文档制作精致。

14.6.2.3　首席翻译的翻译规范解读

首席翻译者有较多时间与项目管理及建设的高层人物接触,其口译风格表现出准确、平稳,又不失灵活(参阅 10.4 节“工程技术翻译者的风格”)。一位优秀的首席翻译不仅能够有效传译话语本身,而且能够适当控制会谈局面,由此为己方争取话语机会及权益。首席翻译者进行的文件翻译往往是其他新手翻译者的样本,因此应发挥自己的才智做出良好的示范,包括不出现定冠词、不定冠词、物主代词、数词等方面的微细失误。该笔译规范严谨、准确,不仅传达语义,还传达相应的语气或风格。

14.6.3　终审翻译的职责及翻译规范

14.6.3.1　终审翻译的职责

与首席翻译侧重组织联络不同,在有些大型工程项目中设有专职的终审翻译(finalizing translator),相当于项目指挥部的文字“内当家”,负责处理数量巨大(动辄以公斤或公吨计量)的书面文件及资料,包括统一翻译文件的内容及风格、核对术语、调整或提升语言表达方式。这与出版社、报社等部门配置终审编辑是同样道理。例如,20 世纪 90 年代,我国西南地区首个世界银行贷款的大型项目——成都—重庆高等级公路,其建设指挥部就配备了专职终审翻译。终审翻译主要是负责笔译合同正文及技术规范或审核他人翻译的该类文件的初稿、笔译项目各方高层颁发的重要文件,有时会同首席翻译及有关方面协商文件翻译的重要内容或术语。若其他翻译者对国家标准、国际标准、行业标准等内容不了解,翻译词语不规范,终审翻译有责任进行调整。

14.6.3.2 终审翻译的岗位规范

确认项目合同及技术规范的统一术语,完整、准确翻译合同正文及技术规范,完整、准确翻译项目各方的重要文件,尤其是项目的所有工程指标、技术参数及财务数据等专业词语,选词正式,专业性强,长难句比例高,被动语态句比例高,语句语法正确、严谨、地道(词汇和语句的拼写误差率控制在万分之一内),中期或长期任务,文档印刷清晰,装订精制(包括格式符合国际通行要求或行业要求),审阅校勘其他翻译者的书面翻译文本。

14.6.3.3 终审翻译的岗位规范解读

终审翻译的工作量常常很大,首先要确认某工程项目文件统一的术语(尤其是中译外及外译中的高新技术项目术语),又负责翻译整个项目的重要文件并终审其他译文的重要责任,故翻译速度或审核校勘的速度较慢。该岗位的工作特点是为工程项目翻译起到把关作用。“词汇和语句的拼写误差率控制在万分之一内”参照我国一级(最高级)出版物的标准确立。

14.6.4 项目翻译的职责及翻译规范

14.6.4.1 项目翻译的职责

项目翻译(project interpreter)这个称谓,并不是指服务整个引进(输出)工程技术项目的翻译,而是特指负责某个子项目的翻译。这个称谓源自引进(输出)工程一线员工对分管子项目的工程师的称呼——“项目工程师”。每个工程项目设有负责不同子项目(有的称工段)的工程师,譬如：房屋工程有建筑工程师、结构工程师、给排水工程师、电气工程师；道路桥梁工程有测量工程师、路堤（路基）工程师、爆破工程师、材料工程师、路面工程师；玻璃工程有玻璃工艺工程师、电气工程师、机械工程师、动力工程师、管道工程师；化工工程有化工工艺工程师、分析化验工程师、原料工程师、管道工程师等。当然，每一个工程项目一般还设立会计师或经济师。由此，项目翻译岗位通常也根据所在工程子项目的名称进行划分，例如路堤工程翻译、材料工程翻译、模具工程翻译、机械工程翻译、电气工程翻译、管道工程翻译、化工工艺翻译等。

项目翻译的主要职责是协助来自合同各方的子项目工程师在实施该子项目期间的交流沟通，通常包括：参与子项目的开工申请、子项目实施、子项目巡视检查、子项目完工验收及结算、翻译子项目技术规范及补充的工程议定书、翻译子项目各方来往信函等。

14.6.4.2 项目翻译的岗位规范

口译规范：完整传译各方话语，但根据工地现场语境允许采取灵活、委婉的选择性传译方式，准确传译子项目的各项工程指标和技术性能，选词通俗且专业性强，简单句多，主动语态句多，语音音量偏高，语速偏快，语句语法错误多，流畅度中或低，允许个人习惯语，允许部分手势，连续口译时间中等偏短，表情随语境变化，衣着工装，正面或侧面目视话语者，坐立随意。

笔译规范：完整、准确翻译子项目各方的往来信件函电，完整、准确翻译子项目的技术规范或工程技术议定书，尤其准确翻译子项目的各项工程指标和技术性能，选词正式且专业性强，长难句比例中，被动语态比例中，语句语法错误少，格式符合整个项目文件的要求，紧急或快速任务，文档简易清晰。

14.6.4.3 项目翻译的岗位规范解读

口译中"语句语法错误多"指除了允许冠词、不定冠词等微细失误外，还允许句法不完整、时态不确切、部分信息重复等失误，但以不影响传译核心信息为前提。口译的"语速偏快"是为了适应工地现场技术员工作的快节奏，其语言要求在于传译核心信息，故对语法等因素要求不高。如果仅从语言学角度考量，项目翻译岗位的标准似乎不高，但实际上这个岗位要求翻译者对子项目的工艺流程、工程设备、主辅材料、化验实验、施工进展、员工习语等专业领域的知识都应大致了解，这对于翻译新手是极富挑战性的考验。

14.6.5 公关翻译的职责及翻译规范

14.6.5.1 公关翻译的职责

公关翻译(interpreter for public relations)是大型引进(输出)工程技术项目必有的岗位,其职责是服务于项目经理或项目办事处经理与项目所在地的政府机构或其他公司进行联络沟通,协助处理工程项目的外部事宜。公关翻译要经常联系该项目的业主、政府主管部门(如道路桥梁工程项目属于交通部,房屋项目属于建设部,钢铁矿山项目属于冶金工业部,玻璃工程项目属于轻工业部)、咨询监理公司、项目所在国外交部或大使馆或领事馆、内政部及移民局、劳工部、警察局、外贸部、海关、机场、银行、港口、船公司、汽车或火车运输公司,以及工程项目可能涉及的其他公司或机构。公关翻译既要承担口译(包括会议口译和一般交流口译),也要承担笔译(包括合同项目各方与项目外各个机构发布的文件及信函)。

14.6.5.2 公关翻译的岗位规范

口译规范:选择传译各方话语,并根据现场语境采取灵活、委婉的选择性方式传译项目的主要工程指标和技术性能,选词正式且专业性中或低,简单句比例高,主动语态比例高,语音语调中等,语速中等或稍慢(参加高级会谈时),进行同声传译时语速偏快,语句语法错误少,少量手势,少量个人习惯语,流畅度高或中,连续口译时间中等偏长,表情友好,正面目视话语者,着正装或便装。

笔译规范:完整、准确翻译项目各方的对外文件和函电,选择翻译项目的主要工程指标、技术性能及经济指标,选词正式且专业性强,长难句比例中,被动语态比例中,语句语法正确(且符合外交辞令),格式符合合同及外交文件要求,短期或中期任务,文档清晰,装订精制。

14.6.5.3 公关翻译的岗位规范解读

公关翻译者主要参与项目经理部或指挥部与项目外的高级、中级和初级机构交流,所传译的信息事关全局,口译标准在速度上要求不高,重点在于稳重而灵活。公关笔译文件可能送达合同各方多个机构的高层人员阅读,其中许多要求存档供项目终结清算和移交并作为将来合同各方可能提起仲裁或诉诸法律的原始证据,故要求完整、准确、严谨。

14.7 工程技术翻译的三级标准——实施规范(客户适用)

本节讨论的实施规范(客户适用),在翻译学意义上,是一套从客户(受让者)的视角提出的翻译标准。在多位翻译者的研究中,称客户对翻译效果的要求或评价为“客户期待”(Moser, 1996;刘和平,2002: 390;汝明丽,2002: 364;范志嘉、任文,2012: 321),只是以往的研究者很少具体描述客户的需要到底是如何表达的。本节试图从客户的心理出发并使用客户的语言方式来描述他们的需求或期待,由此与前面的图式规范和岗位规范形成一套完整的翻译标准体系。

14.7.1 构建客户期待规范的必要性

翻译理论界讨论翻译标准,基本着眼于翻译者自身,而从客户角度提出的标准或规范或期待不多。最近三十年来,对于翻译效果(客户反馈)的研究已经出现(布勒,1986;库尔兹,1986;谢莱森格,1994;科利亚多斯艾斯,1998;张其帆,2002;张威,2010),但研究者大多是对普通会议(非谈判性会议)以及专业技术信息含量较低的联络翻译、法庭翻译、社区翻译等案例进行分析,而极少对归属谈判性会议且专业技术信息含量较高的工程技术项目翻译的客户进行研究。

工程技术项目翻译的客户或受让者不同于倾听会议的参与者,也不同于文学翻译作品的陌生读者(尽管这两种情形皆有众多人数)。工程技术翻译的客户期待来源于不同岗位、不同职责,不同工作目标,因而产生群体性的区别。同时翻译者应该切记的是,他们的要求也不同于翻译者自身的,因为他们是项目管理者、工程师、技术工人,其职责是组织、设计、建设、安装、试车、结算并让工程项目产生经济效益。翻译者是人文学科工作者、人文专业学生,也是语言专业工作者。虽然大家都在利用翻译,但工程技术人员与翻译者的关注焦点不是完全一致的,这在上述学者的研究中已经非常明显(同上)。譬如工程技术人员主要关心话语语义(包括隐含话语)是否有效传递,而翻译新手往往更关心表面话语的传译,还注意自己的语音语调是否地道,甚至自己的嗓音是否优美。因此,把一线工程技术人员对翻译者或翻译行为的期待与翻译规范联系起来,能够使翻译规范进一步指导翻译实践，也有助于深化翻译标准理论的研究。

根据 6.2.5 节，引进(输出)工程技术项目翻译有三个客户群：(1) 高级技术管理层客户群(包括合同项目业主、咨询设计监理公司经理、项目所在国家(城市)政府各主管部门负责人、项目承建方国家驻项目所在国大使馆及领事馆负责人)；(2) 中级技术管理层客户群(包括合同项目经理、项目主监(业主代表)、项目副经理、项目总工程师、总会计师、业主下属部门负责人、咨询设计监理公司下属部门负责人、政府主管部门下属科室负责人以及移民局、警察局、海关、机场、银行、船公司、铁路局、保险公司、税务局、工商管理局等项目外涉机构的下属科室负责人、有关使领馆部门负责人)；(3) 初级技术管理层客户群(包括合同项目内子项目主管工程师、工段长及普通员工、子项目监理工程师、业主下属部门经办人、咨询设计公司下属部门设计师、政府主管部门下属科室经办人、有关使领馆部门经办人以及移民局、警察局、海关、机场、银行、船公司、铁路局、保险公司等项目外机构的经办人)。

14.7.2 高级技术管理层客户群的期待翻译规范

14.7.2.1 口译规范

翻译人员能够完整、精确地翻译各方的谈话，尤其能够概括性地翻译项目的工程指标、技术性能，经济风险及利益、政治风险及利益，说话符合逻辑，用词符合合同、规范及工程行业习惯，说话言简意赅；汉语翻为英语时符合英语的表达方式，英语翻为汉语时尽量符合我们的习惯，不生硬，没有学生腔(指使用学校用语、文科用语，不了解工程技术语)，少用或者不用“被”字句，可以多用“把”字句，表达连贯通顺，话音适中，语速中等或者不要太快，目的是让人听清楚；如果进行同声传译，翻译人员的语速可以中速偏快；参与谈判重大问题时翻译的语言要慎重，发生争辩时翻译人员的语言要灵活，维护我方的利益；遇到宏大场面时声音要洪亮，在宴请和庆祝大会时能够适当调控现场气氛；翻译人员可以重复部分关键词语，正式场合不用手势，不用口头禅，能够翻译较长时间的谈话(譬如三分钟以上)，表情稳重，穿着得体。

14.7.2.2 笔译规范

翻译人员能够完整准确地翻译合同文件和其他各种文件(包括来往函电)，尤其要准确翻译合同涉及的工期、付款、设计变更、临时工程变更和设备材料变更等方面的重要条款，弄清楚各方文件和函电中的关键信息，措辞谨慎并符合合同及规范，句子表达较为正式，中翻英时可以多用些被动语态，英翻中时少用“被”字句，文句通顺，没有学生腔，格式与原文配套，翻译速度中等但要满足项目需要，文件页面整洁美观。

14.7.2.3 规范解读

所有工程技术翻译者试想一下，我们的高层客户在提出翻译要求时会怎么说？“我方”或“我们”是高层客户的自称，他们谈话或关注的对象较为宏观与超前，对工程技术项目的高新技术性能和经济效益颇为注意，同时也注意规避政治风险及法律风险。他们对翻译的期待规范可以简要概括为“完整、概要、可靠”。上文不使用“改变”而用“变更”，不使用“操控”而用“调控”，不用“话语得体”而用“没有学生腔”等措辞，也是为了适应高层客户的语言习惯。

14.7.3 中级技术管理层客户群的期待翻译规范

14.7.3.1 口译规范

翻译人员胜任各种谈话的翻译，特别是能够精确翻译工程指标、技术参数、施工进度的情况，还能翻译项目和当地协作单位的谈话，说话条理清晰，言简意赅，能够使用合同术语和规范术语，中翻英时尊重对方习惯，英翻中时尊重我们的说话习惯，少用“被”字句，可以多用“把”字句，表达通顺，声音适中，语速适中，偶尔需要同声传译时语速可以稍快些；如果双方发生争执，翻译人员要维护我方的利益；遇到大场面时声音比较洪亮、吐词清楚，能够灵活把握现场气氛，可以重复部分重要词语，适当利用手势和个人习惯语，能够翻译正常时间内(譬如 1—3 分钟)的谈话，表情轻松，衣着得当。

14.7.3.2 笔译规范

翻译人员能够完整、准确地翻译合同条款、技术规范、技术标准，包括其他文件和往来函电，尤其要准确翻译涉及付款、工期和增加工程量的敏感条款，还有规范中的难点难句，以及文件、函电和会议纪要中的敏感信息，用词比较正式，多运用合同术语，文字书写正确通顺，语言表达尊重汉语和英语的习惯，格式恰当，文档制作得体。

14.7.3.3 规范解读

该规范中的“翻译人员”二字是工程技术管理人员对翻译者的通称，

对于翻译者个人,他们一般尊称为"×××翻译"或"×翻"(姓+翻);"我们"是中级技术人员的自称。该客户群要求翻译者了解全部的工程指标、技术性能等诸多细节,掌握工程项目的整体实施计划和月(周)实际进度,了解重点子项目的进展,了解项目实施中的主要技术问题及其他难题;语言能力方面,要求翻译者能够传译全面情况、思路清晰、表达通顺。

14.7.4 初级技术管理层客户群的期待翻译规范

14.7.4.1 口译规范

英翻(英语翻译)、阿翻(阿拉伯语翻译)、西翻(西班牙语翻译)(或者其他语种翻译)能够完全翻译各方面的谈话,精确地翻出工程指标和技术参数还有施工进度的详细情况,包括有时候双方争论的内容也要翻,及时概括说话者的观点,还要灵活翻译工地上出现的意外情况,用词不一定是合同上的原词,也可以是行话或者习惯说法,言简意赅,表达通顺,英翻中要符合我方一线人员的习惯,中翻英尽量符合对方的习惯,偶尔"卡壳"也是可以理解的,说话(声音)适中,可快可慢,遇到人多、嘈杂的时候要大声,适当活跃现场气氛,最好着工装。

14.7.4.2 笔译规范

英翻(阿翻、西翻或其他语种的翻译)要翻好合同内容、规范和操作手册还有其他各种报告,主要是准确翻好合同的技术要求和付款要求,解决规范中的难点,翻出报告中的主要内容和观点,用词恰当,文句通顺,尊重彼此的语言习惯,样式不要太复杂,稿子干净整洁。

14.7.4.3 规范解读

"英翻""阿翻""西翻"是普通员工分别对英语翻译者、阿拉伯语翻译者、西班牙语翻译者的通俗称呼。本规范里的重点是要求翻译者能够翻译出工程技术项目(子项目)实施的详细情况,包括技术细节和施工细节,对专业知识和现场技术情况要求较多,语言表达方面讲究灵活简便。

最后需要说明的是,本节从构建工程技术翻译标准体系的目的出发,将合同项目涉及的各类客户及其期待列出,其目的是便于研究各类翻译标准的典型性样本。但在具体的场合或语境中,各类技术管理人员可能同时在一个场景工作,因此翻译时不能生搬硬套,要灵活发挥。

第十五章

工程技术翻译的方法论

方法论是“(1) 关于认识世界、改造世界的根本方法的学说;(2) 在某一门具体学科上所采用的研究方式、方法的综合”(中国社会科学院语言研究所,2007: 383)。这个定义与 *Concise Oxford Dictionary*(9th edition)中的 methodology 的定义基本一致。本章就是研究工程技术翻译涉及的多种方法,故称为工程技术翻译的方法论。

在百度或谷歌网上输入“翻译方法”一词,各种冠以“翻译学研究方法”的条目达数百条之多。其中,研究翻译方法的著作主要有《变译理论》(黄忠廉,2002)、《科学翻译学》(黄忠廉,2004)、《翻译方法论》(黄忠廉,2009)、《口笔译理论研究》(刘宓庆,2004)以及《应用翻译研究: 原理、策略与技巧》(方梦之,2013)。当然,其他翻译理论著作中也或多或少提及方法的研究,不过显得零散。这些理论或是研究翻译方法的原则,或是研究翻译方法的性质,或是研究翻译方法的具体技巧。总体来说,黄忠廉的几部翻译方法论著作较为深入系统,研究了多种翻译方法的概念、特点和机制,分析了译者、读者和翻译客体,由此建立了一套完整的翻译方法论学科体系。正如郭著章所说:“此可谓是华夏译论研究的一种突破”(郭著章,2001;转引自黄忠廉,2002: IX)。但是黄忠廉讨论并举例的似乎全是笔译方法,对口译方法没有进行具体讨论。

另外,其他国家的翻译理论家也有涉及方法论的著述,例如 *Toward a Science of Translation* (Nida, 2001), *The Theory and Practice of Translation* (Nida, 2001),

Approaches to Translation（Newmark，2001），*A Textbook of Translation*（Newmark，2001），*Introducing Interpreting Studies*（Pōchhacker，2004）。虽然有些书的名称不是方法论，但其中很多章节涉及方法与技巧的研究。奈达主要讨论《圣经》翻译的实践与方法问题，而纽马克讨论的翻译方法涉及广泛的社会科学翻译，只是这些论著基本上在讨论文学翻译及社会科学翻译问题，没有涉及工程技术翻译。

15.1 工程技术翻译方法的分类

方法是一个极为普通的词语。如果我们对“方法”一词的实际使用情况稍加分析，可以发现，所谓“方法”有两重含义：第一是泛指人们达到目标的各种办法或手段，即一种通称，例如人们常常说起工作方法和思想方法；第二是当出现其他类似术语（如策略、技巧）而产生比较情形下的特指意义，即方法论中的某一类。不少研究方法论的人也谈起与方法意义相近的“策略”和“技巧”两个词语（方梦之，2013）。所谓策略，根据《现代汉语词典》的定义，是“根据形势发展而制定的行动方针和斗争方式”。其中的关键词“方针”是“引导事业前进的方向和目标”，另一关键词“方式”是“说话做事所采取的方法和形式”。所谓“技巧”或“技能”，则是“掌握和运用专门技术的能力”。

由此可见，在上述第二种指称下，“方法”往往指思维抽象程度最高（或较抽象）、应用范围最大的方法，即具有指导方针性质的总体方法，或称为一级方法；而近义词“策略”则是指思维抽象程度中等、中等层级的、有特定应用范围的方法，或可以称为二级方法。另一近义词“技巧”则是指抽象程度初级且指向具体的“解决问题的门路、程序等”，在本章特指处理语音、词汇、语句及语篇等具体语言层面的方法，可以称为三级方法。这种区别在方梦之（2013）、凌渭民（1982）、韩其顺（1990）、戴文近（2004）、黄忠廉（2009）等人的著作中均有体现。翻译家杨自俭对此也有同感，他认为：“‘策略’强调……谋划、对策、手段。‘方法’强调程序、模式、过程、规则”（杨自俭，2002）。只是各自的表述方式不尽相同。

不过，从更为广阔的哲学认识论及认知科学视角看，方法也是一种认识活动和实践活动的结晶,而且具体的各式各样的方法形成于人类神经的某些高级活动。借用认知科学的概念“元认知”(即人们对于自己认知过程的认知和调节)(迪绍夫,2014),我们可以发现:在方法论范畴内,最高程度的方法应该是元方法,即人们认识和使用方法的方法。

在本书研究的框架下,工程技术翻译方法论的意义指向为:(1) 在理论纵向轴上,包括以认知科学为基点的元方法,以目标、过程、手段为参照的指导性方法(一级方法),以凸显操作策略的方法(二级方法);(2) 在理论横向轴上,包括相对抽象的理论方法、相对具体的实施方法。

15.2 工程技术翻译的元方法

15.2.1 元方法的概念

元方法,即认识和使用方法之方法,属于本书讨论的最高程度的方法,具有哲学认识论的意义。工程技术翻译的元方法就是:工程技术翻译者对于翻译方法的知识、选择及运用的能力,还包括对影响翻译方法的因素和条件的了解及操控。

工程技术翻译是大规模的“一条龙”服务,是翻译领域的一项系统工程,翻译者对如何从事具体的翻译工作应该有个通盘的考虑,获得相应的方法论知识储备和能力,即应该掌握翻译的元方法。黄忠廉认为:“翻译观决定翻译方法论,决定翻译方法的选择”(黄忠廉,2009:2)。所谓翻译观,应该是翻译者临近翻译任务时依据现场感受而形成的如何选择翻译方法的理念,这可以视为翻译元方法的一部分。还有翻译家认为:“翻译水平:要记住并非所有的翻译都要达到同一水平。开始一项翻译任务之前,你一定要弄清楚需要的只是个粗略的草稿,还是完全准确的译稿;是供内部使用,还是真正供出版使用”(莫里·索夫,2009:35)。纽马克在讨论交际翻译时说:“交际翻译总是关注读者,但如果文本脱离了译语的时间和空间,等效元素就不起作用了”(纽马克,2008:23)。他们的意图很明白,具体的翻译方法是由译入语的时间和空间决定,即由翻译的语境决定,而不是依靠翻译理论家的臆想选择。这表明了选择翻译方法的知识及过程,也是元方法的一种体现。

15.2.2 元方法的获得

从认知科学的角度看，翻译者如何获得元方法所要求的知识和能力？本书认为，工程技术翻译的元方法可以从以下途径获得。

15.2.2.1 积累方法论知识和工业知识

在承担具体的工程技术项目翻译工作之前，翻译者应从理论和实践两个方面学习适当的翻译方法理论知识和多学科的工业知识。这个基础性的任务并非一朝一夕就能够完成，需要工程技术翻译者或者准备从事这个行业的工作者进行长时间刻苦学习，积累和总结经验。演员“台上一分钟，台下十年功”，教师“倒给学生一杯水，自己应有一桶水”。这些行业话语形象地揭示了平时积累知识的能力与实践运用技能的关系。

一方面，翻译者平时应注意学习和积累常见的翻译方法、策略、技巧等各类层次的方法论理论知识，同时，翻译者还应注意了解和掌握各种先进的翻译手段、翻译设备（包括翻译软件）、机构、人员、行业背景、行业规范等外围因素；另一方面，翻译者在不断提升外语能力的同时，广泛学习或接触人文学科、自然学科及工程学科（参阅 8.4 节“工程技术翻译的知识语域”）。目前我国中学文理科较早分离，大学学科划分过细，绝大部分学生无机会获得多个学位。在此情况下，我国工程技术翻译者更应广泛地学习。奥地利著名科学术语学家乌斯特在其术语学的奠基性著作《在工程技术中（特别是在电工学中）的国际语言规范》里指出：“应该承认，语言学家单独地、没有技术人员的合作，不可能卓有成效地开展技术语言的规范工作。……科学地整顿语言应该看作是应用语言学，正如把技术称作应用物理学一样。在这项工作中，语言学工作者应该获取技术知识，而工程师应该学习语言知识”（转引自孙寰，2011：272）。

15.2.2.2 了解工程技术项目的特征

当引进（输出）工程技术项目确定后，翻译者应迅速了解该项目的技术类型、产品性能、生产或建设流程。这个类型涉及工程技术项目分布的众多语域。本书论述的中国引进（输出）工程技术项目涉及的门类，主要有机械工程、电气工程、冶金工程、矿业工程、土木工程、交通工程、化工工程、纺织工程八大门类，各技术门类及其产品又表现为不同的生产流程（工艺）及产品形式。譬如，机械电气类工程项目的实施，既可以表现为生产某型号的机械电子电气类实物(产品),也可以表现为提供和安装各型成套设备或提供机械电子电气生产的专利或专有技术。矿业工程技术项目通常表现为野外或地下的采矿、选矿、洗矿、运输等过程;石油化工项目通常表现为野外勘探、采油、原油运输及储存、炼油厂裂化加工为成品油等过程;化工及纺织工程项目通常表现为大中型成套技术设备的引进(输出)、复杂管道、反应炉及高压釜等设备安装、化工辅料采购、试车(调试)、投料投产等过程;公路桥梁及建筑工程通常表现为野外踏勘、开通便道、爆破开挖、建设路堤(屋基、桥基)、修筑涵洞(引桥)、架设"天扣"(大型桥梁工程初期在河道两岸空中架设的设备运输钢缆)、输送材料、材料力学实验、路面压实、路面或桥面混凝土浇筑或沥青混凝土摊铺等流程。这些不同的生产流程及产品形式要求不同的翻译服务。

引进(输出)工程技术项目还包括有关非工程技术知识,因为那些知识(如投资规模)在一定程度上决定了工程技术翻译的具体方法及工作量。例如:4亿元以上大型工业合同项目(国家四部委,2011)通常涉及工程技术翻译语境场的八个图式,会产生较多的正式文件,包括合作意向性协议、项目建议书、项目可行性研究报告、项目申报书、项目批准书、项目合同条款、技术规范、补充合同议定书等,以及名目繁多的辅助性文件;还会出现较多的高级别交流活动(如考察、访问、谈判、磋商),且成立完整的翻译团队。而小型工业项目(2011年的标准是投资金额4千万元以下)选择翻译方法的出发点是不相同的,譬如较少有高级别的社交人员和场面,跨国考察机会很少,文件数量及品种也会更少,翻译者人员少且分工不甚明确。

15.2.2.3 了解工程技术项目的客户

在得知即将承担工程技术项目的翻译任务后,翻译者应迅速了解引进(输出)工程技术项目的合同各方人员:业主方(引进方或输出方或物权所有方)、投资方、建设方、监理方等。翻译者对于某个工程技术项目人员的了解程度,连同对工程技术项目技术类型和特征的了解,将决定他(她)具体选择何种工程技术翻译的方法。翻译者对从事的项目了解越详细越深刻,翻译方法就越有针对性,翻译效果也会越好。这也是工程技术翻译元方法的要求之一。

翻译服务的客户或对象就是项目有关的各类人员,他们的岗位职责、工作经历、语言能力、个人爱好等是翻译者应该关注的重要因素。这些因素常常直接影响翻译效果。人员划分可以按照岗位划分,譬如高、中、初三个级别的技术管理人员;也可以按照场地划分,如项目工地内的人员和项目工地外的人员、办公室人员和工地现场人员;还可以按照工作性质划分,如工程管理人员、工程技术人员、商业机构人员、政府行政人员。不同的人员往往对翻译服务有不同的需求,如:高层人员仅需了解工程项目的大体技术水平、经济效益、政策支持;中层人员着眼于制定项目的施工计划,保障施工设备材料人员,组织施工,监督项目质量及进度完成情况;初级人员具体执行施工计划,完成技术规范的每一项要求。另外,了解项目有关人员的国籍来源也是非常必要的,这会决定他们的说话口音和翻译风格(参阅第八章《工程技术翻译的语域》)。项目有关人员的个人经历也是翻译者必须了解的内容,包括从业范围、从业时间、从业国家或地区、从业的具体项目、从业的职位经历等。

15.2.2.4 了解工程技术项目的语境

项目确定之后,翻译者还应迅速了解项目的工作环境。工作环境或语境宏观上划分为八个图式,这也是工程技术翻译区别于其他行业翻译的最大不同之处。翻译者在牢记八个图式的同时,还应对项目环境进行细分。例如,按自然环境性质,划分为办公室环境和工地或车间环境;按交际范围,划分为项目内交际环境和项目外交际环境;按语音传译环境,划分为安静环境和噪声环境;按受众人数,划分为小众环境和大众环境;按受众级别,划分为高级、中级和初级环境;按翻译服务种类,划分为口译和笔译环境。只有当翻译者对将要展开工作的环境感到熟悉、心中有数,才能选择较为有利的方法顺利进行翻译。

15.2.3 元方法的监控

翻译者认识元方法,类似于经历认知科学的元认知过程。元认知的一项主要功能是元认知监控。翻译者获得了元方法后,还应启动元方法的监控机制,追踪元方法将产生的作用效果。在本书第十一章,我们研究了工程技术翻译的监控机制,把翻译客户和语境的选择性反应与翻译者的语言产出修补行为合并称为工程技术翻译的监控过程或监控机制。同样,这种机制也适应元方法的监控。在元方法条件下,这种监控可能出现三种情形,可借用交通信号灯的绿色、黄色和红色的隐喻来说明。

15.2.3.1 监控信号显绿色

当翻译者具有充足的元方法资源、元方法实施得当且元方法的衍生效果(一级方法、二级方法和三级方法的选择和运用)获得受众及语境的预期满意评价和反应时,则元方法监控对翻译者反馈信息为"通过",表示翻译行为可以继续进行。这在口译中非常明显。譬如,在从事工地会议交流口译时,双方或各方话语者轮流发言(翻译者居中口译);如一方在正常时间内提出问题,另一方也在正常时间内回应相同话题时(参阅7.5节"工程技术翻译的话轮"),翻译者及其他话语者的元方法监控就能够判断其口译效果是正确的。

15.2.3.2 监控信号显黄色或红色

当翻译者缺乏充足的元方法资源,元方法实施遇到障碍且元方法的衍生效果未能获得受众和语境的预期理想评价或反应时,则元方法监控对翻译者反馈信息为"暂停"或"停止",表示翻译行为应暂停。例如在项目的公关宴会口译中,当各方话语者面带微笑频频点头时,翻译者及其他话语者的元方法监控可以判断其口译效果正确;反之,当一方或各方话语者面面相觑和相互指责时,翻译者及其他话语者可以认定其口译效果出现失误,应引起警惕或改变翻译方法。

15.2.3.3 监控信号重显绿色

紧随"黄灯"或"红灯"之后,翻译者重新组织元方法知识,借助大脑以外的语境(其他人员、声音、物品、设备、景象等)补充元认知资源,调整元方法的实施或选择方案,直至监控系统对翻译者再次反馈出绿色信号。元方法的重新调整,要求口译者巧妙地调整元认知资源,即迅速选择更为恰当的方法并产出满意的效果,这对口译者是一种挑战,因为口译语境时不待人;而对于笔译者相对容易,因为有相对充裕的时间。但如果笔译者不能及时得到"黄灯"或"红灯"的反馈,未能及时重新调整认知资源以获得正确效果,那么笔译失误可能会给项目造成比口译失误更严重的后果,因为笔译文件通常是项目实施、索赔、仲裁和诉讼的依据(参阅10.3.4节"口译者伦理与笔译者伦理的比较"和10.5.2.1节"工程技术项目的尖兵")。

15.3 基于目标的翻译方法

参阅八个翻译图式,我们可以发现,有些翻译行为是服务于数量众多的普通技术人员及普通工人的，有些翻译主要是服务于少数技术精英(项目经理、总工程师、总会计师、总监理工程师)的，有些翻译是服务于工程项目以外的其他商务人员和管理人员的。这些不同客户的翻译需求客观上为翻译者或翻译行为设定了不同的目标。即使服务于同一客户群体，因其处于不同的语境，也会存在不同的翻译服务需求。基于目标的一级方法包含两项二级方法(策略)。

15.3.1 基本交流翻译策略

这是为了满足工程技术管理人员在有关翻译图式(参阅6.3节“工程技术翻译的语篇语境场(图式)”)进行现场口语交流和非核心文件书面交流的需求而设计的一种翻译策略。

15.3.1.1 基本交流翻译策略的含义

从字面上看，本节提出的基本交流翻译策略在名称上似乎与纽马克的交际翻译理论相近。纽马克的交际翻译策略(纽马克，2008：16)似乎涉及面很广，主要是针对一般社会读者及其接触的大众文学(包括诗歌)和新闻作品。但是，本书的基本交流翻译策略具有明确的特质性内涵。下面根据纽马克的观点，逐一辨析本节策略与其理论的区别。

针对纽马克“在交际翻译当中，原文中唯一被翻译的那部分意义(甚至可能与原意‘相反’)是与译文读者对这一信息的了解相对应的部分”这一观点，本书认为，在工程技术翻译语境下，中国翻译者或需要翻译的技术受众并非完全对所需翻译的内容具有相关性预设的了解；实际上，中国翻译客户事前经常不了解原文信息某方面的内容，而是出于学习外国新技术的态度才去交流。由于历史和政治的原因，中国工程技术人员以前不完全了解，甚至根本不了解欧美等各国同行在工程技术方面的新兴领域和进展；但中国人需要了解自己所没有的和不知道的事物，这一点已经得到我国大量引进工程技术项目的证明。在输出工程技术项目时，其他第三世界国家对中国工程技术项目也不完全了解或根本不了解。

针对纽马克的交际翻译策略——受众仅能够“捕捉住原文信息的极小部分”，本书认为，工程技术翻译的总体目标是要让受众获得原文信息的极大部分或者全部(例如在合同文件和技术规范中，翻译者不仅要传译语义信息，还要传译语气风格、图表格式)，尽管有时候可能采取简明传递原文要点的方法。纽马克说“他就常常不看原文而来修饰、改正和完善他翻译的最新版本”而丧失许多原文信息，这显然不可能发生在工程技术翻译领域，很可能发生在小说和诗歌翻译中，故他的对象和目标与本书的主旨差异很大。

针对纽马克“人们把交际翻译当成大众翻译”——其实他是依据个人对文学的爱好或区域性翻译实践提出的观点，本书认为，工程技术翻译明确宣布自己是小众翻译，是给占人群极少数量的特殊技术人才提供的专门服务，但是其服务的最终结果（工程项目的终端产品）却服务全体社会人群。

针对纽马克“可以仅仅通过考察预期读者的反应来衡量它是否成功”这一观点，本书认为，工程技术翻译的正确与否、质量高低，不仅仅由读者、听者或其他受众甄别，更重要的是由工程技术项目的实践来最终决定。这种依靠多种要素衡量翻译质量的方法显然优于仅靠受众单方面的、主观性的衡量方法，何况他的“考察预期读者的反应”在实践中仅是一句答话。

15.3.1.2 基本交流翻译策略的适用范围

基本交流翻译策略适用于本书第六章提出的八个翻译图式的大多数口语交流情景，以及部分书面交流情景。工程技术翻译的客户群（高、中、初级技术管理人员）接受口译服务的语境主要是从国外引进或将输出到国外的工程机器、设备、材料、人员、工地、厂房、噪声、各类景物等，当然有些人员也要面对文件资料（典型反映在翻译图式A、B、C、D、F、G），因此他们迫切需要及时了解相关信息内容（通常占全部图式的大部分），而对与该项目无关或关系不紧密的信息没有更多兴趣。他们是工程技术专业人员，不是语言文化学者，他们不会过多在意甚至完全不在意翻译话语中语言文化要素的水平高低（例如：选词是否优美，句型是否富有变化，修辞是否生动形象，语音是否悦耳）。关于这一点，即受众与翻译者的预期目标，已经有国外学者进行了实证性研究（库尔兹，1993；转引自金惠林，2012：333）。但是书面翻译的情况有所不同，基本交流翻译策略主要适用于图式C、D、G的项目临时性文件（包括报告、通知、工程指令、会议纪要、备忘录）等信息的翻译，而不适用于项目合同、协议、技术规范、补充的子项目议定书等主要技术文件的翻译。因此，基本交流翻译策略适合范围较广的工程技术翻译语境场。

15.3.1.3 基本交流翻译策略的语言特征

(1) 翻译工程技术项目客户所需求的原文信息；(2) 注重译入语连贯、通顺、流畅；(3) 译入词汇标准化或客户化；(4) 译入句型习惯化或通俗化;(5) 口译能够引起积极融洽的交际气氛。

以下举例说明基本交流翻译策略的语用特征。

例1(图式D):某引进聚酯工程现场,口译者传译外国技术专家给中国员工的培训。

专家:Hello, my fellows. This afternoon we're gonna say *how to install the new equipment of* filament production line.

译员:大家好,今天下午我们一起学习安装长丝设备。

专家:The first and foremost step is *leveling of the ground*, *I mean the ground in the workshop*, *because* I *saw* the ground *here* is somewhat rolling slope.

译员:首先,也是最重要的,就是找平,我发现车间地面有点坡度。

专家:*You're all veterans*, and can you think out quick measures for *leveling*? *The filament equipment is arriving here* next week.

译员:大家都是有经验的人,有没有快速找平的办法?新设备下周就要进场。

评价:这是在施工现场发生的图式D,受众是普通员工,他们讲究实干,但文化水平不高,故译员在翻译过程中有意识地采取交流式策略,便于受众及时了解信息。

在第一轮话语里,say *how to install* 译为"学习安装",是归化式方法,而不是"说如何安装";*the new equipment of* filament production line 仅口译为"长丝设备"而不是"新的长丝生产线设备",前者更符合普通员工的语言和信息储备水平,因为他们在此之前已经得知聚酯长丝设备是进口的,所以译员不必画蛇添足。

在第二轮话语里,*leveling of the ground* 译为"找平"而不是"平整地面",前者符合普通员工的通俗技术用语及现场气氛,后者属于标准技术术语,书卷气太浓,不适应受众;专家的插入语 *I mean the ground in the workshop*,译员没有传译,*because* 也没有传译,这并非表示译员不知道,而是出于译入语(汉语)流畅的需要,且汉语口语的逻辑关系词往往省略。

在第三轮话语里,*You* 译为"大家",属于归化方法,容易形成专家和员工之间的和谐气氛,如译成"你们"就显得有隔阂;*leveling* 仍然译为"找平";*The filament line is arriving here* 译为"新设备下周就要进场",而不是"长丝生产线下周将抵达工地",前者的"新设备"简明,代指已经提及的长丝生产线设备，避免了重复，而“进场”一词非常地道地传译了语境信息，若使用“抵达工地”显得过于正式，与普通员工的心理情感拉开了距离。

例 2：翻译某境外中资公司项目替补工程师的资质证明书（在实施菲迪克条款的跨国项目中，承包方所有员工的资质必须经过驻地工程师，即项目主监的认可才能进场工作）。

原文：

中国×××路桥集团公司洛岱尔项目部文件

编号：中路桥经 2010(40)号

尊敬的驻地工程师：

兹证明我项目新近补充的材料试验工程师张黎明同志具有如下个人背景、学历能力和工作经历：

1. 个人背景：

张黎明，男，38 岁，已婚，遵纪守法，无不良嗜好，参加工作以来态度认真，兢兢业业，技术过硬，不计报酬，乐于奉献，吃苦耐劳，团结同志，具有合作精神，曾被原单位评为 2006 年和 2009 年度“先进生产者”。

2. 学历能力：

1991 年毕业于中国浙江省宁波市象山县建筑技工学校，中专学历，曾获得“三好生”；

1995 年毕业于宁波市建筑工程学院建筑材料系，工学学士学历，曾获得二等奖学金，并荣获“宁波市优秀大学生”称号，还获得全国大学生第二届建筑材料测试技能比赛三等奖；

1998 年毕业于浙江工业大学建筑学院建筑材料专业研究生班，工学硕士学历，曾获得“模范学生党员”称号，毕业论文入选《全国优秀硕士论文汇编》。

3. 工作经历：

1998—1999，在中国杭州市建筑设计研究所任助理材料工程师。

2000—2005，在上海浦东新区新天地建筑师事务所担任材料工程师。

2005—2007，派往非洲尼日利亚担任中国铁建拉格斯—阿布贾铁路项目第五标段材料工程师。

2007—2009/7，在中国铁建集团沙特高速铁路项目吉达实验室担任材料工程师。

2009/8—2010/5,在中国—中亚—欧洲铁路项目中国新疆阿拉山口标段任高级材料工程师。

此致

敬礼

中国×××路桥集团洛岱尔项目部经理

石维平(签字)

2010 年 7 月 15 日

主题词:工程师;资质;证明书

译文:

DOCUMENTATION OF CHINA ROAD & BRIDGE CO. LORDER PROJECT MANAGEMENT

Ref. No.: CRBCOLPM(2010)40 Time and Date: 15/7/2010

Attn: Mr. Resident Engineer

Dear Sir:

Re: Credentials of the replacement engineer

Attached hereto please find the Qualifications of the newly-arriving material engineer Mr. Zhang Liming from this Project. I have confirmed his Qualifications. Thank you for your approval.

Sincerely yours

Shi Weiping

Manager of CRBCO Lorder Project

Credentials of Mr. Zhang Liming

1. Personal Information:

Name: Zhang Liming; sex: male; age: 38; marital status: married; behavior: having a good record in his past life and experience with the honor of "Model Worker".

2. Educational Background:

— graduated from the Architectural Vocational School at

Xiangshan County, Ningbo Municipality of Zhejiang Province, P. R. China with no degree in 1991.

— graduated from the Building Material Department of Ningbo Architectural Engineering Institute with a Bachelor of Engineering (BE) degree in 1995, having earned the 2nd - class scholarship and the honor of 2nd China University Building Material Testing Context.

— graduated from the postgraduate program of the Building Material Faculty of the Architectural School of Zhejiang Polytechnic University with a Master of Engineering (ME) degree in 1998, and with his graduation thesis ranked among the *Collection of China Excellent Master Degree Theses*.

3. Work Experiences:

— 1998 - 1999, served as the assistant material engineer of Hangzhou Architectural Design Institute.

— 2000 - 2005, served as the material engineer of the New Horizon Architectural Engineer Firm in Pudong of Shanghai Municipality.

— 2005 - 2007, dispatched abroad to serve as the material engineer of the E section under China-built Lagos-Abujia Railroad Project.

— 2007 - 7/2009, continued working abroad on the China-built Saudi Arabia High-speed Railway Project as the material engineer at Jeddar Central Laboratory.

— 2009/8 - 5/2010, served as the senior material engineer of the Ala-Pass section under the China-Central Asia-Europe Railroad Project, based in Xingjiang Province in China.

Confirmed by
Shi Weiping 石维平
Manager of CRBCO Lorder Project

Approved by
Ibrahim Maxim (signature)
Resident Engineer

评价：基本交流策略首先是传译"受众所需求的原文信息"，这启示翻译者，重在传译驻地工程师或总监需要了解的信息。总监想要了解的是该工程师的基本学历和履历。例如，原文描述个人品行用了不少中文习惯套语，而英文仅用一个短语描述 having a good record in his past life and experience with the honor of "Model Worker"，既符合英文习惯，也完全传译了总监要了解的内容。

此外，原文里提及的"三好生""优秀大学生"及"模范学生党员"等荣誉没有翻译为英文，是鉴于第一部分已经涉及个人荣誉(品行)。若直译这些中国特色的名词，在工地现场的语境下意义不大，反而会引发外方总监更多的追问，这是从信息传播的对等效果考虑。

对于关键信息"工学学士"和"工学硕士"，翻译者采取了标准术语 Bachelor of Engineering (BE)和 Master of Engineering (ME)，因为这是总监考察新任项目工程师资格的主要指标。最后签字者姓名及其职务，也采取了标准格式，这是任何领导者都敏感的地方。对于工作经历，应注意准确传译这位新任工程师服务过的工程项目名称，这是判断工程师实践能力的重要标志；而表达这些信息的句子结构比较简单，没有主语，时间状语位置也较为随意。这些内容反映了基本交流翻译策略的书面语言特征。

15.3.2 要件式翻译策略

这一策略是在基于目标的一级方法引导下的第二项二级方法，是针对工程技术翻译中必须执行且又棘手的重要信息而提出的翻译策略。

15.3.2.1 要件式翻译策略的含义

要件式翻译策略的意义与纽马克提出的语义翻译、豪斯提出的隐性翻译有一定关联。纽马克认为，在语义翻译中译者首先应忠于原文作者，而它采取的具体方法或技巧及其翻译效果比交际翻译更为客观(纽马克，2008：17—20)。该策略的重点是忠实原文的语言及文化风格。豪斯认为，隐性翻译涵盖了原文的各类信息(专门信息和语言文化信息)，它的译文读起来更像原文而不完全符合译入语的习惯(转引自方梦之，2013：123)，这类似"隐身"翻译(韦努蒂，2009)。这些策略主要是服务于文学类作品的翻译。

本书设计"要件式翻译策略"，基于下列考虑或理据：在工程技术翻译中,除了基本交流策略涉及的信息之外,还有许多重要文件和资料需要进行笔译和口译。这些文件及其传译是任何一个引进(输出)工程技术项目中最重要的、具有决定性的内容。换言之,整个项目的活动就是围绕这些重要文件或话语开展的。

要件式翻译所完成的不是纽马克的交际翻译中那种仅仅符合受众特定口味的、符合受众已知信息储备的普通信息(实则为大众类文学和新闻作品)。要件式翻译所要完成的是引进(输出)工程技术项目的重要文件或话语,涉及项目的法律地位、合同价格、技术指标、运营状况、经济效益等重大话题,故必须精确地传译。

要件式翻译的受众是工程技术精英,一般包括项目工程师以上的技术管理人员(项目工程师、经济师、会计师、副总工程师、总工程师、副总经理、总经理以及项目外的有关中高级管理人员),有些要件翻译(如技术规范和操作指南的某些内容)的受众也包括一线技术工人中的班(组)长和技术骨干。要件式翻译策略正是为符合这种客观需求而出现的。翻译家叶子南也认为:"翻译的准确性问题要参照文本的类型"(叶子南,2011:195)。要件式翻译必须讲究精确或准确。本书采取"要件式翻译"的命名对应基于目标的翻译方法,鲜明地反映了工程技术翻译的方法论特点,较之"语义翻译""语用翻译"和"隐性翻译"的说法更为具体、明确。

15.3.2.2 要件式翻译策略的适用范围

在笔译条件下,要件式翻译策略适用的文件类型:(1) 合同各方合作意向性协议(intent agreement, cooperation memorandum);(2) 项目建议书(proposal of the would-be project);(3) 项目可行性研究报告(feasibility study report of the would-be project);(4) 合同正文条款(contractual terms and conditions);(5) 技术规范(technical specifications);(6) 技术标准(technical standard or code);(7) 补充合同议定书(protocol and/or supplement contract);(8) 部分项目(产品)操作指南(operation manual and/or product usage guide)。

在口译条件下,要件式翻译策略适用的语境:图式 B(项目合同谈判及签约)、图式 E(工地会议)、图式 F(索赔与理赔)、图式 H(项目交接与终结)。在这几个图式中,各方话语者需要交流的一般是较为重要的宏观性的话题,事关项目合同能否成立,或工程技术项目核心技术或其中一方的巨大经济利益,或项目终端产品能否合格制造或项目综合效益是否完全实现。

15.3.2.3 要件式翻译策略的语言特征

(1) 精确(准确)、完整地翻译要件话语的原文信息;(2) 尽量顾及原文的从句(分句)和意群;(3) 将原文标准技术术语译为目的语标准技术术语;(4) 将原文正式术语译为目的语正式术语;(5) 将原文图表及格式复制;(6) 口译语义全面、准确,语速比基本交流翻译策略更缓慢;(7) 严谨的风格,不要求生动、活泼、幽默等手段或效果;(8) 传译非常重要而生僻的词语和语句时,允许停顿、重复。

请看下面某项目合同的信用证支付条件下的货物转移条款:

原文: The *title* with respect to each *shipment* shall *pass* from the *seller* to the *buyer* when *seller* receives *reimbursement of the proceeds* from the *opening* bank through the *negotiating* bank *against* the relative shipping *documents* as set forth in clause 9 after completion of *loading* on board the vessel at *loading* port, with *effect retrospective to the time* of delivery of the goods.

译文 1: 每一批海运货物的权力,应该在卖主从开业行经过谈判行收到资金补偿后,才能通知给买主。买主取得资金时,他需要对照交出按照第 9 条规定的在装货港口装完货以后的海运文件。这批货的权力可以追溯到交接货物的时候。

译文 2: 每批装运货物的所有权,是在当卖方依据第 9 条规定在装船港完成装船,凭相关运输单据通过议付行从开证行获得收益款后,才从卖方转移给买方,有效追索权至交货之日止。

评价: 原文里的斜体部分(为本书作者所加)表示翻译重点及难点。译文 1 是翻译新手完成的,译文 2 是资深翻译者完成的。译文 1 翻译者能够辨认 title 为货物的权力,表示基本上理解该条款意思,他(她)采取解说方式阐述了该条款的意义,读起来还是通顺的。但是译文 1 有两个明显弱点: 第一,用词显得过于生活化,例如: 把 The *title* with respect to each *shipment* 译为"每一批海运货物的权力",而不是"每批装运货物的所有权";把 the *seller* 和 the *buyer* 译为"卖主"和"买主",而不是"卖方"与"买方";把 *documents* 译为"海运文件",而不是"运输单据"或"货运单据";把 *the time* of delivery of the goods 译为"交接货物的时候",而不是"至交货之日止"。第二,译文 1 把 the *opening* bank、the *negotiating* bank 翻译为“开业行”“谈判行”，而不是“开证行”“议付行”，显然缺乏工程技术翻译人员应有的国际经济贸易知识。

以上例句表明：译文 1 翻译者尚处于工程技术翻译的潜思维期，还未能进入显思维期，通俗地说，是还没有完全入门。因此，译文 1 翻译者不理解要件翻译的策略技巧和意义，不能够把属于重要文件的合同条款翻译为与合同语境相适应的文本，而将具有合同法律意义的词语都当作日常生活或文学词语处理，读起来像一篇学生的记叙文，使得目的语文本与合同原文的图式风格不协调，尽管阅读者可以模糊理解其中意思。

下列本文是我国度量衡器行业某领先企业实际使用的技术规范文本。

T.1.2.12　Portable instrument for weighing road vehicles

术语　第 1.2.12 条　用于道路车辆称重的便携式衡器

Non-automatic weighing instrument having a load receptor, in one or several parts, which determines the total mass of road vehicles, and which is designed to be moved to other locations.

非自动衡器是这样的衡器，有一个安装在一个或多个部位的称重载体(载荷接收器)，(该接收器)决定车辆载荷的总质量，并设计出来移动(设计为移动式)。

Examples: Protable weighbridge, group of associated non-automatic axle (or wheel) load weighers.

举例：便携式称重桥(汽车衡)，由一组相互联系的非自动轴(或轮)载体称重仪(重秤)组成。

Note: This Recommendation covers only weighbridges and groups of associated non-automatic axle (or wheel) load weighers that determine simultaneously the total mass of a road vehicle with all axles (or wheels) being simultaneously supported by appropriate parts of a load receptor.

备注：本推荐规范仅包括汽车衡和关联(连接)在一起的非自动轴(或轮)重秤组，(该重秤组)能同时确定一部道路车辆的总重量，(其所有的轴或轮同时还得到载荷接收器的特制部件的支持)。

评价：遵照要件式翻译策略，首先应精确翻译原文信息，译文括号前的词句是初级翻译者的译文，括号里的是资深翻译者修改的译文(显然更精确、完整和通顺);在照顾从句和意群方面,译文第一句采取顺译,而没有把后面的冗长部分"having a load receptor ... which ... and which ..."作为汉语修饰语放在"Non-automatic weighing instrument"(非自动衡器)的前面;同样,在第三句(Note ...)的冗长词语中,译文也没有把定语从句"that ..."放在中心词"load weighers"(重秤组)前面,而是按自然顺序置于后面,便于工程师对照阅读;在术语传译方面,初级翻译者采用日常词语(斜体部分),但资深翻译者采用标准技术术语(见括号内词语);在保留原文格式方面,译文基本保留了原文的格式,且一句译文紧跟一句原文,便于工程师准确阅读和对照。

15.4 基于过程的翻译方法

基于过程的翻译方法是本章的第二套一级方法,与基于目标的翻译方法处于平行地位,是从不同的观察点去认识同一对象的方法。"基于过程的翻译方法"这个说法极少有人提起过。国内外研究翻译方法论的学者,从古至今,都倾向于直接讨论或提出翻译的具体方法或技巧(例如"五失本""三不易"和"五不翻"),以至于历经两千多年形成了直译与意译的学派争论。但这两种方法本身属于什么性质,很少有人议论,或许因为过去长期就仅存这两种翻译理论,无法再列为什么派别。自从20世纪90年代以后,外国翻译理论逐渐引入国内,形成了对翻译方法论、翻译策略与具体方法或技巧的区别性研究。方梦之对翻译策略进行过论述,把各种策略分为传统型翻译策略、语言学派策略、文化学派策略、目的论策略、实践型策略(方梦之,2013: 111—127)。其中,他把直译、意译和音译划分为传统型翻译策略。这个"传统"是从时代逻辑划分的策略(方法)类型。不过与其他根据学科逻辑划分的策略命名相比,按时间划分的传统型策略的说法似乎与其他策略名称不协调。例如,"传统型"的逻辑对立面或相似面是"现代型""近代型""未来型",而非"语言学"和"文化学"及"目的论"。

15.4.1 构建组合式翻译策略的理据

构建组合式策略的参数。我们从读者熟悉的方法出发,把直译、意译视为一个方法系列，把全译、变译视为另一个方法系列，由此两类基本策略可以组成若干种新的策略。传统的中国翻译理论对方法的划分，既非从时代逻辑，也非从学科逻辑，而是依据翻译者处理文本和话语的过程，故直译、意译和音译应归属于以过程概念划分的策略。另一方面，黄忠廉归纳了历史上的多种文本处理过程的方法，提出变译理论（黄忠廉，2002，2009），其基本概念是全译和变译（包括其子项目），这实际上是从数量概念提出的另一种策略。鉴于我们构建组合式翻译策略系列，姑且把这两种类型的策略视为两种参数系列。

如何利用这两种参数系列来决定或选择具体的翻译策略？我们先观察其他事物是如何对待二元选择的：一条直线是不能确定方位的，也不能确定数量，只能确定方向；在两个参照系条件下，利用数学坐标系才可能确定某个点的具体位置。例如上海的公共汽车站点就是依据坐标系原理制定的，行人感觉非常准确、有效。我们可以把坐标系原理运用于翻译策略的选择上。

我们设想：当翻译者面对一项任务时，如果采取的策略仅仅是全译（按照数量概念分类），翻译者就不能，也无法立即开展工作，因为还需要确定是全部直译还是全部意译。也就是说，还需要确定具体的翻译过程或途径。如果翻译者仅仅选择变译策略，问题也是如此。假如翻译者仅仅选择意译，还是无法立即开始工作，因为无法确定是全部意译还是部分（“变”）意译。如选择直译，问题也是如此。因此，翻译者必须同时在两个参数系列中进行选择，即必须对两套策略参数进行组合后才能决定工作策略。

本节拟借鉴他人有关翻译方法论的理论、实践以及上述理据，集中考察适应引进（输出）工程技术项目翻译的特殊策略组合。我们相信，这样有助于更加客观地分析和了解工程技术翻译的发生过程，也有助于翻译新手学习有效的翻译方法。

15.4.2 全译—直译策略

15.4.2.1 全译—直译策略的定义

全译，顾名思义，就是全部翻译出原文意义的方法，这是由黄忠廉首次在《变译理论》一书中提出（黄忠廉，2002：11）。直译则是由来已久，指既能够翻译出原文意义，又能够尽量顾及原文形式的方法。全译概念的逻辑重点是表明数量，直译概念的逻辑重点是表明行文的操作过程（其反义概念为“曲”译或“间接”译或“意译”）。这两者可以组成一种基于过程的新翻译策略——全译—直译策略。这种策略所产生的译文(译语)效果相似于要件式翻译策略(参阅 15.3.3 节)的译文,只是关照的角度不同。

15.4.2.2 全译—直译策略的语言特点

译入语中的工程技术术语、财务术语甚至语句的数量大体与原文相等,保留原文中的人员姓名及职务,保留原文的全部信息,包括保留非语言信息(技术符号、图表格式、数字),尽量保留原文的小句(分句)或意群。口译时能够传译话语的全部语音信息(包括语音音调),尽量逐句传译,即使对敏感或不礼貌的话语也原样传译。就语词数量而言,全译—直译策略下的译入语词语数量最多,且长度最接近原文(原语)长度。

15.4.2.3 全译—直译策略的运用范围

在工程技术翻译语境下,该策略可以运用于合同谈判(口译)、合同文本条款、技术规范、技术标准(部分)、货物运输单证的翻译。这些文件或话语是一个项目能否成立的关键因素,其信息内容(包括意义、格式、措辞、语气)对于项目的实施都具有重要作用,不能随翻译者的个人爱好转移或"创造性叛逆"(参阅 10.3 节"工程技术翻译者的伦理"),必须全部直接翻译出来。譬如,工程技术项目管理领域著名的菲迪克条款(FIDIC)指导着全世界数以万计的工程项目实施,其内容的严谨性和风格的权威性都必须保留,否则其效果大打折扣。在合同谈判的口译中,由于各方谈判的内容涉及己方核心利益,加之谈判口语的词语和语句结构通常简明干练,其语言操作过程也便于直译,故翻译者一般采取全译—直译策略。无论对方的话语是彬彬有礼还是刁钻傲慢,翻译者都不必回避,以供另一方人员决断。当然,谈判口译中有时也可以采取其他策略。

以下是菲迪克条款下的合同条款原文:

4.1 The Contractor's General Obligations

The Contractor shall design, execute and complete the Works in accordance with the Contract, and shall *remedy* any defects in the Works. When completed, the Works shall be fit for the purposes for which the Works are intended as defined in the Contract.

The Contractor shall provide the Plant and Contractor's Documents specified in the Contract, and all Contractor's Personnel, Goods, consumables and other things and services, *whether of a temporary or permanent nature*, *required in and for this design*, *execution*, *completion and remedying of defects*.

The Works shall include any work which is necessary to satisfy the Employer's Requirements, or *is implied by* the Contract, and all works which (although not mentioned in the Contract) are necessary for stability or for the completion, or safe and proper operation, of the Works.

The Contractor shall *be responsible for the adequacy*, *stability and safety of all Site operations*, *of all methods of construction and of all the Works*.

The Contractor shall, whenever required by the Employer, submit details *of the arrangements and methods which the Contractor proposes to adopt for the execution of the Works*. No significant *alteration* to these arrangements and methods shall be made without this having previously been notified to the Employer.

译文：

第4.1条　承包人的一般义务

承包人应按照合同设计、实施和完成工程，并修复工程中的任何缺陷。完成后，工程应能满足合同规定的工程预期目的。

承包人应提供合同规定的生产设备和承包人文件，*以及设计、施工、竣工和修复缺陷所需的所有临时性或永久性的承包人员工、货物、消耗品、其他物品和服务*。

工程应包括为满足业主要求或合同*暗示*的任何工作，以及(合同虽未提及但)为工程的稳定或完成或安全和有效运行所需的所有工作。

承包人应对所有现场作业、所有施工方法和全部工程的完备性、稳定性和安全性承担责任。

当业主任何时候提出要求时，*承包人应提交其拟采用的工程施工安排和方法的细节*。事先未通知业主，这些安排和方法不得做出变更。

评价：译文的词语和语句大体等于原文的词语和语句，即长度相当。译文的语序尽量与其英文原文保持一致，有部分语序做了前后调整，以适应中文语法（参见原文及译文斜体部分），但在小句内部仍尽量保留原文风格。格式方面，英文正式文件每一个自然段下均要空一行，而这里中文译文没有空行，这是顾及格式对意义没有影响才做出的归化式处理，但在我国有些机构的正式文件里仍遵从了每段空行。主要术语翻译中，Contractor 最佳译为“承包人”，即合同中的法人之一，如译为“承包商”或“包工头”就带有感情色彩，在中文里有贬义，故不妥。情态动词 shall 众人皆知是“应该”，而在法律语境下最佳为“应”，带有法律权威语气。词语 *remedy* 最佳译为“修复”，而非“修补”或“治疗”，后者的意义不甚确切，且带有语言学的学究味，甚至有点医学味道，故不妥。*is implied by* the Contract 最佳直译为“合同暗示的”，如译文采取“合同隐含的”，则不大符合工程语境。最后一段的第一句 The Contractor shall, whenever required by the Employer, submit details of the arrangements and methods which the Contrac*tor proposes* to adopt for the execution of the Works 译为“当业主任何时候提出要求时，承包人应提交其拟采用的工程施工安排和方法的细节”，中文读起来有点拗口，但仍然直译。最后一句中 alteration 一词译为“变更”，显示出工程法律属性，而用“改变”或“变化”则缺少法律语气，成了日常语言。

15.4.3 全译—意译策略

15.4.3.1 全译—意译策略的定义

全译的意义在前面一节已作解释，即根据数量概念“全部”确定的翻译方法，意译则传译原文意义，而不必顾及原文形式，即采取曲折或间接或委婉的方式，是根据操作过程的概念“直译”的反义词来确定的方法。这两种方法构成另一种基于操作的新翻译策略。全译—意译策略所产生的文本语言效果接近交际翻译（参阅 15.3.1 节“基本交流翻译策略”），但关照的角度不同。

15.4.3.2 全译—意译策略的语言特点

译入语的术语及语句数量略多于原文或少于原文，适当增加解释性词语或减少部分功能词汇而保留信息词汇，保留原文中的人员姓名及职务，保留所有技术术语和财务术语，保留原文的全部信息，但不必拘泥于原文的句型和语法；口译时应传译话语全部语音信息，以意群为单位，可以调整语句顺序，但对敏感或不礼貌的话语可以取其意义而不传译口气(音调)。译入语的长度，中译英时有可能明显超出原文，英译中时明显少于原文。

15.4.3.3 全译—意译策略的运用范围

在工程技术口译方面，开工仪式致辞、项目完工及交接仪式致辞多采取全译—意译策略。这些话语的内容涉及项目的几个基本要素(时间、地点、项目主体设备或设施、施工概况、项目效益)，主要是礼节性的应酬，不一定有较多具体信息。同时，受众数量很大，文化程度和接受能力参差不齐，加之受制于致辞仪式所在场地(车间、野外等)，听众希望传译主要信息，对其他要素(术语标准性、措辞特点、地域文化性、词语功能成分)不太在意；即使有关人员需要详细了解，可以事后通过其他途径获得(如获得讲话稿、PPT 或录音、录像)。对于语言专业工作者较为重视的语言文化因素(嗓音悦耳、口音地道、俗语等)，他们一般并不看重。在工程技术口译工作中我们时常遇到一些同行，他们表达起来并不流畅，但是能够领悟原语中的技术难点并及时传译，口译受众也不反感其慢条斯理，反而对其准确传译信息表示满意。这种情形已经得到有关学者实证性研究的支持(范志嘉、任文，2012：235)。

该策略笔译的运用范围包括商务技术考察期间所签订的意向性协议、项目月(年)进度报告、工地临时文件(如子项目开工申请与批复、工程指令、检验报告、项目交接备忘录)、项目操作手册及其他公关文件。笔译的时间相对充分，但受众仍倾向于理解并获得文件的基本信息或有用信息，例如数据是否准确充分，技术措施是否合理可行，结果是否有效达标。当处理引进(输出)工程技术项目的设备操作(或运行)指南(往往数百页以上)时，如采取全译—直译策略，其结果文字数量太多，往往让一线工程师和普通工人看不明白；如采取全译—意译策略，翻译者尽量贴近一线人员的话语习惯传译信息，这样不仅可以减少文字数量(英译中时)，而且能够让使用者看得明白，对项目的运行或生产起到明显帮助。请看下面笔译的例文。

原文：某出口机械工程子项目的交接备忘录。

MEMORANDUM
OF
BLOWERS MOUNTING AND COMMISSIONING
June 18，2010

The Chinese Technical Team arrived at the Saint-Gobain Glass Egypt site at Sokhna under Suez Province in Egypt on June 1，2010，and immediately started supervision mission concerning the mounting and commissioning of the blowers imported from Ningbo Blower Plant in China. Until the afternoon of June 17 (toward the end of the third week)，most of the supervision mission has been completed with the assistance from the Saint-Gobain Glass Egypt authorities. The particulars regarding the supervision mission are hereto reported as follows：

1. The blower Model 4－73＃ 18D with No.291062 is not tested at the site due to no availability of power supply，but it has been already tested at Ningbo Blower Plant with satisfying performance.

2. The blower Model 4－73＃18C with No.291066 has been tested repeatedly in the third week，and finally proved to be in normal commissioning/running thanks to arduous cooperation from both sides in spite of the initial higher ampere value.

3. The four electronic dampers attached to the four small blowers were damaged in the local installation，but Chinese supplier has promptly delivered an extra order of the four new substitutes free of charge in three days by international DHL service. The new spare parts hereof have already been installed in normal commissioning. In regard to the abnormal performance in the dampers attached to the two blowers Model 4－72＃ 4.5C，the Chinese technical team supposes that it is probably caused by the

abnormal wire connection of potential meters therein. The Saint-Gobain Glass Egypt is expected to rectify the error with the assistance from the Mexican engineer who has succeeded in connecting a few dampers before.

4. One of the back-wall blowers displays a bit higher ampere value in commissioning/running, probably resulting from the stoppage of the small fan attached therein. The Saint-Gobain side is expected to reset VSD and restart the fan only to achieve the perfect outcome.

5. The blower Model 4－72＃ 4.5C with No.291074 was firstly tested with 8 － 9 vibration value, higher than normal one; however, such an error has been rectified in repeated testing with the final satisfactory 4.5 and below, a normal condition.

Suggestions from the Chinese technical team are presented here below:

All the blowers at the site shall be immediately added with lubrication grease as it has been eight months and over since the equipments were firstly manufactured last October. The authorized types of lubrication grease have been recommended by the Chinese technical team in writing.

The regular maintenance shall be conduced as follows: In the beginning period, grease shall be added every 15 days; all the grease in the equipments shall be changed over a period of three months. All the bolts and belts shall be inspected and reset every week in order to ensure the normal performance.

Ye Wei (signature)	Erwan Morven (signature)
Mechanic Engineer	Test & Piping Engineer
China Ningbo Blower Plant	Saint-Gobain Glass Egypt

译文：

风机安装调试备忘录

2010年6月18日

中国技术组于2010年6月1日到达埃及共和国苏伊士省苏赫那地区所在的埃及圣戈班玻璃厂工地，随即开始指导风机安装和调试。该批风机从中国宁波风机厂进口。直至6月17日下午(近第三周周末)，在圣戈班方面的帮助下，大多数指导工作已经完成。有关这次指导的具体情况报告如下：

1. 型号为Model 4－73＃ 18D、编号为No.291062的风机未能在现场进行测试，原因是无法供电，但该台风机已在宁波风机厂进行过测试，且性能合格。

2. 型号为Model 4－73＃18C、编号为No.291066的风机已在第三周进行多次测试，最终在双方艰苦努力下获得成功，尽管其电流值最初较高。

3. 附加在四个小型风机上的四个电子调风开关已在埃及员工安装时损坏，但中国厂家通过国际快递在三天内又免费提供了四个新的开关。新开关目前已经安装调试完毕。有两台型号为Model 4－72＃ 4.5C的风机调风开关不正常，中国技术组认为是因该处的电位表线路连接有误所致，希望埃及圣戈班玻璃厂能借助墨西哥工程师改正误差。该工程师此前曾成功连接过调风开关。

4. 安装在后墙的一台风机调试中电流值较高，可能是附加的小风扇停止转动所引起的。中国技术组希望圣戈班方面重新设置VSD参数，并重新启动小风扇以取得正常效果。

5. 型号为Model 4－72＃ 4.5C、编号为No.291074的风机起初测试时出现8—9度摆动，这高于正常值。不过该误差在以后多次测试中已经改正，摆动降到4.5正常范围内。

中国技术组提出建议如下：

第一，工地上的所有风机是去年10月制造的，距今已有八个多月，应立即添加润滑油。中国技术组已经书面提供了润滑油型号。

第二，定时维护应注意：初期每15天加一次油，每三个月应更换全部润滑油，每周应检查并调整所有螺栓和皮带。

宁波风机厂机械工程师　　　　圣戈班玻璃厂管道测试工程师
叶伟(签字)　　　　欧文・莫文(签字)

评价：备忘录是重要事务完成的证明，能够充当日后法律仲裁和诉讼的凭据，所以应采取全译—意译策略，便于合同各方理解和存档。译文中的斜体部分表示通过意译完成，即并非按照该词语字面意思翻译或并非按照原文语法结构翻译，而是综合原文意义和结构后按照中文习惯翻译。如果斜体部分采取直译策略，则译文读起来显得生硬、别扭，不利于工程技术人员口头沟通和手工操作。例如该报告第2条："finally proved to be in normal commissioning/running"译为"最终……获得成功"，较直译"最后证明处于正常试运行或试车状态"来得方便；又如第3条："delivered an extra order of the four new substitutes free of charge"译为"免费提供了四个新的开关"较直译"提供了额外一个订单，有四个新的替换品，是免费的"显得简便通顺，更容易为现场技术人员了解。格式方面，译文采取了中文习惯，没有保留原文每段空行的格式。

15.4.4 变译(摘译)—直译策略

15.4.4.1 变译(摘译)—直译策略的定义

变译这个概念首次由黄忠廉提出，虽然变译的实践已经有千百年的历史。黄忠廉在《变译理论》中把变译定义为："译者根据特定条件下特定读者的特殊要求，采用增、减、编、述、缩、并、改等变通手段摄取原作有关内容的翻译活动"(黄忠廉，2002：19；2009：94)。变译之"变"，其实隐含意思就是"部分"，与全译里的"全体"相对，是从数量概念推演出的方法论概念，而"增、减、编、述、缩、并、改"是"变"的子项目或具体手段。在"变"统领下的各个手段形成多种翻译方法或策略。就工程技术翻译实践看，这个变译方法系列与直译方法交叉可以形成一系列新的方法，其中之一是变译(摘译)—直译策略。顾名思义，变译(摘译)—直译策略是通过直译的操作过程摘录原文部分内容进行翻译的方法。摘译常常包孕在变译系列其他各项策略中(黄忠廉，2013：94—95)。

15.4.4.2 变译(摘译)—直译策略的语言特点

译文长度明显小于原文长度，摘译通常以原文的段落(或条款)为单位，使用原文的句型和语法，其译文词汇和语句按两步式操作法获得：先对涉及工程项目的某些条款划定范围(变译—摘译)，然后采取全译—直译策略进行翻译，其最终译文显示的词语特点与全译—直译策略相似。口译时语音持续时间明显短于原语，只是在强调某些重点信息时口译者的声音可能提高或加重。

15.4.4.3 变译(摘译)—直译策略的运用范围

在口译运用这种策略时,口译者对于话语者的某些不礼貌言辞、敏感言辞可以采取变译(摘译)—直译策略,过滤掉不适宜传译的部分。此外,口译者为合同一方单位聘用服务时,为了维护己方利益,也可能采取这种策略,减少传译对方的话语信息。

在笔译中,变译(摘译)—直译策略主要运用于某些商务资料、技术标准(如将某些国际标准的一部分当作某项目的规范)的翻译(笔译)。在引进(输出)工程技术项目的考察预选阶段,无论是项目引进方,还是项目输出方,都可能接触大量的商务类信息,包括供应商寄出的简介(brochure)、产品目录(catalogue)以及内容逼真的形式发票(proforma invoice)等。面对大量的信息,公司负责人不可能有很多时间阅读,因此他们委托翻译人员摘译其中的有用信息。

譬如,在一个项目签订合同之前或之后,负责人为了弄清合同的内容,也可能需要翻译者进行摘译。许多工程运用的菲迪克条款(红皮版、黄皮版、银皮版),而且采用不同的技术规范,英文篇幅十分巨大(张水波、何伯森,2003);不少机电类工程项目合同常常包含国际电工委员会的技术标准(IEC),电子仪器及传感器行业常常使用国际度量衡组织(OIML)推荐的国际标准,2006 年版是 OIML R76-1,共有 140 页,包括正文 8 章,附件 32 个(OIML,2006)。另外还有不少行业习惯采取美国标准(AS)、英国标准(BS)以及其他国家或国际组织的标准(参阅 14.1 节"工程技术翻译标准的定义和性质")。每个签约项目所需要的信息并非是该项标准的全部内容,可能就是其中某一部分,而许多业务经理不可能全盘通览,因此工程技术翻译者须进行变译(摘译)—直译处理。

例如,某引进机电工程项目合同规定,在涉及电线、电缆材料及施工时应参照国际电工委员会(IEC)颁布的通用技术标准,但是该技术标准当时共有 157 个标准页,内容达数万字,正文 20 章,附件表格 40 个(IEC,2005),而本项目施工仅仅需要其中很少一部分,因此项目经理要求翻译者对有关信息进行摘译。具体操作中,翻译者先行通览英文 IEC 通用标准目录,摘要或划分出需要的信息(以条款为单位),然后采取全译—直译策略转译为中文。因 IEC 原文太长,本书不便全部抄录,仅提供摘译的原文及翻译。

原文：

17.2 Frequency of sample tests

17.2.1 Conductor examination and check of dimensions

Conductor examination, measurement of the thickness of insulation and sheath and measurement of the overall diameter shall be made on one length from each manufacturing series of the same type and nominal cross-section of cable, but shall be limited to not more than 10% of the number of lengths in any contract.

17.2.2 Electrical and physical tests

Electrical and physical tests shall be carried out on samples taken from manufactured cables according to agreed quality control procedures. In the absence of such an agreement, for contracts where the total length exceeds 2 km for three-core cables, or 4 km for single-core cables, tests shall be made on the basis of Table 12.

Table 12 Number of samples for sample tests

Cable length				Number of samples
Multi-core cables		Single-core cables		
Above km	Up to and including km	Above km	Up to and including km	
2 10 20 etc.	10 20 30 etc.	4 20 40 etc.	20 40 60 etc.	1 2 3 etc.

译文：

第 17.2 条 样品测试的频度

第 17.2.1 节 导体检查与尺寸测量

导体检查、绝缘层和外皮厚度的测量以及整个口径的测量应按同类型每个生产批次电缆的长度和公称横截面进行，但不超过任何合同内电缆长度数量的 10%。

第17.2.2节　电工学与物理学测试

电工学与物理学测试应在样本上进行,样本取自符合公认质量控制程序的成品电缆。如无此共识,对于合同中总长度超出2公里的三芯电缆或超出4公里的单芯电缆,测试应依据表12进行。

表12　样品检测的数量

电缆长度				样品数量
多芯电缆		单芯电缆		
公里数以上	公里数以内,包括该数字	公里数以上	公里数以内,包括该数字	
2	10	4	20	1
10	20	20	40	2
20	30	40	60	3
以此类推	以此类推	以此类推	以此类推	以此类推

15.4.5　变译(编译)—直译策略

15.4.5.1　变译(编译)—直译策略的定义

该策略也是从数量式概念“变”(实则为“部分”)和过程操作性概念“直译”推演出的策略。在该策略关照下,翻译对象首先通过编译过程(即摘录、压缩、删节等处理原文的过程),然后通过直译过程。

15.4.5.2　变译(编译)—直译策略的语言特点

译入语的长度小于原文,不论是词语数量还是语句数量都要减少,保留原文的主要人员名称及职务、技术术语和财务术语,保留原文作者的语气及有用信息(以句或意群为单位),但不必使用原文所有的句型和语法以及全部词汇。口译时语音持续时间明显少于原语时间,且不一定全部照用原语句型和词语。

15.4.5.3　变译(编译)—直译策略的运用范围

在口译中,这项策略主要运用于非谈判性交流——考察访问、酒会致辞、开工仪式及竣工仪式致辞、工地会议通报工程进度等语境。变译(编译)—直译策略更多运用于文件的处理,适用于考察阶段的意向性协议、合同谈判纪要、工地会议纪要、索赔理赔纪要、维护工程纪要等。这些文件及话语虽然不属于项目合同的核心部分，但它们是合同项目实施的见证，或对项目合同的履行会产生积极影响，或对可能发生的仲裁及诉讼具有重要意义。下面以某项目的一次工地会议纪要为例：

原文：

MINUTES OF 6TH SITE MEETING

Date：June 18，2011. Time：from 8:00 to 10:00 am.

Venue：the Contractor's Office at Lorder City of Abiyang Province.

Attendees：

— Employer's staff：Mr. Shukra，Director of National Highway Authority，Mr. Roman as Director and Chief Engineer of Design Department under National Highway Authority，and Mr. Hassan as Director of Supervision Department under National Highway Authority.

— Consultants' staff：Mr. Himmon as Chief Supervisor，Mr. Williams as Deputy Chief Supervisor with Dal Handassal Consultants Partnership.

— Contractor's staff：Mr. Wang Zhihao as Project Manager，Mr. Shi Weiping as Deputy Manager，Mr. Zeng Zhi as Chief Engineer，and Mr. Liu Shouming as Interpreter.

MAJOR TOPICS OR ISSUES：*the embankment excavation*，*the aggregate size*，*the concrete slump coefficient*，*the Irish Crossing execution*，*and the realignment*.

1. *All* the parties concerned today *listened to and watched the PPT* delivered by the Contractor's Project Manager on the project progress，fully satisfied with the completion of over 50 percent of the total excavation works of the embankment *starting from Lorder*.

2. The Contractor lodged complaints of *their entangled trouble with the local farmers who should have been removed out of*

the project terrain prior to January, 2010 as per the Contract, and who actually refused to remove their homes and to evoke disputes with the Contractor, thus retarding the execution of the works, especially the embankment excavation between 15 km + 100 m and 18 km + 350 m. Contractor admitted the retarded work was *partly due to* the summer sand storm. The Contractor is much worried *if the road project could be completed prior to the deadline*.

Mr. Shukra, *the Employer's Legal Representative and the Director of National Highway Authority*, agreed with the facts and promised to help remove the local farmers *on the project site with the aid of* the local authorities and policemen as soon as possible.

3. All the parties held discussions on *the aggregate size*, which has been disputed over a long period. The Contractor held A.S as the standard while Supervision Staff held B. S as the final criterion. Mr. Shukra got knowledge *of the difference between the two parties*. *Enquiring and considering the local situation and aggregate resources available nearby*, Mr. Shukra made the decision on the site that certain compromise be made, *that is*, reduction of the 30 centimeters of the sub-grade aggregate to 20 centimeters *in diameter*, in the hope of completion of the works in due time and guarantee of the quality. All the parties agreed to *his* decision.

4. The concrete slump coefficient was discussed. Mr Himmon *as the Chief Supervisor* argued that the coefficient be over 8 degrees while the Contractor's Chief Engineer insisted on 7 degree as the maximum. All the parties came at last to *agree* that the slump coefficient should be fixed at 7.5.

5. For *Irish Crossing execution*, all the parties attached concern to the fact that its first casting was damaged during the flooding this month, and decided on *its repeated casting* after the flooding season, but with the quality concrete imported from UAE. The Contractor proposed that such imports would increase its cost and retard the completion, referring to the local *brand*. The Employer refused the request *from the Contractor*.

6. The realignment was *regarded as a most important issue in terms of* the construction cost and labor and period. Through the heated seminar *at this site meeting*, *a concerted notion* is achieved that the realignment at the Escarpment is to be made with the aid of Dal Handassal *Consultants Partnership during the upcoming months*.

This 6th Meeting Minutes is confirmed by
— Employer: Mr. Shukra (signature)
Director of National Highway Authority

— Contractor: Mr. Wang Zhihao (signature)
Project Manager *with China Road & Bridge Co. Ltd.*

— Supervision Staff: Mr. Himmon (signature)
Chief Supervisor *with Dal Handassal Consultants Partnership*

译文：

第六次工地会议纪要

时间：2011年6月18日上午8点至10点。
地点：承建人办公室(位于阿比扬省洛岱尔市)。
参加者：业主方面有国家公路局局长、业主苏克礼先生，国家公路局设计处处长兼总设计师罗曼先生，国家公路局监理处处长哈桑先生；监理方面有达尔罕达萨咨询公司的主监海蒙先生、副主监威廉姆斯先生；承建方面有项目经理王志浩先生、项目副经理石维平先生、项目总工程师曾志先生及翻译刘守明先生。

主要议题：路堤开挖、集料、混凝土坍塌度、过水路面、线路更改。
1. 参会人员听取了承包人经理关于项目进展的汇报，对路堤开挖工程已完成50%以上表示十分满意。
2. 承包人抱怨当地农民不配合，原因是按照合同规定，农民应在今年元月之前迁出项目施工区域，但实际上没有迁出，就与承建人发生纠纷，由此延误了施工，尤其是15公里+100米至18公里+350米之间的路堤开挖。承建人承认延误施工还有夏季沙尘暴的影响。承建人非常担心工期问题。苏克礼先生认同此事，承诺协调地方政府和警察尽快迁移农民。

3. 参会人员再次讨论了集料问题，承包人以美国标准裁定，监理方面以英国标准裁定。*苏克礼先生得知后当场拍板*，争议双方各自让一步，基层集料粒径由30公分降到20公分，保质保量按时完成项目。各方同意这一决定。

4. 各方还讨论了混凝土坍塌度问题。主监认为坍塌度应为8度以上，但承包方总工程师坚持7度就是最高值。最后各方把坍塌度定在7.5度。

5. 接着讨论了过水路面，各方注意到本月的洪水冲毁了已经完成的混凝土工程，决定雨季过后重新浇筑，但是水泥必须是阿联酋进口的。承包人提出进口水泥成本太高，而且延误工期，仍然使用本地水泥，但是业主拒绝了这个请求。

6. 线路变更也是重要问题。经过激烈讨论，会议取得共识，山区的改线由达尔罕达萨协助承包公司进行。

第六次工地会议纪要经由下列人员确认：

国家公路局局长　苏克礼(签字)

承包人项目经理　王志浩(签字)

项目主监　海蒙(签字)

评价：工地会议纪要除了存入档案外，还供参会人员和没有参会的工程技术人员阅读。读者可以发现译文的篇幅少于英文原文，主要是英文原文中的斜体部分经过编译，即采取了收缩、删减、改写等方式。例如对参会人员的称呼，在文本开始出现时采取全译，提供了足够的信息，而在以后的行文里不再重复全称，而是仅称呼职务(如局长、主监)，或仅提及本人姓名，因为在项目工地语境下，所有相关人员都知道这些人的职务或地位，不需在文中多次重复。译文的语言风格基本保留了原文的风格，较为正式，但是有些术语则采取了通俗说法，譬如“Mr. Shukra made the decision on the site”译为“当场拍板”，这样比“现场决定”更符合技术人员的习惯和语境；又如，行文里有“Mr. Shukra got knowledge *of the difference between the two parties. Enquiring and considering the local situation and aggregate resources available nearby*”，这部分很长，改译后为“苏克礼先生得知后”，简练而易懂。

15.4.6 变译(译述)—意译策略

15.4.6.1 变译(译述)—意译策略的定义

译述这一说法，近代以来颇为流行，只要在百度或谷歌网站搜索，就可以发现许多人使用“译述”一词。该词表示，在语言转换中不需顾及原文语词及格式，仅摄取其必要的信息即可。这样，表示数量的概念“变”(实为“部分”)与过程操作性概念“意译”就形成一种新的翻译方法——变译(译述)—意译策略。

黄忠廉等认为，这时的翻译者(变译—译述者)具有“话语权”(黄忠廉，2013：99)。从理论上说，变译(译述)—意译策略的翻译者仅有对译入文本或话语的纯语言结构的调整权，而非拥有全面操控(删节、增加、更改)话语内容(信息)的真正话语权。不过，这些观点仅仅是针对普通文本和话语。在工程技术翻译语境下，翻译者实际上拥有一定程度的话语信息操控权(参阅10.2节“工程技术翻译者的权力”和10.3节“工程技术翻译者的伦理”)。

15.4.6.2 变译(译述)—意译策略的语言特点

在长度方面，译文比原文的词语数量明显减少；在译文风格方面，译文不必考虑原文的词语、语句的顺序和语言风格等特征，完全采取译入语的行文习惯(英译中时称为“归化”即domesiticating，中译英时称为“异化”即foreignizing)重新组织词语顺序或段落；变译—译述者也可以采取第三者语气，不必沿用原文作者语气；译文目的是将原文的必要信息表述出来。就处理原语的灵活度来说，在“变译”系列的三种策略中，变译—译述的灵活度最大，变译—编译居中，变译—摘译的灵活度最小。

15.4.6.3 变译(译述)—意译策略的运用范围

这一策略可以运用在与项目有关的商业推介资料的笔译中，如产品目录(catalog)、材料及设备报价单(quotations)、产品及厂家介绍(brochures)的笔译；还经常运用于一些口译场合，如商务技术考察

(commercial and technical inspection)、工地监理巡视(tour on supervision duty)、项目现场讨论(site meeting)、索赔理赔现场勘察(survey on the site of incident and settlement on claims)。我们来看在笔译和口译两种情形下这项策略的应用:

原文(笔译):机械产品介绍

CK Series Machining Center

The CK series machining centers are designed and manufactured by Caterpillar Inc. of Peoria, Illinois in the United States of America, a leading producer in machinery building that has been ranked among top 500 for long. The CK series are computer-controlled vertical mills with the ability to move the spindle vertically along the Z-axis. This extra degree of freedom permits their use in engraving applications, and 2.5 D surfaces such as relief sculptures. When combined with the use of conical tools or a ball nose cutter, it also significantly improves milling precision without impacting speed, providing a cost-efficient alternative to most flat-surface hand-engraving work.

The CK6136, CK6140, CK6150 come within the most advanced CNC milling machines, otherwise called the 5-axis machines, add two more axes in addition to the three normal axes (XYZ). The horizontal type of this series is equipped with a C or Q axis, allowing the horizontally mounted workpiece to be rotated, essentially allowing asymmetric and eccentric turning.

With the declining price of computers, free operating systems such as Linux, and open source CNC software, the entry price of CK series CNC machines has plummeted, then are affordable by hobbyists. There is some higher degree of standardization of the tooling used with CK series CNC milling machines than with many other out-of-date milling machines.

The CK6136, CK6140, CK6150 CNC milling machines will nearly always use SK (or ISO), CAT, BT or HSK tooling. SK tooling is the most common in Europe, while CAT tooling, sometimes called V-Flange Tooling, is the oldest variation and is still the most common in the USA. CAT tooling was invented by Caterpillar Inc. in 1950's in order to standardize the tooling used on our machinery. CAT tooling comes in a range of sizes designated as CAT - 30, CAT - 40, CAT - 50, etc. The number refers to the Association for Manufacturing Technology (formerly the National Machine Tool Builders Association, or NMTB) Taper size of the tool.

An improvement on CAT Tooling is BT Tooling, which looks very similar and can easily be confused with CAT tooling. Like CAT Tooling, BT Tooling comes in a range of sizes and uses the same NMTB body taper. However, BT Tooling is symmetrical about the spindle axis, which CAT Tooling is not. This gives BT Tooling greater stability and balance at high speeds. One other subtle difference between these two toolholders is the thread used to hold the pull stud. CAT Tooling is all Imperial thread and BT Tooling is all Metric thread. Note that this affects the pull stud only, it does not affect the tool that they can hold. Both types of tooling are sold to accept both Imperial and Metric tools.

译文(笔译):

CK 系列加工中心

CK 系列加工中心是由美国卡特皮勒公司设计和制造的,实际上为立式铣床,拥有沿 Z 轴垂直移动的能力。与圆锥刀具或球头刀结合使用时,该中心能在不影响速度的情况下显著提高加工精度。CK 系列的刀具实现了标准化,比许多老式系列的标准高得多。

卡特皮勒公司生产的 CK6136、CK6140、CK6150 系列是目前最先进的数控加工中心,也就是五轴联动铣床。本系列的卧式铣床也有 C 轴或 Q 轴,能够对卧式安装的工件进行加工,尤其能够加工不对称和不规则的金属零部件。

该公司 CK6136、CK6140、CK6150 系列数控加工中心使用 SK(或 ISO)、CAT、BT、HSK 等几种刀具。其中的 CAT 刀具有一系列的尺寸,包括 CAT - 30、CAT - 40、CAT - 50。

CAT刀具的升级版就是BT刀具，但BT刀具与转轴对称，而CAT并不对称。这一点给予BT刀具在高速旋转中更大的稳定性和平衡性。这两种刀具还有一个细微区别在控制插销的螺纹：CAT采用英制螺纹，而BT采用公制螺纹。但这并不影响插销控制的刀具。这两种型号的刀具均有出售。

目前计算机价格不断下跌，软件系统可以免费获得，CK系列数控加工中心的报价也直线下降，小微企业经营者都买得起。

评价：译文长度明显少于原文，内容方面省去了卡特皮勒公司是世界机械行业的领军企业及长期名列世界五百强等声誉（这在机械行业是常识），但注重传译技术信息（如第二段），且将原来第三段末尾的重要技术话语"CK系列的刀具实现了标准化，比许多老式系列的标准高得多"前置到第一段。同时，把原文第三段关于价格的译文放置到最后，因为价格不是核心信息，况且此处价格也不高。在词汇方面，译文采用了"升级版""小微企业经营者"等通俗用语，而没有一味采用标准技术术语"改进型"和"非专业厂商"，这便于一线工程师、小微企业老板阅读。

原文（口译）：施工项目监理工程师巡视现场。圆圈内数字表示话轮。

① 路基工程师：欢迎主监先生来工地视察。我们现在开挖作业的断面是整个路段最艰巨的九道拐。这个地段全部是花岗岩，发白发蓝，看起来都吓人啦。

口译：Welcome, Mr. Supervisor, my fellows are cutting through the hardest granite now.

主监：I see, it's your nut in the Preliminary Design. But the rock excavation will bring much profit. Do you remember how much you took into the pocket last month?

口译：我知道，不过开挖岩石利润高呀。上个月你们进账就很多嘛。

② 路基工程师：但是风险太大了。昨天下午打完炮眼放好炸药后，起爆前几分钟，我们竟然在爆破区里发现还有两个人，多亏我最后多派了一组人去检查，不然后果就难说了。现在我们每个轮班要放两次炮，每次都是排炮，间隔50毫米，连续起爆10到15次。

口译：But we narrowly bumped into a blasting risk yesterday

afternoon. Now we prepare two blasts every shift with 50 milliseconds at interval. Each blast will cover 10 to 15 consecutive explosions.

主监：You have to take care. And your 50 milliseconds can be lowered to 30 milliseconds. This is the most effective way, or you'll be wasting explosives and labor.

口译：50毫秒最好压缩成30毫秒，这是最高效的办法。另外也要注意安全。

③ 路基工程师：我们遇到的安全问题很多。你看，左边边坡上那块悬石，大概有好几个立方，我们一直在想办法把它弄下来。派工人去推了几次，没有效果，随时可能滚下来，对道路行车构成了威胁。

口译：Look at the hanging boulder on the left side slope, we've been trying to push it down, but failed a few times.

主监：You can send a labor up to the boulder, put a detonator in it and then blast it away. It's quite easy, no problem.

口译：派人放个雷管一炸就好了。

路基工程师：你说得太轻松了，我们费了好多功夫都没成功，还是要想想其他办法。

口译：We'll try, thank you.

评价：口语话语的语法结构及知识含量不及书面文件，但是口译者面临随时变动的语境，因而要结合实际语境采取灵活的变译（译述）—意译策略。

第一轮对话中，原文"这个地段全部是花岗岩，发白发蓝，看起来都吓人啦"属于现场情感式的表达，对施工没有实际意义，故口译者省略了部分形容词（"my fellows are cutting the hardest granite now"）。

第二轮对话中，路基工程师较为详细地叙述了险些发生的安全事故，但口译者抓住重点，对此仅翻译出"But we narrowly bumped into a blasting risk yesterday afternoon"一句话，言简意赅，因为此时不是专门讨论事故，仅需传递基本信息，而话语各方主要还是讨论爆破工程的技术细节。

第三轮对话中，路基工程师叙述了悬石危险及初步处理措施，接着主监又提出个人建议，但工程师认为主监的建议不可行；口译者领会了工程师意图，故采取委婉简便的"Thank you, we'll try"回应。假如口译者直接传译工程师的不满，可能引起双方不快。

15.5 基于手段的翻译方法

基于手段的方法是本章提出的第三套一级翻译方法，是依据翻译行为运用的物质手段而划分的方法，明显不同于前面两节（15.3 节“基于目标的翻译方法”和 15.4 节“基于过程的翻译方法”）。各种翻译手段自有其应用之处。通过研究基于手段的翻译方法，翻译者可以拓宽视野，在运用传统翻译方法（策略）的同时，充分利用当代新技术所产生的新手段，提高翻译效率，达到某种图式或某些话语者要求的特定效果。

15.5.1 “手段”的定义

本节的“手段”一词特指涉及直接完成翻译行为的人工和计算机，也包括纸张、笔墨、文件夹、车辆等其他办公用品和器材。2000 年以前的绝大部分时间里，工程技术领域的翻译者基本上仅使用人工手段翻译——笔墨、纸张、人脑和手。这是过去千百年里唯一的翻译手段，因此也极少有人谈起“翻译手段”的分类。在此之前，我国翻译理论界讨论的“手段”概念基本上也限制在“人工”的含义内，泛指具体运用词汇和语句的技巧（相当于英文 device or skill），是非物质性的。进入 21 世纪后，计算机开始在中国普及，各类计算机翻译软件和硬件也应运而生，依靠计算机翻译的方法逐步出现在一些专业翻译公司或机构。工程技术翻译行业的龙头——江苏省钟山翻译有限公司——10 年中为 50 家大中型引进工程项目翻译原版技术资料 60 万页，印刷成品 50 吨，并承诺，每批 5,000 页以内的技术资料从翻译到提供印刷品时间在 60 天内（江苏省钟山翻译有限公司网站，2014－5－14）。稍有翻译经验的人就会估计到，如此长年累月翻译数以吨计的技术文献，若没有计算机作为翻译手段或工具，仅凭几十个人进行手工翻译，在两个月内（还包括印刷）完成任务是难以做到的，何况同时该公司还有其他业务。综合国外一些翻译公司和计算机翻译软件的使用情况看，计算机这一现代化物质手段已经与人工翻译在工程技术翻译行业并驾齐驱，这也是将计算机视为翻译手段的重要理据。

在工程技术翻译实施中，随着人工智能技术的普及，人工翻译方式也在发生改变：初次翻译使用电脑的人越来越多，纸张和笔的使用量开始减少，有些场合甚至提倡无纸化办公，例如翻译图式A（项目考察及预选）、翻译图式E（工地会议）、翻译图式H（项目交接与终结）的部分语境已经开始采取PPT（幻灯片演示）的传译手段，而不是由翻译者提供书面翻译资料。另外，查阅资料和技术知识点等基础工作越来越多地利用电子词典或计算机网络，提高了人工翻译的效率。

机器翻译的手段或概念是1903年由德国学者Rieger提出来的，历经百年发展，这个概念已经形成了以电子计算机为核心依托的系列应用型翻译软件。这些软件及硬件已经陆续运用于各类翻译实践中（但文学翻译领域目前似乎还没有），其中有些翻译软件要求配套大型电子计算机，而多数则可以在个人电脑上运用，少数是袖珍版（如快译通）。

15.5.2　人工翻译策略

15.5.2.1　人工翻译（Human Translation，简称HT）策略的定义

顾名思义，人工翻译指翻译任务完全依靠人类翻译者手工完成，而不是借助计算机或其他机器完成。“人工翻译”这个术语，在过去数千年的翻译活动和论述中无人提及，因为长期的翻译工作只能依靠具体的翻译者个人完成，并无其他翻译手段或形式。它之所以在本书出现，完全是因为半个世纪以来，尤其是2000年以来（在中国）计算机的普及而形成的新型翻译方式需要与传统的人工翻译方式相区别。

15.5.2.2　人工翻译策略的形式

首先是口语翻译，即口译者现身于各个口译语境（参阅第六章《工程技术翻译的语境场》），直接面对不同的口语话语者进行传译。这个任务在目前引进（输出）工程技术项目建设的条件下非人类翻译者莫属。第二是书面或文件翻译，即翻译者基本不会出现在项目施工现场（厂房、车间、野外）的文字翻译。翻译者可能坐在项目临时营地办公室，也可能坐在专业翻译公司的办公室，也可能坐在自己家的书房里，使用笔墨、纸张等工具，近年来也越来越多地直接利用电脑录入翻译文字。这是典型的传统翻译方法，也是最典型的运用人工手段的翻译方法。大体上在2000年之前，中国的引进（输出）工程技术项目翻译，无论是口译还是笔译，均是采取人工手段进行的。

15.5.2.3 人工翻译策略的效果

这需要一个以上的参照系才便于判断。第一个参照系是本书第十四章提出的工程技术翻译的标准体系，那是依据人工翻译的实践(包括翻译者经验和受让者反馈)制定的一系列指标，即针对语音、选词、语句、时态、语态、语速、时间、姿态、格式等多方面提出的具体要求。仅以这一个标准衡量人工翻译策略，似乎有“王婆卖瓜，自卖自夸”之嫌，所以我们求助于第二个参照系计算机翻译(将在下节讨论)。

在计算机翻译参照系下，一个合格的口译者依照正常人的交际能力(认知能力、言语能力和精力体力)能够及时、精确地传递各方话语者的语流信息(除非口译者不胜任职守)，其口译速度和精确度绝对胜于机器翻译口语的效率。已经有人在进行机器口译的尝试。假如未来机器口译流行，任何机器翻译都必须对人工口译进行录音、加工和转换，再加上机器维护的时间，就花费了更多时间；而人工口译则不必经过如此多的环节，可以直接传递信息给受众。在笔译方面，一个合格的笔译者同样依照正常人的认知能力、书写能力和个人体力传译技术文件的信息，其译文精确度和流畅度均有可能达到受众接受的最佳程度(除非笔译者不胜任职守)，而且永远领先机器翻译者，但是人工笔译者的工作速度较机器翻译缓慢许多倍。

15.5.2.4 人工翻译策略的运用范围

口译方面，在目前以及可以预见的未来，工程技术口译的所有语境(八个翻译图式)只能主要采取人工翻译策略，原因是目前的机器口译水平还远远不可能替代纷繁复杂的工程技术口译(冯志伟，2007：37—38)。具体来说，无论是新项目考察访问、合同谈判，还是工地的技术口译以及目前流行的 PPT(会议现场演示)口译等深度口语交流活动，都离不开人工口译，只有一种情况除外：未来某一天，所有的中国工程技术人员、管理者、普通员工都能够说一口流利的英语和外国同行交流。

笔译方面，虽然不断进步和推广的计算机翻译软件和硬件技术有可能取代部分人工翻译，但是鉴于部分工程技术项目文件的重要性、临时性、紧迫性、技术性和人文性，下列文件仍然将在很大程度上依靠人工翻译：1) 图式 B 的协议、合同、补充议定书等法律文件；2) 图式 D 的项目实施临时性文件；3) 图式 E 的工地会议纪要、备忘录；4) 图式 F 的索赔理赔文件；5) 项目接收和终结文件；6) 合同各方负责人庆典临时致辞；

7) 贯穿于项目始终的大量技术规范及操作指南。虽然技术规范及操作指南可以采取机器翻译，但其精确度难以控制，仍然需要大量人工审核修订(参阅 3.1.2 节和 15.5.4 节)。

15.5.3 机器翻译策略

15.5.3.1 机器翻译(Machine Translation，简称 MT)策略的定义

机器翻译是指翻译任务完全依靠计算机或其他机器完成，而不需要人工事后对译文进行翻译或修订。为了与下一节(15.5.4)相区别，机器翻译策略这个术语也可以表述为"全机器翻译策略"。机器(目前主要指计算机)翻译的原理是其利用基于规则的方法和基于统计的方法来实施翻译行为。

15.5.3.2 机器翻译的成果形式

机器翻译目前主要限于笔译领域使用(在工程技术翻译之外，有少量机器翻译成果应用于口译)，而且还有几个外部限制条件：原语文本必须已经转录为电子文档格式(手稿免谈)，翻译(工作)地点必须配备大型计算机、翻译软件、打印复印设备以及其他办公设施。机器翻译的直接成果形式是电子文档，但引进(输出)工程技术项目的客户往往既需要电子文档，也需要纸质文本，因此翻译公司在送交给客户最终出品之前，其直接成果(电子文档)常常必须经由人工输出印制并装订成纸质文本(参阅 15.5.1 节)。

机器翻译的口译目前仅限于电话口译形式(如在日本，且使用范围极为有限)和电视台播送天气预报(如加拿大开始在天气预报这种语义简单、词语固定的简单话语中采取机器口译播报)。中国机器翻译近年来发展迅速，目前刚开始出现在极少量的大会讲演或简单交谈中(王小川，2016)，但其输入的语音必须是汉语普通话，只能识别普通语义。这显然不能满足工程技术翻译的特殊语境(识别复杂的工程技术语义、各种层级人员的通俗技术术语，以及世界各地的英语方言或其他方言)。我们预计：在相当长的时间内，能够有效完成人类多语种的复杂交流的机器口译工具(并随身携带)还仅仅是一种梦想。

15.5.3.3 机器翻译策略的效果

目前国际上普遍采取的衡量机器翻译效果的指标是可懂度

(intelligibility)和忠实度(fidelity),而中国科学院计算技术研究所把可懂度和忠实度合并成译文可理解率(understandability),设有0—6级共七个等级。2003—2005年,中科院组织对863项目计算机翻译译文质量进行测评,测评主办方制定了如下的得分标准(转引自张卫晴、张政,2008):

等级分	得 分 标 准	译文可理解率(%)
0	完全没有译出来	0%
1	看了译文不知所云或者意思完全不对。不过有小部分词语译对了	20%
2	译文有一部分符合原文的意思,或者全句没有译对,但是关键的词都孤立出来了,对人工编辑有点用处	40%
3	译文大致表达了原文的意思,局部与原文有出入,一般情况下需要参照原文才能改正。有些情况即使不对照原文也能猜到原文的意思,但译文的不妥明显是由于翻译程序的缺陷造成的	60%
4	译文传达了原文的信息。不用参照原文就能明白译文的意思,但是部分译文在词形变化、词序、译词选择、地道性等方面多少有些问题,需要修改,但这种修改不参照原文也能有把握地进行	80%
5	译文流畅地表达了原文的信息,语法结构基本正确,但个别译文在词形变化、词序、译词选择、地道性等方面有点问题,需小修改	90%
6	译文准确而流畅地传达了原文的信息,语法结构正确,除个别错别字、小品词、单复数等小问题外,无需修改	100%

那次测评中的绝大部分语料是一般生活常识例句,包括北京奥运会和名胜古迹,分为短句和长句两种图式,其中与经济贸易相关的一个例句(第131题)及其答案是:

〈131〉美元今天的售价是多少?

〈ref1〉How many is selling prices of beautiful round today?

〈ref2〉Is Meiyuan's price today more or less?

〈ref3〉Fully engaged today offering price what is?

〈ref4〉How much is beautiful round today's price?

〈ref5〉Is the beautiful price of round today amount?

遗憾的是，五个机器翻译系统都没有把“美元”翻译出来，令人不解的是，系统〈1〉〈4〉〈5〉都把美元译成两个词“beautiful round”，而不是 US dollars。

依据张卫晴和张政(2008)的研究，“这次测评系统的译文质量综合分析，第一部分(简单句子为主的语料)译文质量远比第二部分(并列句、复合句、长句子为主)好，对话语料中的有些英译汉的质量、译文的可理解度，或可懂度和忠实度相对都很高，英译汉的质量远比汉译英的高，可读性也好，机器翻译系统的质量有一定提高，有的已达到国内领先水平。但是，总体分析，译文质量并没有明显的提高，有些句子的译文表达生硬，不合习惯，词语堆砌的痕迹相当明显；有的译文语法不通，佶屈聱牙。机器翻译之后的人工编辑仍需花费相当多的时间和精力，整体译文质量与人们期望还有相当的差距。”

我们可以设想：如果语料为本书提及的引进(输出)工程技术项目的正式文件和临时性文件，其翻译理解效果必定远远不及 80%。

2006 年，国家教育部和国家语言文字工作委员会公布的《机器翻译系统评测规范》提出了忠实度/可懂度、可理解度均有 0—5 的六个等级，具体表达方式也与中科院计算研究所的得分标准极为相似。显然，这个规范是对前些年有关机构进行机器翻译系统评测结果的微调。此外，欧洲共同体有关机构(EUROTRA)采取的机器翻译评测标准里还有经济方面的指标，如输入时间、编辑修正时间、誊清时间(张政，2006：102—103)。

虽然单独使用计算机翻译效果不佳，但近年来随着计算机软件的迅速发展，不少翻译者或翻译公司采取“机器翻译 + 译后编辑”(MT + PT)的新策略开展翻译。国外有人统计，机器翻译结合译后编辑使得所有翻译者的工作效率得到提升，但提升幅度差异大，增加效率为 20%—131%；译者效率平均提升 74%，机器翻译结合译后编辑节省时间 43%；也有人测量其提升效率为 80%(Plitt & Masseblot，2010；Moran，2014；转引自宋欣阳，2016)。或许各位研究者在进行机器翻译和研究时采取的语料不同，因此导致如此明显的差异。

15.5.3.4 机器翻译策略的运用范围

一般来说，机器翻译“不适用于文学性很强或人文味很浓的文本，而适用于科普文献、金融商业交易、行政管理备忘录、法律文件、说明书、农业及医学资料、工业专利、宣传册、报纸报道等”(Hutchins & Somers，1992：3)。也有人认为，“计算机翻译的适用范围限定在科技文献、文章题目、一般句子，而排除了诗歌、文学作品、法律文件、标书合同”(Nagao，1989)。结合上述目前我国计算机翻译软件的测评水平，(全)机器翻译策略可以运用于处理一些简单的、没有情感词语和人文隐喻词语的“纯语言”文本——人事报表、产品报价单、材料设备清单、简易报关(清关)文件、财务报表等。由此看来，(全)机器翻译运用于工程技术翻译的程度大约相似于加拿大利用机器翻译处理天气预报等程序性极高的简易资料，而这类资料在工程技术翻译中仅占极少部分。

机器口语翻译(电话翻译)仅仅运用于简单交流，且语音识别系统还不成熟，难以实现市场化(冯志伟，2007：37—38)。经过十多年的发展，目前(2017 年 5 月)我国在智能手机里配置的人类语音识别系统质量提高很大，但基本上运用于汉语普通话的语音—文字转换，尚无汉语—英语口语转换的报道。可以设想，如果将来机器口语翻译得以实现，其主要功能是运用于工程技术项目公关方面的一般性、简易性的口语联络翻译。如需进行项目经理、总工程师、监理工程师、项目工程师等中高级技术管理人员之间的技术磋商，仍然需要依赖人工口译。

15.5.4 计算机辅助翻译策略

15.5.4.1 计算机辅助翻译(Computer-aided Translation，简称CAT)策略的定义

该策略是在翻译者的主导和参与下，利用计算机翻译记忆库以及术语库等机器翻译技术来进行的翻译活动，与工业领域流行的 CAD(计算机辅助设计)和 CAM(计算机辅助制造)相似。在概念上，计算机辅助翻译(CAT)与机器翻译(MT)是两个不同的概念(Bowker，2002)，不能混淆：前者侧重翻译者的主导参与，而后者是基于机器的全自动翻译。

15.5.4.2 计算机辅助翻译的成果形式

与机器翻译(MT)策略的成果形式类似，目前仅限于在笔译领域使用，翻译(工作)地点也必须配备电脑(但不要求高级计算机，PC 机即可)、翻译软件(记忆软件和语料库软件)、打印复印设备以及其他办公设施。因翻译者发挥主导作用，其外部限制条件并不一律要求原语文本转录为电子文档，纸质文档也能够在翻译者操作下翻译。直接成果形式是电子文档及纸质文本。口译方面，目前还几乎没有可供实际工作使用的计算机辅助口译仪器或设备，更不可能有运用于工程技术口译的设备。

15.5.4.3 计算机辅助翻译策略的实施

不像传统人工翻译那样简单,依靠一支笔、一张纸和几本词典即可开张;也不像(全)机器翻译那样单纯,只需把电子文本输入计算机后即可启动翻译软件,然后等待结果。实施计算机辅助翻译策略一般说来需要经过以下流程(梁三云,2004)。

(1) 翻译准备阶段

建立术语库(即该项目术语的一一对应关系)或语料库记忆库,使用翻译软件模块(例如 SDL TRADOS 的 MultiTerm Converterm 模块)导入 Excel 格式的术语库,并通过 workbench 进行连接。如果翻译者没有积累术语库,只能自己逐步积累。

建立翻译项目记忆库及高频翻译词库。在分析原文件以后,建立翻译记忆库或称语料库(即该项目行业语句的一一对应关系),使用软件模块提供的回收功能(例如 SAL TRADOS 的 winalign 组件),匹配个人或公司现有的翻译文档。如果没有积累文档,翻译者只有一边翻译资料一边积累语料库。通过标准数据库软件(SQL ORACLE)存储翻译记忆库,可提高效率和集中管理。

预分析。计算机系统分析产生整个翻译项目的量化报告,从此掌握项目周期和成本。

创建 Trados(或其他翻译软件)项目。添加原文件、添加翻译记忆库(TM)、添加术语库、项目文件设置(TM 库的匹配率、罚分规则、预处理文本颜色等)、Perfect Match 设置、S-Sagger 设置、分析、预翻译、统计字数、制定规则和计划、校对、更新项目状态。

项目预处理。生成翻译项目包,将翻译项目记忆库和术语库与预处理后的文档打包交给翻译人员(这是翻译项目组的程序,如个人翻译者即可着手翻译)。

(2) 翻译过程阶段

交互翻译。翻译人员正式开始翻译,并同时更新翻译项目记忆库。

完成翻译工作。翻译人员将完成的译文连同更新后的翻译项目记忆库和术语库打包交给翻译公司项目经理(如个人翻译者则直接存储在个人文档中)。

(3) 翻译结束阶段

翻译项目经理校对译文。

翻译项目经理更新原有的翻译记忆库和术语库。

翻译项目经理整理译文,并提交最终结果(电子文档和纸质文本)。

关于计算机辅助翻译的手段或工具,有人曾对我国翻译行业计算机辅助翻译(CAT)应用现状进行网络调查(朱玉彬、陈晓倩,2013),其结果显示:接受该问卷网络调查的受试者中,约有66%的翻译者使用CAT工具,其中85.8%的翻译者使用Tardos,29.68%翻译者使用雅信CAT 3.0+CAM (Computer-aided Match,计算机辅助匹配),26.45%的翻译者使用D'eja V X,还有20.65%的翻译者使用Wordfast。

根据上述调查结果,我们发现:第一,中国大约有2/3的(文件)翻译者已经在使用计算机辅助翻译策略,意味着传统的人工翻译策略已经退居其次(在专业翻译公司行业),这是自2000年后CAT翻译软件进入我国市场以来在应用翻译行业发生的最显著变化;第二,目前计算机辅助软件领域中,外国的SDLTardos、D'eja V X 、Wordfast三种翻译软件和国产的雅信CAT 3.0—3.5是最流行的四种计算机辅助翻译软件;第三,该调查没有提供计算机辅助翻译软件应用于哪些种类文件或材料,也没有提供应用于口译的实例,更无应用于工程技术翻译的例证。

15.5.4.4 计算机辅助翻译策略的效果

由于该策略的基本原理是人类翻译者利用翻译记忆(Translation Memory,简称TM)软件自动存储翻译者已经完成的语词和语句,并在下次出现同样的内容时自动进行翻译,同时还利用计算机内储存的双语(多语)语料库加强翻译者的实际操作能力,所以其翻译的忠实度和可懂度比(全)机器翻译要高得多,甚至在某些方面(如词汇量、专业知识辨认、特殊本文格式、前后文术语一致性等)可以超过人工翻译的效果,因为翻译记忆库和翻译语料库提供的信息量显然大于个人大脑的记忆容量。在翻译速度及效率方面,计算机辅助翻译比机器翻译要慢得多,不可能一个小时翻译若干万字,但是明显高于人工翻译,曾有人说至少高出30%以上(华德荣,2005)。但最近的研究(田娟、杨晓明,2016)显示,计算机辅助翻译能够提高可操作性18%,提高翻译实践质量20%。这种差异可能源自翻译者自身的素质,但更可能是来自翻译语料的差异。另外,根据3.1.2节中加拿大译员的工作调查样本,使用计算机辅助翻译的效果并不比人工翻译好。

15.5.4.5 计算机辅助翻译策略的运用范围

从理论上说,使用计算机辅助翻译策略,翻译者几乎可以翻译任何文件——不论是一般交流文件，还是重要技术和商务文件（参阅15.3节“基于目标的翻译方法”）。这对于专业翻译公司是完全可能的，因为翻译公司接受的客户文件几乎全部是电子文件，而且目前大量使用计算机辅助翻译的主要用户就是专业翻译公司。

不过在引进（输出）工程技术翻译语境下，许多工地现场（偏远地区、野外营地、高寒地区）或因交通不便、自然条件恶劣，或因现场情况紧急、任务零散，或因工程指挥部经费开支不足等情况，工程技术翻译者有可能无法获得CAT软件系统及硬件设备，而且翻译者接到的文件中一部分是工程师和项目经理的手稿等临时文稿（参阅9.4节“按项目文件进行词汇分类”），故翻译者不可能全部采取计算机辅助翻译，仍然要从事传统的翻译作业。在口译方面，目前的口译机器或计算机辅助口译系统还不可能用于工程技术口译任务。即便将来口译设备能够承担部分口译任务，也只适用于条件较好的室内口译（如合同正式谈判、大型仪式致辞等），而不可能完全替代工地现场的人工口译。

第十六章

工程技术翻译的教育论

工程技术翻译教育或许是最具中国特色的翻译学研究课题之一，在世界翻译学研究领域也具有特殊性。目前还极少见到国外同行在这方面的系统研究（Baker，2004；参阅 4.2 节“国外关于工程技术翻译的研究”）。这种特殊性来源于中国国情的特殊性，来源于我国引进（输出）工程技术翻译的大量实践。

16.1 工程技术翻译教育的迫切性

讨论工程技术翻译教育的意义，不能仅仅坐在书斋里翻阅“老黄历”，也不能仅仅局限于外语翻译教学的技能，更不能脱离我国现代化发展的实际需要而一味强调所谓“文学修养”，而应该着眼于“一带一路”倡议，着眼于越来越多的中国企业参与国际交流与竞争的形势，着眼于外语翻译专业以外的无数工程技术行业迫切的期待和需求。

16.1.1 中国并非“二语”国家

什么是“二语”？根据美国学者的解释就是：20 世纪 70 年代以后，欧美国家（尤其是美国）面临大量来自拉丁美洲和亚洲的移民；为了让他们能够迅速适应新的生存环境，美国、英国、澳大利亚等英语母语国家专门为新移民开设了训练班式的驻在国语言(英语)的课程,于是不少英美学者将这种模式下习得的语言称为“第二语言”(Stern, 1983: 32)。从全球文化的角度看,广义的第二语言是指:(1) 在一个国家除了日常使用母语之外,还存在正式场合(外交、教育、贸易等)普遍使用的另一种语言(有些国家对此还有法律规定),如印度、巴基斯坦、东南亚国家、阿拉伯国家、欧洲国家(英国、爱尔兰除外)、非洲国家,以及中、南美洲国家使用的英语和法语;(2) 指那些到美国、加拿大、英国、澳大利亚、新西兰等英语母语国家的外国移民因生活、工作、学习的需要,在自己母语生活圈之外而另外学习或使用的一种驻在国的语言(以英语和法语为主)。西方学者接触和研究的“第二语言”基本就属于第(2)种情形。但这两种情形在我国都不普遍,我国也有不少学者认为中国人学习的英语属于外语,并非“二语”(束定芳、庄智象,1996: 30—34;戴炜栋,2007: 350)。

根据上述“二语”定义,中国不是“二语”国家,而是“外语”国家。中国政府(教育部、外交部、国家语言文字工作委员会)从来没有公布英语是“二语”或“官方语言”,倒是有许多文件规定英语是外语(参阅教育部历年关于英语及其他语种教育的文件)。绝大部分中国人除了在学校学习英语及参加考试外,在其工作或业余时间几乎从不使用英语或外语。可以肯定地说,中国在相当长的历史时期内不可能像印度、巴基斯坦、东南亚、阿拉伯和中东、非洲、中美洲等前欧美殖民地国家和许多欧洲国家那样(参阅 8.3 节“工程技术翻译的方言语域”)把英语当成(或宣布为)官方语言或第二语言,也不可能像美国、英国、加拿大、澳大利亚、新西兰的新移民那样把英语当成第二语言或工作语言,而且绝大多数中国人更不像欧美国家和一些前欧美殖民地国家的人那样能够熟练运用一两门甚至两三门外语。相反,绝大多数中国人除了在学校学习了一点英语外(况且能够实际交流的人就更少),极少有人同时懂得阿拉伯语、班图语、德语、弗拉芒语、俄语、法语、库尔德语、葡萄牙语、日语、斯瓦西里语、西班牙语、意大利语等第二门外语(极少数外语专业毕业生除外)。

16.1.2 中国工程师需要翻译者

从目前我国高等院校的外语教学看,大量非英语专业的理工科大学生和研究生(未来的工程师)在校期间和毕业之际,虽然通过了大学英语四、六级考试或研究生英语考试,但许多人尚不能以英语进行学术或工作交流,这已经是不言而喻的事实;加之2007年起我国政府对在职技术人员的职称评定制度规定:研究生学历人员在晋升技术职务时不再进行英语水平考试,本科学历技术人员晋升职务时每隔五年进行英语考试(笔试)。不仅如此,2016年3月中央印发的《关于深化人才发展体制机制改革的意见》明确提出,对职称外语和计算机应用能力考试不作统一要求,至当年11月已经有至少四个省份取消了外语职称考试的硬性要求(中金网,2016-11-24)。这一制度的出台是基于许多非外语类技术行业的普遍看法:未来的翻译工作应该交给专业翻译者去完成,技术人员就只管技术。这样一来,大量的工程技术人员实际上丧失了在大学和研究生期间习得的一般的英语交流能力;而当其工作需要时,他们很难再直接应用英语进行技术交流。因此,翻译工作在相当长的时间内还必须由专业翻译者(主要是外语专业毕业生)来担任。

同时,我国的"一带一路"倡议和迅速发展的国际经济贸易已经要求越来越多的中国人同世界各国人民直接进行商务交流和技术交流,但大多数人(也包括工程师)又无法直接运用外语进行深度交流,因此就需要更多的专业翻译人员。

16.1.3 引进(输出)工程需要合格翻译者

从我国引进(输出)工程技术项目的情况看,自2008年以来,我国已经成为世界贸易第一大国,2012年综合国力指标GDP已经位居全球第二,其中机电产品出口额超过50%。2013年以来,在"一带一路"倡议指引下,我国对外经济贸易持续蓬勃发展,尤其是作为国家经济实力重要载体的成套机电装备和高新技术产品进出口额不断上升,以高速铁路、核电设备、海洋工程设备、矿山冶金工程、石油化工工程等为主的成套装备和大中型设备的输出在强力增长,跨国工程服务项目也逐年增加,同时我国也在继续引进国外先进的成套设备和技术。这些巨大的工程都需要大量为之配套服务的工程技术翻译人才。

从目前外语专业翻译人才队伍看,由于长期受到以文学翻译为主业的传统影响,许多外语类或翻译类学生毕业后还远远不能胜任或迅速胜任引进(输出)工程技术项目的翻译工作,甚至给项目及企业造成了经济损失,也给翻译者本人造成莫大的精神压力。例如,中国石油集团(SINOPEC)下属某单位曾在接受世界银行贷款的项目中(涉及油气勘探开发等十几个专业)被要求通过国际招投标获得石油设备及技术,在时间紧迫、人员不足的情况下，不得不将投标文件交给一般科研机构、高等院校、新闻出版等部门翻译，但苦于三个月后翻译出来的文件达不到工程技术部门的要求，报送世界银行审批时被退回，浪费了巨大的人力和财力，甚至丧失了部分中标机会（鞠成涛、郭书仁，2011：65）；又如四川省某工程单位有一年在菲律宾进行工程项目投标，某翻译公司承担了标书翻译，最后去业主方进行答疑和澄清时，业主提出了300个问题，其中270个是由于语言表达不清或翻译错误造成的，给该公司造成相当大的声誉损失和机会损失（王国良、朱宪超，2011：95）。因此，为了减少我国企业在引进（输出）工程技术项目中的损失，增强我国企业"走出去"的国际声誉和实力，有必要迅速培养和提升翻译者的综合专业素质。

结合前面的几点，本书认为：积极开展工程技术翻译教育，迅速提升我国工程技术翻译者的综合素质和专业水平是"一带一路"倡议和我国实现现代化、走向世界的历史趋势对外语教育事业提出的时代性要求。建议国家教育行政管理部门、相关大学的外语院系有必要将工程技术翻译教育列入教育发展规划。

16.2 中国工程技术翻译教育概述

从理性的视角看，工程技术翻译教育应该伴随我国引进与输出工程技术项目（特别是1979年改革开放以来）的实践同步发展，但是实际情况并非如此。

16.2.1 2007年以前的情况概述

我国早在20世纪50年代就开始大规模引进国外（苏联及东欧）先进技术和设备，但是在2007年之前的漫长时期，我国高等院校的外语院系没有单独设置翻译专业本科，仅有为数很少的翻译类研究生（大约从1990年起），其目标是"培养高校的教学和研究人员"（国务院学位办，2007），至于工程技术翻译这一行，还没有进入教育界高层的视野，甚至在2007年1月教育部发布的《翻译硕士专业学位设置方案》中曾提及会议翻译、商务翻译和法庭翻译，但仍没有提及早已存在并为国家现代化直接服务的最广泛的翻译活动之一——工程技术翻译(同上)。国家现代化建设所需要的大量工程技术翻译人员全部依赖普通外语专业毕业生及少数理工科背景的非外语专业毕业生。

1867年,我国最早的洋务学堂——福建水师学堂——成立,1874年位于上海的江南制造总局附设操炮学堂,1898年又附设工艺学堂,这些学堂的教师几乎全部是英语母语者,故学生必须首先在预科补习英语后,才能接受全英文教材授课。20世纪初,在哈尔滨设立了中俄工业学校(哈尔滨工业大学前身),教师全部是俄国人,学生也必须在预科补习俄语后方能进入专业课程学习。学生在课堂学习及工厂见习过程中遇到大量英语(俄语)术语和句子,显然在开始阶段不可避免地要进行大量的翻译。这些教育机构的实践可以视为开启了我国工程技术翻译教育的先河(参阅2.1节)。

在民国时期,因当时外语教育资源极为稀缺,我国大学或高等学堂仅开设过简单的翻译课程,不存在翻译专业教育,更不存在科技英语及工程技术翻译教育。当时的引进工程技术项目的翻译工作主要由留学欧美的毕业生及少量的国内外语专业毕业生担任,但由于长期战乱等历史原因,他们还来不及总结有限的经验,更无法传递经验和教育后人(参阅2.2节)。

1950—1980年,由于众所周知的原因,前一时期工程技术翻译的初步成果未能继承下来(参阅2.3、2.4、2.6节),而中学和大学的外语教育也长期停滞不前,甚至出现倒退。在大学外语院系(本科和研究生)的课程表里,几乎全部是人文社会学科的课程,极少有自然学科或技术学科的课程。由于教育目标的定位单一,许多仅仅开设少量翻译课程(英译中、中译英)的院校也谈不上组织学生进行科技翻译或工程技术翻译的实践活动。这种现象与我国高中开始的教育体系长期文理分科也有密切关系。大学外语专业学生通常没有机会或缺乏兴趣学习自然科学及技术课程,其结果就是学生知识面狭窄,大多数人毕业后仅能够充当联络翻译或生活翻译,不能胜任专业性较强的工程技术翻译工作。另一方面,低水平的外语教育使得理工科学生的外语能力长期在低水平徘徊,我国普通大学生的英语词汇及交际能力明显落后于周边国家和地区(例如同属东亚的日本、韩国、菲律宾、中国台湾等),我国工程技术专业的毕业生绝大部分不能直接从事科技翻译或工程技术翻译及国际交流活动。1964年,时任外交部长的陈毅元帅曾指示北京外语学院:学生仅有三千单词量肯定不够,应该达到五千以上。这也反映了那一时期外语水平。

1975年,天津大学的教师出版了《科技英语阅读手册》(参阅4.1.1.5节);1986年,上海交通大学、同济大学等理工科大学开始招收科技英语方向研究生;1990 年和 1993 年,同济大学先后开始招收科技英语的专科生和本科生。这些算得上重新开启了我国工程技术翻译教育。与工程技术翻译教育相关的一门重要课程是科技英语翻译,但开设这门课程的学校非常少(例如有上海交通大学、同济大学、重庆大学等重点理工科院校),并主要是在研究生阶段。这些院校能够开设科技英语翻译课程,或许还偶然得益于有凌渭民、韩其顺等少数专家,而绝大部分院校就无法开设此类课程,或开课质量很差。有些担任科技英语翻译课程的教师曾对本书作者说:"我也没有学习过科技翻译,不知道教什么。"这样的状况显然远不能满足社会需要。

此外,翻译课程的开课时数也很少(英汉互译 64,科技英语 32),甚至低于一些公共课;即便 2000 年以后一些外语院系设置了口译课或视听说课,也几乎谈不上进行科技专题或工程技术专题的研究和实际训练。低外语水平教育造成了我国工程技术翻译人员的严重短缺。不少引进(输出)工程技术项目的单位必须支付高出平均工资好几倍的价格才能聘用或借调一个工程技术翻译人员(参阅 2.4、2.5、2.6 节)。

这一时期我国工程技术翻译教育的特点表现在以下几个方面:

(1) 教育行政部门和各大学外语院系及其他院系没有培养工程技术翻译人员的意识和计划。

(2) 没有形成培养工程技术翻译(或科技翻译)人才的学科体系(上海交通大学、同济大学等是例外)。

(3) 严重缺乏承担工程技术翻译(或科技翻译)的教学和研究人才,这从全国外语翻译教育的现象、翻译教育研究界的学术研讨会和研究成果就可见一斑。

(4) 外语专业学生在校期间几乎没有学习过与工程技术或科技相关的课程,加之在中学阶段过早分入文理科,他们几乎是"科技文盲"或"工程文盲"。

(5) 仅有少量大学或外语院系开设教学时数很少的科技英语翻译课程。

(6) 去工程技术项目翻译岗位的外语专业毕业生一般需要经过半年至一年甚至更长的实际工作锻炼才能勉强胜任,否则不能承担工程技术翻译工作。

16.2.2　2007 年以后的情况概述

2007 年 1 月,国务院学位委员会办公室公布的《翻译硕士专业学位设置方案》指出:"改革开放以来,我国国民经济快速增长,综合国力已跃居世界前列。……目前,各种国际会议日益增多,国外资料大量引进,社会对翻译工作的需求也日益增多。工业、科技、司法、环保、金融等领域国际交流与日俱增,对于翻译人员的专业素质和知识素养要求越来越高。另外,尽快培养大批高水平的翻译人才对我国社会经济发展更具有特殊意义"(国务院学位办,2007)。这是国家高层首次公开论述工业领域和科技领域对专业翻译人员的紧迫需要。2007年1月至2017年5月,国家教育部先后批准了215所高等院校设置翻译硕士专业学位(MTI)及翻译专业本科(BTI),但是工程技术翻译教育对于绝大多数培养院校来说,仍是一种新的尝试和挑战。我们不妨先考察一下部分翻译或外语院系的课程设置情况。通过互联网,抽取部分综合大学、理工科大学和主要外语专业院校作为样本,现简要汇集如下:

我国部分综合大学、理工科大学和外语院校开设工程技术翻译类课程统计

序号	学校名称	翻译或外语学科学位	与工程技术翻译相关的课程
1	北京大学	硕士	科技文献翻译实践
2	北京工业大学	硕士	国际商务、商务英语专题研究、商务沟通、中英商务语言对比
3	北京外国语大学	本科、硕士	科技英语翻译、数学与自然科学(8分选修)
4	北京理工大学	本科、硕士	科技英语、科技翻译工作坊、科技翻译、科技英语写作、前沿科学技术
5	北京科技大学	本科、硕士	科技翻译、数学自然科学类课程(8分必修)
6	重庆大学	硕士	建筑翻译、法律翻译
7	大连外国语大学	硕士	科技英语、专题口译
8	电子科技大学	硕士	科技英语阅读与写作、商务阅读与写作
9	广东外语外贸大学	本科(双专业)、硕士	商务翻译、科技翻译、法律翻译、"3+2"专业、翻译学位(招收经、管、法、工类大三学生)
10	哈尔滨工业大学	本科(双专业)	机械设计制造与自动化等工科主干课程17门(必修)

（续表）

序号	学校名称	翻译或外语学科学位	与工程技术翻译相关的课程
11	哈尔滨理工大学	本科	科技英语阅读、科技英语翻译、工程技术理论概览、机械设计与制造专业概论、机械设计基础、电力工程基础、电力电子技术基础
12	黑龙江大学	本科、硕士	商务英语翻译、法律英语翻译、科技英语翻译
13	华南理工大学	本科	科技英语阅读写作、商务英语阅读写作、电路与电子技术、机械学、统计学
14	华中科技大学	本科、硕士	科技翻译、商务翻译、法律翻译、计算机辅助翻译
15	宁波大学	硕士	商务翻译
16	清华大学	本科	自然科学和计算机类课程(8分必修)
17	上海外国语大学	本科、硕士	应用文翻译、法律和商务笔译
18	上海大学	本科、硕士	科技英语翻译、科技英语口译、非文学类翻译、应用文翻译、商务翻译
19	上海交通大学	硕士	科技翻译
20	四川大学	硕士	经贸翻译、科技翻译、法律翻译、计算机辅助翻译(在14门选修课中必选2门)
21	四川外国语大学	本科	科技翻译
22	天津理工大学	本科、硕士	英语科技文选、科技英语翻译、科技文体与写作、世界科技发展史、工业认知、国际贸易、英语外贸应用文
23	天津外国语大学	本科	应用翻译理论与实务、企业运营管理、外贸函电、物流英语、商务英语、市场营销
24	同济大学	硕士	科技翻译、科技词汇研究、科技文献阅读、科技英语写作、计算机辅助翻译
25	武汉大学	本科、硕士	实用文体翻译、计算机辅助翻译
26	西安外国语大学	本科、硕士	科技翻译

（续表）

序号	学校名称	翻译或外语学科学位	与工程技术翻译相关的课程
27	西北工业大学	硕士	航空概论、航天概论、航海概论、科技文献阅读(各16课时)
28	西南大学	本科	法律翻译、商务翻译、实用翻译、谈判与合同英语
29	浙江大学	硕士	应用翻译实践与研究、计算机辅助翻译
30	中国石油大学	硕士	能源舆情编译、石油科技概论、石油科技翻译、石油科技工作坊

（注：以上课程的课时数一般为32节/学期(2学分)，特殊的课时数专门标出）

按照与工程技术翻译的相关程度，上述统计存在三个层次的课程设置方案。

第一层次：有九所院校（北京外国语大学、北京科技大学、广东外语外贸大学、哈尔滨工业大学、哈尔滨理工大学、华南理工大学、清华大学、西北工业大学、中国石油大学）充分认识到自然学科及技术知识对工程技术翻译或科技翻译的重要意义，设置了具有明显优势的自然学科或技术学科课程；尤其是哈尔滨工业大学、哈尔滨理工大学、华南理工大学、清华大学、西北工业大学和中国石油大学更是明确要求学生学习机械设计与制造、电路电子技术、航空航天航海等工业技术的核心课程；广东外语外贸大学则从其他专业（包括工科）的大三学生里招收翻译学位者，也是一种大胆的创新举措。因本节所选择的基本是综合类和理工类的重点大学，在全部215所授予翻译专业硕士(MTI)的大学中具有先进性，故可以推断：这9所大学仅占全部总数(215)的4.186%，它们代表了我国工程技术翻译教育的最高水平。

第二层次：大多数院校的课程设置计划依然延续过去“文理分科，老死不相往来”的明显痕迹，几乎没有任何自然学科或技术学科课程，这无疑让学生仍然居于工程技术或自然科学的门外；不过有些大学设置了较多（三门以上）与科技翻译相关的课程，例如北京理工大学、黑龙江大学、华中科技大学、上海大学、天津理工大学、天津外国语大学、同济大学、西南大学等，特别是同济大学开设的“科技词汇研究”和天津理工大学开设的“工业认知”引导学生了解广泛的科学技术知识，对增加学生的工程技术学科知识也可以起到一些作用。

第三层次：大部分院校设置的与工程技术翻译或科技翻译相关的课程太少(1—2 门)，且属于泛泛而论(“科技翻译”)。既然只有一两门课程，则担任课程的教师很可能也仅有 1—2 位，其授课质量在很大程度上依赖于个别教师的素质，不大可能形成学科群或专业实力，该专业的质量也只能依靠偶然因素维系，很难保证学生具有综合的科技或工程技术翻译知识和能力。

依据这里的三个层次的课程设置方案对全国 215 所翻译硕士专业学位授予单位推测，其中绝大多数院校的翻译专业硕士课程设置可能都归入本节分析的第二至第三层次，即占翻译硕士学位授予大学总数(215)的 95.814%。整体上，这 215 所院校的课程设置方案已经代表了目前我国工程技术翻译教育的水平。

此外，全国还有 2,600 多所二本和三本院校。依据网络查阅，其中绝大部分仅仅开设了“科技英语翻译”或另加一门“科技英语阅读”课程，有些院校甚至连“科技英语翻译”也无法开设，仅以“商务英语”等更加宽泛的课程来替代科技英语翻译，其课程设置水平相当于上述三个层次中最低的第三层。

综上所述，在我国目前 2,845 所高等院校中(其中普通高校 2,553 所)(教育部网站，2015 年 5 月 29 日)，仅有 9 所能够充分重视培养外语类学生的科技知识、工程技术知识及相关翻译能力；如果再考虑到近 10 年来上述 215 所大学举办翻译专业硕士教育的普遍不景气(仲伟合，2014；何刚强，2015)，我国翻译人才对国家四个现代化的贡献率还很低。

在我国综合实力和国际贸易快速增长的形势下，我国 2007 年以后的工程技术翻译教育出现了以下新特点：

(1) 许多大学开始注意培养面向应用的翻译人才，制定了培养计划和发展对策。

(2) 由于传统办学观念和师资力量限制，翻译专业本科和硕士的培养方案基本局限于科技信息含量很低的商务翻译和法律翻译方向。

(3) 综合性大学及外语类院校比较重视人文素质及综合素质培养，其学生的外语素质较高，人文社科领域的课程众多，“软科学”偏多，这或许是所培养人才的宽泛性所致。但是因师资力量和办学条件单一化，其培养体系中普遍缺乏自然学科和技术学科的课程及训练，毕业生在短时间内很难胜任引进(输出)工程技术项目的翻译工作。

(4) 部分重点理工科大学发挥师资力量雄厚和设施齐全的优势，加之生源素质高，其培养体系能够同时兼顾学生的工程技术学科知识与英语技能，毕业生能够较快适应某些工程技术行业的翻译工作。具备这类办学水平的学校是我国工程技术翻译教育发展的希望，但可惜目前数量还极少（主要是上述第一课程层次的九所院校）。

(5) 大量二本及三本普通院校的办学条件属于中等或以下，师资力量相对薄弱，加之各个外语院系长期形成的纯语言文化教学模式，其培养体系中不仅缺乏自然学科及技术学科，而且与工程技术翻译或科技翻译的相关课程也太少，甚至根本没有，这类院校要承担起服务“一带一路”倡议的任务还有很长的路要走。

16.3 工程技术翻译教育的目标

鉴于我国引进（输出）工程技术项目规模的不断扩大，以及英语成为国际通用语言的客观事实，工程技术翻译教育的目标人群不仅应该覆盖外语专业毕业的翻译者，而且还应考虑人数更加庞大的非外语专业背景的翻译者和工程技术人员；换言之，工程技术翻译教育应拓展到所有参与引进（输出）工程技术项目的人。这是实现工程技术翻译教育长期目标的指导思想。根据这个指导思想，工程技术翻译教育的培养目标可以分解为以下三类。

16.3.1 “万金油”型翻译者

“万金油”型翻译者，或称“蜻蜓点水”翻译者，是最普通的一种工程技术翻译教育培养目标。顾名思义，所谓“万金油”，是指翻译者除了具有基本的翻译技能之外，同时具备宽泛的百科知识，包括工程技术项目引进或输出的初步知识。我国目前的引进（输出）工程技术项目，除了传统的机械、电气、化工、土木四大工业门类外，还有不断涌现的新兴技术项目，例如核电项目、航天航空项目、高铁项目、海洋工程项目、大型运河及港口项目。对于聘用单位而言，这种全能式翻译者是最经济的人才，在理论上似乎具有理想的“能效比”。实际上，“万金油”型翻译者不可能对各个工业技术门类都了如指掌，尤其在科学技术飞速发展的时代，正如工程师队伍里也不大可能有全能工程师一样。

但是，通过学校教育培养而成为“万金油”型的翻译者数量不可能太多，这不仅受到培养学校及教师自身教育能力的限制，而且也受到青年翻译者个人经历和机遇的限制。目前北京外国语大学、清华大学、北京科技大学设置的“科技英语翻译+数学和自然科学八分必修”课程体系就属于培养“万金油”型翻译者的实践。

在使用范围方面，“万金油”型翻译者适用于专业性或技术性程度不是太高的，且投资额度为中小型的工程技术项目（例如单项设备项目、土木建筑项目、涉及商业及销售环节较多的营运项目）。在聘用这类翻译者时，实施单位除了考虑工程的技术难度之外，节省人工成本也是需要考虑的因素。

16.3.2 “译员+工程师”型翻译者

“译员+工程师”型翻译者也可以称为专家型翻译者，他们首先是译员，同时具有一定的工程技术经历和知识，是工程技术翻译教育系统中较高一级的培养目标。顾名思义，这是培养精通某一行业的工程技术项目的翻译者。但是，“译员+工程师”型翻译者的成才周期较长，对翻译者的个人素质要求较高，必须具备特定的自然科学和技术科学知识。

目前，哈尔滨工业大学翻译本科（双专业）的“外语翻译课程+机械设计制造与自动化等工科主干课程 17 门（必修）”课程体系，哈尔滨理工大学翻译本科的“科技英语阅读+科技英语翻译+5 门机械电力电子基础课”课程体系，西北工业大学 MTI 的“航空、航天、航海概论+科技文献阅读+翻译工作坊”的课程体系，中国石油大学 MTI 的“能源舆情编译、石油科技概论、石油科技翻译、石油科技工作坊”的课程体系，均是培养“译员+工程师”型翻译者的典型。广东外语外贸大学本科（双专业，即“3+2”专业）则着重培养商务、科技、法律专业翻译者，其本质也是“译员+工程师”型的教育实践。

当然，在工程技术翻译实践中，有的翻译者经过个人努力，也能够成为“译员+工程师”型翻译者，尽管数量不多。例如，资深化工工程翻译家吴基泰（曾任四川省自贡市翻译协会会长），早年毕业于四川外语学院，从事化工工程翻译行业三十多年，从 1973 年参加“四三项目”（参阅 2.4 节）引进成套尿素工程项目、维尼纶纺织工程项目到后期又参加引进聚酯纺织工程和乙烯工程项目，从开始不熟悉行业到若干年后对化工机械类项目的翻译信手拈来，口译、笔译、同声传译样样精通。除了努力参加翻译实践，他还不断拓宽化工技术知识，使用过的专业词典就有几十种，其间翻译(或撰写)出版了上百万字专业技术论文(著作)。

"译员+工程师"型翻译者也不能精通各类工程技术项目,一般只精通其中一两门行业项目的翻译。他们适用于大型的、专业性较高的引进(输出)工程技术项目,例如冶金钢铁项目、航天航空项目、精细化工项目、铁路及高铁项目、大型港口运河项目等。

这类专家型翻译者不仅具有良好的翻译素质和技能,而且具有较深厚的专业工程技术知识素养,了解该行业内工程师和普通工人的说话习惯和工作风格外,还具有良好的交际能力和协调能力。但是,培养成本很高,而且人数很少。在目前条件下,中小型项目单位一般不愿长期聘用专家型翻译者,多采取借调方式使用。

16.3.3 "工程师+译员"型翻译者

"工程师+译员"型翻译者可以称为兼职型翻译者(参阅 10.1.2 节),顾名思义,该翻译者的身份首先是工程师或专业技术人员,其次才是译员。在实践中,兼职型翻译者通常是工程技术项目的经理、总工程师或子项目工程师,同时具有较强的外语翻译能力,能够直接与外方沟通,也可以为己方的其他技术人员和工人担任翻译。兼职型翻译者是工程技术翻译教育体系中最高级的培养目标。

培养"工程师+译员"型翻译者的理据在于:尽管前面所述的两种译员可能非常能干,但面对大型而复杂的工程技术项目且专家型翻译者数量不充足时,就无法在短时间内满足工程项目进展需要。例如,2015 年 4 月 30 日,由中集来福士海洋工程有限公司向中海油服公司交付的深水半潜式钻井平台"中海油服兴旺号",入级挪威船级社和中国船级社,完工交船文件折合 A4 纸张共有 840 万页,叠加起来有 150 层楼高(光明网,2015-6-27),换算为重量至少有 17 吨。如此大规模的文件库,若全部翻译,花费的时间和人力成本高。如果有大量的"工程师+译员"人才,项目就会进展顺利得多。

根据其他国家的经验和我国现代化发展的长期目标,培养"工程师+译员"型翻译者应该是我国工程技术翻译教育的根本任务,其培养的对象已经不是出自外语院系的专业翻译人才,而是出自理工科背景的专业技术人才。这样的跨学科培养目标或任务,不可能仅仅由大学(MTI 翻译硕士专业学位)来完成,而需要各个大学的外语院系、理工科院系、教学行政部门共同完成。

由于近代世界的地缘政治和经济状况，欧洲、北美洲、拉丁美洲、非洲、大洋洲以及大部分亚洲国家已经拥有大量的兼职翻译者，他们既是工程师，又是翻译者，活动在许许多多的引进或输出工程项目工地。譬如埃及苏伊士省2010年建成投产的引进法国圣戈班集团的玻璃工程项目，现场有来自欧洲、亚洲、非洲、拉美等15个国家的1,600多名技术员工，除了两位中国工程师配备专职翻译者以外，其他国家的工程师都是兼职翻译者或双语者，能够独当一面。相比而言，我国国内的兼职翻译者为数极少。20世纪50年代我国曾有少数留学苏联的归国学生（工程师）担任兼职翻译者（参阅2.3节），但自从60年代后因我国大多从欧美国家引进工程技术项目，英语兼职翻译者极少。进入21世纪以来，开始涌现出新的一批兼职翻译者。例如，我国东方锅炉集团公司向美国出口成套锅炉设备项目时，我方多位工程师不仅在国内能够与美方交流，还远赴美国进口公司实地指导安装和技术交流，充当兼职翻译。尽管如此，目前我国能够承担兼职翻译的工程师的数量还极为有限。

"工程师+译员"型翻译者的适用性较为广泛，能够承担各类引进或输出工程技术项目的翻译工作，普遍受到一线员工的称赞，尽管其中有些人的英语口语能力及书写能力略逊色于专业翻译者。鉴于我国目前工程技术翻译教育的水平和人才供给情况，这类翻译者更适合安排到高新技术项目或技术性很强的项目上去，便于他们发挥更大的作用。

16.4 工程技术翻译教育的路径

为了完成工程技术翻译教育的目标任务，既要参考其他国家（尤其是非英语国家）的有益方法，也要根据实际情况开展中国特色的教育实践。

16.4.1 树立工程技术翻译服务意识

翻译是干什么的？翻译是一门科学、一种技能、一种艺术（奈达；转引自谭载喜，2004：223）。说它是科学，是指人们对它涉及的语言能够用科学方法进行处理和分析，对翻译行为及相关事物进行总结和研究；说它是技能，是指翻译有显著的工具性质，有完成传递信息的功能；说它是艺术，是指翻译不同于简单的体力劳动，而是一项复杂而高级的脑力活动。

对于大学教师，翻译或许仅仅是教学培养方案里的一门理论课程；对于某些成年累月蜗居在书房的学者，翻译或许仅仅是一个论文题目；而对于每年大批的外语或翻译专业（或许还有其他专业）的毕业生，翻译就是生计；对于国内外成千上万家引进（输出）工程技术项目的企业，翻译就是服务，就是效益。

现在有些研究者担心，把自己钟爱的翻译学研究说成"工具"和"服务"，似乎自甘堕落，降低了翻译学的学术地位，于是整天叨念所谓"纯学术"；如果旁人提及翻译应该"服务"和"应用"就被视为另类。这种观念严重影响了翻译的服务意识和服务功能。

还是让我们开拓一下眼界吧：以数、理、化为首的自然科学难道不是征服世界的基本工具吗？工程技术学科难道不是改变我们生活环境的工具吗？炙手可热的金融学和会计学难道不是服务社会经济的工具吗？小说、诗歌、音乐、戏剧难道不就是服务人们精神生活的工具吗？所以，大可不必担心工程技术翻译教育及研究"沦为"服务和工具。著名翻译家郭建中曾批评有人不顾国家经济建设和国际贸易迅速发展的客观现实而专注于所谓"象牙塔"式的文学翻译，并呼吁这种井底之蛙式的偏见"也应该改一改了"（郭建中，2010：193）。

16.4.2　建立完善的工程技术翻译学位制度

2007年以来，我国已经基本建立了翻译硕士学位教育制度，取得了初步的成绩。本书作者认为，应该借"东风"（指利用国务院学位委员会办公室2007年1月下达《翻译硕士专业学位设置方案》的通知）在总结前十年翻译硕士学位办学经验的基础上，尽快建立完整的工程技术翻译教育体系，即形成专科生、本科生、硕士生和博士生的四级工程技术翻译学位体系。2015年4月，在上海对外贸易大学举办的"第六届全国应用翻译研讨会"上，中国翻译协会常务副会长黄友义宣布，我国决定在近年内开办翻译专业博士学位（DTI），这对构建工程技术翻译学、促进我国工程技术翻译教育无疑是一个大好机遇。

为促进工程技术翻译教育综合发展，应对工程技术翻译学位制度进行功能细分：博士学位主要从事工程技术翻译学科的理论建设及研究；硕士学位主要培养专业性工程技术翻译骨干；学士学位及专科主要培养"万金油"型和初级的工程技术翻译人员。另外，还应打通各级学位间的升级机制，着力培养致力于工程技术翻译理论及应用的高级人才。

从翻译学位的知识含量考虑，一个翻译学硕士或博士也不可能任何行业和主题都能够翻译(参阅 16.2 节)。因此，有必要细分翻译硕士和翻译博士的研究方向。需要指出的是，设立翻译学位的方向，不能以某些个人的兴趣去定调，而应该以国家经济和文化发展的需要为指导思想。在目前形势下，翻译学位中应该明确设立“工程技术翻译硕士”和“工程技术翻译博士”两个方向。如条件暂时不成熟，至少也应该首先设立较为宽泛的“科技翻译硕士”和“科技翻译博士”方向。

关于翻译专业的学生来源，目前我国理工科大学招生人数超过高考录取总人数的 75%，而局部地区更高(例如 2014 年北京市第一批重点院校招生的理科/文科比例为 82 ∶ 18)。虽然表面上看，文科和外语类考生减少，但是翻译专业本科、硕士和博士可以考虑多招收理科背景的学生，逐渐改变我国长期以来“文理分科”的“两张皮”现象。

16.4.3 设置充实的工程技术翻译课程体系

由于各种原因，我国外语及翻译教育课程体系长期以来形成了重人文、轻理工的传统，使得外语及翻译专业学生毕业后，大多人不能适应科技翻译和引进(输出)工程技术项目翻译工作。为了适应国家现代化建设的长期需求，应建立与之适应的新的课程体系。这方面，我们可以借鉴国外大学的学位课程设置。德国大学的硕士学位和博士学位都要求学生确定一个主专业，并选择一个跨学科门类的副专业，即每一个学位包含两个完全不同学科的课程或知识。譬如，一个学生的主专业是机械，而辅修专业可能是文学；另一个学生的主专业是医学，而辅修专业可能是翻译。这种学位设计制度旨在拓宽学生知识面，培养创新能力。美国、日本、加拿大、澳大利亚的学位课程虽然没有要求第二专业，但是比较重视中学和大学的通识教育，加之学生在大学阶段能够灵活选修各类课程，其中也有不少文科大学生选择自然学科的课程，这样在一定程度上平衡了个人的知识结构(参阅 3.1 节“欧美国家的工程技术翻译”)。

建立中国特色的工程技术翻译课程体系，应该围绕工程技术翻译教育的目标——培养文理兼通的、符合中国国情的、能够满足国内外引进(输出)工程技术项目需要的新型工程技术翻译人才。

16.4.3.1 培养“万金油”型工程技术翻译者的课程设置

根据 16.1.2 节我国部分重点大学(综合类、理工类、外语类)翻译专业硕士及学士学位开设翻译类相关课程统计表，大多数院校仅仅设置了“科技英语翻译”一门课程(32 课时)；有些学校虽然设置了“科技英语翻译”“科技英语口译”“科技英语阅读”“科技英语写作”以及“商务翻译”等课程，其实在内容上非常雷同且较为肤浅，并没有明显扩大学生的科技知识面。这不仅耗费了学生的大量精力和时间，而且并不能有效运用于工程技术翻译实践。这些院校的初衷可能也是培养“万金油”型翻译者，但其课程显得杯水车薪。何况，为数可怜的这几门课程多半还是选修课；有的学生为了应付毕业，更愿意选择“软”课程，而不愿选择“硬”课程。

本书作者认为：在“万金油”型工程技术翻译者培养目标的关照下，这些院校可以在保持外语类基本课程的情况下，适当在本科高年级翻译硕士阶段开设与某些工程技术门类(或按科技大类)知识相关的拓展性英语课程，由此取代笼统的、缺乏知识逻辑系统的科技英语阅读及科技英语翻译之类过于宽泛的课程，以弥补这类院系的外语翻译类毕业生的知识缺陷。譬如，目前清华大学、哈尔滨理工大学、华南理工大学实施的就是这种课程模式(参阅 16.2.2 节)。知识拓展性英语课程可以选择下列分组模块：

(1) 机械类有《机械制造英语》《机械自动化英语》《金属切削加工英语》《焊接工艺英语》《金属热处理英语》《船舶制造工程英语》《阀门管道英语》《航空飞行器英语》等。

(2) 电气类有《电气工程英语》《电子电路英语》《微电子工程英语》《电线电缆英语》《能源工业英语》《电站锅炉英语》《传感器英语》等。

(3) 化工类有《化工工程英语》《有机化工英语》《纺织化工英语》《精细化工英语》《石油化工英语》《医药化工英语》等。

(4) 土木类有《房屋建筑工程英语》《道路桥梁工程英语》《矿山工程英语》《铁路及高速铁路工程英语》等。

有关出版社和院校已经编辑出版了上述分类教材，有能力的院校也可以自行组织编写。

16.4.3.2 培养“译员＋工程师”型工程技术翻译者的课程设置

这种类型的翻译者是翻译领域的专家型翻译者，目前这类翻译者数量很少，且基本上不是大学培养的，而是在工程技术翻译实践中锻炼成才的，本书第二章《中国工程技术翻译历史概述》中所列举的部分资深翻译家就是他们中间的杰出代表。

培养专家型翻译者的第一种课程模式：由理工科大学的外语学院主

导(相关工科院系协办),设置一定比例的双专业学位课程。这种课程设计既包括英语专业课程,也包括工科专业课程(至少包括 10 门核心课程),可以比喻为“双肩挑”模式。例如,哈尔滨工业大学已经开设了“英语+机械设计与制造”双专业学士学位课程,除了英语基本课程外,还开设了 17 门机械设计制造专业及机电一体化的课程,囊括工科基础课、专业基础课和部分专业课。可惜因多种原因,效仿者太少。

按此模式的思路,还可以进一步细分“双肩挑”专业。按照引进(输出)工程技术项目的主要门类——机械类、电气类、化工类、土木交通类分别设置双专业学位课程,即“英语+机械类课程”“英语+电气类课程”“英语+化工类课程”“英语+土木交通类课程”等几种课程模块,每一模块包含的技术类专业核心课程均不得少于 10 门(参阅复旦大学和上海财经大学本科辅修专业的课程设置)。教育行政部门应鼓励各个工科院校侧重开设与自己专业特色相关的双专业。譬如,目前西北工业大学 MTI 开设的“航空、航天、航海概论+科技文献阅读”模式接近这种双专业,但仍有较大差距。

培养专家型翻译者的第二种课程模式:从工程技术专业本科的毕业生中选拔英语(外语)基础较好的学生进入翻译硕士和翻译博士专业课程深造。这些学生在工科院系通常已经完成了该专业 8/8 期的课程学习,尤其是已经学习了工科院系课程计划中的全部基础课、专业基础课和专业课,参与过工科专业见习和实践,基本具备专业工程师的技术素养。在硕士阶段两至三年的外语翻译专业学习中,可以设置《英汉翻译理论与实践》《汉英翻译理论与实践》《高级口语》《高级听力》《口译》《工程技术专题笔译》和《工程技术专题口译》等课程,甚至可以用工程技术高级翻译工作坊等课程代替硕士毕业论文,着力提升他们的翻译实践能力。毕业之后,他们能够迅速胜任较为专业的工程技术(或科技)项目翻译工作,而且完全有可能在不太长的时间内超越纯外语背景的翻译者。不少国外的翻译公司甚至明确要求应聘者具有如此跨学科的学历背景(参阅第三章)。在培养其他行业人才时,国外有些大学也是采取这种模式,譬如美国的教师培养模式就是“本科专业技术学位+教育硕士”;美国法学硕士的培养模式亦如此。

在目前条件下,少数尽管举办翻译硕士专业学位的大学也招收非外语背景的工科毕业生,但许多工科毕业生在毕业之际往往更多考虑就业机会和教育费用等实际问题,加之还要通过艰苦的外语翻译专业全国联考,许多人是有心却无力。因此,应加强招收工科毕业生的宣传力度并推出有效措施。

培养专家型翻译者的第三种课程模式：“3+2”模式，即招收具有工科背景的大学高年级学生（三年级结业）直接转入外语院系的翻译专业，经过两年的外语翻译专业训练，这些学生很容易形成“技术+翻译”的显著优势。与前一模式相比，这种模式下的学生已经完成了6/8期的工科课程计划（实际比例更大，因为第八学期通常安排毕业论文（设计）和实习，所有专业课在第七学期就结束了），尤其是他们完成了理工科学位的全部基础课、专业基础课和部分专业课，也参加过部分工科专业实验和见习，与第二种模式的工科毕业生在工程技术素质方面非常接近。在他们三年的翻译专业课程里，同样可以设置《英汉翻译理论与实践》《汉英翻译理论与实践》《高级口语》《高级听力》《口译》《工程技术专题笔译》《工程技术专题口译》，只是在设置工程技术高级翻译工作坊或毕业论文（设计）等最后课程时可以与翻译硕士产生略微区别。

这种“3+2”课程模式的优势非常明显：对于学生来说，可以用五年时间获得双学位（工程学士学位+翻译学士学位），还增加就业机会（他们基本具备两个专业的能力）；对于培养院校来说，这些本科学生的工科技术素养非常接近第二种模式的翻译硕士，但教育成本相对低廉。这也是中国教育的一种创新。

近年来，广州外语外贸大学率先开设了“3+2”模式，即招收经、管、法、工等学科的大三学生直接转入外语学院翻译专业，再进行两年翻译专业学习。但是，广州外语外贸大学是文科类大学，工科学生来源极为有限，虽然思路正确，但不知道效果如何。本书作者认为，教育行政部门应从国家层面考量并进行协调，让更多的外语大学或综合大学能够从全国其他院校的理工科大三学生中统一招收“3+2”双专业本科学生，以便快速培养大批专业型翻译者（这类似“专升本”）。

16.4.3.3 培养“工程师+译员”型工程技术翻译者的课程设置

培养“工程师+译员”型翻译者（或称兼职型翻译者）的课程设置及实施，因其培养对象是大量的理工科学生（未来的工程师或项目经理），所以不可能单独由大学的MTI（翻译硕士专业学位）专业来完成，而是需要大学的教学行政部门、理工科院系、外语院系共同完成。

培养兼职型翻译者的第一种课程模式：在工科专业院系主导下，重点大学理工科专业每个年级每个学期均开设两门双语专业课程（使用英文版专业教材），则本科四年的七个学期（第八学期为毕业设计和实习阶段)就可能开设14门双语课。而普通大学理工科专业每个年级每个学期就开设一门双语专业课程(也使用英文版教材),四年里至少能够学习七门双语课程。根据各个专业的特点,可以选择学科内容不同的双语专业课程。但实施这个模式的前提条件是:降低《大学英语》的课程时数或取消《大学英语》课程,把课时让位于专业性的双语课程。如果能够实施这个模式(即使是最低标准七门双语课),我国理工科大学(尤其是重点大学)学生的英语水平(词汇量、阅读量、阅读速度、理解能力、英语写作能力、口笔译能力)将会得到极大提升,并接近目前港澳地区大学生的英语水平。

开展双语专业课程这一制度早在2005年就在全国本科院校推广,教育部曾要求每个非英语专业开设至少1—2门双语课程,即使用外国原版英文教材,并要求教师授课语言50%以上应是英语(外语),并采用外语考试。这个制度已经实行10年,就效果而言,除了少数重点名牌大学(例如浙江大学)的实验班和中外合作办学班以外,不少学校双语课程的实际教学效果还很不理想。表面上是学生普遍缺乏使用英语进行课堂交流的动力,很少有机会参与课外的国际交流活动(虽然他们的阅读能力和写作能力相对有所提升,少数学生已经能够在国际英文专业期刊发表论文),但是本质上在于某些教育行政机构和一些大学未能真正认识普遍提升大学生英语能力的重要意义,因此也就不能落实相关措施。如果能够以专业知识双语课程代替目前的普通《大学英语》课程,预计双语课程的效果及学生的英语能力会有明显提升。

培养兼职型翻译者的第二种课程模式:在外语院系和理工科院系的协调下,当理工科各个院系的《大学英语》必修课四个学期结束后,应积极开设高年级后续外语选修课程,时间为3—4个学期,直至毕业,并采取多种辅助措施鼓励理工科学生积极申报。结合理工科专业的特点,可以按不同专业开设,譬如《建筑专业英语》《计算机专业英语》《电力电子专业英语》《机械设计和制造专业英语》《机电一体化专业英语》等课程,或采用该专业内的外国原版教材课程(最好是学生已经学习过相应的中文课程),这样能够降低学生对原版英文教材的畏惧情绪,能够积极融入外语选修课程。这时的课程教学,主要目的是提高英语水平(特别是翻译交际能力),了解专业知识成为次要目的。实际上,我国一些大学在1987年之前(即实行大学英语四、六级统一考试之前)就已经长期在高年级开设高级专业外语选修课程,尽管当时的教师主要是引导学生阅读专业技术文献,限于条件而无法开展听说翻译训练。目前已经有部分院校(系)在开设这类后续的专业特色英语课程，只是因师资条件及总学时限制，尚不能坚持到毕业为止。不过，就毕业生的英语综合能力和专业知识而言，这个模式的效果显然不及第一种模式。

开展全方位双语专业课教育以培养"工程师+译员"型的人才是解决我国工程技术翻译人才的根本出路，是中国走向世界的必由之路，也是其他非英语国家特别是广大第三世界国家的普遍经验。

16.4.4 强化"产、学、研结合"的教学模式

什么是"产、学、研结合"？2009—2018年，笔者曾在某外语学院英语专业高年级连续九年担任《科技英语翻译》课程，每届任课期间我都要问学生这个问题，可惜近千人中无人知道，仅有一两个人在我的提示下才说出来：那是指"企业或工厂、大学，以及科研机构联合起来对实践中的问题开展教学和研究，在提升学生知识和实践能力的同时帮助企业解决具体问题"。由此可以进一步发问：这个"产、学、研"很专业吗？我国还有多少文科学生不知道"产、学、研"？对"产、学、研"如此陌生的文科学生如何能够承担引进（输出）工程技术项目或其他"一带一路"项目的翻译工作？

这至少暴露出一个现实：我国教育领域仍然存在文理分离的严重弊病。近年来，在实施"产、学、研结合"教学模式方面，工科院系较为积极而富有成效，外语类等人文学科相对滞后。另一方面，我国工程技术项目翻译的具体方式不同于许多英语国家、前殖民地国家、英语影响国家的"soho"（家庭办公模式）（参阅第三章《世界各国工程技术翻译历史概述》和8.3.1节"九个英语方言区及方言语域基本模式"），而表现出明显的"on-the-site"（现场模式）特点。因此，开展工程技术翻译教育，亟待强化"产、学、研结合"的教学模式。实施中涉及下列几个方面：

◎ 培养方案。在制定工程技术翻译专业教育培养方案时，精简理论教学课时，提高实践教学的课时比例。目前外语院系的实践教学课时数量为每学期两周，且常常被占用去应付各类考试而得不到保障。新的培养方案应将本专业学位各门课程的实践教学课时提高到每期四至六周（一个半月），这与教育部要求专业学位课程侧重培养专业实践能力是完全适应的，有些行业院系的实践课程也如此安排（譬如，我国师范院系的学生教育实习时间也是一个月以上）。

◎ 教师队伍。有关院校应鼓励实施双师型机制，培养具有理论素养

和专业实践经验的教师(这方面德国大学的经验尤为可贵);鼓励建立校外教师兼职制度,广泛吸收一线的工程技术翻译骨干担任部分理论教学;鼓励教师从事与课程和教学有关的研究和创新活动,而不是一味要求教师发表严重脱离课程和教学的论文;在职称评定及科研奖励等有关教师切身利益的问题上,应倾向有课程创新和针对性研究的成果。目前我国理工科院系的教师队伍已经在这方面取得了明显的进步,人文及外语类院系还有待赶上。

◎ 理论研究。外语教育研究人才应该发挥中外知识视野广、信息渠道多的长处,采取不唯上、不畏“洋”的态度,大胆探索,勇于创新,贴近引进(输出)工程技术项目翻译或科技翻译的实践,仔细观察并深入了解各个环节(如翻译图式),发现问题、研究问题;注意利用互联网和其他现代通信工具,善于从国内和国外各个工业门类的引进(输出)工程技术项目实践中获取与工程技术翻译相关的资料和数据,及时总结经验,形成新概念和新知识,构建和拓展富有中国特色的工程技术翻译学理论。同时,外语学科还可以借鉴其他学科理论建设的经验。较老的学科有史学史、实验心理学、施工组织学、化工工程学等;较新的学科有物流学、区域经济学、国际贸易学、国际电子商务学、移动电子商务学、中国主持人节目学等。这些学科理论都是他人在大量专业实践和研究的基础上构建的,并不是从前人那里继承的。在构建工程技术翻译学方面,应把国内外引进(输出)工程技术翻译实践中的经验及时总结到本学科理论构建之中,同时注意吸收邻近学科或其他跨学科的有益之处,形成理论合力,丰富工程技术翻译学和工程技术翻译教育的内涵。例如目前“一带一路”倡议催生了大量引进(输出)工程技术项目及翻译,如果能够了解其运作模式及翻译情况并吸收到理论研究中,无疑会对构建工程技术翻译学、推动工程技术翻译教育产生积极效应。

◎ 课程教学。除了一般性理论教学,应注意解决中国学生或翻译者在实际工作中遇到的特殊困难。例如中国翻译新手一般都恐惧印度—巴基斯坦英语口音、阿拉伯—北非英语口音、撒哈拉以南非洲英语口音,甚至还有人恐惧东南亚英语口音(参阅 8.3.1 节“九个英语方言区及方言语域基本模式”),那么在口译或口语课里可以先让学生熟悉英美及欧洲人员的口音,然后让学生了解和适应其他方言区人员的口音。在词汇教学中,可以根据工程翻译的实践,打破按照语言学项目进行教学的惯例,适当采取按翻译图式、按翻译受让者、按话语类型、按文件类型、按项目类型进行教学的新方法(参阅第九章《工程技术翻译的词汇和语句》)。

◎ 实践教学。不仅要求学生学习理论课程后认真参与教学型的翻译训练或实验(如笔译工作坊和口译工作坊,而且各个院系要建立一大批固定教学实习基地或流动实习基地,加强与校外一线工程技术翻译公司或翻译专家的互动,保证实践教学计划的落实执行;鼓励师生走出大学校门,走近工程项目,深入车间厂矿,寻访野外工地,与一线的技术干部和工人同吃、同住、同工作,亲身体验和观察工程技术项目引进和输出的运作情况,在实践中扩展专业技术知识,提高实际翻译能力;同时及时发现问题并解决问题。

◎ 四种教学法。(1) 首先可以采取"整体教学法",让学生了解工程技术翻译学科的理论全貌;(2) 利用"过程教学法",鼓励师生分步骤、分批次地参与大中型项目的某一过程见习,逐渐了解工程技术项目翻译的情景语境和话语语境(翻译图式);(3) 利用案例教学法,鼓励师生参与正在实施的中小型项目或了解已经建成项目的实施情况,发现项目的特殊性,寻找学习和研究的突破口;(4) 鼓励采取行业教学法,针对引进(输出)工程技术项目的四大传统行业以及不断出现的新兴行业,有计划地组织学生了解并部分参与其中,由此获得完整而详细的工程技术项目翻译专业知识和技能。

16.4.5 开展工程技术翻译教育的研究

工程技术翻译学,或工程技术翻译的理论、实践与教育,不仅是普通翻译学理论的拓展和深入,是应用翻译学的特殊分支和延续,更是我国今后很长时间内进行重要国际经济活动长期的需要。本书作者呼吁有关部门重视工程技术翻译学的研究和教育,并将其纳入国家人文社会学科及外语学科发展的规划。就目前情况,提出如下具体建议:

(1) 教育行政部门应鼓励各个有条件的大学尽快建立健全工程技术翻译人才的培养体系,建设翻译学目录下的工程技术翻译学位(或方向),包括专科、本科、硕士、博士。

(2) 将工程技术翻译学的研究与教育纳入国家社会科学基金项目和教育部人文社会科学资助项目,引领更多的研究者和教育者积极从事工程技术翻译学的研究和教育工作。

(3) 组建中国翻译协会工程技术翻译分会(或至少在目前的翻译服务委员会里设立工程技术翻译工作组),吸收工程技术翻译的研究者、教育者、从业者,尤其要注意引进(输出)工程技术项目第一线的翻译者和管理者，定期召开工程技术翻译研究与教育的研讨会，从理论和实践两个方面积极探索工程技术翻译的研究内容和教育方法（参阅 3.2.2 节有关日本的情况介绍）。

（4）国家有关部门应鼓励和支持下属各个出版机构出版与工程技术翻译研究和教育相关的专著、教材、论文、词典、电子软件等，并为工程技术翻译研究与教育提供更广阔的平台。

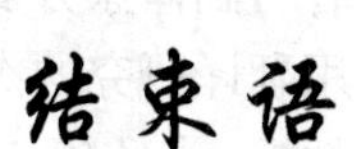

结束语

早在1990年3月我初次出国援外工作期间，遇到了每个新手翻译者都可能遭遇的挫折，当时就非常希望能有这么一本书。后来的二十多年，我陆续以专职或兼职的身份在国内外十个工程技术项目中从事翻译工作。2010年5月，我52岁时还远赴埃及承担了一个我国企业输出工程技术项目的翻译，那时觉得应该总结一下前后二十多年的工程技术翻译经验。于是开始构思本书的框架及书名，并着手搜集资料。2012年2月20日正式动笔，2017年5月完成书稿。本书历经八年终于付梓，可以说是给自己从事英语学习、英语教育和翻译四十多年生涯的一个交代。所以在写作本书过程中，我抱着不唯上、不唯先、不唯洋的态度，把个人的所见、所闻、所行、所思进行总结，并在借鉴他人经验和研究成果的基础上升华为系统的学科理论。

在本书的撰写过程中，我遇到无数的困难和挫折，书中大多数章节没有现成的著作或资料可以参阅，颇感“独坐冷板凳”的清苦。但是每当想到昔日奋战在引进（输出）工程技术项目工地的众多领导和战友（其中，原中国公路桥梁总公司四川省分公司经理王志浩同志，毕业于复旦大学外文系1969届英语专业，翻译出身，积劳成疾，英年早逝在工作岗位上；原中国公路桥梁总公司也门共和国洛代尔—木卡拉斯战略公路项目经理石维平同志牺牲在工地现场；原中国路桥总公司也门共和国北汉边境公路项目阿拉伯语翻译苏伟同志，在完成任务即将回国准备新婚之前牺牲在工作岗位），每当想到成千成万为国家引进（输出）工程技术项目作出巨大贡献的同行，每当想到翘首企盼的学生，我的内心就涌出一股冲动、一种责任和一股力量，激励自己坚持写下去。在此，我应该首先感谢他们，是他们给了我完成本书的原动力。

我要衷心感谢我国应用翻译研究事业的开创者——上海大学教授、著名翻译家方梦之教授，他以 82 岁的高龄为本书作序；衷心感谢我国应用翻译研究的杰出学者、国务院学科评议组成员、广东外语外贸大学二级教授、英汉/俄汉博士生导师及博士后协作导师、著名翻译家黄忠廉教授为本书拨冗作序；还要感谢我国翻译研究领域的多位著名翻译家李亚舒教授（中国科学院）、何刚强教授（复旦大学）、张春柏教授（华东师范大学）、潘文国教授（华东师范大学）、王宏教授（苏州大学）、许建忠教授（天津理工大学）和其他诸位同行长期以来给予我的支持和鞭策。我要感谢本书所引用文献和资料的作者及单位，感谢我国外语教育事业的权威出版机构、国家一级出版社——上海外语教育出版社——的梁晓莉编辑、许进兴编辑和蔡一鸣编辑，感谢我所在单位宁波工程学院为写作本书提供的工作条件及帮助。最后，我要感谢我的夫人余兰女士、儿子刘欲晓，以及各位亲朋好友给予我生活上的照顾和精神上的鼓励。

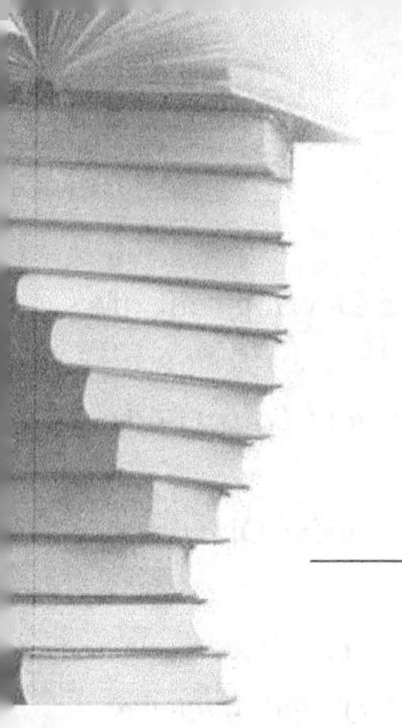

参考文献

Al-Quran, Ahmad, Mohammad. Constraints on Arabic translation of English technical terms [J]. *Babel*, 2011, 7(4), p443 - 451.

Angelelli, C. *Revisiting the Interpreter's Role: A Study of Conference, Court, and Medical Interpreters in Canada, Mexico and United States* [M]. Amsterdam and Philadelphia: John Benjamins. 2004, 29.

Baker, Mona (ed). *Routledge Encyclopedia of Translation Studies* 翻译研究百科全书[M].上海：上海外语教育出版社,2004.

Baker, Mona. 2017.//潘文国.2017年第七届全国应用翻译研讨会发言[R].宁波,2017年4月22日.

Brann, C. M. B. *West Africa* [M]. Cambridge: the Press Syndicate of the University of Cambridge, 1988: 159.

Benyamin, Walter. *The Task of the Translator* [A]// Lawrence Venuti (ed.), Harry Zhon (tr.). The Translational Studies Reader [C]. London and New York: Routledge, 2000: 15.

Bassnett, Susan. *Translation Studies* [M] (revised edition). London and New York: Routledge, 1991.

Bartlett, F.C. 1967. *Remembering: A Study in Experimental and Social Psychology* [M]. Cambridge: Cambridge University Press.//王炎强.口译中的背景知识对意义提取的作用[A].//柴明颎.口译的专业化道路：国际经验和中国实践[C].上海：上海外语教育出版社,2006: 451 - 452.

Birdi, Kamal; Leach, Desmond; Magadley, Wissam. Evaluating the impact of TRIZ creativity training: An organizational field study [J]. *R & D Management*, 2012, 42 (4), p315 - 326.

Bowker, Lynne. *Computer-Aided Translation Technology: An Practical Introduction* [M]. Ottawa: University of Ottawa Press,2002.

Bucciarelli, Louis L. *Engineering Philosophy* [M]. Satelilte: Delft University Press, 2003.

Byrne, Jody. a A Framework for the idendification and Strategic Development of Translation Specialisms [J]. *Meta*, 2014, 59(1). p124 - 139; b *Technical Translation* [M]. The Netherlands: Springer, 2006. c *A Nuts and Bolts Guide for Beginners* [M]. London and New York. Routeledge, 2012.

Chachibaia, Nelly. Problems of Simultaneous Interpreting of Scientific Discussion [J]. *ERIC*, 2001 (2).

Channell, J. *Psycholinguistic Considerations in the Study of L2 Vocabulary Acquisition* [M]. CARTER R, MCCARTHY M. *Vocabulary and language teaching* [M]. Harlow: Longman, 1988.//韩仲谦.心理词汇语用研究[M].北京：国防工业出版社,2008: 119 - 120.

Chesterman. A. Proposal for a hieronymic oath [A]. Pym, Anthony. *Introduction: The Return to Ethics. The Special Issue of The Translator* [C]. Manchester, St. Jerome Publishing. 2001 (2): 139 - 153.

Collados-Ais, A. Quality Assessment in Simultaneous Interpreting: The Importance of Non-verbal Communication [A]. In Pochhacker, F. and Shlesinger, M. (eds.). *The Interpreting Studies Reade*r [C]. London and New York: Routledge. 2002, 323 - 336.

Cook, Guy. *Discourse and Literature* [M]. Oxford: Oxford University Press, 1994: 97.

Conrad, R. Acoustic confusions in immediate memory [J]. *British Journal of Psychology*, 1964: 55,75 - 84.//王甦,汪安圣.认知心理学[M].北京：北京大学出版社,1992: 122.

Cruse, D. A. *Lexical Semantics* [M].北京：世界图书出版公司;剑桥：剑桥大学出版社,2009.

Danks et al. Cognitive Processes in Translation and Interpreting [J]. *Applied Psychology: Individual, Social and Community Issues*. SAGE Publications. 1997: 57 - 76.

Dave, Shachi; Jignashu Parikh, Bhattacharyya, Pushpak. Interlingua-based English - Hindi Machine Translation and Language Divergence [J]. *Machine Translation*, 2010(4).

De la Fuente, Cámara, Lidia. Necesidad de políticas de información y de sus profesionales para la automatización de la producción de documentación técnica en el entorno de la industria GILT [J]. *El Profesional de la Información*, 2005, 14(2), p128 - 138.

Derrida, Jacques. *Dissemination* [M]. Chicago: University of Chicago Press, 1981: 21.//谢天振.当代国外翻译理论[C].天津：南开大学出版社,2008: 317.

Dorling Kindersley. *Illustrated Oxford Dictionary* [M].北京：外语教学与研究出版社;London: Oxford University Press, 1999.

Ellis, Rod. *The Study of Second Language Acquisition* [M].上海：上海外语教育出版社, 1999: 12.

Ericsson, K. A. & Kintsch, W. Long-term Working Memory [J]. *Psychological Review*, 1995(12): 211-245.

Fagles, Rober (tr.) *Odyssey* [M]. London: Penguin Book, Inc., paperback, 1996.

Feoktistov, V. M. V. N. Kharin, *E. N*. Hierarchical factor analysis applied for interpreting chemical elements deposited with atmospheric precipitation in Karelia [J]. *Russian Meteorology and Hydrology*, 2007(2).

Foucault, Michel. *The Discourse on Language* [M]. //Adams, H. & Searle, L. (eds). *Critical Theory since 1995* [C]. Tallahassee: Florida State University. Press, 1986: 149.

Frade, Celina. Legal Translation in Brazil: An EntextualizationApproach [J]. *International Journal of Semiotics*, 2014(3).

Fuchs, R. *Speech Rhythm in Varieties of English* [M]. Heidelberg: Springer, 2016.

Fuji, Yasunari. The translation of legal agreements and contracts from Japanese into English: The case for a free approach [J]. *Babel*, 2013, 59(4), p1.

Galván, Echauri, Bruno. "El valor eufemístico de los términos técnicos: presencia e implicaciones en la traducción la interpretación en el marco de la salud mental" [J]. *Onomázein*, 2013, 27(3), p258-268.

Gile, Daniel. *Basic Concepts and Models for Interpreter and Translator Training* [M]. Amsterdam and Philadelphia: John Benjamins Publishing Company. 1995: 161-169.

Graham. *Rendering Words and Traversing Cultures* [M]. Chicago: University of Chicago Press, 1992: 218.//谢天振.当代国外翻译理论[C].天津：南开大学出版社,2008.

Hawass, Zahi. *Hidden Treasures of Ancient Egypt* [M]. Cairo: The American University in Cairo Press, 2004.

Holms, J. The Name and Nature of Translation Studies [A]. In Venuti, Lawrence. (ed.) *The Translation Studies Reader* [C]. New York and London: Routledge, 2000.

Hutchins W.J. and Somers H.L. *An Introduction to Machine Translation* [M]. London: Academic Press, 1992.

Hutchinson, Tom & Waters, Alan. *English for Specific Purposes* [M]. Shanghai: Shanghai Foreign Language Education Press, 2002.

IEC. *INTERNATIONAL STANDARD 60502-2* (Second edition) [S]. 2005.

INdanks, J. H. et al. (eds.). *Cognitive Process in Translation and Interpreting* [C]. London: Sage, 1997: 127-128.

Inger, Lassen. *Accessibility and Acceptability in Technical Manuals* [M]. Philadelphia: John Benjamin B. V.2003.

Just, M.A. & Carpenter, P. A. A Capacity Theory of Comprehension: Individual Differences in Working Memory [J]. *Psychological Review*. 1992 (4): 122-149.

Kachru, B.B. Teaching and Learning of World Englishes [A]. In Lowenberg, P. H. *The Other Tongue: English Across Culture* [C]. Springfield: Press of Illnois Univesity, 1988: 155-172.

Kirkpatrick, A. *Routledge Handbook of World Englishes* [M]. London: Routledge Press, 2012.

Lakoff & Johnson. *Metaphors We Live By* [M]. New York: University of New York Press, 1980.

Maylath, Bruce; Vandepitte, Sonia; Minacori, Patricia; Isohella, Suvi; Mousten, Birthe; Humbley, John. Managing Complexity: A Technical Communication Translation Case Study in Multilateral International Collaboration [J]. *Technical Communication Quarterly*, 2013, 22(1), p67-84.

Merriam Webster. *Merriam Webster's Desk Dictionary* [M].北京：世界图书出版公司,1996.

Nagao, M. *Machine Translation, How Far Can It Go?* [M]. Oxford: Oxford University Press, 1989.

Nedic, Zoran and McCoy, Barbara S. El'S Inside Look at Technical Translation [J]. *Science & Technology Libraries*, 1983 (1).

Newmark, Peter. *Approaches to Translation* [M].上海：上海外语教育出版社,2001.

Newmark, Peter. a *Approaches to Translation* [M].上海：上海外语教育出版社，2001. b *A Textbook of Translation* [M].上海：上海外语教育出版社,2001.

Nida, E.A. and de Waard, J. 1986. *From One Language to Another: Functional Equivalence in Bible Translation* [M]. Nashville: Thoms Nelson.//奈达著.张景华等译.译者的隐形——翻译史论[M].北京：外语教学与研究出版社,2009.

Nida, Eugene. a *Toward a Science of Translation* [M].上海：上海外语教育出版社，2001. b *The Theory and Practice of Translation* [M].上海：上海外语教育出版社,2001.

Nord, Christiane. a *Textanalyse und Übersetzen: Theoretische Grundlagen, Methode und didaktische Anwendung einer Übersetzeungsrelevanten Textanalyse* [M]. Heidelberg: Groos. 1987. b Scopos, Loyalty, and Translational Conventions [J]. *Target* 3: 1, 1991: 91-109.

OIML. (E) OIML R 76-1, [S]. 2006.

Pattberg, Thorsten. *The East-West Dichotomy* [M]. Beijing: Foreign Languages Press, 2013: 91-92.

Pochhacker, Franz. *Introducing Interpreting Studies* [M]. London and New York: Routledge, Taylor & Francis Group, 2004: 13-15, 166.

Popović, Maya; Avramidis, Eleftherios; Burchardt, Aljoscha; Hunsicker, Sabine; Schmeier, Sven; Tscherwinka, Cindy; Vilar, David; Uszkoreit, Hans. Involving language professionals in the evaluation of machine translation [J]. *Language Resources & Evaluation*, 2014, 48(4), p541-559.

Quine, Willard V.O. *Word and Object* [M].1960//李德超.翻译理论的哲学探索：奎因论翻译的不确定性[J].上海翻译,2004(04).

Quirk, Randolph and Widdowson, H.G. *English in the World* [M]. Cambridge: the Press Syndicate of the University of Cambridge, 1985.

Reiss, Katharina. *Möglichkeiten und Grenzen der Übersetzeungskritik* [M]. Munich: Hueber, 1971: 105.

Reiss, Katharina. *Type, Kind and Individuality of Text — Decision Making in Translation in The Translation Studies Reader* [C]. Lawrence Venuti (ed.). Susan Kitron(tr.). London and New York: Routledge, 2000: 160 - 171.

Richards, J C, Patt J & Patt, H. *Longman Dictionary of Language Teaching and Applied Linguistics* [M]. (English-Chinese edition). Longman China Limited, 1998: 113.

Riera, J. Avoid distorted translations of technical terms [J]. *Hydrocarbon Processing*, 2004, 83(12), p59 - 63.

Rychtyckyj, Nestor. An Assessment of Machine Translation for Vehicle Assembly Process Planning at Ford Motor Company [J]. *Machine Translation*, 2002(6).

Schank and Abelson. 1977. *Scripts, Plans, Goals, and Understanding* [M]. Hillsdale, NJ: Lawrence Erlbaum Associates.//蔡小红.口译研究新探[C].香港：开益出版社,2002: 26 - 45.

Salama-Carr, Myriam. *Science in Translation Edited by Maeve Olohan* [M]. London and New York: Routledge, 2011.

Seidlhofer, Barbara (University of Vienna). 第十六届世界应用语言学大会主旨发言[R]. http: //www. aila2011.

Steiner, George. *After Babel: Aspects of Language and Translation* [M]. Oxford: Oxford University Press, 1998.

Stern, H. *Fundamental Concepts of Language Teaching* [M]. Oxford: Oxford University Press. 1983: 32.

Sunderland, Mary E.; Nayak, Rahul Uday. Reengineering Biomedical Translation Research with Engineering Ethics [J]. *Science and Engineering Ethics*, 2014(10).

Talebinejad, M. Reza; Dastjerdi, Hossein Vahid; Mahmoodi, Ra'na. Barriers to technical terms in translation. Borrowings or neologisms [J]. *Terminology*, 2012, 18(2), p167 - 187.

Trudgill, Peter & Jean Hannah. *International English* (*third edition*) [M]. Cambridge: the Press Syndicate of the University of Cambridge, 1994.

Vander Plaat, M. Locating the Feminist Scholar: Relational Empowerment and Social Activism[J]. *Qualitative Health Research*, 1999. 9(6): 773 - 785.

Vander Vegte, Wilhelm Frederik; Horváth, Imre; Mandorli, Ferruccio. Conceptualisation and formalisation of technical functions [J]. *Journal of Engineering Design*, 2011, 22(11), p727 - 731.

Vermeer, Hans. *Skopos and Commission in Translational Action in The Translation Studies Reader* [C]. Lawrence Venuti (ed.). A. Chesterman (tr.). London and New York: Routledge, 2000: 221-232.

Wahlster, Wolfgang. Verbmobil: Foundations of Speech-to-Speech Translation [J]. *Machine Translation*, 2000(5).

Wolter, B. Comparing the L1 and L2 mental lexicon: A depth of individual word knowledge mode [J]. *Studies in Second Language Acquisition*, 2001, 23(2): 41.

Zethsen, Karen Koming. Has Globalisation Unburdened the Translator? [J]. *Meta*, 2010, 55(3), p545-557.

安作璋.山东通史(近代史,上册)[M].北京：人民出版社,2009.

百度网,a http://article.yeeyan.org/view/80966/279564, 2/10/2014, 2014-3-30 提取.b 深圳欧得宝翻译公司,http://baike.baidu.com/view/6844794.htm#2,2014-4-11 提取.

鲍刚.a 口译理论概述[M].北京：中国出版集团、中国对外翻译出版有限公司,2011：174-175,184-185.b 口译程序中的"思维理解"[J].北京第二外国语学院学报,1999(1).

北京大学外国语学院 MTI 教育中心.中国和国外翻译领域国家和地区标准介绍.http://mti.sfl.pku.edu.cn/show.php?contentid=359.2013-12-8.

本雅明.译者的任务[M].//陈永国.翻译与后现代性[C].北京：中国人民大学出版社,2005.

布迪厄著.华康德&李猛等译.实践与反思——反思社会学导引[M].北京：中央编译出版社,1998：133.

布勒,1986;库尔兹,1986;谢莱森格,1994;科利亚多斯艾斯,1998.//范志嘉、任文.口译中的用户反应与用户期望——矛盾与原因[A].//任文.全球化时代的口译——第八届全国口译大会暨国际研讨会论文集[C].北京：外语教学与研究出版社,2012,320-324.

蔡宏生.中外交流史事考述[M].郑州：大象出版社,2007：331.

蔡小红.口译研究新探[C].香港：开益出版社,2002.

曹菡艾,赵兴民.联合国文件翻译[M].北京：中国对外翻译出版公司,2006.

曹令军,余蓝.1949 年过渡时期的对外经济开放：特征、成就和启示[J].国家行政学院学报,2011(2).

曹明伦."五失本"乃佛经翻译之指导性原则——重读摩诃钵罗若波罗蜜经抄序[J].中国翻译.2006(1).

常欣.认知神经语言学视野下的句子理解[M].北京：科学出版社,2009：62-64.

陈伯熙.上海轶事大观[M].上海：上海书店出版社,2000：75.

陈福康.中国译学史[M].上海：上海人民出版社,2010.

陈建生等.认知词汇学[M].上海：上海外语教育出版社,2011：49.

陈津生.FIDIC 施工合同条件下的工程索赔与案例启示[M].北京：中国计划出版

社,2016.
陈菁.视译[M].上海：上海外语教育出版社,2011：V-VI.
陈九皋.工程翻译与中国现代化[A].//第18届世界翻译大会论文集(光盘版).北京：外文出版社,2008.
陈琳莉.英语谚语的民族性探析[J].广西民族大学学报(社哲版),2008(2).
陈新.技术英语口语浅谈[J].上海科技翻译,1992(2).
陈颖,杨惠芳.现代英语发展走向之探讨[J].湖北第二师范学院学报,2010(10).
陈志国.论话轮转换的潜规则[J].新疆师范大学学报(哲社版),2005(4).
陈忠华.语域问题面面观——兼论现代英语科技语域[J].福建外语,1993(6).
陈忠诚.词语翻译丛谈：翻译理论与实务丛书[M].北京：中国对外翻译出版公司,2000.
陈忠良.大型工程项目口译的组织实施[J].上海科技翻译,2002(3).
程永宁.劳务、承包工程翻译浅谈[J].阿拉伯世界研究,1987(3).
迟建新.中非发展基金助力中非产能合作[J].西亚非洲,2016(4).
崔永元.新京报,2013-12-22.
达尼尔·葛岱克著,刘和平等译.职业翻译与翻译职业[M].北京：外语教学与研究出版社,2011.
戴炜栋.外语教育求索集[M].上海：上海外语教育出版社,2007：350.
戴文进.科技英语翻译理论与技巧[M].上海：上海外语教育出版社,2003：38.
德里达.什么是确切的翻译[M].//陈永国.翻译与后现代性[C].北京：中国人民大学出版社,2005.
邓友生.土木工程英语翻译技巧[J].中国科技翻译,2004(4).
迪绍夫著.陈舒译.元认知：改变大脑的顽固思维[M].北京：机械工业出版社,2014.
丁大刚,李照国,刘霁.MTI教学：基于对职业译者市场调研的实证研究[J].上海翻译,2012(3).
东莞日报,2013年6月15日,http：//epaper.timedg.com/html/2013-06/15读取.
董金道.工程翻译与中国现代化[A].//第18届世界翻译大会论文集(光盘版)[C].北京：外文出版社,2008.
杜瑞清,姜亚军.近二十年“中国英语”研究评述[J].外语教学与研究,2001(1).
段平,顾维萍.研究生专业交际英语教学的尝试与分析[J].外语界,2004(01).专业信息交流英语教程[M].北京：中国人民大学出版社,2010.
段平,汪娟.基于目的论和专业交际学的汉英科技翻译标准探讨.中国ESP研究第3期[M].北京：外语教学与研究出版社,2013.
恩格斯.马克思恩格斯选集第四卷[M].北京：人民出版社,1995：696.
范武邱.科技翻译研究近些年相对停滞的原因探析[J].上海翻译,2012(1).
范先明.辜正坤翻译思想研读[M].北京：中国出版集团,中国对外翻译出版公司,2012：80.
范志嘉,任文.口译中的用户反应与用户期望——矛盾与原因[A]//任文.全球化时代的口译——第八届全国口译大会暨国际研讨会论文集[C].北京：外语教学与研究出版社,2012：325.

方华文.20世纪中国翻译史[M].西安：西北大学出版社，2005.
方梦之.a英语科技文体：范式与翻译[M].北京：国防工业出版社，2011：VIII.b应用翻译研究：原理、策略与技巧[M].上海：上海外语教育出版社，2013：VII.c中国译学大词典[M].上海：上海外语教育出版社，2011：128.
方梦之，范武邱.科技翻译教程[M].上海：上海外语教育出版社，2008.
方梦之，庄智象.翻译史研究：不囿于文学翻译——《中国翻译家研究》前言[J].上海翻译，2016(3).
房维军.英语口译三难[J].科技英语翻译，2001(1).
费正清.剑桥中华民国史(上)[M].北京：中国社会科学出版社，1994.
冯翠华.英语修辞大全[M].北京：外语教学与研究出版社，1995：24.
冯文坤.翻译与意义生成本体论研究[M].成都：四川人民出版社，2014：361.
冯志伟.a汉字的熵[J].语文建设，1994(3).b机器翻译研究[M].北京：中国对外翻译出版公司，2007：37－38.
弗郎兹·波赫哈克著.仲伟合等译.口译研究概论[M].北京：外语教学与研究出版社，2010：140.
弗勒施.1983//乐眉云.介绍一种测定英语教材难度的科学方法[J].外语教学与研究，1983(4).
高定国，肖晓云译.认知心理学(第4版)[M].上海：华东师范大学出版社，2004：79.
甘成英.英语工程文献的翻译原则与处理方法[J].外国语言文学研究，2008(2).
高一虹、林梦茜.大学生奥运志愿者对世界英语的态度——奥运会前的一项主观投射测试研究[J].新疆师范大学学报(哲社版)，2008(04).
工业和信息化部、国家统计局、国家发展和改革委员会、财政部.关于印发中小企业划型标准规定的通知.工信部联企业〔2011〕300号[S].
龚光明.翻译思维学[M].上海：上海社会科学院出版社，2004.谷歌网.http：//article.yeeyan.org/view/39879/197641，2013－6－20.
国家技术监督局.国家标准管理办法[S].北京：国家技术监督局第10号令，1990.
国家经贸委，国家发改委，财政部，国家统计局.国经贸中小企{2003}143号：关于印发中小企业标准暂行规定的通知[S].北京，2003.
国家统计局.国家统计局关于印发统计大中小微型企业划分办法的通知[S].北京：国统字(2011)75号，2011.
国务院学位委员会，中华人民共和国教育部.关于下达《翻译硕士专业学位设置方案》的通知[学位(2007)11号][Z].教育部网站，2007年1月.
葛亚军.英文合同[M].天津：天津科技翻译出版公司，2008：138.
辜正坤.a翻译标准多元互补论[J].中国翻译，1989(1).b Metatranslatology[J].中国翻译，2002(4/5).
谷歌网，http：//blog.sina.com.cn/s/blog_5070e90f01008fk8.html，2014－4－11提取.
顾长声.传教士与近代中国[M].上海：上海人民出版社，1984.
光明网，2015年6月27日.
桂乾元.翻译学导论[M].上海：上海外语教育出版社，2004：23.

郭建中.翻译：理论、实践与教学——郭建中翻译研究论文选[C].杭州：浙江大学出版社，2010：193.
郭京龙等.中国思维科学研究报告[M].北京：中国社会出版社，2007：284.
郭兰英.口译与口译人才培养研究[M].北京：科学出版社，2007：76.
郭庆光.传播学教程(第二版)[M].北京：中国人民大学出版社，2011：157-161.
海德格尔著.郜元宝译.人，诗意地安居[M].上海：远东出版社，1993.
韩礼德著.彭宜维等译.功能语法导论[M].北京：外语教学与研究出版社，2010.
韩其顺.英汉科技翻译教程[M].上海：上海外语教育出版社，1988.
韩旭阳.中国铁建海外最长铁路竣工 20 余中国工人在安哥拉牺牲[N].新京报，2014-08-14.
候向群.翻译为何不可为"学"？//杨自俭.英汉语比较与翻译[C].上海：上海外语教育出版社，2002：410.
韩礼德著.彭宜维等译.功能语法导论[M].北京：外语教学与研究出版社，2010.
韩仲谦.心理词汇语用研究[M].北京：国防工业出版社，2008.
何刚强.a 自家有富矿，无须效贫儿[J].上海翻译，2015(4).b 在 2015 年全国翻译研究高层论坛大会的讲话[R].苏州大学，2015-11-7.
何兆武.中西文化交流史论[M].武汉：湖北人民出版社，2001：71.
何兆熊.新编语用学概要[M].上海：上海外语教育出版社，2001.
候维瑞.a 英国语体[M].上海：上海外语教育出版社，1993.b 英国英语与美国英语[M].上海：上海外语教育出版社，1999.
胡安江.分割的权力各异的翻译——从权力话语的视角看抗战时期的翻译活动[J].四川外语学院学报，2011(4).
胡庚申.翻译适应选择论[M].武汉：湖北教育出版社，2004.
胡壮麟.系统功能语法概论[M].北京：外语教学与研究出版社，1992.
华德荣.TRADOS 在大型工程项目资料翻译中得到应用[J].化工进展，2005(09).
黄杲炘.英诗汉译学[M].上海：上海外语教育出版社，2007：172.
黄和斌，戴秀华.非洲英语的形成、特征与功能[J].解放军外语学院学报，1998(4).
黄静.岩土工程勘察科技翻译策略研究——以上海迪斯尼乐园翻译实践为例[J].中国翻译，2011(2).
黄强等.国际工程贸易英语[M].北京：高等教育出版社，2010.
黄文卫.水利英语中的语法隐喻及其翻译研究[J].长沙理工大学学报，2011(2).
黄焰结.论翻译与权力[J].天津外国语学院学报，2007(3).//权力开路翻译为媒——个案研究高行健的诺贝尔文学奖[J].山东外语教学，2011(1).
黄映秋.工程图纸英语缩略表达与翻译[J].中国科技翻译，2009(01).
黄友义.中国网 http：//www.china.com.cn/book/zhuanti/2008fy/2008-06/25/content_15887567.htm
黄忠廉.a 翻译本质论[M].武汉：华中师范大学出版社，2000：60.b 翻译方法论[M].北京：中国社会科学出版社，2009.
黄忠廉，李亚舒.科学翻译学[M].北京：中国对外翻译出版公司，2004.
黄忠廉，方梦之，李亚舒等.应用翻译学[M].北京：国防工业出版社，2013.

季亚西,陈伟民.中国近代通事[M].北京：学苑出版社,2007：315－325,376－402.江苏省工程技术翻译院网,8/12/2012.
江枫.江枫翻译评论自选集[M].武汉：武汉大学出版社,2009：64.
江少敏.句子难度度量研究[D].厦门大学,2014.
江苏省钟山翻译有限公司,百度网.
江苏钟山翻译有限公司网站,2014－5－14.
姜国成.工程谈判常用语翻译琐谈[J].中国翻译,1986(1).
金惠林.教学上的口译评估——以梨花女子大学翻译研究生院的评估体系为中心[A]//任文.全球化时代的口译——第八届全国口译大会暨国际研讨会论文集[C].北京：外语教学与研究出版社,2012：333.
康志峰.a多模态口译焦虑的级度溯源[J].外语教学,2012(3)：106－109.b口译焦虑对交替传译的效应和影响[J].中国科技翻译,2012(1)：19－21.
教育部.教高[2004]3号：普通高等学校高职高专教育指导性专业目录(试行)[C].2004年10月22日.
教育部外语专业考试委员会.2010年全国大学英语专业四级、八级报考指南[S].2009.
教育部网站,2014年8月21日.
鞠成涛,郭书仁.a配合石油工业走出去做好语言服务工作[A].b试论商品翻译的喜与忧[A].//夏太寿.中国翻译产业走出去[C].北京：中央编译出版社,2011：65－66.
康志峰.口译焦虑模态：整体论与级度论[A].//探索全球化时代的口译教育[C].北京：外语教学与研究出版社,2014：85－92.
黎难秋.a中国口译史[M].青岛：青岛出版社,2002.b中国科学翻译史[M].合肥：中国科学技术大学出版社,2006.c1949年科学翻译事业60年[R].北京：中国翻译协会网站,2009年11月12日.
李伯聪.工程哲学引论——我造物故我在[M].郑州：大象出版社,2002.
李德彬.中华人民共和国经济史简编1949－1985[M].长沙：湖南人民出版社,1987：252.
李枫.中—法口译技巧与教学[A]//刘和平,许明.探索全球化时代的口译教育——第九届全国口译大会暨国际研讨会论文集[C].北京：外语教学与研究出版社,2014：184.
李景山.大型引进工程的原则性与灵活性[J].上海科技翻译,1991(02).
李猛.当代西方社会学理论[M].上海：上海教育出版社,2003：62.
李少玲,李威灵.ISO9001：2008质量管理体系标准图解教程[M].广州：广东省出版集团,广东经济出版社,2009：64.
李亚舒,黎难秋.中国科学翻译史[M].长沙：湖南教育出版社,2000.
李延林,万金香,张明.土木工程技术术语翻译技巧[J]长沙铁道学院学报(社会科学版),2009(2).
李燕,张英伟.《博雅汉语》教材语料难度的定量分析[J].云南师范大学学报,2010(1).
李约瑟原著.柯林·罗南改编.上海交通大学科学史系译.中华科学文明史(五卷本)[M].上海：上海人民出版社,2003.

李月秀.如何快速适应突击性工程技术口译任务[M].中国翻译,1989(4).
李月英.我爱老歌[M].长春：长春电影制片厂,银声音像出版社,2002：385.
李正栓.非文学翻译理论与实践[M].北京：外语教学与研究出版社,2010：48－67.
连真然.译苑新谭[M].成都：四川出版集团,四川人民出版社,2011.
梁三云.机器翻译与计算机辅助翻译比较分析[J].外语电化教学,2004(6).
廖索清.英语习语的民族性及翻译的异化[J].牡丹江教育学院学报,2006(06).
林福美.现代英语词汇学[M].合肥：安徽教育出版社,1985.
林克难.翻译研究：从规范性走向描写[J].中国翻译,2001(11).
凌渭民.科技英语翻译教程[M].北京：高等教育出版社,1982：16－21.
刘爱伦.思维心理学[M].上海：上海教育出版社,1992：70.
刘冰,陈建生.大学英语四六级阅读语言难度对比——基于语料库的研究[J].重庆交通大学学报,2013(5).
刘畅.英语谚语的民族性与艺术特色[J].语文学刊(外语教育教学),2013(08).
刘川.中国视角下的归化和异化[A].//王宏.翻译研究新视角[C].上海：上海外语教育出版社,2011：137－147.
刘川,王菲.英文合同阅读与翻译[M].北京：国防工业出版社,2010.
刘凤翰,彤新春.民国经济[M].北京：中国大百科全书出版社,2010：80－90.
刘和平.a 科技口译与质量评估[A].//蔡小红.口译研究新探——新方法、新观点、新倾向[C].香港：开益出版社,2002：390－393.b 口译理论与教学[M].北京：中国对外翻译出版公司,2005：191.
刘和平,许明.探索全球化时代的口译教育[C].北京：外语教学与研究出版社,2014.
刘国光.中国十个五年计划研究报告[M].北京：人民出版社,2006：76－78.
刘虹.话轮、非话轮和半话轮的区分[J].外语教学与研究,1992(3).
刘宓庆.口笔译理论研究[M].北京：中国对外翻译出版公司,2004：3－4.
刘绍龙.翻译心理学[M].武汉：武汉大学出版社,2007.
刘社军.通识逻辑学[M].武汉：武汉大学出版社,2010.
刘卫平.创新思维[M].杭州：浙江人民出版社,1999.
刘向阳,米丽萍,任福继.中国人和日本人在认知日语词句时的差异比较[J].计算机工程与应用,2010,46(27)：138－141.
刘先刚.a 企业翻译学的研究对象和基本内容[J].外语与外语教学,1992(2).b 企业翻译学在中国的现实意义和任务[J].上海科技翻译,1993(1).
刘再复.论语言暴力.刘再复博客,http：//blog.sina.com.cn/zaifuliu.2012－01－27 05：20：34.
吕俊.吕俊翻译学选论[M].上海：复旦大学出版社,2007.
吕世生.技术谈判中口译的特点[J].中国翻译,1993(06).
柳门.技术翻译杂谈[J].中国翻译,1985(11)./p/
龙健.用德语翻译《红楼梦》的他,这么看中国当代文学[N].南方周末,2017－06－12.
龙明慧.翻译原型研究[M].广州：中山大学出版社,2011：VIII.
马士奎.从母语译入外语：国外非母语翻译实践和理论考察[J].上海翻译,2012(3).
马祖毅.中国翻译简史[M].北京：中国对外出版翻译公司,1998.

马祖毅等.中国翻译通史[M].武汉：湖北教育出版社，2006.
毛荣贵，范武邱.灵感思维在翻译活动中的表现[J].外语与外语教学，2004(2).
莫里·索夫著.马萧，熊霄译.翻译者手册[M].武汉：武汉大学出版社，2009：35.
奈达.翻译理论与实践[M].//谭载喜编译.奈达论翻译[M].北京：中国对外翻译出版社，1984.
牛海彬.教育场域的教师话语批判与重构[M].长春：吉林大学出版社，2010：124-135.
纽马克.交际翻译与语义翻译(II)[A].//谢天振.当代国外翻译理论[C].天津：南开大学出版社，2008.
潘文国.2017年第七届全国应用翻译研讨会大会发言[R].宁波，2017年4月22日.
潘志军.浅谈科技翻译中的素质培养[J].一重技术，2004(1).
裴文.英语语境学[M].合肥：安徽大学出版社，2000.
齐中熙等.中国为何远赴拉美参与修建两洋铁路[N].北京：新华每日电讯，2014年7月18日.
钱茂伟.黄维煊与他的沿海图说[N].宁波晚报，2012-12-30第7版.
钱学森.谈谈思维科学[J].科学探索，1985(1).
钱炜.口译的灵活度[J].外语与翻译，1996(4)：24.
强国网强国论坛.解密前苏联援华专家在中国的基本情况及政策变化[J].2008年6月10日.
秦秀白.英语简史[M].长沙，湖南教育出版社，1983.
仇晓燕.话语交际中元认知监控与认知语境选构[J].云南师范大学学报，2005(4).
全国翻译企业协作网领导小组.《现场口译服务质量标准》.全国翻译企业协作网，2010.
任恢忠.物质·意识·场—非生命世界生命世界人类世界存在的哲学沉思[M].上海：学林出版社，2011.
任秋生.谈谈施工现场与口译[J].中国翻译，1988(06).
任文，伊恩·梅森.对话口译中的权力问题[A].//任文.全球化时代的口译——第八届全国口译大会暨国际研讨会论文集[C].北京：外语教学与研究出版社，2012：24-25.
汝明丽.从使用者观点探讨口译品质与译员之角色[A].//蔡小红.口译研究新探——新方法、新观点、新倾向[C].香港：开益出版社，2002：363-384.
单文波.英语习语比喻的民族性及其对翻译的启示[J].湖北大学学报(哲社版)，2004(05).

上海档案馆.上海档案史料研究(第八辑)[M].上海：上海三联书店，2010.
邵兴国等.创造性思维[M].北京：中国和平出版社，1996：82.
沈志华.苏联专家在中国[M].北京：新华出版社，2009.
史仲文.中国全史：民国时期——民国经济史[M].北京：中国书籍出版社，2011.
施旭.文化话语研究参考书目[M].杭州：浙江大学当代中国话语研究中心，2007.
宋欣阳.译后编辑在计算机辅助翻译中应用的研究[J].长治学院学报，2016，12(6).
束定芳，庄智象.外语教育理论、技巧与实践[M].上海：上海外语教育出版社，1999：

235 - 254.
孙寰.术语的功能与术语在使用中的变异性[M].北京：商务印书馆，2011：272.
孙修福.中国近代海关秘史[M].天津：天津出版传媒集团，2014.
谭业升.跨越语言的识解——翻译的认知语言学探索[M].上海：上海外语教育出版社，2009：66 - 71.
谭载喜.a 试论翻译学[J].外国语，1988(3).b 西方翻译简史[M].北京：商务印书馆，2004.c 译者比喻与译者身份[J]，暨南学报(哲学社会科学版)，2011(3)：117.d《翻译原型研究》序言[A].//龙明慧.翻译原型研究[M].广州：中山大学出版社，2011：VIII.
唐宝莲.开拓创新与产业结合[A].//夏太寿.中国翻译产业走出去——翻译产业学术论文集[C].北京：中央编译出版社，2011：25.
唐才进.抽象思维与形象思维的转换——兼谈数学题解[J].数学教学通报，1991(3).
唐青叶.包装名词与图式信息包装[M].上海：上海大学出版社，2006：62 - 65，78 - 80.
唐树华，李晓康.商务话语研究的困境和趋势[J].外国语，2013(4).
田娟，杨晓明.计算机辅助翻译软件在翻译实践中的可操作性研究[M].自动化与仪器仪表，2016(05).
万鹏杰.论施工现场口译[J].上海科技翻译，2004(2).
汪敬虞.中国近代经济史(上册)[M].北京：人民出版社，2000.
汪清，张轶前.权力与翻译文学作品的经典化[J].河北联合大学学报(社科版)，2013(2).
王传英.从自然译者到 PACTE 模型——西方翻译能力研究管窥[J].中国科技翻译，2012(4).
王恩冕."口译在中国"调查报告[A].柴明颎.口译的专业化道路：国际经验和中国实践[C].上海：上海外语教育出版社，2006：86 - 97.
王国良，朱宪超.a 试论商品翻译的喜与忧[A].b 配合石油工业走出去做好语言服务工作[A]//夏太寿.中国翻译产业走出去[C].北京：中央编译出版社，2011.
王海林.拉美国家英语熟练度最低[N].人民日报，2013 年 11 月 26 日 21 版.
王宏.对当前翻译研究几个热点问题的再思考[J].上海翻译，2010.
王宏，赵峥翻译.梦溪笔谈[M].成都：四川人民出版社，2008.
王建朗，曾景忠.中国近代通史(第九卷)[M].南京：江苏人民出版社，2009：189 - 194.
王建生.认知词汇学[M].北京：光明日报出版社，2011.
王立弟.翻译中的知识图式[J].中国翻译，2001(2).
王立非，李琳.我国商务英语研究十年现状分析(2002 - 2011)[J].外国语，2013(4).
王如松，周鸿.人与生态学[M].昆明：云南人民出版社，2004：81.
王甦.认知心理学[M].北京：北京大学出版社，1996：358.
王甦、汪安圣.认知心理学[M].北京：北京大学出版社，1992：122.
王相国.鏖战英文合同[M].北京：中国法制出版社，2008.
王小川.机器翻译快过同声翻译[N].浙江日报，2016 年 11 月 18 日.

王盈秋.商务合同翻译中汉英转换的语域视角[J].渤海大学学报(哲社版,2011(4)).

王章豹.中国机械工业技术引进五十年[J].自然辩证法通讯,2000(01).

维基百科.http://zh.wikipedia.org/wiki/英语方言列表.2014年2月2日.

韦努蒂·劳伦斯著.张景华,蒋骁华等译.译者的隐形:翻译史论[M].北京:外语教学与研究出版社,2009.

魏涛.跨越权力差异的翻译——国际新闻翻译的后殖民视角[J].山东外语教学,2008(4).

文军.中国翻译理论百年回眸[C].北京:北京航空航天大学出版社,2007.

文军,穆雷.a西方翻译理论著作概要[C].北京:北京航空航天大学出版社,2007:37-38.b中国翻译理论著作概要[C].北京:北京航空航天大学出版社,2009:965-967.

文军,唐欣玉.企业翻译与企业文化[M].上海翻译,2002(1).

吴光华.新汉英大词典(第三版)[M].上海:上海译文出版社,2010.

吴慧珍,周伟.回顾与反思:国内翻译伦理十年研究(2001-2010)[J].上海翻译,2012(1).中新网,2013年11月7日电.

吴景平.民国时期日本在华机构[A]//上海文史资料选辑[C].上海:上海人民出版社,2006:94-101.

吴晓波.激荡三十年[M].杭州:浙江人民出版社,2008:230.

吴永平等.图解工程机械英汉词汇[M].北京:化学工业出版社,2010:107.

伍俊文.技术翻译中"归化"的认知机理研究[J].长沙铁道学院学报,2011(01).

武力.中华人民共和国经济史(上册)[M].北京:中国时代经济出版社,2010:581.

武秋红.工程英语的翻译技巧探析[J].城市建设理论研究,2011(17).

夏伯铭.上海1908[M].上海:复旦大学出版社,2011.

夏太寿.中国翻译产业走出去——翻译产业学术论文集[M].北京:中央编译出版社,2011.

谢华.译者身份颤变[J].南昌航空大学学报(社科版),2011(2):83.

谢清果.中国近代科技传播史[M].北京:科学出版社,2011:280-295.

谢天振等.a论文学翻译的创造性叛逆[M].外国语,1992(01).b译介学[M].上海:上海外语教育出版社,2009.c中西翻译简史[M].北京:外语教学与研究出版社,2009:15.

新浪教育.http://www.sina.com.cn 2011年3月29日17:37.

熊智,彭芳.工程翻译的历史贡献与未来[A].//第18届世界翻译大会论文集(光盘版)[C].北京:外文出版社,2008.

徐海铭.言语产出过程中监控行为的心理学解释[J].南京师范大学学报(社会科学版),2008(3).

徐涵初.怎样当好国外大型承包工程的翻译[J].上海科技翻译,1992(04).

徐焰.解放战争中苏联给了中共多少武器援助?[J].军事天地网,2009年10月19日.

许涤新,吴承明.中国资本主义发展史(第三卷上)[M].北京:人民出版社,1992.

许建忠.a工商企业翻译实务[M].北京:中国对外翻译出版公司,2002.b生态翻译学[M].北京:中国三峡出版社,2009.

许金生.近代上海日资工业史[M].上海:学林出版社,2009.

许钧.a 翻译论[M].武汉：湖北教育出版社，2003：3.b 1949 年科学翻译事业 60 年[R].北京：中国翻译协会网站，2009 年 11 月 12 日.c 论翻译活动的三个层面[J].外语教学与研究，1998(3)：49－53.

许钧，穆雷.翻译学概论[M].南京：凤凰出版传媒集团/译林出版社，2009：234－235.

薛毅.中国近代经济史探微[M].北京：商务印书馆，2010：310－313.

亚当·斯密著.王秀莉等译.道德情操论[M].上海：三联书店，2008：29.

杨承淑.口译的信息处理过程研究[M].天津：南开大学出版社，2010：62－63.

杨洁，曾利沙.论翻译伦理学研究范畴的拓展[J].外国语，2010(5).

杨梅.论技术谈判口译的特点[J].中国科技翻译，2003(1).

杨欣欣.专业交际学中的读者研究综述[J].郑州航空工业管理学院学报(社会科学版)，2011(3).

杨占.科普还是学术——基于语料库词汇特征的科技语域分析[J].新余学院，2012(4).

杨自俭.小谈方法论[J].外语与外语教学，2002(2).

姚景渝.世界英语方言的由来和发展趋势[J].首都师范大学学报(社科版)，1995(4).

叶子南.英汉翻译的准确性[A].//王欣.纵横：翻译与文化之间[C].北京：外文出版社，2011：190－195.

宜博士.思维场让你的气场更强大[M].北京：企业管理出版社，2012.

殷瑞钰，汪应洛，李伯聪等.工程哲学[M].北京：高等教育出版社，2007.

尹承东.《中国翻译产业走出去》序[A].//夏太寿.中国翻译产业走出去[C].北京：中央编译出版社，2011：03.

余陈乙.商务函电“语域”探微[J].宁波教育学院学报，2005(6).

虞和平，谢放.中国近代通史(第三卷)[M].南京：凤凰出版传媒集团/江苏人民出版社，2007：157－161.

约翰·霍布森著.孙建党译.西方文明的东方起源[M].济南：山东画报出版社，2009：2.

张柏春.中文社区网春秋论剑专题[Z].2007.

张冬梅，占锦海.土木工程标书的翻译[J].中国科技翻译，2006(03).

张光明.英汉互译思维概论[M].北京：外语教学与研究出版社，2001.

张海鹏.中国近代通史[M].南京：凤凰出版传媒集团/江苏人民出版社：2006.

张静如.中华人民共和国发展史[M]第二卷.青岛：青岛出版社，2009：450.

张琳.中国铁路“走出去”的翻译问题[A].//夏太寿.中国翻译产业走出去[C].北京：中国编译出版社，2011：57.

张鎏.英汉技术科学词典[M].北京：化学工业出版社，2004.

张宁志.汉语教材语料难度的定量分析[J].世界汉语教学，2000(3).

张其帆.初探口译员非母语腔调对使用者质量评估的影响[A].//蔡小红.口译研究新探——新方法、新观点、新倾向[C].香港：开益出版社，2002：400－406.

张少玲，李威灵.ISO9001：2008 质量管理体系标准图解教程[M].广州：广东省出版集团/广东经济出版社：2009.

张绍麒，李明.小说与政论文言语风格异同的计算机统计(试验报告)[J].天津师范大学学报(社科版)，1986(4).

张世广，李建眉.试论工业口译中思维意向的一致性[J].中国翻译，1990(05).
张水波，何伯森.FIDIC 新版合同条件导读与解析[M].北京：中国建筑出版社，2003.
张威.a 科技口译质量评估：口译使用者视角[J].上海翻译，2010(3).b 口译认知研究：同声传译与工作记忆的关系[M].北京：外语教学与研究出版社，2011.
张卫晴等.从机器翻译评测看机器翻译发展[J].科技英语翻译，2008(5).
张文，韩常慧.口译理论研究[M].北京：科学出版社，2006.
张振江.中国洋泾浜英语研究述评与探索[J].广西民族学院学报，2006(2).
张政.计算机翻译研究[M].北京：清华大学出版社，2006：102－103.
张志毅，张庆云.词汇语义学[M].北京：商务印书馆，2005.
赵进军.中国经济外交年度报告[M].北京：经济科学出版社，2010：172.
赵兴民.联合国文件翻译案例讲评[M].北京：外文出版社，2011.
赵萱.科技英语语域及其语言特点[J].山西农业大学学报(社科版)，2006(1).
郑君芳等.嗅觉记忆相关蛋白的蛋白质组学研究(国家自然科学基金研究项目)[J].高等学校化学学报，2010，31(8).
郑伦金，吴世英.中国翻译的标准化任重道远[A].//夏太寿.中国翻译产业走出去[C].中央编译出版社，2011：182.
中国成套设备进出口股份有限公司.中成进出口股份有限公司 2009 年上半年度报告[R].2009－07－31.
中国国际招标网.2012－8－8.
中国机电产品进出口商会网站.2013－11－13.[19]
中国进出口银行.中国进出口银行贷款种类、基本条件、办理程序.http：//www.hetda.com/system/2010/06/30/005430947.shtml.
中国经济周刊.http：//hot.values8.com/news/64079.html 2014－12－30.
中国社会科学院语言研究所词典编辑室.现代汉语词典(第五版)[M].北京：商务印书馆.
中华人民共和国国家质量监督检验检疫总局.a 中华人民共和国国家标准 GB/T19363.1—2003，翻译公司服务规范第 1 部分：笔译[S].2003.b 中华人民共和国国家标准 GB/T19363.2—2006.翻译服务规范第 2 部分：口译[S].2006.[S].http：//www.douban.com/group/topic/6296492/.
中商情报网.2012 年中国对外贸易情况分析.www.askci.com，2013－1－4.
中新网.2014 年度 70%左右的中国境外投资企业实现盈利[N].2015－09－17.
仲伟合.a 口译训练：模式、内容、方法[J].中国翻译，2001(1)：162.b 我国翻译专业教育的问题与对策[J].外国语，2014(3).
周红民.论译者隐身[A].//王宏.翻译研究新思路——2012 年全国翻译高层研讨会论文集[C].北京：国防工业出版社，2013：72－79.
周小兵，张静静.朝鲜、日本、越南汉语传播的启示与思考[J].暨南大学华文学院学报，2008(3).
周益军.机械工程英语阅读教程[M].上海：东华大学出版社，2009：120.
朱丹，刘利权.既是工具，又是桥梁，更是保障——试议我国国际工程承包和劳务合作业务中翻译工作的作用[J].四川建筑科学研究，2008(01).

朱健民.技术资料翻译与工程实践[J].中国翻译，1986(1).
朱永生.话语分析五十年：回顾与展望[J].外国语，2003(3).
朱玉彬，陈晓倩.国内外四种常见计算机辅助翻译软件比较研究[J].外语电化教学，2013(1).
朱跃.英语与社会[M].合肥：安徽大学出版社，1999.
朱志渝.类型与策略：功能主义的翻译类型学[J].中国翻译，2004(3).
祝畹瑾.社会语言学概论[M].长沙：湖南教育出版社，1996.
庄建平.近代史资料文库(第九卷)[M].上海：三联书店，2008.
周同春.http：//blog.163.com/gao_banana/blog/static/988380642010389371410/，2014-12-6.
卓振英.汉诗英译论纲[M].杭州：浙江大学出版社，2011.
邹为诚等.论口语输出中语言预知模块的减压作用[A].柴明颎.口译的专业化道路：国际经验和中国实践[C].上海：上海外语教育出版社，2006：437.
邹小燕等.出口信贷[M].北京：机械工业出版社，2008：17-24.
http：//finance.ifeng.com/news/special/zhonggong18da/20121112/7283312.shtml，百度网，2013-11-10.
http：//wenda.so.com/q/1359988092061537，2014-9-28.
http：//wenda.so.com/q/1381729994061641，2014-12-7.
http：//www.baigoogledu.com/s.php? hl=zh-CN&q=Translation+Associations+of+Latin+America.6/3/2015.
http：//www.cttic，org/ATIO，InOtherNews，1/4/2012.
http：//www.douban.com/group/topic/27522298/，2013-6-26.
http：//www.gov.cn/gzdt/2011-04/21/content_1849712.htm，2014-9-27.
http：//www.gov.cn/gzdt/2011-04/21/content_1849712.htm，2014-9-28.
http：//www.Hpi-net.org/4/4/2012.
http：//www.ita.org/10/4/2012.
http：//www.jat，org/A Survey of Computer Use，2/4/2012.
http：//www.kti.org/Korean association of translators and interpreters，15/2/2012.
http：//www.National League of Translators(Russia)，org/4/4/2012.
http：//www.sati.org/10/4/2012.
http：//www.sina.com.cn2006年01月05日10:46人民网.
http：//www.新华网/11/21/2011.